现代电机典藏系列

机电传动装置

（原书第2版）

保罗·克劳斯（Paul Krause）
［美］奥列格·维斯苏克（Oleg Wasynczuk） 著
史蒂文·帕卡瑞克（Steven Pekarek）
王云冲 金孟加 沈建新 译

机械工业出版社

本书共分10章，全面阐述了现代机电传动系统的控制思想。本书从电机机电能量转换的基本原理讲起，对直流电机的控制特性进行了阐述，详细介绍了参考坐标系理论及其在现代电机控制中的应用，对对称感应电机、同步电机、永磁同步电机、步进电机和单相感应电机的结构和控制方法进行了详细的描述，总结了高性能控制算法下不同电机的控制特性。

本书内容深入浅出，编排合理，理论翔实，分析透彻，并引用大量高水平参考文献，能够最大程度地反映近30年电机控制领域的研究成果。

本书适合作为高年级本科生和低年级研究生的教学参考书，也适宜从事电机及其控制和电力电子方向的工程技术人员阅读。

北京市版权局著作权合同登记　图字：01-2013-3398号。

图书在版编目（CIP）数据

机电传动装置：原书第2版/（美）保罗·克劳斯（Paul Krause）等著；王云冲，金孟加，沈建新译. —北京：机械工业出版社，2018.9

（现代电机典藏系列）

书名原文：Electromechanical Motion Devices, Second Edition

ISBN 978-7-111-60691-8

Ⅰ.①机…　Ⅱ.①保…②王…③金…④沈…　Ⅲ.①电力传动控制设备　Ⅳ.①TM921.5

中国版本图书馆CIP数据核字（2018）第185842号

机械工业出版社（北京市百万庄大街22号　邮政编码100037）

策划编辑：江婧婧　责任编辑：江婧婧

责任校对：陈　越　封面设计：鞠　杨

责任印制：常天培

北京铭成印刷有限公司印刷

2018年11月第1版第1次印刷

169mm×239mm·23.5印张·450千字

0 001—2 500册

标准书号：ISBN 978-7-111-60691-8

定价：139.00元

凡购本书，如有缺页、倒页、脱页，由本社发行部调换

电话服务

服务咨询热线：010-88361066

读者购书热线：010-68326294

010-88379203

网络服务

机 工 官 网：www.cmpbook.com

机 工 官 博：weibo.com/cmp1952

金 书 网：www.golden-book.com

教育服务网：www.cmpedu.com

封面无防伪标均为盗版

译者序

由于电力电子开关器件的问世，使得交流电机的控制性能得到了极大提升，面向对称感应电机、同步电机、永磁交流电机、步进电机和单相电机的各种高性能控制算法不断出现。同时交流电机高性能控制技术的突破，使得交流电机传动系统已经广泛应用于电动汽车、新能源发电和轨道交通等领域。参考坐标系理论是交流电机高性能控制技术的关键，理解参考坐标系理论对于掌握和实现交流电机的高性能控制算法十分必要。在上述背景下，能够出版一本专门阐述交流电机高性能控制方法，并注重对参考坐标系理论进行详尽讲解的图书显得十分必要。如何编写一本适应现代技术发展现状并满足人才培养需求的图书，已经成为国内外学者面临的重大课题。本书内容曾广泛用于普度大学的本科教学，并得到业界广大读者的肯定。

本书内容分为三部分，第一部分讲述电机的基本原理，包括磁耦合绕组分析、机电能量转换、直流电机、绕组和旋转磁动势（第1~4章）；第二部分详细阐述了参考坐标系理论（第5章）；第三部分分别阐述对称感应电机、同步电机、永磁交流电机、步进电机和单相感应电机的控制模型和控制特性（第6~10章）。

本书作者之一 Paul Krause 教授，获得美国堪萨斯大学电气工程博士学位，曾在普度大学任教长达39年，同时兼任堪萨斯大学和威斯康星大学教授。他是IEEE终身会士，发表学术论文100余篇，曾获得IEEE Nikola Tesla奖。Paul Krause 教授是现代参考坐标系理论的奠基人之一，这一理论的提出，极大地简化了电机控制特性的分析过程。20世纪60年代，他提出了任意参考坐标系变换的概念，用于多参考坐标系分析，从而奠定了现代参考坐标系理论的基础。Paul Krause 教授的研究成果，广泛应用于汽车、飞机、船舶的电力驱动系统以及电网领域，并于1983年创办了PC Krause and Associates公司。

本书的主要翻译工作由浙江大学沈建新教授统稿，金孟加博士负责本书第1~5章，以及第10章的翻译工作，王云冲博士负责本书第6~9章的翻译工作以及文稿的整理工作。

译者所在的科研小组从事电机设计与控制研究多年，对国内外电机控制技术的研究进展非常关注，也一直希望能够将国外的研究成果引入国内。在此，非常感谢机械工业出版社给了译者一次翻译国外高水平著作的机会，并对为本书付出大量辛勤劳动的责任编辑江婧婧表示诚挚的谢意。

由于译者的能力有限，书中内容难免存在不妥之处，有些内容未能准确传达原书作者的写作思想，恳请广大读者提出宝贵意见并给予批评指正。衷心希望通过我们的努力，能够将 Paul Krause 教授等人精心撰写的这部著作推荐给读者，为促进国内电机控制技术的建设贡献一份力量。

译者

2018年8月

原书序言

自20世纪中期开始，随着电力电子开关器件的出现，电机高性能控制开始受到重视，逐渐成为工业领域中的一项重要产业。开关器件性能的不断提升，电气传动设备的出现，以及发展具有成本优势的混合动力、纯电动汽车和更高效清洁电网的需求，促成了电机控制产业过去25年的加速增长。电力电子器件性能的提高，使得交流电机性能控制技术取得重大突破成为可能。例如，高性能控制技术的应用，使得永磁同步电机和感应电机的控制特性已经完全不同于其传统稳态特性和转矩—转速特性。在高性能控制算法的设计中，需要通过交流变量的坐标变换，将交流电机的控制变量变换为类似直流电机的控制变量，然而，这些坐标变换必须嵌入控制算法中，从而增加了控制算法的复杂性。另外，在设计过程中，必须要对电气与机械瞬态过程进行精确的计算机仿真分析。参考坐标系理论是交流电机高性能控制技术的关键，因此，对其进行介绍非常有益于电机学的本科教学。如果讲解的方法准确且通俗易懂，以目前的学业情况，电气工程专业三年级的本科生完全可以掌握参考坐标系理论的相关概念。本书的目的便是为了完成这个现实的目标。

本书前4章涵盖了磁场耦合绕组的分析、机电能量转换、直流电机、绕组和旋转磁动势方面的内容。在这些内容中，对直流电机的优势和特性进行了阐述，直流电机的这些优势和特性也是交流电机控制效仿的目标。此外，还对直流传动系统中变换器的受控开关器件进行了简单介绍，然而，这种简单介绍不需要具有自动控制领域或者半导体物理学领域的专业背景。

第5章介绍了参考坐标系理论。本章内容不是一个冗长的、涉及三相系统的论述，而是通过两相系统进行的简洁论述，如果仔细地学习本章内容，会使后续章节中电机分析的内容成为一个简明且省时的任务。根据作者的经验，在三相系统分析中所涉及的三角函数关系会造成学生理解上的困难，进而难以掌握参考坐标系理论的概念和优点。为了使学生集中精力，深入理解参考坐标系统的基本原理和优点，而不因复杂的三角函数计算而分心，本章几乎全部的概念均是在两相系统中进行阐述的。实际上，掌握了第5章的内容，不需要额外的推导，学生就能够预见后续章节电机分析过程中所需要的变量以及电压方程的变换结果。而且，两相电机与三相电机的分析方法、瞬态和稳态特性，在本质上是相同的。两者细微的差别在本书的最后两章进行了简要的阐述，使得两相电机扩展到三相电机更加直接易懂。

近25年来，电机的高性能控制技术主要应用于感应电机磁场定向控制，永磁同步电机和直流无刷电机的恒转矩控制和恒功率控制，以及用于风力发电的无刷双馈电机的控制。本书对其中一些应用做了介绍，虽然没有对这些应用的细节展开论述，但已经足够给读者留下一个清晰的第一印象。

第1~5章的内容是后续章节论述的基础，阐明了这些内容后，本书的写作目的已经基本完成。虽然第6章内容应该先于第10章进行阐述，但是第6~9章的内容顺序不分先后，实际授课中可以不必按本书顺序进行。尽管顺序和内容深度可根据授课需要进行调整，但根据授课对象的不同，本书内容可用于两种可行的教学方案。面向电力电子专业的学生，可以删减第3章内容并加入第6、7和第10章的内容；面向电气传动专业的学生，可以加入第6、8、9和第10章内容。实际上，根据不同的学生背景和教学目标，本书可以起到不同的作用。当然，本书的目的不是包含一门本科课程的全部教学材料。教师可以选择合适的授课内容和深度，以便学生为以后的深入学习做好准备，并为学生以后的工程实践提供一个现实的背景和良好的参照。此外，本书的内容也可用于一个包括两门课程的系列课程，其中第二门可以作为更高一级的研究生入门课程。为便于理解，一些参考文献在不同章节中被重复引用，这是作者有意为之，一旦教师熟悉了本书的这个特点，会发现可以直接讲授本书的任何章节，而不必先讲授该章之前的内容。

Paul Krause
Oleg Wasynczuk
Steven Pekarek

关于作者

Paul Krause 曾在普度大学担任教授长达 39 年，现已退休。他也曾兼任堪萨斯大学和威斯康星大学的教授。Krause 教授是 IEEE 终身会士，发表学术论文 100 余篇，写作电机领域教材三部。他曾获得 2010 年度 IEEE Nikola Tesla 奖。他于内布拉斯加州立大学获得电气与机械工程学士学位和电气工程硕士学位，于堪萨斯大学获得电气工程博士学位。Krause 教授现在是 PC Krause and Associates 公司董事会主席兼 CEO，其办公室分别位于印第安纳州西拉法叶市和俄亥俄州代顿市。

Oleg Wasynczuk 是普度大学电气与计算机工程系的教授。Wasynczuk 教授已发表学术论文 100 余篇，写作电机领域教材两部。他是 IEEE 会士，曾获得 2008 年度 IEEE Cyril Veinott 奖。他于布莱德利大学获得电气工程学士学位，于普度大学获得电气工程硕士学位和博士学位。Wasynczuk 教授现在是 PC Krause and Associates 公司首席技术官。

Steven Pekarek 是普度大学电气与计算机工程系的教授。他是 IEEE 高级会员，发表学术论文 80 余篇。Pekarek 教授曾担任 2003 年 Futhure Energy Chanllenge 大会秘书，2005 年 Futhure Energy Chanllenge 大会主席，2005 年 IEEE International Electric Machines and Drives 大会技术联合主席以及 2008 年 IEEE Applied Power Electronics 大会主席。他是 IEEE Transactions on Power Electronics 和 IEEE Transactions on Energy Conversion 杂志的编辑。Pekarek 教授于普度大学获得电气工程学士学位和博士学位。

目　录

译者序
原书序言
关于作者
第1章　磁路和磁耦合电路……1
1.1　引言……1
1.2　相量分析……1
1.3　磁路……7
1.4　磁材料的属性……12
1.5　静态磁耦合电路……16
1.6　静态磁耦合电路的开路和短路特性……23
1.7　包含机械运动的磁系统……27
1.8　小结……33
1.9　参考文献……34
1.10　习题……34
第2章　机电能量转换……37
2.1　引言……37
2.2　能量守恒关系……37
2.3　耦合场中的能量……42
2.4　能量转换图解……48
2.5　电磁力与静电力……50
2.6　基本电磁铁的工作特性……55
2.7　单相磁阻电机……60
2.8　相对运动中的绕组……65
2.9　小结……67
2.10　习题……68
第3章　直流电机……72
3.1　引言……72

3.2 基本直流电机……72
3.3 电压和转矩方程……80
3.4 永磁直流电机……82
3.5 永磁直流电机的动态特性……85
3.6 恒转矩和恒功率运行的介绍……87
3.7 永磁直流电机的时域框图和状态方程……94
3.8 电压控制简介……97
3.9 小结……104
3.10 参考文献……104
3.11 习题……104
第4章 绕组和旋转磁动势……106
4.1 引言……106
4.2 绕组……106
4.3 正弦分布绕组的气隙磁动势……108
4.4 两极电机的旋转气隙磁动势……114
4.5 *P* 极电机……119
4.6 几种机电传动装置简介……124
4.7 小结……130
4.8 习题……131
第5章 参考坐标系理论简介……134
5.1 引言……134
5.2 背景……135
5.3 变换方程和变量转换……136
5.4 静止电路变量到任意速参考坐标系的变换……138
5.5 平衡组合和稳态平衡运行的变量转换……142
5.6 几种参考坐标系下的变量观察……146
5.7 三相系统的变换方程……150
5.8 小结……152
5.9 参考文献……153
5.10 习题……153
第6章 对称感应电机……155
6.1 引言……155
6.2 两相感应电机……155
6.3 电压方程与绕组电感……160
6.4 转矩……165

6.5 任意参考坐标系下的电压方程 …… 166
6.6 线性磁链方程与等效电路 …… 169
6.7 任意参考坐标系下的转矩方程 …… 171
6.8 稳态运行的分析 …… 173
6.9 电机变量的稳态与暂态特性 …… 183
6.10 静止、转子与同步旋转参考坐标系下的电机起动 …… 192
6.11 磁场定向控制技术简介 …… 195
6.12 三相感应电机 …… 201
6.13 小结 …… 207
6.14 参考文献 …… 208
6.15 习题 …… 208
第7章 同步电机 …… 211
7.1 引言 …… 211
7.2 两相同步电机 …… 211
7.3 电压方程与绕组电感 …… 215
7.4 转矩 …… 221
7.5 转子参考坐标系下的电机方程 …… 222
7.6 转子功率角 …… 228
7.7 稳态运行分析 …… 228
7.8 电机的暂态和稳态响应 …… 240
7.9 三相同步电机 …… 246
7.10 小结 …… 251
7.11 参考文献 …… 252
7.12 习题 …… 252
第8章 永磁交流电机 …… 254
8.1 引言 …… 254
8.2 两相永磁交流电机 …… 255
8.3 永磁交流电机中的电压方程和绕组电感 …… 258
8.4 转矩 …… 260
8.5 永磁交流电机转子坐标系下电机方程 …… 260
8.6 两相无刷直流电机 …… 262
8.7 无刷直流电机动态特性 …… 266
8.8 永磁交流电机定子电压的相位移动 …… 269
8.9 恒转矩和恒功率运行概述 …… 276
8.10 时域框图及状态方程 …… 282

8.11　直轴和交轴电感…… 286
8.12　三相永磁交流电机…… 288
8.13　三相无刷直流电机…… 295
8.14　小结…… 302
8.15　参考文献…… 303
8.16　习题…… 303
第9章　步进电机…… 305
9.1　引言…… 305
9.2　多段变磁阻步进电机的基本结构…… 305
9.3　多段变磁阻步进电机的方程…… 310
9.4　多段变磁阻步进电机的运行特征…… 313
9.5　单段变磁阻步进电机…… 317
9.6　永磁步进电机的基本结构…… 320
9.7　永磁步进电机的方程…… 323
9.8　转子参考坐标系下的永磁步进电机方程 - 忽略磁阻转矩…… 325
9.9　小结…… 329
9.10　参考文献…… 330
9.11　习题…… 330
第10章　非平衡运行和单相感应电机…… 331
10.1　引言…… 331
10.2　对称分量…… 331
10.3　非平衡运行模式分析…… 335
10.4　单相感应电机…… 342
10.5　电容起动感应电机…… 343
10.6　电容起动单相感应电机的动态和稳态性能…… 345
10.7　分相感应电机…… 347
10.8　小结…… 348
10.9　参考文献…… 348
10.10　习题…… 349
附　录…… 350
附录A…… 350
附录B…… 353
附录C…… 359

第1章 磁路和磁耦合电路

1.1 引言

在深入分析机电传动装置之前，让我们简要地回顾一下我们以前所学过的物理和基本电路分析方面的知识，这将有利于我们以后的学习。本章将着重介绍磁路分析方法、磁介质的基本性质、静态等效磁路推导过程以及磁耦合装置。这些内容的大部分我们将以回顾和综述的方式呈现给大家，因为具体的知识在大学二年级的物理课程或者是讲述电路原理的电气工程引论课程上都有相关详细资料。通过回顾这些知识，我们可以建立可供以后使用的概念和术语，这将为机电传动装置的研究提供适当的基础。

也许这一章最重要的一个新概念便是对于所有的机电传动装置，其中的机械运动无论是平移运动或者是旋转运动，都一定是对电系统变化的一个映射。这种电系统的变化可以是电磁系统中磁链的变化，也可以是静电系统中的电荷变化。而在本书中，我们将主要涉及的是电磁系统。如果电磁系统是线性的，那么由运动引起的磁链变化其根源在于电感的变化。也就是说，我们会发现，与机电传动装置相关联电路的电感是机械运动的一个函数。在本章中，我们将学习如何在一些简单的平移和旋转机电装置中表述自感和互感，并处理这些不断变化的电感在与机电系统相关联电路的电压方程中的表达方式。

本书中大多数章节内容的最后都有简短的问题（SP），并提供答案。如果我们设计合理的话，每一个简短的问题，应该在10min之内就可以解决。此外，也可以根据学生的背景，适当地跳过或者简略本章中的一些内容。例如，对于那些熟悉相量概念的读者可以选择跳过接下来这一小节的全部或大部分内容。在每章结束时，我们将花一些时间来回顾一下这一章我们已经学过的重点内容，并提及后面一章所要讲解的内容，以及如何将这些内容连贯起来。

1.2 相量分析

相量常用来分析交流电路和设备的稳态性能。相量这个概念可以用以下的式(1.2-1）较容易地建立起来，它表示一个稳态的、正弦的变化量。

$$F_a = F_p \cos\theta_{ef} \tag{1.2-1}$$

公式中大写字母用来表示稳态量，而 F_p 是正弦变化量的峰值，这里的变化量一般指的是电压或电流，但也可以是任何电气或机械的正弦变化量。在稳态条件下，式（1.2-1）中的 θ_{ef} 可以写成

$$\theta_{ef} = \omega_e t + \theta_{ef}(0) \tag{1.2-2}$$

式中，ω_e 是电角速度；$\theta_{ef}(0)$ 是零时刻的电位角。将式（1.2-2）代入式（1.2-1），可以得出

$$F_a = F_p \cos[\omega_e t + \theta_{ef}(0)] \tag{1.2-3}$$

由于

$$e^{j\alpha} = \cos\alpha + j\sin\alpha \tag{1.2-4}$$

式（1.2-3）也可以写成

$$F_a = \mathrm{Re}\{F_p e^{j[\omega_e t + \theta_{ef}(0)]}\} \tag{1.2-5}$$

式中，Re 是实部（Real part of）的简写。式（1.2-3）和式（1.2-5）是等价的。式（1.2-5）稍加变形可以得到

$$F_a = \mathrm{Re}\{F_p e^{j\theta_{ef}(0)} e^{j\omega_e t}\} \tag{1.2-6}$$

这里我们还需花点时间来定义一下什么是正弦变量中的方均根（也称有效值 rms）。在数学中，方均根（rms）的具体定义是

$$F = \left(\frac{1}{T}\int_0^T F_a^2(t)\,dt\right)^{\frac{1}{2}} \tag{1.2-7}$$

式中，F 是函数 $F_a(t)$ 的方均根值；而 T 是正弦变化量的周期。式（1.2-3）中所表示的变量其方均根的值为 $F_p/\sqrt{2}$，这一点我们留给读者自己证明。因此我们可以将式（1.2-6）表达成

$$F_a = \mathrm{Re}[\sqrt{2}F e^{j\theta_{ef}(0)} e^{j\omega_e t}] \tag{1.2-8}$$

我们用添加上波浪号的方法来表示 F_a 的相量形式，这样 F_a 的相量就定义为

$$\tilde{F}_a = F e^{j\theta_{ef}(0)} \tag{1.2-9}$$

相量是一个复数。为什么采取方均根的形式来表示相量的幅值我们将在这一节的后面部分说明。现在，式（1.2-6）可以写成

$$F_a = \mathrm{Re}[\sqrt{2}\tilde{F}_a e^{j\omega_e t}] \tag{1.2-10}$$

式（1.2-9）可简写为

$$\tilde{F}_a = F \angle \theta_{ef}(0) \tag{1.2-11}$$

式（1.2-11）中表达的相量通常被称为极坐标形式的相量。直角坐标系下的相量可以表示为

$$\tilde{F}_a = F\cos\theta_{ef}(0) + jF\sin\theta_{ef}(0) \tag{1.2-12}$$

当我们使用相量来计算稳态电压和电流时，我们认为相量从 $t=0$ 时刻开始就是

稳定不变的。从另一方面讲，相量所表示的正弦量的值却是瞬变的。让我们花一点时间来考虑相量这两个方面的特性，从而从物理意义上对其有更好的理解。从式（1.2-4）我们可以发现 $e^{j\omega_e t}$ 表示幅值固定为单位长度的一条线段以角速度 ω_e 逆时针方向旋转。因此

$$\sqrt{2}\tilde{F}_a e^{j\omega_e t}=\sqrt{2}F\{\cos[\omega_e t+\theta_{ef}(0)]\}+j\sin[\omega_e t+\theta_{ef}(0)]\} \quad (1.2\text{-}13)$$

$\sqrt{2}\tilde{F}_a e^{j\omega_e t}$ 表示幅值恒定为 $\sqrt{2}F$ 的一条线段以角速度 ω_e 逆时针方向旋转，并且在零时刻线段与极轴正方向的角度差为 $\theta_{ef}(0)$。因此 $\sqrt{2}F$ 是正弦变量的幅值，瞬时值 F_a 为表达式（1.2-13）的实部。换句话说，相量 $\tilde{F}_a$ 的实部就是瞬变量 $F_a/\sqrt{2}$ 在零时刻的值。随着时间推移，$\tilde{F}_a e^{j\omega_e t}$ 以角速度 ω_e 逆时针方向旋转，而它的实部，根据式（1.2-10），是 $F_a/\sqrt{2}$ 的瞬时值。因此，对于变量

$$F_a=\sqrt{2}F\cos\omega_e t \quad (1.2\text{-}14)$$

其相量表达式是

$$\tilde{F}_a=Fe^{j0}=F\underline{/0°}=F+j0 \quad (1.2\text{-}15)$$

对于变量

$$F_a=\sqrt{2}F\sin\omega_e t \quad (1.2\text{-}16)$$

其相量表示是

$$\tilde{F}_a=Fe^{-j\pi/2}=F\underline{/-90°}=0-jF \quad (1.2\text{-}17)$$

尽管有多种方法可以从表达式（1.2-16）得到表达式（1.2-17），问自己以下问题对理解总是有帮助的，在零时刻旋转的相量应该落在哪里，才能使得当它以速度 ω_e 旋转的时候，它的实部刚好就是 $(1/\sqrt{2})F_p\sin\omega_e t$？你是否能清楚地知道一个位于 $\frac{\pi}{2}$ 相位的、幅值为 F 的相量，是否能表示 $-\sqrt{2}F\sin\omega_e t$ 这一瞬变量呢？

为了显示相量表示在交流电路和装置稳态性能分析中的方便之处，让我们来看一个由电阻、电感和电容所构成的电路。这个电路的电压方程为

$$v_a=Ri_a+L\frac{di_a}{dt}+\frac{1}{C}\int i_a dt \quad (1.2\text{-}18)$$

对于稳态情况而言，设定

$$V_a=\sqrt{2}V\cos[\omega_e t+\theta_{ev}(0)] \quad (1.2\text{-}19)$$

$$I_a=\sqrt{2}I\cos[\omega_e t+\theta_{ei}(0)] \quad (1.2\text{-}20)$$

这里的下标 a 是用来区分瞬时值和稳态变量的方均根值。将式（1.2-19）和式（1.2-20）代入式（1.2-18），我们可以得到展开的电压方程

$$\sqrt{2}V\cos[\omega_e t+\theta_{ev}(0)]=R\sqrt{2}I\cos[\omega_e t+\theta_{ei}(0)]+\omega_e L\sqrt{2}I\cos\left[\omega_e t+\frac{1}{2}\pi+\theta_{ei}(0)\right]+\frac{1}{\omega_e C}\sqrt{2}I\cos\left[\omega_e t-\frac{1}{2}\pi+\theta_{ei}(0)\right] \tag{1.2-21}$$

式（1.2-21）右边的第二项为 $L\frac{di_a}{dt}$ 的展开，可以写成以下形式：

$$\omega_e L\sqrt{2}I\cos\left[\omega_e t+\frac{1}{2}\pi+\theta_{ei}(0)\right]=\omega_e L\mathrm{Re}[\sqrt{2}I\mathrm{e}^{\mathrm{j}\frac{1}{2}\pi}\mathrm{e}^{\mathrm{j}\theta_{ei}(0)}\mathrm{e}^{\mathrm{j}\omega_e t}] \tag{1.2-22}$$

由于 $\tilde{I}_a=I\mathrm{e}^{\mathrm{j}\theta_{ei}(0)}$，我们可以写出

$$L\frac{\mathrm{d}\tilde{I}_a}{\mathrm{d}t}=\omega_e L\mathrm{e}^{\mathrm{j}\frac{1}{2}\pi}\tilde{I}_a \tag{1.2-23}$$

由于 $\mathrm{e}^{\mathrm{j}\frac{1}{2}\pi}=j$，式（1.2-23）可以写成

$$L\frac{\mathrm{d}\tilde{I}_a}{\mathrm{d}t}=\mathrm{j}\omega_e L\tilde{I}_a \tag{1.2-24}$$

如果采用相似的变化过程，我们同样可以得到

$$\frac{1}{C}\int\tilde{I}_a\mathrm{d}t=-\mathrm{j}\frac{1}{\omega_e C}\tilde{I}_a \tag{1.2-25}$$

一个有趣的现象是，对一个稳态的正弦变量的微分操作对应其相量的变化是逆时针方向旋转 $\frac{1}{2}\pi$，而对其积分则对应的是相量顺时针旋转 $\frac{\pi}{2}$。

现在，式（1.2-21）所表示的电压方程可以写成相量的形式如下：

$$\tilde{V}_a=\left[R+\mathrm{j}\left(\omega_e L-\frac{1}{\omega_e C}\right)\right]\tilde{I}_a \tag{1.2-26}$$

我们可以将式（1.2-26）写得更加紧凑的形式：

$$\tilde{V}_a=Z\tilde{I}_a \tag{1.2-27}$$

式中，Z 称为阻抗，在数值上是复数，但不是相量，经常被表示为

$$Z=R+\mathrm{j}(X_L-X_C) \tag{1.2-28}$$

式中，$X_L=\omega_e L$ 被称为感抗；$X_C=\frac{1}{\omega_e C}$ 被称为容抗。

瞬时功率的表达式为

$$P=V_aI_a=\sqrt{2}V\cos[\omega_e t+\theta_{ev}(0)]\sqrt{2}I\cos[\omega_e t+\theta_{ei}(0)] \tag{1.2-29}$$

经过一些三角变化，我们可以将式（1.2-29）变成

$$P=VI\cos[\theta_{ev}(0)-\theta_{ei}(0)]+VI\cos[2\omega_e t+\theta_{ev}(0)+\theta_{ei}(0)] \tag{1.2-30}$$

这样，平均功率 P_{ave} 可以写作

$$P_{ave}=|\tilde{V}_a||\tilde{I}_a|\cos[\theta_{ev}(0)-\theta_{ei}(0)] \tag{1.2-31}$$

式中，$|\tilde{V}|$和$|\tilde{I}|$为相量的幅值（方均根），$\theta_{ev}(0)-\theta_{ei}(0)$为功率因数角$\varphi_{pf}$，而$\cos[\theta_{ev}(0)-\theta_{ei}(0)]$就称为功率因数。假定电流的正方向与电压的正方向（电压下降方向）相同，当电能是被消耗时，式（1.2-31）为正值，当电能是被产生时，式（1.2-31）为负值。从式（1.2-29）到式（1.2-30）的转换过程中，需要指出的一个有趣的事情是等式右边的系数是$\frac{1}{2}(\sqrt{2}V\sqrt{2}I)$，或者说是电压电流两个峰值乘积的一半。因此，我们认为使用方均根来表示相量的幅值更加方便，这样平均功率就可以像式（1.2-31）所示，直接用电压和电流的相量幅值乘积表示。

我们从式（1.2-30）显示的瞬时功率表达式可以看出，单相交流电路的瞬时功率在平均值的上下以$2\omega_e t$振动。让我们花点时间再来看一下两相交流电路稳态功率的情况。平衡的、稳态的两相系统变量（a 相和 b 相）可以表示为

$$V_a=\sqrt{2}V\cos[\omega_e t+\theta_{ev}(0)] \tag{1.2-32}$$

$$I_a=\sqrt{2}I\cos[\omega_e t+\theta_{ei}(0)] \tag{1.2-33}$$

$$V_b=\sqrt{2}V\cos[\omega_e t-\frac{1}{2}\pi+\theta_{ev}(0)] \tag{1.2-34}$$

$$I_b=\sqrt{2}I\cos[\omega_e t-\frac{1}{2}\pi+\theta_{ei}(0)] \tag{1.2-35}$$

总的瞬时功率为

$$P=V_aI_a+V_bI_b \tag{1.2-36}$$

将式（1.2-32）至式（1.2-35）代入式（1.2-36），经过一些三角变化，两相系统总的瞬时功率可以表示为

$$P=2|\tilde{V}_a||\tilde{I}_a|\cos\varphi_{pf} \tag{1.2-37}$$

我们注意到很重要的一点，带有$2\omega_e t$的振动项没有了。换而言之，总的稳态瞬时功率是一个恒定值。对于三相对称系统而言，三相电压或电流相量错开120°，总的稳态瞬时功率也是一个恒定值，在数值上等于三倍单相平均功率。也就是说，在三相系统中，式（1.2-37）中系数 2 变成了 3。

例 1A　画出相量图经常会使相量关系更加容易理解。例如，让我们考虑以下的电压方程：

$$\tilde{V}=Z\tilde{I}+\tilde{E} \tag{1A-1}$$

式中，Z 由式（1.2-28）给出，我们假定$\tilde{V}$和$\tilde{I}$已知，现在要计算$\tilde{E}$，相量图可以作为这种计算的初步验证。我们画相量图时假定$|X_L|>|X_C|$，同时$\tilde{V}$和$\tilde{I}$已知

如图1A-1表示的那样。解方程式（1A-1）我们可以得到

$$\tilde{E}=\tilde{V}-[R+\mathrm{j}(X_{\mathrm{L}}-X_{\mathrm{C}})]\tilde{I} \tag{1A-2}$$

为了用图形来表示这个表达式，让我们通过图1A-1来看这个问题，首先我们从原点走到相量$\tilde{V}$的顶端，现在我们要做的是减去相量$R\tilde{I}$。为找到正确的方向，让我们站到相量$\tilde{V}$的顶端，转向相量$\tilde{I}$的方向，它就落在$\theta_{\mathrm{ei}}(0)$角度的位置。但是记得我们是减去$R\tilde{I}$，而$-\tilde{I}$位于$\tilde{I}$的180°方向上，所以让我们转向背面，现在我们就面对$-\tilde{I}$方向了，它落于$\theta_{\mathrm{ei}}(0)-180°$角度位置。然后我们沿着$-\tilde{I}$方向走$R|\tilde{I}|$距离并且停下。这时我们仍然面对$-\tilde{I}$的方向，接着再考虑下一项。因为我们假定了$|X_{\mathrm{L}}|>|X_{\mathrm{C}}|$，所以我们必须为减去$\mathrm{j}(X_{\mathrm{L}}-X_{\mathrm{C}})\tilde{I}$而转向$-\mathrm{j}\tilde{I}$方向。因为我们目前正面向$-\tilde{I}$方向，所以我们要做的只是做j的变化，即逆时针旋转90°。这样我们目前的位置便是在$\tilde{V}-R\tilde{I}$相量的顶端，面向$\theta_{\mathrm{ei}}(0)-180°+90°$角度方向，沿此方向向前走$(X_{\mathrm{L}}-X_{\mathrm{C}})|\tilde{I}|$距离，我们便来到了$\tilde{V}-[R+\mathrm{j}(X_{\mathrm{L}}-X_{\mathrm{C}})]\tilde{I}$相量的顶端。从原点指向我们目前所处的点做一相量，便得到式（1A-2）所表达的相量$\tilde{E}$。

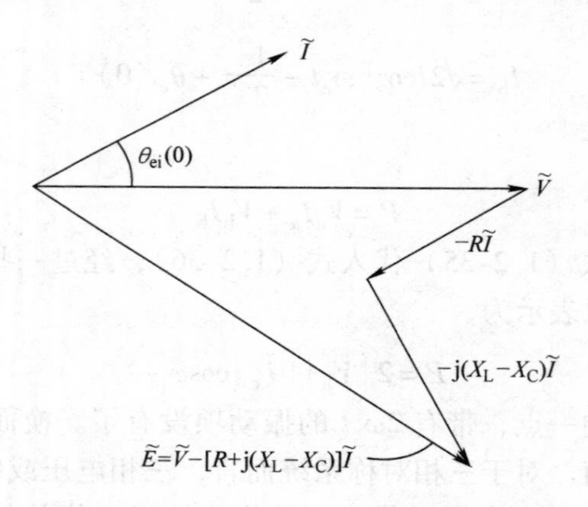

图1A-1　式（1A-2）的相量关系图

单相电路的稳态平均功率可以由式（1.2-31）计算得到。我们会顺带提到电路中的无功功率定义为

$$Q=|\tilde{V}||\tilde{I}|\sin[\theta_{\mathrm{ev}}(0)-\theta_{\mathrm{ei}}(0)] \tag{1A-3}$$

式中，Q的单位是Var（乏，伏安的无功部分）。电感被认为会吸收无功功率，其Q定义为正值，而电容的Q值为负。实际上，Q是反映和计量存储于电场（电容）和磁场（电感）中的能量之间的转化量。

SP1. 2-1 假如电压相量$\tilde{V}=1\angle 0°$，电流相量 $\tilde{I}=1\angle 180°$，电流的正方向与电压下降方向相同，计算电路的阻抗 Z 和平均功率 P_{ave}。该电路是产生电能还是消耗电能？[$(-1+j0)\Omega$, 1W，产生电能]

SP1. 2-2 在问题 SP1. 2-1 中，当频率是 60Hz 时，请写出电压、电流和功率的瞬时表达式。

$$[V=\sqrt{2}\cos377t,\ I=\sqrt{2}\cos(377t+\pi),\ P=-1+1\cos(754t+\pi)]$$

SP1. 2-3 $A=\sqrt{2}\angle 0°$，$B=\sqrt{2}\angle 90°$。请计算 $A+B$ 和 $A\times B$ 的值。[$2\angle 45°$，$2\angle 90°$]

SP1. 2-4 在例 1A 中，$X_L>X_C$ 而电流$\tilde{I}$超前于电压$\tilde{V}$，为什么能做到这点？[因为电动势$\tilde{E}$]

1.3 磁路

图 1. 3-1 显示一个最基本的磁路结构。这个系统由一个磁性材料以及在磁性材料上绕了 N 匝导体的线圈组成，通常这里磁性材料是铁磁材料。在图 1. 3-1 所表示的系统中，磁性材料上有一个距离一致的气隙，从 a 点到 b 点。我们将假定磁系统（磁路）只由磁性材料和气隙构成。让我们回忆一下安培环路定理，磁场强度 H 的闭曲线积分等于这个积分曲线所围的净电流。

$$\oint H \cdot dL = i_n \tag{1. 3-1}$$

式中，i_n 为净电流。让我们将安培环路定理应用到图 1. 3-1 中虚线所描述的路径上，我们可以得到：

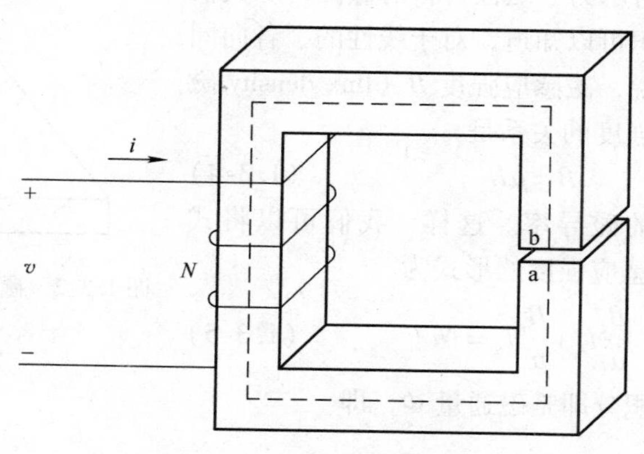

图 1. 3-1 基本磁路结构

$$\int_{a}^{b} H_i \mathrm{d}L + \int_{b}^{a} H_g \mathrm{d}L = Ni \tag{1.3-2}$$

这里我们设定曲线积分沿顺时针方向。对于这个方程我们有必要做一些进一步解释。首先，我们假定磁场强度只沿路径方向分布，因而省略了磁场强度的矢量符号。磁场强度（H_i）的下标 i 表示在铁磁介质（铁或钢）中的量，而用 g 表示在气隙中的磁场强度（H_g）。计算中使用的积分路径长度为磁性材料的平均长度，这样做的原因我们将在后面做解释。式（1.3-2）的等式右边表示所包围的净电流，该路径包围的净电流为 N 个 i。它的单位是安培，但我们经常称其为安匝数（At）或磁动势（mmf）。我们会发现磁路里面的 mmf 与电路里面电动势（emf）具有很多相似的地方。我们注意到，当包围的电流为正时，式（1.3-2）为正。式（1.3-2）右侧的符号由我们所谓的螺旋法则决定，当电流产生的磁场按照右手螺旋法则判断出来的方向与积分路径的方向是一致的时候，我们认为电流是正的。在图 1.3-1 中我们假定的积分路径的方向为顺时针方向，因而当电流为正时，式（1.3-2）的等式右边的值也为正。

假如我们将积分路径分段，式（1.3-2）可以写成

$$H_i l_i + H_g l_g = Ni \tag{1.3-3}$$

式中，l_i 是磁性材料的平均长度；l_g 是气隙长度。这儿我们又需要解释一些东西。上面我们假设了磁路只包括铁磁介质和气隙，磁场总是沿着给定的积分曲线行走，也就是说，在材料切断处垂直于材料的截面与垂直于气隙的截面相等。如此假定的磁场方向在其他地方可以是成立的，但在转角的地方与实际情况是不符合的。实际上，在转角的地方磁场方向变化是渐进的而不是像我们画的那样突变，我们所画的示意图使用了平均近似长度的概念，这个概念在磁路分析中广泛使用，只要我们认为这种平均是在精度容忍范围之内的。

如图 1.3-2 所示为一磁性材料的截面，从我们所学的物理学知识可以知道，对于线性的、各向同性的磁性材料来说，磁感应强度 B（flux density 磁通密度）和磁场强度的关系是

$$B = \mu H \tag{1.3-4}$$

式中，μ 是材料的磁导率。这样，我们可以将式（1.3-3）写成磁感应强度的形式为

$$\frac{B_i}{\mu_i} l_i + \frac{B_g}{\mu_g} l_g = Ni \tag{1.3-5}$$

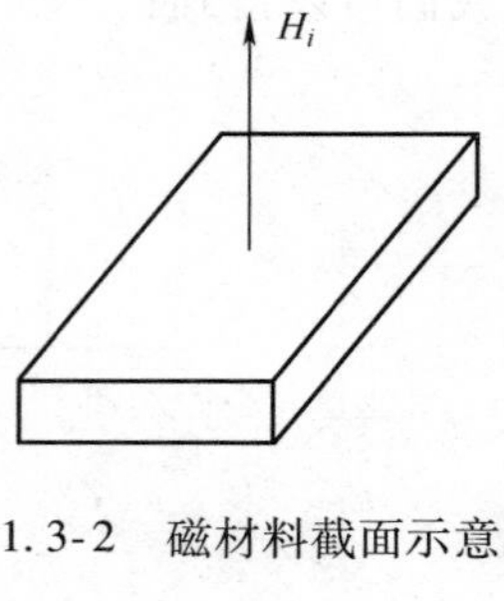

H_i

图 1.3-2　磁材料截面示意图

磁感应强度的面积分即是磁通量 Φ，即

$$\Phi = \int_{A} B \cdot \mathrm{d}S \tag{1.3-6}$$

假如我们认为在这个截面中磁感应强度是一致的，那么

$$\Phi_i = B_i A_i \tag{1.3-7}$$

式中，Φ_i 是磁性材料中的总磁通；A_i 是材料的截面积。在气隙中有

$$\Phi_g = B_g A_g \tag{1.3-8}$$

式中，A_g 是气隙的截面积。从物理知识可以知道，磁力线是闭合的，因此磁性材料中的磁通与气隙中的磁通相等，即 $\Phi_i = \Phi_g$。假如气隙很小，又有 $A_i \cong A_g$，因此可以得到 $B_i \cong B_g$。然而，由于在气隙中磁通趋向于膨胀或者说向外扩散（边界效应）使得气隙中的有效面积比磁性材料中的有效面积要大。通常我们可以使用一个系数来将这个效应计算在内，有效的面积变成 $A_g = kA_i$。其中的 k 是一个比 1 大的系数，该系数主要由气隙的长度决定。尽管我们需要清楚地知道这一点，但对于我们现在理解的目的来说，假设 $A_g = A_i$ 就可以了。假定我们让 $\Phi_i = \Phi_g = \Phi$，然后把式（1.3-7）和式（1.3-8）代入式（1.3-5）可以得到

$$\frac{l_i}{\mu_i A_i}\Phi + \frac{l_g}{\mu_g A_g}\Phi = Ni \tag{1.3-9}$$

这样我们就发现这个式子很像电路中的欧姆定律。磁动势 Ni（mmf）对应于电路中的电动势（emf），磁通 Φ 对应于电路中的电流。同样我们可以进一步对应其他量，电路中的电阻与长度成正比，与电导率以及导体截面积成反比，类似的，磁性材料和气隙中的磁阻分别为 $l_i/\mu_i A_i$ 和 $l_g/\mu_g A_g$。通常我们将磁导率用相对磁导率的形式来表示

$$\mu_i = \mu_{ri}\mu_0 \tag{1.3-10}$$

$$\mu_g = \mu_{rg}\mu_0 \tag{1.3-11}$$

式中，μ_0 是真空中的磁导率（$4\pi \times 10^{-7}$ Wb/A · m 或者 $4\pi \times 10^{-7}$ H/m，因为 Wb/A 就是单位亨）；μ_{ri} 和 μ_{rg} 分别是磁性材料和气隙中的相对磁导率。实际计算中，我们近似认为 $\mu_{rg} = 1$，而磁性材料的相对磁导率 μ_{ri} 由于材料的不同可能会有 500 ~ 4000 那么大的数值。我们将用 $\mathcal{R}$ 来表示磁阻而区别于电阻，后者我们常用 r 或者 R 来表示。因此，式（1.3-9）可以写成

$$(\mathcal{R}_i + \mathcal{R}_g)\Phi = Ni \tag{1.3-12}$$

式中，$\mathcal{R}_i$ 和 $\mathcal{R}_g$ 分别表示铁心和气隙中的磁阻。

例 1B　一个电磁系统如图 1B-1 所示，绕组匝数为 100，铁心的相对磁导率为 1000，通入电流为 10A。请计算中间铁心的总磁通。

我们想办法画出这个磁系统所对应的电路模拟图，为达到这个目的，首先我们必须计算磁系统中每一部分对应的磁阻：

$$\mathcal{R}_{ab} = \frac{l_{ab}}{\mu_{ri}\mu_0 A_i}$$

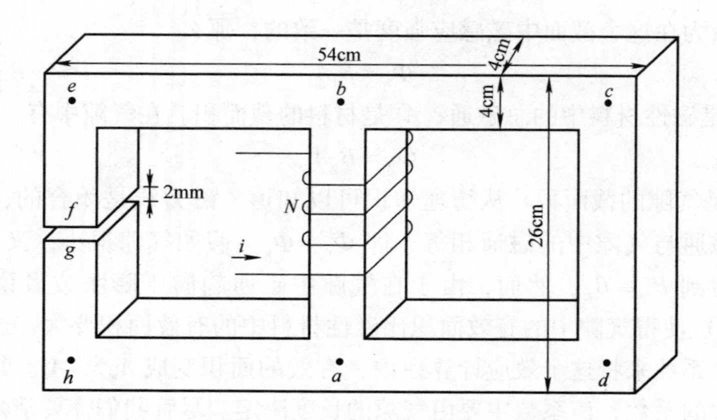

图 1B-1　单绕组电磁系统

$$= \frac{0.22}{1000\ (4\pi \times 10^{-7})\ (0.04)^2} = 109,\ 419\text{H}^{-1} \qquad (1\text{B-1})$$

类似地，

$$\mathscr{R}_{\text{bcda}} = \frac{0.25 + 0.22 + 0.25}{(1000)(4\pi \times 10^{-7})(0.04)^2} = 358,099\text{H}^{-1} \qquad (1\text{B-2})$$

如果在计算铁心磁阻时忽略气隙长度，

$$\mathscr{R}_{\text{bef}} = \mathscr{R}_{\text{gha}} = \frac{1}{2}\mathscr{R}_{\text{bcda}} = 179,049\text{H}^{-1} \qquad (1\text{B-3})$$

气隙的磁阻为

$$\mathscr{R}_{\text{fg}} = \frac{0.002}{(4\pi \times 10^{-7})(0.04)^2} = 994,718\text{H}^{-1} \qquad (1\text{B-4})$$

模拟磁路的电路可以用图 1B-2 来表示。mmf 的极性由右手定则判断，即我们用右手握住一根的导线，使得大拇指朝向电流的正方向，其他手指的方向就是磁通的正方向，在绕组中沿此方向，磁动势上升；或者我们用右手握住绕组（中间的铁心），手指朝向电流正方向，大拇指所指方向为磁通正方向，沿此方向磁动势上升。

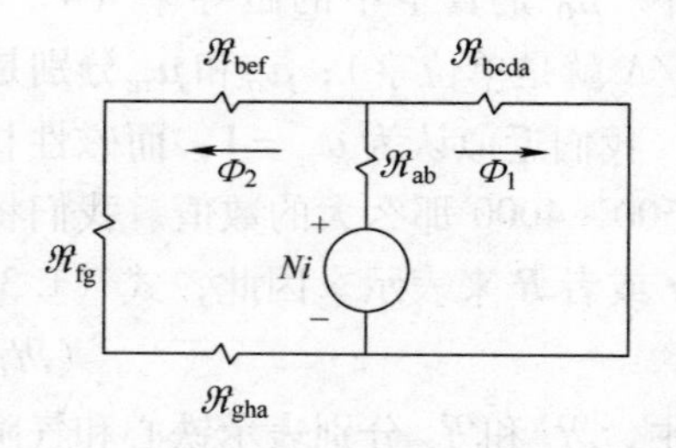

图 1B-2　磁路 1B-1 的电路模拟图

现在我们可以利用直流电路的原理来计算通过中间铁心的总磁通，$\Phi_1 + \Phi_2$。例如，我们可以应用环路电压方程，也可以将串并联电路简化为等效磁阻。

这个并联电路的等效磁阻是

$$\mathscr{R}_{eq}=\frac{(\mathscr{R}_{bcda})(\mathscr{R}_{bef}+\mathscr{R}_{fg}+\mathscr{R}_{gha})}{\mathscr{R}_{bcda}+\mathscr{R}_{bef}+\mathscr{R}_{fg}+\mathscr{R}_{gha}}$$

$$=\frac{(358,099)(179,049+994,718+179,049)}{358,099+179,049+994,718+179,049}$$

$$=\frac{(358,099)(1,352,816)}{1,710,915}=283,148\text{H}^{-1} \tag{1B-5}$$

$$\boldsymbol{\Phi}_1+\boldsymbol{\Phi}_2=\frac{Ni}{\mathscr{R}_{ab}+\mathscr{R}_{eq}}$$

$$=\frac{(100)(10)}{109,419+283,148}=2.547\times10^{-3}\text{Wb} \tag{1B-6}$$

例 1C 考虑如图 1C-1 所示的电磁系统，绕组中接入交流电源，在稳态情况下，两绕组中的电流分别为 $I_1=\sqrt{2}\cos\omega_e t$ 和 $I_2=\sqrt{2}\,0.3\cos(\omega_e t+45°)$，这里用大写字母表示稳态情况。$N_1=150$ 匝，$N_2=90$ 匝，$\mu_r=3000$。计算中间铁心的磁通。

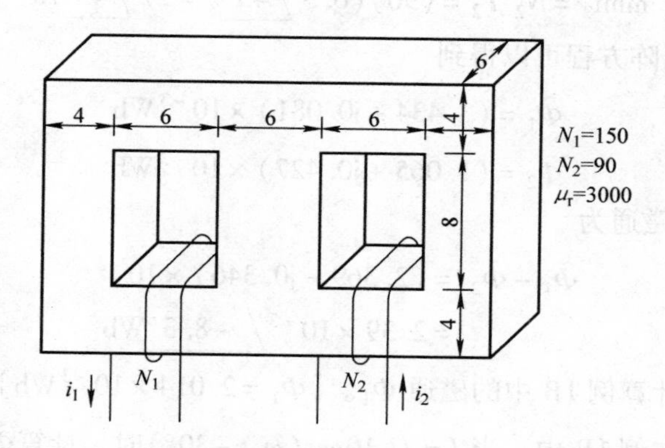

图 1C-1 两绕组电磁系统（尺寸单位：cm）

根据磁路结构可以画出对应的电路模拟如图 1C-2 所示。中间铁心的磁阻用 $\mathscr{R}_x$ 表示，左右两边支路从中间铁心的上面开始，沿着边上铁心到达中间铁心的下面，这两条支路的磁阻用 $\mathscr{R}_y$ 表示。根据具体计算

$$\mathscr{R}_y=\frac{2(0.03+0.06+0.02)+0.12}{3000(4\pi\times10^{-7})(0.06)(0.04)}$$

$$=37,578\text{H}^{-1} \tag{1C-1}$$

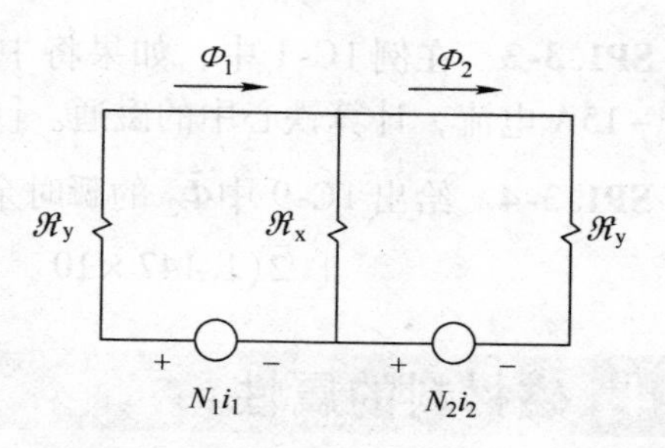

图 1C-2 磁路 1C-1 的电路模拟图

$$\mathscr{R}_x = \frac{0.12}{3000(4\pi \times 10^{-7})0.06^2} = 8,842\text{H}^{-1} \tag{1C-2}$$

电流是正弦的，因此磁动势也是正弦的。这样很方便地用相量的形式来计算 Φ_1 和 Φ_2。电压环路方程可以表示为

$$\tilde{\text{mmf}}_1 = \mathscr{R}_y \tilde{\Phi}_1 + \mathscr{R}_x(\tilde{\Phi}_1 - \tilde{\Phi}_2) \tag{1C-3}$$

$$\tilde{\text{mmf}}_2 = \mathscr{R}_x(\tilde{\Phi}_2 - \tilde{\Phi}_1) + R_y \tilde{\Phi}_2 \tag{1C-4}$$

也可以将其写成矩阵形式

$$\begin{bmatrix} \tilde{\text{mmf}}_1 \\ \tilde{\text{mmf}}_2 \end{bmatrix} = \begin{bmatrix} \mathscr{R}_x + \mathscr{R}_y & -\mathscr{R}_x \\ -\mathscr{R}_x & \mathscr{R}_x + \mathscr{R}_y \end{bmatrix} \begin{bmatrix} \tilde{\Phi}_1 \\ \tilde{\Phi}_2 \end{bmatrix} \tag{1C-5}$$

附录B给出了矩阵的基本代数关系式。在这个例子中

$$\tilde{\text{mmf}}_1 = N_1 \tilde{I}_1 = (150)(1\angle 0°) = 150\angle 0°\text{At} \tag{1C-6}$$

$$\tilde{\text{mmf}}_2 = N_2 \tilde{I}_2 = (90)(0.3\angle 45°) = 27\angle 45°\text{At} \tag{1C-7}$$

解1C-5　矩阵方程可以得到

$$\tilde{\Phi}_1 = (3.434 + \text{j}0.081) \times 10^{-3}\text{Wb} \tag{1C-8}$$

$$\tilde{\Phi}_2 = (1.065 + \text{j}0.427) \times 10^{-3}\text{Wb} \tag{1C-9}$$

通过中间铁心的磁通为

$$\begin{aligned} \tilde{\Phi}_1 - \tilde{\Phi}_2 &= (2.369 - \text{j}0.346) \times 10^{-3} \\ &= 2.39 \times 10^{-3}\angle -8.3°\text{Wb} \end{aligned} \tag{1C-10}$$

SP1.3-1　计算例1B中的磁通 Φ_1。[$\Phi_1 = 2.014 \times 10^{-3}\text{Wb}$]

SP1.3-2　在例1B中，当 $I = \sqrt{2}\,10\cos(\omega_e t - 30°)$ 时，计算 $\tilde{\Phi}_1 + \tilde{\Phi}_2$。

[$\tilde{\Phi}_1 + \tilde{\Phi}_2 = 2.547 \times 10^{-3}\angle -30°\text{Wb, rms}$]

SP1.3-3　在例1C-1中，如果将中间铁心去除，绕组中分别通入 $I_1 = 9$ 和 $I_2 = -15\text{A}$ 电流，计算铁心中的磁通。[0]

SP1.3-4　给出1C-9中 $\tilde{\Phi}_2$ 的瞬时余弦函数表达式。

[$\sqrt{2}(1.147 \times 10^{-3})\cos(\omega_e t + 21.8°)$]

1.4　磁材料的属性

我们从所学的物理知识可以知道，当铁磁材料比如铁、镍、钴或者这些元素的合金，比如多种型号的钢材放置到磁场中时，所产生的磁通将比非铁磁材料放置在相同磁场中产生的磁通大得多（比如，500～4000倍）。我们有必要花一些

时间来简要地回顾一下铁磁材料的基本性质，并建立起可供以后使用的术语。

让我们从 B 和 H 之间的关系开始研究，图 1.4-1 是用于变压器的硅钢材料的典型的 $B-H$ 曲线。我们将假定，铁心的最初状态是完全消磁的（B 和 H 两者都为零）。当我们通过增加铁心上绕组中的电流来施加外部磁场 H 时，磁通密度 B 也随之增大，但这种变化是非线性的，如图 1.4-1 所示。在 H 值达到约 150A/m 之后的磁通密度 B 上升变慢，当 H 增大至几百安匝每米时，材料开始饱和。

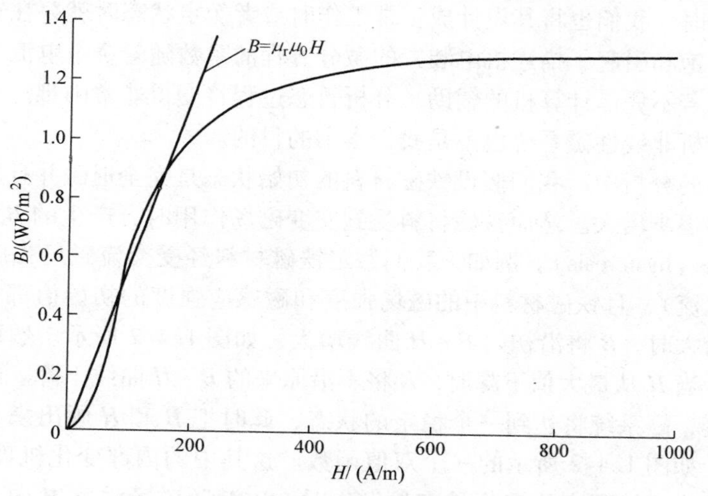

图 1.4-1　变压器常用硅钢材料的 $B-H$ 曲线

电子围绕原子核运行所产生的磁矩和电子自身旋转产生的磁矩两者组合成一个原子的净磁矩，在铁磁材料中，每个原子的净磁矩没有被相邻原子的磁矩所抵消。研究发现，铁磁材料内部可以被分为许多磁畴（magnetic domain），在一个磁畴中所有磁矩（偶极子）都一致。虽然同一个磁畴中的磁矩是一致的，但不同磁畴之间的磁矩确是相互不同的。

当铁磁材料被放置于一个外磁场中，原来磁矩方向与外加磁场相一致的磁畴将向磁矩方向与磁场方向不那么一致的磁畴扩张。这样，与非铁磁材料的情况相比，铁磁材料中的磁通就会更大。这个磁畴扩张的过程被称作畴壁运动[1]。随着磁场的强度增长，方向与磁场一致的磁畴的几乎也是线性增长，这样我们就得到了几乎线性的 $B-H$ 曲线。这种状态将持续到方向与磁场一致的磁畴向不一致磁畴的扩张能力开始减弱，扩张速度变慢。这样就产生了 $B-H$ 曲线的拐点，材料开始饱和。在这一点上，畴壁的布局已经完成，至此已经不再发生方向与外加磁场不一致的磁畴向方向一致的磁畴转化。然而剩下的磁畴也不一定都与外加磁场 H 方向完全对齐，此时若增大外加的磁场强度 H，可以使得剩余磁畴内原子磁偶极矩的旋转，从而增加磁畴与外磁场的对齐程度。然而与畴壁运动相比，磁偶极矩的旋转所

引起的磁感应强度 B 的变化幅度要小，这一点在 $B-H$ 曲线上的体现便是斜率的下降。当剩余的磁畴方向变得与磁场方向完全一致时，我们说此时材料完全饱和了，$B-H$ 曲线的斜率也变成了 μ_0 [1]。假定磁性材料中大部分地方的磁力线是均匀的，磁感应强度 B 和磁通 Φ 成正比例关系，并且磁场强度 H 和磁动势 mmf 成正比例关系，因此磁通和电流的关系曲线和 $B-H$ 曲线具有相同形状。

我们设计变压器时，经常将其设计成正常工作时就存在一些饱和。类似的，做电机设计时，我们也将其设计成正常工作时或者额定状态时就存在轻度饱和的情况。由于饱和引起了描述机电装置的微分方程的系数随着绕组电流的变化而变化，因此，若不凭借计算机的辅助，分析暂态过程将变得非常困难。不过，详细而深入地分析非线性磁系统也不是我们本书的目的。

在前面的分析中，我们假设铁磁材料的初始状态是完全退磁并且所施加的磁场强度从零逐步增大。然而铁磁材料受到交变磁场作用时，产生的 $B-H$ 曲线具有磁滞效果（hysteresis）。例如，我们假定铁磁材料经受交流磁场强度（绕组中通入交变电流），且铁磁材料中的磁场强度和磁感应强度的初始值都为零。当 H 从零开始增大时，B 将沿初始 $B-H$ 曲线增大，如图 1.4-2 所示。然而磁场强度是交变的，当 H 从最大值下降时，B 将不沿原来的 $B-H$ 曲线下降。经过这样几个来回交变，磁系统将达到一个稳定的状态，此时把 B 和 H 画出来将构成一个磁滞回线，如图 1.4-2 所示的一个双值函数。这其中的内部变化机理非常复杂，简短来说，当磁场强度的变化是突然发生时，磁畴随磁场强度 H 向一个方向的变化与相反方向的变化是不相同的。当谈到局部磁滞回线时，情况将变得更加复杂。局部磁滞回线发生在当磁场强度 H 交变过程中，在一个非零点停止施加磁场，又继续施加，然后停止施加磁场，又继续施加磁场，在这个重复的过程中将出现局部磁滞回线[1]。对于局部磁滞回线的现象，我们将就此略过。

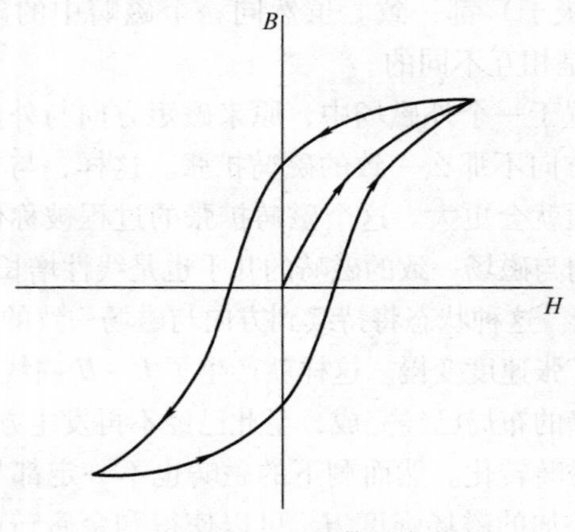

图 1.4-2　磁滞回线

图1.4-3 画出了一组磁滞回线，每条磁滞回线是都是施加正弦的磁场强度后得到的，不同的磁滞回线施加的磁场强度的幅值不同。一种材料的磁化曲线或者 $B-H$ 曲线是不同磁滞回线顶点的连线，如图 1.4-3 中的虚线所示。磁滞回线顶点的轨迹与图 1.4-1 所示初始状态为完全退磁的材料逐渐施加磁场所得到的 $B-H$ 曲线大致相同。假如 H 停在零点位置，此时磁性材料中的磁感应强度称为剩磁（B_r）。将该剩磁完全消除所需要施加的反向磁场强度称为矫顽力（H_c）。这两个量在图 1.4-3 的最大磁滞回线上表示出来了。

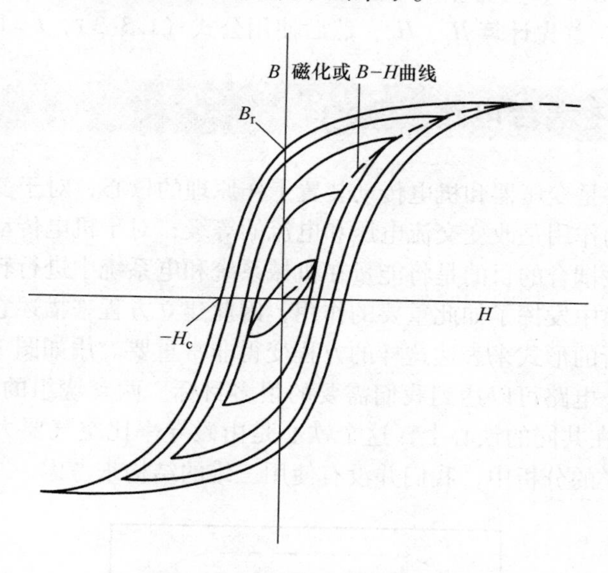

图 1.4-3　一组稳态磁滞回线

在铁磁材料中，增大磁畴的尺寸是需要能量的。研究表明，交替让磁畴对齐磁场所需要的能量等于磁滞回线所围的面积。这种能量导致铁磁材料的温度上升，这种能量消耗的功率称为磁滞损耗。

当将整块实心的铁磁材料放入如图 1.3-1 所示的交变磁场中时，交变的磁通将在实心铁磁材料内部感应出电流，所产生的环流垂直于产生它的磁感应强度（B）。这种被称作涡流（eddy current）的环流引起了两方面我们不想要的效果。其一，这个环流产生的磁动势将抵消一部分绕组产生的磁动势，这种抵消在中心的位置达到最大值，因为中心点同时也是各个环流的中心。这样磁通将倾向于不通过磁性材料的中间部分，从而使得磁性材料的有效利用率降低。其二，这个涡流还存在 i^2r 损耗，称为涡流损耗，最终以发热形式消耗。这两个反面因素可以通过多种方法进行削弱，但最常用的方法是用相互绝缘的叠片（薄片）顺着磁场（B 或 H）的方向来组建铁心。这些薄片使得涡流只能在一个很小的区域内流动，从而得到更小的电流和更小的损耗。

由铁磁材料构成的铁心，其铁损是磁滞损耗和涡流损耗的组合。在机电装置的设计中我们会尽可能地减小铁损，但它们总是存在的，通常我们在线性系统的分析中假设它们对电气系统的影响可以用电阻来表示。

SP1.4-1　如图1.3-1所示的电磁系统，其铁心由硅钢片构成，硅钢片的磁化曲线如图1.4-1所示。气隙长度 l_g 为1mm，铁心的平均长度 l_i 为100cm，$N=500$，$A_i=A_g=25\text{cm}^2$，当希望产生磁通 Φ 为 2.5×10^{-3}Wb时，请问需要通入多大电流？［提示：首先计算 H_i、H_g，然后使用公式（1.3-3），$I=1.99$A］

1.5　静态磁耦合电路

磁耦合电路是变压器和机电传动装置工作原理的核心，对于变压器来说，静态磁耦合电路的作用是改变交流电压和电流的等级；对于机电传动装置来说，在相对运动中的磁耦合的目的是将能量在机械系统和电系统中进行转化。由于磁路耦合在能量转换中发挥了如此重要的作用，因此建立方程来描述它们的行为以及用一种便于分析的形式来表达这样的方程变得非常重要。用如图1.5-1所示的两个磁耦合的静止电路可以达到我们需要的很多目标。两套绕组的匝数分别为 N_1 和 N_2，它们绕在共同的铁心上，这个铁心是由磁导率比空气要大得多的铁磁材料构成。在这样的分析中，我们并没有使用三维的结构来考虑。

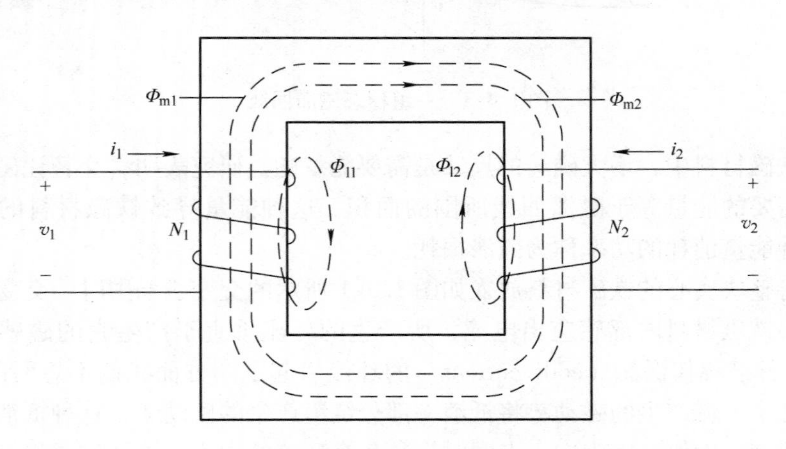

图1.5-1　磁耦合电路

在继续深入之前，还有一两点情况需要进一步说明。通常，理想变压器的知识在基础电路课程里就介绍了。理想情况下，图1.5-1中的 v_2 等于 $(N_2/N_1)v_1$，而 i_2 就等于 $-(N_1/N_2)i_1$，即我们只要考虑变压器的匝数比就够了。然而，对于详细的变压器分析，这样的处理是不够精确的。对于机电传动装置的分析我们几乎不会采用这样的近似处理，因为为了让运动能够发生，在这些装置内都存在气隙，绕组之间的耦合也没有变压器那么紧密，因此必须将漏磁情况也计算在内。

通常每个绕组产生的磁通可以分成两个部分，漏磁部分我们用下标 l 表示，主磁通我们用下标 m 表示。磁通的每一部分都用一条光滑曲线来描述，曲线的正方向由绕组中的电流正方向通过右手定则来确定（右手定则在例 1B 中有简要描述）。漏磁通只和产生该磁通的绕组交链，而主磁通无论是绕组 1 或者绕组 2 内的电流产生的，和两个绕组都是交链的。有些情况下，i_2 以绕组 2 上端电流流出方向为电流正方向，同时在这一端上加点表示。在变压器中加点表示非常方便，但在机电装置中不经常使用这样的表示方法。

每一个绕组中的磁通可以表示为

$$\boldsymbol{\Phi}_1 = \boldsymbol{\Phi}_{l1} + \boldsymbol{\Phi}_{m1} + \boldsymbol{\Phi}_{m2} \tag{1.5-1}$$

$$\boldsymbol{\Phi}_2 = \boldsymbol{\Phi}_{l2} + \boldsymbol{\Phi}_{m2} + \boldsymbol{\Phi}_{m1} \tag{1.5-2}$$

其中，$\boldsymbol{\Phi}_{l1}$ 是由绕组 1 中的电流产生的漏磁通，它只与绕组 1 交链；类似的 $\boldsymbol{\Phi}_{l2}$ 是绕组 2 中的电流产生的漏磁通，它只跟绕组 2 交链。主磁通 $\boldsymbol{\Phi}_{m1}$ 是由绕组 1 中电流产生，它与绕组 1 和绕组 2 都交链；同样的，主磁通 $\boldsymbol{\Phi}_{m2}$ 是由绕组 2 中电流产生，它与两个绕组都交链。$\boldsymbol{\Phi}_{m1}$ 和 $\boldsymbol{\Phi}_{m2}$ 之和称为全部主磁通（简称主磁通），根据选定的电流方向与绕组的绕线方式，将两个绕组产生的磁通相加（叠加）。我们发现两个正向电流产生的磁场方向相同，其互感为正。

我们需要指出的是，上述的系统是实际系统经过近似和理想化以后的系统。这样的想法听起来更加合乎逻辑，所有的漏磁通都不是和产生漏磁通的绕组的每一匝线圈交链，因此所谓的漏磁通 $\boldsymbol{\Phi}_{l1}$、$\boldsymbol{\Phi}_{l2}$ 更加像是等效的漏磁通。同样的，绕组产生的主磁通不一定能和另外绕组的每一匝线圈都交链。考虑到电磁系统的实际情况，我们通常认为 N_1 和 N_2 为等效的线圈匝数，而不一定是实际匝数。

系统的电压方程是

$$v_1 = r_1 i_1 + \frac{\mathrm{d}\lambda_1}{\mathrm{d}t} \tag{1.5-3}$$

$$v_2 = r_2 i_2 + \frac{\mathrm{d}\lambda_2}{\mathrm{d}t} \tag{1.5-4}$$

矩阵形式表示为

$$\begin{bmatrix} v_1 \\ v_2 \end{bmatrix} = \begin{bmatrix} r_1 & 0 \\ 0 & r_2 \end{bmatrix} \begin{bmatrix} i_1 \\ i_2 \end{bmatrix} + \frac{\mathrm{d}}{\mathrm{d}t} \begin{bmatrix} \lambda_1 \\ \lambda_2 \end{bmatrix} \tag{1.5-5}$$

附录 B 给出了矩阵代数运算的规则可供大家参考。电阻 r_1、r_2 和磁链 λ_1、λ_2 分别表示绕组 1 和绕组 2 中的量。由于我们假定了 $\boldsymbol{\Phi}_1$ 交链了绕组 1 的等效匝数为 N_1，而 $\boldsymbol{\Phi}_2$ 交链了绕组 2 的等效匝数为 N_2，因此磁链方程可以写为

$$\lambda_1 = N_1 \Phi_1 \tag{1.5-6}$$

$$\lambda_2 = N_2 \Phi_2 \tag{1.5-7}$$

其中，Φ_1、Φ_2 可以分别由式（1.5-1）和式（1.5-2）计算得到。

假定系统是线性的，我们可以利用磁路的欧姆定律来表达磁通，这样磁通可以写作

$$\Phi_{l1} = \frac{N_1 i_1}{\mathcal{R}_{l1}} \tag{1.5-8}$$

$$\Phi_{m1} = \frac{N_1 i_1}{\mathcal{R}_m} \tag{1.5-9}$$

$$\Phi_{l2} = \frac{N_2 i_2}{\mathcal{R}_{l2}} \tag{1.5-10}$$

$$\Phi_{m2} = \frac{N_2 i_2}{\mathcal{R}_m} \tag{1.5-11}$$

其中，$\mathcal{R}_{l1}$和$\mathcal{R}_{l2}$为漏磁通路径的磁阻，$\mathcal{R}_m$为主磁通路径的磁阻。通常来说，漏磁通对应的磁阻比主磁通所对应的磁阻要大得多。准确计算单独的漏磁通磁阻非常困难，通常通过测试数据近似得到或者通过计算机辅助，用数值方法解决场的问题来得到；另一方面，如图 1.5-1 的铁心中，主磁通路的磁阻在例 1B 已经计算得足够准确了。

将式（1.5-8）至式（1.5-11）代入式（1.5-1）和式（1.5-2）得到

$$\Phi_1 = \frac{N_1 i_1}{\mathcal{R}_{l1}} + \frac{N_1 i_1}{\mathcal{R}_m} + \frac{N_2 i_2}{\mathcal{R}_m} \tag{1.5-12}$$

$$\Phi_2 = \frac{N_2 i_2}{\mathcal{R}_{l2}} + \frac{N_2 i_2}{\mathcal{R}_m} + \frac{N_1 i_1}{\mathcal{R}_m} \tag{1.5-13}$$

将式（1.5-12）和式（1.5-13）代入式（1.5-6）和式（1.5-7）得到

$$\lambda_1 = \frac{N_1^2}{R_{l1}} i_1 + \frac{N_1^2}{\mathcal{R}_m} i_1 + \frac{N_1 N_2}{\mathcal{R}_m} i_2 \tag{1.5-14}$$

$$\lambda_2 = \frac{N_2^2}{R_{l2}} i_2 + \frac{N_2^2}{\mathcal{R}_m} i_2 + \frac{N_2 N_1}{\mathcal{R}_m} i_1 \tag{1.5-15}$$

当系统是线性时，磁链通常会被表示成电感和电流的表达式形式。我们发现式（1.5-14）等式右边的前两项系数与绕组 1 的匝数 N_1 和磁阻有关，与绕组 2 无关。从式（1.5-15）我们可以发现类似的结论，只不过在表述中将绕组 1 与绕组 2 的位置对调。由此，自感的定义为

$$L_{11} = \frac{N_1^2}{R_{l1}} + \frac{N_1^2}{R_m} = L_{l1} + L_{m1} \tag{1.5-16}$$

$$L_{22} = \frac{N_2^2}{R_{l2}} + \frac{N_2^2}{R_m} = L_{l2} + L_{m2} \tag{1.5-17}$$

其中，L_{l1} 和 L_{l2} 是分别是绕组 1 和绕组 2 的漏电感，L_{m1} 和 L_{m2} 分别是其励磁电感。从式（1.5-16）和式（1.5-17）可以得到下面的关系

$$\frac{L_{m2}}{N_2^2}=\frac{L_{m1}}{N_1^2} \tag{1.5-18}$$

式（1.5-14）和式（1.5-15）等式右边的第三项系数我们定义为互感，具体是

$$L_{12}=\frac{N_1 N_2}{\mathcal{R}_m} \tag{1.5-19}$$

$$L_{21}=\frac{N_2 N_1}{\mathcal{R}_m} \tag{1.5-20}$$

从中可以看出 $L_{12}=L_{21}$，从给定的电流正方向以及绕组线圈绕制的方式可以得出该互感是正的。当假设的电流正方向恰好导致 Φ_{m1} 和 Φ_{m2} 的方向相反时，我们认为互感是负的。

互感与励磁电感是相关的，对比式（1.5-16）、式（1.5-17）和式(1.5-19)、式（1.5-20），我们发现

$$L_{12}=\frac{N_2}{N_1}L_{m1}=\frac{N_1}{N_2}L_{m2} \tag{1.5-21}$$

磁链现在可以写成

$$\lambda_1=L_{11}i_1+L_{12}i_2 \tag{1.5-22}$$

$$\lambda_2=L_{21}i_1+L_{22}i_2 \tag{1.5-23}$$

其中，L_{11} 和 L_{22} 分别由式（1.5-16）和式（1.5-17）定义，L_{12} 和 L_{21} 由式（1.5-21)定义。自感 L_{11} 和 L_{22} 总是正的，而互感 $L_{12}(L_{21})$ 如前面描述的那样，可以为正也可以为负。

虽然我们可以直接用式（1.5-3）和式（1.5-4）的电压方程进行分析，习惯上我们会将变量进行一些变形，从而得到大家所熟知的 T 型等效电路，用于描述两个绕组通过线性磁路进行耦合。为达到这个目的，首先我们将磁链方程式（1.5-22）和式（1.5-23）写成

$$\lambda_1=L_{l1}i_1+L_{m1}\left(i_1+\frac{N_2}{N_1}i_2\right) \tag{1.5-24}$$

$$\lambda_2=L_{l2}i_2+L_{m2}\left(\frac{N_1}{N_2}i_1+i_2\right) \tag{1.5-25}$$

在 λ_1 的表达式中将 L_{m1} 提取出来，在 λ_2 的表达式中将 L_{m2} 提取出来，这样我们发现了两个替代变量 $(N_2/N_1)i_2$ 和 $(N_1/N_2)i_1$。假如我们让

$$i'_2=\frac{N_2}{N_1}i_2 \tag{1.5-26}$$

这里我们使用了替代变量 i'_2，当绕组 1 中通入的电流为 i'_2 时，其产生的磁动势与在绕组中通入 i_2 的电流产生的磁动势相同，即 $N_1 i'_2=N_2 i_2$。也就是说绕组 2 中

的电流被折算到了绕组1上，或者说匝数是 N_1 匝的绕组上，这样绕组1成为了参考绕组。同样的，假如我们让

$$i'_1 = \frac{N_1}{N_2} i_1 \tag{1.5-27}$$

那么 i'_1 就是替代变量，当绕组2中通入电流为 i'_1 时，其产生的磁动势与在绕组1中通入电流为 i_1 产生的磁动势相同，即 $N_2 i'_1 = N_1 i_1$。也就是说绕组1中的电流被折算到了绕组2上，或者说匝数为 N_2 匝的绕组上，这样绕组2就成为了参考绕组。

我们在T型等效电路中将沿用将绕组2中的电流折算到绕组1的处理方法，其中的 i'_2 由式（1.5-26）给出。经过这样的变量替代，我们希望电路的瞬时功率保持不变，因此令

$$v'_2 i'_2 = v_2 i_2 \tag{1.5-28}$$

那么

$$v'_2 = \frac{N_1}{N_2} v_2 \tag{1.5-29}$$

磁链的单位为V·s，因此磁链与电压具有相同的替代方式，具体为

$$\lambda'_2 = \frac{N_1}{N_2} \lambda_2 \tag{1.5-30}$$

现在将式（1.5-24）中的 $(N_2/N_1) i_2$ 用 i'_2 来替换；用式（1.5-26）将 i_2 求出来，再将其代入式（1.5-25）所表示的 λ_2 表达式；将得到的结果乘以 N_1/N_2，这样就得到了 λ'_2 的表达式，将此表达式中的 L_{m2} 用 $(N_2/N_1)^2 L_{m1}$ 替代。完成所有这些运算之后我们可以得到

$$\lambda_1 = L_{l1} i_1 + L_{m1}(i_1 + i'_2) \tag{1.5-31}$$

$$\lambda'_2 = L'_{l2} i'_2 + L_{m1}(i_1 + i'_2) \tag{1.5-32}$$

其中

$$L'_{l2} = \left(\frac{N_1}{N_2}\right)^2 L_{l2} \tag{1.5-33}$$

式（1.5-31）和式（1.5-32）给出的磁链方程可以改写为

$$\lambda_1 = L_{11} i_1 + L_{m1} i'_2 \tag{1.5-34}$$

$$\lambda'_2 = L_{m1} i_1 + L'_{22} i'_2 \tag{1.5-35}$$

其中

$$L'_{22} = \left(\frac{N_1}{N_2}\right)^2 L_{22} = L'_{l2} + L_{m1} \tag{1.5-36}$$

其中，L_{22} 在式（1.5-17）定义。

假如我们将式（1.5-4）等式两边同时同乘以 N_1/N_2，这样就可以得到 v'_2 的

表达式，电压方程变为

$$\begin{bmatrix} v_1 \\ v'_2 \end{bmatrix} = \begin{bmatrix} r_1 & 0 \\ 0 & r'_2 \end{bmatrix} \begin{bmatrix} i_1 \\ i'_2 \end{bmatrix} + \frac{\mathrm{d}}{\mathrm{d}t} \begin{bmatrix} \lambda_1 \\ \lambda'_2 \end{bmatrix} \tag{1.5-37}$$

其中

$$r'_2 = \left(\frac{N_1}{N_2}\right)^2 r_2 \tag{1.5-38}$$

电压方程式（1.5-37）和磁链方程式（1.5-34）、式（1.5-35）共同构成了如图 1.5-2 所示 T 型等效电路的方程。这种方法也可以扩展到绕在同一铁心上的多个绕组的情况。

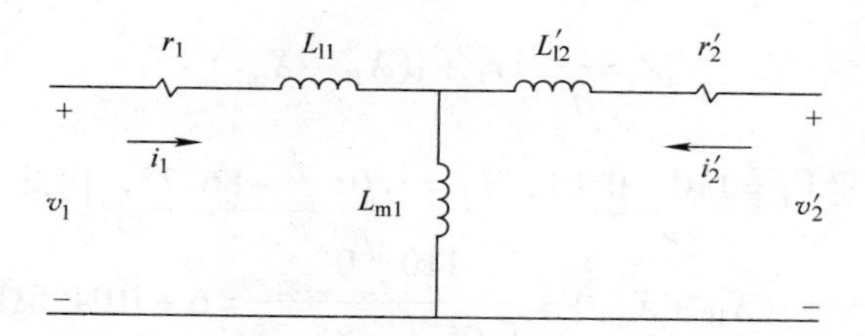

图 1.5-2　绕组 1 作为参考绕组的 T 型等效电路

在这一节开始的时候我们曾经提到对于理想变压器而言，我们只考虑匝数比，认为 $v_2 = (N_2/N_1)v_1$，$i_2 = -(N_1/N_2)i_1$。现在，我们可以更充分地理解这种类型的分析中所做的假设。在变压器的分析中，我们忽略了电阻 r_1 和 r_2，漏电感 L_{l1} 和 L_{l2}，我们假定了励磁电感非常大，因此励磁电流 $i_1 + i'_2$ 小到可以忽略不计。

这一节所讲述的内容是各种电机等效电路的基础。通过绕组的匝数比将电机转子侧的电压、电流变量折算到一个具有和定子绕组相同匝数的绕组上，这是一种实践过程中常用的分析方法。事实上，很多交流电机的等效电路与图 1.5-2 具有类似的形式，只不过增加了一个称为旋转电动势的电压源。我们将会详细讨论关于这个旋转电动势，它是如何产生的以及怎么将其融入等效电路中。

例 1D　这是一个如何从空载、短路试验测量中建立起 T 型等效电路的指导说明。当如图 1.5-2 所示的变压器，绕组 2 开路，在绕组 1 上施加 110V（rms），60Hz 电压时，绕组 1 上输入的平均功率为 6.66W，绕组 1 中的测量电流为 1.05A。接下来将绕组 2 短路，在绕组 1 上施加 30V（rms），60Hz 电压，绕组 1 上的电流为 2A，输入功率为 44W。如果我们假设 $L_{l1} = L'_{l2}$，我们可以通过这样的测量得到近似的以绕组 1 为参考绕组的 T 型等效电路。

绕组 1 的平均输入功率可以表示为

$$P_1 = |\tilde{V}_1||\tilde{I}_1|\cos\varphi_{\mathrm{pf}} \tag{1D-1}$$

其中

$$\varphi_{\mathrm{pf}}=\theta_{\mathrm{ev}}(0)-\theta_{\mathrm{ei}}(0) \tag{1D-2}$$

这里$\tilde{V}_1$和$\tilde{I}_1$都是相量，$\tilde{I}_1$的参考正方向与电压下降方向相同；$\theta_{\mathrm{ev}}(0)$和$\theta_{\mathrm{ei}}(0)$分别代表$\tilde{V}_1$和$\tilde{I}_1$的相角。在空载测试情况下，我们可以计算此时的φ_{pf}：

$$\varphi_{\mathrm{pf}}=\cos^{-1}\frac{P_1}{|\tilde{V}_1||\tilde{I}_1|}=\cos^{-1}\frac{6.66}{(110)(1.05)}=86.7° \tag{1D-3}$$

虽然$\varphi_{\mathrm{pf}}=-86.7°$也是方程（1D-3）的一个合法的解，但在感性电路里$\tilde{V}_1$超前于$\tilde{I}_1$，应该取正的解为合法解。在绕组2开路的情况下，绕组1的输入阻抗是

$$Z=\frac{\tilde{V}_1}{\tilde{I}_1}=r_1+\mathrm{j}(X_{l1}+X_{m1}) \tag{1D-4}$$

将$\tilde{V}_1$作为参考相量$\tilde{V}_1=110\angle 0°$时，$\tilde{I}_1=1.05\angle -86.7°$，由此

$$r_1+\mathrm{j}(X_{l1}+X_{m1})=\frac{110\angle 0°}{1.05\angle -86.7°}=6+\mathrm{j}104.6\Omega \tag{1D-5}$$

如果我们忽略铁心损耗，则$r_1=6\Omega$，同时还可以得到$X_{l1}+X_{m1}=104.6\Omega$。

对于短路的情况，我们假设$\tilde{I}_1=-\tilde{I}'_2$，因为变压器在设计时就考虑到在额定频率下$X_{m1}\gg|r'_2+\mathrm{j}X'_{l2}|$。再次利用式（1D-1）得到

$$\varphi_{\mathrm{pf}}=\cos^{-1}\frac{44}{(30)(2)}=42.8° \tag{1D-6}$$

在这种情况下输入的阻抗为$Z=(r_1+r'_2)+\mathrm{j}(X_{l1}+X'_{l2})$，同时可以由测量数据计算得到

$$Z=\frac{30\angle 0°}{2\angle -42.8°}=11+\mathrm{j}10.2\Omega \tag{1D-7}$$

这样我们就得到了$r'_2=11-r_1=5\Omega$；又因为我们假定$X_{l1}=X'_{l2}$，因此两个漏抗都为$10.2/2=5.1\Omega$；进而得到$X_{m1}=104.6-5.1=99.5\Omega$。所以，$r_1=6\Omega$，$L_{l1}=13.5\mathrm{mH}$，$L_{m1}=263.9\mathrm{mH}$，$r'_2=5\Omega$，$L'_{l2}=13.5\mathrm{mH}$。确保我们正确地把$X'_s$转化为$L'_s$。

SP1.5-1 将图1C－1所示的电磁系统的中间磁铁去除，请在忽略漏电感的情况下计算L_{11}，L_{22}和L_{12}。[$L_{11}=299.4\mathrm{mH}$，$L_{22}=107.8\mathrm{mH}$，$L_{12}=179.5\mathrm{mH}$]

SP1.5-2 使用例1D所计算得到变压的计算结果和参数，当绕组2短路情况下在绕组1上施加12V（DC）电源时，计算两绕组中电流i_1和i_2的稳态值。如果绕组2是开路呢？[两种情况下都是$I_1=2\mathrm{A}$，$I_2=0$]

SP1.5-3 在例1D中，如果将绕组2开路（空载），绕组1施加$V_1=\sqrt{2}$

$10\cos 100t$ 的电压，求绕组 1 中的电流。[$\tilde{I}_1 = 0.352\angle -77.8°\mathrm{A}$]

1.6 静态磁耦合电路的开路和短路特性

观察变压器两个绕组的开路和短路特性对于我们的学习和理解具有重要意义，为此我们将例 1D 中所描述的变压器进行了计算机仿真。得到开路特性如图 1.6-1 和图 1.6-2 所示，图中画出的变量有 $\boldsymbol{\lambda}$、$\boldsymbol{v}_1$、i_1、v_2' 和 i_2'，其中变量 $\boldsymbol{\lambda}$ 等于 L_{m1} $(i_1 + i_2')$，即式（1.5-31）和式（1.5-32）的最后一项。这是变压器的铁心磁通在绕组 1 上所交链的磁链，它经常被称为励磁磁链用符号 $\boldsymbol{\lambda}_{m}$、$\boldsymbol{\lambda}_{mag}$ 或者 $\boldsymbol{\lambda}_{\varphi}$ 表示，其中的 $i_1 + i_2'$ 又常被称作励磁电流。

在零时刻之前，没有外加激励，在零时刻（$t = 0$），保持绕组 2 开路，给绕组 1 分别施加 $v_1 = \sqrt{2}\ 110\cos 377t$ 和 $v_1 = \sqrt{2}\ 110\sin 377t$ 两种不同的激励，其响应分别如图 1.6-1 和图 1.6-2 所示。两种激励下，稳态电流 i_1 是完全相同的，然而由于感性电抗很大，施加正弦电压时所引起暂态的电流偏移会比施加 $v_1 = \sqrt{2}\ 110\cos 377t$ 大得多（在本章结束时，你将被要求证明这个问题）。由于 $v_1 = \sqrt{2}\ 110\sin 377t$ 时将引起更大的暂态偏移，我们可以更清楚地看到暂态过程，接下来的分析中我们将沿用 v_1 为正弦的情况。尽管很难准确看出从 i_1（或者 $\boldsymbol{\lambda}$）偏移

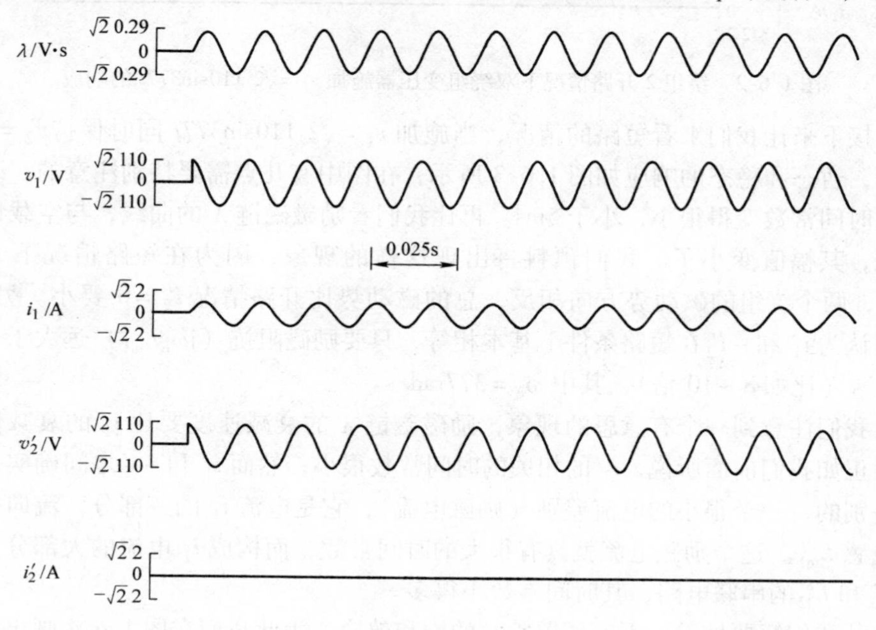

图 1.6-1 绕组 2 开路情况下双绕组变压器施加 $v_1 = \sqrt{2}\ 110\cos 377t$ 的响应

的初始值衰减至其1/3时刻的时间常数，其实际值大约为50ms。空载情况下时间常数的计算值为 $\tau_{n1}=(L_{l1}+L_{m1})/r_1=46.2\text{ms}$。在离开图1.6-1和图1.6-2之前，还有一点我们可以注意一下，在稳态情况下 I_1 滞后 V_1 约90°（例1D中为86.7°）。

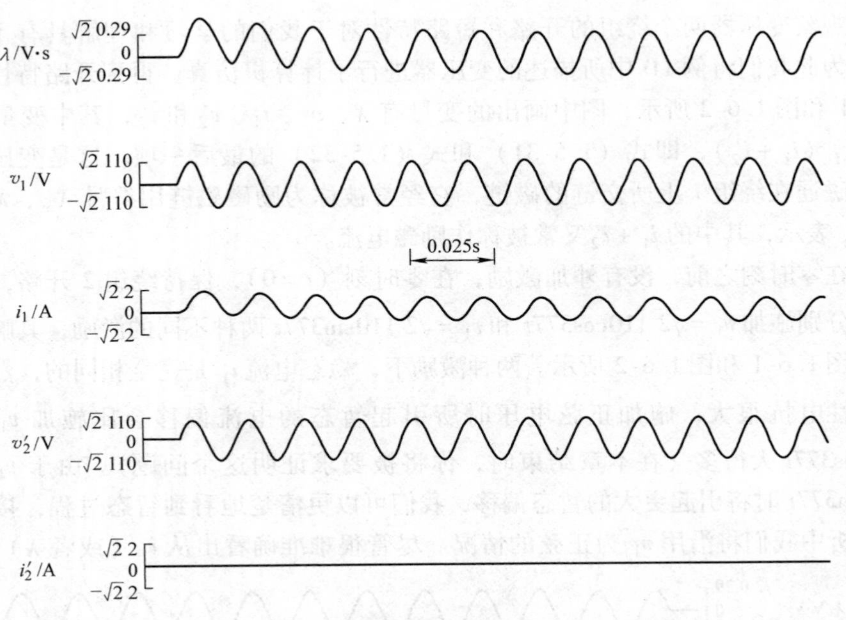

图1.6-2　绕组2开路情况下双绕组变压器施加 $v_1=\sqrt{2}\,110\sin377t$ 的响应

接下来让我们来看短路的情况，当施加 $v_1=\sqrt{2}\,110\sin377t$ 同时保持 $v_2'=0$ 情况下，暂态和稳态的响应如图1.6-3所示，在图中有几点需要特别注意的。i_1 衰减的时间常数变得很小，小于5ms。再让我们看励磁磁链 λ 的曲线，与空载情况相比，其幅值变小了。我们预料将出现这样的现象，因为在短路情况下 $i_1\cong-i_2'$，两个绕组的磁动势方向相反，总的磁动势比开路情况 $i_2'=0$ 要小。另外，我们认为 i_1 和 $-i_2'$ 在短路条件下基本相等，只要励磁阻抗（$\text{j}\omega_e L_{m1}$）远大于 $r_2'+\text{j}\omega_e L'_{l2}$（比如8~10倍），其中 $\omega_e=377\text{rad/s}$。

我们注意到一个有意思的现象，励磁磁链 λ 的衰减速度要比 i_1 的衰减慢得多。正如我们前面所说，i_1 的相关的时间常数很小；然而 i_1 和 $-i_2'$ 之间确实是存在差别的，一个很小的电流差别（励磁电流），它是电流 i_1 的一部分，流向很大的电感 L_{m1}。这个励磁电流就具有很大的时间常数，而构成 i_1 电流的大部分是流过 r_2' 和 L_{l2}' 的串联电路，其时间常数小得多。

让我们简要地看一下变压器铁心的饱和效应。为此我们在图1.6-4画出了励磁磁链 λ 和电流（i_1+i_2'）关系。直线部分的斜率为 L_{m1}。图1.6-4所显示的饱

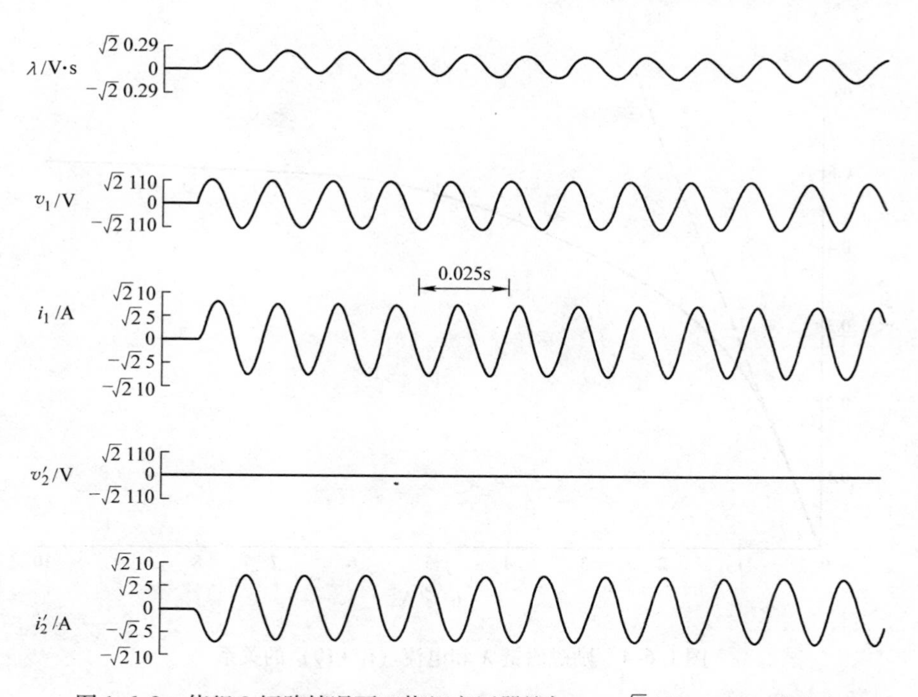

图 1.6-3 绕组 2 短路情况下双绕组变压器施加 $v_1=\sqrt{2}\,110\sin 377t$ 的响应

和曲线的测量方法在文献［2］中有概述。由于在短路情况下（见图 1.6-3），λ 的幅值较小，因此不会出现饱和情况。然而当说到开路条件，情况将变得很不一样。如图 1.6-5 与图 1.6-2 具有相同的条件，只不过多考虑了铁心饱和效应。开路条件下，i_2'由于为零，电流 i_1 也即是励磁电流，我们可以看到在稳态时，电流的三次谐波分量非常丰富。为什么会发生这样的变化？我们注意到，如果没有 r_1 和 L_{l1} 的话，λ 随时间的变化率应该就是 v_1。在这个例子中，λ 的峰值应该为 $\sqrt{2}\,110/377=\sqrt{2}\,0.29$（V · s）。我们从图 1.6-4 发现，饱和一定是在铁心产生 λ 峰值的时候发生的，在饱和区域与不饱和区域相比，单位 λ 的增加需要更大的电流增加来支持，因此出现了电流的尖峰。在现实中，电路存在 r_1 和 L_{l1}，经过这些元件电压都会下降，因此 $\mathrm{d}\lambda/\mathrm{d}t$ 的幅值也会比 v_1 小一些，但不管怎样，要产生如图 1.6-5 所示的，λ 的稳态峰值要达到约$\sqrt{2}\,0.26$（V · s），都会产生饱和现象。

最后还有一个值得讨论的现象，我们回想一下当施加的电压 v_1 为正弦时，λ 的暂态漂移会更大一些。这个偏移将导致铁心饱和，如图 1.6-5 所示，在电流的第一个周期中，由于铁心严重饱和，为达到所需要的 λ，电流将变得非常大。在图 1.6-5 中，我们看到在变压器接上电源时，其开始的电流为三倍稳态励磁电流。对于有些变压器而言，这个电流有可能是正常稳态励磁电流的 50 ~ 100 倍，

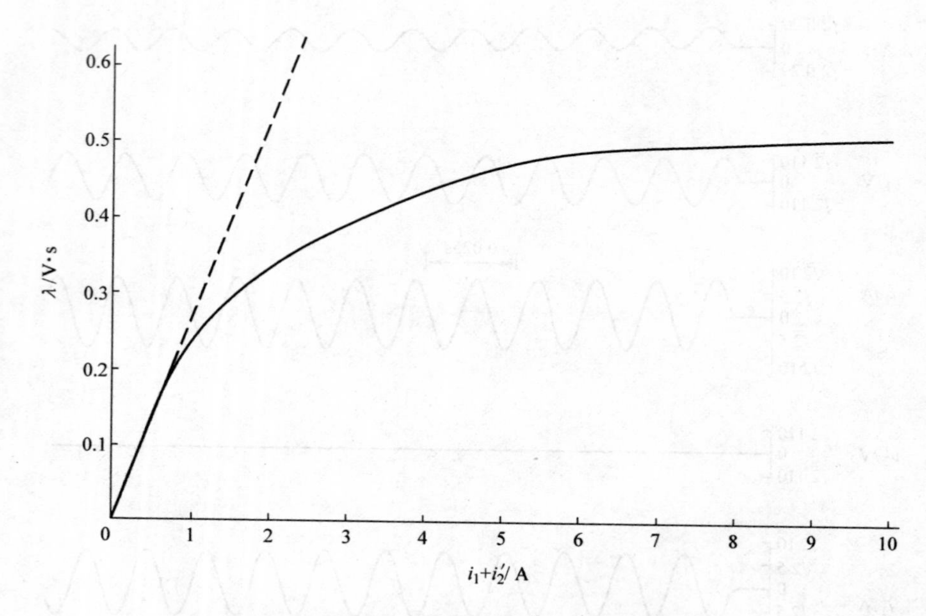

图 1.6-4　励磁磁链 λ 和电流（i_1+i_2'）的关系

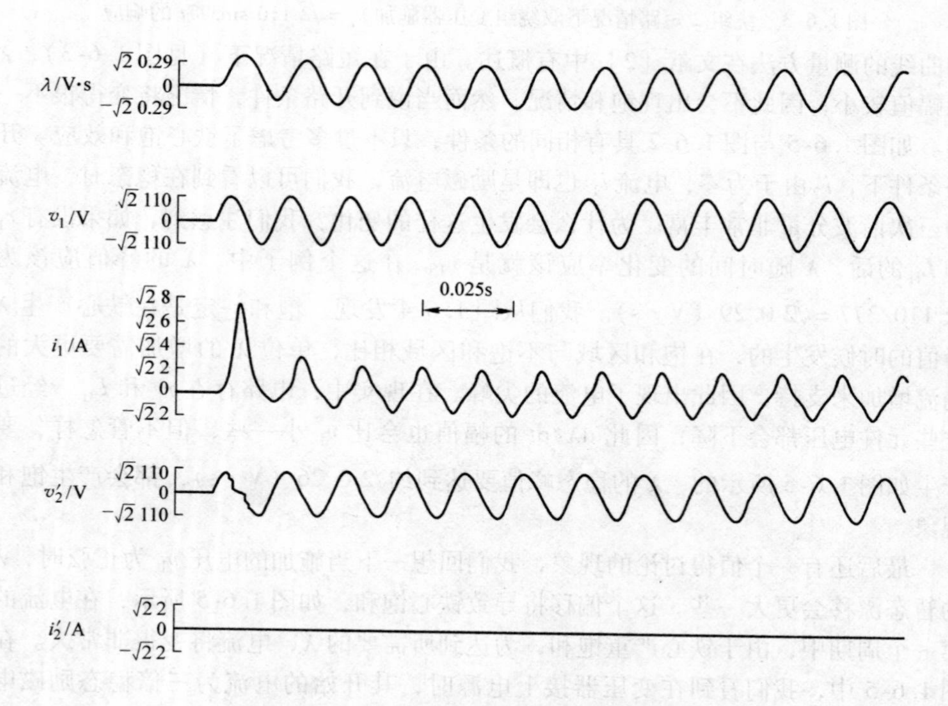

图 1.6-5　与图 1.6-2 的饱和情况相同

可能要经历多个周期后才能趋向稳定值。由此，有些变压器在接通的瞬间会产生很响地“嗡”的一声，这是巨大的冲击电流产生的力。另外，还注意到 v_2' 在上电时的波形，饱和效应已经影响到了绕组 2 的开路电压。正如图 1.6-5 所描述，由于在饱和情况下励磁磁链的变化偏小，因此绕组 2 上的开路电压也偏小。然而，这种开路电压的变化在实际的变压器中不一定表现那么明显。

SP1.6-1　利用图 1.6-3，大概估计 $|\tilde{I}_1 + \tilde{I}_2'|$ 的值。[$|\tilde{I}_1 + \tilde{I}_2'| \cong \frac{1}{2}\text{A}$]

SP1.6-2　做一些必要的近似之后，计算图 1.6-3 中稳态情况下电流 $\tilde{I}_1$ 和电压 $\tilde{V}_1$ 的角度关系，然后在图中进行验证。[$\tilde{V}_1$ 超前 $\tilde{I}_1$ 42.8°]

SP1.6-3　考虑如例 1D 所示的变压器，假设 $V_1 = \sqrt{2}\,110\cos 1000t$，负载接在绕组 2 上，负载折算到绕组 1 的阻抗为 21 + j5Ω，请计算 $\tilde{I}_2'$。在此过程中可以做必要近似。[$\tilde{I}_2' \cong -2.4\angle -45°$]

1.7　包含机械运动的磁系统

我们将在第 2 章里推导在机电系统中电磁力和转矩的产生原理和计算公式，之后将有 3 个基本的机电系统的例子。在这一节中我们将介绍这三个系统，以建立系统的电压方程和自感、互感的表达式，从而为接下来的第 2 章分析做好准备工作。其中第一个机电系统是基本电磁铁，它有部分铁心是运动的。电系统可以通过在运动部件上施加电磁力，使其产生相对静止部分的运动。我们将分析这个装置，并在第 2 章中，用计算机模拟观察其特点。第二个系统是通常被称为磁阻电机的旋转装置，数量巨大的步进电机正是基于磁阻转矩的原理运行。第三种装置有两套绕组，一套绕组是静止的；另一套绕组是旋转的。这种设备，虽然有些不切实际，但可以说明绕组或磁系统相对运动的概念。

基本电磁铁

基本的电磁铁结构我们可以看图 1.7-1，它由一个绕有 N 匝线圈的固定铁心和一块可以相对静止铁心自由运动的导磁材料组成。在第 2 章中将有更加详细的介绍，在运动部分上会有弹簧、阻尼相连以及在上面将会有外力施加。这儿我们无需了解这么详细，我们只要知道可以移动部分的位置离固定部分为 x，且可能是时间的函数 $x = x(t)$。

在基本电磁铁中描述电系统的电压方程为

$$v = ri + \frac{d\lambda}{dt} \tag{1.7-1}$$

其中，磁链的表达式为

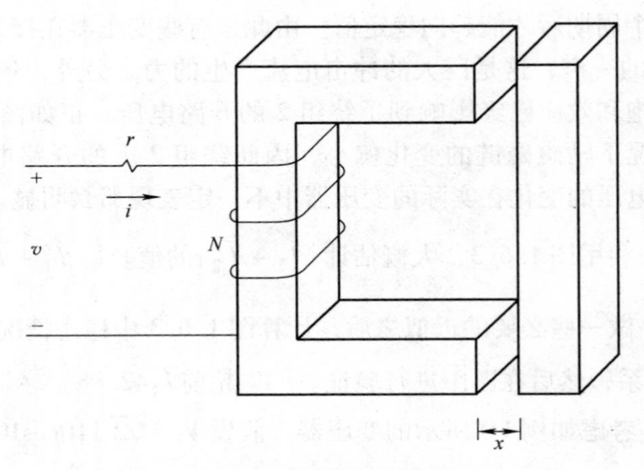

图1.7-1　基本的电磁铁

$$\lambda = N\Phi \tag{1.7-2}$$

磁通可以写成

$$\Phi = \Phi_1 + \Phi_m \tag{1.7-3}$$

其中，Φ_1 为漏磁通；Φ_m 为经过静止部分和运动部分的主磁通。假如磁系统是线性的（不考虑饱和），对于静止部分我们可以将磁通写成关于磁阻的表达式

$$\Phi_1 = \frac{Ni}{\mathscr{R}_1} \tag{1.7-4}$$

$$\Phi_m = \frac{Ni}{\mathscr{R}_m} \tag{1.7-5}$$

其中，$\mathscr{R}_1$ 和 $\mathscr{R}_m$ 分别是漏磁磁路和主磁路的磁阻。

现在磁链可以写成

$$\lambda = \left(\frac{N^2}{\mathscr{R}_1} + \frac{N^2}{\mathscr{R}_m}\right)i \tag{1.7-6}$$

漏电感为

$$L_1 = \frac{N^2}{\mathscr{R}_1} \tag{1.7-7}$$

励磁电感为

$$L_m = \frac{N^2}{\mathscr{R}_m} \tag{1.7-8}$$

主回路的磁阻为

$$\mathscr{R}_m = \mathscr{R}_i + 2\mathscr{R}_g \tag{1.7-9}$$

其中，$\mathscr{R}_i$ 是铁磁材料中磁阻的总和，包括固定部分铁心和移动部分；$\mathscr{R}_g$ 是一个气隙的磁阻。假定静止部分铁心和移动部分铁心所用材料一样，并且截面积相等，则磁阻可以写成

$$\mathscr{R}_i=\frac{l_i}{\mu_{ri}\mu_0A_i} \tag{1.7-10}$$

$$\mathscr{R}_g=\frac{x}{\mu_0A_g} \tag{1.7-11}$$

我们假定 $A_g=A_i$。虽然我们前面也提到过，这样的简化有点过头了，但对于我们的目的来说已经足够了。这样$\mathscr{R}_m$ 就可以写成

$$\mathscr{R}_m=\frac{1}{\mu_0A_i}\left(\frac{l_i}{\mu_{ri}}+2x\right) \tag{1.7-12}$$

励磁电感可以写成

$$L_m=\frac{N^2}{(1/\mu_0A_i)(l_i/\mu_{ri}+2x)} \tag{1.7-13}$$

在这个分析中，漏电感被认为是一个常数，励磁电感是一个只与位移相关的函数。由此，$x=x(t)$，$L_m=L_m(x)$。在此之前，我们对于磁路是线性的变压器讨论中，由于不存在机械运动，因此磁链的变化可以简单地用 $L(\mathrm{d}i/\mathrm{d}t)$ 表示。这种表示在这里已经不适用了。现在电感是位移 $x(t)$ 的函数

$$\lambda(i,\ x)=L(x)i=[L_l+L_m(x)]i \tag{1.7-14}$$

那么

$$\frac{\mathrm{d}\lambda(i,\ x)}{\mathrm{d}t}=\frac{\partial\lambda}{\partial i}\frac{\mathrm{d}i}{\mathrm{d}t}+\frac{\partial\lambda}{\partial x}\frac{\mathrm{d}x}{\mathrm{d}t} \tag{1.7-15}$$

由于有式（1.7-15），我们可以看到式（1.7-1）所示的电压方程可表示为

$$v=ri+[L_l+L_m(x)]\frac{\mathrm{d}i}{\mathrm{d}t}+i\frac{\mathrm{d}L_m(x)}{\mathrm{d}x}\frac{\mathrm{d}x}{\mathrm{d}t} \tag{1.7-16}$$

由于最后两项的存在，使得式（1.7-16）成为一个非线性的微分方程。

让我们暂时回头看一下式（1.7-13）给出的励磁电感 L_m 的表达式，为了给第 2 章的内容作铺垫，我们将式（1.7-13）写成另外一种形式

$$L_m(x)=\frac{k}{k_0+x} \tag{1.7-17}$$

其中

$$k=\frac{N^2\mu_0A_i}{2} \tag{1.7-18}$$

$$k_0=\frac{l_i}{2\mu_{ri}} \tag{1.7-19}$$

当 $x=0$ 时，$L_m(x)$ 由铁心的磁阻决定，即在 $x=0$ 时

$$L_m(0)=\frac{k}{k_0}=\frac{N^2\mu_0\mu_{ri}A_i}{l_i} \tag{1.7-20}$$

基于磁性材料的参数，$L_m(x)$ 可以被足够准确地表示为

$$L_{\mathrm{m}}(x)=\frac{k}{x},\ x>0 \tag{1.7-21}$$

在第2章中，我们将沿用这样的近似。

基本的磁阻电机

一台基本的磁阻电机可以表示为图1.7-2，它由一个固定铁心和一个可转动铁心组成，其中固定铁心上绕有N匝线圈，转动的铁心的角度位置和旋转速度分别用θ_{r}和ω_{r}表示。角度位置可以表示为

$$\theta_{\mathrm{r}}=\omega_{\mathrm{r}}t+\theta_{\mathrm{r}}(0) \tag{1.7-22}$$

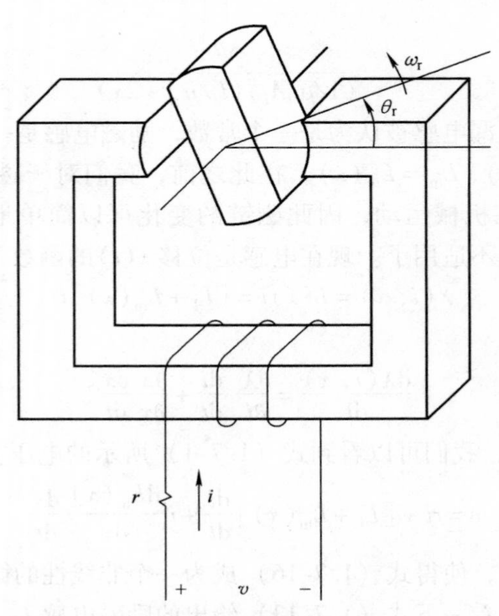

图1.7-2　基本的磁阻电机

电压方程的形式如式（1.7-1）。类似的，如式（1.7-3）所表示那样，磁通可以分成漏磁通和主磁通。磁链可以方便地表示为

$$\lambda=(L_{\mathrm{l}}+L_{\mathrm{m}})i \tag{1.7-23}$$

其中，L_{l}是漏电感；L_{m}是励磁电感。漏电感基本上是常数，与角度位置θ_{r}无关，而励磁电感是θ_{r}的周期函数，即$L_{\mathrm{m}}=L_{\mathrm{m}}(\theta_{\mathrm{r}})$。当$\theta_{\mathrm{r}}=0$时

$$L_{\mathrm{m}}(0)=\frac{N^2}{\mathscr{R}_{\mathrm{m}}(0)} \tag{1.7-24}$$

此时转子处于垂直位置（不对齐），气隙达到最大值，磁阻$\mathscr{R}_{\mathrm{m}}$也达到最大值，因而L_{m}最小。这种情况不仅在$\theta_{\mathrm{r}}=0$时发生，而且在$\theta_{\mathrm{r}}=\pi$、2π等位置也会发生。

现在，考虑 $\theta_r=\frac{1}{2}\pi$ 的情况

$$L_m\left(\frac{1}{2}\pi\right)=\frac{N^2}{\mathcal{R}_m\left(\frac{1}{2}\pi\right)} \tag{1.7-25}$$

此时$\mathcal{R}_m$ 最小，L_m 最大，这种情况会在 $\theta_r=\frac{3}{2}\pi$、$\frac{5}{2}\pi$ 等位置发生。就这样励磁电感的值在最大和最小的正值之间变化，每当转动部分（转子）旋转一周时，这种变化发生两次。我们为了方便假设这种变化可以用一个正弦函数来表示，具体的可将 $L_m(\theta_r)$表示为

$$L_m(\theta_r)=L_A-L_B\cos2\theta_r \tag{1.7-26}$$

得出

$$L_m(0)=L_A-L_B \tag{1.7-27}$$

$$L_m\left(\frac{1}{2}\pi\right)=L_A+L_B \tag{1.7-28}$$

其中，$L_A>L_B$，如图 1.7-3 所示，L_A为其平均值。那么自感可以表示成

$$\begin{aligned}L(\theta_r)&=L_l+L_m(\theta_r)\\&=L_l+L_A-L_B\cos2\theta_r\end{aligned} \tag{1.7-29}$$

电压方程的形式可以参考式(1.7-16)，只要将式中的 x 用 θ_r 替代就可以了。

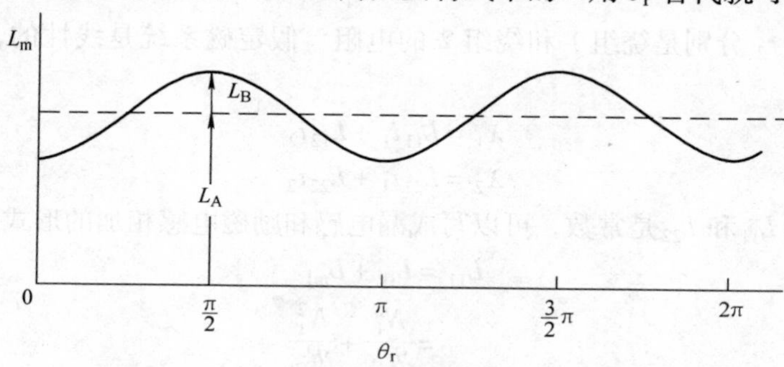

图 1.7-3 基本的磁阻电机励磁电感的近似曲线

相对运动的绕组

为说明相对运动的绕组，我们将使用如图 1.7-4 所示的旋转机电装置。这个装置由两个绕组构成，每个绕组由多匝线圈组成。绕组 1 的匝数为 N_1，其安装在静止部分（定子）上；绕组 2 的匝数为 N_2，其安装在旋转的部分（转子）上。符号⊗表示导体内的正向电流是朝向纸的里面流动的，相反，符号⊙表示导体内的正向电流朝向纸的外面流动。在现实中，这些导体分布在定子和转子的一段弧形的表面（经常是 30°~60°）。在我们所介绍的装置上，我们假定这些导体

是集中在一个位置上的，如图1.7-4所画的那样，这对我们的分析来说已经足够了。同时，在图1.7-4中定转子之间的气隙相对定子的内径尺寸来说也是夸大了。

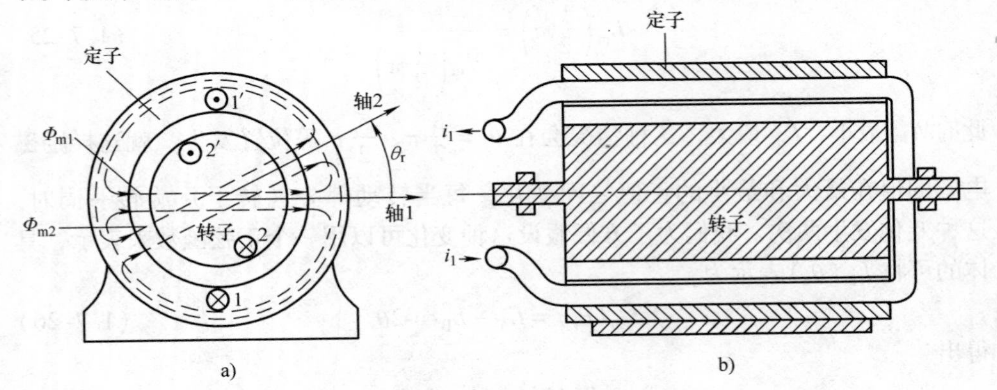

图1.7-4 基本的旋转机电装置

a）端面图 b）截面图

电压的方程可以写为

$$v_1 = r_1 i_1 + \frac{d\lambda_1}{dt} \tag{1.7-30}$$

$$v_2 = r_2 i_2 + \frac{d\lambda_2}{dt} \tag{1.7-31}$$

其中，r_1 和 r_2 分别是绕组1和绕组2的电阻。假定磁系统是线性的，磁链可以表示为

$$\lambda_1 = L_{11} i_1 + L_{12} i_2 \tag{1.7-32}$$

$$\lambda_2 = L_{21} i_1 + L_{22} i_2 \tag{1.7-33}$$

绕组的自感 L_{11} 和 L_{22} 是常数，可以写成漏电感和励磁电感相加的形式

$$\begin{aligned} L_{11} &= L_{l1} + L_{m1} \\ &= \frac{N_1^2}{\mathscr{R}_{l1}} + \frac{N_1^2}{\mathscr{R}_m} \end{aligned} \tag{1.7-34}$$

$$\begin{aligned} L_{22} &= L_{l2} + L_{m2} \\ &= \frac{N_2^2}{\mathscr{R}_{l2}} + \frac{N_2^2}{\mathscr{R}_m} \end{aligned} \tag{1.7-35}$$

其中，$\mathscr{R}_m$ 是 Φ_{m1} 和 Φ_{m2} 在整个磁路上的磁阻，包括经过定子和转子的铁心以及穿过两个气隙。显然，绕组1和绕组2所建立的磁系统是一样的磁系统。

请注意图1.7-4中的轴1和轴2，其方向分别表示各自磁系统的正方向，它与各自绕组中的电流正方向符合右手螺旋定则。接下来考虑 L_{12}（有没有理解 $L_{12} = L_{21}$?）。当式（1.7-22）所定义的 θ_r 为零时，绕组1和绕组2的交链达到最大值。当 $\theta_r = 0$，且绕组1和绕组2中都通入正向电流时，其产生的两个磁场是

加强的。此时的互感为正值

$$L_{12}(0)=\frac{N_1N_2}{\mathcal{R}_{\mathrm{m}}} \tag{1.7-36}$$

当 $\theta_r=\frac{1}{2}\pi$，两绕组处正交位置，磁场没有交链，因此

$$L_{12}\left(\frac{1}{2}\pi\right)=0 \tag{1.7-37}$$

我们再次尽可能简单地假设互感也可以近似地描述成

$$L_{12}(\theta_r)=L_{sr}\cos\theta_r \tag{1.7-38}$$

其中，L_{sr}是由式（1.7-36）给出的定转子之间正弦互感的幅值。

为了写出式（1.7-30）和式（1.7-31），必须给出磁链的全微分表达式，它可以用 λ_1 和 λ_2 分别对 i_1、i_2 和 θ_r 的偏微分得到。写出这些电压方程是本章内容结束时留给大家的一个问题。

SP1.7-1 如果 $L_m(x)=k/x$，$i=t$，$x=t$，请表示 $d[L_m(x)i]/dt$。[0]

SP1.7-2 假如在基本磁阻电机中，磁阻最小的时刻发生在 $\theta_r=0$，则如何表达 $L(\theta_r)$？[$L(\theta_r)=L_l+L_A+L_B\cos2\theta_r$]

SP1.7-3 在图 1.7-4 中如果电流 i_2 的电流反向，则 L_{11}、L_{22}还有 L_{12}如何变化？[L_{11}、L_{22}不变，$L_{12}=-L_{sr}\cos\theta_r$]

SP1.7-4 在图 1.7-4 中，假设 $I_1=1\mathrm{A}$，$L_{sr}=0.1\mathrm{H}$，$\omega_r=100\mathrm{rad/s}$，$\theta_r(0)=0$，绕组 2 开路，如何表示绕组 2 的电压 V_2？[$V_2=-10\sin100t$]

1.8 小结

我们从磁耦合电路的观点来分析机电传动装置。虽然许多机电装置的耦合绕组是相对运动的，静止的耦合绕组（变压器）等效电路只是一个开始，它将会发展成后面章节中那些装置的等效电路。随着研究深入，我们将会发现从一个绕组折算到另外一个绕组的概念非常有用。

机电传动装置电磁分析的第一步，是用自感和互感的形式来表达电压和磁链方程。在我们的分析中，我们不考虑饱和；相反，我们会将我们的工作限定在线性磁路系统，而将这些对饱和情况的处理留给那些对机电传动装置进行更深入的研究课程。在本章中，我们了解到，电磁传动装置和机电传动装置可由是自感或互感是否随可动部件的位移的变化而变化来区分。

在下一章中，我们将首先学习一种分析手段，用于确定机电传动设备中的电磁力或电磁转矩。一旦做到了这一点，我们就能够表达本章刚刚提到的基本电磁铁中的电磁力和基本的旋转装置中的电磁转矩。

1.9 参考文献

[1] G. R. Slemon and A. Straughen, *Electric Machines*, Addison-Wesley Publishing Company, Reading, Mass., 1980.

[2] P. C. Krause, *Analysis of Electric Machinery*, McGraw-Hill Book Company, New York, 1986.

1.10 习题

书中在所有问题部分，更长的和更难的问题用星号表示。

1. 如图 1.3-1 所示的磁系统，假设 $\mu_r = 1500$，$N = 100$ 匝，$i = 2\text{A}$，铁心的截面为正方形，边长为 4cm，气隙长度为 4mm，铁心的平均长度是气隙长度的 200 倍，忽略漏磁通的影响，同时认为 $A_i = A_g$，计算磁通。

2. 在例 1B 中，如果在 c 和 d 中间点上增加另一个长度为 2mm 的气隙，忽略漏磁，同时认为 $A_i = A_g$，那么计算结果又是什么？

3. 一个有铁心的变压器，尺寸如图 1.10-1 所示，$N_1 = 50$ 匝，$N_2 = 100$ 匝，$\mu_r = 4000$，请计算 L_{12}、L_{m1} 和 L_{m2}。

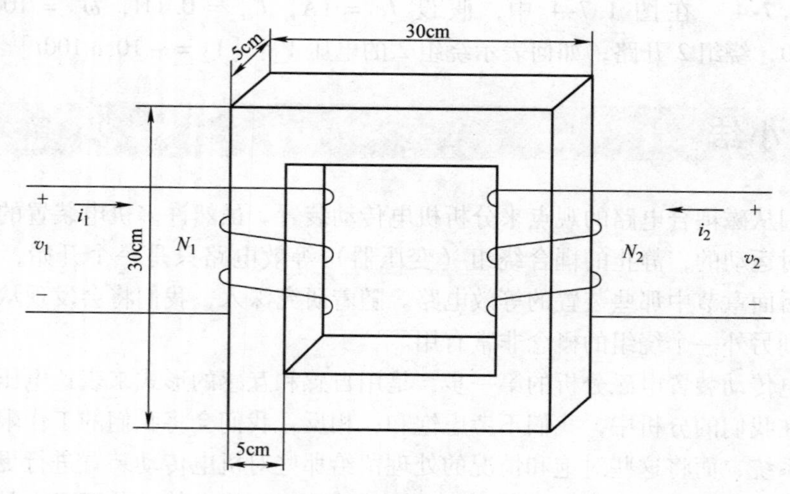

图 1.10-1 两绕组有铁心变压器

4. 如图 1.10-2 所示，一个铁心磁环上绕有两个绕组，$N_1 = 100$ 匝，$N_2 = 200$ 匝，$\mu_r = 10^4/4\pi$，请计算 L_{12}。

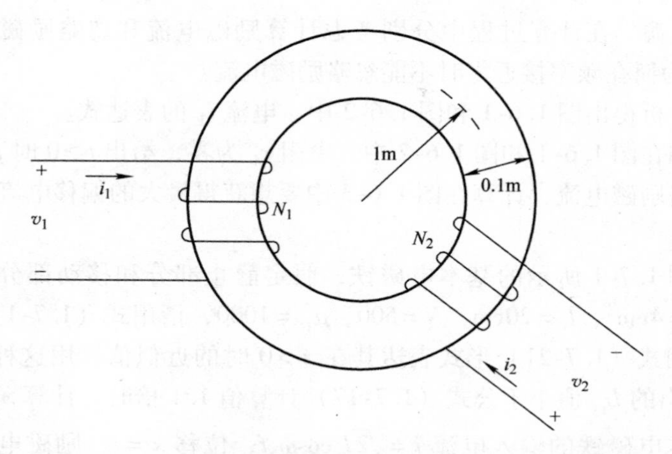

图 1.10-2　两绕组有铁心磁环（未按实际尺寸比例画）

5. 在图 1C-1 所示的磁系统中，如果将左边的铁心增加一个气隙，使得其磁阻从$\mathscr{R}_y$变成$10\mathscr{R}_y$，请用N_1、N_2、$\mathscr{R}_x$和$\mathscr{R}_y$来表示L_{12}和L_{21}。

6. 两个线圈交链，其参数如下：$r_1=10\Omega$，$L_{l1}=0.1L_{11}$，$r_2=2.5\Omega$，$L_{l2}=0.1L_{22}$，$L_{11}=100\text{mH}$，$N_1=100$ 匝，$L_{22}=25\text{mH}$，$N_2=50$ 匝，分别以绕组 1 为参考绕组和绕组 2 为参考绕组画出 T 型等效电路。

7. 假设在图 1.5-1 中，电流反向，（a）请用N_1、N_2 和$\mathscr{R}_m$ 来表示L_{12}；（b）以式（1.5-22）和式（1.5-23）的形式表示λ_1和λ_2；（c）以式（1.5-31）和式（1.5-32）的形式表示λ_1和λ'_2；（d）以式（1.5-37）的形式来表示v_1和v'_2。

8. 一台变压器的参数为$r_1=r'_2=10\Omega$，$L_{m1}=300\text{mH}$，$L_{l1}=L'_{l2}=30\text{mH}$。当绕组 1 两端施加峰－峰值为 10V，频率为 30Hz 的正弦电压，绕组 2 短路时，$i_1=-i'_2$ 求在电压相量$\tilde{V}_1$为零度角的情况下$\tilde{I}_1$的值。

9. 一台有两个绕组的变压器，$r_1=r_2=1\Omega$，$L_{m1}=1\text{H}$，$L_{l1}=L_{l2}=0.01\text{H}$，$N_1=N_2$，在绕组 2 上接上一个阻值为 2Ω 的负载R_L，$V_1=2\cos400t$，求$\tilde{I}_1$的值和I_1的表达式。

10. 一台有两个绕组的变压器参数为$r_1=1\Omega$，$L_{l1}=0.01\text{H}$，$L_{m1}=0.2\text{H}$，$N_2=2N_1$，$r_2=2\Omega$，$L_{l2}=0.04\text{H}$，$L_{m2}=0.08\text{H}$，在绕组 2 上接上一个阻值为 4Ω 的负载R_L，绕组 1 施加电压$V_1=\sqrt{2}\ 2\cos 400t$，忽略励磁电流时，计算相量$\tilde{V}_1$、$\tilde{I}_1$、$\tilde{V}'_2$和$\tilde{I}'_2$，并画出它们的关系图。

*11. 考虑例 1D 中所给出的变压器参数，当绕组 2 短路时，绕组 1 对以下各种不同的激励源的输入阻抗是多少？（a）直流电源，（b）10Hz 电源，

（c）400Hz电源。在计算过程中分别考虑计算励磁电流和忽略励磁电流两种情况，并思考为何在频率接近零时不能忽略励磁电流？

*12. 请分析得出图1.6-1和图1.6-2中，电流 i_1 的表达式。

*13. 假如在图1.6-1和图1.6-2中，电阻 r_1 为零，给出 $t \geqslant 0$ 时 i_1 的表达式？

*14. 忽略励磁电流，计算在图1.6-3中要想获得最大的偏移电流时，V_1 的相位是多少？

15. 如图1.7-1所示的基本电磁铁，假定静止部分和移动部分的截面积相同，$A_i = A_g = 4\text{cm}^2$，$l_i = 20\text{cm}$，$N = 500$，$\mu_{ri} = 1000$，请用式（1.7-17）的形式表达$L_m(x)$，用式（1.7-21）形式表达其在 $x > 0$ 时的近似值。用这种 L_m（x）近似计算式算出的 L_m 值小于公式（1.7-17）计算值1.1倍时，计算 x 的最小值。

16. 基本电磁铁的输入电流 $i = \sqrt{2} I_s \cos\omega_e t$，位移 $x = t$，励磁电感 $L_m(x)$ 如式（1.7-17）表示，请利用式（1.7-16）表示其电压 v。随着 t 增大后，对其做近似。

*17. 请写出如图1.7-2所示的基本磁阻电机的电压方程，其中 $L(\theta_r)$ 可用式（1.7-29）表示。

18. 请写出如图1.7-4所示相对移动线圈的电压方程，其中 L_{11}、L_{22} 和 L_{12} 可用式（1.7-38）表示。

第2章 机电能量转换

2.1 引言

机电能量转换理论是进行机电装置分析的基石。这个理论让我们能够用诸如电路上的电流和机械上的位移等变量来表达电磁力或者电磁转矩。因为用于传动系统的机电装置多种多样，我们更希望能够建立一种能够应用于多种机电装置而不只某种特定机电装置的分析方法。因此，本章我们将尽可能详细地向读者描述机电能量转换理论的建立过程，其目的是为分析所有这些机电系统而不只是本书中所遇到的那些机电装置，并为其提供充分的知识背景。本章的第一部分致力于分析建立可以用来表示电磁力或力矩的关系式。当然，也有人乐意为每个装置单独推导公式，他们认为这样更容易理解。在本书中，我们得到的通用的公式是以表格形式给出，它将适用于各种单一机械输入的机电系统。

一旦机电能量转换的理论建立起来之后，我们将对第一章中介绍的基本电磁铁我们将进行详细分析，将用计算机辅助的方法分析证明其对施加的电压变化和外部机械力的变化所表现出来的动态性能。在最后一个小节，我们将推导建立基本的单相磁阻电机和相对运动绕组的电磁转矩表达式。之后我们将简短讨论关于这些装置的几个稳定的运行状态，这些讨论将帮助我们在原理上理解步进电机的定位和同步电机的运行。

如果读者学习完本章的内容，再学习第3章的直流电机，本章的内容可以为其提供充分的知识准备。如果读者接下来需要进行感应电机和同步电机之类的运动装置学习，则不一定要先经过第3章的学习，感应电机和同步电机这些内容将在第4章呈现。

2.2 能量守恒关系

机电系统由一个电子系统（电气系统）、一个机械系统以及一条两个系统相互作用的路径组成。这种相互作用可以通过两个系统公共的电磁场也可以是静电场，亦或两者都有，通过这种相互作用，能量从一个系统传向另一个系统。静电场耦合和电磁场耦合可能是同时存在的，且机电系统可以包含多个电气和机械子系统。然而，在分析复杂系统之前，让我们首先分析一个简单的机电系统，这对我们的学习是很有帮助的。如图2.2-1所描绘的机电系统包含一个电子系统，一个机械子系统以及一个耦合场。在分析中我们忽略了电磁辐射，并且假设电系统的频率足够低，可以看成是一个集中参数的系统。

图2.2-1　基本机电系统框图

由于机械摩擦的存在，机械系统会产生热损耗；由于导体中电阻的存在，电系统也会产生热；铁磁材料中存在磁滞损耗和涡流损耗；而在电场中所有的物体都有介电损耗。假如 W_E 是从电源输入的总能量，W_M 是从机械系统输入的总能量，能量分布关系可以表示为

$$W_E = W_e + W_{eL} + W_{eS} \tag{2.2-1}$$

$$W_M = W_m + W_{mL} + W_{mS} \tag{2.2-2}$$

其中，W_{eS}是指存储于电场或者磁场中且不与机械系统耦合的能量；W_{eL}是指耦合场之外的电场的热损耗，这个损耗包括载流导体的电阻损耗，和耦合场之外的磁滞、涡流和介电损耗。W_e 是从电系统输入耦合场的能量。机械系统的能量可以用相似的方式进行定义。在式（2.2-2）中，W_{mS}是存储于机械系统的运动单元和与其相连部分的能量。W_{mL}是机械系统以发热形式损耗的能量。W_m 是机械系统输入耦合场的能量。需要注意一点，这儿为方便起见，从两个系统输入耦合场的能量都认为是正的。实际上，当系统作为电源（或动力源）时，对应的W_E(W_M)为负值。

假如将 W_F 定义为传入耦合场的总能量，则

$$W_F = W_f + W_{fL} \tag{2.2-3}$$

其中，W_f 是存储于耦合场中的能量；W_{fL}是耦合场中消耗的能量（涡流、磁滞以及介电损耗）。为符合惯例，耦合场中存在的能量用 W_f 表示，而没有用 W_{fS}。机电系统必须服从能量守恒定律，于是

$$W_f + W_{fL} = (W_E - W_{eL} - W_{eS}) + (W_M - W_{mL} - W_{mS}) \tag{2.2-4}$$

也可以写成

$$W_f + W_{fL} = W_e + W_m \tag{2.2-5}$$

能量守恒关系可以用如图2.2-2所示的示意图的形式表示。

电能转换成机械能的实际过程（或者反向转换）与以下因素无关：①电系统或者机械系统中的能量损耗（W_{eL}或W_{mL}）；②存储于电场或者磁场中的非公共部分的能量（W_{eS}）；③存储于机械系统中的能量（W_{mS}）。假如忽略耦合场中的损耗，那么它将是一个保守场，式（2.2-5）变为

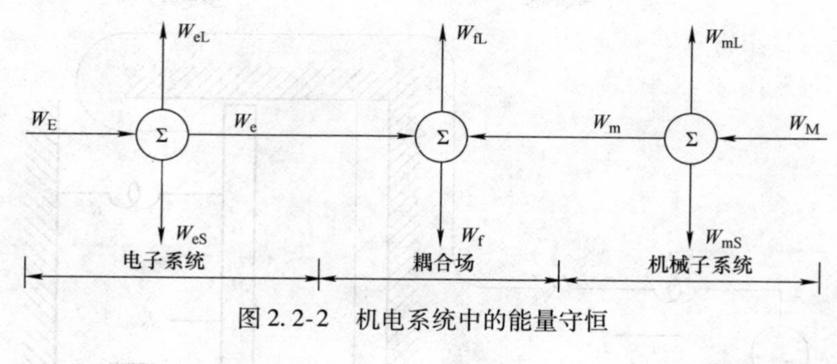

图 2. 2-2　机电系统中的能量守恒

$$W_f = W_e + W_m \tag{2. 2-6}$$

如图 2. 2-3 和图 2. 2-4 为基本的机电系统的例子。图 2. 2-3 所示的例子是一个磁耦合的机电系统，而图 2. 2-4 所示的系统以电场作为能量传递的途径。为了更加明晰地表示，两个系统中移动部分和静止部分之间的空间都被放大了。在这些系统中，v 表示电源电压；f 表示机械外力；电磁力或者静电力用 f_e 表示；载流导体的电阻用 r 表示；用 l 表示不与机械系统耦合的线性的（保守的）电磁系统的电感。在机械系统中，M 表示移动部分的质量；线性关系和系统阻尼分别用弹性系数 K 和阻尼系数 D 表示；x_0 表示机械系统受力平衡点的位置，即 f_e 和 f 之和为零的稳态位置。

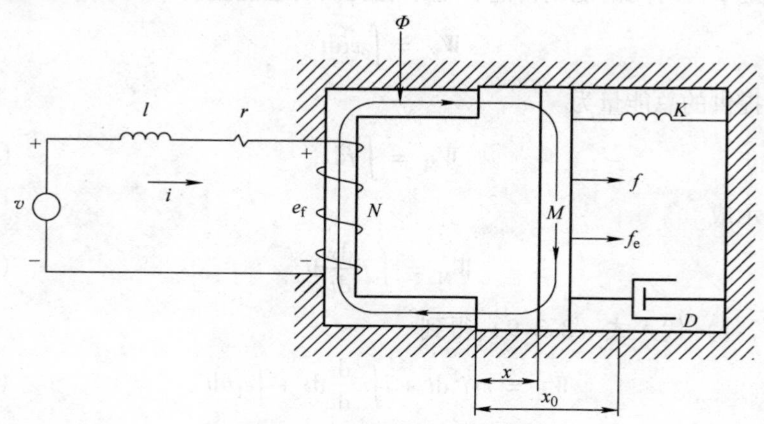

图 2. 2-3　磁场耦合机电系统

描述图 2. 2-3 和图 2. 2-4 中的电系统的电压方程可以写作

$$v = ri + l\frac{\mathrm{d}i}{\mathrm{d}t} + e_f \tag{2. 2-7}$$

其中，e_f 表示由于耦合场的存在导致的电压下降。平移系统的动态特性可以用牛顿运动定律表示，

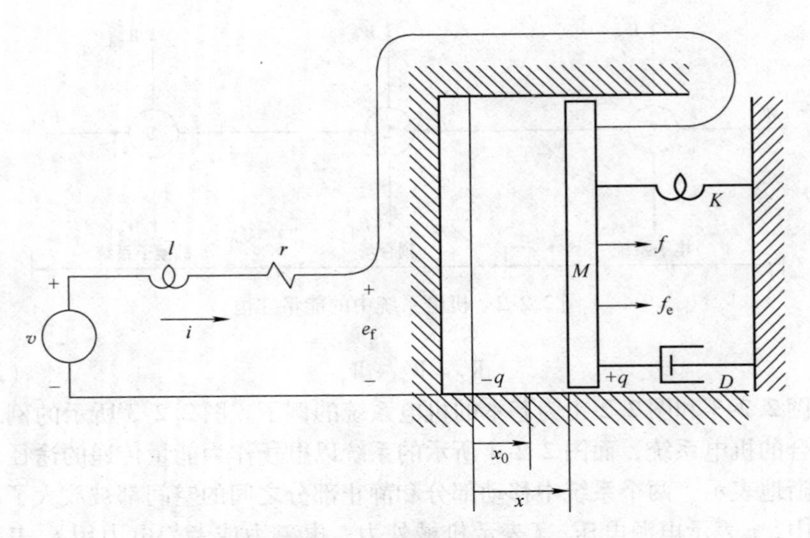

图2.2-4　电场耦合机电系统

$$f = M\frac{d^2x}{dt^2} + D\frac{dx}{dt} + K(x - x_0) - f_e \tag{2.2-8}$$

由于功率是单位时间的能量传递，电系统提供的总能量为

$$W_E = \int vi\,dt \tag{2.2-9}$$

机械系统提供的总能量为

$$W_M = \int f\,dx \tag{2.2-10}$$

也可以表示成

$$W_M = \int f\frac{dx}{dt}dt \tag{2.2-11}$$

将式（2.2-7）代入式（2.2-9）得到

$$W_E = r\int i^2 dt + l\int i\frac{di}{dt}dt + \int e_f i\,dt \tag{2.2-12}$$

式（2.2-12）等式右边第一项表示导体电阻所引起的损耗（W_{eL}），第二项表示存储于耦合场之外的线性电磁场能量（W_{eS}）。从电系统输入至耦合场的能量为

$$W_e = \int e_f i\,dt \tag{2.2-13}$$

类似的，对于机械系统而言

$$W_M = M\int\frac{d^2x}{dt^2}dx + D\int\left(\frac{dx}{dt}\right)^2 dt + K\int(x - x_0)dx - \int f_e dx \tag{2.2-14}$$

式（2.2-14）等式右边的第一项和第三项分别代表运动物体的动能以及存储于

弹簧中的势能，这两者之和为 W_{ms}。可能将式（2.2-14）等式右边的第一项转化为 $\frac{1}{2}M(\mathrm{d}x/\mathrm{d}t)^2$ 的形式更加容易理解。第二项表示由于摩擦引起的热损耗（W_{mL}）。从机械系统输入至耦合场的能量为

$$W_m = -\int f_e \mathrm{d}x \tag{2.2-15}$$

在图2.2-3和图2.2-4中我们必须注意，我们假定 f_e 的正方向与位移 $\mathrm{d}x$ 的正方向相同。将式（2.2-13）和式（2.2-15）代入能量守恒关系式（2.2-6），从而得到

$$W_f = \int e_f i \mathrm{d}t - \int f_e \mathrm{d}x \tag{2.2-16}$$

这样的方程组已经可以扩展为包含任意数量的电气或者机械输入以及任意数量耦合场的机电系统。考虑如图2.2-5所示的机电系统，输入至耦合场的能量可以表达为

$$W_f = \sum_{j=1}^{J} W_{ej} + \sum_{k=1}^{K} W_{mk} \tag{2.2-17}$$

其中，J 和 K 分别表示存在的电系统和机械系统的输入个数。从电系统输入至耦合场的总能量为

$$\sum_{j=1}^{J} W_{ej} = \int \sum_{j=1}^{J} e_{fj} i_j \mathrm{d}t \tag{2.2-18}$$

从机械系统中输入至耦合场的总能量为

$$\sum_{k=1}^{K} W_{mk} = -\int \sum_{k=1}^{K} f_{ek} \mathrm{d}x_k \tag{2.2-19}$$

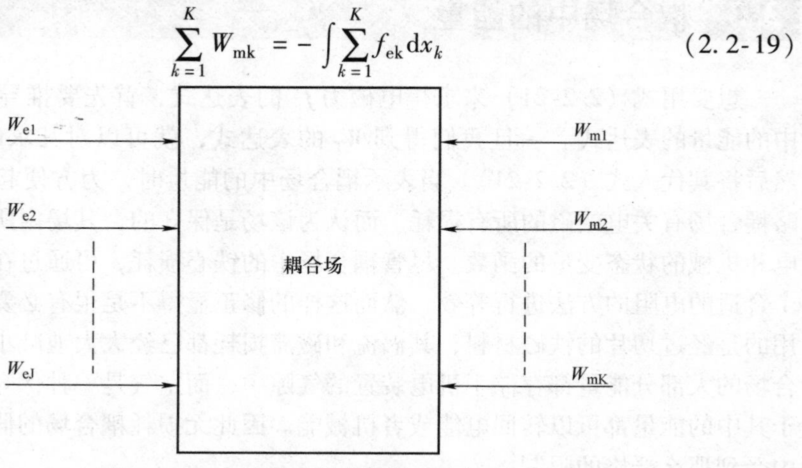

图2.2-5　多个电系统和机械系统输入

在我们分析的机电系统中，通常只包含一个机械输入，例如电机的转轴或者继电器的衔铁。对于电输入，不管交流电机还是直流电机，均存在不止一个电端

口的可能，因此有必要考虑多个电输入的情况。然而在所有这些应用中，多种电输入只拥有同一个耦合场，因此在下面的公式推导中，我们不必要太过考虑通用性。相反，我们在以下的分析中会更加具体地把分析限制在只有一个机械输入的机电设备中。这样，变量f_e、x，以及W_m中的下标k就可以省略了。这样将大大降低我们的工作量，而又不至于影响我们的实际应用。单个机械输入情况下，能量守恒的表达式变成

$$W_f = \int \sum_{j=1}^{J} e_{fj} i_j \mathrm{d}t - \int f_e \mathrm{d}x \tag{2.2-20}$$

其广泛应用的微分形式为

$$\mathrm{d}W_f = \sum_{j=1}^{J} e_{fj} i_j \mathrm{d}t - f_e \mathrm{d}x \tag{2.2-21}$$

SP2.2-1　电流为通过一个电感值为1H的电感的耦合场外部的电流值为$i = kt + k_0$，求其在$t = 1\mathrm{s}$时刻的存储于电感中的能量W_{eS}。[$W_{eS} = \frac{1}{2}(k + k_0)^2$]

SP2.2-2　求式（2.2-8）所示机械系统的固有频率表达式。[$\omega_n = (K/M)^{1/2}$]

SP2.2-3　求输入到问题SP2.2-1中电感的瞬时功率表达式。[$P = k^2 t + k k_0$]

SP2.2-4　对于两个电输入$e_{f1} = k_1 t$，$i_1 = k_0$，$e_{f2} = k_2 t^2$，$i_2 = k_3 t$，求2s内输入耦合场的能量W_e的表达式。[$W_e = 2k_0 k_1 + 4k_2 k_3$]

2.3　耦合场中的能量

想要用式（2.2-21）来求得电磁力f_e的表达式，首先要推导存储于耦合场中的能量的表达式。一旦我们得到W_f的表达式，就可以对其求解全微分$\mathrm{d}W_f$，然后将其代入式（2.2-21）。当表示耦合场中的能量时，为方便起见，我们将忽略耦合场有关电或磁的所有损耗，而认为该场是保守的，其场内所储存的能量是电和机械的状态变量的函数。尽管耦合场中的铁心损耗，可通过在电路里增加一个合适的电阻的方法进行等效，然而这样的修正显得不是很有必要，因为铁心所用的是经过切片的铁磁材料，其涡流和磁滞损耗都已经大大地减小了。另外，耦合场的大部分能量都存储于机电装置的气隙中，而空气是一种保守的介质，存储于其中的能量都可以转回电能或者机械能。因此无损耗耦合场的假设并不像想象中受到那么严格的限制。

存储于保守场中的能量是系统状态变量的函数，而不关心系统是如何到达这一状态的。当我们用数学表达式来表示场中的能量时，利用这一特性的方便所在，也就是说，我们可以方便地将与耦合场相关的机械系统的位置固定下来，然

后在机械位移不变的基础上施加电系统所要的激励。当 $dx=0$ 即 $W_m=0$ 时，若在电端口上施加激励，就可以得到电磁力或者静电力。因此，在位移固定的情况下，存储于耦合场中的能量等于电系统输入耦合场的能量。那么，当 $dx=0$ 时，电系统输入耦合场的能量可以从式（2.2-20）变为

$$W_f = \int \sum_{j=1}^{J} e_{fj} i_j \mathrm{d}t, \mathrm{d}x = 0 \tag{2.3-1}$$

迄今为止，在我们的讨论中，我们将电的和电磁的耦合场都进行考虑。然而我们的主要兴趣在于电磁系统，接下来的工作中我们将把精力集中于电磁耦合场的情况。让我们来考虑类似如图 2.2-3 所示的单个激励的电磁系统。在这个系统中，$e_f = \mathrm{d}\lambda/\mathrm{d}t$，那么式（2.3-1）就变成为

$$W_f = \int i \mathrm{d}\lambda, \mathrm{d}x = 0 \tag{2.3-2}$$

在此 $j=1$，为简洁起见，我们将下标省略了。如图 2.3-1 所示的单激励电磁系统，λi 关系曲线左边的面积就是式（2.3-2）表示的面积。在图 2.3-1 中所显示的面积表示 $\lambda=\lambda_a$ 且 $i=i_a$ 时场中所存储的能量。保守场或者无损场的性质不要求 λi 曲线是线性的，而只需要是单值的。而且，由于耦合场是保守场，在 $\lambda=\lambda_a$，$i=i_a$ 的条件下，存储于耦合场中的能量大小与电和机械的变量如何到达这一状态的过程无关。

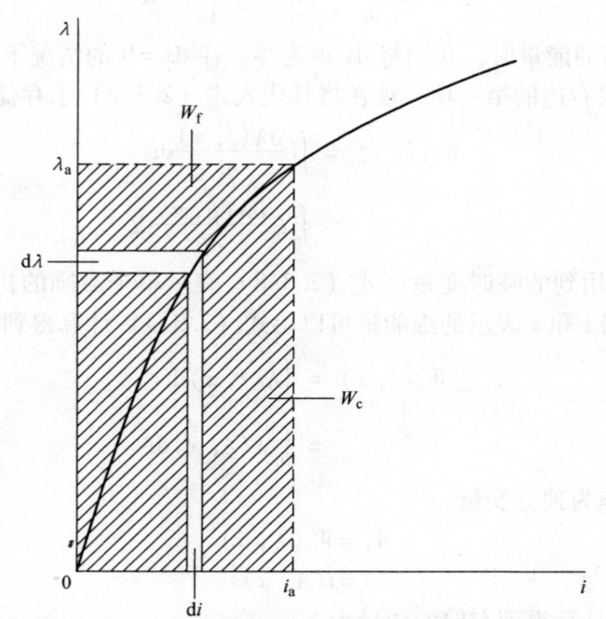

图 2.3-1　存储于单激励机电装置磁场中的能量和虚能量

λi 关系曲线右边的面积称为虚能量，可以表示为

$$W_c = \int \lambda \mathrm{d}i, \mathrm{d}x = 0 \tag{2.3-3}$$

尽管虚能量几乎没有任何物理意义，但它用于表达电磁力非常方便。从图2.3-1可以看出 W_f 和 W_c 之和就是 λ 乘以 i，即

$$\lambda i = W_c + W_f \tag{2.3-4}$$

这个公式对于具有多个电系统输入的情况也是适用的，只要将式（2.3-4）中的 λi 用 $\sum_{j=1}^{J} \lambda_j i_j$ 进行替换。我们知道，对于线性磁系统，λi 的图形是一条直线，此时 $W_f = W_c = \frac{1}{2}\lambda i$。

位移 x 可以完全表达机械系统对耦合场的影响，而 λ 和 i 是相互关联的，只需要其中一个变量和 x 一起作为描述机电系统的状态变量。因此，我们可以选择 λ 和 x 作为独立的变量，也可以选择 i 和 x。假如选择 i 和 x 作为独立变量，磁场的能量和磁链可以方便地表示为

$$W_f = W_f(i, x) \tag{2.3-5}$$

$$\lambda = \lambda(i, x) \tag{2.3-6}$$

由于 i 和 x 为独立变量，在代入式（2.3-2）前，用 di 来表示 dλ。因此从式（2.3-6）可得

$$\mathrm{d}\lambda = \frac{\partial \lambda(i, x)}{\partial i}\mathrm{d}i + \frac{\partial \lambda(i, x)}{\partial x}\mathrm{d}x \tag{2.3-7}$$

在表示场中存储的能量时，我们将 dx 视为零。在 dx=0 的情况下，dλ 等同于式（2.3-7）的等式右边的第一项，现在将其代入式（2.3-2）求存储的能量，得出

$$\begin{aligned} W_f(i, x) &= \int i \frac{\partial \lambda(i, x)}{\partial i}\mathrm{d}i \\ &= \int_0^i \xi \frac{\partial \lambda(\xi, x)}{\partial \xi}\mathrm{d}\xi \end{aligned} \tag{2.3-8}$$

其中，ξ 是积分用到的临时变量。式（2.3-8）表示单个激励的机电系统场中所储存的能量。用 i 和 x 表示的虚能量可以由式（2.3-3）计算得到

$$\begin{aligned} W_c(i, x) &= \int \lambda(i, x)\mathrm{d}i \\ &= \int_0^i \lambda(\xi, x)\mathrm{d}\xi \end{aligned} \tag{2.3-9}$$

假如将 λ 和 x 作为独立变量

$$W_f = W_f(\lambda, x) \tag{2.3-10}$$

$$i = i(\lambda, x) \tag{2.3-11}$$

由式（2.3-2）计算得到存储的能量为

$$W_f(\lambda, x) = \int i(\lambda, x)\mathrm{d}\lambda$$

$$= \int_0^{\lambda} i(\xi, x) \mathrm{d}\xi \tag{2.3-12}$$

为计算虚能量，我们首先要将 λ 和 x 作为独立变量，$\mathrm{d}i$ 用 $\mathrm{d}\lambda$ 表示，由式(2.3-11)得到

$$\mathrm{d}i = \frac{\partial i(\lambda, x)}{\partial \lambda}\mathrm{d}\lambda + \frac{\partial i(\lambda, x)}{\partial x}\mathrm{d}x \tag{2.3-13}$$

在这个计算中，$\mathrm{d}x = 0$，式（2.3-3）变成

$$W_{\mathrm{c}}(\lambda, x) = \int \lambda \frac{\partial i(\lambda, x)}{\mathrm{d}\lambda}\mathrm{d}\lambda$$

$$= \int_0^{\lambda} \xi \frac{\partial i(\xi, x)}{\partial \xi}\mathrm{d}\xi \tag{2.3-14}$$

对于线性的机电系统，λi 的点画出来是一条直线。对于这样具有单激励的线性磁系统，可得到

$$\lambda(i, x) = L(x) i \tag{2.3-15}$$

或者

$$i(\lambda, x) = \frac{\lambda}{L(x)} \tag{2.3-16}$$

其中，$L(x)$ 为电感。接下来，计算 $W_{\mathrm{f}}(i, x)$。由于 $\mathrm{d}x = 0$，并且有关系式 $\frac{\partial \lambda(i, x)}{\partial i} = L(x)$，式（2.3-7）可以变为

$$\mathrm{d}\lambda = L(x)\mathrm{d}i \tag{2.3-17}$$

式（2.3-8）可以变为

$$W_{\mathrm{f}}(i, x) = \int_0^{i} \xi L(x) \mathrm{d}\xi = \frac{1}{2}L(x) i^2 \tag{2.3-18}$$

如何得到与式（2.3-18）相当的该磁系统的 $W_{\mathrm{f}}(\lambda, x)$，$W_{\mathrm{c}}(i, x)$和 $W_{\mathrm{c}}(\lambda, x)$表达式，类似的推导过程我们将留给读者自己思考。

我们是用系统变量的形式来表示场能量，场能量作为系统状态的一个函数，随着系统变量的变化，场能量的表达式仍然成立。例如，式（2.3-18）并不针对特定的 $L(x)$和 i，而是不管 $L(x)$和 i 如何变化，式（2.3-18）都是成立的。为了数学上的计算方便，我们在推导场能量表达式过程中假定了机械系统是固定不变的，但这并不意味着推导的结果只在这个状态下有效。

对于具有多个激励的机电系统，假定 $\mathrm{d}x = 0$，场能量的表达式可以用式（2.3-19）表示为

$$W_{\mathrm{f}} = \int \sum_{j=i}^{J} i_{\mathrm{j}} \mathrm{d}\lambda_{\mathrm{j}}, \mathrm{d}x = 0 \tag{2.3-19}$$

由于耦合场被认为是保守系统，式（2.3-19）的值与磁链、电流到达最终值的

顺序无关。为建立式（2.3-19）的多激励计算方法，我们将逐个建立电流的最终态，在这个过程中其他电流保持数值不变，保持未激励状态或者最终状态。这个过程可以解释为，一个双激励电系统可以用单输入电系统进行考虑。有两个电系统的机电系统，可以考虑为在如图2.2-3所示的单电系统的基础上在固定部分或者移动部分上增加另一绕组和供电系统。在这个计算中，采用电流和位移作为独立变量进行计算更加方便。这样，对于双激励电系统

$$W_f(i_1, i_2, x) = \int[i_1 d\lambda_1(i_1, i_2, x) + i_2 d\lambda_2(i_1, i_2, x)]dx = 0 \tag{2.3-20}$$

在这个 W_f 的计算式子中，我们假设机械位移固定不变（$dx=0$），这样式(2.3-20)变为

$$W_f(i_1, i_2, x) = \int i_1\left[\frac{\partial\lambda_1(i_1, i_2, x)}{\partial i_1}di_1 + \frac{\partial\lambda_1(i_1, i_2, x)}{\partial i_2}di_2\right] + i_2\left[\frac{\partial\lambda_2(i_1, i_2, x)}{\partial i_1}di_1 + \frac{\partial\lambda_2(i_1, i_2, x)}{\partial i_2}di_2\right] \tag{2.3-21}$$

为计算场中存储的能量，我们将引用式（2.3-21）两次。首先，将 i_2 保持为零，将 i_1 值从零增加至其最终值，此过程 i_1 是积分变量，而 $i_2=0$。能量由与绕组1相连的电源提供给耦合场。再次引用式（2.3-21），这次保持 i_1 为前一阶段所得到的电流值不变，i_2 从零增加至最终值，此过程 i_2 是积分变量，而 $di_1=0$。在这些时间里由于 $i_1 d\lambda_1$ 总体上不为零，能量由两个电源提供给耦合场，其存储的总能量为这两个能量之和。根据以上的两个步骤过程，用式（2.3-21）来计算耦合场总能量为

$$W_f(i_1, i_2, x) = \int i_1 \frac{\partial\lambda_1(i_1, 0, x)}{\partial i_1}di_1 + \int\left[i_1 \frac{\partial\lambda_1(i_1, i_2, x)}{\partial i_2}di_2 + i_2 \frac{\partial\lambda_2(i_1, i_2, x)}{\partial i_2}di_2\right] \tag{2.3-22}$$

可以继续写为

$$W_f(i_1, i_2, x) = \int_0^{i_1}\xi \frac{\partial\lambda_1(\xi, 0, x)}{\partial\xi}d\xi + \int_0^{i_2}\left[i_1 \frac{\partial\lambda_1(i_1, \xi, x)}{\partial\xi} + \xi \frac{\partial\lambda_2(i_1, \xi, x)}{\partial\xi}d\xi\right] \tag{2.3-23}$$

式（2.3-22）或式（2.3-23）等式右边的第一项积分表示计算的第一步，将 i_1

作为积分变量，保持 $i_2=0$ 和 $\mathrm{d}i_2=0$。第二项积分来自计算的第二步，i_1 保持其最终值（$\mathrm{d}i_1=0$），i_2 为积分变量。让哪个电流首先到达其终值不是一定的，也就是说第一步我们也可以保持 i_1 为零（$\mathrm{d}i_1=0$），i_2 为积分变量，然后再让 i_2 保持为终值，i_1 为积分变量，结果应该是一样的。对于具有三个电输入的系统来说，计算的步骤分为三步，每一个步骤将一个变量从零变化为终值。

现在我们来计算存储于一个具有两个电输入和一个机械输入的线性磁系统中的能量，在这个系统中

$$\boldsymbol{\lambda}_1(i_1, i_2, x)=L_{11}(x)i_1+L_{12}(x)i_2 \tag{2.3-24}$$

$$\boldsymbol{\lambda}_2(i_1, i_2, x)=L_{21}(x)i_1+L_{22}(x)i_2 \tag{2.3-25}$$

其中，自感 $L_{11}(x)$ 和 $L_{22}(x)$ 包含了各自的漏感。当位移保持不变（$\mathrm{d}x=0$）时，

$$\mathrm{d}\boldsymbol{\lambda}_1(i_1, i_2, x)=L_{11}(x)\mathrm{d}i_1+L_{12}(x)\mathrm{d}i_2 \tag{2.3-26}$$

$$\mathrm{d}\boldsymbol{\lambda}_2(i_1, i_2, x)=L_{12}(x)\mathrm{d}i_1+L_{22}(x)\mathrm{d}i_2 \tag{2.3-27}$$

式（2.3-26）和式（2.3-27）中等式右边的系数为偏微分得到。例如，$L_{11}(x)$ 为 $\boldsymbol{\lambda}_1(i_1, i_2, x)$ 对 i_1 求偏微分得到。将式（2.3-23）中相关表达式进行替代后，可以得出

$$W_{\mathrm{f}}(i_1, i_2, x) = \int_0^{i_1}\xi L_{11}(x)\mathrm{d}\xi + \int_0^{i_2}[i_1L_{12}(x) + \xi L_{22}(x)]\mathrm{d}\xi \tag{2.3-28}$$

从而可以得到

$$W_{\mathrm{f}}(i_1, i_2, x)=\frac{1}{2}L_{11}(x)i_1^2+L_{12}(x)i_1i_2+\frac{1}{2}L_{22}(x)i_2^2 \tag{2.3-29}$$

进一步，我们可以得出具有 J 个电输入的线性电磁系统，其存储的总能量可以表示为

$$W_{\mathrm{f}}(i_1, \cdots, i_{\mathrm{J}}, x) = \frac{1}{2}\sum_{p=1}^{J}\sum_{q=1}^{J}L_{\mathrm{pq}}i_{\mathrm{p}}i_{\mathrm{q}} \tag{2.3-30}$$

例 2A 假设一个磁系统，可以表述为

$$\boldsymbol{\lambda}(i, x)=(0.1+kx^{-1})i \tag{2A-1}$$

计算 W_{f} 和 W_{c}。这个例子中将 i 和 x 作为独立变量进行计算比较方便，根据式（2.3-8）得到

$$W_{\mathrm{f}} = \int_0^i\xi(0.1 + kx^{-1})\mathrm{d}\xi = \frac{1}{2}(0.1 + kx^{-1})i^2 \tag{2A-2}$$

从式（2.3-9）得到

$$W_{\mathrm{c}} = \int_0^i(0.1 + kx^{-1})\xi\mathrm{d}\xi = \frac{1}{2}(0.1 + kx^{-1})i^2 \tag{2A-3}$$

$W_{\mathrm{f}}=W_{\mathrm{c}}$，这是一个线性的磁系统，其电感为

$$L(x)=0.1+kx^{-1} \tag{2A-4}$$

其中，等式右边第一项类似于漏感，第二项表达式为励磁电感，我们在第一章中

已经对其做过近似处理。

下面我们特意将其变成一个非线性系统，将

$$\lambda(i,\ x)=(0.1+kx^{-1})i^2 \tag{2A-5}$$

从式（2.3-8）得到

$$W_{\mathrm{f}}=\int_0^i \xi 2(0.1+kx^{-1})\xi \mathrm{d}\xi=\frac{2}{3}(0.1+kx^{-1})i^3 \tag{2A-6}$$

从式（2.3-9）得到

$$W_{\mathrm{c}}=\int_0^i (0.1+kx^{-1})\xi^2 \mathrm{d}\xi=\frac{1}{3}(0.1+kx^{-1})i^3 \tag{2A-7}$$

我们可以看到 W_{f} 和 W_{c} 不相等，但是根据式（2.3-4）

$$\lambda i=W_{\mathrm{f}}+W_{\mathrm{c}} \tag{2A-8}$$

让我们来看一下，这个等式是否成立。

$$[(0.1+kx^{-1})i^2]i=\frac{2}{3}(0.1+kx^{-1})^3+\frac{1}{3}(0.1+kx^{-1})i^3$$

$$(0.1+kx^{-1})i^3=(0.1+kx^{-1})i^3 \tag{2A-9}$$

SP2.3-1 已知 $\lambda=kx^2i$，当 $kx=1\mathrm{V\cdot s/A^2}$，$i=2\mathrm{A}$ 时，求 W_{f} 和 W_{c}。[$W_{\mathrm{f}}=W_{\mathrm{c}}=2\mathrm{J}$]

SP2.3-2 假设 $\lambda=kxi^2$，当 $kx=1\mathrm{V\cdot s/A^2}$，$i=2\mathrm{A}$ 时，求 W_{f} 和 W_{c}。[$W_{\mathrm{f}}=\frac{16}{3}\mathrm{J}$；$W_{\mathrm{c}}=\frac{8}{3}\mathrm{J}$]

SP2.3-3 在问题 SP2.3-2 中当电流从 2A 变化为 3A 时，求 W_{f} 和 W_{c}。[$\Delta W_{\mathrm{f}}=\frac{38}{3}\mathrm{J}$；$\Delta W_{\mathrm{c}}=\frac{19}{3}\mathrm{J}$]

SP2.3-4 已知 $i=b(x)\lambda^2$，求 $W_{\mathrm{f}}(\lambda,\ x)$ 和 $W_{\mathrm{c}}(\lambda,\ x)$ 的表达式。[$W_{\mathrm{f}}(\lambda,\ x)=\frac{1}{3}b(x)\lambda^3$；$W_{\mathrm{c}}(\lambda,\ x)=\frac{2}{3}b(x)\lambda^3$]

2.4 能量转换图解

在用微分表达式来分析电磁力之前，用简洁的图形形式辅助理解能量转换的过程是非常有帮助的。为此，我们再次来看图 2.2-3 所示的基本的电磁系统，假设移动部分从 $x=x_{\mathrm{a}}$ 位置变化到 $x=x_{\mathrm{b}}$，此处 $x_{\mathrm{b}}<x_{\mathrm{a}}$，$\lambda i$ 的曲线如图 2.4-1 所示。现在，我们进一步假设当移动部分的位置从 x_{a} 至 x_{b} 过程中，λi 的轨迹从 A 点移动至 B 点。从 A 点移动至 B 点的真正变化轨迹由电系统和机械系统的动态过程决定，动态过程所引起的运动速度 v 和受力 f 的变化都会影响变化轨迹。我们可以看到 $0AC0$ 的面积代表了原来存储于耦合场的能量，$0BD0$ 的面积代表了最终

存储于耦合场的能量。因此，能量的变化可以表示为

$$\Delta W_{\mathrm{f}} = \text{area } 0BD0 - \text{area } 0AC0 \tag{2.4-1}$$

电系统的能量 W_{e} 的变化标识为 ΔW_{e}，可以表示为

$$\Delta W_{\mathrm{e}} = \int_{\lambda_{\mathrm{A}}}^{\lambda_{\mathrm{B}}} i\mathrm{d}\lambda = \text{area } CABDC \tag{2.4-2}$$

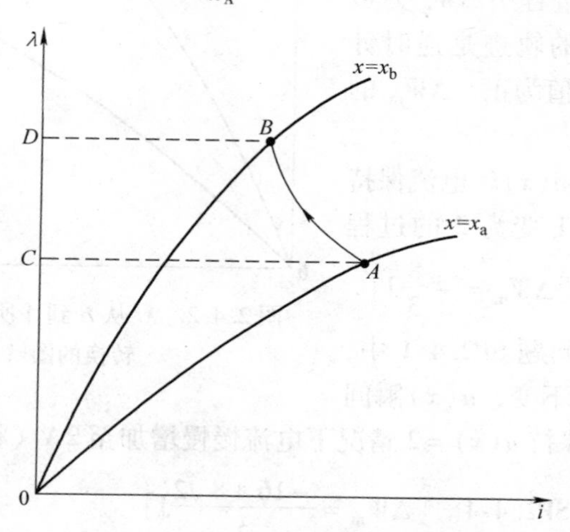

图 2.4-1　λi 从 A 到 B 所引起的机电能量转换的图解

从式（2.2-6）可以得到

$$\Delta W_{\mathrm{m}} = \Delta W_{\mathrm{f}} - \Delta W_{\mathrm{e}} \tag{2.4-3}$$

因此，将图 2.4-1 所示的面积做相应的加减运算之后，我们可以得到 ΔW_{m} 的图形面积

$$\begin{aligned}\Delta W_{\mathrm{m}} &= \text{area } 0BD0 - \text{area } 0AC0 - \text{area } CABDC \\ &= -\text{area } 0AB0\end{aligned} \tag{2.4-4}$$

机械系统对耦合场的能量贡献 ΔW_{m} 为负值，即能量从耦合场流向机械系统，此能量有部分来自存储于耦合场中的能量，另一部分来自于电系统。假如这个系统现在再次回到 x_{a} 位置，λi 的轨迹可能如图 2.4-2 所示，ΔW_{m} 还是图形 $0AB0$ 所表示的面积，但这一次是正值，即能量从机械系统流向耦合场，这个能量有部分将存储于耦合场中；另一部分能量流向了电系统。

机械系统在从 B 到 A 运动过程中所提供的能量（图 2.4-2 中的 $0AB0$ 面积）比从 A 到 B 运动过程中流向机械系统的能量（图 2.4-1 中的 $0AB0$ 面积）要大。因此整个循环中机械系统提供的净能量为正值。从 A 到 B，再回到 A，这个循环过程中机械系统提供能量 ΔW_{m} 的净值可以用图 2.4-3 中的阴影面积表示。耦合场中的能量由 A 点的位移以及在该位置上的电流所确定，因此在从 A 到 B，再回到 A 的运动循环中，存储于耦合场的能量保持不变，ΔW_{f} 为零，从而

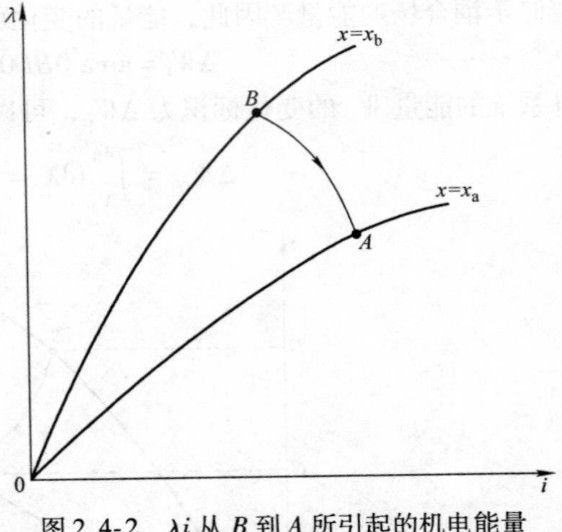

图 2.4-2　λi 从 B 到 A 所引起的机电能量转换的图解表示

$$\Delta W_m = -\Delta W_e \qquad (2.4\text{-}5)$$

对于一个循环来说，电系统的 ΔW_e 净值为负值，因为从 B 到 A 过程中 W_e 的变化幅值要比 A 到 B 的过程中要大，而 B 到 A 的过程中 ΔW_e 为负值。假如这个变化的轨迹是逆时针方向，则 ΔW_e 的净值为正，ΔW_m 的净值为负。

SP 2.4-1　$\lambda = a(x)i^2$ 电流保持为2A，当 $a(x)$ 从1变为2的过程中，ΔW_m 为多少？[$\Delta W_m = -\dfrac{8}{3}$J]

SP 2.4-2　在问题 SP2.4-1 中，假如 λ 保持4V · s不变，$a(x)$ 瞬间从1变为2，再将保持 $a(x)=2$ 情况下电流慢慢增加至2A（将做相应变化），在这过程中重新计算 SP2.4-1。[$\Delta W_m = \dfrac{-16+8\sqrt{2}}{3}$J]

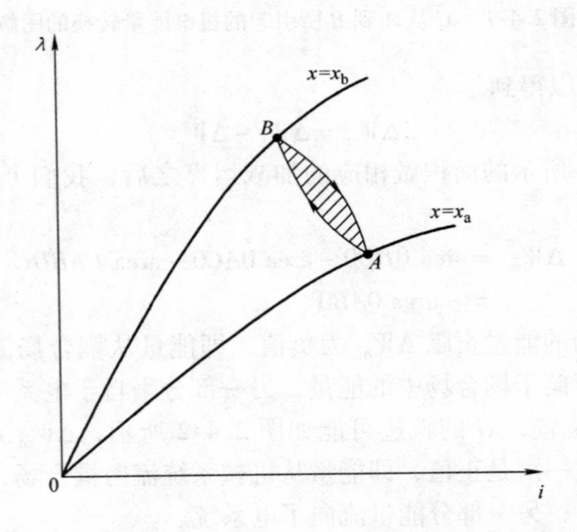

图 2.4-3　λi 从 A 到 B 再回到 A 所引起的机电能量转换的图解

2.5　电磁力与静电力

有了以上的基础，下面我们开始推导在机电装置中电磁力与静电力的表达式。我们仍将精力集中在电磁式的机电装置。为此，让我们回忆一下式（2.2-21），其中的 e_{fj} 可以表达为

$$e_{\mathrm{fj}} = \frac{\mathrm{d}\lambda_{\mathrm{j}}}{\mathrm{d}t} \tag{2.5-1}$$

将式（2.5-1）代入式（2.2-21），假如我们求解的是 $f_{\mathrm{e}}\mathrm{d}x$，则其可以表示为

$$f_{\mathrm{e}}\mathrm{d}x = \sum_{j=1}^{J} i_{\mathrm{j}}\mathrm{d}\lambda_{\mathrm{j}} - \mathrm{d}W_{\mathrm{f}} \tag{2.5-2}$$

尽管我们将会使用式（2.5-2），但将式（2.5-2）变换为另一种形式也非常有帮助。为此，我们先将式（2.3-4）写成多电输入的形式为

$$\sum_{j=1}^{J} \lambda_{\mathrm{j}} i_{\mathrm{j}} = W_{\mathrm{c}} + W_{\mathrm{f}} \tag{2.5-3}$$

假如我们将式（2.5-3）全微分，可以得到

$$\sum_{j=1}^{J} \lambda_{\mathrm{j}}\mathrm{d}i_{\mathrm{j}} + \sum_{j=1}^{J} i_{\mathrm{j}}\mathrm{d}\lambda_{\mathrm{j}} = \mathrm{d}W_{\mathrm{c}} + \mathrm{d}W_{\mathrm{f}} \tag{2.5-4}$$

我们意识到要计算 f_{e}，我们必须选择一组独立变量，磁链和 x 或者电流和 x。而在计算 f_{e} 过程中，电流和磁链不能同时作为独立变量。而式（2.5-4）中，同时存在 $\mathrm{d}\lambda_{\mathrm{j}}$ 和 $\mathrm{d}i_{\mathrm{j}}$，这是计算 f_{e} 的过程中还未选择独立变量的通用表达式。假如我们通过式（2.5-4）得出 $\mathrm{d}W_{\mathrm{f}}$，将其代入式（2.5-2）就可以得到

$$f_{\mathrm{e}}\mathrm{d}x = -\sum_{j=1}^{J} \lambda_{\mathrm{j}}\mathrm{d}i_{\mathrm{j}} + \mathrm{d}W_{\mathrm{c}} \tag{2.5-5}$$

式（2.5-2）和式（2.5-5）都可以称作电磁力 f_{e} 的计算公式。假如磁链和 x 作为独立变量，则式（2.5-2）更加直接；相反，假如选择电流和 x 作为独立变量，则式（2.5-5）更加直接。

当用磁链和 x 作为独立变量时，电流需要表示为函数形式

$$i_{\mathrm{j}}(\lambda_1, \cdots, \lambda_{\mathrm{j}}, x) \tag{2.5-6}$$

为了书写的简洁，我们将（λ_1，…，λ_{j}，x）标识成（$\boldsymbol{\lambda}$，x），其中 $\boldsymbol{\lambda}$ 为 J 个绕组相关的全部磁链的简写。让我们将式（2.5-2）写成以磁链和 x 作为独立变量的形式

$$f_{\mathrm{e}}(\boldsymbol{\lambda}, x)\mathrm{d}x = \sum_{j=1}^{J} i_{\mathrm{j}}(\boldsymbol{\lambda}, x)\mathrm{d}\lambda_{\mathrm{j}} - \mathrm{d}W_{\mathrm{f}}(\boldsymbol{\lambda}, x) \tag{2.5-7}$$

如果分别用 $\boldsymbol{\lambda}$ 和 x 将场能量进行全微分运算，然后将其结果代入式（2.5-7），可以得到

$$f_{\mathrm{e}}(\boldsymbol{\lambda}, x)\mathrm{d}x = \sum_{j=1}^{J} i_{\mathrm{j}}(\boldsymbol{\lambda}, x)\mathrm{d}\lambda_{\mathrm{j}} - \sum_{j=1}^{J} \frac{\partial W_{\mathrm{f}}(\boldsymbol{\lambda}, x)}{\partial \lambda_{\mathrm{j}}}\mathrm{d}\lambda_{\mathrm{j}} - \frac{\partial W_{\mathrm{f}}(\boldsymbol{\lambda}, x)}{\partial x}\mathrm{d}x \tag{2.5-8}$$

使左右两边 $\mathrm{d}x$ 的系数相等可以得到

$$f_{\mathrm{c}}(\boldsymbol{\lambda}, x) = -\frac{\partial W_{\mathrm{f}}(\boldsymbol{\lambda}, x)}{\partial x} \tag{2.5-9}$$

$f_{\mathrm{e}}(\boldsymbol{\lambda}, x)$的第二种表达式可以用磁链和 x 作为独立变量，通过式（2.5-3）得到 $W_{\mathrm{f}}(\boldsymbol{\lambda}, x)$的表达式，然后对其求 x 的偏微分，可以得到

$$f_{\mathrm{e}}(\boldsymbol{\lambda}, x) = -\sum_{j=1}^{J}\left[\lambda_{\mathrm{j}}\frac{\partial i_{\mathrm{j}}(\boldsymbol{\lambda}, x)}{\partial x}\right] + \frac{\partial W_{\mathrm{c}}(\boldsymbol{\lambda}, x)}{\partial x} \tag{2.5-10}$$

假如我们采用 $\boldsymbol{i}$ 和 x 作为独立变量，$(\boldsymbol{i}, x)$ 就是 $(i_1, \cdots, i_{\mathrm{j}}, x)$ 的缩写，式（2.5-5）可以写成

$$f_{\mathrm{e}}(\boldsymbol{i}, x)\mathrm{d}x = -\sum_{j=1}^{J}\lambda_{\mathrm{j}}(\boldsymbol{i}, x)\mathrm{d}i_{\mathrm{j}} + \mathrm{d}W_{\mathrm{c}}(\boldsymbol{i}, x) \tag{2.5-11}$$

如果以独立变量 $\boldsymbol{i}$ 和 x 对 $W_{\mathrm{c}}(\boldsymbol{i}, x)$进行全微分运算，然后将其结果代入式（2.5-11），我们可以得到

$$f_{\mathrm{e}}(\boldsymbol{i}, x)\mathrm{d}x = -\sum_{j=1}^{J}\lambda_{\mathrm{j}}(\boldsymbol{i}, x)\mathrm{d}i_{\mathrm{j}} + \sum_{j=1}^{J}\frac{\partial W_{\mathrm{c}}(\boldsymbol{i}, x)}{\partial i_{\mathrm{j}}}\mathrm{d}i_{\mathrm{j}} + \frac{\partial W_{\mathrm{c}}(\boldsymbol{i}, x)}{\partial x}\mathrm{d}x \tag{2.5-12}$$

等式两边约去 $\mathrm{d}x$，得到

$$f_{\mathrm{e}}(\boldsymbol{i}, x) = \frac{\partial W_{\mathrm{c}}(\boldsymbol{i}, x)}{\partial x} \tag{2.5-13}$$

我们将在以后的工作中广泛应用这个表达式。如果我们通过式（2.5-3）求得 $W_{\mathrm{c}}(\boldsymbol{i}, x)$，然后对其求 x 的偏微分，可以得到

$$f_{\mathrm{e}}(\boldsymbol{i}, x) = \sum_{j=1}^{J}\left[i_{\mathrm{j}}\frac{\partial \lambda_{\mathrm{j}}(\boldsymbol{i}, x)}{\partial x}\right] - \frac{\partial W_{\mathrm{f}}(\boldsymbol{i}, x)}{\partial x} \tag{2.5-14}$$

至此，我们已经推导出了4个电磁力的表达式，见表2.5-1。由于通常情况下，我们经常采用电流和 x 作为独立变量，因而将 $f_{\mathrm{e}}(\boldsymbol{i}, x)$的两个表达式列在表2.5-1的前面部分。

在进入下一部分的学习之前，让我们重新看一下前面的推导过程。为了得到 $f_{\mathrm{e}}(\boldsymbol{\lambda}, x)$，在推导过程中我们认为，式（2.5-8）中有 $\mathrm{d}x$ 的两项系数是相等的。假如我们将式（2.5-8）中这两项的 $\mathrm{d}\lambda_{\mathrm{j}}$ 约去，我们可以得到

$$\sum_{j=1}^{J}\frac{\partial W_{\mathrm{f}}(\boldsymbol{\lambda}, x)}{\partial \lambda_{\mathrm{j}}} = \sum_{j=1}^{J} i_{\mathrm{j}}(\boldsymbol{\lambda}, x) \tag{2.5-15}$$

类似的将式（2.5-12）中的 $\mathrm{d}i_{\mathrm{j}}$ 约去，我们可以得到

$$\sum_{j=1}^{J}\frac{\partial W_c(\boldsymbol{i},x)}{\partial i_j}=\sum_{j=1}^{J}\lambda_j(\boldsymbol{i},x) \tag{2.5-16}$$

式（2.5-15）和式（2.5-16）在前面 W_f 和 W_c 进行定义的式（2.3-2）和式（2.3-3）已经验证过了，那是在 x 固定不变（$dx=0$）的情况下得到的。

表2.5-1 中各表达式中所使用的独立变量在函数的缩写中已经清楚地标识出。虽然在推导过程中我们只考虑平移的机械系统，然而其中建立起来的力学的关系只要加以适当修改就可以用来计算旋转系统的转矩。当考虑旋转系统时，原来的电磁力 f_e 要用电磁转矩 T_e 代替，位移 x 要用运动部分的角位移 θ 代替。这样的替换是可行的，在旋转系统中，机械系统能量的变化可以表示为

$$dW_m=-T_e d\theta \tag{2.5-17}$$

表 2.5-1　机械系统所受的电磁力（对于旋转情况，将 f_e 用 T_e 替换，将 x 用 θ 替换）

$f_e(\boldsymbol{i},x)=\sum_{j=1}^{J}\left[i_j\frac{\partial\lambda_j(\boldsymbol{i},x)}{\partial x}\right]-\frac{\partial W_f(\boldsymbol{i},x)}{\partial x}$
$f_e(\boldsymbol{i},x)=\frac{\partial W_c(\boldsymbol{i},x)}{\partial x}$
$f_e(\boldsymbol{\lambda},x)=-\frac{\partial W_f(\boldsymbol{\lambda},x)}{\partial x}$
$f_e(\boldsymbol{\lambda},x)=-\sum_{j=1}^{J}\left[\lambda_j\frac{\partial i_j(\boldsymbol{\lambda},x)}{\partial x}\right]+\frac{\partial W_c(\boldsymbol{\lambda},x)}{\partial x}$

在具有耦合电场的机电系统中，静电力的推导过程与耦合磁场的情况类似，我们省略了推导过程，在表2.5-2 中列出了这些关系式。

例 2B　我们曾提到有人也希望直接从 $dW_f=dW_e+dW_m$ 关系出发得到电磁力或者电磁转矩，而不是从列表中选择一个公式。为了说明这个问题，让我们来看一个例子，让

$$\lambda=[1+a(x)]i^2 \tag{2B-1}$$

首先我们必须计算场能量。由于耦合场中的损耗可忽略不计，其能量 W_f 只与状态有关系。W_f 的计算过程中可以假定机械位置固定不变，即 $dx=0$，这样就有

$$dW_f=dW_e=i d\lambda,\ dx=0 \tag{2B-2}$$

表 2.5-2　机械系统所受的静电力（对于旋转情况，将 f_e 用 T_e 替换，将 x 用 θ 替换）

$f_e(\boldsymbol{e}_f,x)=\sum_{j=1}^{J}\left[e_{fj}\frac{\partial q_j(\boldsymbol{e}_f,x)}{\partial x}\right]-\frac{\partial W_f(\boldsymbol{e}_f,x)}{\partial x}$
$f_e(\boldsymbol{e}_f,x)=\frac{\partial W_c(\boldsymbol{e}_f,x)}{\partial x}$
$f_e(\boldsymbol{q},x)=-\frac{\partial W_f(\boldsymbol{q},x)}{\partial x}$
$f_e(\boldsymbol{q},x)=-\sum_{j=1}^{J}\left[q_j\frac{\partial e_{fj}(\boldsymbol{q},x)}{\partial x}\right]+\frac{\partial W_c(\boldsymbol{q},x)}{\partial x}$

在 dW_e 的计算中，由式（2.2-13）计算得到 $e_f = d\lambda/dt$，由式（2B-1）和 $dx=0$ 得到

$$d\lambda = 2[1+a(x)]idi \tag{2B-3}$$

将式（2B-3）代入式（2B-2），然后解出 W_f 如下：

$$W_f = \int_0^i 2[1+a(x)]\xi^2 d\xi = \frac{2}{3}[1+a(x)]i^3 \tag{2B-4}$$

为了得到 f_e 的表达式，让我们回到基本的关系式 $dW_f = dW_e + dW_m$，但是此时 $dx \neq 0$，这样从式（2B-4）可以推出

$$dW_f = \frac{2}{3}i^3 \frac{\partial a(x)}{\partial x}dx + 2[1+a(x)]i^2 dx \tag{2B-5}$$

此时，

$$dW_e = id\lambda = i[i^2 \frac{\partial a(x)}{\partial x}dx + 2[1+a(x)]idi \tag{2B-6}$$

从式（2.2-15）

$$dW_m = -f_e dx \tag{2B-7}$$

将以上三个变量代入 $dW_f = dW_e + dW_m$ 关系式中得出

$$\begin{aligned} &\frac{2}{3}i^3 \frac{\partial a(x)}{\partial x}dx + 2[1+a(x)]i^2 di = \\ &i^3 \frac{\partial a(x)}{\partial x}dx + 2[1+a(x)]i^2 di - f_e dx \end{aligned} \tag{2B-8}$$

注意有 di 的项消去，正如式（2.5-10）显示的那样，再约去共同项 dx，得出

$$f_e = \frac{1}{3}i^3 \frac{\partial a(x)}{\partial x} \tag{2B-9}$$

现在让我们用表 2.5-1 中的公式检验一下我们的计算结果。由于本系统是非线性磁系统，$W_f \neq W_c$。这样我们知道了 W_f，我们可以用表 2.5-1 中的第一个公式，也可以先计算 W_c，然后通过第二个公式进行计算。我们将分别通过两个公式来计算。从表 2.5-1，当电系统的输入个数为 1 时，即（$J=1$），

$$f_e(i,x) = i\frac{\partial \lambda(i,x)}{\partial x} - \frac{\partial W_f(i,x)}{\partial x} \tag{2B-10}$$

现在 $\lambda(i,x)$ 如式（2B-1），$W_f(i,x)$ 如式（2B-4），于是

$$\begin{aligned} f_e(i,x) &= i\left[i^2 \frac{\partial a(x)}{\partial x}\right] - \frac{2}{3}i^3 \frac{\partial a(x)}{\partial x} \\ &= \frac{1}{3}i^3 \frac{\partial a(x)}{\partial x} \end{aligned} \tag{2B-11}$$

这样得到的结果与前面的计算相一致。另外，我们可以通过表 2.5-1 的第二个公

式计算得出

$$f_e(i,\ x)=\frac{\partial W_c(i,\ x)}{\partial x} \tag{2B-12}$$

从式（2.3-4）可以得出

$$W_c(i,\ x)=\lambda(i,\ x)i-W_f(i\ ,x)=\frac{1}{3}[1+a(x)]i^3 \tag{2B-13}$$

也可以用式（2.3-3）求得 W_c 相同的表达式，将式（2B-13）代入式（2B-12）得出

$$f_e(i,\ x)=\frac{1}{3}i^3\ \frac{\partial a(x)}{\partial x} \tag{2B-14}$$

SP2.5-1　$\lambda=kx^2i^2$，当 $i=2\mathrm{A}$，$x=1\mathrm{m}$ 时，求 f_e。[$f_e=(16k/3)\mathrm{N}$]

SP2.5-2　$\lambda=ki/x$，假如 $i=\sqrt{2}I_s\cos\omega_e t$，求 f_e 的表达式。[$f_e=-(kI_s^2/2x^2)(1+\cos2\omega_e t)$]

SP2.5-3　$i=a(x)\lambda^3$，使用表 2.5-1 中的第三个公式来求 f_e 的表达式。[$f_e=-\frac{1}{4}\lambda^4\ (\mathrm{d}a(x)/\mathrm{d}x)$]

SP2.5-4　在一旋转系统中，$\lambda=ki^2\sin\theta$，求 T_e 的表达式。[$T_e=\frac{1}{3}ki^3\cos\theta$]

2.6　基本电磁铁的工作特性

从前面 1.7 小节工作中，我们得到了一个近似公式，在 $x>0$ 的条件下，如图 2.2-3 所示的电磁铁的电感可以用式（1.7-21）等效近似，即

$$L(x)=L_l+L_m(x)=L_l+\frac{k}{x} \tag{2.6-1}$$

现在

$$\lambda(i,\ x)=L(x)i \tag{2.6-2}$$

由于这是一个线性的磁系统

$$W_f(i,\ x)=W_c(i,\ x)=\frac{1}{2}L(x)i^2 \tag{2.6-3}$$

用表 2.5-1 的第二个公式进行计算

$$f_e(i,\ x)=\frac{\partial W_c(i,\ x)}{\partial x}=\frac{1}{2}i^2\ \frac{\mathrm{d}L(x)}{\mathrm{d}x} \tag{2.6-4}$$

将式（2.6-1）代入式（2.6-4）得出

$$f_e(i,\ x)=-\frac{ki^2}{2x^2} \tag{2.6-5}$$

图2.2-3所示系统的电磁力总是负值，电磁力试图将移动的部分拉向静止的部分。也就是说，电磁力的建立试图减小系统的磁阻（使系统的电感最大化）。

电磁铁中电系统的微分方程表达式为式（2.2-7），机械系统的微分方程表达式为式（2.2-8）。假如所施加的电压 v 和所施加的机械力 f 都保持不变，在稳态情况下，两者在式（2.2-7）和式（2.2-8）中对时间的微分都为零。此时，

$$v = ri \tag{2.6-6}$$

$$f = K(x - x_0) - f_e \tag{2.6-7}$$

式（2.6-7）也可以写成

$$-f_e = f - K(x - x_0) \tag{2.6-8}$$

将式（2.6-5）代入式（2.6-8），并将其画成图形，如图2.6-1所示。图2.6-1中的具体参数如下：$r = 10\Omega$，$K = 2667\text{N/m}$，$x_0 = 3\text{mm}$，$k = 6.283 \times 10^{-5}\text{H} \cdot \text{m}$。

图2.6-1所画出的电磁力曲线是在施加了5V电压，建立0.5A稳定的电流情况下得到。直线代表式（2.6-8）等式右边部分，其中 $f = 0$ 为图2.6-1中位于下面的一条直线，$f = 4\text{N}$ 为图2.6-1中位于上面的一条直线。每条直线与 $-f_e$ 曲线有两个交点。上面一条直线与 $-f_e$ 曲线的交点为1和1′，下面一条直线与曲线的交点为2和2′。其中稳定点只有1和2。在1′和2′的位置上，系统不能稳定工作。这个现象可以解释为假设系统位于这些不稳定点（1′或者2′）上工作，系统的任何扰动都将导致系统离开这个工作点。例如，假设 x 从当前工作点1′稍稍增大一点，则把移动部分拉向右侧的约束力 $f - K(x - x_0)$ 变得比把移动部分拉向左侧的电磁力更大。从而 x 将持续增大，直到到达工作点1。在工作点1上，假如 x 增大一点，则约束力 $f - K(x - x_0)$ 变得比电磁力小，x 将回到工作点1上。从而系统可以在工作点1上稳定停留。假设 x 从当前工作点1′稍稍减小一点，电磁力将变得比约束力更大，移动部分将向静止部分运动，直到碰在一起（$x = 0$）。约束力直线如果在电磁力 $-f_e$ 曲线之下，则在 $x > 0$ 领域内找不到稳定的工作点。另外需要注意一点，在工作点2上，x 比 x_0 小，弹簧处于拉升状态，在移动部分施加了向右的拉力。在工作点1上，x 比 x_0 大，弹簧处于压缩状态，在移动部分施加向左的压力。事实上，在工作点1上，所施加的外力4N大部分是用来压弹簧的。我们可以在图形上说明这一点，通过向力的负方向延长直线 $-K(x - x_0)$，想象一下做一条通过工作点1的垂直直线与该延长线相交，该交点与 x 的距离便是用于施加弹簧压力的部分。

电压 v 的阶跃变化所引起的动态响应如图2.6-2和图2.6-3所示，所施加的外力 f 的阶跃变化引起的动态响应如图2.6-4所示。为计算系统的动态响应，除了前面给出的一些系统参数外，还需增加一些参数 $L_l = 0$，$l = 0$，$M = 0.055\text{kg}$，

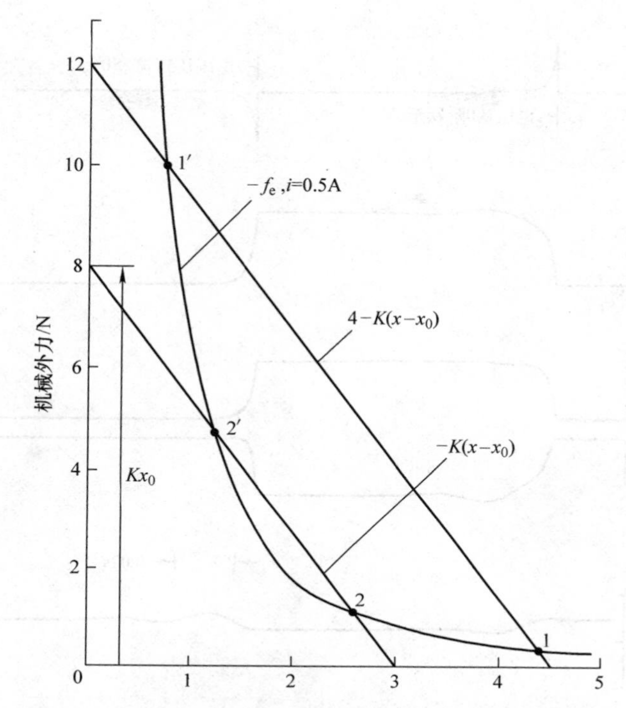

图2.6-1　如图2.2-3所示的电磁铁系统的稳态工作特性

$D=4\text{N}\cdot\text{s/m}$。图2.6-2中计算轨迹描述了以上例子中系统在外加电压从零增加至5V，而后又回到零的过程，在此过程中所施加的机械外力保持为零。图2.6-2中画出了以下变量e_f、λ、i、f_e、x、W_e、W_f，以及W_m，图2.6-2中的能量单位为毫焦耳（mJ）。最初机械系统停在$x=x_0$(3mm)位置。当施加电压后x减小，稳定后x变为约2.5mm，这个点便是图2.6-1中的工作点2的位置。在暂态过程中，能量从W_e流向耦合场。其中的大部分能量存储在耦合场(W_f）之中；有一小部分能量流向机械系统，流向机械系统的能量中有部分能量消耗在系统的阻尼上；其余能量以弹性势能存储于弹簧内。当施加的电压撤除时，电系统和机械系统将恢复到原来的状态。W_m的变化很小，只是轻微增大。因此在暂态情况下能量在弹簧和运动物体之间流动，并最终消耗于系统的阻尼。在施加和撤除电压的变化进行后，W_f的净变化为零，W_e的净变化为正值，W_m的净变化为负值，且W_e和W_m幅值相等。在这个循环中，流向机械系统的能量最终消耗于系统的阻尼，因为f为零不变，机械系统恢复到原来的自由状态，弹簧不存储能量。

在图2.6-3中，机电系统初始状态如图2.6-2所示，在电系统上所施加的电压为5V。施加的机械外力f从零增加至4N，由此能量从机械系统流向耦合场。

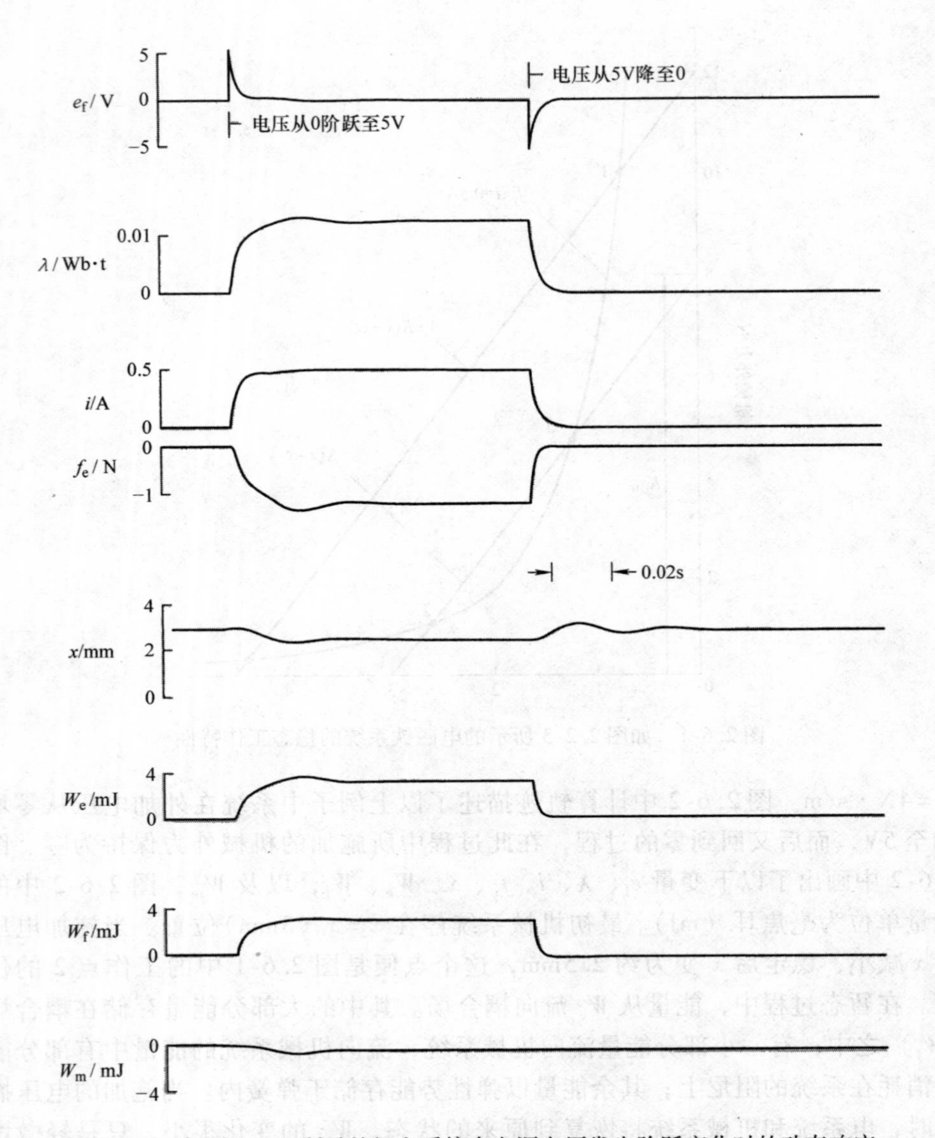

图 2.6-2 如图 2.2-3 所示的机电系统在电源电压发生阶跃变化时的动态响应

耦合场将能量传递给电系统消耗于电阻之上，这些能量有些是来自机械系统，有些来自原来存储于耦合场中的能量。通过施加这样的力，我们将系统的工作点从图 2.6-1 中的 2 点推向 1 点。接下来，施加的力从 4N 恢复至零，机械系统和电系统都回到其原始状态。在这样的循环过程中，能量从机械系统流向电系统，最终消耗在电阻上。描述这一过程的 λ、i 变化过程如图 2.6-4 所示。

SP2. 6-1 在图 2.6-2 中，当电压从 0 阶跃至 5V 过程中，e_f 突然跳至 5V，

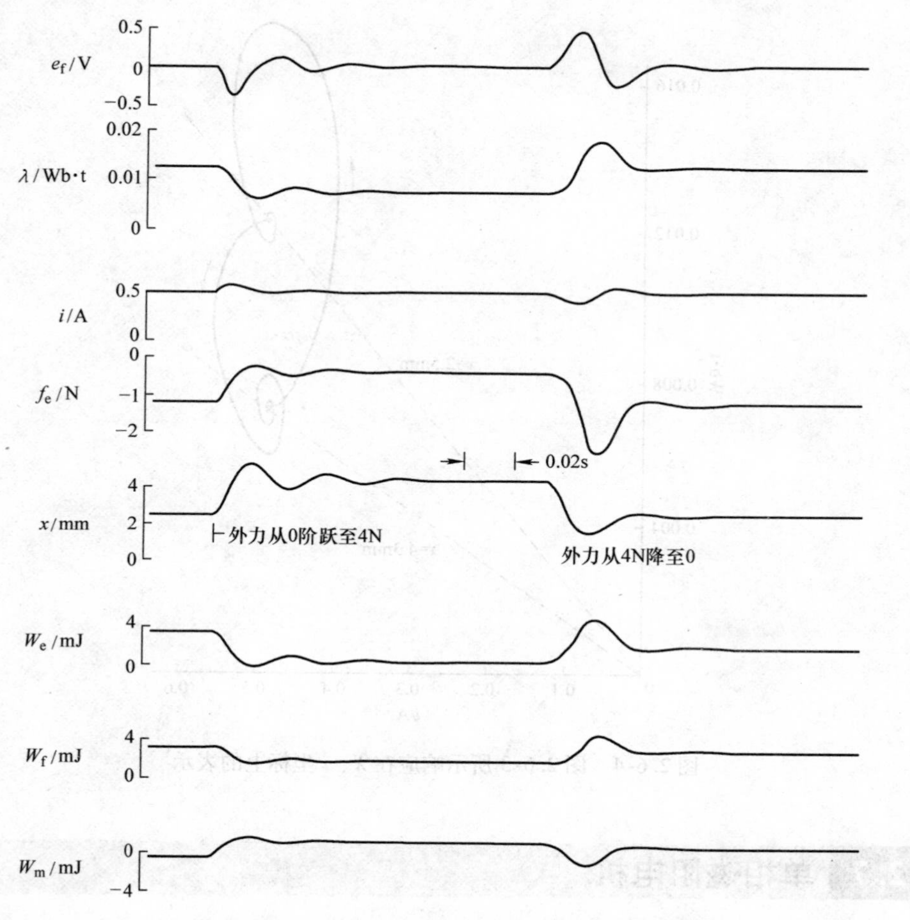

图 2.6-3 如图 2.2-3 所示的机电系统在机械外力发生阶跃变化时的动态响应

而当电压从 5V 阶跃至 0 时，为何 e_f 跳至 −5V？［前一次 $t=0^+$，$v=L(x)(\mathrm{d}i/\mathrm{d}t)$，后一次 $t=0^+$，$L(x)(\mathrm{d}i/\mathrm{d}t)=-ir$］

SP2.6-2 假如在图 2.6-1 中，原工作为点 2，以下两种情况下求 x 值。(a) 当外力 f 从零阶跃至 −1N 时；（b）保持 f 为零而 v 从 5V 阶跃至 10V。［(a)、(b) 两种情况 $x=0$］

SP2.6-3 假设如图 2.2-3 所示的基本电磁铁，其 λi 曲线如图 2.4-1 所描述，系统从点 x_a 移动至 x_b，在 λi 曲线上的轨迹从 A 点移至 B，假设在两点上系统可以稳定工作，引起这一变化的原因可能是：(a) 所施加的电压 v 增大还是减小？(b) 所施加的力增大还是减小？［(a) 和 (b) 都减小］

SP2.6-4 在图 2.6-2 中，当施加的电压从零阶跃为 5V 时，为什么 $i(t)$ 的变化不是指数形式？［$L(x)$］

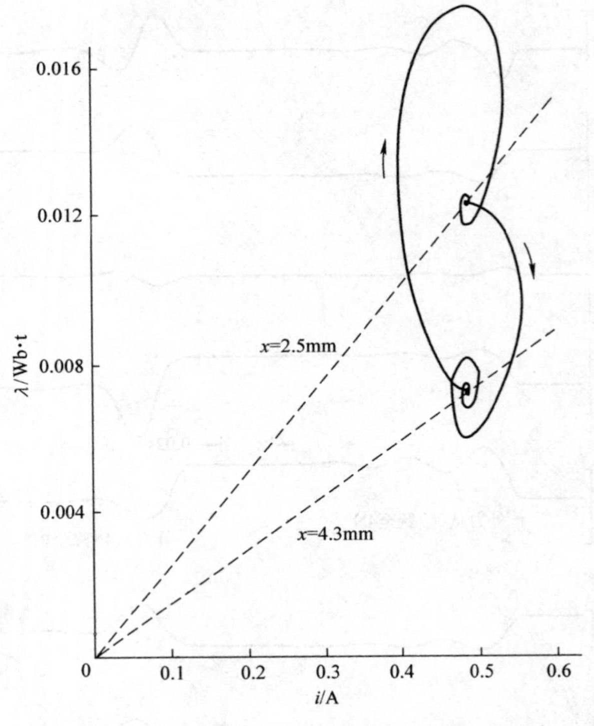

图 2.6-4　图 2.6-3 所示响应在 λ、i 坐标上的表示

2.7 单相磁阻电机

关于两极、单相的基本磁阻电机，我们在图 1.7-2 中已经有接触，它与我们将要分析的图 2.7-1 在结构上稍有不同。例如，标识方法发生了改变，原来我们表示为 1 的绕组，现在用绕组 *as* 表示，我们会发现用这样的标识方法在以后的学习中更加方便。另外，定子或者固定部分的形状更加贴近实际应用中磁阻电机的样子。

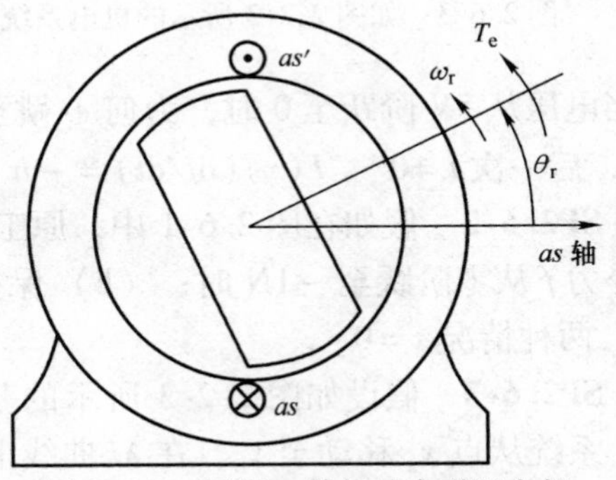

图 2.7-1　两极、单相基本磁阻电机

电机的电压方程可以表示为

$$v_{as} = r_s i_{ac} + \frac{d\lambda_{as}}{dt} \tag{2.7-1}$$

其中，r_s 为 as 绕组的电阻，而

$$\lambda_{as} = L_{asas} i_{as} \tag{2.7-2}$$

其中，L_{asas} 为 as 绕组自感，可以采用图 1.7-2 中计算近似电感方法，参考式（1.7-29）。

$$L_{asas} = L_{ls} + L_A - L_B \cos 2\theta_r \tag{2.7-3}$$

假设转子的速度为常数，则

$$\theta_r = \omega_r t + \theta_r(0) \tag{2.7-4}$$

其中，L_{ls} 为漏感。

电磁转矩的表达式可以通过表 2.5-1 来求得。磁系统是线性的，$W_f = W_c$，我们可以用表中的第二个表达式来求 T_e

$$T_e(i_{as}, \theta_r) = \frac{\partial W_c(i_{as}, \theta_r)}{\partial \theta_r} \tag{2.7-5}$$

其中

$$W_c(i_{as}, \theta_r) = \frac{1}{2}(L_{ls} + L_A - L_B \cos 2\theta_r) i_{as}^2 \tag{2.7-6}$$

由此

$$T_e(i_{as}, \theta_r) = L_B i_{as}^2 \sin 2\theta_r \tag{2.7-7}$$

尽管无论稳态或是暂态情况下，式（2.7-7）都是适用的，但在这一节中我们都只研究基本的稳态情况。

首先来看第一个例子，i_{as} 为恒定电流。这种情况下，转矩可以表示为

$$T_e = K \sin 2\theta_r \tag{2.7-8}$$

其中，$K = L_B I_{as}^2$，为常数。将式（2.7-8）的曲线在图 2.7-2 中画出，并在 $\theta_r = 0, \frac{1}{4}\pi, \frac{1}{2}\pi, \cdots, 2\pi$ 位置将图 2.7-2 系统的转子位置与之对应画出。让我们假设在转子的轴上没有受到外部转矩，即没有扭矩让转子往正向或者反向旋转。通过前面章节的电磁转矩的学习可以知道，这个系统将产生一个转矩趋向于将磁系统的磁阻最小化。这表示，转子在 I_{as} 为恒定值情况下的停靠的位置应该是系统磁阻最小的位置，根据初始位置，转子最终停靠在 $\theta_r = \frac{1}{2}\pi$ 或者 $\frac{3}{2}\pi$。例如，转子所处位置为 $0 < \theta_r < \frac{1}{2}\pi$，在 i_{as} 从零增加至恒定值时（忽略暂态过程），T_e 立刻变成 $K \sin 2\theta_r$，这是一个正的转矩。回忆一下在图 2.7-1 中，当转矩方向与 θ_r 的正方向相同时，我们认为转矩是正值。这样，这个电磁转矩将驱动转子往 $\theta_r = \frac{1}{2}\pi$ 位置运动。那么 $\theta_r = \frac{1}{2}\pi$ 位置是稳定点吗？在 $\theta_r = \frac{1}{2}\pi$，$T_e = 0$。这告诉

我们当 θ_r 刚刚好等于$\frac{1}{2}\pi$时，系统不产生电磁转矩。然而，我们必须用分析电磁铁工作点稳定性的方法来测试系统在这一点是不是稳定的。当我们稍稍偏离一些工作点位置，它是不是能够自己回到 $\theta_r=\frac{1}{2}\pi$ 点上？假如是，那么 $\theta_r=\frac{1}{2}\pi$ 就是一个恒定定子电流下的稳定工作点。假如 θ_r 稍稍变小一点，那么系统将产生正的 T_e，这个电磁转矩将增大 θ_r 使之回到$\frac{1}{2}\pi$。现在使 θ_r 变得比$\frac{1}{2}\pi$稍稍大一点，那么系统将产生负的 T_e，这电磁转矩将减小 θ_r 使之回到$\frac{1}{2}\pi$。所以，$\theta_r=\frac{1}{2}\pi$ 是一个稳定的工作点；同理我们也可以得到 $\theta_r=-\frac{1}{2}\pi$ 也是一个稳定的工作点。

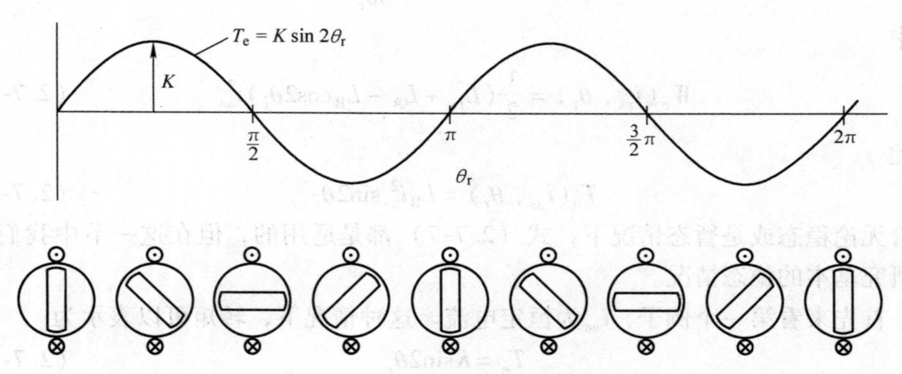

图 2.7-2　恒定定子电流下单相磁阻电机的转矩和位置关系

我们可能还会产生一个疑问，当转子刚好停在 $\theta_r=0$ 位置，i_{as} 从零增加至恒定值时会发生什么情况？从前面的分析可以知道，转子会停靠在 $\theta_r=\frac{1}{2}\pi$ 或者 $-\frac{1}{2}\pi$位置。但是从式（2.7-8）得知，在 $\theta_r=0$ 时刻 $T_e=0$，即转子上没有受到转矩作用，为何转子不能一直保持 $\theta_r=0$ 状态呢？事实上对于稳定点的判断，没有受到外界的转矩只是必要条件，让我们重新来对其做稳定性分析。当 θ_r 从零稍稍增加一点，T_e 变成正值，这将使得 θ_r 变得更大，转子将从 $\theta_r=0$ 转到$\frac{1}{2}\pi$位置。假如 θ_r 从零稍稍减小一点，T_e 变成负值，这将使得 θ_r 变得更小，最后停在 $-\frac{1}{2}\pi$ 位置。因此，我们假定在电流从零增加到恒定值之前，我们花大力气将转子精确停在零点位置。我们增加电流后，理论上转子仍能够停在 $\theta_r=0$ 位置。

但是无论是多么小的扰动都可以将转子带离 $\theta_r=0$ 的位置，它有一半的机会顺时针方向旋转，有另一半机会逆时针方向旋转。

我们已经知道，在没有外界转矩的作用下，在定子绕组中通过恒定电流时，$\theta_r=\frac{1}{2}\pi$ 和 $\theta_r=\frac{3}{2}\pi$ 是稳定工作点，$\theta_r=0$ 和 $\theta_r=\pi$ 是非稳定工作点。让我们看一下，如果施加了外界转矩，会发生什么情况。为此，我们假定定子中的电流 i_{as} 恒定，同时转子停在 $\theta_r=\frac{1}{2}\pi$ 位置。假设我们施加在转子轴上的转矩为逆时针方向，即为增加 θ_r。系统将会产生电磁转矩 T_e，为抵抗外加的转矩，并试图将转子保持在与 *as* 轴对齐的位置。当抵抗外加转矩的电磁转矩 T_e 大小与外加转矩相等时，转子将停止转动并停在 $\frac{1}{2}\pi<\theta_r<\frac{3}{4}\pi$ 区间内。这里外加的转矩必须小于 T_e 在 $\theta_r=\frac{3}{4}\pi$ 位置上的峰值（图 2.7-2 中的 K）。否则使转子对齐的转矩不能平衡外加转矩，外加转矩的存在会使得转子持续逆时针方向旋转。相反，如果施加的扭矩是反方向（顺时针）方向的，θ_r 将会减小。如果产生的使转子对齐于 *as* 轴电磁转矩能足够平衡外加转矩，转子将最终停在区间 $\frac{1}{4}\pi<\theta_r<\frac{1}{2}\pi$ 之内。同样的道理，我们可以方便地推出如果 T_e 能够抵消外加转矩，稳定的工作区间是 $\frac{1}{4}\pi<\theta_r<\frac{3}{4}\pi$ 或者 $\frac{5}{4}\pi<\theta_r<\frac{7}{4}\pi$，在这些区间中，$T_e$ 相对 θ_r 呈现负斜率关系。

在旋转装置里确定 T 和 T_e 的符号时，首先需要讨论一下惯例的问题。在这一章里，从图 2.2-3 开始就确定了 f 和 f_e 的正方向与位移 x 的正方向一致。因此，对于旋转装置而言，T 和 T_e 的正方向和轴位移 θ_r 的正方向（逆时针方向）一致。然而，多年的惯例是，对于电动机而言，其 T_e 的正方向与轴位移的逆时针方向一致，而对于负载转矩而言，经常被标识为 T_L 而不是 T，其正方向与轴 θ_r 位移正方向的方向相反（顺时针方向）。从第 3 章开始，我们将采用这个电动机惯例，即使对于发电机，我们也认为其输入的转矩 T_L 为负。根据以上的描述，如果有转矩以逆时针方向施加在转轴上可以称为输入转矩或者负的负载转矩（$-T_L$）；顺时针方向施加的转矩称为正的负载转矩（$+T_L$）。我们希望可以不进行惯例切换，以避免惯例改变引起的混乱，虽然很多文献在讲解发电机时通常使用发动机惯例。

虽然定子中通过恒定的电流的单相磁阻电机在实际应用中并不存在，但通过它可以理解磁阻转矩，同时它也是变磁阻步进电机的基本形态。我们会发现，对于最简单的变磁阻步进电机，是三台级联的单相磁阻电机的组合，它们的转子拥有共同的转轴，同时最小磁阻路径相互错开。在后面的章节中，我们将会更加详细讲解步进电机的内容。在结束对单相磁阻电机内容了解之前，我们看看这个装置基本可行的一种工作模式。为了让这个装置能持续工作，我们将恒定电流变成正弦电流，即

$$I_{as}=\sqrt{2}\,I_s\cos\theta_{esi} \tag{2.7-9}$$

在稳态情况下，

$$\theta_{esi}=\omega_e t+\theta_{csi}(0) \tag{2.7-10}$$

在以上的方程中，电角度的位移的下标用 esi 表示，e 表示其是一个电系统的变量，s 表示其为一个关于定子的变量，i 表示这个角度是关于电流的。我们已知 θ_r 有式（2.7-4）的形式，而在稳态情况下也可以写成式（2.7-10）的形式。将式（2.7-9）代入式（2.7-7），经过一些三角变换（参考附录 A）后，

$$\begin{aligned}T_e&=L_B I_s^2\sin 2[\omega_r t+\theta_r(0)]\\&+\frac{1}{2}L_B I_s^2\{\sin 2[(\omega_r+\omega_e)]t+\theta_r(0)+\theta_{esi}(0)\}\\&+\frac{1}{2}L_B I_s^2\{\sin 2[(\omega_r-\omega_e)t+\theta_r(0)-\theta_{esi}(0)]\}\end{aligned} \tag{2.7-11}$$

从第一项我们可以看出，当 $\omega_r=0$ 时，会产生平均稳态转矩。并且，只要 $|\omega_r|=\omega_e$，第二项或者第三项将产生平均转矩，其中，ω_e 为电系统的角速度（同步速）。例如，假设 $\omega_r=\omega_e$，式（2.7-11）变为

$$\begin{aligned}T_e&=L_B I_s^2\sin 2[\omega_e t+\theta_r(0)]\\&+\frac{1}{2}L_B l_s^2\sin 2[2\omega_e t+\theta_r(0)+\theta_{esi}(0)]\\&+\frac{1}{2}L_B I_s^2\sin 2[\theta_r(0)-\theta_{esi}(0)]\end{aligned} \tag{2.7-12}$$

其中，$\theta_r(0)$ 和 $\theta_{esi}(0)$ 分别是零时刻转子和电流的角度位移。

式（2.7-12）显示出我们可以得到稳态转矩，其平均值为 $[\theta_r(0)-\theta_{esi}(0)]$ 的倍角函数，同时存在频率为 $4\omega_e$ 和 $2\omega_e$ 的转矩脉动。虽然式（2.7-12）说明了磁阻电机产生了平均转矩，但仍难以解释其各项转矩如何产生。尽管你对单相磁阻电机的理解有无数的问题需要解答，也许最好的方法是将讨论留到我们学习完第 4 章的旋转磁场内容（旋转气隙磁动势）之后。

SP2.7-1 一单相磁阻电机最初位于 $\theta_r=0$ 的位置，i_{as} 突变为 1A，同时外加顺时针方向转矩 0.01N·m，电机 $L_B=0.02$H，忽略暂态过程，求 θ_r 的最终值。$[\theta_r=-105°]$

SP2.7-2 问题 SP2.7-1 中的电机稳定工作在 $\theta_r=-105°$ 位置，i_{as} 的方向突变为相反方向（$I_{as}=-1$A），忽略暂态过程求 θ_r 的最终值。$[\theta_r=-105°]$

SP2.7-3 在磁阻电机同步速旋转 $\omega_r=\omega_e$ 时，摩擦和风阻表现出来的阻力转矩为 0.01N·m，稳态时定子电流 $I_{as}=2\cos\omega_e t$，$L_B=0.02$H，假如转子稳定运

行于 ω_e 转速，计算 $\theta_r(0)-\theta_{esi}(0)$。[$\theta_r(0)=-105°$]

2.8 相对运动中的绕组

推导如图 1.7-4 所示的基本旋转装置的电磁转矩公式，将对学习非常有帮助。其电压方程如式（1.7-30）和式（1.7-31）表示，自感 L_{11} 和 L_{22} 是常数，如式（1.7-34）和式（1.7-35）表示，互感如式（1.7-38）表示。为方便起见，下面重新列出了这些方程。电压方程可以写成矩阵形式为

$$\begin{bmatrix} v_1 \\ v_2 \end{bmatrix} = \begin{bmatrix} r_1 & 0 \\ 0 & r_2 \end{bmatrix} \begin{bmatrix} i_1 \\ i_2 \end{bmatrix} + \frac{\mathrm{d}}{\mathrm{d}t} \begin{bmatrix} \lambda_1 \\ \lambda_2 \end{bmatrix} \tag{2.8-1}$$

也可以写作

$$\boldsymbol{v}_{12} = \boldsymbol{r}\boldsymbol{i}_{12} + \frac{\mathrm{d}}{\mathrm{d}t}\boldsymbol{\lambda}_{12} \tag{2.8-2}$$

对照式（2.8-1），磁链方程的矩阵形式为

$$\begin{bmatrix} \lambda_1 \\ \lambda_2 \end{bmatrix} = \begin{bmatrix} L_{l1} + L_{m1} & L_{sr}\cos\theta_r \\ L_{sr}\cos\theta_r & L_{l2} + L_{m2} \end{bmatrix} \begin{bmatrix} i_1 \\ i_2 \end{bmatrix} \tag{2.8-3}$$

从表 2.5-1 可以得到：

$$T_e(i_1, i_2, \theta_r) = \frac{\partial W_c(i_1, i_2, \theta_r)}{\partial \theta_r} \tag{2.8-4}$$

由于假定磁系统是线性的，

$$W_c(i_1, i_2, \theta_r) = \frac{1}{2}L_{11}i_1^2 + L_{12}i_1 i_2 + \frac{1}{2}L_{22}i_2^2 \tag{2.8-5}$$

自感是常数，互感由式（2.8-3）矩阵中的非对角元素表示，这样，

$$T_e(i_1, i_2, \theta_r) = -i_1 i_2 L_{sr}\sin\theta_r \tag{2.8-6}$$

尽管式（2.8-6）对任何形式的 i_1 和 i_2 都是适合的，但我们首先来考虑 i_1 和 i_2 都是正值且恒定不变的情况。电流是正的，转矩公式可以写成

$$T_e = -K\sin\theta_r \tag{2.8-7}$$

其中，K 是正的常数，$K = i_1 i_2 L_{sr}$。

图 2.8-1 为式（2.8-7）的曲线形式，且将绕组在 $\theta_r = 0$，$\frac{1}{2}\pi$，…，2π 上的位置说明在图 2.8-1 上表示。图 2.8-1 上还表示出了绕组通过恒定电流后所呈现出来的磁系统的磁极位置。初看，在定子上的北极（N^s），南极（S^s）的位置和正向电流的关系似乎不正确。然而，回忆一下，磁链总是从 N^s 进入气隙中。我们意识到，在这个系统中定子和转子的磁系统需要分开考虑，单看定子的磁系统，通过右手定则，磁通从定子的 N^s 进入气隙。再看转子磁系统，磁通从转子

的 N^s 进入气隙。

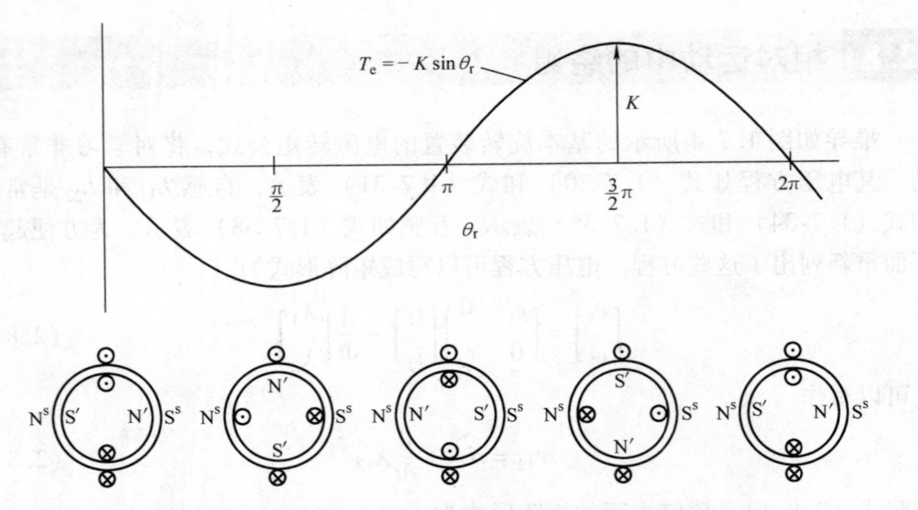

图 2.8-1　绕组恒定电流情况下电磁转矩与转子角位移关系

这样我们看到，电磁转矩的产生将试图让定子绕组电流产生的磁系统和转子绕组电流产生的磁系统对齐，即将轴线1和轴线2对齐。我们可以用在单相磁阻电机上用过的判断方法来测试系统的稳定性，如果没有外加转矩的情况下，转子的稳定位置在 $\theta_r=0$，而 $\theta_r=\pi$ 位置是不稳定的。当然这是在 i_1 和 i_2 都是正的，且都是恒定的情况下得到的。同样在外加转矩情况下，稳定的工作区域为 $-\frac{1}{2}\pi<\theta_r<\frac{1}{2}\pi$，即在 T_e 对 θ_r 为负斜率特性下。虽然，保持稳定的电流对电机系统而言没有实际意义，但它说明了具有永磁转子的步进电机的工作原理，永磁转子和这个系统中将转子电流 i_2 设为恒定值的情况十分相似。

在我们离开这个基本装置之前，我们再假设一下 i_2 为恒定值（$i_2=I_2$），而

$$I_1=\sqrt{2}I\cos\theta_{esi} \tag{2.8-8}$$

在稳态工作时

$$\theta_{esi}=\omega_e t+\theta_{esi}(0) \tag{2.8-9}$$

同时有

$$\theta_r=\omega_r t+\theta_r(0) \tag{2.8-10}$$

代入式（2.8-6）

$$T_e=\sqrt{2}II_2L_{sr}\cos[\omega_e t+\theta_{esi}(0)]\sin[\omega_r t+\theta_r(0)] \tag{2.8-11}$$

也可以表示为

$$T_e=-\sqrt{2}II_2L_{sr}\left\{\frac{1}{2}\sin[(\omega_r+\omega_e)t+\theta_r(0)+\theta_{esi}(0)]\right.$$

$$+\frac{1}{2}\sin[(\omega_r-\omega_e)t+\theta_r(0)-\theta_{esi}(0)]\Big\} \quad (2.8\text{-}12)$$

假如 $|\omega_r|=\omega_e$，就可以产生平均转矩。当 $\omega_r=\omega_e$ 时，式（2.8-12）变成

$$T_e=-\sqrt{2}II_2L_{sr}\times$$
$$\left\{\frac{1}{2}\sin[2\omega_e t+\theta_r(0)+\theta_{esi}(0)]+\frac{1}{2}\sin[\theta_r(0)-\theta_{esi}(0)]\right\} \quad (2.8\text{-}13)$$

从以上简短的分析可以知道，当 $|\omega_r|=\omega_e$ 时，我们可以得到平均转矩。事实上，当 i_2 为恒定值，而 I_1 由式（2.8-8）所示时，这个装置就是一台单相同步电机。然而和单相磁阻电机的分析类似，我们现在还没有足够的工具来深入解释其工作过程。当完成第 4 章的内容学习，我们将会对其有更深的理解。

SP2.8-1　在图 1.7-4 所示系统中，$L_{sr}=0.1\text{H}$，$i_1=2\text{A}$，$i_2=10\text{A}$。（a）当施加 1N · m 的顺时针方向的转矩时，计算稳态时的 θ_r；（b）当转矩增大为 2N · m，情况如何？[$(a)\theta_r=-30°$；（b）不稳定]

SP2.8-2　在图 1.7-4 所示系统中，将 i_1 方向反向，求系统在正向恒定电流的作用下的稳定区域。[$\frac{1}{2}\pi<\theta_r<\frac{3}{2}\pi$]

SP2.8-3　在图 1.7-4 中，将绕组 1 做一些移动，将⊗移动至 3 点钟位置，⊙移动至 9 点钟位置，T_e 的表达式是什么？[$T_e=i_1i_2L_{sr}\cos\theta_r$]

SP2.8-4　在图 1.7-4 中，i_1 和 i_2 为正向恒定电流，（a）施加一个外部转矩，使得 θ_r 从零增大至 45°，然后释放，假设系统存在阻尼，转子的最终位置在哪里？重复这个过程分别将 θ_r 增大至（b）90°，（c）120°，（d）180°和（e）210°。[(a)$\theta_r=0$;(b)0;(c)0;(d)0 或者 2π;(e)2π]

SP2.8-5　在图 1.7-4 所示系统中，$L_{sr}=0.1\text{H}$，$i_1=20\cos\omega_e t$，$i_2=2\text{A}$，且 $\omega_r=\omega_e$，此时外加顺时针方向转矩为 1N · m，求 $\theta_r(0)-\theta_{esi}(0)$。[$\theta_r(0)=-30°$]

2.9　小结

本章的主要目的是为建立一种表示机电装置电磁力和电磁转矩的方法。因此理解表 2.5-1 所列的公式尤为重要。然而，由于我们所考虑的系统假设为线性的，因而大部分时间我们都用到表 2.5-1 中的第二个表达式。

本章最后部分关于基本电磁铁以及相关问题的详细分析需要详细思考，因为我们将不再涉及这些内容。你们现在已经可以继续第 3 章直流电机的学习或者跳到第 4 章进行基于旋转磁场原理的机电运动装置学习，这包括了感应电机、同步电机、步进电机，以及永磁交流电机。

2.10 习题

1. 如图2.10-1所示的电阻和电感串联电路，其中 $R=15\Omega$，$L=250\text{mH}$，电流的初始值 $i(0)=10\text{A}$，求在 $t>0$ 时的存储于电感中的能量表达式以及电阻上消耗的能量表达式。

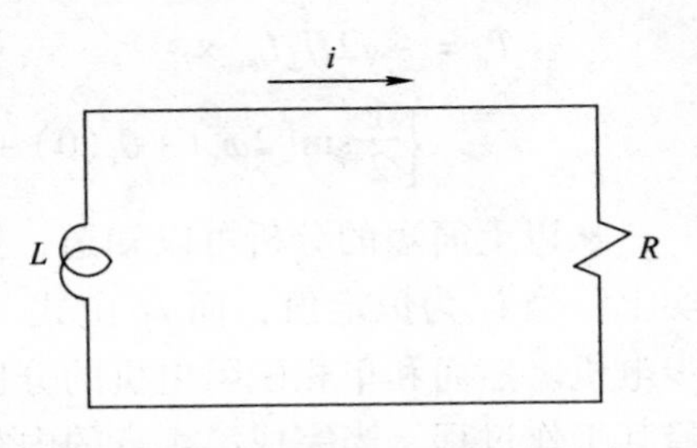

图2.10-1 电阻和电感串联电路

2. 如图2.10-2所示的弹簧—质子—阻尼系统，$x_0=0$，假设施加的外力为 $f=\cos\omega t$，请以 $x=X_s\cos(\omega t+\phi)$ 的形式表示系统的稳态响应 $x(t)$。

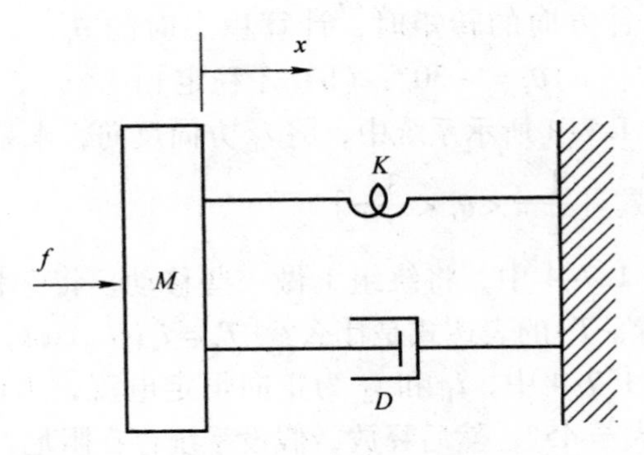

图2.10-2 施加外力的弹簧—质子—阻尼系统

*3. 如图2.10-3所示的弹簧—质子—阻尼系统，在 $t=0$，$x(0)=x_0$（平衡位置），$\mathrm{d}x/\mathrm{d}t=1.5\text{m/s}$。同时知道 $M=0.8\text{kg}$，$D=10\text{N}\cdot\text{s/m}$，$K=120\text{N}\cdot\text{m}$，$t>0$ 时，求弹簧内储存的能量 W_{mS1} 的表达式、质子动能 W_{mS2} 的表达式、阻尼上消耗的能量 W_{mL} 的表达式。你不需要将 W_{mL} 的积分表达式求解出具体值来。

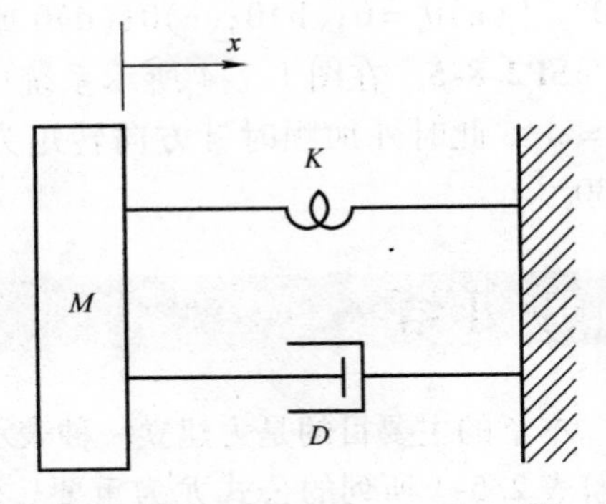

图2.10-3 弹簧—质子—阻尼系统

4. 对于以下系统求解 $W_f(i,x)$ 和 $W_c(i,x)$：(a) $\lambda(i,x)=xi^3+i$；(b) $\lambda(i,x)=-xi^2+i\sin x$。

*5. 一个具有两个电输入的线性耦合场能量表达式为

$$W_f(\lambda_1,\lambda_2,x)=\frac{1}{2}B_{11}\lambda_1^2+B_{12}\lambda_1\lambda_2+\frac{1}{2}B_{22}\lambda_2^2$$

请用 L_{11}、L_{12} 和 L_{22} 来表示 B_{11}、B_{12} 和 B_{22}。

6. 一个机电系统有两个电输入，磁链的方程可以表示为

$$\lambda_1(i_1,\ i_2,\ x)=x^2 i_1^2+x i_2+i_1$$

$$\lambda_2(i_1,\ i_2,\ x)=x^2 i_2^2+x i_1+i_2$$

求解 $W_f(i_1,\ i_2,\ x)$ 和 $W_c(i_1,\ i_2,\ x)$ 的表达式。在求解过程中首先将 i_2 设为积分变量，令 $di_1=0$ 且 $i_1=0$，然后将 i_1 设为积分变量，令 $di_2=0$ 且 i_2 保持其终值。

7. 机械系统沿着如图 2.10-4 所示的 λi 曲线上 1 到 2 的路径，从 x_1 位置移动至 x_2 位置，请用图形面积表示(a)ΔW_f，(b)ΔW_c，(c)ΔW_e，(d)ΔW_m。

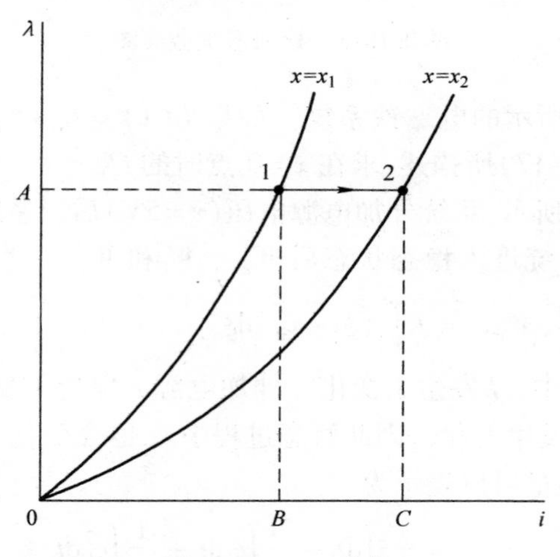

图 2.10-4　λi 曲线

8. 假如 $i=k\lambda^2 e^{2x}$，在 $\lambda=2\mathrm{V\cdot s}$，$x=1\mathrm{m}$，$k=1\mathrm{A}/(\mathrm{V\cdot s})^2$ 情况下，求 f_e。

9. 如图 2.10-5 所示为一可在电磁铁内自由运动的栓塞系统，栓塞的质量为 M。虽然绕组由很多匝线圈组成，图 2.10-5 上只画出了一匝线圈作为示意。机械阻尼只随栓塞与电磁铁的接触面积的变化而变化。(a) 写出电系统的电压方程。(b) 写出机械系统的动态方程，包括引力 (c) 给出机械阻尼 D 的表示方法。(d) 假如 $i=a\lambda^2+b\lambda(x-d)^2$，写出 f_e 的表达式。(e) 写出恒定绕组电流下，x 的稳定位置。

10. 求图 1.3-1 所示系统气隙两个铁面之间的吸引力，已知绕组匝数 N，绕组电流 i，μ_0 气隙截面积 A_g，气隙长度 g，忽略铁心的磁阻。(提示：用含有气隙长度的表达式来表示气隙中的磁场能量，然后让气隙长度 dg 发生微小变化，求解能量变化，这个过程通常被称为虚位移法。)

11. 已知 λ_1 和 λ_2，λ_1、λ_2 已在问题 6 中给出，求 $f_e(i_1,\ i_2,\ x)$ 的表达式。

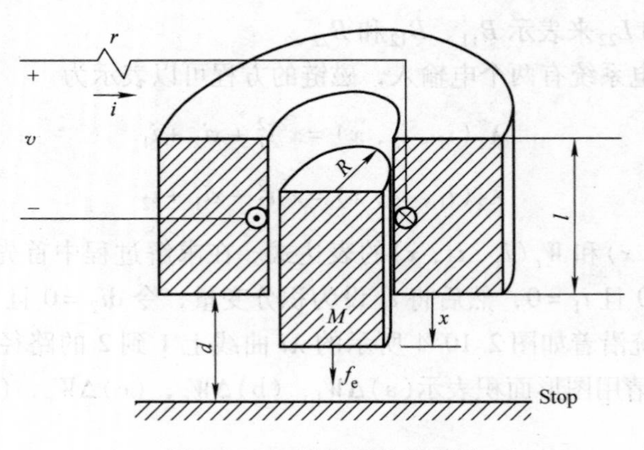

图 2.10-5　栓塞系统截面图

12. 如图 2.2-3 所示的电磁铁系统，如果 $L(x)=L_l+L_m(x)$，其中 L_l 是常数，$L_m(x)$ 如式(1.7-17)所描述，求在 $x=0$ 点时的 f_e。

13. 如图 2.6-2 所示，系统外加电源电压($v=5V$)后，系统从暂态过程进入到了稳态状态，计算系统进入稳态状态后 W_{eS}、W_f 和 W_{mS}。［提示：外部的电感 l 在这个问题中设为零，$W_{mS}=K\int_{x_0}^{x}(\xi-x_0)\mathrm{d}\xi$］

14. 在图 2.6-3 中，f 发生了变化。外加电源 v 保持不变，漏感 L_l 和外部电感 l 都为零。由于 f 发生变化，因此暂态过程中 e_f 也会变化。在暂态和稳态情况下，电阻上消耗的能量可以表示为

$$W_{eL}=\frac{v^2}{r}\int\mathrm{d}t-\frac{2v}{r}\int e_f\mathrm{d}t+\frac{1}{r}\int e_f^2\mathrm{d}t$$

用类似的方式表示 W_E 和 W_e。

15. 在 2.6 小节所涉及到电磁铁，如果其电源由直流变成 60Hz 交流，$f=0$ 且 $i=\sqrt{2}\,0.5\cos\omega_e t$，结果发现 x 稳定在 2.5mm。(a) 表达 f_e 并解释这个现象。(b) 计算所施加电压。

16. 假如一台单相磁阻电机在稳态时所施加的电流为正弦。电机的速度为 $\omega_r=\omega_e$，为使电流达到 $I_{as}=\sqrt{2}I_s\cos\omega_e t$，求所加电压 V_{as} 中所必须包含的谐波。

17. 如图 1.7-4 所示，系统在稳态情况下绕组电流分别为 $I_1=\sqrt{2}I_{s1}\cos\omega_1 t$，$I_2=\sqrt{2}I_{s2}\cos(\omega_2 t+\phi_2)$。假设稳态情况下转子转速为恒定值，$\theta_r=\omega_r t+\theta(0)$，其中 $\theta_r(0)$ 为转子在零时刻的初始位置。求转子在以下条件下产生能够产生数值不为零的稳态平均转矩的转速，(a) $\omega_1=\omega_2=0$，(b) $\omega_1=\omega_2\neq0$，(c) $\omega_1\neq0$，$\omega_2=0$。

18. 在如图 2.10-6 所示系统中，θ_r 和 ω_r 以顺时针方向为正方向。假设互感

的峰值为 L_{sr}。请表示（a）互感 L_{ab}，（b）电磁转矩 T_e。

19. 如图 2.10-7 所示的机电系统，假设互感的峰值为 L_{sr}，（a）写出互感 L_{ab}表达式；（b）在 i_1 为正，i_2 为负的情况下，标出定子磁极（N^s 和 S^s）和转子磁极（N^r 和 S^r）的位置；（c）写出电磁转矩 T_e 的表达式。

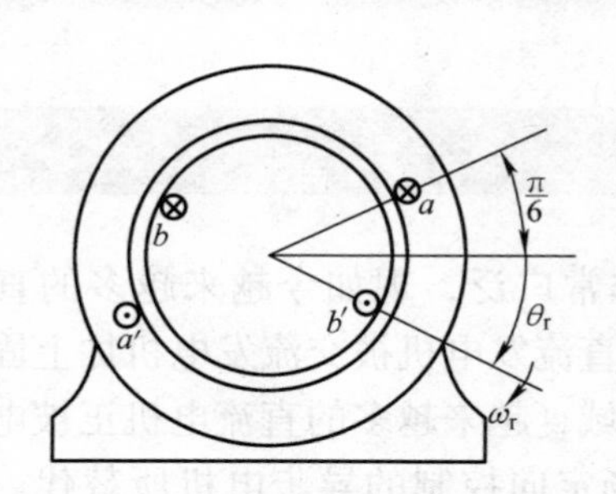

图 2.10-6　顺时针旋转的两绕组装置

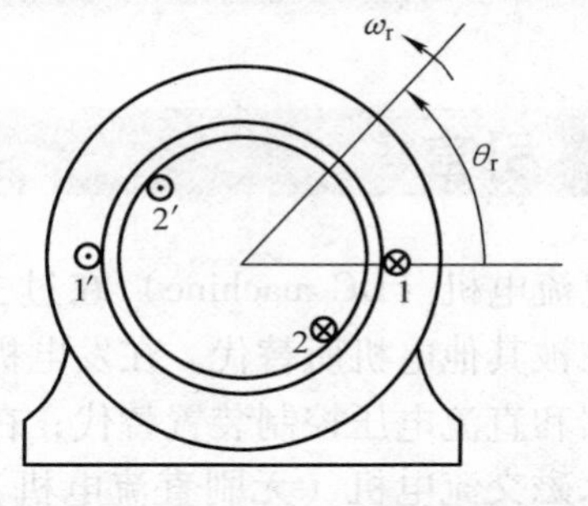

图 2.10-7　逆时针旋转的两绕组装置

20. 如图 2.10-8 所示系统拥有两套定子绕组，其中绕组 1 安装于图 2.10-8 上所示固定位置，而对于绕组 2 我们可以安装于和绕组 1 成任何角度 α 位置，（a）写出两绕组的互感与 α 的函数关系，其中互感的峰值可用 M 表示；（b）用虚位移原理求解两绕组之间的转矩。

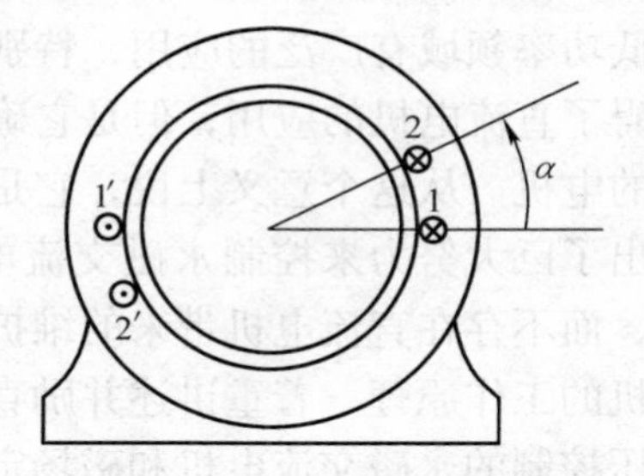

图 2.10-8　双定子绕组装置

第3章 直流电机

3.1 引言

直流电机（DC machine）在过去应用非常广泛，现如今越来越多的直流电机正在被其他电机所替代。在发电机领域，直流发电机被交流发电机加上固态的整流器和直流电压控制装置替代；在驱动领域，越来越多的直流电机正被电压可控的永磁交流电机（无刷直流电机）和磁场定向控制的异步电机所替代。虽然如此，作为电机知识的入门，花些时间在直流电机上还是非常有必要的，况且它在低功率领域有广泛的应用，特别是在汽车上的应用。虽然维护要求和环境问题阻碍了直流电机的应用，但是它确是唯一能从本质上保证每安培电流产出最大转矩的电机。从这个意义上说，它是高效的。随着电力电子开关器件的产生，人们做出了巨大努力来控制永磁交流电机和感应电机，用于模仿直流电机的工作特性，而不存在直流电机带来的维护和环境问题。本章我们将详细向读者介绍直流电机的工作原理，着重讲述并励直流电机和永磁直流电机，同时提及与之类似的电压控制的永磁交流电机和磁场定向异步电机。

关于换向问题我们做了简化分析，而不是详细展开。使用这种简单的分析方法，直流电机可以说是一种最简单的机电装置。本章还分析说明了永磁直流电机的动态性能，给出了时域框图并建立了状态方程。本章最后还给出了一种用控制电压方法控制直流电机速度的简单变换器。

3.2 基本直流电机

在分析实际应用的真正的直流电机之前，我们有必要来看一下如图 3.2-1 所示的基本直流电机，特别需要理解一下换向的概念。两极的基本直流电机定子上有励磁绕组，转子上有线圈($a-a'$)和换向器。换向器由装在转子端部转轴上的两个半圆形的铜片组成，换向片之间以及换向片与转轴之间都是隔离的。每个转子线圈的端部都连接到换向片上。静止的电刷压在换向片上，这样转子线圈将以基本无摩擦的方式接触上静止的电路系统。

励磁绕组和转子线圈的电压方程为

$$v_f = r_f i_f + \frac{d\lambda_f}{dt} \quad (3.2\text{-}1)$$

$$v_{a-a'} = r_a i_{a-a'} + \frac{d\lambda_{a-a'}}{dt} \quad (3.2\text{-}2)$$

其中，r_f 和 r_a 分别是励磁绕组和电枢绕组的电阻。直流电机的转子常被称为电枢（armature），转子和电枢经常被交换使用。磁链可以表示为

$$\lambda_f = L_{ff} i_f + L_{fa} i_{a-a'} \quad (3.2\text{-}3)$$

$$\lambda_{a-a'} = L_{af} i_f + L_{aa} i_{a-a'} \quad (3.2\text{-}4)$$

电枢线圈和励磁绕组之间的互感可以近似为一个关于 θ_r 的余弦函数为

$$L_{af} = L_{fa} = -L\cos\theta_r \quad (3.2\text{-}5)$$

其中，L 是一个常数。随着转子的旋转，换向器将静止的电路连接到电枢线圈的一端切换到另一端。从图 3.2-1 的结构上看，这样的换向在 $\theta_r = 0$，π，2π，…位置上发生。在换向时刻，每个电刷同时和两个换向片接触，此时电枢线圈是短路的。此时的短路是合理的，因为电枢线圈这时感应的电压最小。在励磁线圈内通入恒定电流 i_f，保持电枢开路状态 $i_{a-a'} = 0$ 以及保持转速恒定情况下，在电枢绕组内此时将感应出开路电压波形。将式（3.2-4）和式（3.2-5）代入式（3.2-2）可以得出线圈 $a-a'$ 在励磁电流 i_f 恒定、线圈自身开路情况下的电压表达式为

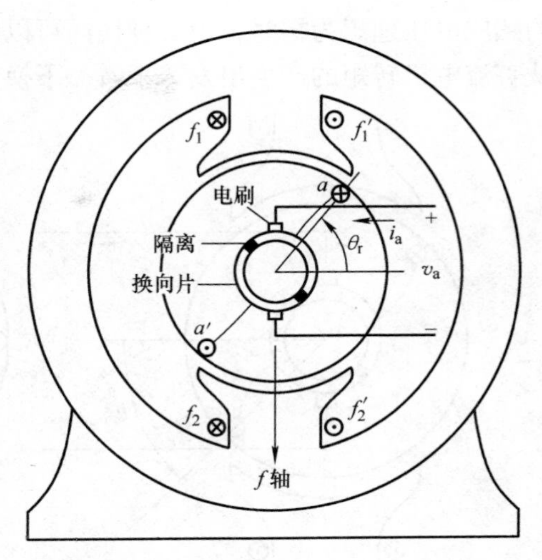

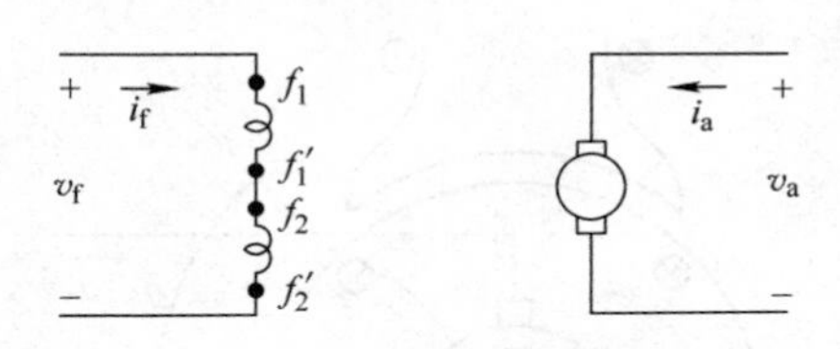

图 3.2-1　基本的两极直流电机

$$v_{a-a'} = \omega_r L I_f \sin\theta_r \quad (3.2\text{-}6)$$

其中，$\omega_r = d\theta_r/dt$ 是电机的转速。开路线圈的电压 $v_{a-a'}$ 在换向位置，即 $\theta_r = 0$，π，2π，…，电压为零。如图 3.2-2 说明了换向的具体过程。开路的电枢电压用 v_a 表示，不同转子位置用 θ_{ra}、$\theta_{rb}(\theta_{rb}=0)$ 和 θ_{rc} 表示。有一点需要注意，转子旋转一周过程中，在 $0<\theta_r<\pi$ 范围内，假设的电枢电流 i_a 的正方向从 a 流入，从 a' 流出；在 $\pi<\theta_r<2\pi$ 范围内，电枢电流从 a 流入，从 a' 流出。在第 1 章和第 2 章中，我们让正向电流流入点的标识不加撇，而在电流流出点的表示上加撇，这一点在直流电机的电枢上由于换向器的引入将变得不再适用。虽然如图 3.2-1 所示的直流电机也可以作为发电机给电阻负载供电，但由于每个换向时刻的短路的存在，它可能不如作为电动机时那么高效。虽然如此，这种不实际应用的系统却可以帮助我们理解直流电机的两种不同换向特性。第一种换向发生在电枢绕组中

的感应电压理想为零时；第二种换向可以看作是机械式的全波整流过程。让我们从直流电机转矩的产生出发，来看一下换向的另一重要特性。

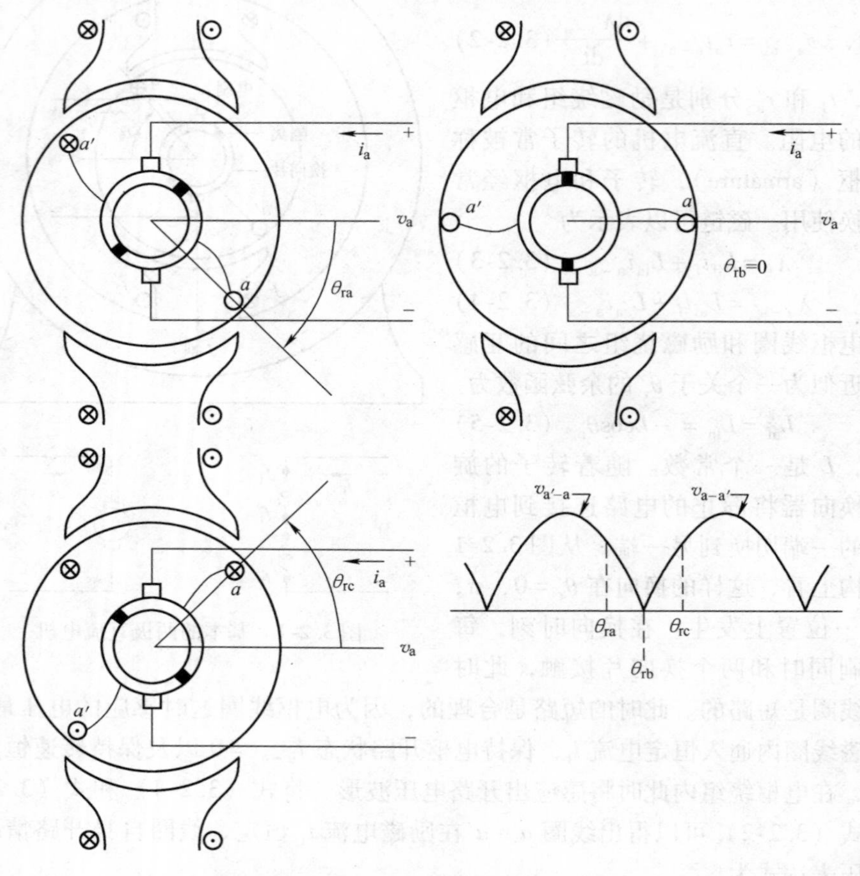

图3.2-2　基本直流电机的换向

在现实的直流电机中，转子上装有绕组和对应一个 A 绕组，如图3.2-3所示。如图3.2-3上所示的转子位置，线圈 a_4-a_4' 和 A_4-A_4' 正在进行换向。下面一个电刷正将 a_4-a_4' 线圈短路，上面一个电刷正将 A_4-A_4' 线圈短路。图3.2-3说明这一时刻正向电流的方向在 a'，A_1；a_2，A_2；…，端点上流入纸面，在 a_1'，A_1'；a_2'，A_2'；…，端点上流出纸面。我们可以试图沿着一条支路从一个电刷通向另一个电刷。在图3.2-3所示的角度位置上，正向电流从上面的电刷流入电枢线圈 a_1 端点，从背面回到 a_1'，再从 a_2 流入，从背面回到 a_2'，再从 a_3 流入，从背面回到 a_3'，到达下面电刷。与之并列的路径为 A_3-A_3'，A_2-A_2'，以及 A_1-A_1'。开路电压或者电枢感应电压如图3.2-3所示，我们将会对这个理想的波形做些解释。由于转子是逆时针方向前进的，在上面电刷下的换向片 a_1 和 A_4 将离开电刷，如图3.2-4所示，上面的电刷只压在一个换向片上，其连接的端点为A_3和A_4'，同时下面的电刷也只压住与端点a_4和a_3'相连的换向片。在这个位置上电流从A_3和A_4'流入，从a_4和a_3'流出。换句话说，电流从电机上半部分导体流进，从电机下半部分导体流出。根据图3.2-4所示的位置，让我们沿着电枢绕组的平行路径来跟随电流的流动。此时电流从上面的电刷流入A_4'，从A_4流出，再从a_1流入，从a_1'流出，再从a_2流入，从a_2'流出，最后从a_3流入，从a_3'流出至下面的电刷。与之并联的支路的路径为从上面的电刷开始经过A_3-A_3'，A_2-A_2'，

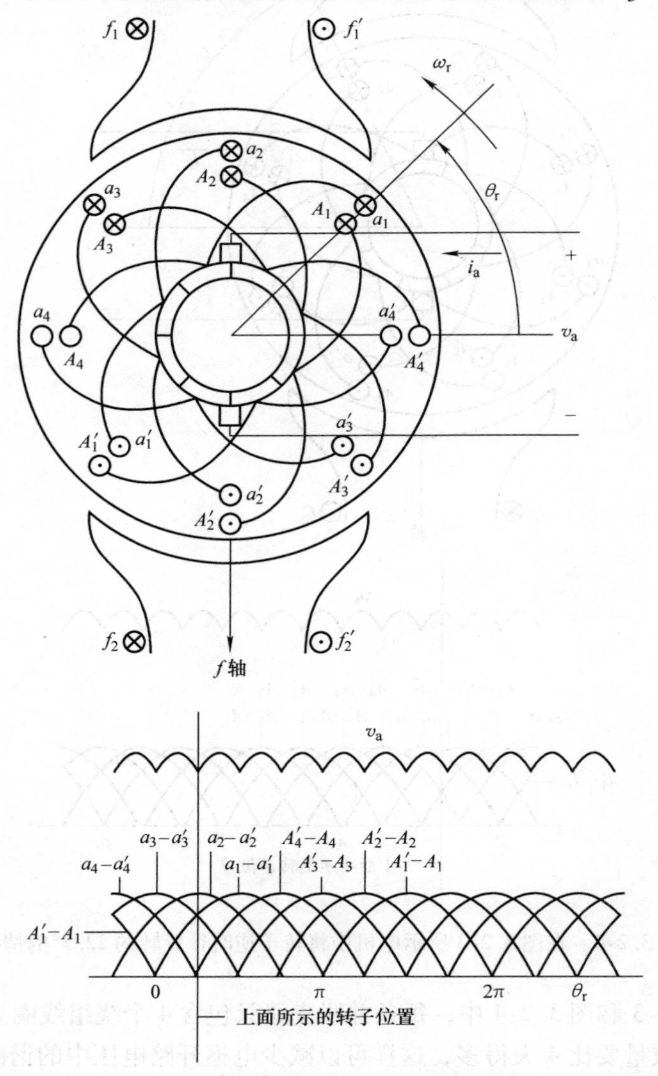

图3.2-3 具有并联电枢绕组的直流电机

A_1-A_1'，$a_4'-a_4$，最后到达下面的电刷。以上描述的第一条并联支路上的感应电压如图3.2-3和图3.2-4所示。图3.2-3和图3.2-4上画出感应电压只包含了并联的第一条支路内的线圈。

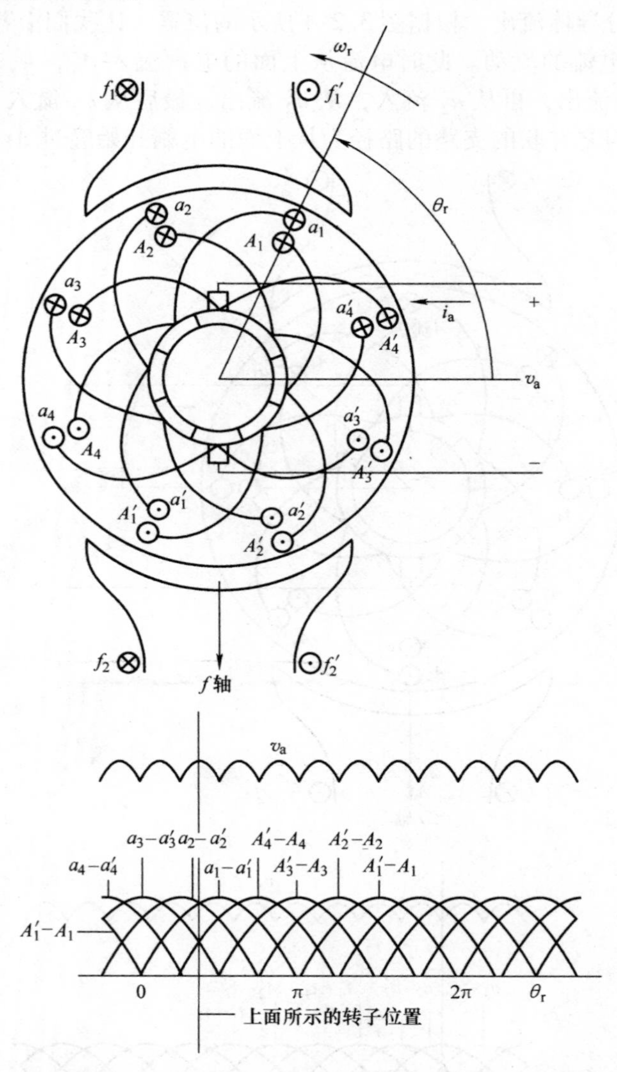

图3.2-4　在图3.2-3所示电机中将转子逆时针旋转约22.5°的情况

在图3.2-3和图3.2-4中，每条并联支路只包含4个绕组线圈。通常情况下转子的线圈数量要比4大得多，这样可以减少电枢开路电压中的谐波含量。这样的情况下，电枢线圈可以被近似看作如图3.2-5所示的均匀分布的绕组。其中电枢绕组可以看作是一个电流面，由于换向器的存在，该电流面在空间上的位置是固定的，由此也产生了一个与主磁场正交的磁轴。在推导电磁转矩表达式时，我们将会发现这个正交位置是多么重要。电刷被放置在电流面上作为描述换向的示意。被标为 2γ 的一个小角度区域用于表示被短路的线圈。然而真正的换向过程在图 3.2-5 中并看不出来，如果要显示换向过程必须回过头看图 3.2-3 和图 3.2-4。

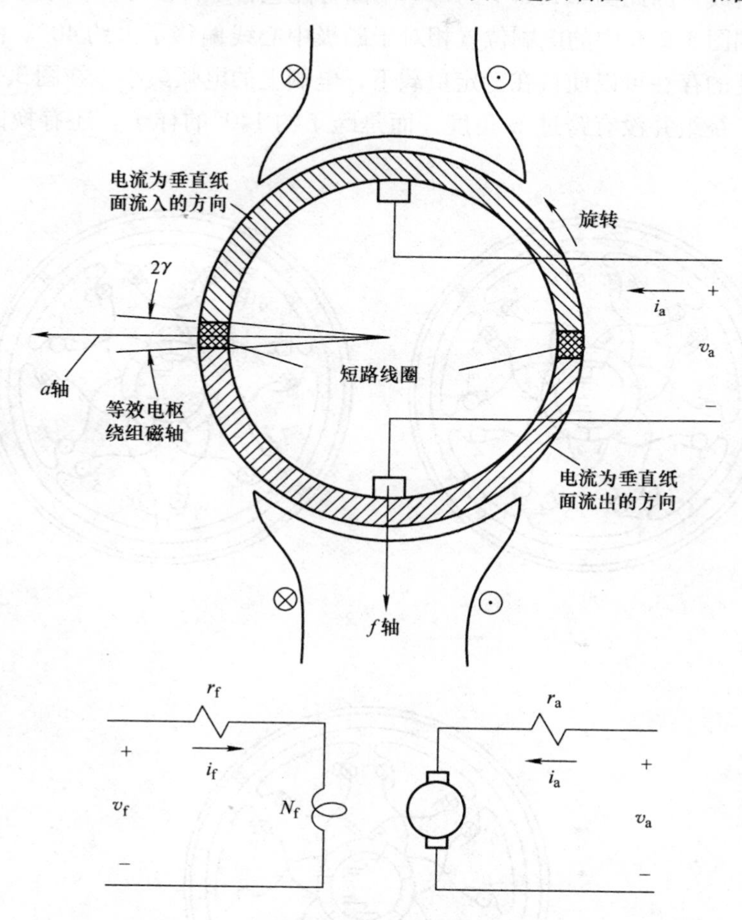

图 3.2-5 绕组均匀分布的理想化直流电机

在建立方程来研究直流电机的工作特性之前，有必要来简要看一下低功率场合常用的永磁直流电机的电枢和换向器的布局。在低功率控制领域常用的小型电机经常使用永磁直流电机，永磁直流电机内部的恒定磁场通过永磁体来建立，而不是用励磁绕组。

典型的低功率永磁直流电机转子的三个位置如图 3.2-6 所示。转子以逆时针方向旋转，随着转子的前进，转子从左边的图形位置运动到右边的图形位置。现实中，这些装置的直径可能比 1in[⊖] 还小，电刷的尺寸可能比铅笔芯还细。这些电机经常能够大规模生产，价格也相对便宜。虽然，电刷通常是压在换向器的外面，但图 3. 2-6 中为画图的方便将之放在换向器内侧。电枢绕组经常是由很多股细金属丝组成，因此图 3. 2-6 中的每一个圈可能包含了许多导体。细心的读者可能会注意到图 3. 2-6 中的电刷位置相对于磁极中心线偏移了大约 40°。由实验得到，该角度的存在可以使得在额定负载下，电刷上的电弧最小。在图 3. 2-6 中我们还发现了绕组并没有跨过 π 角度，而是跨了约 140°的样子，还有换向片的数量是奇数。

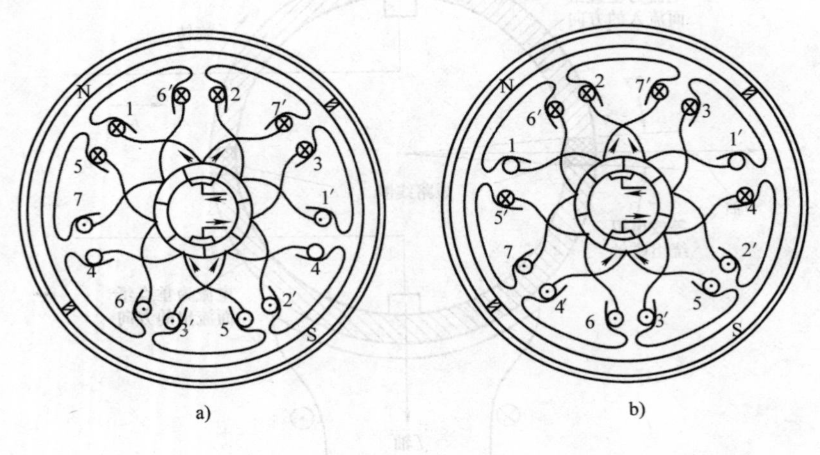

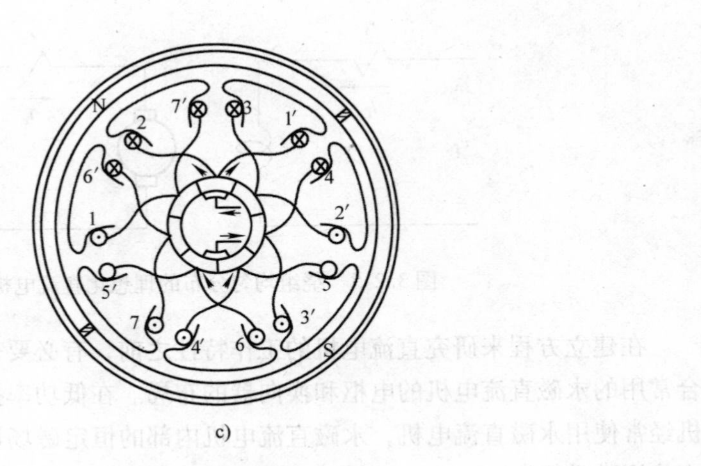

图 3. 2-6　永磁直流电机的换向

⊖ 1in = 0. 0254m。

在图3.2-6a中只有绕组4处于换向状态。随着转子从图3.2-6a继续前进，绕组1和绕组4都处于换向状态。在图3.2-6b位置，绕组1处于换向状态；然后是绕组1和绕组5处于换向状态。在图3.2-6c位置，只有绕组5处于换向状态。在换向时，绕组的感应电压不为零时便会在电刷上产生电弧。但我们必须意识到，制作和销售这些设备的竞争是如此激烈，工厂不得不在成本和性能之间进行相应的妥协。即使我们所做的近似有时看起来有些粗略，但我们仍将永磁直流电机的电枢绕组看作是和主磁场相正交的电流面，正如图3.2-5所示。

为对直流电机进一步说明，图3.2-7给出了一台两极、通用的并励直流电机。图3.2-8为一台两极、0.1hp[⊖]、6V、12000r/min永磁直流电机。永磁体用钐钴（Samarium Cobalt）材料制成，该装置用于电池供电的手持式手术器械。这些概念中的某些对我们来说是没有接触过的，但随着学习深入，他们将被一一定义。

图3.2-7 两极、3hp、180V、2500r/min，并励直流电机剖面图（GE公司提供）

SP3.2-1 如图3.2-3所示，一个线圈的感应电压峰值为1V，则从图3.2-3可以得到的v_a最大值和最小值分别为多少？[2.613V；2.414V]

SP3.2-2 根据图3.2-3，指出在即将到来的线圈a_3-a_3'和A_3-A_3'换向时刻两条支路结构。[A'_3-A_3，A'_4-A_4；$a_1-a'_1$，$a_2-a'_2$；$A_2-A'_2$，$A_1-A'_1$，a'_4-a_4和$a_3'-a_3$]

⊖ 1hp=745.700W。

图 3.2-8　两极、0.1hp、6V、12000r/min 的永磁直流电机（维克机电公司提供）

3.3 电压和转矩方程

我们首先考虑具有电枢绕组和励磁绕组的直流电机，然后再扩展到永磁直流电机的情况。虽然严格的电压和转矩方程的推导是可能的，但这个推导过程相当漫长，并且收获不多。在直流电机中，电枢线圈在励磁绕组电流所建立的磁场中旋转。我们已经知道由于这样的旋转产生了感应电压。然而由于换向因素的存在，电枢绕组表现出了一个其产生的磁轴与励磁磁场相互垂直的静止绕组的特性。所以一个绕组上电流对时间的变化率不会在另一绕组上感应出电压（没有变压器电势）。考虑了这些因素之后，我们可以将电压方程写为以下矩阵形式：

$$\begin{bmatrix} v_f \\ v_a \end{bmatrix} = \begin{bmatrix} r_f + pL_{FF} & 0 \\ \omega_r L_{AF} & r_a + pL_{AA} \end{bmatrix} \begin{bmatrix} i_f \\ i_a \end{bmatrix} \tag{3.3-1}$$

其中，L_{FF}和L_{AA}分别是励磁绕组和电枢绕组的自感；p 是 d/dt 的简写；转子转速用 ω_r 表示；L_{AF}是励磁绕组和旋转电枢绕组之间的互感。上述方程描述了一个如图 3.3-1 所示的等效电路。电枢绕组上所感应的电压 $\omega_r L_{AF} i_f$ 经常被称为反电势（counter or back emf），它同时也表现为开路的电枢电压。

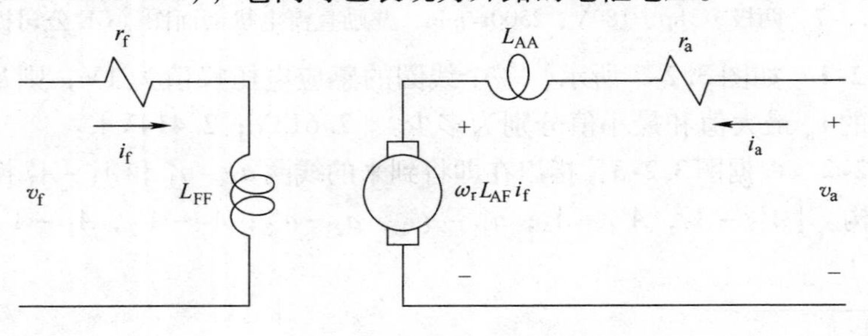

图 3.3-1　直流电机的等效电路

还有一些常用的电枢和励磁绕组电压方程的表达形式，例如L_{AF}也可以写成

$$L_{AF}=\frac{N_a N_f}{\mathfrak{R}} \tag{3.3-2}$$

其中，N_a 和 N_f 分别是电枢绕组和励磁绕组的等效匝数；$\mathfrak{R}$是磁阻，这样就有

$$L_{AF}i_f=N_a\frac{N_f i_f}{\mathfrak{R}} \tag{3.3-3}$$

现在假如将 $N_f i_f/\mathfrak{R}$用每极磁通 Φ_f 替代，那么 $N_a\Phi_f$ 可以用于替代电枢电压方程中的 $L_{AF}i_f$。

另外一个常用的替换是

$$k_v=L_{AF}i_f \tag{3.3-4}$$

我们会发现这个变量替换非常方便以致我们经常会用到。即使对于永磁直流电机，虽然没有励磁绕组，永磁体产生的类似的固定磁通也可以用常数 k_v 表示。

前面章节的学习为我们求解直流电机的电磁转矩表达式提供了方便，比如式（2.8-6）可以直接用于求解直流电机的转矩。假如我们将图1.7-4或图2.8-1中的 θ_r 固定在 $-\frac{1}{2}\pi$ 位置，那么直流电机在图3.2-5中两个磁轴的关系和两线圈电机的磁轴关系是一致的。因此式（2.8-6）可以直接用于直流电机

$$T_e=L_{AF}i_f i_a \tag{3.3-5}$$

这里的 $L_{AF}i_f$ 同样经常用 k_v 替代。有时我们将 k_v 乘上一个小于1的系数，然后将其代入式（3.3-5）以表示旋转引起的转矩损耗。这里出现一个非常有趣的现象，励磁绕组产生了一个静止的磁动势（magnetic motive force，mmf），电枢绕组由于换向的存在，也产生一个静止的mmf，它与励磁绕组的mmf相差$\frac{1}{2}\pi$的电角度。由于两个mmf的相互作用产生了电磁转矩，由于换向的存在，这两个mmf一直保持正交关系，因而在任何励磁电流和电枢电流下，电机都可以产生最大转矩。换句话说，换向固定了两个mmf的垂直关系，这样产生了最大转矩，直流电机这一特性是现代交流电机控制所致力于要模仿的。

电机的转矩和转速的关系是

$$T_e=J\frac{d\omega_r}{dt}+B_m\omega_r+T_L \tag{3.3-6}$$

其中，J是转子的惯量，有时候也包含了相连的机械负载的惯量，惯量的单位为$kg\cdot m^2$ 或者 $J\cdot s^2$。正的电磁转矩 T_e 会驱动转子往 θ_r 增加的方向运动。作用在转轴的正的负载转矩 T_L，它将抵消正的电磁转矩 T_e，负载的正方向与电磁转矩正方向相反；B_m 是旋转机械系统的阻尼系数，其单位为 $N\cdot m\cdot s$，这个值一般情况下较小，有时可以忽略。

在下一小节中我们将重点讲述永磁直流电机，在此之前，我们有必要来看一

下的直流电机的基本类型。如图3.3-1所示，电机的励磁与电枢分开，称为他励直流电机（separately excited dc machine）。假如电机的励磁绕组与电枢绕组并联，称为并励直流电机（shunt－connected dc machine）。假如电机的励磁绕组和电枢绕组串联，称为串励直流电机（series－connected dc machine）。假如有两套励磁绕组，其中一套绕组和电枢绕组并联，另一绕组和电枢绕组串联，则称为复合励磁直流电机（compound－connected dc machine）。这里只是对各种类型直流电机的简单描述，如果读者希望知道更加详细的分类内容可以参考文献［1，2］。

SP3.3-1　一台12V永磁直流电机，当其被拖至100rad/s转速时，开路电压为10V，求 k_v。［$k_v=0.1\text{V}\cdot\text{s/rad}$］

SP3.3-2　直流电机电枢绕组上施加的电压为240V，转子的速度恒定在50rad/s，稳态的电枢电流为15A，电枢电阻为1Ω，$L_{AF}=1\text{H}$，求稳态时的励磁电流。［$I_f=4.5\text{A}$］

SP3.3-3　求SP3.3-1中电机在电枢施加额定电压（12V）时的空载（$T_L=0$）转速。［$\omega r=120\text{rad/s}$］

SP3.3-4　将式（3.3-1）v_a 的表达式两边都乘以 i_a，解释各项式子的含义。［$v_a i_a$ 是输入电枢的功率；$i_a^2 r_a$ 是电枢的电阻损耗（铜耗）；$L_{AA} i_a p i_a$ 是 L_{AA} 电感中存储的能量变化；$L_{AF} i_f i_a \omega_r = T_e \omega_r$ 是输出功率］

SP3.3-5　问题SP3.3-4提供了电磁转矩的另一种推导方式吗？为什么？［是的，$L_{AF} i_f i_a$ 是 $p\theta_r$ 的系数］

3.4　永磁直流电机

在永磁直流电机中，如将 $L_{AF}I_f$ 用 k_v 代替，稳态的电枢电压方程为

$$V_a = r_a I_a + k_v \omega_r \tag{3.4-1}$$

假如通过式（3.4-1）求解 I_a，将其代入式（3.3-5），同时将其中的 $L_{AF}I_f$ 用 k_v 替代，可以得到稳态转矩表达式

$$T_e = \frac{k_v V_a - k_v^2 \omega_r}{r_a} \tag{3.4-2}$$

稳态转矩速度特性曲线如图3.4-1所示。

从图3.4-1可以看出，当电压给定时，电枢电阻 r_a 越小，堵转转矩（$\omega_r=0$）越大。然而，对于给定电压 V_a 来说，减小 r_a 意味着更大的 I_a，这将有可能损坏电机的电刷。在堵转情况下，电枢的

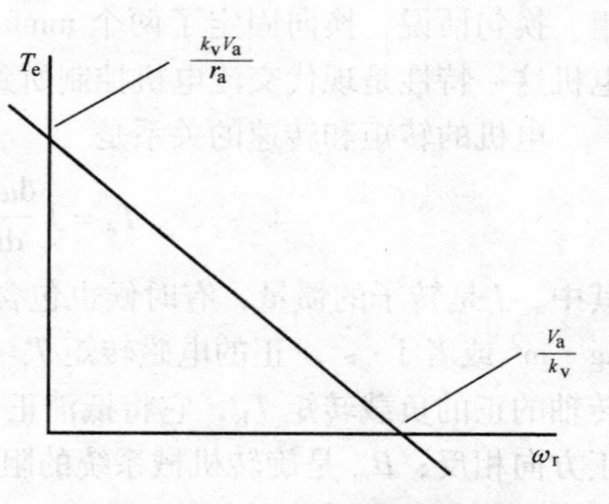

图3.4-1　永磁直流电机的稳态转矩速度特性曲线

稳态电流由电枢绕组的电阻决定，由于电枢绕组电阻通常设计得很小，因此这个电流可能会很大并导致一系列问题。从另一方面讲，用减小 r_a 以提高起动转矩的方法将使得转矩速度特性曲线变得更陡，这将使得电机在正常工作（可能在额定点附近）时负载的变化引起转速变化更小，如果我们为保护电刷在起动时降低电压，在负载情况下，较小的速度波动特性仍可以得到保留。事实上，大功率的直流电机大多采用变换器来控制电枢电压；而小功率永磁直流电机，比如在汽车领域经常由电池供电，电枢电阻通常被设计得适当大一些，以保护起动和开始运行阶段的大电流对电刷的损害。所幸的是很多永磁直流电机的应用场合对负载变化时转速的波动要求并不高，因此很陡的转矩速度特性曲线也并非必要。下一小节我们将学习永磁直流电机的动态性能。后面的章节中我们会讲到，永磁交流电机通过控制可以得到和直流电机相类似转矩速度特性，这样的装置我们通常称为永磁无刷直流电机。

例 3A 一台与图 3.2-8 类似的永磁直流电机，额定电压为 6V，其他参数如下：$r_a = 7\Omega$，$L_{AA} = 120\text{mH}$，$k_T = 2\ \text{oz}\cdot\text{in/A}$，和 $J = 150\ \mu\text{oz}\cdot\text{in}\cdot\text{s}^2$。根据电机铭牌，空载转速大约 3350r/min，空载电流大约 0.15A。让我们来解释一下这些信息。

首先让我们将 k_T 和 J 的单位转换为本文使用的单位，对于惯量我们将转换成 $\text{kg}\cdot\text{m}^2$ 或者 $\text{N}\cdot\text{m}\cdot\text{s}^2$。为此我们需要将盎司转换为牛顿，英寸转换为米（见附录 A），由此

$$J = \frac{150\times10^{-6}}{(3.6)(39.37)} = 1.06\times10^{-6}\text{kg}\cdot\text{m}^2 \tag{3A-1}$$

我们之前还未碰到过 k_T，它是转矩常数，如果采用适当的单位，则其数值上与 k_v 相等。当 k_v 在电磁转矩的表达式 $T_e(T_e = k_v i_a)$ 中时，我们常称其为 k_T；在电压方程里面时，我们通常表示为 k_v。现在我们将 $\text{oz}\cdot\text{in}$ 转换为单位 $\text{N}\cdot\text{m}$，同时 k_T 和 k_v 相等，于是得到

$$k_v = \frac{2}{(16)(0.225)(39.37)} = 1.41\times10^{-2}\text{N}\cdot\text{m/A} = 1.41\times10^{-2}\text{V}\cdot\text{s/rad} \tag{3A-2}$$

对于空载电枢电流我们作何解释呢？它提供了一些什么信息？这可能是机械摩擦和风摩损耗的一种测量值。我们可以忽略它，但在这里我们将它归到 B_m 项里。首先我们必须计算空载转速，可以从式（3.4-1）的电枢电压方程出发得到转子空载转速如下：

$$\begin{aligned}\omega_r &= \frac{V_a - r_a I_a}{k_v} = \frac{6-(7)(0.15)}{1.41\times10^{-2}} = 351.1\text{rad/s}\\ &= \frac{(351.1)(60)}{2\pi} = 3353\text{r/min}\end{aligned} \tag{3A-3}$$

在这一空载转速时，

$$T_e = k_v i_a = (1.41\times10^{-2})(0.15) = 2.12\times10^{-3}\mathrm{N\cdot m} \tag{3A-4}$$

由于空载和稳态两个条件，T_L 和 $J(\mathrm{d}\omega_r/\mathrm{d}t)$ 都为零。从式（3.3-6）可知，式（3A-4）就等于 $B_m\omega_r$，因此

$$B_m = \frac{2.12\times10^{-3}}{\omega_r} = \frac{2.12\times10^{-3}}{351.1} = 6.04\times10^{-6}\mathrm{N\cdot m\cdot s} \tag{3A-5}$$

例 3B 例 3A 中所描述的电机电枢电压为额定值，负载转矩 T_L 为 0.5oz · in，求出该时刻的百分比效率，其中百分比效率 =（输出功率/输入功率）×100。

首先 oz · in 将转换为 N · m：

$$T_L = \frac{0.5}{(16)(0.225)(39.37)} = 3.53\times10^{-3}\mathrm{N\cdot m} \tag{3B-1}$$

在例 3A 中，我们求得 k_v 为 $1.41\times10^{-2}\mathrm{V\cdot s/rad}$，$B_m$ 为 $6.04\times10^{-6}\mathrm{N\cdot m\cdot s}$。

在稳态情况下式（3.3-6）变为

$$T_e = B_m\omega_r + T_L \tag{3B-2}$$

将式（3.3-5）的 $L_{AF}i_f$ 用 k_v 替代，稳态电磁转矩为

$$T_e = k_v I_a \tag{3B-3}$$

将式（3B-3）代入式（3B-2），求解 ω_r 得到

$$\omega_r = \frac{k_v}{B_m}I_a - \frac{1}{B_m}T_L \tag{3B-4}$$

写出式（3.4-1）

$$V_a = r_a I_a + k_v\omega_r \tag{3B-5}$$

将式（3B-4）代入式（3B-5），求解 I_a 得到

$$\begin{aligned} I_a &= \frac{V_a + (k_v/B_m)T_L}{r_a + (k_v^2/B_m)} \\ &= \frac{6 + [(1.41\times10^{-2})/(6.04\times10^{-6})](3.53\times10^{-3})}{7 + (1.41\times10^{-2})^2/(6.04\times10^{-6})} = 0.357\mathrm{A} \end{aligned} \tag{3B-6}$$

从（3B-4）得到

$$\begin{aligned} \omega_r &= \frac{1.41\times10^{-2}}{6.04\times10^{-6}}0.357 - \frac{1}{6.04\times10^{-6}}(3.53\times10^{-3}) \\ &= 249\mathrm{rad/s} \end{aligned} \tag{3B-7}$$

输入功率为

$$P_{in} = V_a I_a = (6)(0.357) = 2.14\mathrm{W} \tag{3B-8}$$

输出功率为

$$P_{out} = T_L\omega_r = (3.53\times10^{-3})(249) = 0.88\mathrm{W} \tag{3B-9}$$

百分比效率为

$$\text{Percent eff} = \frac{P_{\text{out}}}{P_{\text{in}}}100 = \frac{0.88}{2.14}100 = 41.1\% \tag{3B-10}$$

这是小功率直流电机相对较大的电枢电阻引起的低效率运行情况。在这个工作条件下，我们来看一下铜耗 i^2r，摩擦以及风摩损耗情况，

$$Pi^2r = r_aI_a^2 = (70)(0.357)^2 = 0.89\text{W} \tag{3B-11}$$

$$P_{\text{fw}} = (B_m\omega_r)\omega_r = (6.04\times10^{-6})(249)^2 = 0.37\text{W} \tag{3B-12}$$

让我们再验证一下计算结果

$$P_{\text{in}} = Pi^2r + P_{\text{fw}} + P_{\text{out}} = 0.89 + 0.37 + 0.88 = 2.14\text{W} \tag{3B-13}$$

这个结果与式（3B-8）相符合。

SP3.4-1　一台12V的永磁直流电机，其电枢绕组电阻为12Ω，$k_v = 0.01\text{V}\cdot\text{s/rad}$，求其稳态堵转转矩（$\omega_r = 0$ 时的 T_e）。[$T_e = 0.01\text{N}\cdot\text{m}$]

SP3.4-2　计算在例3B中的电磁转矩 T_e。[$T_e = 0.713\text{oz}\cdot\text{in}$]

3.5 永磁直流电机的动态特性

我们经常会关心两种不同模式下的动态特性，其一为电机从静止开始的起动过程；其二是恒定电压下运行过程中负载变化引起的动态过程。我们将用例3A和例3B中的永磁直流电机作为例子演示这些工作模式。在我们深入探讨之前，读者应该熟悉上面所提两个例子中所讲述的内容。

起动过程的动态性能

前面一节提到，假如转子静止不动（$\omega_r = 0$），在电枢绕组上施加额定电压，由于电枢绕组的电阻很小，电流可能大到具有破坏性。当转子静止时，反电动势为零，电压全部施加在电枢电阻（r_ai_a）和电枢电感上（$L_{AA}\text{d}i_a/\text{d}t$）。我们曾经提到，也在例3A和例3B中注意到，对于小型永磁直流电机而言，电枢绕组的电阻都设计得较大，这个特性使得这样的电机可以直接起动而不会损坏电刷和绕组。例3A中的永磁直流电机空载（$T_L = 0$）起动特性如图3.5-1所示，图3.5-1上给出了电枢电压 v_a，电枢电流 i_a，转子转速 ω_r 的起动曲线。最初，在时间为零时刻，转子处于静止状态，电枢端接上6V电源，暂态的电枢电流没有超过0.55A，电压降到了电感和电阻上，另外随着转子的迅速加速，其产生的反电势 $k_v\omega_r$ 也参与对抗外加的电枢电压。大约0.25s之后，系统达到稳定空载状态，空载电枢电流为0.15A（从例3A得到，$B_m = 6.04\times10^{-6}\text{N}\cdot\text{m}\cdot\text{s}$）。我们看到转子的转速曲线上升至比最终的转速稍微大一些然后下降，说明有较小的振荡发生（处于欠阻尼状态）。

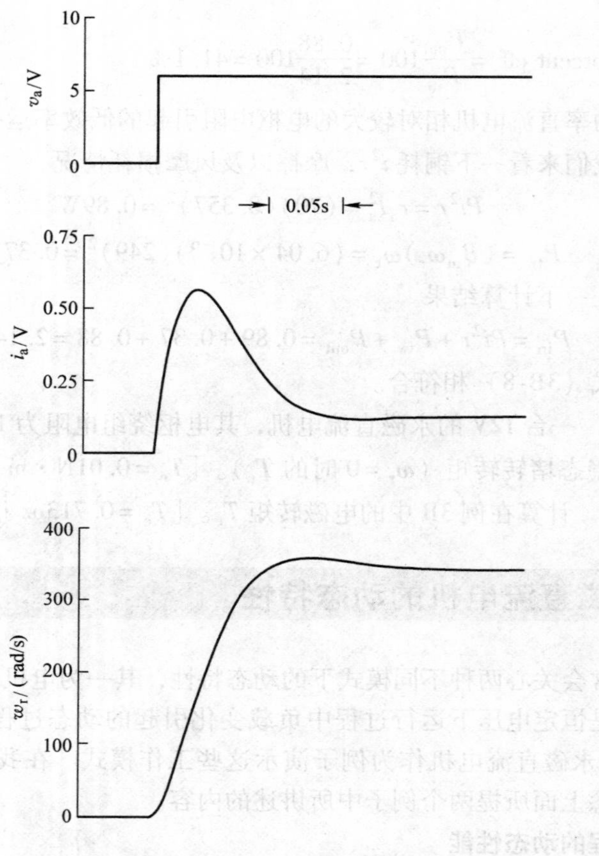

图 3.5-1　永磁直流电机的起动特性

负载突变下的动态响应

在例 3B 中，我们计算了例 3A 中的永磁直流电机在负载 0.5oz · in（3.53×10^{-3}N · m）的情况下的运行效率。让我们假设这个负载是在电机空载稳定运行（I_a =0.15A）时突然加上去的。如图 3.5-2 为负载转矩 T_L 从零阶跃至 0.5oz · in 时电机的动态响应，图 3.5-2 中给出了电枢电流 i_a 和转子转速 ω_r 的变化曲线。由于 $T_e = k_v i_a$ 且 k_v 是常数，图形上 T_e 与 i_a 只存在倍数关系。我们注意到系统也有微小的振荡。另外，负载情况下的稳态转速与空载时的转速相差很大。

在例 3A 或者图 3.5-2 中，我们看到空载的转速为 351.1rad/s，增加 T_L = 0.5oz · in 负载后，如例 3B 和图 3.5-2 所示，转速下降至 249rad/s，在这个负载增加过程中转速下降了 30%。就如我们提到的那样，对于小功率永磁直流电机，由于较大的电枢电阻存在，导致了转矩和转速的这一性质。

SP3.5-1　画出例 3A 中永磁直流电机的 T_e 和 ω_r 特性曲线。[经过（12.1×

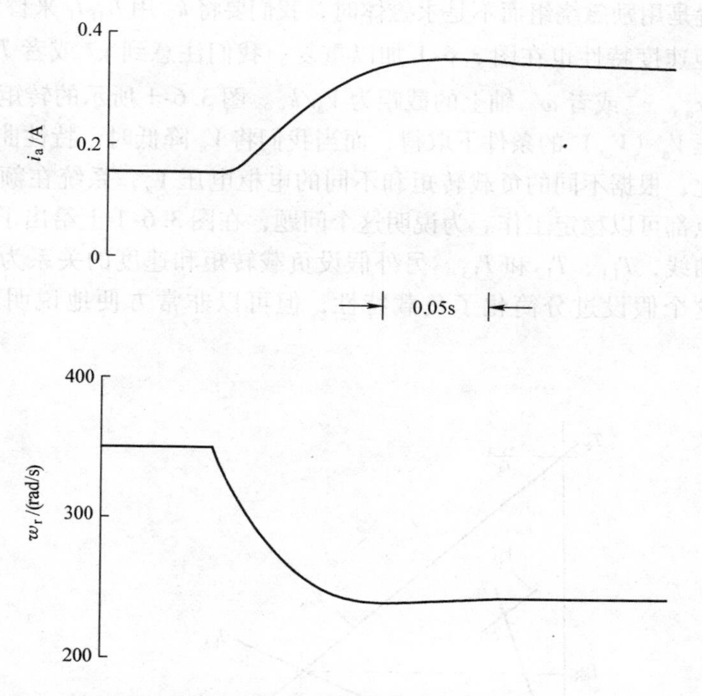

图 3.5-2 永磁直流电机的负载转矩从零阶跃至 0.5oz · in 时的动态性能

10^{-3}，0）和（0，425.5）两点的一条直线］

SP3.5-2 假设在图 3.5-1 中，电流 i_a 的最大值为 0.55A，求在 i_a 为最大值时的 $k_v\omega_r$。［$k_v\omega_r = 2.15\text{V}$］

3.6 恒转矩和恒功率运行的介绍

假如没有电刷与换向器之间的滑动摩擦以及换向过程中的电弧存在，直流电机可谓是理想的机电装置。换向的存在保证了定子和转子磁系统的正交性，因而可以得到最大的每安培（每单位磁场强度）产生的转矩。我们将会发现，这正是永磁交流电机和感应电机控制所想要达到的目标。

描述直流电机性能的方程恰好非常直接地反映出了这些控制原理。在这一节中我们将要说明这些控制原理，而无需涉及复杂的开关变换以及实际的操作过程。

让我们重新写出永磁直流电机的电压和转矩方程如下：

$$V_a = r_a I_a + k_v \omega_r \tag{3.6-1}$$

$$T_e = k_v I_a \tag{3.6-2}$$

当这个装置是用励磁绕组而不是永磁体时，我们要将 k_v 用 $L_{AF}I_f$ 来替代。图3.4-1所示的转矩速度特性也在图3.6-1加以重复。我们注意到 y^- 或者 T_e-轴上的截距是 k_vV_a/r_a，x^- 或者 ω^{r^-} 轴上的截距为 V_a/k_v。图3.6-1所示的转矩速度特性是在额定电压 V_a（V_{ar}）的条件下取得，而当我们将 V_a 降低时，特性曲线将向原点靠近。因此，根据不同的负载转矩和不同的电枢电压 V_a，系统在额定电压曲线下的任何点都可以稳定工作。为说明这个问题，在图3.6-1上给出了三个不同的负载转矩曲线，T_{L1}、T_{L2} 和 T_{L3}。另外假设负载转矩和速度的关系为线性函数关系，尽管这个假设过分简化了负载特性，但可以非常方便地说明工作区域的问题。

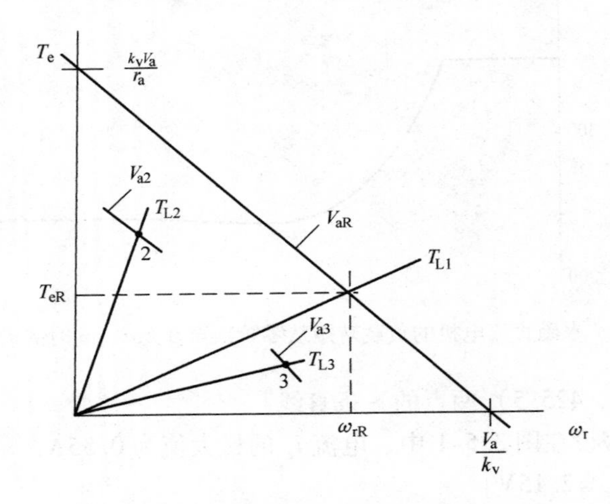

图3.6-1　电压控制下的转矩速度特性曲线

在图3.6-1上给出了三个工作点，第一个点是负载转矩曲线 T_{L1} 和转矩速度曲线 $V_a=V_{aR}$ 的交点。我们将假设在这个工作点上，所有的额定条件都满足 V_{aR}、I_{aR}、T_{eR} 以及 ω_{rR}。第二个工作点在负载线 T_{L2}、V_{a2} 交点位置，其中 $V_{a2}<V_{ar}$。第三个工作点在负载线 T_{L3} 与转矩速度特性曲线 V_{a3} 的交点，$V_{aR}>V_{a1}>V_{a3}$。由此，$V_a=V_{aR}$ 转矩速度曲线以下的区域便是电压小于 V_{aR} 情况下的工作区域，不过这需要基于我们能够控制施加在电枢绕组上的电压，电压控制的方法我们将在以后章节中介绍。

恒转矩运行

上面的分析中我们只注意了电压的限制，那电枢的电流如何呢？我们从式（3.6-2）可以知道，当转矩到达 T_{eR} 时，电枢电流也到达了 I_{aR}，我们在来看图3.6-2中的 T_{L2}、V_{a2} 工作点，该点的工作转矩（电枢电流）超过额定时的2倍。

实际上这个工作点是不现实的，因为在这工作很可能意味着电枢处于过热状态，并且换向装置很可能无法长期忍受这个幅值的电流。假如电压和电流都控制在V_{aR}和I_{aR}之内，那么工作区域上面的限制将变成T_{eR}，如图3.6-1中的虚线所示。这个区域或者包络线区间在图3.6-2中用实线边界重新画出，当电机转速小于ω_{rR}时，最大转矩由额定电流I_{aR}决定，当转速大于ω_{rR}时，最大转矩由额定电压V_{aR}决定。在图3.6-2上同时画出了三条负载转矩曲线$\frac{5}{3}T_{L1}$、T_{L1}和$\frac{2}{3}T_{L1}$。这个图形与图3.6-3的第三幅图相同，在图3.6-3中同时画出了变量I_a、V_a、P_{in}和输出功率P_o，其描述了系统在如图3.6-2的工作区域中，其他量的工作区域和工作范围。重要的一点结论是，转矩—转速特性曲线所围成的有效工作区间如图3.6-2的阴影部分所示。

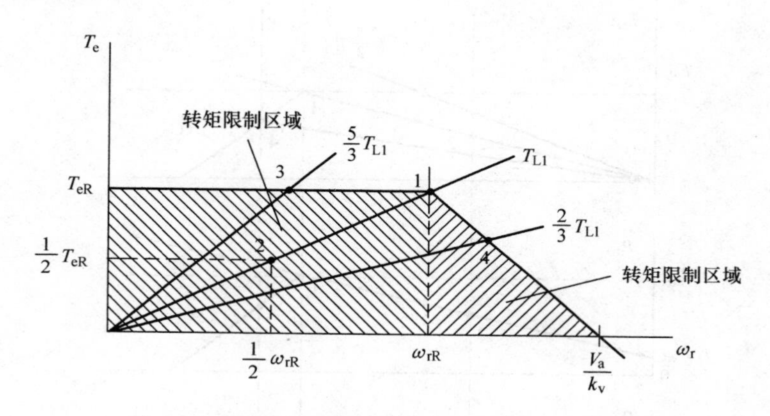

图3.6-2　永磁直流电机在$\omega_r \leqslant \omega_{rR}$时的转矩控制

我们在图3.6-2和图3.6-3上面发现一些点和数字所代表的工作点，我们将就此做出解释。根据控制类型，控制量可以是以下的一种或者几种的组合，电枢电压、转矩（电枢电流）和（或）转速。同样，根据控制类型不同，测量和传感的变量可能包含电压、电流和转速。

图3.6-4所示的控制示意图可以说明图3.6-2和图3.6-3中所需要的转矩控制方法。在图3.6-2和图3.6-3中提及了三种负载转矩特性曲线，其中T_{L1}的交点在额定工作状态，这个工作点在图3.6-2和图3.6-3中用1标出。这个点是在负载转矩特性曲线上，给定转矩命令为$T_e^* = T_{eR}$的工作点。工作点1同时也是负载特性曲线T_{L1}与转矩—转速特性曲线V_{aR}的自然交点（不加控制情况下）。现在将给定转矩命令T_e^*设为$\frac{1}{2}T_{eR}$，负载转矩特性曲线T_{L1}不变，稳态的工作点将变成2。由于负载转矩特性是线性的，应此转子的转速应该为$\frac{1}{2}\omega_{rR}$。这个点在图

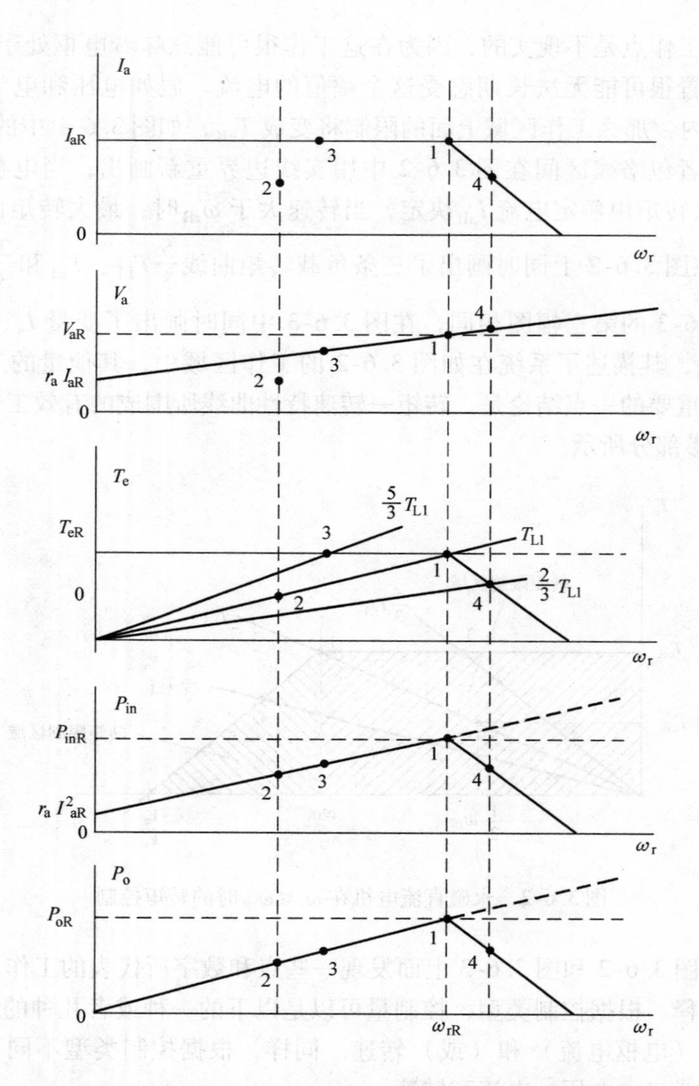

图 3.6-3　电机在如图 3.6-2 工作区域内运行时对应的电机变量

3.6-3 中，电机的变量图上标识为“2”。电机在边界之内的任何点都能正常工作。现在我们将负载转矩特性变成$\frac{5}{3}T_{L1}$，给定转矩命令 $T_e^* = T_{eR}$。图 3.6-2 中所示的 3 为电机工作点位置。我们看到在这种情况下，如果转速再高上去的话，电磁转矩和电流将超过额定值。该工作点在图 3.6-3 上以“3”标识。假定负载转矩特性变为曲线$\frac{2}{3}T_{L1}$，给定转矩命令 $T_e^* = T_{eR}$，为稳态的工作点 4。在这种情况下，如果电压不能超过 V_{aR}，则 T_{eR} 是无法达到的。由于受到电压的限制，

转矩不能到达 T_{eR}；在 $V_a = V_{aR}$ 的条件下，工作点4将成为该负载转矩曲线和额定转矩速度曲线的自然交点。该工作点在图3.6-3上以“4”标识。

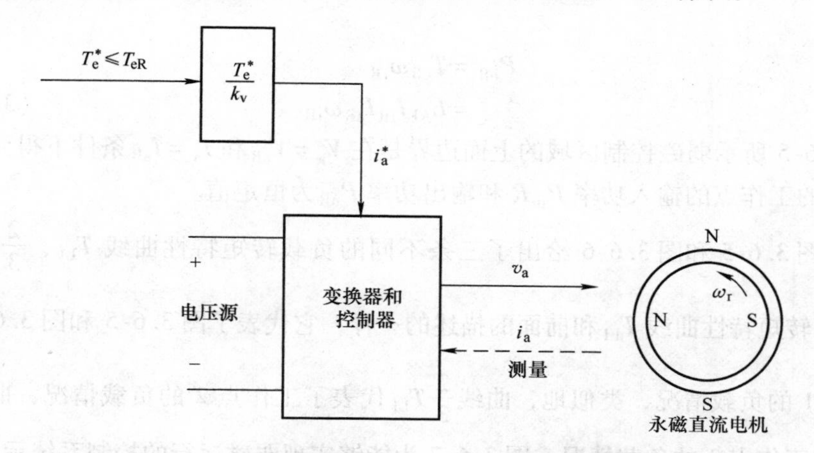

图3.6-4　永磁直流电机在 $\omega_r \leqslant \omega_{rR}$ 时的转矩控制示意图

恒功率运行

当我们讨论恒转矩运行的同时，经常会提及另外一种类型的运行模式，称为恒功率（constant power）运行或者弱磁（field weakening）运行。这种控制方法在直流电机上应用较少，一般在永磁交流电机上有应用，但作为解释我们可以放到直流电机上进行。为此，我们列出直流电机稳态条件下的电压和转矩方程如下：

$$V_a = I_a r_a = L_{AF} I_f \omega_r \tag{3.6-3}$$

$$V_f = I_f r_f \tag{3.6-4}$$

$$T_e = L_{AF} I_f I_a \tag{3.6-5}$$

这一节所涉及的内容对于励磁磁场固定的直流电机和永磁直流电机都是适用的，当将 $L_{AF} I_f$ 用 k_v 替代时，这两者没有明显区别。但是，详细解释永磁电机的弱磁是非常困难的，因此为讨论方便，我们用有励磁绕组的直流电机作为讨论对象。电机在额定转速 ω_{rR} 下，其额定的励磁电流为 I_{fR}。

弱磁控制致力于通过减小式（3.6-3）中的反电势($L_{AF} I_f \omega_r$)的方法来扩大电机速度范围，在速度大于额定速度 ω_{rR} 时，保证额定电压 V_{aR} 下可以获得额定电流 I_{aR}。弱磁控制中，我们默认转子速度高于额定速度时不存在机械问题。

图3.6-5和图3.6-6说明了弱磁控制的工作区域，ω_{rR} 以下的工作区域我们在图3.6-2和图3.6-3已经描述过了，弱磁控制发生在转速大于 ω_{rR} 的运行区域，在此区间随着转速的增加，励磁电流减小，磁场减弱。在 $\omega_r > \omega_{rR}$ 情况下，我们会假定功率保持不变 $P_o^* = P_{oR}$，那么励磁电流将会产生相应变化

$$I_{\mathrm{f}}=\frac{P_{\mathrm{oR}}}{L_{\mathrm{AF}}\omega_{\mathrm{r}}I_{\mathrm{aR}}},\ \omega_{\mathrm{r}}>\omega_{\mathrm{rR}} \tag{3.6-6}$$

其中

$$\begin{aligned}P_{\mathrm{oR}}&=T_{\mathrm{eR}}\omega_{\mathrm{rR}}\\&=L_{\mathrm{AF}}I_{\mathrm{fR}}I_{\mathrm{aR}}\omega_{\mathrm{rR}}\end{aligned} \tag{3.6-7}$$

如图3.6-5所示弱磁控制区域的上面边界是在$V_{\mathrm{a}}=V_{\mathrm{aR}}$和$I_{\mathrm{a}}=I_{\mathrm{aR}}$条件下得到，在其上面的工作点的输入功率$P_{\mathrm{in}}R$和输出功率$P_{\mathrm{oR}}$为恒定值。

在图3.6-5和图3.6-6给出了三条不同的负载转矩特性曲线T_{L1}、$\frac{2}{3}T_{\mathrm{L1}}$和$\frac{1}{3}T_{\mathrm{L1}}$。转矩特性曲线$T_{\mathrm{L1}}$和前面的描述的一样，它代表了图3.6-5和图3.6-6中工作点1的负载情况，类似地，曲线$\frac{2}{3}T_{\mathrm{L1}}$代表了工作点2的负载情况，曲线$\frac{1}{3}T_{\mathrm{L1}}$代表工作点3的负载情况。图3.6-7为能够实现弱磁运行的控制系统示意图。

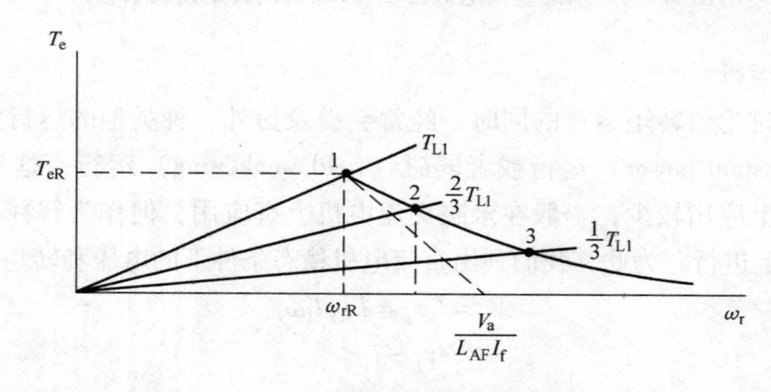

图3.6-5　增加恒功率区域后的运行区域

图3.6-2和图3.6-3所示的转矩控制模式称为恒转矩运行模式，图3.6-5和图3.6-6所示的弱磁控制模式常称为恒功率运行模式。有人可能会将边界上的工作点和整个工作区域相混淆，事实上，图3.6-5和图3.6-6所示的边界之内所有点都是可能的工作点。这里有一个有意思的现象，弱磁控制区域上边界的T_{e}由于$I_{\mathrm{a}}=I_{\mathrm{aR}}$固定不变，它将随着$I_{\mathrm{f}}$［式（3.6-7）］的变化而变化。

当电机运行在恒功率区域时，我们通常在给定输出功率命令P_{o}的同时增加另外一个控制量。比如，$P_{\mathrm{o}}^{*}=\frac{1}{2}P_{\mathrm{oR}}$，$I_{\mathrm{a}}^{*}=I_{\mathrm{aR}}$，我们需要通过控制$V_{\mathrm{f}}$来控制$I_{\mathrm{f}}$，使其为

$$I_{\mathrm{f}}=\frac{\omega_{\mathrm{rR}}}{\omega_{\mathrm{r}}}I_{\mathrm{fR}} \tag{3.6-8}$$

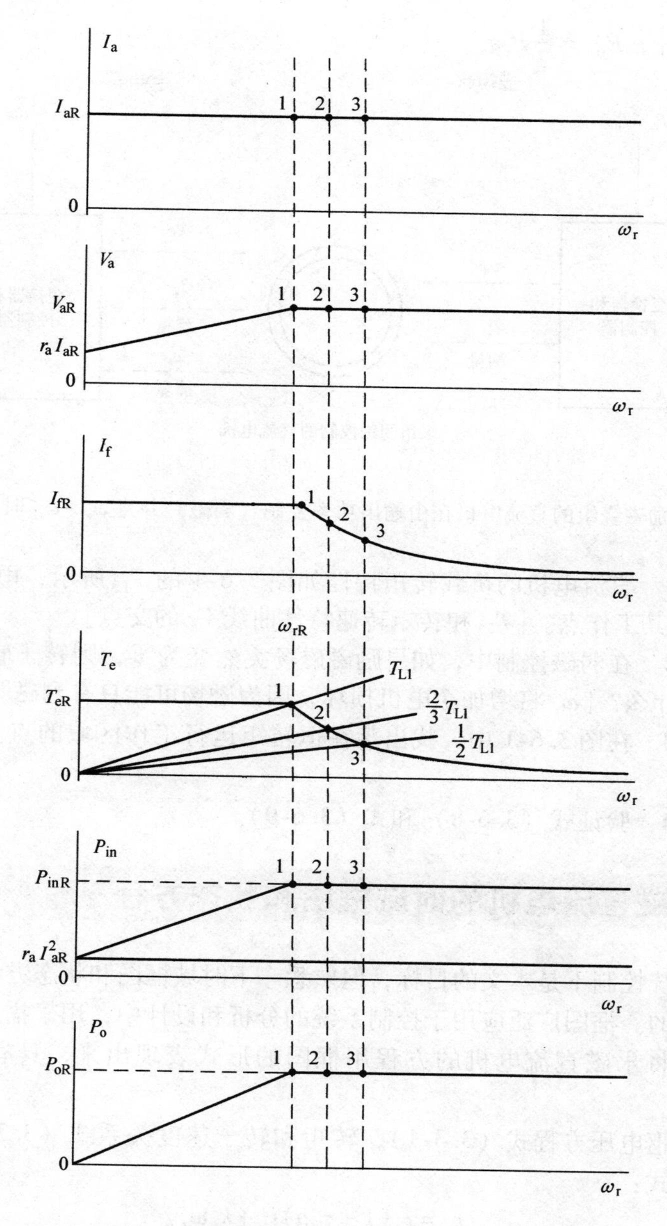

图3.6-6 图3.6-5中运行区域对应的电机变量

而电枢电压为

$$V_a = r_a I_a^* + \frac{P_o^*}{I_a^*} \tag{3.6-9}$$

其中，$I_a^* = I_{aR}$，$P_o^* = \frac{1}{2}P_{oR}$。

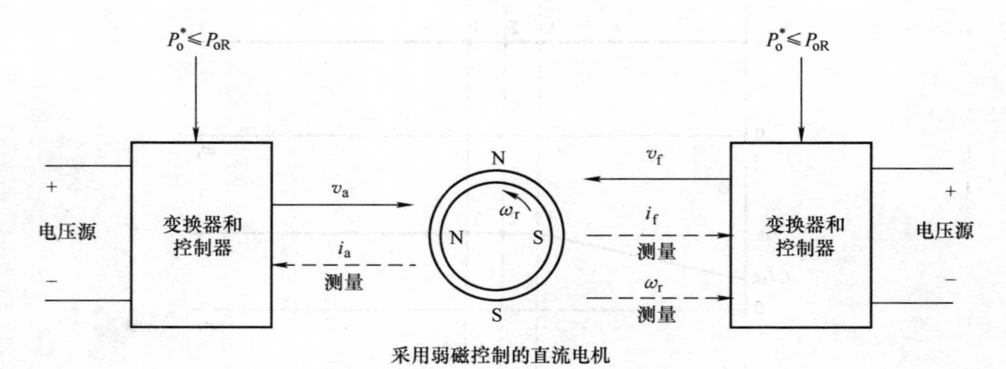

图3.6-7　有励磁绕组的直流电机在由输出功率控制（弱磁）并且$\omega_r > \omega_{rR}$时的控制示意图

SP3.6-1　直流电机的负载转矩特性如图3.6-1的T_{L3}所示，电枢电压$V_a = V_{aR}$，表示出其工作点。[T_{L3}和转矩转速特性曲线V_a的交点]

SP3.6-2　在弱磁控制中，如果励磁磁场突然变为零，则转子转速会发生什么变化？为什么？[ω_r将增加至电机损坏，因为磁场可能只有剩磁]

SP3.6-3　在图3.6-1中，找出落在恒转矩运行工作区域的点。[除点2之外的其余点]

SP3.6-4　验证式（3.6-8）和式（3.6-9）。

3.7　永磁直流电机的时域框图和状态方程

虽然系统控制不是本文的目标，但熟悉一下时域框图和状态方程分析方法也是非常必要的。框图广泛应用于控制系统的分析和设计中，用于描述系统方程之间的联系。将永磁直流电机的方程用框图的形式表现出来，具有直观简洁的特点。

根据电枢电压方程式（3.3-1），转矩和转子速度关系式（3.3-6），可以写出以下关系式：

$$v_a = r_a(1+\tau_a p)i_a + k_v\omega_r \tag{3.7-1}$$

$$T_e - T_L = (B_m + Jp)\omega_r \tag{3.7-2}$$

其中，电枢的时间常数为$\tau_a = L_{AA}/r_a$，p表示d/dt，1/p表示积分。从式（3.7-1）可以解出i_a，从式（3.7-2）可以解出ω_r为

$$i_a = \frac{1/r_a}{\tau_a p + 1}(v_a - k_v\omega_r) \tag{3.7-3}$$

$$\omega_r=\frac{1}{Jp+B_m}(T_e-T_L) \tag{3.7-4}$$

对于这两个表达式，我们来做一些分析。在式（3.7-3）中，我们用算子$(1/r_a)/(\tau_a p+1)$乘以$(v_a-k_v\omega_r)$来得到i_a。我们用一个算子来乘电压，然后得到电流，并不表示我们真的用电压$(v_a-k_v\omega_r)$来计算电流i_a，我们只不过用一种方便画框图的形式来表现电压和电流的动态关系。如果真要计算i_a，我们更倾向于将式（3.7-3）写成式（3.7-1）的形式，然后用解一阶微分方程的一般方法来求解。式（3.7-3）中的算子$(1/r_a)/(\tau_a p+1)$也可以理解为联系电压和电流的传递函数。你们如果熟悉拉普拉斯变换方法，可能更加习惯用拉普拉斯算子s而不是用微分算子p来表示传递函数。事实上，根据拉普拉斯变换理论，将算子p用s替代可以得到相同形式的传递函数。

用时域的框图来描述式（3.7-3）和式（3.7-4），如图3.7-1所示，其中电磁转矩$T_e=k_v i_a$。这个框图由一组线性方块组成，在这些方块中输入和输出变量之间的关系用传递函数的形式描述。

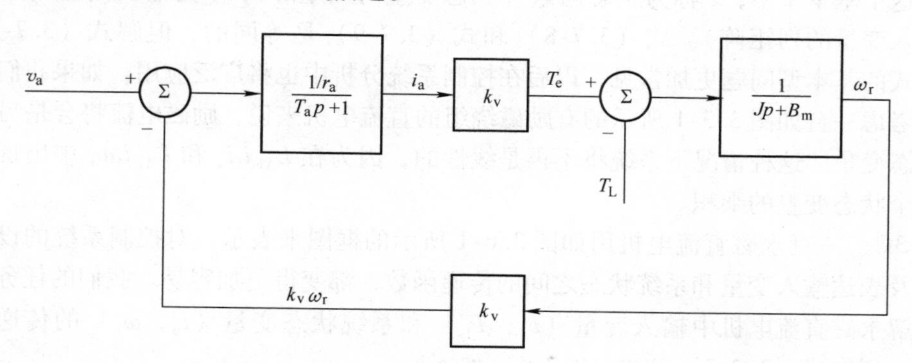

图3.7-1 永磁直流电机的时域框图

系统的状态方程是将状态变量以矩阵的形式表述其关系，以方便计算机来实现线性系统的求解。系统的状态变量被定义为一组数量最小的变量，在任何初始时刻t_0，只要知道这些变量以及接下来系统所加的激励，就可知道系统在$t>t_0$时任何时刻的状态[2]。在永磁直流电机中，电枢电流i_a、转子转速ω_r和转子角度θ_r可以构成一组状态变量。然而，θ_r和ω_r有如下关系：

$$\frac{d\theta_r}{dt}=\omega_r \tag{3.7-5}$$

因此，只有我们认为转子的位置是一个控制量时，我们才认为θ_r是一个状态变量，否则我们将把θ_r的求解忽略。

通过式（3.7-1）求解di_a/dt得到

$$\frac{\mathrm{d}i_a}{\mathrm{d}t} = -\frac{r_a}{L_{AA}}i_a - \frac{k_v}{L_{AA}}\omega_r + \frac{1}{L_{AA}}v_a \tag{3.7-6}$$

通过式（3.7-2），并用 $k_v i_a$ 替代 T_e 得到

$$\frac{\mathrm{d}\omega_r}{\mathrm{d}t} = -\frac{B_m}{J}\omega_r + \frac{k_v}{J}i_a - \frac{1}{J}T_L \tag{3.7-7}$$

这样系统就被描述为一组线性的微分方程组，将其写成矩阵的形式为

$$p\begin{bmatrix} i_a \\ \omega_r \end{bmatrix} = \begin{bmatrix} -\frac{r_a}{L_{AA}} & -\frac{k_v}{L_{AA}} \\ \frac{k_v}{J} & -\frac{B_m}{J} \end{bmatrix}\begin{bmatrix} i_a \\ \omega_r \end{bmatrix} + \begin{bmatrix} \frac{1}{L_{AA}} & 0 \\ 0 & -\frac{1}{J} \end{bmatrix}\begin{bmatrix} v_a \\ T_L \end{bmatrix} \tag{3.7-8}$$

在式（3.7-8）中状态方程表达的形式称为基本型，同时这个矩阵方程组也可以用符号的形式表示：

$$p\boldsymbol{x} = \boldsymbol{A}\boldsymbol{x} + \boldsymbol{B}\boldsymbol{u} \tag{3.7-9}$$

在这个基本型中，$\boldsymbol{x}$ 称为状态向量（状态变量的列矩阵）；$\boldsymbol{u}$ 为输入向量（系统输入变量的列矩阵）。式（3.7-8）和式（3.7-9）是等同的，但解式（3.7-9）形式的基本型问题更加常见，以后在控制系统分析中也将广泛应用。如果我们回到考虑一台如图 3.3-1 所示的有励磁绕组的直流电机来说，励磁电流将会是另一状态变量。这种情况下系统将不再是线性的，因为在 $L_{AF}i_f i_a$ 和 $L_{AF}i_f\omega_r$ 中出现了两个状态变量的乘积。

例 3C 一旦永磁直流电机用如图 3.6-1 所示的框图来表示，对控制系统的设计以及表达输入变量和系统状态之间的传递函数，都变得更加容易。我们的任务是求解永磁直流电机中输入变量（v_a，T_L）和系统状态变量（i_a，ω_r）的传递函数。列出式（3.7-3）和式（3.7-4）如下：

$$i_a = \frac{1/r_a}{\tau_a p + 1}(v_a - k_v\omega_r) \tag{3C-1}$$

$$\omega_r = \frac{1}{Jp + B_m}(k_v i_a - T_L) \tag{3C-2}$$

如果将式（3C-1）代入式（3C-2），经过一些整理之后得到

$$\omega_r = \frac{(1/k_v\tau_a\tau_m)v_a - (1/J)(p + 1/\tau_a)T_L}{p^2 + (1/\tau_a + B_m/J)p + (1/\tau_a)(1/\tau_m + B_m/J)} \tag{3C-3}$$

这里我们引入和一个新的时间常数，机械时间常数（或惯量时间常数，inertia time constant）τ_m，并定义为

$$\tau_m = \frac{Jr_a}{k_v^2} \tag{3C-4}$$

ω_r 和 v_a 之间的传递函数可以通过式（3C-3）将 T_L 设为零，并将等式两边同时

除以 v_a 得到。同样 ω_r 和 T_L 之间的传递函数可以通过式（3C-3）将 v_a 设为零，并将等式两边同时除以 T_L 得到。对于给定 v_a 和 T_L 求解 ω_r，我们注意到式（3C-5）中 p 为 d/dt，p^2 为 d^2/dt^2，假如我们将式（3C-3）等式两边同乘以等式右边的分母，我们将得到一个关于状态变量 ω_r 的二阶的微分方程。

这个线性系统的特征方程可以通过令分母部分的表达式为零来进行求解，其通常的形式是

$$p^2+2\alpha p+\omega_n^2=0 \tag{3C-5}$$

在式（3C-5）中 α 是指数化的阻尼系数（damping coefficient），ω_n 系统固有频率（natural frequency）。阻尼因子（或阻尼比，damping factor）定义为

$$\zeta=\frac{\alpha}{\omega_n} \tag{3C-6}$$

假设 b_1 和 b_2 为这个二阶方程的负数根

$$b_1,b_2=\zeta\omega_n\pm\omega_n\sqrt{\zeta^2-1} \tag{3C-7}$$

假如 $\zeta>1$，根是实数，其零输入响应（natural response）由两个负实数指数项组成；假如 ζ 小于1，根为两共轭复数，其零输入响应为指数衰减的正弦函数。

对于 i_a 与输入变量 v_a 和 T_L 的传递函数关系，可以将式（3C-2）代入式（3C-1），经过一些整理得到

$$i_a=\frac{(1/\tau_a r_a)(p+B_m J)v_a+(1+k_v\tau_a\tau_m)T_L}{p^2+(1/\tau_a+B_m/J)p+(1/\tau_a)(1/\tau_m+B_m/J)} \tag{3C-8}$$

SP3.7-1　用传递函数表示 θ_r 与输入量 v_a 和 T_L 之间的关系。[$\theta_r=(1/p)$（3C-3）]

SP3.7-2　一台永磁直流电机空载（$T_L=0$）运行，且 $B_m=0$，表示 i_a 和 v_a 之间的传递函数关系。[式（3C-8）将 T_L 和 B_m 设为零]

3.8 电压控制简介

虽然直流电机的应用没有过去那么广泛了，但它在一些驱动应用上还是扮演了重要角色，因此有必要简单了解一下直流电机的电压控制方法。我们将把精力集中在二象限直流变换器（two - quadrant dc converter）的永磁直流电机运行分析，也包括其静态性能和动态性能，同时给出该系统的时域框图和变换器的平均值模型。本小结的内容相对以后章节的内容是独立的，在知识上不存在依存关系。

由于直流变换器经常也被称作斩波器（chopper），因此这两个名词我们可能会换着使用。在这一节中，我们将分析系统的工作方式，建立二象限直流变换器的平均值模型。二象限直流变换器如图3.8-1所示，其中开关 S_1 和 S_2 是晶体管

(transistor)。假设晶体管是理想的，当 S_1 和 S_2 闭合时，电流沿箭头方向流动，而不能迎着箭头方向流动；当 S_1 和 S_2 开路时，不管开关两端的电压是多少，电流为零。晶体管闭合时，电流的方向为正，在晶体管上的电压下降，假设为零。同样，我们假设二极管（diode）D_1 和 D_2 也是理想的，假如 i_{D1} 和 i_{D2} 大于零，则二极管上的压降为零，二极管的电流永远不能小于零。

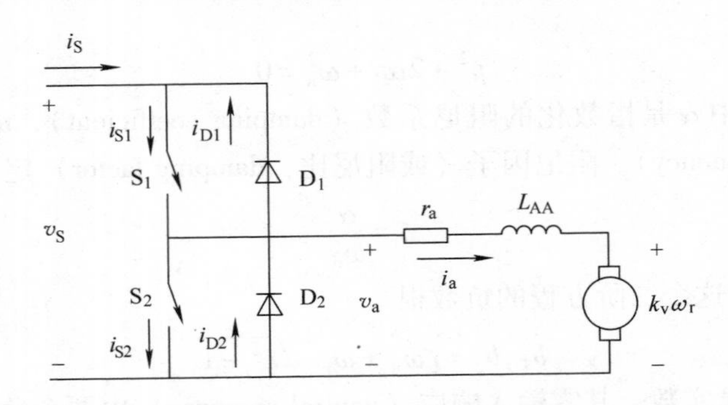

图 3.8-1　二象限斩波驱动电路

直流驱动所常用的电压控制示意图如图 3.8-2 所示。图 3.8-2 中，斜坡函数发生器产生周期为 T，从 0 到 1 的锯齿波。这个锯齿波将和 k 进行比较，k 称为占空比控制信号。正如其名称所提示的那样，k 经常是作为开环或者闭环系统的控制输入量。开关由比较器的输出信号进行控制。占空比控制信号可以是在 0 到 1 中间变化（$0 \leqslant k \leqslant 1$）的量。从图 3.8-2 可以看出，当信号 k 大于锯齿波信号时，比较器的输出为高，这段时间间隔为 t_1。由于锯齿波信号（斜坡函数信号）在 0 和 1 之间波动，且 $0 \leqslant k \leqslant 1$，我们可以用 k、T 来表示 t_1 有

$$t_1 = kT \tag{3.8-1}$$

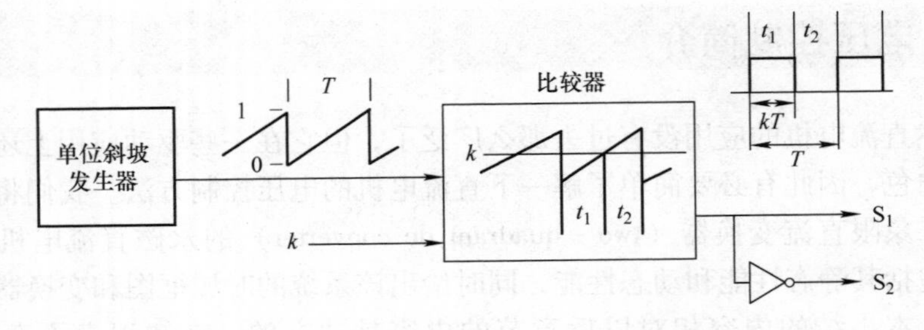

图 3.8-2　基于脉宽调制的电压控制

也可以写成

$$t_1 = \frac{k}{f_s} \tag{3.8-2}$$

其中，f_s 为开关频率或者斩波频率$\left(f_s=\frac{1}{T}\right)$。

当 k 小于锯齿波时，输出的逻辑信号为低，这段时间间隔对应为 t_2，由于

$$t_1+t_2=T \tag{3.8-3}$$

因此

$$t_2=(1-k)T=(1-k)\frac{1}{f_s} \tag{3.8-4}$$

如果 k 保持为1，那么 S_1 一直闭合（S_2 一直开路）；如果 k 保持为0，那么 S_1 一直开路（S_2 一直闭合）。

在稳态情况下，变换器的各变量的波形如图3.8-3所示。这里，为了描述电枢电流的暂态响应，我们假设将开关周期 T 设得相对电枢的时间常数 τ_a 要大。正常情况下，开关周期比电枢时间常数小得多，一个开关周期引起的 i_a 变化接近小小的锯齿波，这一点将会在下一节描述。使用二象限直流变换器，电枢电压不能到达负值（$v_a \geqslant 0$）；然而电枢电流可以是正的也可以是负的。也就是说，I_1 和 I_2 可以都是正的，或者 I_1 为负值而 I_2 为正的，亦或 I_1 和 I_2 都是负的。在图3.8-3中，I_1 为负的，I_2 为正的，而 i_a 的平均值为正的。由于 v_a 的平均值为正的，假如 ω_r 为正值（逆时针旋转）则电机处于电动机运行状态。

在二象限直流变换器中，开关逻辑产生的信号受占空比 k 控制，如图3.8-2所示。当比较器输出的信号为高时，S_1 闭合，S_2 开路，如图3.8-3中的阶段A；当比较器输出信号为低时，S_1 开路，S_2 闭合，如图3.8-3中的阶段B。当 S_1 闭合时，电流或者从 S_1 流过或者从 D_1 流过；当 S_2 闭合，电流或者从 S_2 流过或者从 D_2 流过。还有一点实际情况需要进一步说明，电子开关都有一个开通关断时间，关断时间一般比开通时间要长一些。因此，开关逻辑需要安排适当的延迟，以防电源短路或者击穿。虽然这个延迟时间很短，但在设计时候一定要加以考虑。然而我们的分析中不考虑这个因素，我们还是认为开关是瞬时打开，瞬时关断的。

让我们再来讨论图3.8-3所描述的工作模式。在阶段 A，S_1 闭合，S_2 开路，开始时电流 $i_a=I_1$ 为负值。由于 S_2 开路，负电流 $i_a(I_1)$ 只能通过 D_1 走。为和 i_a 的比较更加容易，我们将 $-i_{D1}$ 和 $-i_{S2}$ 画在图3.8-3中，因为它们的方向与 i_a 相反。让我们回到阶段 A 开始的地方，i_a 为何会变成负值呢？原来在阶段 B 的时候，S_2 闭合，S_1 开路，电枢端部被短路了，反电势驱使 i_a 变成负值。因此在阶段 A 开始的时候，S_1 闭合，S_2 开路，电源将和负电流 I_1 连在一起。我们从图3.8-3可以看出，i_a 的平均值是一个正值，可以反映出 v_s 比反电势要大一些，当在阶段 A 开始时，电流从负值 I_1 逐渐增大至零。一旦 i_a 到达零，D_1 内的电流截止。由于 i_{D1} 不能是负的（不能导通正的 i_a），但 S_1 是闭合的，S_1 可以导通正的

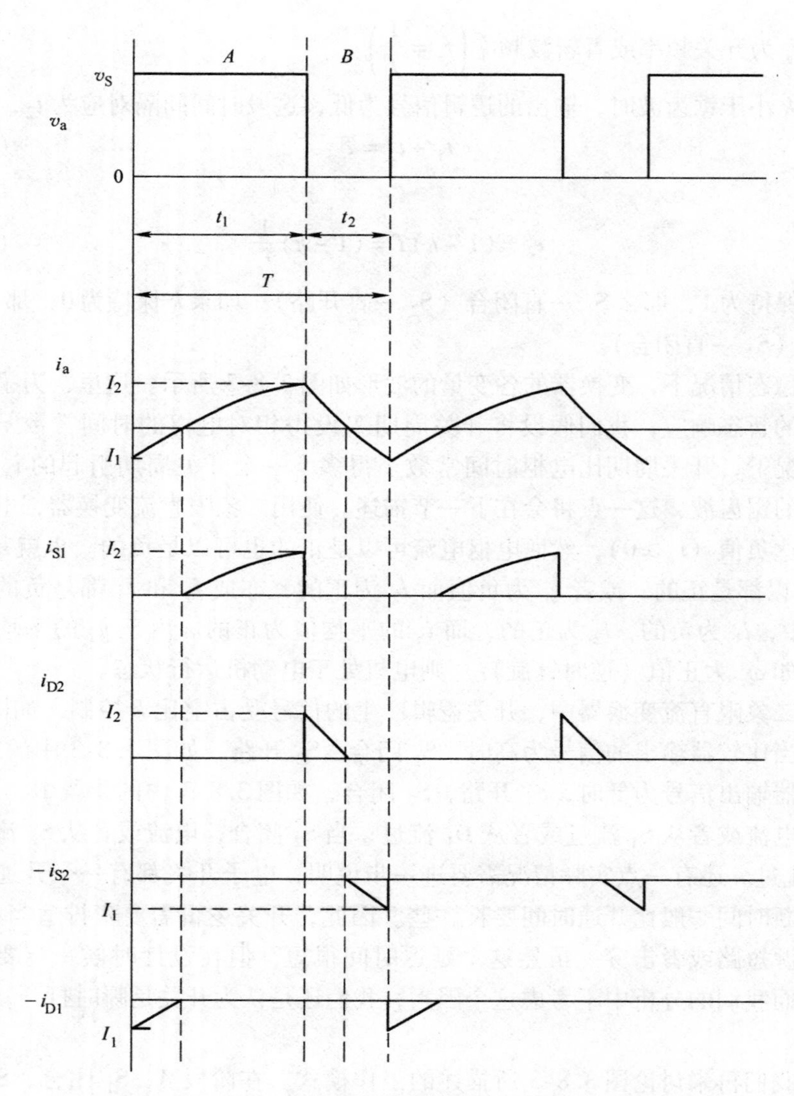

图3.8-3　二象限直流变换器驱动稳态工作时的变量

i_a，现在电枢电流是 i_{S1}，该电流继续增大，直到阶段 A 结束（I_2）。

在阶段 B 开始的时候，开关 S_1 开路，S_2 闭合，但 S_2 不能导通正的电枢电流。所以正向的电枢电流（I_2）转移至二极管 D_2 上，这将导致电枢两端短路。现在反电势和正电流（I_2）相抗衡，假如电枢两端一直处于短路状态，则最终反电势会将电枢电流 i_a 变成负值。在阶段 B 开始时，反电势就发挥这样的功能，然而只有当电流变成零时，D_2 上的电流 i_{D2} 才截止，负的电枢电流才通过 S_2，S_2 开关在阶段 B 一开始就是一直是闭合的。这种状态一直持续至阶段 B 结束，又回到我们开始描述的阶段 A，如此循环往复。

当 I_1 和 I_2 都是正的时候，如果 ω_r 是正的（逆时针方向），则电机上带有真正意义的负载，电机运行处于电动机模式。在这种运行模式下，开关周期 T 内，电流通过开关 S_1 或者二极管 D_2。当 I_1 和 I_2 都是负的时候，如果 ω_r 是正的（逆时针方向），则电机运行处于发电机模式。在这种运行模式下，电流通过开关 S_2 或者二极管 D_1。

接下来我们将求解 I_1 和 I_2 的值。在如图 3.8-3 所示，周期 T 被分为两个阶段 A 和 B。在阶段 A，$v_a = v_S$，$i_a = i_S$，$i_D = 0$，因此对于阶段 A，可得到

$$L_{AA}\frac{di_a}{dt} + r_a i_a = v_s - k_v\omega_r \tag{3.8-5}$$

假如我们认为 v_s 和 ω_r 在阶段内保持不变，并将式（3.8-5）写成

$$i_a(t) = i_{a,ss} + i_{a,tr} \tag{3.8-6}$$

其中，$i_{a,ss}$ 为当该阶段持续时间为无穷大时的稳态电流。这个电流可以令 $di_a/dt = 0$ 来求得，根据式（3.8-7）可得

$$i_{a,ss} = \frac{v_s - k_v\omega_r}{r_a} \tag{3.8-7}$$

式（3.8-6）中的暂态单元（$i_{a,tr}$）是以下齐次方程或零输入方程的解：

$$L_{AA}\frac{di_a}{dt} + r_a i_a = 0 \tag{3.8-8}$$

于是

$$i_{a,tr} = Ke^{-t/\tau_a} \tag{3.8-9}$$

其中，$\tau_a = L_{AA}/r_a$，由此在阶段 A 内，电枢电流可以表示为

$$i_a = \frac{1}{r_a}(v_s - k_v\omega_r) + Ke^{-t/\tau_a} \tag{3.8-10}$$

如图 3.8-3 所示，在阶段 A 的 $t = 0$ 时刻，电流 $i_a(0) = I_1$，即

$$I_1 = \frac{1}{r_a}(v_s - k_v\omega_r) + K \tag{3.8-11}$$

解出式（3.8-11）中的 K，并将其代入式（3.8-10），得到电流 i_a 的表达式为

$$i_a = I_1 e^{-t/\tau_a} + \frac{(v_s - k_v\omega_r)}{r_a}(1 - e^{-t/\tau_a}) \tag{3.8-12}$$

在 $t = t_1$ 或者 kT，$i_a = I_2$，从式（3.8-12）可以得到

$$I_2 = I_1 e^{-kT/\tau_a} + \frac{(v_a - k_v\omega_r)}{r_a}(1 - e^{-kT/\tau_a}) \tag{3.8-13}$$

式（3.8-13）将阶段 A 结尾的电流 I_2 和阶段 A 开始的电流 I_1 关联起来。

在阶段 B

$$L_{AA}\frac{\mathrm{d}i_a}{\mathrm{d}t}+r_ai_a=-k_v\omega_r \tag{3.8-14}$$

解出稳态电流

$$i_{a,ss}=-\frac{k_v\omega_r}{r_a} \tag{3.8-15}$$

暂态电流 $i_{a,tr}$ 仍为式（3.8-9），因此

$$i_a=-\frac{k_v\omega_r}{r_a}+K\mathrm{e}^{-t/\tau_a} \tag{3.8-16}$$

为了方便分析，我们在阶段 B 开始的时刻定义了新的时间零点，在新的 $t=0$ 时刻，$i_a=I_2$，即

$$I_2=-\frac{k_v\omega_r}{r_a}+K \tag{3.8-17}$$

由此在阶段 B 开始设置了新的时间零点后，

$$i_a=I_2\mathrm{e}^{-t/\tau_a}-\frac{k_v\omega_r}{r_a}(1-\mathrm{e}^{-t/\tau_a}) \tag{3.8-18}$$

由此我们知道了式（3.8-12）定义了阶段 A 内的电流，假设初始电流为 I_1，式（3.8-18）定义了阶段 B 内的电流，假设初始电流为 I_2。那我们如何确定电流 I_1 和 I_2 呢？阶段 B 的初始电流，应该等于阶段 A 结束时的电流，因此 I_2 可以利用式（3.8-12）将时间设为 $t=kT$ 计算得到，I_2 用式（3.8-13）含有 I_1 的表达式表示。那么如何确定 I_1 呢？在阶段 B 结束时，$t=t_2$，电流 i_a 的值应该回到 I_1，这样才能循环往复稳定运行。从式（3.8-4）得到 $t_2=(1-k)T$，因而在式（3.8-18）中当 $t=(1-k)T$ 时，$i_a=I_1$，即

$$I_1=I_2\mathrm{e}^{-(1-k)T/\tau_a}-\frac{k_v\omega_r}{r_a}[1-\mathrm{e}^{-(1-k)T/\tau_a}] \tag{3.8-19}$$

式（3.8-13）和式（3.8-19）可以组成一个方程组，因此我们可以用变量 v_s、k、T、ω_r 和电机参数的形式解出电流 I_1 和 I_2，即

$$I_1=\frac{v_s}{r_a}\left[\frac{\mathrm{e}^{-T/\tau_a}(\mathrm{e}^{kT/\tau_a}-1)}{1-\mathrm{e}^{-T/\tau_a}}\right]-\frac{k_v\omega_r}{r_a} \tag{3.8-20}$$

$$I_2=\frac{v_s}{r_a}\left[\frac{1-\mathrm{e}^{-kT/\tau_a}}{1-\mathrm{e}^{-T/\tau_a}}\right]-\frac{k_v\omega_r}{r_a} \tag{3.8-21}$$

平均值模型下的时域框图

如图3.8-4为二象限直流变换器驱动系统的平均值模型下的时域框图。从图3.8-3可以知道，电枢电压平均值为

$$\bar{v}_a=\frac{1}{T}\left[\int_0^{t_1}v_s\mathrm{d}\xi+\int_{t_1}^{T}0\mathrm{d}\xi\right] \tag{3.8-22}$$

由于 $t_1=kT$，电压平均值变为

$$\bar{v}_a = kv_s \tag{3.8-23}$$

在图3.8-4中，变量上面的横线表示平均值。除式（3.8-23）和平均值的标识外，图3.8-4的框图与图3.7-1相同。

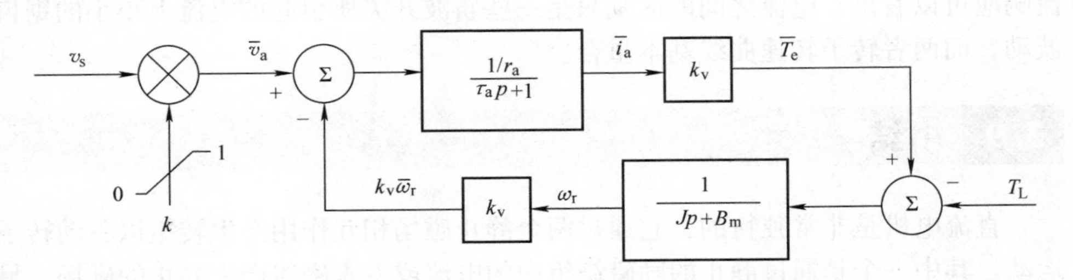

图3.8-4 平均值模型下的二象限直流变换器驱动控制框图

永磁直流电机在二象限直流变换器驱动下起动特性如图3.8-5所示。电机的参数与图3.5-1中的电机一致。这里开关频率f_s为200Hz，电源电压为10V。通常开关频率比这里高得多，一般可大于20kHz。我们选择这样的频率是用于说明斩波过程中的动态情况，但即使是在这样低的频率条件下，开关周期T仍比电

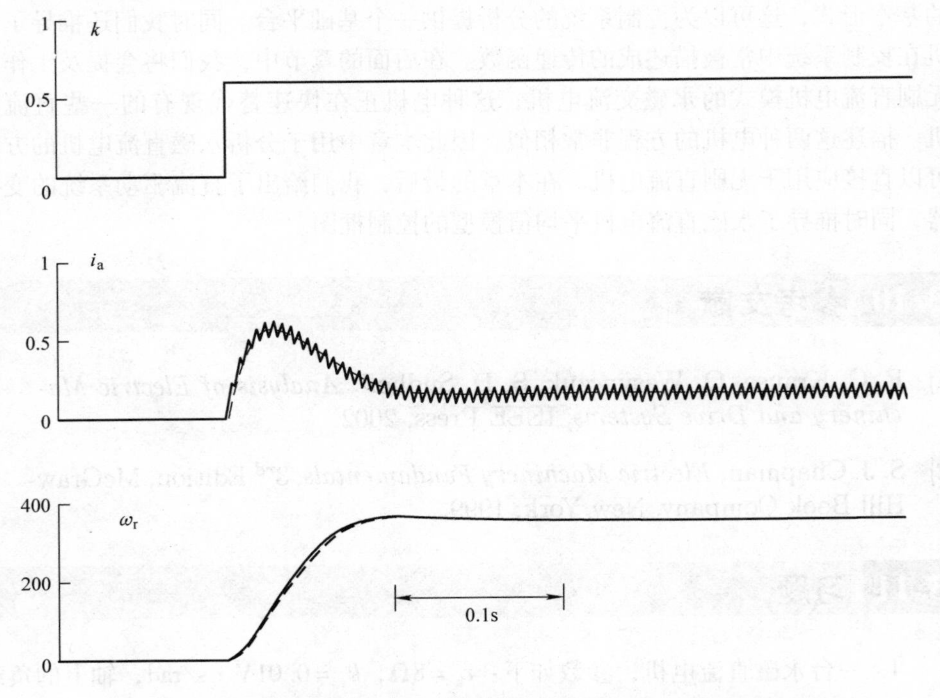

图3.8-5 永磁直流电机在二象限直流变换器驱动下的起动特性

枢时间常数 τ_a 小很多。因此，电枢电流基本上是由平均值上下波动的小线段组成。在图 3.8-5 中，占空比从 0 阶跃至 0.6，相应的电枢平均电压从 0 阶跃至 6V。同时基于平均值模型的起动响应曲线被叠加在上面作为比较。从两者的电流响应可以看出，电流之间的区别只是一些斩波开关所引起的电流上小小的锯齿波动，而两者转子转速曲线基本重合。

3.9 小结

直流电机是非常独特的，它通过两个静止磁场相互作用产生转矩以驱动转子运动。其中一个是通过静止的励磁绕组中的电流或者永磁体产生静止的磁场，另外一个是由旋转的电枢绕组中的电流产生。越来越多的直流电机正被永磁交流电机代替，而用变换器控制的永磁交流电机致力于模拟直流电机的最大转矩电流比的特性。用于描述直流电机的方程为我们对交流电机上相似而复杂的工作模式的理解提供了一种直观的途径。这样当我们学习了直流电机的恒转矩控制和恒功率控制后，我们对这些控制模式在永磁交流电机中的应用也有相通的理解。因为系统的动态特性可以用线性的微分方程描述，我们建立了永磁直流电机的状态方程的基本形式，这可以为控制系统的分析提供一个基础平台。同时我们还推导了电机在控制系统中常被描述成的传递函数。在后面的章节中，我们将会提及工作在无刷直流电机模式的永磁交流电机，这种电机正在快速替代现有的一些直流电机。描述这两种电机的方程非常相似，因此本章中用于分析永磁直流电机的方法可以直接应用于无刷直流电机。在本章的最后，我们给出了直流驱动系统的变换器，同时推导了永磁直流电机平均值模型的控制框图。

3.10 参考文献

[1] P. C. Krause, O. Wasynczuk, S. D. Sudhoff, *Analysis of Electric Machinery and Drive Systems*, IEEE Press, 2002.

[2] S. J. Chapman, *Electric Machinery Fundamentals*, 3rd Edition, McGraw-Hill Book Company, New York, 1999.

3.11 习题

1. 一台永磁直流电机，参数如下：$r_a = 8\Omega$，$k_v = 0.01\mathrm{V \cdot s/rad}$，轴上的负载转矩大约是 $T_L = K\omega_r$，其中，$K = 5 \times 10^{-6}\mathrm{N \cdot s}$，电枢上所施加的电压为 6V，$B_m = 0$，请以 rad/s 为单位计算稳态的转速 ω_r。

2. 一台永磁直流电机被外动力源拖动至3820r/min，测得的开路电枢电压为7V，撤除动力源，在电枢上连接12V电源，空载情况下 $I_a=0.1\text{A}$，转速 ω_r 为650rad/s，求 k_v、B_m 和 r_a。

3. 当状态变量为 θ_r 时，重新写出式（3.7-8）所示的永磁直流电机状态方程。

*4. 写出1.5小节所描述的耦合电路的状态方程基本形式。提示：从式（1.5-37）出发，将 λ_1 和 λ_2' 设为状态变量，电流和磁链的关系用式（1.5-34）和式（1.5-35）来表示。

5. 建立上述耦合电路的时域框图。

6. 一台永磁直流电机参数为 $r_a=6\Omega$，$k_v=2\times10^{-2}\text{V}\cdot\text{s/rad}$，$V_a$ 可以从0到10V进行调节，现希望该设备以恒转矩方式运行 $T_e^*=4\times10^{-3}\text{N}\cdot\text{m}$，（a）在 $\omega_r=0$ 时，V_a 应该为多少？（b）恒转矩运行的 ω_r 最大值是多少？

7. 一台额定功率为5hp的直流电机，$V_f=240\text{V}$，$V_a=240\text{V}$，$r_a=0.63\Omega$，$L_{AF}=1.8\text{H}$，在额定状态时 $\omega_r=127.7\text{rad/s}$，励磁电路的总电阻为240Ω。（a）计算额定状态下的电枢电流，该电机将以恒功率模式运行于额定转速。（b）计算4倍转速时的 I_f。（c）计算问题（b）时刻的 T_e。

8. 问题7所描述的电机以弱磁模式运行于 $2\omega_{rR}$，$V_a=V_{aR}$ 且 $I_a=I_{aR}$，现将负载转矩减小一半，若要使稳态转速保持在 $\omega_r=2\omega_{rR}$，（a）若保持 $V_a=V_{aR}$ 不变，则 I_a 为多少？（b）若保持 $I_a=I_{aR}$，则 V_a 为多少？

第4章 绕组和旋转磁动势

4.1 引言

在前一章，我们发现直流电机由于定子和转子上都有绕组而变得有些复杂，特别是这些绕组随着转子（电枢）的旋转还产生相对运动。然而由于换向作用的存在，转子绕组产生的磁动势是静止的。换句话说，从磁场的角度讲，转子绕组的表现是静止的。励磁绕组中的电流也将产生静止的磁场，并且与电枢电流表现出来的静止磁场正交，定子、转子上的两个静止的正交磁场相互作用将产生相互对齐的力，正是由于这个力的存在产生了电磁转矩，驱动转子旋转。

对于直流电机以外的其他旋转机电装置，电磁转矩是由一个或者多个磁场在装置的气隙中旋转产生。磁阻电机、感应电机、同步电机、步进电机以及无刷直流电机（电压控制的永磁交流电机）都是以这个方式产生电磁转矩的。这些装置有一些性质是所有的机电装置都具备的，比如，定子绕组的分布，由定子电流产生旋转磁场的方式，这些对于极数为2，4，6，…，P的电机来说都是相同的。因此，我们觉得将这些共同的特性在这里做一次性描述更加合乎逻辑，而不是在后面章节中针对不同种类的电机再重复相同的内容。

在我们的分析中，我们将假定定子绕组的布局可以用沿气隙方向正弦分布的绕组来近似。由于绕组是正弦分布的，因此磁动势也是沿气隙方向正弦分布的。在这一章中，绕组的正弦分布以及气隙中磁动势（磁场）的正弦分布的假定是从实际经验角度出发。一旦旋转磁场（气隙中的旋转磁动势）的表达式建立之后，我们将讨论磁极的概念。在此之前，我们只接触过两极的装置。幸运的是，我们将证明对于一个P极装置，其中$P=2$，4，6，…，我们都可以通过一些简单的变量替换将其视为只有两极的情况来分析。在本章的最后，我们将花一些时间来讨论，而不是证明关于磁阻电机、步进电机、感应电机和同步电机的工作原理。虽然这些内容似乎有点生硬且没有太多理论基础，但它很好地提示了我们后面章节所要涉及的机电装置。

4.2 绕组

在第1章和第2章，我们考虑了两个相对运动的绕组，其中一个位于定子上，另一个在转子上，如图1.7-4所示。在1.7小节介绍这个装置时，我们假定这些绕组是在一个位置上集中分布的，然而，实际上我们经常要将绕组分布在30°或者60°的弧度上。让我们重新来画图1.7-4，并考虑以下一些因素的变化。第一，我们将忽视转子绕组，并将注意力集中在定子绕组上。为什么这么做？因为我们将发现定子绕组的布局方式对后面所涉及的所有机电运动装置来说都是通用的。第二，我们将把图1.7-4中的绕组称呼改成绕组 as，并且假设绕组分布在定子内圆表面的槽里，如图4.2-1所示。这样的分布方式比集中绕组更加接近实际的单相机电传动装置。

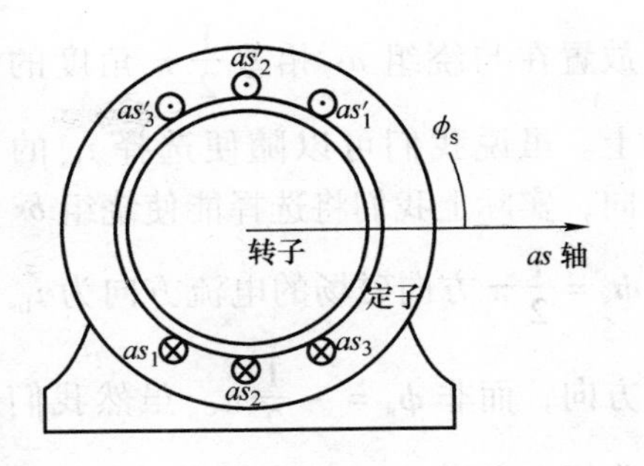

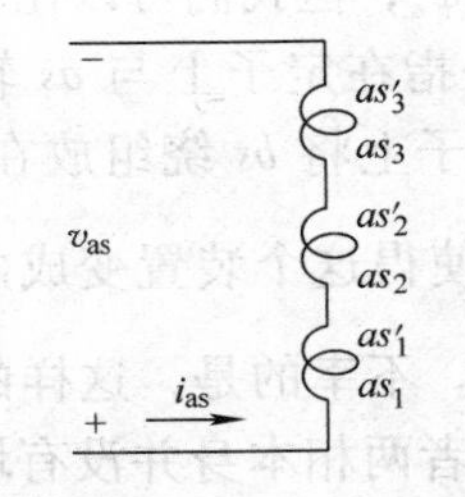

图4.2-1 基本的两极单相定子绕组

绕组被描述为一个个线圈的串联，每一个线圈被放置在定子铁心的槽里。假如我们沿着 i_{as} 正向电流方向进入绕组 as，我们将看到电流流入 as_1，用⊗表示，其方向为沿着定子轴线向里的方向（进入纸面的方向）。电流沿着定子长度方向流入，然后沿着端部绕行（见图1.7-4），再沿着定子长度方向流出至 as_1'，标识为⊙。注意到 as_1 和 as_1' 被放置在相互错开 π 角度的定子槽中间，这是两极电机的特点，我们将在后面介绍关于电机电极的知识。这样 as_1 和 as_1' 就围成了一个圈，我们称之为线圈（coil）；as_1 和 as_1' 我们称为线圈的两条边。实际应用中，线圈一般不只包含一个导体。一个导体与另一个导体之间相互绝缘，电流从 as_1 一个导体流入，从 as_1' 同一个导体流出，再回到 as_1 的另一导体，就这样绕组的导体在 as_1-as_1' 路径上重复，从而构成多匝线圈，一个线圈中导体的数量表明了线圈匝数线圈的匝数表示为 nc_s。

一旦我们在 as_1-as_1' 线圈绕上了 nc_s 匝导体，我们同样可以在 as_2-as_2' 上重复这样的事情。我们假设在绕组 as_1-as_1'、as_2-as_2' 和 as_3-as_3' 上所绕的线圈匝数是相同的（ns_s）。我们可以在不同的绕组上绕上不同匝数的线圈，而我们在此假设没有这样做。由于每个线圈的匝数都为 ns_s，绕组被认为是在 as_1 到 as_3 的60°上均匀分布。绕组在定子上绕好之后，我们可以应用右手法则给出 as 轴，如图4.2-1所示。从定义上来说，as 轴是 as 绕组中正电流产生的磁通的主方向。as 轴方向表明了 as 绕组磁轴的正方向。

在图4.2-2中我们增加了另一个定子绕组 bs。我们注意到绕组 bs 的磁轴被

放置在与绕组 *as* 相差$\frac{1}{2}\pi$角度的位置上。虽说我们可以随便选择 i_{bs} 的正方向，实际上我们将选择能使绕组 *bs* 产生 $\phi_s=\frac{1}{2}\pi$ 方向磁场的电流方向为 i_{bs} 的正方向，而非 $\phi_s=-\frac{1}{2}\pi$。虽然我们还没确切定义过 ϕ_s，但我们可以比较明显的看出，ϕ_s 是指在定子上与 *as* 轴所成的角度。在定子上将 *bs* 绕组放在 *as* 绕组$\frac{1}{2}\pi$位置，使得这个装置变成两极两相的机电装置。不幸的是，这样的解释似乎对两极或者两相本身并没有增加太多新的内容，但是通过这个过程我们将可以建立对称的概念。假如我们将正交位置的 *bs* 绕组绕得与 *as* 绕组完全一样，也就说，每个线圈具有相同的线规和相同的匝数（nc_c），那么 *as* 绕组和 *bs* 绕组总的匝数和总的电阻也是完全相同的，这样的定子绕组我们认为是对称的。对于两极三相的对称机电系统，将有三个相同的绕组 *as*、*bs* 和 *cs* 并且相互之间错开$\frac{2}{3}\pi$。大多数的多相机电装置都具有对称的绕组形式。

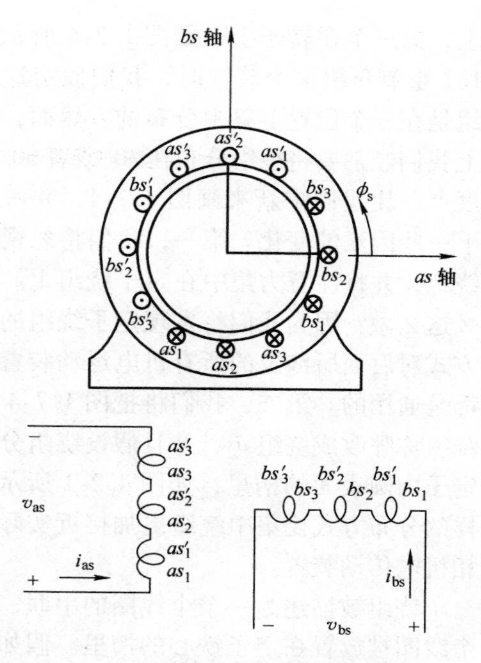

图 4.2-2　基本的两极两相定子绕组

SP4.2-1　如图 4.2-2 中绕组 *as* 的总匝数为 15，定子绕组是对称的，在绕组 *as* 和绕组 *bs* 中，计算（a）每一个线圈的匝数 nc_s；（b）线圈每一边的导体数。[（a）5；（b）5]

SP4.2-2　在图 4.2-2 中有一个匝数为 nc_s 的 4 号绕组 as_4-as_4' 放到 as_2-as_2' 绕组相同的槽内，此时定子绕组是否对称？假如另有一个匝数为 nc_s 的 4 号绕组 bs_4-bs_4' 也放到 bs_2-bs_2' 相同的位置，这样定子绕组是否对称？[不对称；对称]

4.3 正弦分布绕组的气隙磁动势

在机电传动装置的分析中，我们经常假设，定子和转子的绕组是以正弦方式分布的。也就是说，定子相绕组的分布可以近似为 ϕ_s 的一个正弦函数，装置内气隙的磁动势压降（气隙磁动势）分布也可以近似为 ϕ_s 的正弦函数。事实上，对于大部分电机而言，特别是大型电机，我们经常将绕组特别是定子绕组的分布设计成可以产生相对更加正弦的磁动势，以降低电压和电流中的谐波含量。为建立一个真正正弦的气隙磁动势波形（通常指空间上的正弦分布），绕组的分布也应该是正弦的。除非在设计时就认为谐波具有重要作用，否则通常我们假定绕组的分布是接近正弦的。我们将在后面章节的机电传动装置分析中坚持这样的一个假设。

为了讨论上述问题，让我们在图 4.2-1 的基础上再增加几个线圈，这样就得到了图 4.3-1。我们增加的线圈分布在一个$\frac{2}{3}\pi$ 区间范围内，并且增加的匝数也是不均匀的，这需要大家更多的想象和理解，但这对于我们说明问题很有帮助。为建立气隙磁动势的表达式，我们将用一个称为截面展开图的方式来说明。这个截面展开图将电机的转子、定子和气隙展开到一个平面上，如图 4.3-2 所示。为了将展开图和截面图两者联系起来，我们定义 *as* 轴左侧的位移为 ϕ_s，这样就与定子和转子上的角度位移对应起来。

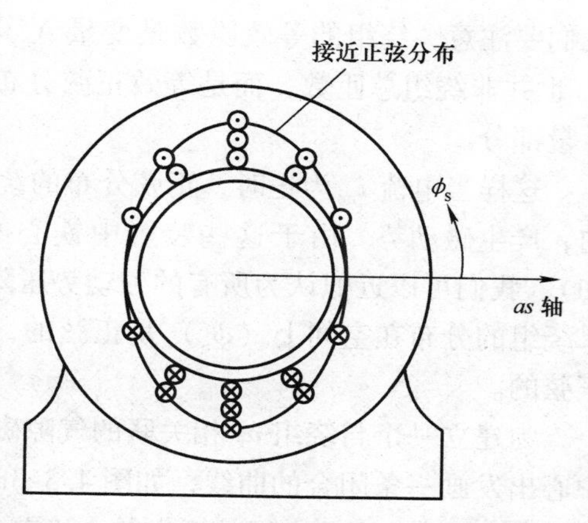

图 4.3-1　接近正弦分布的 *as* 绕组

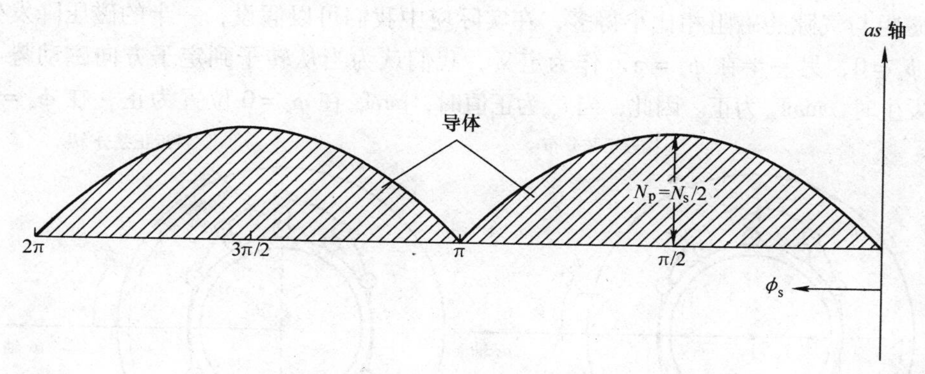

图 4.3-2　正弦分布的绕组展开图

从图 4.3-1 或展开图 4.3-2 可以看出，在 $0<\phi_s<\pi$ 区间内绕组分布的表达式可以近似为

$$N_{as}=N_p\sin\phi_s,\ 0<\phi_s<\pi \tag{4.3-1}$$

在 $\pi<\phi_s<2\pi$ 区间内，

$$N_{as} = -N_p \sin\phi_s, \pi < \phi_s < 2\pi \quad (4.3\text{-}2)$$

其中，N_p 为峰值匝数密度，单位为匝/弧度，在实际应用中可以由真实绕组分布的傅里叶分析得到。假如 N_s 为正弦分布绕组的等效匝数，使用 ξ 作为临时积分变量，则

$$N_s = \int_0^{\pi} N_p \sin\xi \mathrm{d}\xi = 2N_p \quad (4.3\text{-}3)$$

我们要注意，绕组的等效匝数是变量 N_{as} 从 0 积分至 π 而不是 2π 所得到的值，N_s 也并非绕组总匝数，而是等效正弦分布的绕组匝数，是实际绕组分布的基波含量部分。

这样当电流 i_{as} 为正时，正弦分布的绕组将在 as 轴上，即如图 4.3-1 右侧方向，产生磁动势。由于这些装置中铁心的磁阻比空气的磁阻小得多（忽略饱和），我们可以近似认为所有的磁动势压降（磁压降）都在气隙内发生。因此如果绕组的分布在空间上（ϕ_s）是正弦的，那么磁压降在空间上的分布也应该是正弦的。

为建立一个与绕组 as 相关联的气隙磁动势 mmf_{as} 的表达式，让我们从转子的中心出发画一条闭合的曲线，如图 4.3-3a 所示。从转子的中心出发，穿过 $\phi_s = 0$ 位置的气隙，到达定子然后右转，沿着绕组周向顺时针方向到达 $\phi_s = \pi$，然后再次穿过气隙，最后回到转子中心。这条闭合曲线所包围的总电流为 $N_s i_{as}$，根据安培环路定理，它应该等于磁动势的压降（$\oint \boldsymbol{H} \cdot \mathrm{d}\boldsymbol{L}$）。假如转子和定子铁心的磁阻与气隙的磁阻相比小得多，在实际应中我们可以假设，一半的磁压降发生在 $\phi_s = 0$，另一半在 $\phi_s = \pi$。作为定义，我们认为当从转子到定子方向磁动势下降发生时，mmf_{as} 为正。因此，当 i_{as} 为正值时，mmf_{as} 在 $\phi_s = 0$ 位置为正，在 $\phi_s = \pi$

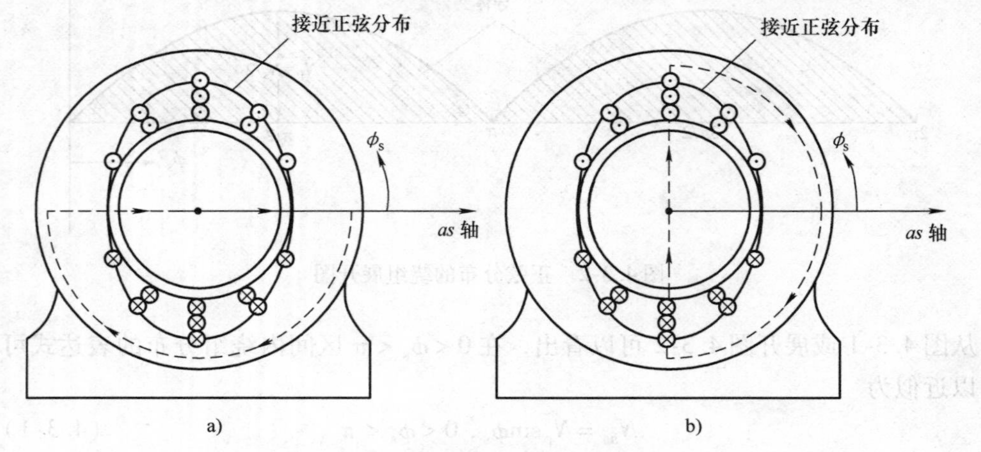

图 4.3-3　建立磁动势 mmf_{as} 的闭合路径

位置为负。在总磁动势 $N_s i_{as}$ 中，有一半降在 $\phi_s=0$，另一半降在 $\phi_s=\pi$，因此有 $\text{mmf}_{as}(0)=(N_s/2)\,i_{as}$，$\text{mmf}_{as}(\pi)=-(N_s/2)\,i_{as}$。这些情况显示，对于不同的 ϕ_s，mmf_{as} 可以表示为

$$\text{mmf}_{as}=\frac{N_s}{2}i_{as}\cos\phi_s \tag{4.3-4}$$

公式（4.3-4）告诉我们，在 $\phi_s=\pm\frac{1}{2}\pi$ 时，mmf_{as} 为零。为检验这个现象，让我们再画一条路径，这一次穿过转子中心向上走，在 $\phi_s=\frac{1}{2}\pi$ 位置穿过气隙，如图 4.3-3b 所示。穿过气隙之后，我们有两种选择路径，其一为沿右边的铁心向下，如图 4.3-3b 所示；另外一路径为沿左边铁心。无论左右路径，都在 $\phi_s=-\frac{1}{2}\pi$ 再次穿过气隙，回到转子中心。无论选择哪条路径，它包围的一个方向电流⊙和另一个方向电流⊗是相等的，因此曲线所包围的静电流是零，所选择的路径上的 mmf 为零，即在 $\phi_s=\pm\frac{1}{2}\pi$ 时，$\text{mmf}_{as}=0$。实际上 mmf_{as} 在 $\phi_s=0$（$\phi_s=\pi$）取得正的（负的）最大值；在 $\phi_s=\pm\frac{1}{2}\pi$，$\text{mmf}_{as}=0$。再加上，如图 4.3-1 所示的绕组是正弦分布的，我们有理由相信式（4.3-4）应该就是 mmf_{as} 的表达式。正弦分布的 *as* 绕组所引起的磁动势如图 4.3-4 所示，其中匝数密度最大的地方用⊙和⊗表示。在此之后，我们将用这样的曲线来描述正弦分布的绕组。

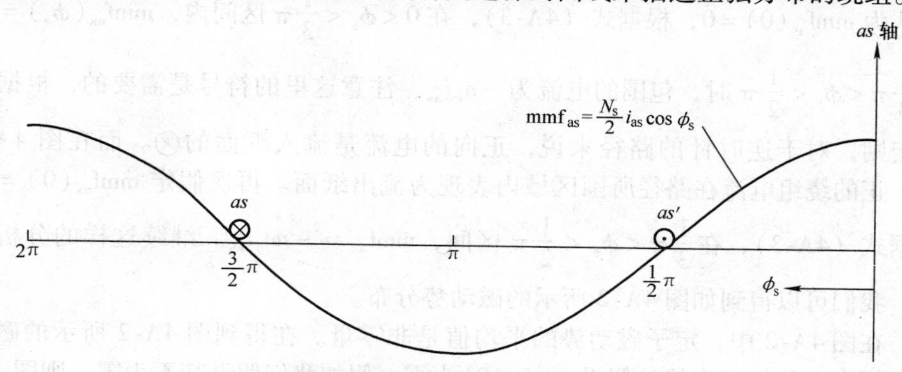

图 4.3-4　正弦分布的绕组 *as* 引起的定子磁动势 mmf_{as}

现在我们来考虑两相绕组的第二相绕组 *bs*。记得绕组 *bs* 是和绕组 *as* 错开 $\frac{1}{2}\pi$，并和绕组 *as* 在构成上完全一样，如图 4.2-2 所示。正弦分布绕组 *bs* 所引起的 mmf_{bs} 可以表示为

$$\mathrm{mmf}_{bs}=\frac{N_s}{2}i_{bs}\sin\phi_s \tag{4.3-5}$$

例 4A 对于那些非正弦分布的绕组所产生的气隙磁动势分布，我们可以来看如图 4.2-1 中所示的基本两极单相定子绕组的情况。在图 4.2-1 中，同样也是图 4A-1 中，每个线圈有 nc_s 匝。我们将在如图 4A-1 所显示的闭合路径上应用安培环路定理

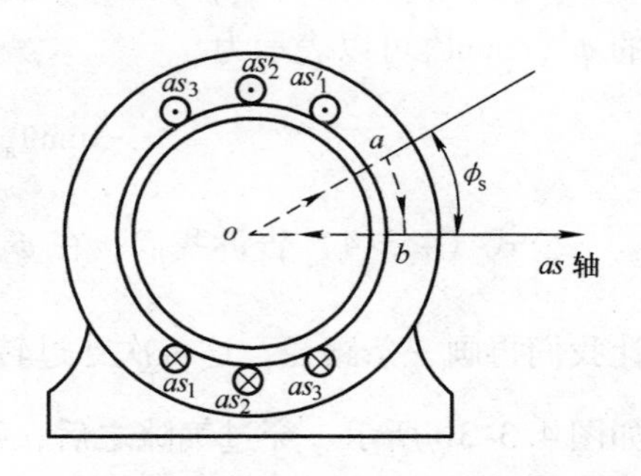

图 4A-1 计算 mmf_{as} 的闭合路径

$$\oint \boldsymbol{H}\cdot \mathrm{d}\boldsymbol{L}=i_n \tag{4A-1}$$

其中，i_n 为路径所包围的电流。在图 4A-1 中，闭合路径上从 0 到 a 的直线假设与 as 轴成 ϕ_s 角度。假如定转子铁心的磁阻很小，我们可以忽略在其内部的磁场强度，这样式（4A-1）变成

$$H_r(\phi_s)g(\phi_s)-H_r(0)g(0)=i_n \tag{4A-2}$$

其中，$H_r(\phi_s)$为气隙中磁场强度 $\boldsymbol{H}$ 的径向分量；$g(\phi_s)$为气隙长度，在均匀气隙电机中，它为常数。定子磁动势定义为 $\boldsymbol{H}$ 的线积分，式（4A-2）可以写成

$$\mathrm{mmf}_{as}(\phi_s)-\mathrm{mmf}_{as}(0)=i_n \tag{4A-3}$$

如图 4A-1 所示，在 $0<\phi_s<\frac{1}{3}\pi$ 区间内，闭合曲线没有包围任何电流。假如我们认为 $\mathrm{mmf}_{as}(0)=0$，根据式（4A-3），在 $0<\phi_s<\frac{1}{3}\pi$ 区间内，$\mathrm{mmf}_{as}(\phi_s)=0$。当$\frac{1}{3}\pi<\phi_s<\frac{1}{2}\pi$ 时，包围的电流为 $-n_c i_{as}$。注意这里的符号是需要的，根据右手定则，对于逆时针的路径来说，正向的电流是流入纸面的⊗。而在图 4A-1 中，正的绕组电流在路径所围区域内表现为流出纸面。再次假定 $\mathrm{mmf}_{as}(0)=0$，根据式（4A-3），在$\frac{1}{3}\pi<\phi_s<\frac{1}{2}\pi$ 区间，$\mathrm{mmf}_{as}=-nc_s i_{as}$。继续这样的分析过程，我们可以得到如图 4A-2 所示的磁动势分布。

在图 4A-2 中，定子磁动势的平均值是非零量。在得到图 4A-2 所示的磁动势分析中，我们想当然地假设 $\mathrm{mmf}_{as}(0)$为零。假如我们假设其不为零，则图 4A-2 的分布曲线将做上下平移。那么我们应该把 $\mathrm{mmf}_{as}(0)$设为多少呢？根据高斯定理，mmf_{as}的平均值一定为零。即从气隙进入定子的磁通必须等于从定子进入气隙的磁通。图 4A-2 所描述的磁动势可以理解为所有从定子进入气隙的磁通，由于磁核是不存在的，因此这个图是不可能成立的。因此图 4A-2 必须向上平移 $\frac{3}{2}nc_s i_{as}$的距离，以使得 mmf_{as}分布的平均值为零。从而得了如图 4A-3 所示的磁

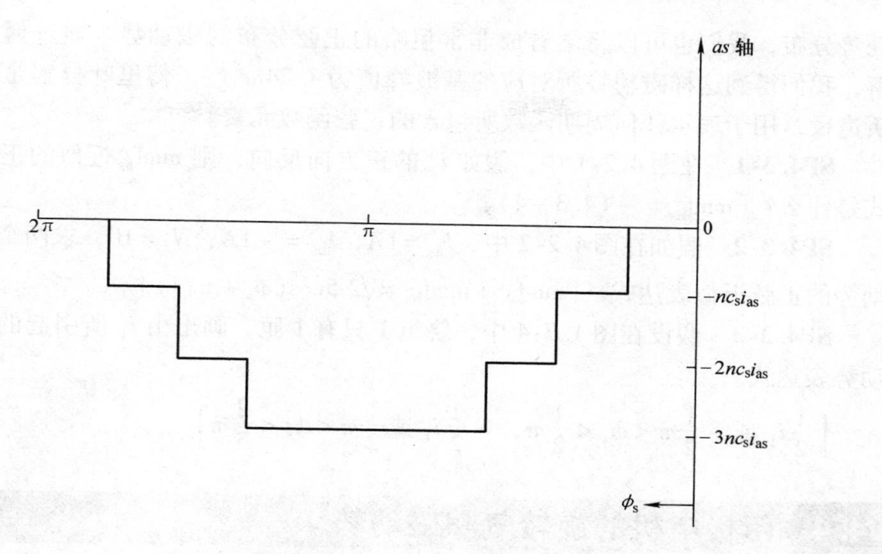

图 4A-2　假定 $mmf_{as}(0)=0$ 时的气隙磁动势

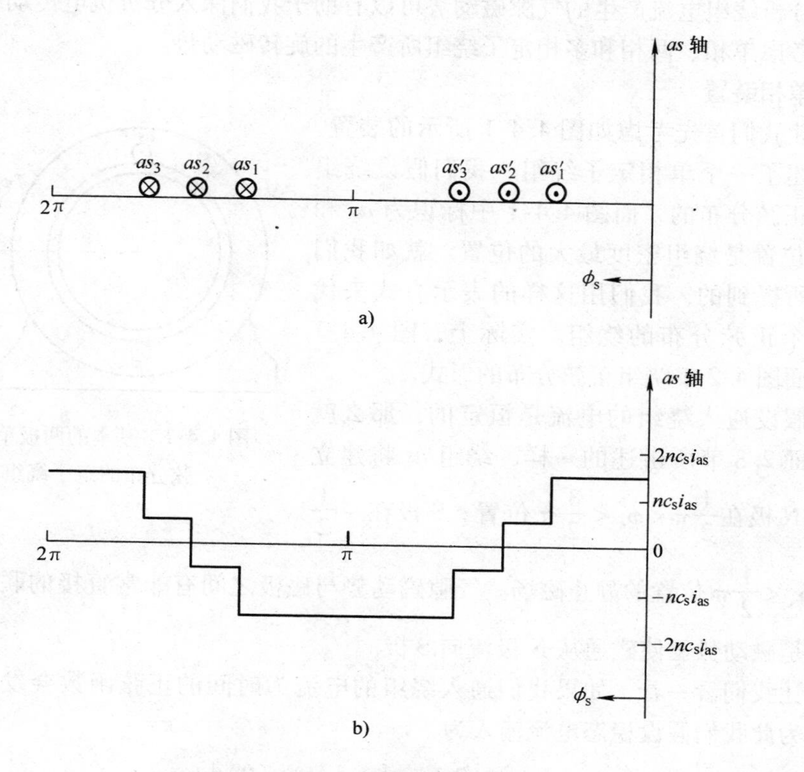

图 4A-3　具有三个线圈的 *as* 绕组

a）展开图　b）气隙磁动势

动势分布，我们也可以将之看成非常粗略的正弦分布的磁动势。通过傅里叶分解，我们得到这样磁动势所对应的基波峰值为$1.74nc_s i_{as}$。傅里叶分解是一种分析途径，用于表示任何周期函数所包含的正弦函数元素。

SP4.3-1 在图4.2-1中，假如i_{as}的正方向反向，则mmf_{as}近似的正弦表达式是什么？[$mmf_{as}=-(4.3-4)$]

SP4.3-2 假如在图4.2-2中，$I_{as}=1A$，$I_{bs}=-1A$，$N_s=10$，求两个气隙磁动势的正弦近似表达式。[$mmf_{as}+mmf_{bs}=\sqrt{2}\,5\cos(\phi_s+\pi/4)$]

SP4.3-3 假设在图1.7-4中，绕组1只有1匝，画出由i_1所引起的气隙磁动势表达式。

$\left[\frac{1}{2}i_1 \text{ 或} -\frac{1}{2}\pi<\phi_s<\frac{1}{2}\pi,\ -\frac{1}{2}i_1 \text{ 或} \frac{1}{2}\pi<\phi_s<\frac{2}{3}\pi\right]$。

4.4 两极电机的旋转气隙磁动势

分析绕组电流产生的气隙磁动势可以有助于我们深入分析机电传动装置。我们将考虑单相、两相和多相定子绕组所产生的旋转磁动势。

单相装置

让我们首先考虑如图4.4-1所示的装置，它描述了一个单相定子绕组。我们假设绕组*as*是正弦分布的，而图4.4-1中标识为*as*和*as'*的位置是绕组密度最大的位置。就如我们前面所提到的，我们用这样的表示方式来代表一个正弦分布的绕组。实际上，图4.4-1是前面图4.2-1绕组正弦分布的形式。

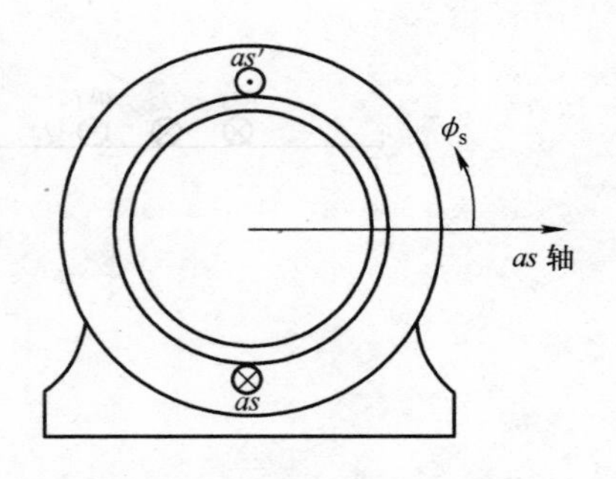

图4.4-1 基本的两极单相正弦分布的定子绕组

假设通入绕组的电流是恒定的，那么就如前面2.8节所讲述的一样，绕组*as*将建立一个N极在$\frac{1}{2}\pi<\phi_s<\frac{3}{2}\pi$位置，S极在$-\frac{1}{2}\pi<\phi_s<\frac{1}{2}\pi$位置的静止磁场。气隙磁动势与磁极之间有非常直接的联系，事实上，是磁动势驱使磁通从N极流向S极。

让我们看一看，如果我们通入绕组的电流为时间的正弦函数会发生什么情况，为此我们假设稳态电流输入为

$$i_{as}=\sqrt{2}I_s\cos[\omega_e t+\theta_{esi}(0)] \tag{4.4-1}$$

回忆一下，我们采用不带上波浪线的大写字母来代表稳态变量的瞬时值。I_s

是电流的有效值（rms），ω_e 为电角速度，θ_{esi}（0）为电流瞬时值在零时刻的角度位置。根据 1.2 节的内容，我们可以写出 I_{as} 的相量形式表示为 $\tilde{I}_{as} = I_s \angle \theta_{esi}(0)$。

绕组 as 的气隙磁动势表达式为式（4.3-4），将式（4.4-1）代入式（4.3-4）得出

$$\mathrm{mmf}_{as} = \frac{N_s}{2}\sqrt{2}\,I_s\cos[\omega_e t + \theta_{esi}(0)]\cos\phi_s \tag{4.4-2}$$

让我们再来仔细分析一下这个公式。假如我们站在 $\phi_s = 0$ 的位置上，我们会看到这里的气隙磁动势是时间的余弦函数。假如我们认为 θ_{esi}（0）为零，则在 $t = 0$ 时刻，在 $\phi_s = 0$ 位置上，mmf_{as} 为正的最大值（S 极）；在 $\omega_e t = \pi$ 位置上，mmf_{as} 为负的最大值（N 极）。我们前面讲过，正向的磁通从气隙进入绕组所在的铁心，此位置所处磁极为 S 极；正向的磁通从绕组所在的铁心进入气隙，此位置所处磁极为 N 极。由于我们的目标为建立一个旋转的气隙磁动势，这样的磁场似乎没有太多前景。我们已建立的磁场似乎都是静止的、脉振的磁场，然而当我们用附录 A 中的三角函数变化，式（4.4-2）可以写成

$$\begin{aligned}\mathrm{mmf}_{as} = \frac{N_s}{2}\sqrt{2}I_s\Big\{&\frac{1}{2}\cos[\omega_e t + \theta_{esi}(0) - \phi_s] \\ &+ \frac{1}{2}\cos[\omega_e t + \theta_{esi}(0) + \phi_s]\Big\}\end{aligned} \tag{4.4-3}$$

我们可以看到式（4.4-3）中余弦的参数项为时间 t 和位移 ϕ_s 的函数。当参数（角度）为恒定值时，其余弦值也为恒定值。让我们看一下是否可以令这两个参数都等于零。具体的，对于式（4.4-3）等式右边的第一项，令

$$\omega_e t + \theta_{esi}(0) - \phi_s = C_1 \tag{4.4-4}$$

对于第二项

$$\omega_e t + \theta_{esi}(0) + \phi_s = C_2 \tag{4.4-5}$$

将式（4.4-4）和式（4.4-5）在时域中进行微分，在第一项中为

$$\frac{\mathrm{d}\phi_s}{\mathrm{d}t} = \omega_e \tag{4.4-6}$$

在第二项中为

$$\frac{\mathrm{d}\phi_s}{\mathrm{d}t} = -\omega_e \tag{4.4-7}$$

这表示什么意思呢？式（4.4-6）告诉我们，如果我们沿着如图 4.4-1 中的气隙以角速度为 ω_e 的逆时针方向前进，那么式（4.4-3）等式右边第一项将显示为恒定的磁动势，其 N 极和 S 极显示出恒定不变的特征。类似的，式（4.4-7）告诉我们，以角速度 ω_e 顺时针前进，式（4.4-3）等式右边第二项将显示为恒定

磁动势特征。因此，磁动势的脉振运动，当我们站在 $\phi_s=0$ 位置看时，可以将它想象为两个幅值为脉振磁动势一半的磁动势，朝相反方向以电流的电角速度 ω_e 旋转。由于我们有两个转向相反的磁场（两对旋转的磁极），单相电机将与其中一对磁极产生平均电磁转矩。事实上，我们发现定子如图 4.4-1 所示的单相机电装置，无论在哪个转动方向上都可以产生平均转矩。所以这样的装备看起来更像是一个四极的电机装置而不是两极，因为它有两对磁极。然而其中只有一对磁极与转子相互作用可以产生非零的平均转矩。

两相装置

如图 4.4-2 所示为一两极两相的定子绕组。在图 4.4-2 上，*as* 和 *bs* 两个绕组每一个用两个圆圈表示，这是我们表示正弦分布绕组的方法。对于稳态平衡的情况下，定子电流可以表示为

$$I_{as}=\sqrt{2}I_s\cos[\omega_e t+\theta_{esi}(0)] \tag{4.4-8}$$

$$I_{bs}=\sqrt{2}I_s\sin[\omega_e t+\theta_{esi}(0)] \tag{4.4-9}$$

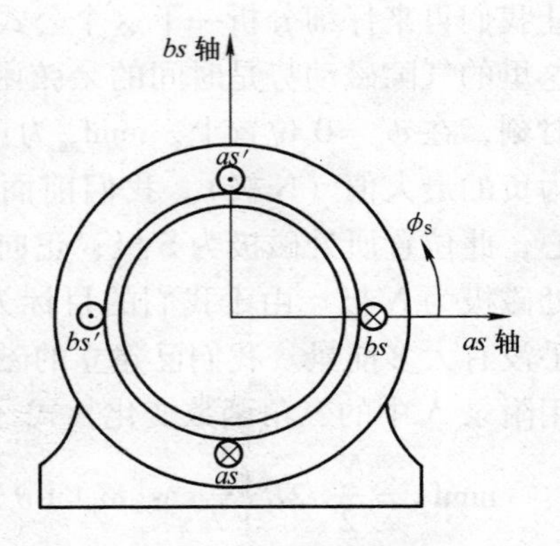

图 4.4-2　基本的两极两相正弦分布的定子绕组

我们可以看出 $\tilde{I}_{bs}=-\mathrm{j}\,\tilde{I}_{as}$。事实上式（4.4-8）和式（4.4-9）的组合只是两相绕组四种平衡电流表达式组合之一，在可能的组合中每个电流表达式前都可以加正负号。选择式（4.4-8）和式（4.4-9）这样组合的原因，随后将会变得非常明朗。

两个正向分布绕组引起的总的磁动势，应该为式（4.3-4）所表达的 mmf_{as} 和式（4.3-5）所表达的 mmf_{bs} 相叠加。因此定子绕组所引起的总的磁动势 mmf_s 可以表示为

$$\begin{aligned}\mathrm{mmf}_s&=\mathrm{mmf}_{as}+\mathrm{mmf}_{bs}\\&=\frac{N_s}{2}(i_{as}\cos\phi_s+i_{bs}\sin\phi_s)\end{aligned} \tag{4.4-10}$$

将式（4.4-8）和式（4.4-9）稳态电流表达式代入式（4.4-10），同时利用附录 A 内的三角关系，得到

$$\mathrm{mmf}_s=\frac{N_s}{2}\sqrt{2}I_s\cos[\omega_e t+\theta_{esi}(0)-\phi_s] \tag{4.4-11}$$

非常有趣的现象是我们只得到了一个旋转磁动势或者称为旋转磁场。如果我们令正弦函数的参数表达式为常数，然后将其对时间微分，可以得到参数表达式为常数的条件是 $\mathrm{d}\phi_s/\mathrm{d}t=\omega_e$。这就是说，如果定子两相绕组的电流分别是式（4.4-8）和式（4.4-9），当我们在气隙中沿着逆时针方向，以角速度 ω_e 前进

时，我们看到的 mmf_s 将是一个恒定不变的量，这样便产生了单一旋转磁动势。当我们以 ω_e 为转速运动时，我们看到的磁动势的实际值与零时刻的选择以及我们在零时刻所处的位置有关。例如，当 $\theta_{esi}(0)=0$ 且 $t=0$ 时，$\phi_s=0$，那么从式（4.4-11）得到总的气隙磁动势为 $(N_s/2)\sqrt{2}I_s$。此时随着时间的增大（$t>0$），我们立即以 ω_e 为转速前进，于是我们始终见到同样的 mmf_s 幅值。

现在我们可以回答在式（4.4-8）和式（4.4-9）时所选择的一组电流符号的问题。对于平衡的稳态转子电流，通常我们希望得到逆时针旋转的 mmf_s。如图 4.4-1 给定的绕组 as 和 bs 中电流的正方向，式（4.4-8）和式（4.4-9）给出的定子平衡电流能够产生逆时针旋转的磁动势。

我们一定要注意到定子绕组的磁轴（as 轴和 bs 轴），它们和代表绕组电流的相量（$\tilde{I}_{as}$和 $\tilde{I}_{bs}$）一样都是静止的。有一点很值得我们注意，对于一个恒定幅值、逆时针旋转的 mmf_s，as 轴与 bs 轴之间的相对位置和 $\tilde{I}_{as}$与 $\tilde{I}_{bs}$之间的相对位置的关系。bs 轴超前于 as 轴$\frac{1}{2}\pi$ 角度位置，如图 4.4-2 所示，而从式（4.4-8）和式（4.4-9）可看出，$\tilde{I}_{bs}$滞后 $\tilde{I}_{as}$ 为$\frac{1}{2}\pi$。请注意，如果将式（4.4-8）和式（4.4-9）同时变成负的（在四种组合中，选择两种都是负号的一种组合），也将会产生一个逆时针旋转的磁动势。

在 $\theta_{esi}(0)=0$ 的条件下，在 $t=0$ 时刻，mmf_s 是 θ_s 的余弦函数，最大值 $(N_s/2)\sqrt{2}I_s$ 落在 as 轴的正方向上（见图 4.4-2）。正如前面所叙述的，N 极所对应的区域为绕组电流所引起的磁通从定子流向气隙的区域。在 $t=0$ 时刻，这个区域（磁通从定子流向气隙）为$\frac{1}{2}\pi<\phi_s<\frac{3}{2}\pi$。因此，定子绕组中的电流所引起的 N 极磁极的范围为$\frac{1}{2}\pi<\phi_s<\frac{3}{2}\pi$，其最强的位置在 $\phi_s=0$。类似的，定子绕组电流引起的 S 极磁极的范围为 $-\frac{1}{2}\pi<\phi_s<\frac{1}{2}\pi$，其最强的位置在 $\phi_s=0$。这样我们就建立了两个磁极，因此称为两极电机，这两个磁极随着 mmf_s 在气隙中以速度 ω_e 旋转。随着时间的推移，I_{bs}达到最大值，而 I_{as}变成零$\left(\omega_e t=\frac{1}{2}\pi\right)$，我们可以通过此时的磁极位置来判断气隙磁动势的旋转方向。

在单相定子绕组中通过正弦电流时，气隙磁动势可以看成是两个以相反方向旋转的、恒定幅值的磁动势。然而，即使我们和一个方向的磁动势同时前进，而总的磁动势也是脉振的。不幸的是这样的脉振磁动势或者脉振的磁极将引起稳态时电磁转矩的脉振。在平衡电流的两相定子中，只存在一个旋转磁动势。因此稳态的电磁转矩将不包含脉振或者随时间波动的成分，而将是一个由工作条件所确定的恒定值。

三相装置

虽然我们在后面的章节中将注意力集中在两相装置上，但我们也将花点时间在每种两相装置所对应的三相版本上。作为分析的准备工作，我们非常有必要认识一下两极三相绕组的布局方式，如图4.4-3所示。图4.4-3中的绕组为星形联结（wye），附录C也给出了三角形联结（delta）的情况。现在我们要考虑的问题和绕组的联结方式没有直接关系。所有绕组都是相同的、正弦分布的，等效匝数为N_s，且它们对应的磁轴相互错开$\frac{2}{3}\pi$，因而定子是对称的。通过选择适当的磁轴正方向，使得在abc顺序的定子电流（附录C）下能产生逆时针方向旋转的磁动势，我们马上将证实这一现象。

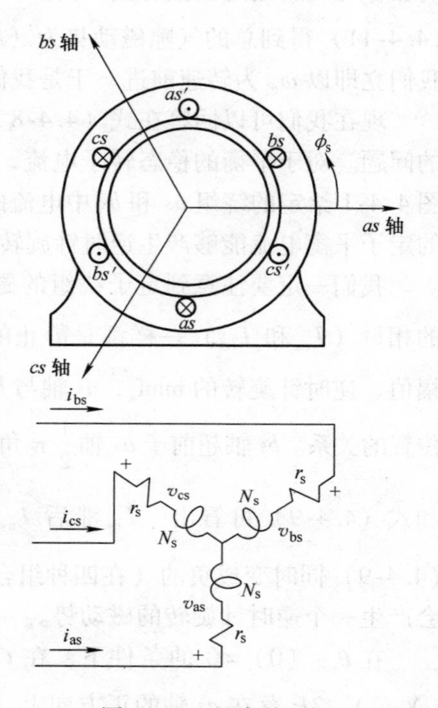

图4.4-3 基本的两极三相正弦分布的定子绕组

如图4.4-3中定子绕组所引起的气隙磁动势可以表示为

$$\mathrm{mmf}_{as}=\frac{N_s}{2}i_{as}\cos\phi_s \tag{4.4-12}$$

$$\mathrm{mmf}_{bs}=\frac{N_s}{2}i_{bs}\cos\left(\phi_s-\frac{2}{3}\pi\right) \tag{4.4-13}$$

$$\mathrm{mmf}_{cs}=\frac{N_s}{2}i_{cs}\cos\left(\phi_s+\frac{2}{3}\pi\right) \tag{4.4-14}$$

与前面的定义一样，N_s表示定子绕组的等效正弦分布匝数，ϕ_s表示角度位置。在平衡的稳态条件下，abc相序的定子电流为

$$I_{as}=\sqrt{2}I_s\cos[\omega_e t+\theta_{esi}(0)] \tag{4.4-15}$$

$$I_{bs}=\sqrt{2}I_s\cos\left[\omega_e t-\frac{2}{3}\pi+\theta_{esi}(0)\right] \tag{4.4-16}$$

$$I_{cs}=\sqrt{2}I_s\cos\left[\omega_e t+\frac{2}{3}\pi+\theta_{esi}(0)\right] \tag{4.4-17}$$

将式（4.4-15）~式（4.4-17）代入式（4.4-12）~式（4.4-14），这样得到平衡稳态定子电流条件下的旋转气隙磁动势的表达式为

$$\mathrm{mmf_s} = \frac{N_s}{2}\sqrt{2}I_s\frac{3}{2}\cos[\omega_e t + \theta_{esi}(0) - \phi_s] \tag{4.4-18}$$

在得到式（4.4-18）的过程中，我们应用到了附录 A 中的三角函数关系。如果将式（4.4-18）的三相 $\mathrm{mmf_s}$ 表达式与式（4.4-11）的两相 $\mathrm{mmf_s}$ 表达式相比较，除了幅值上三相是两相的$\frac{3}{2}$倍外，其他都是相同的。事实上，我们可以证明对于多相装置而言，我们只需将表达式中增加一个值为相数除以二的比例系数就可以了。

我们必须要注意，对于选定的磁轴正方向，需要通入 *abc* 顺序的三相平衡的绕组电流的情况下才产生预定的逆时针旋转的磁动势。和两相时候的情况一样，在三相情况下我们必须注意，各个磁轴的相对位置与能够产生稳定幅值的逆时针旋转磁动势的各电流相量的相对位置之间的联系。从式（4.4-12）~式（4.4-14）或者图 4.4-3 可以看到 *bs* 轴固定在 120°位置，而 *cs* 轴固定在 −120°位置。从式（4.4-15）~式（4.4-17）可知 $\tilde{I}_{as}$、$\tilde{I}_{bs}$和 $\tilde{I}_{cs}$之间互差 120°，为满足合成磁动势为幅值稳定、逆时针旋转的特点，$\tilde{I}_{bs}$应滞后 $\tilde{I}_{as}$120°，$\tilde{I}_{cs}$超前 $\tilde{I}_{as}$120°。

SP4.4-1 假设在图 4.4-1 中，$I_{as}=\sqrt{2}I_s\cos\omega_e t$，求在 $\phi_s=\pi$ 位置上 $\mathrm{mmf_{as}}$表达式。[$\mathrm{mmf_{as}}(\pi) = -(N_s/2)\sqrt{2}I_s\cos\omega_e t$]

SP4.4-2 如图 4.4-1 所示，在 $I_{as}=\sqrt{2}I_s\cos[\omega_e t+\theta_{esi}(0)]$情况下，我们在气隙中以 ω_e 的速度逆时针方向前进，那么式（4.4-3）的等式右边第二项会表现为什么？[幅值为气隙磁动势一半，频率为 ω_e/πHz 的脉振磁动势]

SP4.4-3 在图 4.4-2 中我们将 i_{bs}反向，那么为得到逆时针旋转的磁动势，定子平衡电流组合应为什么样子？[$I_{as}=(4.4\text{-}8), I_{bs}=-(4.4\text{-}9); I_{as}=-(4.4\text{-}8), I_{bs}=(4.4\text{-}9)$]

SP4.4-4 在图 4.4-2 中，如果转子以 $0.9\omega_e$ 速度逆时针旋转，你处在转子上。(a) 式（4.4-11）所表示的气隙磁动势相对于你的运动速度是多少，方向如何？(b) 假如你开始以相对转子 $2\omega_e$ 的速度顺时针方向旋转，则气隙磁动势相对你的运动速度是多少，方向如何？[$0.1\omega_e$, ccw; $2.1\omega_e$, ccw]

SP4.4-5 如图 4.4-3 所示的三相装置定子绕组的稳态电流为 $\tilde{I}_{as}=I_s\angle -90°$，$\tilde{I}_{bs}=\bar{I}_s\angle 30°$，以及 $\tilde{I}_{cs}=I_s\angle 150°$，求 $\mathrm{mmf_s}$ 方向。[cw]

4.5 *P* 极电机

前面我们只描述了两极机电传动装置的一些情况。事实上，机电装置可以有任何偶数极（2，4，6，8…），对大型水轮发电机来说甚至可以到达100。我们在分析这些两极以上电机之前就可能犹豫，因为这些装置看起来就很复杂。幸运的是，这只是看起来。我们会发现只要将变量做些许变化，我们就可以用分析两极电机一样的方法来分析所有电机。我们只需改变转矩的表达式，同时注意到两极以上电机转子的实际速度会比两极的等效模型小相应的倍数。

我们可以用分析如图4.5-1所示的四极电机的方法来研究两极以上电机的气隙旋转磁动势特性。为简单起见，图4.5-1中并没有描出电机定子的外部边界。在以后的旋转机电装置图中，我们会经常做这样的省略。在图4.5-1中，每一相绕组包含了两个串联的绕组，所有的绕组假设都是正弦分布的。例如，as_1'表示在$0<\phi_s<\frac{1}{2}\pi$范围上正弦分布的导体，其他标识也是类似的。每相绕组有N_s匝线圈，串联绕组上的每一个绕组有$N_s/2$匝线圈。在图形的标识上有一些容易混淆的地方。对于绕组内的线圈，如图4.2-1所示，我们采用as_1，bs_1，…的标识方法；对于正弦分布的绕组，如图4.5-1所示，我们采用$as1$，$bs1$，…的标识方法。这里需要注意，我们用下标的数字表示线圈，而用非下标的数字表示正弦分布的绕组。

每一个绕组都跨越$\frac{1}{2}\pi$弧度，由两个串联绕组构成的每相绕组将建立两个磁

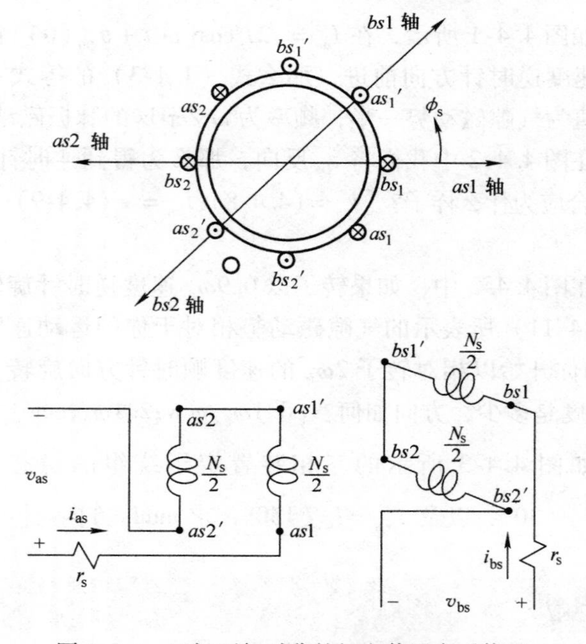

图4.5-1 四极两相对称的机电装置定子绕组

系统。比如在 $i_{bs}=0$，i_{as}为正的最大值时，as 绕组中 as_1-as_1' 的部分产生的正向磁通沿 as_1 轴方向，as_2-as_2' 部分产生的正向磁通沿 as_2 轴方向。S 极的位置范围为 $-\frac{1}{4}\pi<\phi_s<\frac{1}{4}\pi$ 和 $\frac{3}{4}\pi<\phi_s<\frac{5}{4}\pi$。这样，从 $-\frac{1}{4}\pi<\phi_s<\frac{1}{4}\pi$ 位置进入定子铁心的磁通有一半将从 $\frac{5}{4}\pi<\phi_s<\frac{7}{4}\pi$ 位置重新进入气隙；另一半磁通将从 $\frac{1}{4}\pi<\phi_s<\frac{3}{4}\pi$ 位置重新进入气隙。同样的，从 $\frac{3}{4}\pi<\phi_s<\frac{5}{4}\pi$ 位置进入铁心的磁通也分成两条线路。因此两个 N 极位于 $\frac{1}{4}\pi<\phi_s<\frac{3}{4}\pi$ 和 $\frac{5}{4}\pi<\phi_s<\frac{7}{4}\pi$ 位置。

这样，对于四极电机来说，每相绕组所产生的气隙磁动势为 $2\phi_s$ 的正弦函数，而对于更加通用的 P 极电机来说，每相绕组所产生的气隙磁动势为 $(P/2)\phi_s$ 的正弦函数。具体为

$$\mathrm{mmf}_{as}=\frac{2}{P}\frac{N_s}{2}i_{as}\cos\frac{P}{2}\phi_s \tag{4.5-1}$$

$$\mathrm{mmf}_{bs}=\frac{2}{P}\frac{N_s}{2}i_{bs}\sin\frac{P}{2}\phi_s \tag{4.5-2}$$

其中，N_s 为每相定子绕组等效匝数。对于平衡的稳态工作条件下，定子电流可以表示为

$$I_{as}=\sqrt{2}I_s\cos[\omega_e t+\theta_{esi}(0)] \tag{4.5-3}$$

$$I_{bs}=\sqrt{2}I_s\sin[\omega_e t+\theta_{esi}(0)] \tag{4.5-4}$$

式（4.5-3）和式（4.5-4）和两极电机的情况是相同的。将式（4.5-3）和式（4.5-4）分别代入式（4.5-1）和式（4.5-2），然后将结果相加就得到了平衡稳态定子电流下的气隙磁动势（mmf_s）的表达式为

$$\mathrm{mmf}_s=\frac{N_s}{P}\sqrt{2}I_s\cos\left[\omega_e t+\theta_{esi}(0)-\frac{P}{2}\phi_s\right] \tag{4.5-5}$$

假如式（4.5-5）中的参数等于常数，将此表达式对时间进行微分，我们会发现由平衡定子电流建立起来的磁极将以 $(2/P)\omega_e$ 速度沿气隙旋转，即

$$\frac{\mathrm{d}\phi_s}{\mathrm{d}t}=\frac{2}{P}\omega_e \tag{4.5-6}$$

让我们重新回顾一下上述内容。如图 4.5-1 所示的定子绕组，在频率为 ω_e 的平衡稳态的定子电流作用下，气隙中将产生一个四极（P 极）磁动势，其相对绕组的转速为 $(2/4)\omega_e$ 或者 $(2/P)\omega_e$。从转子上看，同步转速为 $(2/P)\omega_e$，但定子侧的变量并不能体现这一点。对电系统来说其同步速仍为 ω_e。

如图 4.5-2 所示的四极单相磁阻电机可以为我们提供一条思路，即通过相应的变量变化将 P 极电机转化为两极电机。在图 4.5-2 中，θ_{rm} 和 ω_{rm} 分别为转子的

角位移和角速度，记得我们在前面的两极电机分析中使用的符号为 θ_r 和 ω_r。如果我们将自感写成 L_{asas}，采用推导式（1.7-29）相同的方法，我们将发现

$$L_{asas} = L_l + L_A - L_B \cos 2\left(\frac{4}{2}\theta_{rm}\right) \tag{4.5-7}$$

对于一个 P 极电机

$$L_{asas} = L_l + L_A - L_B \cos 2\left(\frac{P}{2}\theta_{rm}\right) \tag{4.5-8}$$

如果我们进行这样的一个替代

$$\theta_r = \frac{P}{2}\theta_{rm} \tag{4.5-9}$$

那么 P 极电机的 L_{asas} 表达式（4.5-8）与两极电机的表达式（1.7-29）将变成同一个表达式。同时，从式（4.5-9）可以得到

$$\omega_r = \frac{P}{2}\omega_{rm} \tag{4.5-10}$$

如果分别用 θ_r 和 ω_r 来替代 $(P/2)\theta_{rm}$ 和 $(P/2)\omega_{rm}$，则 P 极电机的电压方程和两极电机的电压方程将相同。事实上，从电气系统上讲它们没有什么区别。对于电气系统来说，转子的位置角度为 θ_r，其速度为 ω_r。因此，θ_r 和 ω_r 经常被称为转子的电角度和转子的电角速度。于是

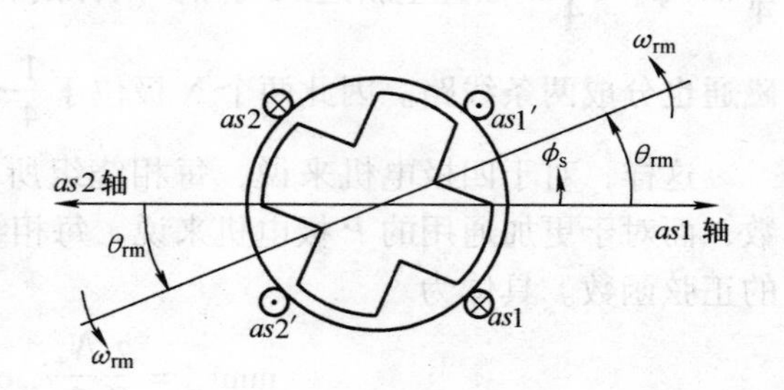

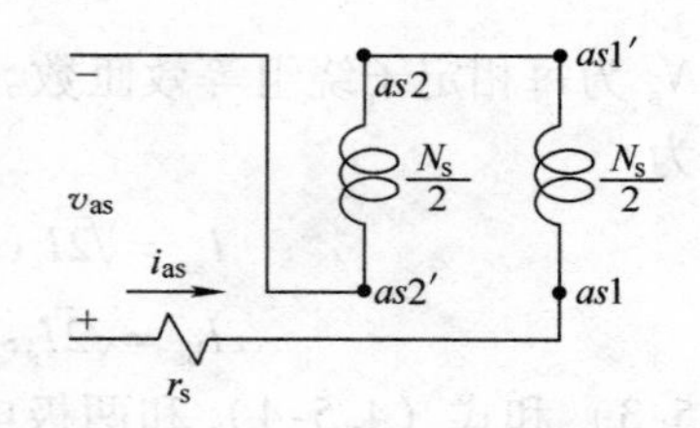

图 4.5-2　基本四极单相磁阻电机

渐渐的有人会认为我们基本可以忘记极数的存在，除非我们需要计算转子的物理位置 θ_{rm} 以及角速度 ω_{rm}。然而这不总是对的，比如在第2章的旋转系统的转矩推导中，机械系统和耦合场中的能量变化表示为

$$dW_m = -T_e d\theta \tag{4.5-11}$$

此时的 θ 必须是实际的移动部分的实际位移，因此对于 P 极电机来说

$$dW_m = -T_e d\theta_{rm} \tag{4.5-12}$$

因为所有的电气变量都是以 θ_r 的方式表示，因此用 $d\theta_r$ 来替代 $d\theta_{rm}$ 更加方便，于是

$$dW_m = -T_e \frac{2}{P} d\theta_r \tag{4.5-13}$$

因此，为计算 P 极电机的电磁转矩，只要简单地将表2.5-1中的各个公式等式右边的各项乘以 $P/2$ 即可。对于其他的计算，P 极电机与两极电机是一样的，而不

管是几相电机，这都是成立的。

例 4B　如图 4B-1 所示，一台四极两相的磁阻电机定子绕组电流为式（4.5-3）和式（4.5-4），其中 θ_{esi}（0）=0。转子以逆时针同步速旋转。转子的机械角位移 θ_{rm} 可以表示成

$$\theta_{rm} = \omega_{rm} t + \theta_{rm}(0) \tag{4B-1}$$

其中，ω_{rm} 为转子的机械速度。在四极电机中，同步速为 $(2/P)\omega_e = \omega_e/2$。为了简化问题，我们假定在零时刻，NS 磁极的位置与磁动势的位置重合。

将 $P=4$ 和 $\theta_{esi}(0)=0$ 代入式（4.5-5）得

$$\mathrm{mmf_s} = \frac{N_s}{4}\sqrt{2}I_s\cos(\omega_e t - 2\phi_s) \tag{4B-2}$$

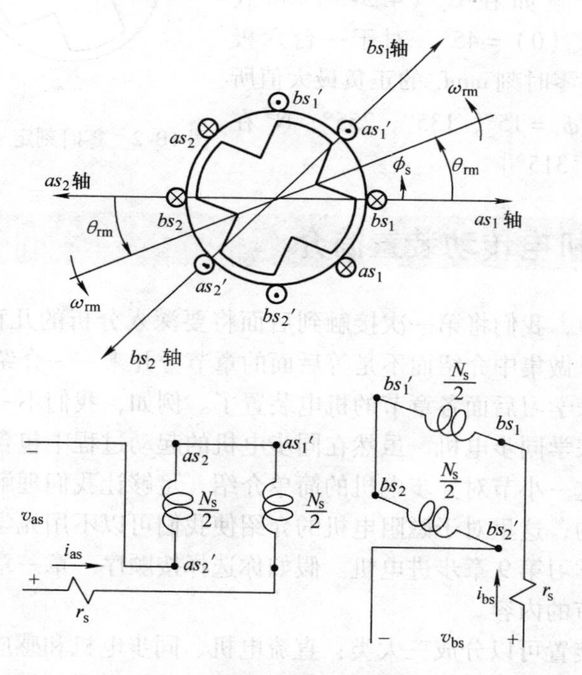

图 4B-1　基本的四极两相磁阻电机

在 $t=0$ 时刻，在 $\phi_s=0$ 和 π 的位置上 $\mathrm{mmf_s}$ 为正的最大值，我们将此定义为定子 S 极的中心线。回忆一下以前的定义，当 $\mathrm{mmf_s}$ 为正值时，磁场从转子指向定子，磁通进入定子的 S 极。同样，根据式（4B-2），在 $t=0$ 时刻，在 $\phi_s=\frac{1}{2}\pi$ 和 $\frac{3}{2}\pi$ 位置上 $\mathrm{mmf_s}$ 为负的最大值，我们将此定义为定子 N 极的中心线。图 4B-2 标识出了定子 N 极和 S 极在零时刻的位置。由于假定绕组是正弦分布的，因此定子磁动势 $\mathrm{mmf_s}$ 也是正弦分布的。在 $t=0$ 时刻，图 4B-2 中的 N^s 和 S^s 符号分别标

识了定子磁动势 mmf_s 正负最大值的位置。

随着时间推移，定子磁动势或者说定子的磁极（N^s 和 S^s）以 $\omega_e/2$ 速度沿逆时针方向转动。为产生恒定的电磁转矩，转子必须以同样的速度 $\omega_{rm}=\omega_e/2$（同步速）逆时针旋转。电磁转矩的产生试图将转子最小磁阻路径的位置来对齐旋转的定子磁极。

SP4.5-1 一台120极、60Hz的水轮发电机，在稳态工作时，$\omega_r=\omega_e$，计算其实际的转子速度，用r/min表示。［$\omega_{rm}=60\text{r/min}$］

SP4.5-2 假如在式（4.5-3）和式（4.5-4）中，$\theta_{esi}(0)=45°$。对于一台六极两相定子，计算零时刻 mmf_s 的正负最大值所处位置。［S^s 在 $\phi_s=15°$，135°，255°；N^s 在 $\phi_s=75°$，195°；315°］

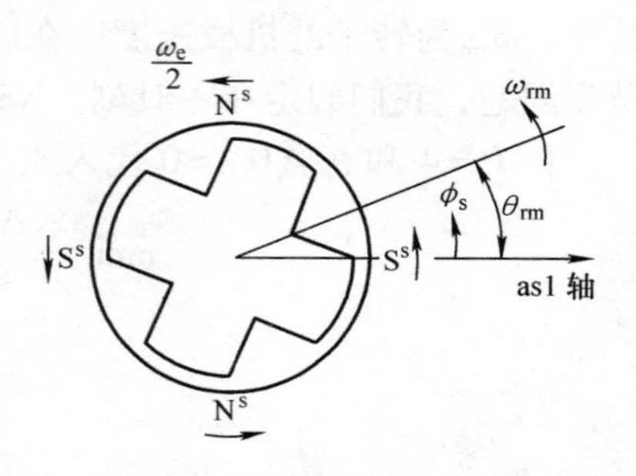

图4B-2 零时刻定子N极和S极位置

4.6 几种机电传动装置简介

在这一节中，我们将第一次接触到后面将要深入分析的几种机电传动装置。我们选择在这里做集中介绍而不是等后面的章节分开来一一介绍，这样我们就可以以任意顺序来学习后面各章节的机电装置了。例如，我们不一定要等学好异步电机之后才能来学同步电机，虽然在同步电机的起动过程中包含了异步电机的运行原理。而在这一小节对异步电机的简单介绍，足够让我们理解同步电机是如何起动的。类似的，这里对于磁阻电机的介绍使我们可以不用先学习第7章磁阻电机，然后才能学习第9章步进电机。假如你选择按顺序一章一章往下学，那么你可以略过本小节的内容。

旋转机电装置可以分成三大类：直流电机、同步电机和感应电机。直流电机我们在第3章已经做了分析，我们也简要介绍了单相磁阻电机，磁阻电机可以看作是同步电机的一种。同步电机之所以称为同步电机是因为只有转子保持与定子电流引起的旋转磁动势同步的情况下才能产生平均转矩。同步电机的例子包括磁阻电机、步进电机、永磁交流电机如无刷直流电机，还有就是我们所谓的普通同步电机。虽然这些电机都是同步类型，但我们通常所指的同步电机或同步发电机是那种用于发电的同步电机装置。由于绝大多数大型发电机都是使用同步电机，因此我们将同步电机名称特指为这种类型的电机。

将电能转化为机械能的主要途径是感应电机，在正常情况下感应电机在同步转速时不能产生转矩，因此感应电机又称为异步电机。感应电机转子上的绕组是短路的，以便于产生感应电流从而与定子绕组引起的气隙磁动势相互作用产生转矩，转子必须工作在非同步速。虽然有一些同步电机从静止加速至接近同步速的过程中表现为一个感应电机，感应电机种类没有同步电机种类多。然而大型的、作为动力源的感应电机和小功率的、作为位置控制的感应电机还是有很多不同之处的。

在这一节中，我们将介绍这些机电装置基本的绕组分布形式，并简要描述其工作原理。在后续的章节中我们将分别对各种装置做详细分析。

磁阻电机

基本的单相两极和两相两极的磁阻电机如图 4.6-1 所示。假设定子绕组是正弦分布的。两相磁阻电机经常作为控制电机使用。恒定定子电流下这些装置的工作过程解释了磁阻型步进电机的定位原理。

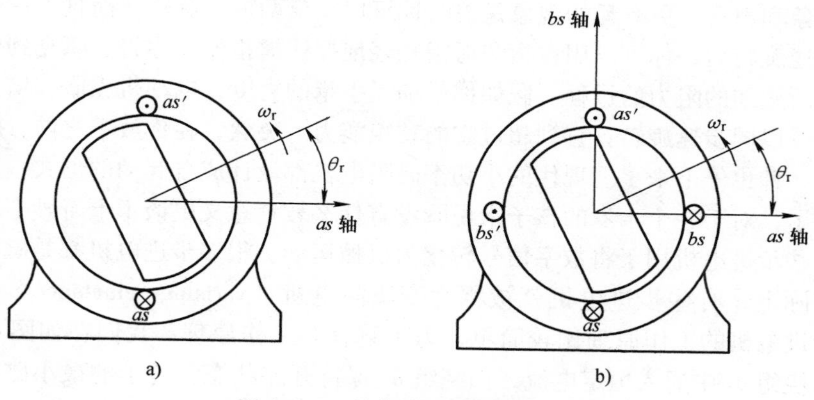

图 4.6-1　基本的两极磁阻电机

a）单相　b）两相

磁阻电机的工作原理非常直观，回忆第 2 章的内容可以知道，一个机电系统产生电磁转矩（或者电磁力）的趋势是将该系统的磁阻最小化。我们已经得出单相定子绕组通入交流的电流将产生与转动方向相反的两个磁动势，如式（4.4-3）。因此，一旦转子与两个转向相反磁动势中的任意一个同步，那么系统将产生电磁转矩使转子能够跟上气隙中旋转的磁极以使磁阻最小化。假如转子上没有负载转矩，则转子将与气隙中旋转的磁极（气隙磁动势）刚好对齐，此时磁阻最小。当在转子上施加了一个负载转矩后，转子将稍慢下来，由此在磁阻最小路径和转子气隙磁动势之间产生了一个错位。此时系统将产生电磁转矩使得磁阻最小路径能够跟上磁极，该转矩方向与转子上的负载转矩大小相等方向相反，因此转子保持了同步速。如果继续增大负载转矩，直到超过电机能产生的最大电磁转矩，则转子将牵出同步速，由于在非同步速下电机不能产生平均转矩，因此转子将减速至停下（非位能性负载）。

两相磁阻电机与单相磁阻电机不同，平衡稳态条件下将产生幅值恒定的旋转磁动势。因此，其产生的电磁转矩是一个恒定的转矩，而不是像单相磁阻电机一样在平均值的基础上脉动的转矩。虽然磁阻电机可以在开关频率随着转子的速度变化的电源上起动，就和步进电机和无刷直流电机的情况一样，但对如图4.6-1的基本系统来说，如果将它直接插到家用电源上是不能产生平均起动转矩的。

本书作者中最年长的一位说他年轻时候，他的父母有一个小的、老式的、幔式（mantle，放在台子上）的电动时钟，这个时钟不会自起动。虽然对于家里的其他人来说，不能自起动是一件令人烦恼的事情，但对这位作者来说，用拇指轮在时钟后面将转子从静止起动起来是件有趣的娱乐活动。将转子转到同步速以上，它将会自己慢下来然后“锁定”在同步速后正常工作。经过一些练习之后，你可以将转子摇到稍稍小于同步速，你可以看到和听到转子牵入和旋转磁动势同步的现象和声音。更有趣的现象是该时钟可以正反两方向旋转。而且，一旦转子以同步速旋转后，你可以用食指和拇指轻轻地捏住拇指轮，你将会感觉到电动机克服你所施加的阻力的过程。假如你增加了手指的力度，电动机克服你增加的负载，继续以同步速旋转，直到超过它的转矩能力。突然，在你放手之前，转矩就消失了，钟也停下来了。现代的小功率磁阻电机都设计成自起动的形式，也没有拇指轮了，对于一个十岁的孩子来说既没有什么教育意义更谈不上奇妙了。

有些步进电机用于将数字信号转化为机械运动。很多步进电机都是磁阻形式的，实际上，有些步进电机就被称为变磁阻电机（variable-reluctance motors）。磁阻步进电机的工作原理比较简单，为了解释其工作原理，我们在如图4.6-1b所示的绕组 bs 中通入恒定电流，而绕组 as 保持开路状态。转子的最小磁阻路径将和 bs 轴对齐，并将这个位置定义为 $\theta_r=0$。现在我们将 bs 的电流减小到零同时增加 as 绕组中的电流至恒定值。电磁力将把最小磁阻路径与 as 轴对齐，然而在 $\theta_r=\pm\frac{1}{2}\pi$ 两个位置上都可以满足这个条件。有各一半的机会往不同的方向旋转。虽然在这样的解释过程中，我们了解到步进电机是如何步进的，但我们同时也意识到我们应该采用不同于单相和两相形式的电机来完成一个可控的步进过程。通常有两种技术方案来实现磁阻电机的可控的双向步进运行：在定子上放置多于两相的绕组（通常是三相）或者在转轴上级连三个或者更多的单相磁阻电机，并将它们的最小磁阻路径相互错开。第一种电机称为单段（single-stck）变磁阻步进电机，第二种电机称为多段（multistack）变磁阻步进电机。两相磁阻电机将在第7章详细分析，而步进电机将在第9章详细分析。

感应电机

基本单相或两相的感应电机如图4.6-2所示。两台装置的转子是一样的，每个转子都有两个正交的等效绕组，我们假定这些绕组都是正弦分布的。换句话说，ar 绕组和 br 绕组等效于平衡的两相绕组，且在绝大多数的应用中这些转子绕组都是被短路的。

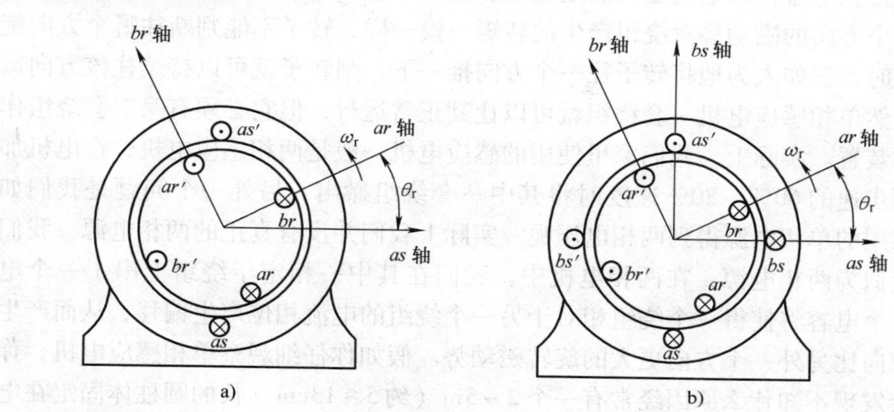

图 4.6-2 基本的两极感应电机

a）单相 b）两相

也许先解释两相电机更加方便一些。在平衡稳态工作条件下，定子绕组中的电流引起的气隙磁动势以 ω_e 转速旋转。由于转子绕组是短路的（我们只考虑这样一种情况），只要转子速度 ω_r 与 ω_e 不同，就会在绕组内感应出电压，继而产生感应电流（感应电机名字的由来）。由感应引起的转子电流是一组平衡电流，其频率为 $\omega_e-\omega_r$，它将产生一个气隙磁动势，该气隙磁动势相对转子以 $\omega_e-\omega_r$ 速度旋转，相对于定子以 ω_e 旋转。定子绕组中的电流引起的气隙磁动势感应出了短路绕组上的感应电流，感应电流反过来在气隙中形成新的气隙磁动势，这个磁动势与定子形成的磁动势同步运行。在这个同步运行中，这些磁动势的相互作用为转子产生转矩提供了路径。

尽管感应电机可以作为电动机也可以作为发电机运行，但大多数情况下作为电动机运行。作为电动机运行，在 $0<\omega_r<\omega_e$ 情况下感应电机可以产生转矩。在同步转速 $\omega_r=\omega_e$，转子上没有电流，因为转子以与气隙磁动势一样的转速在旋转，对转子的绕组而言没有磁链的变化，因而转子绕组中也没有感应电流产生。但大型的感应电机通常被设计成很接近同步速运行。

单相感应电机可能是最常用的电机装置了。比如家里的垃圾处理机、洗衣机、干衣机、炉风机这些只是众多分数马力[⊖]（1hp 以下）单相电机应用的一小部分。但是要注意，图 4.6-2a 所示的图片和实际单相感应电机有所区别。我们记得单相定子绕组将产生两个幅值相等，沿两个相反方向旋转的磁动势。假如一

⊖ 1 马力 = 735.499W。

台如图4.6-2a所示的单相感应电机处于静止状态，$\omega_r=0$，此时如果在定子绕组中通入正弦电流，则电机是无法运动的。这个装置不能产生起动转矩，为什么？因为两个方向的磁动势对绕组产生的转矩一模一样，转子不能判断往哪个方向旋转。此时，假如人为地将转子往一个方向推一下，则转子就可以持续往该方向运动。虽然单相感应电机一套绕组就可以让其正常运行，但它必须有第二套绕组作为起动装置。实际上，我们家里使用的感应电机一般是两相感应电机，在电机加速至同步速的60%～80%速度时将其中一套绕组撤出。另外一个问题是我们如何从家用的单相电源得到两相电压呢？实际上我们并没有真正的两相电源，我们只是近似为两相电源，在两相电机中，我们在其中一相定子绕组上串了一个电容。这个电容将使得一个绕组相对于另一个绕组的电流相位产生偏移，从而产生一个方向比另外一个方向更大的旋转磁动势。假如你仔细观察单相感应电机，你可能会发现不知什么原因经常有一个2～5in（约5～13cm）长的圆柱体固定在电机上，而且十有八九是黑色的。最可能的答案是电容，通常我们称之为起动电容（starting capacitor）。将电容撤出起动过程的装置一般位于电动机的机壳内部。感应电机将在第6章和第10章做详细分析。

同步电机

尽管如图4.6-3所示的基本的单相和两相的装置为同步电机，但它们也只是多种同步电机类型中的一种。然而，我们还是会按照惯例，称如图4.6-3所示的电机为同步电机。

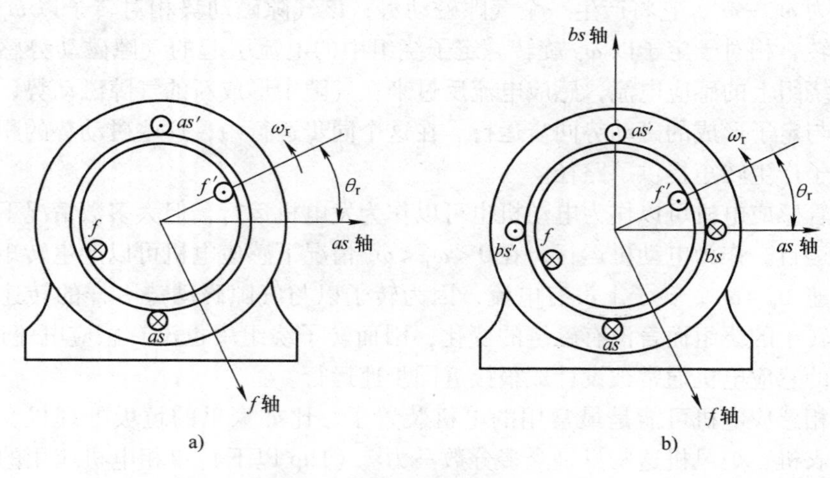

图4.6-3 基本的两极同步电机
a）单相 b）两相

单相的同步电机应用很少，对于两相的同步电机，我们也可以这么表述。三相同步电机经常被用作电力系统的发电机，比如公共电网、汽车、飞机、轮船，甚至现在和将来的宇宙飞船。然而，通过介绍两相同步电机可以让我们充分理解同步电机的工作过程和原理。

图4.6-3所示的基本同步电机装置转子绕组只有一个绕组，为励磁绕组(f)。实际应用中的同步电机，转子上除了励磁绕组之外，经常还装有短路的阻尼绕组。这些绕组可以以感应电机的方式将无负载的同步电机从静止起动。

一旦我们清楚励磁绕组中所通入的电流为直流电，同步电机的工作原理也变得非常简单。励磁绕组中的电流可以通过外加励磁电压进行调节，但在平衡两相同步电机稳态工作情况下励磁电流是一个恒定值。当作为发电机运行时，转子上连着原动机。如果定子绕组连接至一个平衡的系统，定子电流将产生一个幅值恒定的旋转气隙磁动势。转子引起的气隙磁动势由励磁绕组中的直流电流产生。为产生转矩或者传输电能，定子产生的磁动势和转子产生的磁动势必须在气隙中同步运行。因此，$\omega_r=\omega_e$，电机于同步速运行。

如图4.6-3所示的同步电机其实称为隐极同步电机，与之对应是另一种低速多极场合常应用的凸极同步电机。两极两相的凸极同步电机如图4.6-4所示。其工作原理和隐极同步电机相一致，但它有两种产生转矩的途径。一个途径是和隐极同步电机一样，定子磁动势和转子磁动势相互作用产生转矩，另外一种转矩通常小一些，是由凸极效应带来的磁阻转矩。在转速$\omega_r=\omega_e$的情况下，两个转矩都是恒定值。当转速$\omega_r\neq\omega_e$时，所有转矩都是平均值为零的脉振转矩。尽管同步电机经常被用作发电机来使用，但它也可以作为电动机使用。同步电机将在第7章中进行详细分析。

永磁电机

假如我们将图4.6-3中的同步电机的转子用永磁转子来替代，就得到了所谓的永磁电机，如图4.6-5所示。永磁电机的工作原理和同步电机一样。由于永磁电机的转子的磁场是由永磁体产生的，不能像同步电机一样用励磁绕组电流进行控制，因此在发电机领域应用并不广泛。然而在驱动领域，永磁电机应用很广泛，特别是当永磁电机常作为步进电机和无刷直流电机应用时。无刷直流电机的应用非常广泛，它的定子绕组的电压由电子开关控制，开关的频率随着转子转速的变化而变化。我们将会在第8章分析无刷直流电机，在第9章分析步进电机。

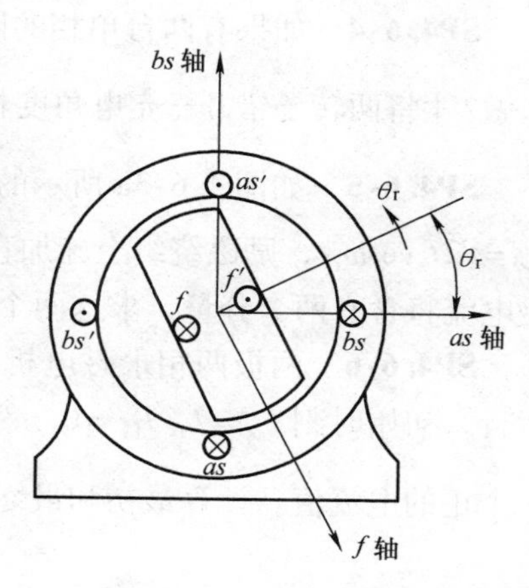

图4.6-4　基本的两极两相凸极同步电机

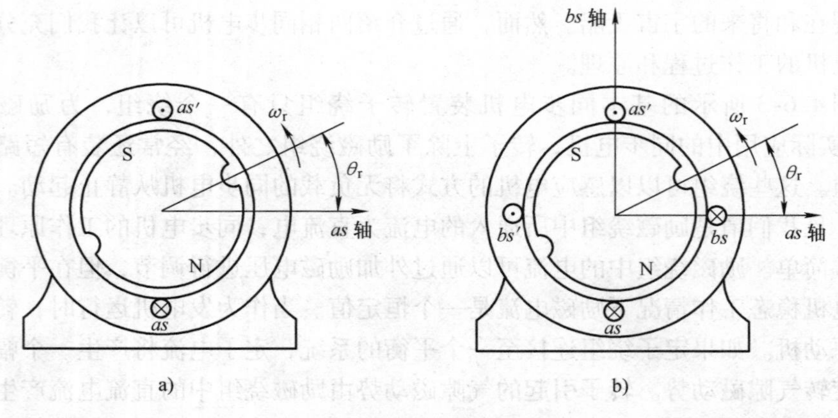

图 4.6-5　基本两极永磁电机

a）单相　b）两相

SP4.6-1　如图 4.6-2b 两相感应电机中的绕组 ar 开路，绕组 br 上施加负方向的直流电流，在 4.6 小节中寻找另一台电机与之有相同的绕组结构（有效绕组）和约束条件，从而有相同的工作模式。[图 4.6-3b]

SP4.6-2　假如 br 绕组中的电流由固定的电流源提供，重复问题 SP4.6-1。[图 4.6-5b]

SP4.6-3　在 4.6 小节中，哪些装置可以作为发电机来给一个静态的 RL 负载供电？[图 4.6-3 和图 4.6-5]

SP4.6-4　如果有两台单相的同步电机，现在想得到两相电压，我们可以怎么做？[将两转子错开$\frac{1}{2}\pi$电角度相连接]

SP4.6-5　如图 4.6-3a 所示的单相隐极同步电机，在 as 绕组通入的电流为 $I_{as}=\sqrt{2}I_s\cos\omega_e t$，励磁绕组上施加直流电压，转子以 ω_e 逆时针旋转。稳态时，励磁电流将含有两个分量，求这两个分量的频率。[DC；$2\omega_e$]

SP4.6-6　两极两相永磁电机如图 4.6-5b 所示，该电机作为一个步进电机运行，初始时刻 $I_{as}=I$，$I_{bs}=0$。然后 I_{as} 跳变至零，同时 I_{bs} 跳变为 $-I$，其中 I 是一个正的电流值。计算最初和最终的 θ_r。$\left[\frac{1}{2}\pi;\ 0\right]$

4.7　小结

我们已经知道旋转磁场的机电装置有着一些共同的特性。这些共同特性中最重要的一点是所有多相装置的定子绕组通入平衡的正弦电流之后都能在气隙中产生转速为$(2/P)\omega_e$rad/s 的旋转气隙磁动势，其中，ω_e 为定子电流的电角速度；P 为极数。另外一点重要的事情是我们观察到绕组的结构和约束条件的变化可以转化为简单的电气变量变化，这样我们可以用一种非常基本的形式来描述本书后面所涉及的所有机电传动装置。

4.8 习题

1. 一绕组由五个线圈组成，每个线圈有 nc_s 匝导体，分布在定子的$\frac{1}{2}\pi$ 圆弧上，画出这个单相定子绕组的结构示意图，并指出磁轴的正方向。

2. 一台两极两相的小功率装置，每个绕组由四个线圈组成，每个线圈有 nc_s 匝导体，线圈集中分布，每槽每相包含四个线圈的边，画出绕组分布的示意图，并指出 as 轴和 bs 轴。

3. 如图 4.8-1 所示的两相装置，绕组为正弦分布，每个绕组的等效匝数为 N，表示（a）磁极 N_{as} 和 N_{bs}，（b）mmf_{as} 和 mmf_{bs}。

*4. 如图 4.8-2 所示的定子每个线圈的匝数为 nc_s，以例 4A 中的信息作为指导，画出 as 绕组和 bs 绕组的展开图，以及 mmf_{as} 和 mmf_{bs} 的示意图。

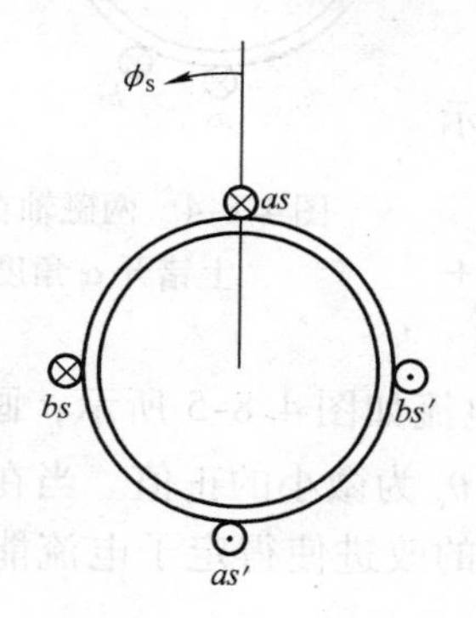

图 4.8-1　基本的两极两相机电装置

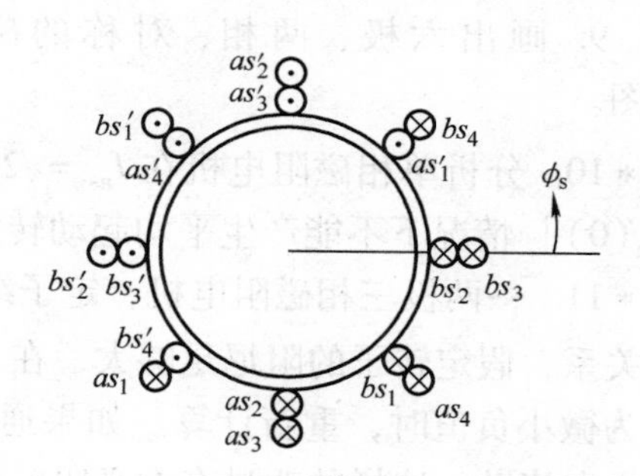

图 4.8-2　两极两相机电装置

*5. 考虑如图 4.8-3 所示的系统，每个绕组由均匀分布于一定区域的 N 个导体构成，每个导体承载的电流为 i，请画出气隙磁动势。你将可以用例 4A 中的信息作为指导。

6. 考虑图 4.8-1 中的系统，（a）求 mmf_s 的表达式。（b）能产生逆时针旋转磁动势的 $\tilde{I}_{as}$ 与 $\tilde{I}_{bs}$ 的相位关系，即 $\tilde{I}_{as}$ 超前或者滞后于 $\tilde{I}_{bs}$ 90°？（c）假设 $I_{as}=\sqrt{2}I_s\cos\omega_e t$，$I_{bs}=-\sqrt{2}I_s\sin\omega_e t$，在 $\omega_e t=30°$时磁极 N^s 和 S^s 的位置在哪里？

7. 考虑如图 4.4-2 所示的系统，在以下条件下求 mmf_s 的表达式，（a）$I_{as}=$

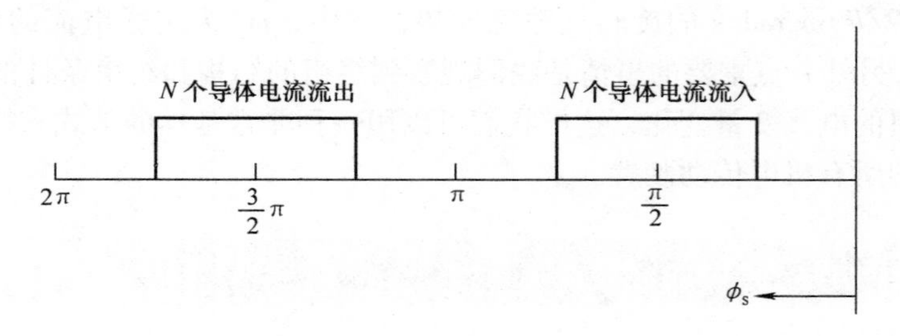

图4.8-3　均匀分布的绕组

$\sqrt{2}I_s\cos\omega_e t$，$I_{bs}=\sqrt{2}I_s\cos\omega_e t$；（b）$I_{as}=I_a\cos\omega_e t$，$I_{bs}=I_b\sin\omega_e t$，其中$I_a\neq I_b$。注意（a）和（b）都不是平衡条件，因为对于（a）而言I_{as}和I_{bs}不正交，对于（b）而言两者幅值不相等。

*8. 如图4.8-4所示的机电装置，其绕组是正弦分布的，每个绕组的等效匝数为N_s，bs绕组可以布置在与as绕组成任意α角度的位置，求i_{as}和i_{bs}的表达式，以使得在不同的α时mmf_s都是一个幅值恒定、逆时针旋转的磁动势，具体磁动势的表达式为$\text{mmf}_s=(N_s/2)\sqrt{2}I_s\cos(\omega_e t-\phi_s)$。

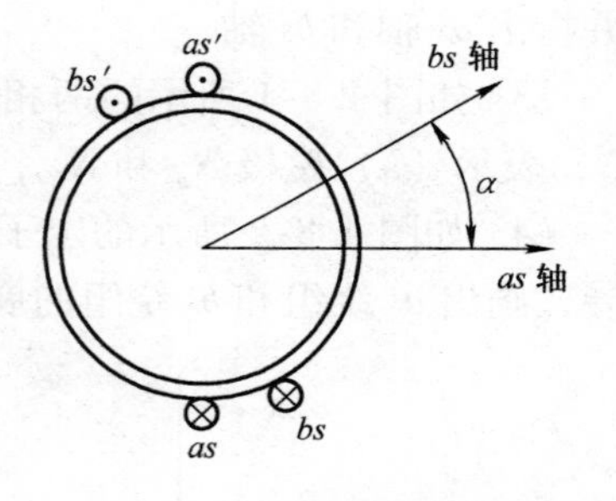

图4.8-4　两磁轴在机械上错开α角度

9. 画出六极、两相、对称的磁阻电机示意图。

*10. 分析单相磁阻电机在$I_{as}=\sqrt{2}I_s\cos[\omega_e t+\theta_{esi}(0)]$情况下不能产生平均起动转矩的原因。

*11. 一两极三相磁阻电机，定子绕组通入电流如图4.8-5所示，画出θ_r与t的关系，假定转子的阻尼足够大，在t_0^+时刻，θ_r为微小的正值。当在t_0^+时刻，θ_r为微小负值时，重新计算。如果通过电路上的改进使得定子电流能够沿正反两方向流动，这样的改进有意义吗？为什么？

*12. 一台两相感应电机以平衡的定子电流工作在额定负载转矩状态，稳态转子的$\omega_r=0.9\omega_e$，这是一个八极，50Hz的装置，求（a）转子的实际转速，（b）转子的mmf相对于转子的旋转速度，（c）转子电流频率。

*13. 计算以下装置的空载和负载转矩，以r/min为单位表示：（a）四极，三相，100hp，60Hz隐极同步电机；（b）120极，三相，100MW，60Hz凸极同步电机；（c）由5Hz电源供电的八极，两相，1hp，60Hz磁阻电机；（d）由15Hz电源供电的六极，三相，$\frac{1}{2}$hp永磁电机。

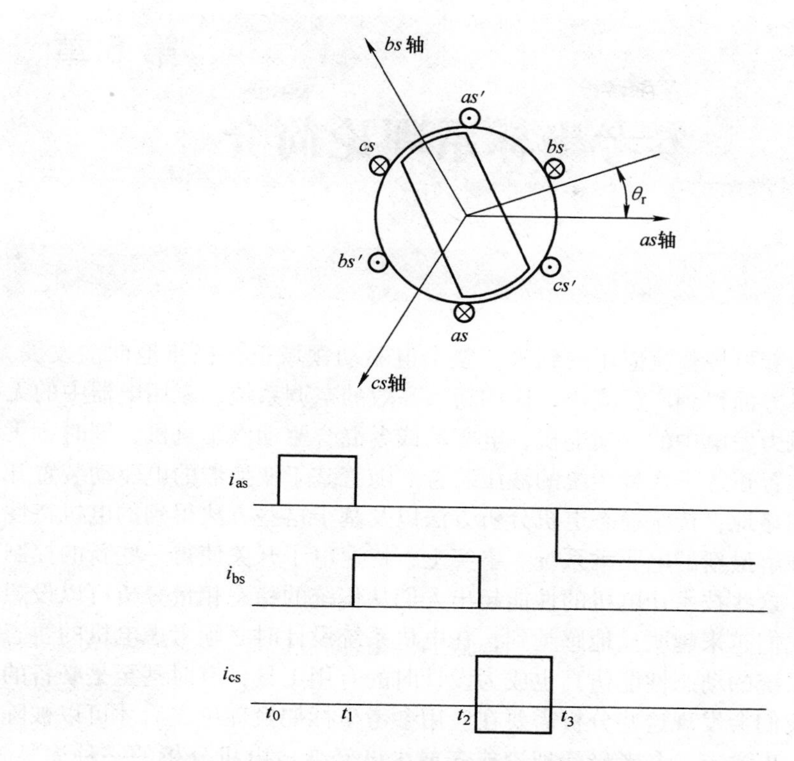

图4.8-5　两极三相磁阻电机在开关形式的相电流下运行

第5章 参考坐标系理论简介

5.1 引言

近年来，随着可控整流应用的到来，整个电驱动领域正在稳步地向前发展。电驱动控制在各方面得到广泛应用，比如新型高效的空调系统，家用电器中的无刷直流电机，风力发电中的双馈电机，电驱动或者混合驱动汽车电机，同时，飞机上的电驱动装置正逐步代替传统的液压装置。随着基于变换器的电驱动装置开始崭露头角，明显地，传统稳态电机分析方法以及基于这些方法得到的电机特性不足以分析和理解最新的电驱动系统。事实上，快速电子开关使得一些新的控制技术成为可能，这些技术让电机的性能超出人们从传统的稳态相量分析可以设想的电机特性。我们越来越明显地感觉到，在电机系统设计时必须考虑电机的暂态特性，变换器系统的动态性能仿真也成为设计时的有用工具，有时甚至是必备的工具。同时，我们会发现这些分析需要在应用参考坐标变换理论之后才可以被陈述的更加透彻。事实上，参考坐标理论或多或少已经变成电机分析的一种途径，同时成为研究生的必修课程，已经成为电机仿真分析和控制系统设计的基础。因此，现在一本关于电机分析方面的书籍也应该包括参考坐标系理论的内容，同时让学生切身感受到参考坐标变换所带来的好处。实际上，在分析和理解现代电机驱动系统时，参考坐标系理论的基本概念和电机稳态特性的概念同样重要。

这一章的主要任务是让读者熟悉两相系统的参考坐标系统。也许我们更希望考虑三相系统，然而这样读者有可能第一次接触参考坐标系理论就碰到让人不堪重负的三角关系，而丧失了对参考坐标系理论所带来的巨大好处的细致的体会。相反，在两相系统中不存在三角关系，而参考坐标系理论的主要特性都可以呈现出来，对于开始接触电机分析的同学来说，这些关系更加简明。同时，两相电机的稳态的转矩速度特性曲线和三相电机一样，因此学生也不会因此而错过电机的主要稳态特征。

之前，我们也有一些变量的变换，但这些变量的变换方法针对每一个量都是不同的[1-4]。后来我们发现所有这些变量变换实际上都包含在一个形式中[5,6]。这个通用的变换形式是将电机的变量转换到一个以任意角速度旋转的参考坐标系中。不同的变换方式只要通过简单地将这个通用变换中的速度加以指定就可以实现。在这一章中我们将建立这个通用的变换公式，由于该变换的性质与复杂的电机方程之间没有直接关系，因此我们在分析中将用电阻、电感和电容组成的基本电路方程来描述这个变换。通过这样的方法，我们可以建立这种通用变换的基本概念并简单地理解其变换原理。在此基础上，本章扩展到交流电机分析的内容就显得很简单，只涉及一些最基本的三角函数关系。

5.2 背景

在深入分析之前，我们有必要对参考坐标变换理论的历史做一个简要的了解。在20世纪20年代后期，R. H. Park[1]引进了一个新的方法来分析电机。他建立了一套变换公式，将一台同步电机定子绕组上的一些变量（电压、电流和磁链）用以转子电角速度旋转的虚拟绕组上的变量进行替代。这种变换可以理解为将定子变量转换为固定在转子上的参考坐标系中的变量。Park（帕克）变换引起了电机分析的一场革命。

在20世纪30年代末，H. C. Stanley[2]在感应电机的分析中采用了一种新的变换。他证明，由于电路相对运动，感应电机电压方程中电感变得与转子位置相关，而如果将转子绕组相关的变量（转子变量）转换到一个虚拟的定子绕组上，则这种电感的变化就可以避免。这种变换可以理解为将转子变量转换为固定在定子参考坐标系中的变量。

G. Kron[3]介绍了另一种避免对称感应电机电感与位置相关的方法，他将定子变量和转子变量都转换成一个以定子基波角速度同步旋转的变量。这种参考坐标系通常称为同步旋转参考坐标系。

D. S. Brereton 和其同事[4]也提出了一种可以避免对称感应电机电感与位置相关的变换。他将定子变量转换为以转子电角速度旋转的参考坐标系统中。这个变换可以基本上理解为 Park 变换在感应电机中的应用。

Park，Stanley，Kron，Brereton 和其同事针对不同的电机种类和应用发展建立了不同的参考坐标变换。因此，接下来的一段时间里的文献中，每一种变换总是分别推导和应用，直到1965年[5]，大家所知道的任意速度坐标变换在感应电机分析中应用，它用一种通用的形式以消除旋转引起的电感变化，它将定子和转子上的变量都变换为以任意速度旋转（包括静止）的参考坐标系中。我们可以通过指定这个所谓参考坐标系的旋转速度（包括零速）来得到任意的坐标变换。我们很快可以看到同步电机定子变量可以映射到任意速度参考坐标系中[6]。然而，我们将发现只有将参考坐标系的旋转速度定为转子旋转电角速度时，电感的变化才能得以消除（就是 Park 变换），因而，任意速度参考坐标系在同步电机上的应用并不能带来和感应电机上一样的好处。

5.3 变换方程和变量转换

就如同相量概念的引入方便了机电传动装置的稳态性能分析，参考坐标工具将有利于仿真与分析这些装置的瞬态性能，有时这种工具甚至是分析所必需的。变量变换是参考坐标理论的基础，它将使我们可以避免交流电机电压方程中所出现的与位置相关联的电感参数。尽管当我们考虑特定交流电机时，坐标变换方式将变得更加直观，而所用的变量转换的许多性质也可以用固定参数的电路形式加以表达，然而我们打算在这一章的后面部分再做这个事情，首先我们要考虑的是不针对任何特定的电路的通用形式。

两相定子变量的变换公式可以表示为

$$\boldsymbol{f}_{qds} = \boldsymbol{K}_s \boldsymbol{f}_{abs} \tag{5.3-1}$$

其中

$$(\boldsymbol{f}_{qds})^T = [f_{qs}, f_{ds}] \tag{5.3-2}$$

$$(\boldsymbol{f}_{abs})^T = [f_{as}, f_{bs}] \tag{5.3-3}$$

$$\boldsymbol{K}_s = \begin{bmatrix} \cos\theta & \sin\theta \\ \sin\theta & -\cos\theta \end{bmatrix} \tag{5.3-4}$$

式中的上标 T 表示矩阵的转置，而角度位置的表达式为

$$\frac{d\theta}{dt} = \boldsymbol{\omega} \tag{5.3-5}$$

上面公式中，有许多量需要定义。首先，f 可以代表电压、电流、磁链以及电荷，也就是说这些变量的转换公式是一致的。as 和 bs 代表 a 相和 b 相定子上的变量，由于其表示是定子的量，因此在下标中包含了一个 s。这里 qs 和 ds 为新的替代变量，我们将在分析中使用这些变量，变量 qs 和 ds 和原来的变量 as 和 bs 之间的关系可以用变换矩阵 $\boldsymbol{K}_s$ 表示。在 qs、ds 和 $\boldsymbol{K}_s$ 这些表达中，我们使用 s 下标来表示这些量是关于定子的，以区别以交流电机中关于转子的量，当表示转子的量时，我们将通过在下标中添加 r 的方式来进行标识。最后，角速度和角位移之间的关系式可以用式（5.3-5）表示。我们将留给读者自己证明矩阵 $\boldsymbol{K}_s$ 和其逆矩阵相等，即 $\boldsymbol{K}_s = (\boldsymbol{K}_s)^{-1}$。

虽然不是必要的，但有学者仍习惯用图形的形式来表示式（5.3-1）变换过程的“物理意义”，如图 5.3-1 所示。在图 5.3-1 中，和电路相关的变量在水平方向上发挥作用（用 f_{as} 表示），和 bs 电路相关的变量在垂直方向上发挥作用（用 f_{bs} 表示）。我们将会在后面发现这些方向可以被认为是我们考虑的交流电机定子绕组的磁轴方向。类似的，f_{qs} 和 f_{ds} 是替代变量相关的方向，它也可以被认为是替代变量相关的虚拟绕组的磁轴方向。虽然，不能真正从物理上解释变量转

换过程，但变量转换可以理解为将实际定子电路相关的变量方向在图形上映射到一个虚构的、以角速度 ω 旋转的电路相关的变量方向上。

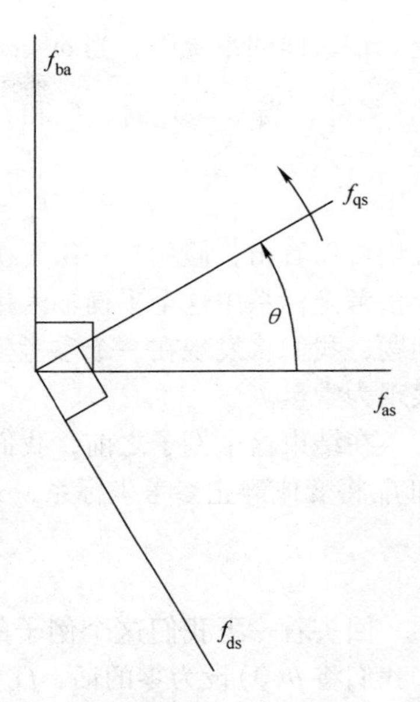

图 5.3-1　定子电路变换的三角关系描述

请注意，我们还未就变换中的 ω 和 θ 做定义。角位移 θ 必须是连续的，但变换后的角速度并没有具体给定。参考坐标系可以某个恒定角速度旋转，也可以变角速度旋转，或者是保持静止。没有确定的参考坐标系旋转速度的主要意义在于我们可以通过选择合适的参考坐标系来促进系统方程的方便求解或者满足一些系统的给定条件。变量转换可以应用于任何波形和任何相序，而实际上我们发现用 ab 相序将更加适合。从 1.2 小节的内容我们可以知道，在一个 ab 相序的参考坐标系中，稳态平衡条件下的 a 相变量超前于 b 相变量$\frac{1}{2}\pi$ 角度。但正如我们前面提到的那样，这并不是说这个变换只能应用于稳态平衡情况。另外，请不要将图 5.3-1 想象成一个关于相量的图形，事实上很容易让人进入这样的误区。而实际上，这并不是相量，这只是用图形的形式来表达式（5.3-4）中的矩阵 $\boldsymbol{K}_s$，只是关于 f_{as}、f_{bs}，以及 f_{qs}、f_{ds}变量的三角函数关系。

我们已经建立起了定子相关（静止）电路的变量转换方法，后面我们将建立转子相关（旋转）电路的变量转换方法，我们会发现这两者之间几乎相同。实际上我们希望指出，我们所要建立的一种变换关系是针对以任意速度旋转的参考坐标系，它将适用于两相装置任意部分分别以任意速度旋转。当然，我们可以将两相装置的其中一部分转速设为零，即静止不动，另一部分转速等于转子旋转速度。这样的方法听起来非常简洁，但也容易让人混淆。因此，我们将定子和转子的电路分开对待和处理。

例 5A　让我们假设 $f_{as}=\cos\theta_e$，$f_{bs}=\sin\theta_e$，从式（5.3-1）可以得出

$$\begin{bmatrix} f_{qs} \\ f_{ds} \end{bmatrix} = \begin{bmatrix} \cos\theta & \sin\theta \\ \sin\theta & -\cos\theta \end{bmatrix} \begin{bmatrix} \cos\theta_e \\ \sin\theta_e \end{bmatrix} \tag{5A-1}$$

于是

$$f_{qs}=\cos(\theta_e-\theta) \tag{5A-2}$$

$$f_{ds}=-\sin(\theta_e-\theta) \tag{5A-3}$$

假设 $\theta=\omega t+\theta(0)$，$\theta_e=\omega_e t+\theta_e(0)$，当 $\omega\neq\omega_e$ 时，f_{qs}和 f_{ds}将构成两相平衡系

统。在这样的系统中，当 $\omega<\omega_e$ 时，f_{qs} 超前 $f_{ds}\frac{1}{2}\pi$；当 $\omega>\omega_e$ 时，f_{qs} 滞后 $f_{ds}\frac{1}{2}\pi$。另外，当 $\omega=\omega_e$ 时，f_{qs} 和 f_{ds} 都将是常量。

$$f_{qs}=\cos[\theta_e(0)-\theta(0)] \tag{5A-4}$$

$$f_{ds}=-\sin[\theta_e(0)-\theta(0)] \tag{5A-5}$$

我们可以看出，假如有一组平衡的变量输入，那么将存在一个参考坐标系，在这个参考坐标系中这个平衡输入量的表现形式为常量。假如我们更加深入思考这个问题，我们将发现在一个参考坐标系中的一组平衡变量在另一参考坐标系中可以表现为常量。

在结束这个例子之前，我们再来假设一下，如果 $\theta=0$ 会发生什么情况。f_{qs} 和 f_{ds} 将变成静止参考坐标系，式（5A-2）和式（5A-3）变为

$$f_{qs}=\cos\theta_e \tag{5A-6}$$

$$f_{ds}=-\sin\theta_e \tag{5A-7}$$

回头看一下我们这个例子的条件，$f_{as}=\cos\theta_e$，$f_{bs}=\sin\theta_e$。需要注意到，假如我们将 $\theta(0)$ 设为零的话，f_{ds} 在静止参考坐标系（$\omega=0$）下是负的 f_{bs} 值。

SP5.3-1 假如 $f_{as}=\cos\omega_e t$，$f_{bs}=\sin\omega_e t$，$f_{qs}=1$，$f_{ds}=0$，确定其中的 $\theta_e(0)$，ω 和 $\theta(0)$。$[0,\omega_e,0]$

SP5.3-2 假设 $f_{as}=e^{-t}$，$f_{bs}=0$，求 f_{qs} 和 f_{ds} 在任意速度坐标系下的表达式。$[f_{qs}=e^{-t}\cos\theta, f_{ds}=e^{-t}\sin\theta]$

SP5.3-3 假设 $V_{as}=\cos\omega_e t$，$I_{as}=\cos\omega_e t$，$V_{bs}=\sin\omega_e t$，$I_{bs}=\sin\omega_e t$，在 $\omega=\omega_e$ 情况下，求 V_{qs}，V_{ds}，I_{qs} 和 I_{ds}。[（1，0，1，0）]

5.4 静止电路变量到任意速参考坐标系的变换

在静止的电阻电路中

$$v_{abs}=\boldsymbol{r}_s\boldsymbol{i}_{abs} \tag{5.4-1}$$

其中，$\boldsymbol{r}_s$ 是等元素的对角矩阵；*as* 和 *bs* 电路有相同的电阻值。从式（5.3-1）得到

$$v_{qds}=\boldsymbol{K}_s v_{abs} \tag{5.4-2}$$

将式（5.4-1）代入式（5.4-2）得到

$$v_{qds}=\boldsymbol{K}_s\boldsymbol{r}_s\boldsymbol{i}_{abs} \tag{5.4-3}$$

由于 $i_{abs}=(\boldsymbol{K}_s)^{-1}i_{qds}$，因而式（5.4-3）可以写为

$$v_{qds}=\boldsymbol{K}_s\boldsymbol{r}_s(\boldsymbol{K}_s)^{-1}\boldsymbol{i}_{qds} \tag{5.4-4}$$

由于 $\boldsymbol{r}_s=\boldsymbol{r}_s\boldsymbol{I}$，

$$\boldsymbol{K}_s\boldsymbol{r}_s(\boldsymbol{K}_s)^{-1}=\boldsymbol{r}_s\boldsymbol{K}_s\boldsymbol{I}(\boldsymbol{K}_s)^{-1}=\boldsymbol{r}_s \tag{5.4-5}$$

因此有

$$v_{qds} = \boldsymbol{r}_s \boldsymbol{i}_{qds} \tag{5.4-6}$$

因此，如果相电阻都是相等的，那么不管是在什么参考坐标系下，电压方程都是相同的。然而在电阻不相等的情况下，并不能得出这样的结论。这种情况将在例5B中加以说明，当电阻不等时（$r_a \neq r_b$），在除了静止参考坐标系以外的其他参考坐标系中，电阻参数将变为参考坐标系角速度的正弦函数。因此，当各相电阻不相等时，我们最好在不平衡情况发生的参考坐标系下分析电路。当定子电路为不平衡电路时，不平衡情况发生的参考坐标系为角速度为零的参考坐标系（$\omega = 0$）。

接下来让我们来考虑一个两相的电感电路，在这种电路中电压方程变成

$$v_{abs} = p\boldsymbol{\lambda}_{abs} \tag{5.4-7}$$

对于一个线性的磁系统，我们经常倾向于将 $\boldsymbol{\lambda}_{abs}$ 用电感和电流的关系式来表达，而在转换中直接使用磁链更加方便。于是，

$$v_{qds} = \boldsymbol{K}_s p\boldsymbol{\lambda}_{abs} \tag{5.4-8}$$

如果都用 qs 和 ds 的变量表示，则式（5.4-8）可以变为

$$v_{qds} = \boldsymbol{K}_s p[(\boldsymbol{K}_s)^{-1}\boldsymbol{\lambda}_{qds}] \tag{5.4-9}$$

利用微分的链式法则（复合函数求导法则）

$$v_{qds} = \boldsymbol{K}_s p[(\boldsymbol{K}_s)^{-1}]\boldsymbol{\lambda}_{qds} + \boldsymbol{K}_s(\boldsymbol{K}_s)^{-1}p[\boldsymbol{\lambda}_{qds}] \tag{5.4-10}$$

该等式右边的第二项显而易见可以写成 $p\boldsymbol{\lambda}_{qds}$，而第一项可以写成

$$\begin{aligned}\boldsymbol{K}_s p[(\boldsymbol{K}_s)^{-1}]\boldsymbol{\lambda}_{qds} &= \begin{bmatrix}\cos\theta & \sin\theta \\ \sin\theta & -\cos\theta\end{bmatrix}\omega\begin{bmatrix}-\sin\theta & \cos\theta \\ \cos\theta & \sin\theta\end{bmatrix}\begin{bmatrix}\lambda_{qs} \\ \lambda_{ds}\end{bmatrix} \\ &= \omega\begin{bmatrix}0 & 1 \\ -1 & 0\end{bmatrix}\begin{bmatrix}\lambda_{qs} \\ \lambda_{ds}\end{bmatrix}\end{aligned} \tag{5.4-11}$$

于是，对于两相电感电路

$$v_{qds} = \omega\begin{bmatrix}\lambda_{ds} \\ -\lambda_{qs}\end{bmatrix} + p\boldsymbol{\lambda}_{qds} \tag{5.4-12}$$

该等式右边的第一项经常写成 $\omega\boldsymbol{\lambda}_{dqs}$ 的形式。式（5.4-12）也可以写成分开方程形式

$$v_{qs} = \omega\lambda_{ds} + p\lambda_{qs} \tag{5.4-13}$$

$$v_{ds} = -\omega\lambda_{qs} + p\lambda_{ds} \tag{5.4-14}$$

对于线性磁系统，有

$$\boldsymbol{\lambda}_{abs} = \boldsymbol{L}_s\boldsymbol{i}_{abs} = \boldsymbol{L}_s(\boldsymbol{K}_s)^{-1}\boldsymbol{i}_{qds} \tag{5.4-15}$$

进而有

$$\boldsymbol{\lambda}_{qds} = \boldsymbol{K}_s\boldsymbol{L}_s(\boldsymbol{K}_s)^{-1}\boldsymbol{i}_{qds} \tag{5.4-16}$$

因此，对于一个线性磁系统，假如 $\boldsymbol{L}_s$ 已知，我们可以由式（5.4-16）求得 $\boldsymbol{\lambda}_{qs}$ 和 $\boldsymbol{\lambda}_{ds}$，代入式（5.4-13）和式（5.4-14）中。

这样看起来，我们似乎把事情变得更加复杂了，除了静止参考坐标系 $\omega=0$ 外，其他参考坐标系下所有电压方程右边都增加了一项。让我们假设这个两相电感电路中各相绕组都有固定而相同的自感，绕组之间不存在互感。在这种简单的情况下，电感为对角矩阵 $\boldsymbol{L}_s=\mathrm{diag}\,[L_s,\ L_s]$。因此，$\boldsymbol{K}_s\boldsymbol{L}_s(\boldsymbol{K}_s)^{-1}=\boldsymbol{L}_s$，式（5.4-16）可以变化为

$$\boldsymbol{\lambda}_{qds}=\boldsymbol{L}_s\boldsymbol{i}_{qds} \tag{5.4-17}$$

同时

$$v_{qs}=\omega L_s i_{ds}+L_s p i_{qs} \tag{5.4-18}$$

$$v_{ds}=-\omega L_s i_{qs}+L_s p i_{ds} \tag{5.4-19}$$

此时，我们将更加怀疑我们辛辛苦苦所进行的坐标变换的作用到底是什么，因为即使对于 $\boldsymbol{L}_s=\mathrm{diag}[L_s,L_s]$ 这么简单的情况，电压方程的右边仍然增加了一项。是时候对我们这样的想法做一些纠正了。为此，让我们来看一下图4.6-1b所显示的两相磁阻电机的例子。我们将会发现绕组 *as* 的自感在前面的式（1.7-29）中给出，而对于两极磁阻电机的定子电感 $\boldsymbol{L}_s$，我们将在后面的章节中推导得出，为

$$L_s=\begin{bmatrix} L_l+L_A-L_B\cos 2\theta_r & -L_B\sin 2\theta_r \\ -L_B\sin 2\theta_r & L_l+L_A+L_B\cos 2\theta_r \end{bmatrix} \tag{5.4-20}$$

其中，θ_r 为转子角位移。我们将在第7章中再次看到式（5.4-20）。由于转子的凸极特性，绕组 *as* 和 *bs* 之间的互感如式（5.4-20）中非对角元素所表示。在此，我们不想详细解释式（5.4-20）中的各个元素，我们将此留到以后进行。现在我们的焦点在于变换相关作用的说明。我们将使用以转子角速度旋转的参考坐标系。假如将式（5.4-20）代入式（5.4-16），而后我们令 $\boldsymbol{K}_s$ 中的 θ 和 θ_r 相等，同时 $\omega=\omega_r[\theta(0)=\theta_r(0)=0]$，那么我们可以得到

$$\boldsymbol{K}_s\boldsymbol{L}_s(\boldsymbol{K}_s)^{-1}=\begin{bmatrix} L_l+L_A-L_B & 0 \\ 0 & L_l+L_A+L_B \end{bmatrix} \tag{5.4-21}$$

于是

$$\lambda_{qs}^r=(L_l+L_A-L_B)i_{qs}^r \tag{5.4-22}$$

$$\lambda_{ds}^r=(L_l+L_A+L_B)i_{ds}^r \tag{5.4-23}$$

其中，上标 *r* 表示变量的参考坐标系以 ω_r 旋转。显然，变量的变换避免了电感与转子位置的相关性。而且，这种变换将 *qs* 和 *ds* 电路进行了解耦，*qs* 和 *ds* 两个子电路在磁上并不存在耦合。我们将在后面同步电机的分析中更详细介绍这方面的内容。

虽然我们会发现考虑电容元件并不是非常必要，但作为学习和理解，我们将花一些时间来推导在任意速度参考坐标系下的电容元件的电流方程。为此，假设

$$\boldsymbol{i}_{\text{abs}} = p\boldsymbol{q}_{\text{abs}} \tag{5.4-24}$$

其中，电荷矢量为

$$(q_{\text{abs}})^{\text{T}} = [q_{\text{as}}, q_{\text{bs}}] \tag{5.4-25}$$

就如前面所提到的那样，坐标变换对于电荷也是适用的，因此

$$\boldsymbol{i}_{\text{qds}} = \boldsymbol{K}_{\text{s}} p[(\boldsymbol{K}_{\text{s}})^{-1}\boldsymbol{q}_{\text{qds}}] \tag{5.4-26}$$

式（5.4-26）又可以写为

$$i_{\text{qs}} = \omega q_{\text{ds}} + pq_{\text{qs}} \tag{5.4-27}$$

$$i_{\text{ds}} = -\omega q_{\text{qs}} + pq_{\text{ds}} \tag{5.4-28}$$

从式（5.4-26）到式（5.4-27）和式（5.4-28）的推导过程留给读者自己证明。对于线性的两相电容电路，

$$\boldsymbol{q}_{\text{abs}} = \boldsymbol{C}_{\text{s}} v_{\text{abs}} \tag{5.4-29}$$

在任意速度坐标系中

$$\boldsymbol{q}_{\text{qds}} = \boldsymbol{K}_{\text{s}}\boldsymbol{C}_{\text{s}}(\boldsymbol{K}_{\text{s}})^{-1} v_{\text{qds}} \tag{5.4-30}$$

有趣的是式（5.4-16）和式（5.4-30）非常类似。

另外，我们需要提到变换的另外一个附加的性质是保持功率不变，不管在哪个参考坐标系下，电流乘以电压的值保持不变。对于 *as* 和 *bs* 参考坐标系下的变量，

$$P = (v_{\text{abs}})^{\text{T}}\boldsymbol{i}_{\text{abs}} \tag{5.4-31}$$

而对于 *qs* 和 *ds* 参考坐标系下的变量，式（5.4-31）变成

$$\begin{aligned}(v_{\text{abs}})^{\text{T}}\boldsymbol{i}_{\text{abs}} &= [(\boldsymbol{K}_{\text{s}})^{-1}v_{\text{qds}}]^{\text{T}}(\boldsymbol{K}_{\text{s}})^{-1}\boldsymbol{i}_{\text{qds}} \\ &= (v_{\text{qds}})^{\text{T}}[(\boldsymbol{K}_{\text{s}})^{-1}]^{\text{T}}(\boldsymbol{K}_{\text{s}})^{-1}\boldsymbol{i}_{\text{qds}}\end{aligned} \tag{5.4-32}$$

由于$[(\boldsymbol{K}_{\text{s}})^{-1}]^{\text{T}} = \boldsymbol{K}_{\text{s}}$，

$$(v_{\text{abs}})^{\text{T}}\boldsymbol{i}_{\text{abs}} = (v_{\text{qds}})^{\text{T}}\boldsymbol{i}_{\text{qds}} \tag{5.4-33}$$

对于电机而言，我们的输出功率是转矩和转子速度的乘积。由于在所有坐标系下的功率相等，而转子速度是一个比例系数，因此变换前后电磁转矩也保持不变。

例 5B　让我们继续对式（5.4-6）进行讨论，前面我们提到，两相电路的电压方程只有在各相电阻相等的情况下才能在不同的参考坐标系下保持相同的形式。为了说明这个问题，令

$$\boldsymbol{r}_{\text{s}} = \text{diag}[r_{\text{a}}, r_{\text{b}}] \tag{5B-1}$$

此时假定 $r_{\text{a}} \neq r_{\text{b}}$，从式（5.4-4）可以得到

$$\boldsymbol{K}_{\text{s}}\boldsymbol{r}_{\text{s}}(\boldsymbol{K}_{\text{s}})^{-1} = \begin{bmatrix}\cos\theta & \sin\theta \\ \sin\theta & -\cos\theta\end{bmatrix}\begin{bmatrix}r_{\text{a}} & 0 \\ 0 & r_{\text{b}}\end{bmatrix}\begin{bmatrix}\cos\theta & \sin\theta \\ \sin\theta & -\cos\theta\end{bmatrix} \tag{5B-2}$$

进行一些整理运算之后，可以得到

$$\begin{bmatrix} v_{qs} \\ v_{ds} \end{bmatrix} = \begin{bmatrix} \dfrac{r_a + r_b}{2} + \dfrac{r_a - r_b}{2}\cos2\theta & \dfrac{r_a - r_b}{2}\sin2\theta \\ \dfrac{r_a - r_a}{2}\sin2\theta & \dfrac{r_a + r_b}{2} + \dfrac{r_a - r_b}{2}\cos2\theta \end{bmatrix} \begin{bmatrix} i_{qs} \\ i_{ds} \end{bmatrix} \tag{5B-3}$$

从式（5B-3）我们认识到，情况已经变得非常复杂了。由于 $p\theta = \omega$，因此式（5B-3）中的系数变得与时间有关系。只有当 $\omega = 0$，选择静止的坐标系时，式（5B-3）中的矩阵才能与时间无关，如果同时将 $\theta(0)$ 选为零，则电阻矩阵变成对角矩阵 diag ［r_a，r_b］，实际上通常情况下我们碰到这种情况就是这么做的。

SP5.4-1 假如 $\boldsymbol{r}_s$ = diag ［r_s，r_s］，$\boldsymbol{L}_s$ = diag ［L_s，L_s］，$v_{abs} = \boldsymbol{r}_s \boldsymbol{i}_{abs} + p\boldsymbol{\lambda}_{abs}$，计算 v_{qs} 和 v_{ds}，同时画出 qs 和 ds 坐标系下的等效电路。［$v_{qs} = r_s i_{qs}$ + 式（5.4-18）等式右边部分；$v_{ds} = r_s i_{ds}$ + 式（5.4-19）等式右边部分］

SP5.4-2 假设 $\boldsymbol{L}_s$ = diag ［L_a，L_b］，其中 $L_a \neq L_b$，计算 $\boldsymbol{K}_s \boldsymbol{L}_s (\boldsymbol{K}_s)^{-1}$。［将式（5B-3）矩阵中的相应的电阻改成对应的电感］

SP5.4-3 假如 C_s 为等元素对角矩阵，证明式（5.4-28）可以写成 $i_{ds} = C_s p v_{ds} - \omega C_s v_{qs}$ 的形式。

5.5 平衡组合和稳态平衡运行的变量转换

两相平衡组合可以表示为

$$f_{as} = \sqrt{2} f_s \cos\theta_{ef} \tag{5.5-1}$$

$$f_{bs} = \sqrt{2} f_s \sin\theta_{ef} \tag{5.5-2}$$

上述方程组描述了 ab 相序下的两相变量的平衡组合，其中 f_s 可以随时间变化。在稳态情况下，

$$F_{as} = \sqrt{2} F_s \cos[\omega_e t + \theta_{ef}(0)] \tag{5.5-3}$$

$$F_{bs} = \sqrt{2} F_s \sin[\omega_e t + \theta_{ef}(0)] \tag{5.5-4}$$

其中，F_s，ω_e 和 $\theta_{ef}(0)$ 都是常量，下标 f 用于表示在零时刻的位移，可以是电压角度位移［$\theta_{ev}(0)$］，也可以是电流角度位移［$\theta_{ei}(0)$］。如果以相量的形式表示，

$$\tilde{F}_{as} = F_s \angle \theta_{ef}(0) \tag{5.5-5}$$

$$\tilde{F}_{bs} = F_s \angle \theta_{ef}(0) - \frac{1}{2}\pi = -\mathrm{j}\tilde{F}_{as} \tag{5.5-6}$$

在平衡稳态条件下，我们没有必要分别考虑 as 和 bs 两相的情况，因为它们是正

交的。

将式（5.5-1）和式（5.5-2）的平衡组合转换为式（5.3-1）的任意速参考坐标系的形式，可以得到

$$f_{qs}=\sqrt{2}f_s\cos(\theta_{ef}-\theta) \tag{5.5-7}$$

$$f_{ds}=-\sqrt{2}f_s\sin(\theta_{ef}-\theta) \tag{5.5-8}$$

非同步的（异步的）**旋转参考坐标系**

在稳态条件下

$$F_{qs}=\sqrt{2}F_s\cos[(\omega_e-\omega)t+\theta_{ef}(0)-\theta(0)] \tag{5.5-9}$$

$$F_{ds}=-\sqrt{2}F_s\sin[(\omega_e-\omega)t+\theta_{ef}(0)-\theta(0)] \tag{5.5-10}$$

其中，ω 不一定是常量。我们来考虑所有非同步旋转参考坐标系，$\omega\neq\omega_e$。我们需要明白，假定 $\omega\neq\omega_e$ 同时 $\theta(0)=0$，式（5.5-9）和式（5.5-10）用相量的形式表示为

$$\tilde{F}_{qs}=F_s\underline{/\theta_{ef}(0)}=\tilde{F}_{as} \tag{5.5-11}$$

$$\tilde{F}_{ds}=F_s\underline{/\theta_{ef}(0)+\frac{1}{2}\pi}=j\tilde{F}_{qs} \tag{5.5-12}$$

回忆一下，我们曾经推导过 F_{as} 和 F_{bs} 可以由相量 $\tilde{F}_{as}$ 和 $\tilde{F}_{bs}$ 在复数坐标系中逆时针旋转（将 $\tilde{F}_{as}$ 乘上 $e^{j\omega_e t}$），然后取其实部得到，比如 $F_{as}=\mathrm{Re}(\tilde{F}_{as}e^{j\omega_e t})$。同样，$F_{qs}$ 和 F_{ds} 就可以通过简单地将 $\tilde{F}_{qs}$ 和 $\tilde{F}_{ds}$ 乘上 $e^{j(\omega_e-\omega)t}$ 得到，表示相量在复数坐标系中以 $\omega_e-\omega$ 速度旋转，然后求其实部。假如 $\omega<\omega_e$，则 $\omega_\varepsilon-\omega$ 为正，旋转为逆时针方向；相反，假如 $\omega>\omega_e$，则 $\omega_e-\omega$ 为负，旋转为顺时针方向。式（5.5-11）和式（5.5-12）同时包含了这两种情况，当旋转是逆时针方向时($\omega_e>\omega$)，$\tilde{F}_{ds}$ (F_{ds})超前 $\tilde{F}_{qs}$(F_{qs})，当旋转为顺时针方向时（$\omega_e<\omega$），$\tilde{F}_{ds}$(F_{ds})滞后 $\tilde{F}_{qs}$(F_{qs})。

从第4章的内容我们可以知道在对称的绕组上施加平衡的电流可以得到旋转的磁场。因此，有时候在机电装置分析中将 $\tilde{F}_{as}$ 和 $\tilde{F}_{bs}$ 叠加到 *as* 和 *bs* 的磁轴上是很有帮助的。这些相量乘上 $e^{j\omega_e t}$ 之后将和磁动势 mmf 同速度旋转（其中 ω_e 为逆时针方向）。类似的，$\tilde{F}_{qs}$ 和 $\tilde{F}_{ds}$ 乘上 $e^{j(\omega_e-\omega)t}$ 之后将以 $\omega_e-\omega$ 为速度相对 *qs* 和 *ds* 轴旋转，当 $\omega_e>\omega$ 时，其为逆时针方向，否则为顺时针方向。

除了 $\omega=\omega_e$ 时的同步旋转参考坐标系外，对于其他任意参考坐标系而言，如果假定 $\theta(0)=0$，则 $\tilde{F}_{qs}$ 与 $\tilde{F}_{as}$ 相等，即

$$\tilde{V}_{qs}=\tilde{V}_{as} \tag{5.5-13}$$

$$\widetilde{I}_{qs} = \widetilde{I}_{as} \tag{5.5-14}$$

因此，所有非同步参考坐标系中的阻抗都是相同的，就是现实中的 *as* 和 *bs* 电路中的阻抗。虽然从式（5.5-13）和式（5.5-14）看这个是明确的，但我们还是自己来验证一下。为此，我们来考虑一下两相平衡的 rL 电路。

从 SP5.4-1 可以知道两相平衡的 rL 电路的稳态电压方程可以写为

$$V_{qs} = r_s I_{qs} + \omega L_s I_{ds} + L_s p I_{qs} \tag{5.5-15}$$

$$V_{ds} = r_s I_{ds} - \omega L_s I_{qs} + L_s p I_{ds} \tag{5.5-16}$$

由于 $\widetilde{F}_{as} = \widetilde{F}_{qs}$，我们只需考虑式（5.5-15）。在 F_{qs} 和 F_{ds} 坐标系下的变量的频率为 $\omega_e - \omega$，从式（5.5-12）可以知道 $\widetilde{I}_{ds} = \mathrm{j}\,\widetilde{I}_{qs}$，从式（5.5-10）可以知道 I_{qs} 是正弦的，因此我们可以将式（5.5-15）写成相量形式为

$$\widetilde{V}_{qs} = r_s \widetilde{I}_{qs} + \mathrm{j}\omega L_s \widetilde{I}_{qs} + \mathrm{j}L_s(\omega_e - \omega)\widetilde{I}_{qs} \tag{5.5-17}$$

继而可以简化为

$$\widetilde{V}_{qs} = Z\widetilde{I}_{qs} \tag{5.5-18}$$

其中

$$Z = r_s + \mathrm{j}\omega_e L_s \tag{5.5-19}$$

同步旋转参考坐标系

在 $\omega = \omega_e$ 同步旋转坐标系中，假定 $\theta(0) = 0$，$\theta = \omega_e t$ 时，稳态情况下，式（5.5-9）和式（5.5-10）变成

$$F_{qs}^e = \sqrt{2}F_s \cos\theta_{ef}(0) \tag{5.5-20}$$

$$F_{ds}^e = -\sqrt{2}F_s \sin\theta_{ef}(0) \tag{5.5-21}$$

这里我们增加了一个上标 e 来标识这个变量在同步参考坐标系中。后面我们会用上标 s(r)来标识在定子（转子）参考坐标系中的变量。式（5.5-5）给出的相量 as 可以写成

$$\widetilde{F}_{as} = F_s \cos\theta_{ef}(0) + \mathrm{j}F_s \sin\theta_{ef}(0) \tag{5.5-22}$$

上式（5.5-22）可以用 F_{qs}^e 和 F_{ds}^e 来表达

$$\sqrt{2}\,\widetilde{F}_{as} = F_{qs}^e - \mathrm{j}F_{ds}^e \tag{5.5-23}$$

此处我们需要注意，F_{qs}^e 和 F_{ds}^e 在稳态情况下是常量，而不是相量，也不是正弦量。显然，我们可以看到当 $\omega = \omega_e$ 且 $\theta(0) = 0$ 时，$\widetilde{F}_{as}$ 可以表示为式（5.5-23）所示的复数。我们将在后面的章节中使用这一表示方法。

对于稳态平衡条件下，在 *qs* 和 *ds* 参考坐标系下的变量为常量。因此，将 $\omega = \omega_e$ 以及 pI_{qs}^e 和 pI_{ds}^e 都为零作为条件代入式（5.5-15）和式（5.5-16）可以

得出

$$V_{qs}^{e}=r_{s}I_{qs}^{e}+\omega_{e}L_{s}I_{ds}^{e} \tag{5.5-24}$$

$$V_{ds}^{e}=r_{s}I_{ds}^{e}-\omega_{e}L_{s}I_{qs}^{e} \tag{5.5-25}$$

将式（5.5-24）和式（5.5-25）代入式（5.5-23）得

$$\tilde{V}_{as}=\frac{1}{\sqrt{2}}(V_{qs}^{e}-\mathrm{j}V_{ds}^{e})=(r_{s}+\mathrm{j}\omega_{e}L_{s})\tilde{I}_{as} \tag{5.5-26}$$

例5C　从同步旋转参考坐标系中的稳态电压方程出发，推导两相电路的输入阻抗表达式，该两相电路的每一相由电阻 r_s 和电感 L_s 并联而成。假设 $\tilde{V}_{as}=\mathrm{j}\,\tilde{V}_{bs}$，$K_s^e$ 中的 θ 为 $\omega_e t$。

从式（5.4-6）可以得到稳态情况下，电阻支路的电压方程为

$$V_{qs}^{e}=r_{s}I_{qs}^{e} \tag{5C-1}$$

$$V_{ds}^{e}=r_{s}I_{ds}^{e} \tag{5C-2}$$

从式（5.4-18）和式（5.4-19）得出电感支路的电压方程为

$$V_{qs}^{e}=\omega_{e}L_{s}I_{ds}^{e} \tag{5C-3}$$

$$V_{ds}^{e}=-\omega_{e}L_{s}I_{qs}^{e} \tag{5C-4}$$

总的 qs^{e} 电流 $I_{qs(T)}^{e}$ 可以从式（5C-1）和式（5C-4）中得到

$$I_{qs(T)}^{e}=\frac{V_{qs}^{e}}{r_{s}}-\frac{V_{ds}^{e}}{\omega_{e}L_{s}} \tag{5C-5}$$

类似的，总的 ds^{e} 电流为

$$I_{ds(T)}^{e}=\frac{V_{ds}^{e}}{r_{s}}+\frac{V_{qs}^{e}}{\omega_{e}L_{s}} \tag{5C-6}$$

在 $\theta(0)=0$ 时，从式（5.5-23）可以得到

$$\begin{aligned}\sqrt{2}\,\tilde{I}_{as}&=I_{qs(T)}^{e}-\mathrm{j}I_{ds(T)}^{e}\\&=\frac{V_{qs}^{e}}{r_{s}}-\frac{V_{ds}^{e}}{\omega_{e}L_{s}}-\mathrm{j}\frac{V_{ds}^{e}}{r_{s}}-\mathrm{j}\frac{V_{qs}^{e}}{\omega_{e}L_{s}}\end{aligned} \tag{5C-7}$$

重新整理式（5C-7）可以得到

$$\sqrt{2}\,\tilde{I}_{as}=\frac{1}{r_{s}}(V_{qs}^{e}-\mathrm{j}V_{ds}^{e})-\frac{1}{\omega_{e}L_{s}}(V_{ds}^{e}+\mathrm{j}V_{qs}^{e}) \tag{5C-8}$$

应用式（5.5-23），我们可以将式（5C-8）写成

$$\tilde{I}_{as}=\left(\frac{1}{r_{s}}-\frac{\mathrm{j}}{\omega_{e}L_{s}}\right)\tilde{V}_{as} \tag{5C-9}$$

另外，也可以写成

$$\begin{aligned}\tilde{V}_{as}&=\left(\frac{\mathrm{j}r_{s}\omega_{e}L_{s}}{r_{s}+\mathrm{j}\omega_{e}L_{s}}\right)\tilde{I}_{as}\\&=Z_{p}\,\tilde{I}_{as}\end{aligned} \tag{5C-10}$$

其中，Z_p 为并联的 rL 电路的相阻抗。

SP5.5-1 假设 $\widetilde{V}_{as}=r_s\widetilde{I}_{as}$，$\widetilde{F}_{as}=j\widetilde{F}_{bs}$，请表示(a) $\widetilde{V}_{qs}$，(b) $\widetilde{V}_{ds}$，(c) V_{qs}^e 以及(d) V_{ds}^e，对于你的答案是否有一些限制条件呢？[(a) $\widetilde{V}_{qs}=r_s\widetilde{I}_{qs}$；(b) $\widetilde{V}_{ds}=r_s\widetilde{I}_{ds}$；$\omega\neq\omega_e$ 且 $\theta(0)=0$；(c) $V_{qs}^e=r_sI_{qs}^e$；(d) $V_{ds}^e=r_sI_{ds}^e$；$\omega=\omega_e$，且 $\theta(0)=0$]

SP5.5-2 在平衡稳态条件下，假如 $\theta(0)=\frac{1}{2}\pi$，请表示 F_{qs}^e 和 F_{ds}^e。[$F_{qs}^e=\sqrt{2}F_s\cos(\theta_{ef}(0)-\frac{1}{2}\pi)$，$F_{ds}^e=-\sqrt{2}F_s\sin(\theta_{ef}(0)-\frac{1}{2}\pi)$]

SP5.5-3 在 SP5.5-2 中，如何用 F_{qs}^e 和 F_{ds}^e 来表示 $\widetilde{F}_{as}$ 呢？[$\sqrt{2}\widetilde{F}_{as}=-F_{ds}^e+jF_{qs}^e$]。

5.6 几种参考坐标系下的变量观察

观察静止的两相 rL 电路在任意速参考坐标系下，以及一些常用参考坐标系下的各变量波形对理解这种变换是非常有意义的。为此，假设 r_s 和 L_s 都为等元素、非零对角矩阵，而施加的电压源为

$$v_{as}=\sqrt{2}V_s\cos\omega_e t \tag{5.6-1}$$

$$v_{bs}=\sqrt{2}V_s\sin\omega_e t \tag{5.6-2}$$

其中，ω_e 为非确定值的常量，$\theta_{ev}(0)=0$。在 $t=0$ 时刻，电流的初始值为零，其表达式为

$$i_{as}=\frac{\sqrt{2}V_s}{|Z_s|}[-e^{-t/\tau}\cos\alpha+\cos(\omega_e t-\alpha)] \tag{5.6-3}$$

$$i_{bs}=\frac{\sqrt{2}V_s}{|Z_s|}[-e^{-t/\tau}\sin\alpha+\sin(\omega_e t-\alpha)] \tag{5.6-4}$$

其中

$$Z_s=r_s+j\omega_e L_s \tag{5.6-5}$$

$$\tau=\frac{L_s}{r_s} \tag{5.6-6}$$

$$\alpha=\tan^{-1}\frac{\omega_e L_s}{r_s} \tag{5.6-7}$$

要求得任意速参考坐标系下的电流，很容易让我们想到先要求得任意速参考坐标系下的电压。其实在这里我们不必要这么做，因为在一个参考坐标系下电流已知，则在所有参考坐标系下的电流都是已知的。对于这个例子讲，我们可以将

式（5.6-3）和式（5.6-4）直接转换为任意速参考坐标系下的电流表达式。令 ω 为未确定的常量，$\theta(0)=0$，$\theta=\omega t$，在任意速参考坐标系中可得

$$i_{qs}=\frac{\sqrt{2}V_s}{|Z_s|}\{-e^{-t/\tau}\cos(\omega t-\alpha)+\cos[(\omega_e-\omega)t-\alpha]\} \tag{5.6-8}$$

$$i_{ds}=\frac{\sqrt{2}V_s}{|Z_s|}\{e^{-t/\tau}\sin(\omega t-\alpha)-\sin[(\omega_e-\omega)t-\alpha]\} \tag{5.6-9}$$

从上面分析我们可以清楚地看到电系统的形态与在哪个坐标系下观察无关。虽然在不同的坐标系下，变量表现不同，但不管在哪个参考坐标系下其运行模式是相同的（暂态或者稳态）。通常情况下，式（5.6-8）和式（5.6-9）包含了两个平衡的组合。其中一个组合代表了电系统的暂态响应，它以任意速坐标系的瞬态角速度为频率，以指数形式衰减。在 $\omega>0$ 情况下，这个组合中的 qs 变量超前 ds 变量 90°；在 $\omega<0$ 情况下，滞后 90°。另外一个组合代表了电系统的稳态响应，它有一个固定的幅值，其频率为施加在静止电路上的角速度和参考坐标系角速度的差值。在 $\omega>\omega_e$ 情况下，这个组合中的 qs 变量超前 ds 变量 90°；在 $\omega<\omega_e$ 情况下，滞后 90°。当相关 qs 和 ds 变量用如前面所提到的式（5.5-12）的相量形式表示时，必然会导致负频率概念的产生。

有两个参考坐标系，它们不是同时拥有上述两个平衡组合。在静止参考坐标系中，$\omega=0$，$i_{qs}=i_{as}$。在这个参考坐标系中，指数衰减的平衡组合变成了指数衰减，恒定幅值的平衡组合频率为 ω_e。在同步旋转参考坐标系中，$\omega=\omega_e$，电系统的指数衰减平衡组合的频率为 ω_e，恒定幅值的平衡组合变为常量。

不同参考坐标系下的系统变量的波形如图 5.6-1 至图 5.6-3 所示。施加到两相系统的电压形式如式（5.6-1）和式（5.6-2）所示，具体数值为 $V_s=10/\sqrt{2}\text{V}$，$r_s=0.216\Omega$，$\omega_e L_s=1.09\Omega$，其中 $\omega_e=377\text{rad/s}$。在 $t>0$ 时，静止参考坐标系下电系统的响应如图 5.6-1 所示。由于我们选择 $\theta(0)=0$，$f_{as}=f_{qs}^s$，因此 v_{qs}^s 和 i_{qs}^s 波形分别就是 v_{as} 和 i_{as} 的波形。注意，我们使用了 s 上标来标识在静止参考坐标系中的 qs 和 ds 变量。在相同的运行模式下，同步旋转参考坐标系中各变量的波形如图 5.6-2 所示。需要注意的是在式（5.6-1）和式（5.6-3）中，我们已经选择了两相电压在零时刻的值为零，即 $\theta_{cv}(0)=0$，由式（5.5-7）和式（5.5-8），如果 $\theta(0)=0$，则 $v_{qs}^e=10\text{V}$ 和 $v_{ds}^e=0$。正如我们先前提到过的那样，我们用上标 e 来表示同步速旋转的参考坐标系。在图 5.6-3 中，仍假设 $\theta(0)=0$，参考坐标系的旋转速度从 -377rad/s 变成零，然后又变成 377rad/s。

在图 5.6-3 中还有几点性质值得大家注意。在所有图中的瞬时功率都是一致的。在同步旋转参考坐标系中，图 5.6-2 清楚地显示了瞬时功率的波形与瞬时电

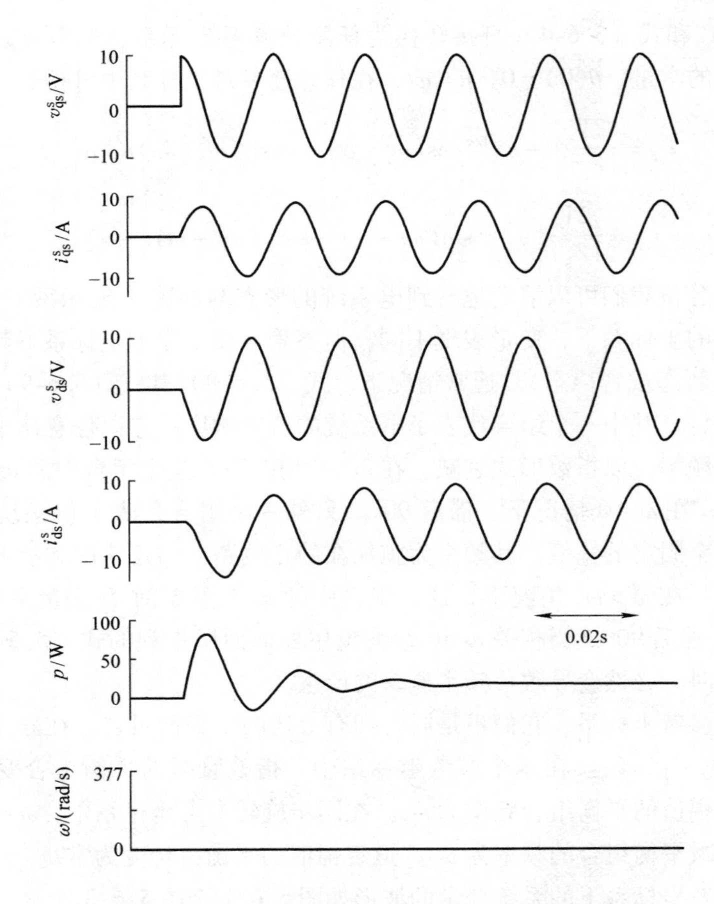

图 5.6-1　静止两相系统在静止坐标系下的变量

流的波形之间的关系，由于 v_{ds}^{e} 为零，i_{qs}^{e} 和功率之间只相差一个常系数(v_{qs}^{e})。在图 5.6-3 中，我们选择 $\theta_{ev}(0)=0$ 和 $\theta(0)=0$。当施加电压之后，我们观察到在顺时针方向 ω_e 旋转($\omega=-\omega_e$)的参考坐标系下微分方程的解。参考坐标系选择的速度从 −377rad/s 阶跃至零，继而微分方程在静止坐标系中求解。然而，从一个坐标系到另一坐标系的切换过程中，变量必须是连续的。因此，切换之后静止参考坐标系下的微分方程解的初始值由变量在前一个坐标系（$\omega=-\omega_e$）下在切换时刻的瞬时值决定。当参考坐标系的速度切换至同步速时，变量已经到达稳态状况，因此在 ω 变为 ω_e 时，相应的变量为常量。从本质上说，我们施加了两相平衡的电压组合到一个对称的 rL 电路上，图 5.6-3 显示了我们在不同的坐标系下跳变时所观察到的实际变量的变化。

SP5.6-1　图 5.6-1 画出了 qs^s 在 ds^s 和参考坐标系下的变量，如何对曲线进

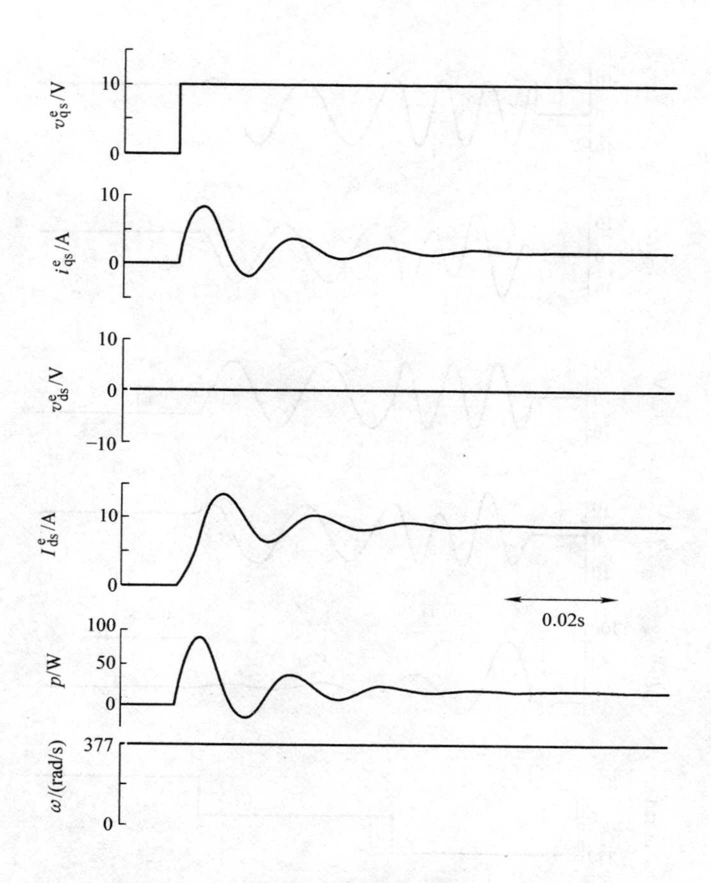

图 5.6-2 静止两相系统在同步坐标系下的变量

行重新标识可以得到 *as* 和 *bs* 坐标系变量呢？[$v_{qs}^{s} = v_{as}$，$i_{qs}^{s} = i_{as}$，$v_{ds}^{s} = -v_{bs}$，$i_{ds}^{s} = -i_{bs}$，功率保持不变]

SP5.6-2 在图 5.6-2 中，除了 $\omega = \omega_e$ 这个条件以外，还有什么相关的限制和假设呢？[$\theta(0) = 0$]

SP5.6-3 在图 5.6-2 中，为什么 $v_{ds}^{e} = 0$？[$\theta_{ev}(0) = 0$，$\theta(0) = 0$]

SP5.6-4 图 5.6-1 和图 5.6-3 中 $\omega = 0$ 部分基本类似，为何图 5.6-2 和图 5.6-3 中的 $\omega = \omega_e$ 部分相差那么大呢？在两个图形中，我们都将 $\theta_{ev}(0)$ 和 $\theta(0)$ 选择为零。[在图 5.6-1 中，我们在 $t = 0$，v_{as} 为最大值时就选择了同步参考坐标系；在图 5.6-3 中，我们切换至同步参考坐标（$\omega = \omega_e$）的时候接受了前一个参考坐标系留下的瞬时 qs^e 和 ds^e 幅值。]

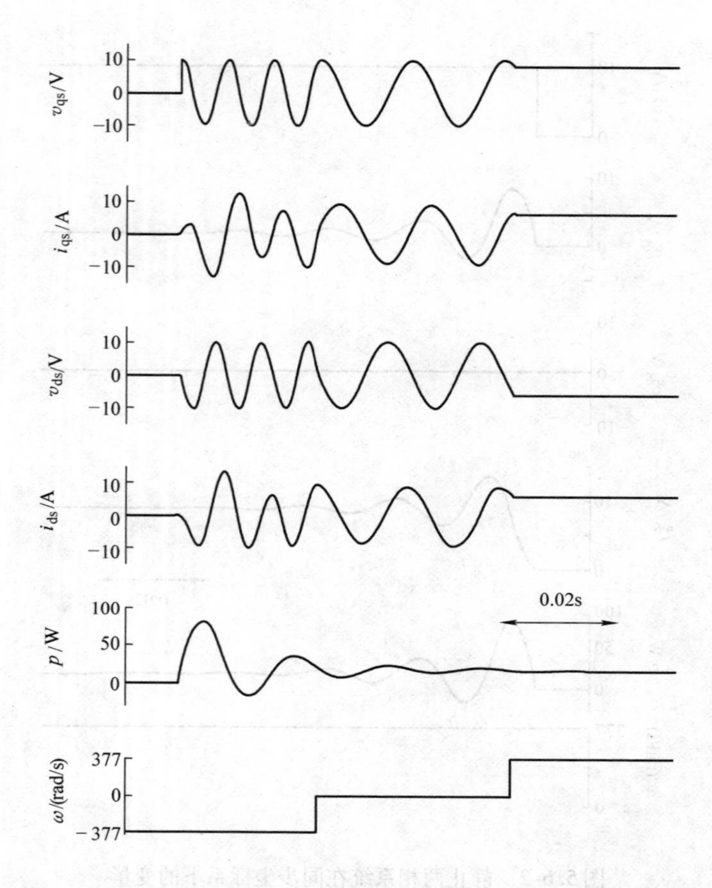

图5.6-3　静止两相系统在变速度参考坐标系下的变量（参考坐标系速度开始为$\omega=-\omega_e$，随后阶跃至零，再阶跃至$\omega=\omega_e$）

5.7 三相系统的变换方程

虽然我们不会详细分析三相系统的变量变换情况，但作为与两相系统的比较，介绍三相系统也是非常有意义的。三相静止电路的变量变换为任意速旋转参考坐标系的变量公式可以表示为

$$f_{qd0s}=K_s f_{abcs} \tag{5.7-1}$$

对于一个abc相序系统（附录C），其中

$$(f_{qd0s})^T=[f_{qs}\quad f_{ds}\quad f_{0s}] \tag{5.7-2}$$

$$(f_{abcs})^T=[f_{as}\quad f_{bs}\quad f_{cs}] \tag{5.7-3}$$

$$K_s = \frac{2}{3}\begin{bmatrix} \cos\theta & \cos(\theta-\frac{2}{3}\pi) & \cos(\theta+\frac{2}{3}\pi) \\ \sin\theta & \sin(\theta-\frac{2}{3}\pi) & \sin(\theta+\frac{2}{3}\pi) \\ \frac{1}{2} & \frac{1}{2} & \frac{1}{2} \end{bmatrix} \tag{5.7-4}$$

$$\frac{d\theta}{dt} = \omega \tag{5.7-5}$$

可以证明，其逆变换为

$$(K_s)^{-1} = \begin{bmatrix} \cos\theta & \sin\theta & 1 \\ \cos(\theta-\frac{2}{3}\pi) & \sin(\theta-\frac{2}{3}\pi) & 1 \\ \cos(\theta+\frac{2}{3}\pi) & \sin(\theta+\frac{2}{3}\pi) & 1 \end{bmatrix} \tag{5.7-6}$$

由于有三个变量f_{as}、f_{bs}、f_{cs}，因而我们需要的也是三个替换的变量f_{qs}、f_{ds}、f_{0s}。我们有必要注意，其中，变量f_{0s}独立于参考坐标系的角度位移和角速度。如果我们假设

$$v_{as} = r_s i_{as} + p\lambda_{as} \tag{5.7-7}$$

$$v_{bs} = r_s i_{bs} + p\lambda_{bs} \tag{5.7-8}$$

$$v_{cs} = r_s i_{cs} + p\lambda_{cs} \tag{5.7-9}$$

将式（5.7-7）至式（5.7-9）转换为任意速参考坐标系，则可以得到

$$v_{qs} = r_s i_{qs} + \omega\lambda_{ds} + p\lambda_{qs} \tag{5.7-10}$$

$$v_{ds} = r_s i_{ds} - \omega\lambda_{qs} + p\lambda_{ds} \tag{5.7-11}$$

$$v_{0s} = r_s i_{0s} + p\lambda_{0s} \tag{5.7-12}$$

虽然增加了一个 0s 电压方程，当v_{qs}和v_{ds}的方程与两相系统是一样的。

在平衡的三相系统中，0s 变量为零。另外，三相系统经常为星形（Y）联结，也没有中性线引出。在这种情况下，三相电流值之和为零，而假如i_{0s}为零，则v_{0s}也为零。

现在让我们考虑一个平衡的 abc 相序的三相变量组合如下：

$$f_{as} = \sqrt{2}f_s\cos\theta_{ef} \tag{5.7-13}$$

$$f_{bs} = \sqrt{2}f_s\cos(\theta_{ef}-\frac{2}{3}\pi) \tag{5.7-14}$$

$$f_{cs} = \sqrt{2} f_s \cos\left(\theta_{ef} - \frac{2}{3}\pi\right) \tag{5.7-15}$$

利用式（5.7-1）将他们转换至任意速参考坐标系中可得

$$f_{qs} = \sqrt{2} f_s \cos(\theta_{ef} - \theta) \tag{5.7-16}$$

$$f_{ds} = -\sqrt{2} f_s \sin(\theta_{ef} - \theta) \tag{5.7-17}$$

$$f_{0s} = 0 \tag{5.7-18}$$

请注意，当$f_{0s}=0$时，三相系统变成了两相系统，式（5.7-16）和式（5.7-17）与式（5.5-7）和式（5.5-8）保持一致。因此，我们在5.5和5.6小节所讲述的内容对于三相系统来说也是适用的。

SP5.7-1 假如一个三相系统和5.6小节中描述的两相系统具有相同的元素，当施加三相平衡电压时，三相系统的所有电压和电流波形与两相系统是一致的，为什么？[(5.5-7)=(5.7-16)，(5.5-8)=(5.7-17)]

SP5.7-2 当在一个三相、三线、线性磁系统上施加不平衡的电压时，式（5.7-16）至式（5.7-18）中，哪些式子仍保持成立？[只有式（5.7-18）]

SP5.7-3 在SP5.7-1中，我们说明了5.6小节中的电压和电流波形都适用三相系统，但5.6小节中的功率曲线必须乘以$\frac{3}{2}$才适用三相系统，为什么？[因为三相功率使用了两相的变量进行了计算]

5.8 小结

参考坐标系理论确实是一种不同以往学过的基本电路课程中的分析方法。然而，它是分析交流电机和交流驱动系统的必要手段，有时甚至是必需的手段。虽然这一章的内容只是简要介绍了参考坐标系理论的一些概念，但这已经为我们后面的分析建立了基础。假如我们能够完全掌握这一章的内容，那么在后面的学习中我们将非常习惯于参考坐标系变换，同时能预见应用这种分析工具所带来的方便和好处。我们在后面的分析中将非常频繁地使用这一章的内容，因此希望读者能够认同这些内容方便而又容易理解。

在这一章中，我们将精力主要集中在两相系统的分析上，在后面的章节我们仍将聚焦于两相系统。这将有利于坐标变换的概念以一种更加简明的方式呈现，而不受三相系统所固有的复杂三角关系所拖累。从5.7小节内容的学习中我们可以发现参考坐标系理论从两相扩展至三相是非常直接和方便的。

5.9 参考文献

[1] R. H. Park, "Two-Reaction Theory of Synchronous Machines – Generalized Method of Analysis – Part I," *AIEE Trans.*, Vol. 48, July 1929, pp. 716-727.

[2] H. C. Stanley, "An Analysis of the Induction Motor," *AIEE Trans.*, Vol. 57 (Supplement), 1938, pp. 751-755.

[3] G. Kron, Equivalent Circuits of Electric Machinery, John Wiley and Sons, Inc., New York, N.Y., 1951.

[4] D. S. Brereton, D. G. Lewis, and C. G. Young, "Representation of Induction Motor Loads During Power System Stability Studies," *AIEE Trans.*, Vol. 76, August 1957, pp. 451-461.

[5] P. C. Krause and C. H. Thomas, "Simulation of Symmetrical Induction Machinery," *IEEE Trans. Power Apparatus and Systems*, Vol.84, November 1965, pp. 1038-1053.

[6] P. C. Krause, F. Norari, T. L. Skvarenina, and D. W. Olive, "The Theory of Neglecting Stator Transients," *IEEE Trans. Power Apparatus and Systems*, Vol. 98, January/February 1979, pp. 141-148.

5.10 习题

1. 假如$f_{as} = \cos\omega_e t$，$f_{bs} = -\sin\omega_e t$，（a）$\tilde{F}_{as}$和 $\tilde{F}_{bs}$之间的关系是什么？（b）利用式（5.3-1），以 $\theta(0) = 0$ 为条件，求解f_{qs}^e和f_{ds}^e。（c）设计一个 $T(\theta)$变换，使得$f_{qs}^e = 1$，$f_{ds}^e = 0$，其中 $\theta(0) = 0$。

2. 如果用f_{qds}^a来代表 a 在参考坐标系下的变量 *as* 和 *bs*，用f_{qds}^b表示 b 在参考坐标系下的变量 *as* 和 *bs*，如何用 K_s^a 和 K_s^b 来表示${}^aK^b$，其中

$$f_{qds}^b = {}^aK^b f_{qds}^a$$

3. 重复例 5C 的问题，但使用非同步旋转坐标系，并令 $\theta(0) = 0$。

4. 重复例 5C 的问题，但两相电路换成 rC 并联电路。

5. 假设 as 和 bs 两相系统，每一相由 r_s 和 L_s 串联而成。如果 $V_{as} = \sqrt{2} V_s \cos\omega_e t$，$V_{bs} = \sqrt{2} V_s \sin\omega_e t$，在 $\theta(0) = 0$ 条件下，用 r_s、L_s、ω_e 和 I_{qs}^e来表示 V_{qs}^e。

6. 一个两相系统的 r_s 和 L_s 矩阵为等元素对角矩阵，$v_{as}=\sqrt{2}V_s\cos\theta_{esv}$，$v_{bs}=\sqrt{2}V_s\sin\theta_{esv}$，其中 $\theta_{esv}=\omega_e t+\theta_{esv}(0)$，我们可以建立 qs^e 和 ds^e 的等效电路，K_s^e 中的 $\theta=\omega_e t+\theta(0)$，这个等效电路在频率变化的情况下也是成立的，此时 ω_e 将成为时间的函数。(a)当频率变化时，在 qs^e 和 ds^e 等效电路上需要做什么样的变化？(b)该等效电路在 $\omega_e=0$ 时成立吗？

7. 假设 $f_{as}=1$，$f_{bs}=1$，如何确定 K_s 中的 θ，使得这些常量变成两相平衡组合，令 $\theta(0)=0$，如何在这个参考坐标系中表示 v_{qs}和 v_{ds}。

第 6 章

对称感应电机

6.1 引言

感应电机常被用作电能转化为机械能的装置，但是实际上，它既可以作电动机又可以作发电机运行。其中，三相感应电机就普遍应用于大功率场合，如水泵、轧钢设备、起重及车辆驱动等。在功率较小的情况下，两相和三相的感应电机则普遍作为小功率系统当中的控制电机。此外，感应电机作为发电机还常常用于风力发电和低水头水力发电当中。而与多相电机相比，转矩产生方式相类似的单相感应电机也在家用电器系统中得到广泛应用。

为了进一步对感应电机进行系统的分析，我们有必要先进行变量变换，用以消除第 1 章 1.7 节提及的由于绕组相对运动而引起的随位置变化的互感。在对称感应电机的分析当中，有许多种变换方法都能达到这一目的。这种分析方法所涉及的稳态单相等效电路，某种程度上与一个绕组短路的变压器十分相似。

针对对称的两相和三相感应电机的分析在本质上是一样的。因此，我们主要集中分析两相电机，这样能够使我们在对感应电机的理论与特性有深入了解的同时，避免复杂的三角函数的数学推导。一旦分析理论得以确定，那么感应电机在平衡条件下的运行特性就可以通过计算机仿真来分析。另外，三相感应电机将在本章的最后一节予以介绍，而单相感应电机与两相对称感应电机的不平衡条件下的运行特性则将在之后的章节当中做出说明。

6.2 两相感应电机

如图 6.2-1 所示是一台两极两相感应电机。假设定子绕组可以分解为如第 4 章所示的正交、正弦分布的绕组。那么我们就很容易推出两极两相感应电机的转子，也可分解为有两个相差 90°电角度的正弦分布绕组。在之后的章节里我们将讨论锻造的感应电机笼型转子。因此，本节中我们主要考虑 ar 与 br 绕组正弦分布的情况，此条件下，每个绕组都具有相同的电阻值。也就是说，定子和转子都是对称的。因此，这样的电机也通常被称为对称感应电机。

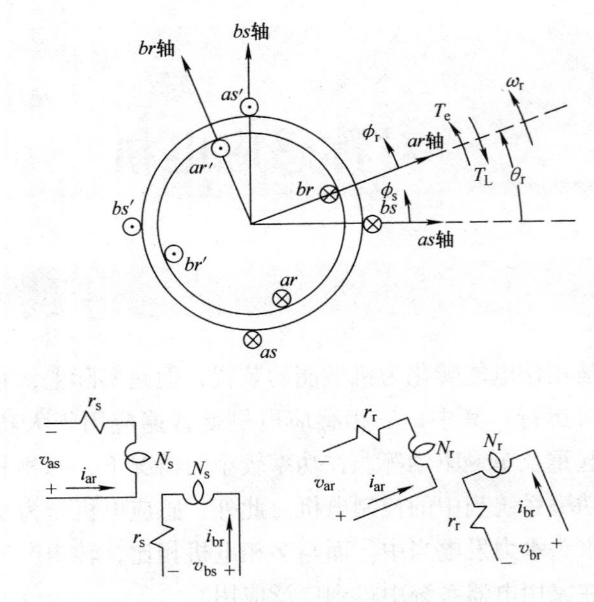

图 6.2-1 两极两相对称感应电机

我们可以看出感应电机的定子和转子之间气隙是均匀的，并且转子绕组通常是短路状态（$v_{ar}=v_{br}=0$）。一般只有定子绕组与电源连接，因而感应电机也被称为单馈电机。特殊情况下，例如风力发电机的应用当中，感应电机的定子和转子绕组则均与电源连接，我们把这类感应电机称为双馈电机。在双馈电机中，转子绕组是通过电刷和集电环与固定的多相电源连接的。其中集电环是一个固态的完整铜环，而不像直流电机的换向器那样是分段的。

在本章当中，依然沿用第4章的设定，用 ϕ_s 表示定子的角位移，它的参考坐标轴为 as 轴。而从图 6.2-1 中则可以看到转子的角位移是用 ϕ_r 表示的，其参考坐标轴为 ar 轴。转子的角速度和角位移分别为 ω_r、θ_r。特别指出，θ_r 是 ar 轴与 as 轴之间的角位移。所以，转子外表面给定点的角位移 ϕ_r 与定子内表面相邻点的角位移 ϕ_s 的关系如下：

$$\phi_s=\phi_r+\theta_r \tag{6.2-1}$$

图 6.2-1 中还画出了电磁转矩 T_e 与负载转矩 T_L。从第2章可知，电磁转矩 T_e 的正方向定义为 θ_r 增加的方向，而负载转矩的正方向与 T_e 相反（反转方向）。

由 as 与 bs 绕组产生的气隙磁动势大小由式（4.3-4）与式（4.3-5）给出。同时，由第4章内容可知，由 ar 与 br 绕组产生的气隙磁动势可以根据如下公式进行计算：

$$\mathrm{mmf}_{ar}=\frac{N_r}{2}i_{ar}\cos\phi_r \tag{6.2-2}$$

$$\mathrm{mmf}_{br} = \frac{N_r}{2} i_{br} \sin\phi_r \tag{6.2-3}$$

其中，N_r 是转子绕组的等效匝数。

在第4章中，我们已经了解到平衡稳态运行条件下两极电机的定子绕组中流过的两相平衡电流产生的一个恒幅值的旋转气隙磁动势为式（4.4-11）。根据这个旋转气隙磁动势（mmf_s）可以构建两个旋转的磁极，并以定子电流的角速度 ω_e 相对气隙旋转。接下来我们继续分析转子电流产生的气隙磁动势。在平衡稳态运行点，转子转速恒定，定子电流可以通过式（4.4-8）与式（4.4-9）来表示。在此基础上，可以假设转子电流表示式为

$$I_{ar} = \sqrt{2} I_r \cos[(\omega_e - \omega_r)t + \theta_{eri}(0)] \tag{6.2-4}$$

$$I_{br} = \sqrt{2} I_r \sin[(\omega_e - \omega_r)t + \theta_{eri}(0)] \tag{6.2-5}$$

由此可知，一旦零时刻确定，$\theta_{esi}(0)$ 与 $\theta_{eri}(0)$ 就可以由指定零时刻的瞬时定子和转子电流分别求得。我们还会发现，无论是只有定子绕组与电源连接、转子绕组短接（单馈），还是定子和转子绕组均与电源连接（双馈）的感应电机，在平衡稳态条件下，转子电流的频率就是定子电流角速度 ω_e 与转子角速度 ω_r 之间的差值。

将式（6.2-4）代入式（6.2-2），式（6.2-5）代入式（6.2-3），并把结果表达式相加，可以得到由转子电流产生的气隙磁动势的表达式如下

$$\begin{aligned}\mathrm{mmf}_r &= \mathrm{mmf}_{ar} + \mathrm{mmf}_{br} \\ &= \frac{N_r}{2} \sqrt{2} I_r \cos[(\omega_e - \omega_r]t + \theta_{eri}(0) - \phi_r]\end{aligned} \tag{6.2-6}$$

将余弦的参数项设置为恒定值并且对时间求导可得

$$\frac{d\phi_r}{dt} = \omega_e - \omega_r \tag{6.2-7}$$

这表明，由转子电流产生的气隙磁动势（mmf_r）相对于转子的旋转速度是 $\omega_e - \omega_r$，并且当 $\omega_e - \omega_r > 0$ 时，其转向相对转子为逆时针方向。在开始分析前，先来注意一下转子磁极的位置。为了便于分析，令 $\theta_{esi}(0)$ 和 $\theta_{eri}(0)$ 均为零。因此，在 $t = 0$ 时，mmf_r 是 ϕ_r 的余弦值。由它产生的磁通在 $-\frac{1}{2}\pi < \phi_r < \frac{1}{2}\pi$ 范围内，离开转子进入气隙，表现为 N 极（N^r）；在 $\frac{1}{2}\pi < \phi_r < \frac{3}{2}\pi$ 范围内，磁通从气隙穿入转子，表现为 S 极（S^r）。这就要求我们必须要明确 N^s 与 S^s 的位置。由此可以确定一组由定子磁动势（mmf_s）产生的定子磁极，它以 ω_e 的速度相对定子旋转；还可以确定一组由转子磁动势（mmf_r）产生的转子磁极，它以 $\omega_e - \omega_r$ 的速度相对转子旋转。如果定子磁极与转子磁极能够以相同的角速度相对于

气隙旋转，那么相同速度旋转的两个电磁场之间所形成的力将会产生恒定的电磁转矩。然而，定子磁极与转子磁极真的会以相同的角速度旋转么？为了回答这一问题，在式（6.2-1）中，可以令转子上有一个位移 ϕ_r，定子上有一个位移 ϕ_s。此时，令式（6.2-1）对时间求导可得

$$\frac{d\phi_s}{dt}=\frac{d\phi_r}{dt}+\frac{d\theta_r}{dt} \tag{6.2-8}$$

同时，由式（6.2-7）可知 $d\phi_r/dt=\omega_e-\omega_r$，并已知 $d\theta_r/dt=\omega_r$，所以有

$$\frac{d\phi_s}{dt}=\omega_e-\omega_r+\omega_r=\omega_e \tag{6.2-9}$$

也就是说，从定子侧观察时，由转子电流产生的气隙磁动势（mmf_r）在气隙中是以 ω_e 的速度旋转的。因此，从静止的参考系观察时，定子和转子磁极将均在气隙中以 ω_e 的速度旋转。当然，也可以从另外一个角度来解释，mmf_r 相对于转子以 $\omega_e-\omega_r$ 的速度旋转；就是说，如果从以 ω_r 的速度旋转的转子上观察，可以看到 mmf_r 以 $\omega_e-\omega_r$ 的速度相对转子旋转。如果离开转子，从静止的参考系观察 mmf_r，则可以看到转子以 ω_r 的速度旋转，mmf_r 相对转子以 $\omega_e-\omega_r$ 的速度旋转，而 $\omega_r+(\omega_e-\omega_r)=\omega_e$。那么当你在转子上，你能看到 mmf_s 么？若看得到，它是以多大的速度相对你旋转呢？（$\omega_e-\omega_r$）

当 mmf_s 与 mmf_r 按照相同的角速度旋转时，就可以产生一个稳定的平均电磁转矩。但如果它们的旋转速度不同，则不会出现这种情况。如何让它们的角速度相等呢？不管电机是单馈的还是双馈的我们都可以假设稳态转子电流的频率是 $\omega_e-\omega_r$，上节当中也曾提到过，那么现在来看看这是为什么。上节当中曾提过感应电机多数情况下都工作在转子绕组短路的状态。所以，转子电流是由 mmf_s 产生的磁通感应而来的（感应电机也是由此得名）。然而，为了在转子回路中产生电流，转子转速必须跟 mmf_s 不同，只有这样才能使转子回路的磁通发生变化。

定子电流产生的磁极与转子电流产生的磁极之间的相互作用将在轴上产生电磁转矩。如果没有转子电流，就无法产生电磁转矩。因此，感应电机能够在除同步速 $\omega_r=\omega_e$ 之外的任意转速下产生稳定的平均电磁转矩。换句话说，当转子与由定子电流产生的旋转磁场同步旋转时，将不会产生转子电流，进而也不会产生电磁转矩。当时，转子绕组短路的感应电机将作为电动机运行，$\omega_r<\omega_e$，当转子由轴上转矩拖动到 ω_e 以上的转速时，电机将作为发电机运行。

起初有人可能会因为定子电流产生两个磁极，转子电流也产生两个磁极而称这类电机为四极电机而不是两极电机。但是实际上，我们必须要明确，尽管在分析过程中，我们将定子和转子产生的气隙磁动势分离开来，但他们合成起来仍然是一个两极的电磁系统。

图6.2-2给出了一台三相四极、7.5hp、460V的笼型感应电机的剖面图。这是一台封闭的、风冷、可在恶劣工况下运行的电机，常用于化工、造纸、水泥、采矿等行业。图6.2-3所示是一台应用在小功率控制场合的两相四极、1/10hp、115V的感应电机的分解图。图6.2-3还给出了电机机座与减速齿轮。

图6.2-2 三相四极、7.5hp、460V的重载笼型感应电机（通用电气公司提供）

图6.2-3 带减速齿轮的两相四极、1/10hp、115V的感应电机

SP6.2-1 假设图6.2-1所示的电机的定转子绕组均按照正弦规律分布。(a)用 θ_r 与 ϕ_r 表达 mmf_{as}；(b)用 θ_r 与 ϕ_s 表达 mmf_{ar}。[(a) $mmf_{as}=(N_s/2)i_{as}\cos(\phi_r+\theta_r)$；(b) $mmf_{ar}=(N_r/2)i_{ar}\cos(\phi_s-\theta_r)$]

SP6.2-2 感应电机的稳定定子电流频率为60Hz，mmf_s 逆时针旋转。该设

备工作状态为电动机，且该两极电机的转子以 $0.9\omega_e$ 的速度逆时针旋转。（a）计算稳定转子电流的频率；（b）计算 $\mathrm{mmf_s}$ 与 $\mathrm{mmf_r}$ 相对于转子的角速度；（c）计算 $\mathrm{mmf_s}$ 与 $\mathrm{mmf_r}$ 相对于定子的角速度。[(a)6Hz；(b)37.7rad/s，逆时针；(c)377rad/s，逆时针]

SP6.2-3 对于一台工作在 $\omega_r = 1.1\omega_e$ 条件下的六极感应发电机，给出与SP6.2-2相同的3个问题的计算结果。[(a)6Hz；(b)37.7/3rad/s，顺时针；(c)377/3rad/s，逆时针]

SP6.2-4 (a)给出SP6.2-2当中转子电流的相位关系；(b)给出SP6.2-3当中转子电流的相位关系。[(a) $\tilde{I}_{ar} = \mathrm{j}\tilde{I}_{br}$；(b) $\tilde{I}_{ar} = -\mathrm{j}\tilde{I}_{br}$]

6.3 电压方程与绕组电感

如图6.2-1所示感应电机的电压方程可以表示为

$$v_{as} = r_s i_{as} + \frac{\mathrm{d}\lambda_{as}}{\mathrm{d}t} \tag{6.3-1}$$

$$v_{bs} = r_s i_{bs} + \frac{\mathrm{d}\lambda_{bs}}{\mathrm{d}t} \tag{6.3-2}$$

$$v_{ar} = r_r i_{ar} + \frac{\mathrm{d}\lambda_{ar}}{\mathrm{d}t} \tag{6.3-3}$$

$$v_{br} = r_r i_{br} + \frac{\mathrm{d}\lambda_{br}}{\mathrm{d}t} \tag{6.3-4}$$

其中，r_s 是每相定子绕组的电阻值；r_r 是每相转子绕组的电阻值。为了方便进一步推导，我们先将以上4个公式改写为矩阵形式如下：

$$\boldsymbol{v}_{abs} = \boldsymbol{r}_s i_{abs} + p\boldsymbol{\lambda}_{abs} \tag{6.3-5}$$

$$\boldsymbol{v}_{abr} = \boldsymbol{r}_r i_{abr} + p\boldsymbol{\lambda}_{abr} \tag{6.3-6}$$

其中，

$$(\boldsymbol{f}_{abs})^{\mathrm{T}} = [f_{as} \quad f_{bs}] \tag{6.3-7}$$

$$(\boldsymbol{f}_{abr})^{\mathrm{T}} = [f_{ar} \quad f_{br}] \tag{6.3-8}$$

在式（6.3-7）与式（6.3-8）中，f 可以表示电压、电流或磁链；T表示向量或矩阵的转置。在式（6.3-5）与式（6.3-6）中，p 是微分运算 d/dt 的简化符号。此外还有

$$\boldsymbol{r}_s = \begin{bmatrix} r_s & 0 \\ 0 & r_s \end{bmatrix} = r_s\boldsymbol{I} \tag{6.3-9}$$

$$\boldsymbol{r}_r = \begin{bmatrix} r_r & 0 \\ 0 & r_r \end{bmatrix} = r_r\boldsymbol{I} \tag{6.3-10}$$

其中，$\boldsymbol{I}$ 表示单位矩阵。附录 B 给出了矩阵的基本运算公式。

尽管式（6.3-5）与式（6.3-6）适用于非线性系统，我们通常还是假设磁路是线性的，因此磁链可以表达为电感与电流的函数，如下所示：

$$\lambda_{as} = L_{asas} i_{as} + L_{asbs} i_{bs} + L_{asar} i_{ar} + L_{asbr} i_{br} \tag{6.3-11}$$

$$\lambda_{bs} = L_{bsas} i_{as} + L_{bsbs} i_{bs} + L_{bsar} i_{ar} + L_{bsbr} i_{br} \tag{6.3-12}$$

$$\lambda_{ar} = L_{aras} i_{as} + L_{arbs} i_{bs} + L_{arar} i_{ar} + L_{arbr} i_{br} \tag{6.3-13}$$

$$\lambda_{br} = L_{bras} i_{as} + L_{brbs} i_{bs} + L_{brar} i_{ar} + L_{brbr} i_{br} \tag{6.3-14}$$

式（6.3-11）~式（6.3-14）中的自感和互感已经通过符号下标给出标示。根据电感的相互性，$L_{asbs} = L_{bsas}$，$L_{asar} = L_{aras}$ 等一系列等式成立。为了方便进一步推导，我们可以将以上 4 个公式改写为矩阵形式如下：

$$\boldsymbol{\lambda}_{abs} = \boldsymbol{L}_s \boldsymbol{i}_{abs} + \boldsymbol{L}_{sr} \boldsymbol{i}_{abr} \tag{6.3-15}$$

$$\boldsymbol{\lambda}_{abr} = (\boldsymbol{L}_{sr})^T \boldsymbol{i}_{abs} + \boldsymbol{L}_r \boldsymbol{i}_{abr} \tag{6.3-16}$$

也可以表示为

$$\begin{bmatrix} \boldsymbol{\lambda}_{abs} \\ \boldsymbol{\lambda}_{abr} \end{bmatrix} = \begin{bmatrix} \boldsymbol{L}_s & \boldsymbol{L}_{sr} \\ (\boldsymbol{L}_{sr})^T & \boldsymbol{L}_r \end{bmatrix} \begin{bmatrix} \boldsymbol{i}_{abs} \\ \boldsymbol{i}_{abr} \end{bmatrix} \tag{6.3-17}$$

式（6.3-11）~式（6.3.14）和式（6.3-7）、式（6.3.8）的磁链和电流向量给出了电感矩阵的定义。

接下来，我们的工作就是求出所有绕组间自感与互感的表达式。正如在变压器中，每个绕组的自感都是由未能穿过气隙的磁通的漏感与穿过气隙并在定转子铁心中形成回路的磁通的励磁电感共同组成。对于对称的定子绕组，自感 L_{asas} 与 L_{bsbs} 是相等的，可以统一表示为 L_{ss}，其中

$$L_{ss} = L_{ls} + L_{ms} \tag{6.3-18}$$

其中，L_{ls} 是漏感；L_{ms} 是励磁电感。电机设计时一般会使漏感最小化，通常漏感大约是自感的 10%。同样地，对称的转子绕组的自感可以表示为

$$L_{rr} = L_{lr} + L_{mr} \tag{6.3-19}$$

励磁电感 L_{ms} 与 L_{mr} 可以用匝数与磁阻表示。即

$$L_{ms} = \frac{N_s^2}{\mathcal{R}_m} \tag{6.3-20}$$

$$L_{mr} = \frac{N_r^2}{\mathcal{R}_m} \tag{6.3-21}$$

其中，励磁磁阻 $\mathcal{R}_m$ 主要由气隙产生。另外，由于我们假设绕组为等效正弦分布绕组，因此，$\mathcal{R}_m$ 应该看作是一个等效的励磁磁阻。然而，式（6.3-20）与式（6.3-21）定义的 L_{ms}、L_{mr} 和 $\mathcal{R}_m$ 可以根据文献［1］进行推导。进一步可以得出表达式如下[1]：

$$L_{ms} = N_s^2 \frac{\pi\mu_0 rl}{4g} \tag{6.3-22}$$

$$L_{mr} = N_r^2 \frac{\pi\mu_0 rl}{4g} \tag{6.3-23}$$

其中，μ_0 是真空磁导率；r 是气隙的平均半径；l 是气隙的轴向长度（转子）；g 是气隙的径向长度。由于式（6.3-22）与式（6.2-23）的推导过程相当复杂，本书将不做具体推导。对于本书当中的分析，直接采用等效励磁磁阻$\mathscr{R}_m$ 就已经足够了，$\mathscr{R}_m$ 的具体值计算并不在本书关注范围内。

如图6.2-1所示，定子（转子）绕组是正交的，因此，as 与 bs 绕组之间（L_{asbs}或L_{bsas}），ar 与 br 绕组之间（L_{arbr}或L_{brar}）是不存在耦合的。但是，回顾第4章的内容，我们知道等效正弦分布绕组可以用一个放置在匝数密度最高处的线圈来描述；绕组实际分布如图4.2-2所示。如果考虑绕组之间的耦合，以 as 与 bs 绕组之间的耦合为例，人们会认为耦合是由于图4.2-2中流过 $as_1 - as_1'$ 线圈中的电流产生磁通与 bs 绕组耦合。但是，这个电流同样会流过 $as_3 - as_3'$ 线圈，也会产生与 bs 绕组耦合的磁通，并且其方向与 $as_1 - as_1'$ 线圈产生的磁通方向相反。所以，如果定子（转子）绕组关于正交坐标轴是对称分布的，对于均匀气隙的电机来说将不会存在耦合。所以，L_{asbs}、L_{bsas}、L_{arbr}和L_{brar}都等于零。可见，在三相电机中，定子（转子）绕组空间上是以120°的磁角度分布的，定子（转子）绕组之间存在净耦合。但对于两相电机来说，则可以写成：

$$\boldsymbol{L}_s = \begin{bmatrix} L_{ss} & 0 \\ 0 & L_{ss} \end{bmatrix} = L_{ss}\boldsymbol{I} \tag{6.3-24}$$

$$\boldsymbol{L}_r = \begin{bmatrix} L_{rr} & 0 \\ 0 & L_{rr} \end{bmatrix} = L_{rr}\boldsymbol{I} \tag{6.3-25}$$

定子绕组与转子绕组是相对运动的。所以，定子和转子绕组之间存在耦合，并且会随着转子绕组对定子绕组的相对位置（θ_r）而变化。举例来说，当 as 与 ar 绕组平行，即 $\theta_r=0$，绕组之间的耦合最强。此时假定 i_{as} 与 i_{ar} 的正方向后，根据右手定则，互感磁通是叠加的。因此，当 $\theta_r=0$ 时，互感正向最大，用匝数与 $\mathscr{R}_m$ 可以表示为

$$L_{asar} = \frac{N_s N_r}{\mathscr{R}_m}，当\ \theta_r = 0 \tag{6.3-26}$$

当 $\theta_r = \frac{1}{2}\pi$ 时，as 与 ar 绕组正交有

$$L_{asar} = 0，当\ \theta_r = \frac{1}{2}\pi \tag{6.3-27}$$

当 $\theta_r = \pi$ 时，绕组再次平行，但是方向相反，所以有

$$L_{asar} = -\frac{N_s N_r}{\mathcal{R}_m}，当\ \theta_r = \pi \tag{6.3-28}$$

当 $\theta_r = \frac{3}{2}\pi$ 时，绕组再次正交有

$$L_{asar} = 0，当\ \theta_r = \frac{3}{2}\pi \tag{6.3-29}$$

由式（6.3-26）~式（6.3-29），可以看出互感可能近似表示为 θ_r 的余弦函数。如果定义 L_{sr} 为

$$L_{sr} = \frac{N_s N_r}{\mathcal{R}_m} \tag{6.3-30}$$

则可以将 L_{asar} 或 L_{aras} 近似为

$$L_{asar} = L_{sr}\cos\theta_r \tag{6.3-31}$$

依据参考文献［1］中的推导方法，可知式（6.3-31）实际上是 *as* 与 *ar* 绕组之间互感的一个有效表达式。由图 6.2-1 可得

$$L_{asbr} = -L_{sr}\sin\theta_r \tag{6.3-32}$$

$$L_{bsar} = L_{sr}\sin\theta_r \tag{6.3-33}$$

$$L_{bsbr} = L_{sr}\cos\theta_r \tag{6.3-34}$$

所以有

$$\boldsymbol{L}_{sr} = L_{sr}\begin{bmatrix} \cos\theta_r & -\sin\theta_r \\ \sin\theta_r & \cos\theta_r \end{bmatrix} \tag{6.3-35}$$

由此可得各个互感值。在实际应用中，表示定子与转子的互感时，i_{bs} 的正方向是取反向的。这种情况下，式（6.3-31）与式（6.3-32）保持不变，但是式（6.3-33）与式（6.3-34）则需要变符号。

一旦已知互感表达式，我们就可以分析电机中的一些复杂问题了。由于定子与转子之间存在相对运动，所以它们之间的互感是 θ_r 的正弦函数。因此，在电压方程中，当我们取磁链对时间的导数时，将不仅只得到我们所熟知的 $L(\mathrm{d}i/\mathrm{d}t)$ 这一项，还可以得到两个微分项，一项是由于 θ_r 是时间的函数而得到的互感的微分，另一项是电流的微分。如下所示：

$$\frac{\mathrm{d}(L_{asar}i_{as})}{\mathrm{d}t} = \frac{\mathrm{d}L_{asar}}{\mathrm{d}t}i_{as} + L_{asar}\frac{\mathrm{d}i_{as}}{\mathrm{d}t} \tag{6.3-36}$$

虽然这个问题必须要解决，但是我们可以暂且搁置一下。在此之前，我们必须要像分析变压器问题那样引入匝数比到公式中进行绕组折算。现在我们或许还看不到这样做的目的，由于互感是变化的，它不能像变压器那样建立 T 型等效电路。但是在本章的后半部分，将通过变量置换建立具有恒定电感的 T 型等效电路来分析感应电机。在此之前，需要先引入一个匝数比。通过匝数比将转子变

量转换成具有 N_s 匝数的绕组的变量。

$$\boldsymbol{i}'_{abr}=\frac{N_r}{N_s}\boldsymbol{i}_{abr} \tag{6.3-37}$$

$$\boldsymbol{v}'_{abr}=\frac{N_s}{N_r}\boldsymbol{v}_{abr} \tag{6.3-38}$$

$$\boldsymbol{\lambda}'_{abr}=\frac{N_s}{N_r}\boldsymbol{\lambda}_{abr} \tag{6.3-39}$$

因此，式（6.3-5）、式（6.3-6）可以写为

$$\boldsymbol{v}_{abs}=\boldsymbol{r}_s\boldsymbol{i}_{abs}+p\boldsymbol{\lambda}_{abs} \tag{6.3-40}$$

$$\boldsymbol{v}'_{abr}=\boldsymbol{r}'_r\boldsymbol{i}'_{abr}+p\boldsymbol{\lambda}'_{abr} \tag{6.3-41}$$

其中，

$$\boldsymbol{r}'_r=\left(\frac{N_s}{N_r}\right)^2\boldsymbol{r}_r \tag{6.3-42}$$

把式（6.3-37）、式（6.3-39）代入式（6.3-17），有

$$\begin{bmatrix}\boldsymbol{\lambda}_{abs}\\ \boldsymbol{\lambda}'_{abr}\end{bmatrix}=\begin{bmatrix}\boldsymbol{L}_s & \dfrac{N_s}{N_r}\boldsymbol{L}_{sr}\\ \dfrac{N_s}{N_r}(\boldsymbol{L}_{sr})^{\mathrm{T}} & \boldsymbol{L}'_r\end{bmatrix}\begin{bmatrix}\boldsymbol{i}_{abs}\\ \boldsymbol{i}'_{abr}\end{bmatrix} \tag{6.3-43}$$

其中，

$$\boldsymbol{L}'_r=\left(\frac{N_s}{N_r}\right)^2\boldsymbol{L}_r=\begin{bmatrix}L'_{rr} & 0\\ 0 & L'_{rr}\end{bmatrix} \tag{6.3-44}$$

由于从式（6.3-20）与式（6.3-21）可得到 L_{mr} 与 L_{ms}，因此有

$$L'_{rr}=L'_{lr}+\left(\frac{N_s}{N_r}\right)^2L_{mr}=L'_{lr}+L_{ms} \tag{6.3-45}$$

注意有

$$\frac{N_s}{N_r}\boldsymbol{L}_{sr}=\frac{N_s}{N_r}L_{sr}\begin{bmatrix}\cos\theta_r & -\sin\theta_r\\ \sin\theta_r & \cos\theta_r\end{bmatrix} \tag{6.3-46}$$

将式（6.3-20）的 L_{ms} 与式（6.3-30）的 L_{sr} 比较，可知

$$\frac{N_s}{N_r}L_{sr}=L_{ms} \tag{6.3-47}$$

因此，式（6.3-46）可以写为 L_{ms} 的表达式，为了简化表达，可以将 $\boldsymbol{L}'_{sr}$ 定义为

$$\boldsymbol{L}'_{sr}=\frac{N_s}{N_r}\boldsymbol{L}_{sr}=L_{ms}\begin{bmatrix}\cos\theta_r & -\sin\theta_r\\ \sin\theta_r & \cos\theta_r\end{bmatrix} \tag{6.3-48}$$

这样式（6.3-43）就可以写成

$$\begin{bmatrix}\boldsymbol{\lambda}_{abs}\\ \boldsymbol{\lambda}'_{abr}\end{bmatrix}=\begin{bmatrix}\boldsymbol{L}_s & \boldsymbol{L}'_{sr}\\ (\boldsymbol{L}'_{sr})^T & \boldsymbol{L}'_r\end{bmatrix}\begin{bmatrix}\boldsymbol{i}_{abs}\\ \boldsymbol{i}'_{abr}\end{bmatrix} \tag{6.3-49}$$

SP6.3-1 图 6.2-1 中，假设 θ_r 顺时针方向为正。写出所有电感的表达式。[$L_{asbr}=L_{sr}\sin\theta_r$；$L_{bsar}=-L_{sr}\sin\theta_r$；其余表达式均不变]

SP6.3-2 图 6.2-1 中 *as* 与 *bs* 绕组从图中位置顺时针旋转$\frac{1}{4}\pi$时，写出 L_{asar} 与 L_{asbr} 的表达式。[$L_{asar}=L_{sr}\cos\left(\theta_r+\frac{1}{4}\pi\right)$；$L_{asbr}=-L_{sr}\sin\left(\theta_r+\frac{1}{4}\pi\right)$]

SP6.3-3 考虑图 6.2-1 中的装置，除了 as 绕组以外其他绕组均为开路，$I_{as}=\sin t$，$L_{ms}=0.1\text{H}$，$L_{rr}=\frac{1}{4}L'_{rr}$，$\omega_r=0$，$\theta_r=\frac{1}{3}\pi$，求 V_{ar} 的值。[$V_{ar}=0.025\cos t$]

6.4 转矩

对于 P 极电机来说，由表 2.5-1 可知，

$$T_e(\boldsymbol{i},\theta_r)=\frac{P}{2}\frac{\partial W_c(\boldsymbol{i},\theta_r)}{\partial\theta_r} \tag{6.4-1}$$

回顾第 2 章内容，我们可以用 i 作为缩写符号来表示 $\boldsymbol{i}=(i_1, i_2, i_3, \cdots, i_J)$。这里，$i=(i_{as}, i_{bs}, i_{ar}, i_{br})$。注意不要将它与矢量 $\boldsymbol{i}_{abs}$ 与 $\boldsymbol{i}_{abr}$ 混淆。在线性磁系统中，耦合场的能量 W_f 与虚能量 W_c 是相等的。场能量可以表示为

$$\begin{aligned}W_f(\boldsymbol{i},\theta_r)=&\frac{1}{2}L_{ss}i_{as}^2+\frac{1}{2}L_{ss}i_{bs}^2+\frac{1}{2}L'_{rr}i'^2_{ar}+\frac{1}{2}L'_{rr}i'^2_{br}\\&+L_{ms}i_{as}i'_{ar}\cos\theta_r-L_{ms}i_{as}i'_{br}\sin\theta_r\\&+L_{ms}i_{bs}i'_{ar}\sin\theta_r+L_{ms}i_{bs}i'_{br}\cos\theta_r\end{aligned} \tag{6.4-2}$$

由于线性磁系统中 $W_f=W_c$，将式（6.4-2）代入式（6.4-1）可得一台线性磁路的 P 极两相对称感应电机的电磁转矩为

$$T_e=-\frac{P}{2}L_{ms}[(i_{as}i'_{ar}+i_{bs}i'_{br})\sin\theta_r+(i_{as}i'_{br}-i_{bs}i'_{ar})\cos\theta_r] \tag{6.4-3}$$

转矩与转子转速之间的关系如下：

$$T_e=J\frac{d\omega_{rm}}{dt}+B_m\omega_{rm}+T_L \tag{6.4-4}$$

其中，ω_{rm}是转子实际转速。对一台 P 极电机，由于 $\omega_{rm}=(2/P)\omega_r$，可得

$$T_e=J\frac{2}{P}\frac{d\omega_r}{dt}+B_m\frac{2}{P}\omega_r+T_L \tag{6.4-5}$$

其中，J 是转子转动惯量，某些情况下，还需要考虑负载。右边第一项为惯性转

矩。J 的单位为 $kg \cdot m^2$ 或 $J \cdot s^2$。通常，惯性是用 WR^2 这个量来表示大小的，其单位是 $lbm \cdot ft^2$㊀。负载转矩 T_L 对于轴上加负载的感应电机为正（电动机状态），如图6.2-1所示。T_L 正方向的相反方向就是 T_e 的正方向，对于电动机来说，T_e 取正。当两者都是负值时电机处于发电状态。常量 B_m 是一个与电机旋转系统和机械负载有关的阻尼系数，其单位是 $N \cdot m \cdot s/rad$，由于它很小，所以通常可以被忽略。

SP6.4-1 为什么式（6.4-2）右边的第六项取负？[式（6.3-32）]

6.5 任意参考坐标系下的电压方程

在第5章当中，我们介绍了参考坐标系理论的概念，其中我们在进行变量变换时，将对称静止的电路中的变量变换到以任意角速度旋转的旋转电路上。前文当中我们提到过，分析感应电机问题时，我们可以把转子电路的变量变换到任意参考坐标系上。当进行此类变换时

$$\boldsymbol{f}'_{qdr} = \boldsymbol{K}_r \boldsymbol{f}'_{abr} \tag{6.5-1}$$

其中，

$$(\boldsymbol{f}'_{qdr})^T = [f'_{qr}, f'_{dr}] \tag{6.5-2}$$

$$(\boldsymbol{f}'_{abr})^T = [f'_{ar}, f'_{br}] \tag{6.5-3}$$

$$\boldsymbol{K}_r = \begin{bmatrix} \cos\beta & \sin\beta \\ \sin\beta & -\cos\beta \end{bmatrix} \tag{6.5-4}$$

其中，$\boldsymbol{K}_r = (\boldsymbol{K}_r)^{-1}$，$T$ 表示矩阵的转置，且有

$$\frac{d\beta}{dt} = \omega - \omega_r \tag{6.5-5}$$

这里式（6.5-2）和式（6.5-3）也可以表示电压、电流、磁链或者负荷。在之前的章节当中，我们曾引入匝数比来为T型等效电路的构建做准备。正如对变压器的分析一样，变量右上角加一撇表示与匝数比相关的变量。

如果我们花一点时间比较一下式（6.5-1）~式（6.5-5）与式（5.3-1）~式（5.3-5），我们就可以节省大量的时间。除了下标s变成下标r，物理量右上角加上一撇，从 θ 变成 β 以外，方程的其余部分都是一致的。所以，qr' -，dr' -的电压方程其实可以将 qs、ds 的电压方程中的 ω 用 β 代替而写出㊁。

为了说明这一情况，让我们先来回顾第5章的内容，并考虑一下静止电路中的变换，然后再来分析定子电路。从式（5.4-6）、式（5.4-13）与式（5.4-14）可知，任意参考坐标系中的 qs、ds 电压方程变为

$$v_{qs} = r_s i_{qs} + \omega\lambda_{ds} + p\lambda_{qs} \tag{6.5-6}$$

㊀ $1lbm \cdot ft^2 = 0.0421401kg \cdot m^2$

㊁ 原书有误，ω 应该是用（$\omega - \omega_r$）来代替而不是 β。——译者注

$$v_{ds} = r_s i_{ds} - \omega\lambda_{qs} + p\lambda_{ds} \tag{6.5-7}$$

接下来我们就可以给出任意参考坐标系下 qr' -, dr' -的电压方程

$$v'_{qr} = r'_r i'_{qr} + (\omega - \omega_r)\lambda'_{dr} + p\lambda'_{qr} \tag{6.5-8}$$

$$v'_{dr} = r'_r i'_{dr} - (\omega - \omega_r)\lambda'_{qr} + p\lambda'_{dr} \tag{6.5-9}$$

这里有几个问题我们还需要讨论一下。式（6.5-6）~式（6.5-9）表示的是两相对称感应电机在任意参考坐标系下的电压方程；其对称的原因是由于定子（转子）的两个绕组在电磁上是正交的，且具有相同的绕组电阻 $r_s(r_r)$ 与相同的等效匝数 $N_s(N_r)$。我们一定要注意电机并不一定要是线性磁路，这点非常重要。上述电压方程对于线性或者非线性磁路的对称感应电机都是成立的。而回顾之前的章节用电感表示磁链时，我们假定了系统为线性磁路。在分析之前还有一件事需要注意。在之前分析例 5A 时，对于所有的对称两相绕组实际只需要一组变换方程。但是要尽量避免这么做，因为这样可能会造成混淆。现在来看，倘若在式（6.5-5）中使用的是电路的任意角速度 ω_e 而不是 ω_r，那么，当分析定子电路时，在式（6.5-8）、式（6.5-9）中可以令 $\omega_e = 0$，当分析转子电路时，在式（6.5-8）、式（6.5-9）中可以令 $\omega_e = \omega_r$。这样，就会有参考坐标系速度与旋转电路速度两个任意参考坐标，进而会引起混淆。

例 6A　依据应用场合，在分析与控制感应电机时常用三种参考坐标系：静止坐标系、转子坐标系与同步旋转坐标系。让我们写出在这三种参考坐标系中的电压方程。

对于静止参考坐标系，由于 $\theta = 0$，$\omega = 0$。式（6.5-6）~式（6.5-9）可变为

$$v^s_{qs} = r_s i^s_{qs} + p\lambda^s_{qs} \tag{6A-1}$$

$$v^s_{ds} = r_s i^s_{ds} + p\lambda^s_{ds} \tag{6A-2}$$

$$v'^s_{qr} = r'_r i'^s_{qr} - \omega_r \lambda'^s_{dr} + p\lambda'^s_{qr} \tag{6A-3}$$

$$v'^s_{dr} = r'_r i'^s_{dr} + \omega_r \lambda'^s_{qr} + p\lambda'^s_{dr} \tag{6A-4}$$

上述所有的方程中，上标 s 都用于表示这些变量处在静止参考坐标系中。

对于转子参考坐标系，由于 $\theta = \theta_r$，$\omega = \omega_r$。式（6.5-6）~式（6.5-9）可变为

$$v^r_{qs} = r_s i^r_{qs} + \omega_r \lambda^r_{ds} + p\lambda^r_{qs} \tag{6A-5}$$

$$v^r_{ds} = r_s i^r_{ds} - \omega_r \lambda^r_{qs} + p\lambda^r_{ds} \tag{6A-6}$$

$$v'^r_{qr} = r'_r i'^r_{qr} + p\lambda'^r_{qr} \tag{6A-7}$$

$$v'^r_{dr} = r'_r i'^r_{dr} + p\lambda'^r_{dr} \tag{6A-8}$$

这里用上标 r 表示这些变量处在转子参考坐标系中。

对于同步旋转参考坐标系，由于 $\theta = \theta_e$，$\omega = \omega_e$。式（6.5-6）~式（6.5-9）

可变为

$$v_{qs}^{e}=r_{s}i_{qs}^{e}+\omega_{e}\lambda_{ds}^{e}+p\lambda_{qs}^{e} \tag{6A-9}$$

$$v_{ds}^{e}=r_{s}i_{ds}^{e}-\omega_{e}\lambda_{qs}^{e}+p\lambda_{ds}^{e} \tag{6A-10}$$

$$v'^{e}_{qr}=r'_{r}i'^{e}_{qr}+(\omega_{e}-\omega_{r})\lambda'^{e}_{dr}+p\lambda'^{e}_{qr} \tag{6A-11}$$

$$v'^{e}_{dr}=r'_{r}i'^{e}_{dr}-(\omega_{e}-\omega_{r})\lambda'^{e}_{qr}+p\lambda'^{e}_{dr} \tag{6A-12}$$

这里用上标 e 表示这些变量处在同步旋转参考坐标系中。我们必须要清楚的是上述所有公式对于线性或者非线性的磁路系统都是有效的。

在结束分析这个例子之前，让我们再来了解关于参考坐标系理论的一个特性：如果参考坐标系与实际绕组位置相对静止，那么 qd 电压方程中的转速电压（与转速相关的电压分量 $\omega\lambda$）将会消失。由于参考坐标系相对定子静止，这种情况在式（6A-1）与式（6A-2）中有所体现，这种情况也出现在转子参考坐标系下的式（6A-7）与式（6A-8）中。$\omega\lambda$ 项被认为是转速电压可能来源于帕克最初的研究成果。他曾一直研究转子参考坐标系，变换过的同步电机的定子电路的电压方程本质上就是式（6A-5）与式（6A-6），其中都有 $\omega_{r}\lambda$ 项出现。由于这几项中都有转子转速 ω_{r}，因此被称为转速电压。我们现在知道转速电压是参考系速度的函数，当参考系的速度不同于被转换的电路时，将会出现此项。

例 6B 一个两相对称感应电机在转子绕组端配有接线端以便同电刷集电环连接。在（a）定子电压不平衡并且转子绕组短路；（b）定子电压是平衡的，但是通过接线端将每个转子绕组与外部电阻相连，当然，这些电阻并不是相等的情况下，确定一个能够为分析与实施计算机仿真提供最为直接办法的参考坐标系。

尽管采用计算机仿真或者分析对称感应电机的不平衡或不对称运行，并不是我们的本意，但是，考虑以上情况还是非常有意义的，因为它将帮助我们认识到任意参考坐标系的益处。

在（a）条件下，定子电压不平衡，就意味着不会构成正交、等幅值的两相系统。通常来说，当有不对称情况出现时，选择参考坐标系是很方便的。这里，我们选用定子/静止参考坐标系。所以，可以选用式（6A-1）~式（6A-4）给出的电压方程，同时如果在式（5.3-4）中令 $\theta=0$，就有 $v_{qs}^{s}=v_{as}$，$v_{ds}^{s}=-v_{bs}$。很明显，由于转子电路短路，v'^{s}_{ds}、v'^{s}_{qr} 均为 0。而如果使用了其他的参考坐标系，就需要利用式（5.3-4）将 v_{as} 与 v_{bs} 转换到选定的参考坐标系。这将会使分析或仿真变得非常复杂。

在（b）条件下，由于转子是不对称的，所以我们使用转子参考坐标系。此时可以使用式（6A-5）~式（6A-8）给出的电机电压方程，令 $\theta=\theta_{r}$，则式（6.5-4）中的 β 等于 0，且 $v'^{r}_{qr}=v'^{r}_{ar}$，$v'^{r}_{dr}=-v'_{br}$，$i'^{r}_{qr}=i'_{ar}$，$i'_{dr}=-i'_{br}$。这样，v'^{r}_{qr} 与 v'^{r}_{dr} 就可以用不相等的电阻来表示

$$v'^{\mathrm{r}}_{\mathrm{qr}} = -i'^{\mathrm{r}}_{\mathrm{qr}} R'_{\mathrm{a}} \tag{6B-1}$$

$$v'^{\mathrm{r}}_{\mathrm{dr}} = -i'^{\mathrm{r}}_{\mathrm{dr}} R'_{\mathrm{b}} \tag{6B-2}$$

由于定子电压是平衡的，因此 $v^{\mathrm{r}}_{\mathrm{qs}}$ 与 $v^{\mathrm{r}}_{\mathrm{ds}}$ 可以用式（5.5-7）与式（5.5-8）表示，所以有

$$v^{\mathrm{r}}_{\mathrm{qs}} = \sqrt{2}\, v_{\mathrm{s}} \cos(\theta_{\mathrm{esv}} - \theta_{\mathrm{r}}) \tag{6B-3}$$

$$v^{\mathrm{r}}_{\mathrm{ds}} = -\sqrt{2}\, v_{\mathrm{s}} \sin(\theta_{\mathrm{esv}} - \theta_{\mathrm{r}}) \tag{6B-4}$$

显然，在（a）和（b）两种情况下使用了相应的参考坐标系，所以在分析与仿真中消除了时变变换的复杂度。本章的最后，读者可能会思考一个问题，那就是如何将 $i^{\mathrm{r}}_{\mathrm{qs}}$ 和 $i^{\mathrm{r}}_{\mathrm{ds}}$ 转换到定子绕组电源上。

SP6.5-1　本节给出的电压方程是否适用于非线性磁路系统？[适用；λ 并不强制为关于 i 的线性函数。]

SP6.5-2　在何种情况下式（6A-5）~式（6A-8）（a）与式（6A-1）~式（6A-4）形式相同？（b）与式（6A-9）~式（6A-12）形式相同？[(a) $\omega_{\mathrm{r}}=0$；(b) $\omega_{\mathrm{r}}=\omega_{\mathrm{e}}$]

SP6.5-3　以替代变量的形式给出一组由四个方程组成的电压方程组，其中上标缺失，那么该如何区分参考坐标系是定子还是转子？[看 *qs*，*ds* 或者 *qr*，*dr* 方程中是否有转速电压项]

6.6 线性磁链方程与等效电路

式（6.3-49）以 *as*－，*bs*－，*ar*′－，*br*′－为变量给出了线性系统的磁链方程。在任意参考坐标系下，式（6.3-49）可变成

$$\begin{bmatrix} \boldsymbol{\lambda}_{\mathrm{qds}} \\ \boldsymbol{\lambda}'_{\mathrm{qdr}} \end{bmatrix} = \begin{bmatrix} \boldsymbol{K}_{\mathrm{s}}\boldsymbol{L}_{\mathrm{s}}(\boldsymbol{K}_{\mathrm{s}})^{-1} & \boldsymbol{K}_{\mathrm{s}}\boldsymbol{L}'_{\mathrm{sr}}(\boldsymbol{K}_{\mathrm{r}})^{-1} \\ \boldsymbol{K}_{\mathrm{r}}(\boldsymbol{L}'_{\mathrm{sr}})^{\mathrm{T}}(\boldsymbol{K}_{\mathrm{s}})^{-1} & \boldsymbol{K}_{\mathrm{r}}\boldsymbol{L}'_{\mathrm{r}}(\boldsymbol{K}_{\mathrm{r}})^{-1} \end{bmatrix} \begin{bmatrix} \boldsymbol{i}_{\mathrm{qds}} \\ \boldsymbol{i}'_{\mathrm{qdr}} \end{bmatrix} \tag{6.6-1}$$

由式（6.3-24）与式（6.3-44）各自可得，$L_{\mathrm{s}} = \mathrm{diag}[L_{\mathrm{ss}}\ L_{\mathrm{ss}}]$ 与 $L'_{\mathrm{r}} = \mathrm{diag}[L'_{\mathrm{rr}}\ L'_{\mathrm{rr}}]$，

$$\boldsymbol{K}_{\mathrm{s}}\boldsymbol{L}_{\mathrm{s}}(\boldsymbol{K}_{\mathrm{s}})^{-1} = \mathrm{diag}[L_{\mathrm{ss}}\ L_{\mathrm{ss}}] \tag{6.6-2}$$

$$\boldsymbol{K}_{\mathrm{r}}\boldsymbol{L}'_{\mathrm{r}}(\boldsymbol{K}_{\mathrm{r}})^{-1} = \mathrm{diag}[L'_{\mathrm{rr}}\ L'_{\mathrm{rr}}] \tag{6.6-3}$$

现在让我们分析一下这个 2×2 矩阵中的右上角元素。

$$\boldsymbol{K}_{\mathrm{s}}\boldsymbol{L}'_{\mathrm{sr}}(\boldsymbol{K}_{\mathrm{r}})^{-1} = \begin{bmatrix} \cos\theta & \sin\theta \\ \sin\theta & -\cos\theta \end{bmatrix} \times$$

$$L_{\mathrm{ms}} \begin{bmatrix} \cos\theta_{\mathrm{r}} & -\sin\theta_{\mathrm{r}} \\ \sin\theta_{\mathrm{r}} & \cos\theta_{\mathrm{r}} \end{bmatrix} \begin{bmatrix} \cos(\theta-\theta_{\mathrm{r}}) & \sin(\theta-\theta_{\mathrm{r}}) \\ \sin(\theta-\theta_{\mathrm{r}}) & -\cos(\theta-\theta_{\mathrm{r}}) \end{bmatrix} \tag{6.6-4}$$

式（6.6-4）的简化过程留给读者自己推导，可以求得

$$\boldsymbol{K}_{\mathrm{s}}\boldsymbol{L}'_{\mathrm{sr}}(\boldsymbol{K}_{\mathrm{r}})^{-1}=\mathrm{diag}[L_{\mathrm{ms}}\ L_{\mathrm{ms}}] \tag{6.6-5}$$

且有

$$\boldsymbol{K}_{\mathrm{s}}\boldsymbol{L}'_{\mathrm{sr}}(\boldsymbol{K}_{\mathrm{r}})^{-1}=\boldsymbol{K}_{\mathrm{r}}(\boldsymbol{L}'_{\mathrm{sr}})^{\mathrm{T}}(\boldsymbol{K}_{\mathrm{s}})^{-1} \tag{6.6-6}$$

所以有

$$\begin{bmatrix}\boldsymbol{\lambda}_{\mathrm{qds}}\\ \boldsymbol{\lambda}'_{\mathrm{qdr}}\end{bmatrix}=\begin{bmatrix}\boldsymbol{L}_{\mathrm{ss}} & \boldsymbol{L}_{\mathrm{ms}}\\ \boldsymbol{L}_{\mathrm{ms}} & \boldsymbol{L}'_{\mathrm{rr}}\end{bmatrix}\begin{bmatrix}\boldsymbol{i}_{\mathrm{qds}}\\ \boldsymbol{i}'_{\mathrm{qdr}}\end{bmatrix} \tag{6.6-7}$$

由于$L_{\mathrm{ss}}=L_{\mathrm{ls}}+L_{\mathrm{ms}}$，$L'_{\mathrm{rr}}=L'_{\mathrm{lr}}+L_{\mathrm{ms}}$，则式（6.6-7）可表示为

$$\lambda_{\mathrm{qs}}=L_{\mathrm{ls}}i_{\mathrm{qs}}+L_{\mathrm{ms}}(i_{\mathrm{qs}}+i'_{\mathrm{qr}}) \tag{6.6-8}$$

$$\lambda_{\mathrm{ds}}=L_{\mathrm{ls}}i_{\mathrm{ds}}+L_{\mathrm{ms}}(i_{\mathrm{ds}}+i'_{\mathrm{dr}}) \tag{6.6-9}$$

$$\lambda'_{\mathrm{qr}}=L'_{\mathrm{lr}}i'_{\mathrm{qr}}+L_{\mathrm{ms}}(i_{\mathrm{qs}}+i'_{\mathrm{qr}}) \tag{6.6-10}$$

$$\lambda'_{\mathrm{dr}}=L'_{\mathrm{lr}}i'_{\mathrm{dr}}+L_{\mathrm{ms}}(i_{\mathrm{ds}}+i'_{\mathrm{dr}}) \tag{6.6-11}$$

式（6.5-6）~式（6.5-9）以及式（6.6-8）~式（6.6-11）表示了图6.6-1中的等效电路。

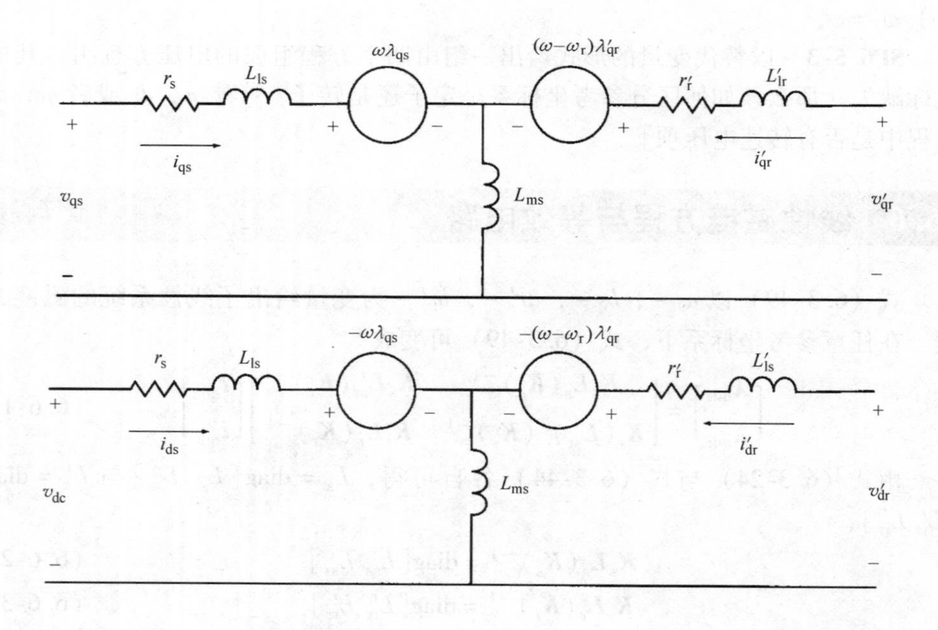

图6.6-1 两相对称感应电机在任意参考坐标系下的等效电路

SP6.6-1 以式（6.6-8）~式（6.6-11）为基础，写出在（a）静止参考坐标系；（b）转子参考坐标系；（c）同步旋转参考坐标系中的磁链方程。[形式相同；（a）将所有的磁链与电流加上上标s；（b）加上标r；（c）加上标e]

6.7 任意参考坐标系下的转矩方程

本节给出了两种推导转矩表达式的方法。第一种，如本章之前一样假设磁路线性；第二种，假设磁路线性或者非线性。

线性磁路系统

式（6.4-3）给出了线性磁路系统中电磁转矩关于电机电流 i_{as}、i_{bs}、i'_{ar}、i'_{br} 的表达式。如果使用任意参考坐标系中的电流来表示电磁转矩，则有

$$T_e = \frac{P}{2} L_{ms} (i_{qs} i'_{dr} - i_{ds} i'_{qr}) \tag{6.7-1}$$

对于电动机状态，T_e 取正。由于已经假定磁路为线性系统，则电机的等效表达式为

$$T_e = \frac{P}{2} (\lambda'_{qr} i'_{dr} - \lambda'_{dr} i'_{qr}) \tag{6.7-2}$$

$$T_e = \frac{P}{2} (\lambda_{ds} i_{qs} - \lambda_{qs} i_{ds}) \tag{6.7-3}$$

式（6.7-2）与式（6.7-3）中，T_e 用磁链来表示，看上去这里的漏电感会对转矩的计算有影响。但是，当磁链以电感的形式表示时，就会发现，漏电感与电流的乘积会抵消。

非线性磁路系统

在第 2 章，表 2.5-1 给出了我们求得的转矩公式。在推导过程中，假设磁路线性，为了求出线性磁路系统的转矩表达式，有必要先求场能量 W_f 或者虚能量 W_c 的偏导数，在直线运动系统中对 x 求偏导，在旋转运动系统中对 θ 求偏导。有趣的是，一旦采用了变量变换，就能够发现另一种可以用来推导转矩表达式的方法，并且它适用于线性或者非线性的磁路系统。

第 2 章给出的能量平衡公式为

$$W_f = W_e + W_m \tag{6.7-4}$$

其中，W_f 是耦合场中储存的能量；W_e 是从电系统进入耦合场的能量；W_m 是从机械系统进入耦合场的能量。我们需要完成两件事，求解 W_e 和对式（6.7-4）中的每一项对时间求全微分，可得

$$pW_e = pW_f - pW_m \tag{6.7-5}$$

其中，pW_e 表示进入耦合场的功率。为了与第 2 章的推导一致，我们从式（6.5-6）~式（6.5-9）中提取出 ir 项，就可以将 pW_e 表示为

$$pW_e = e_{qs} i_{qs} + e_{ds} i_{ds} + e'_{qr} i'_{qr} + e'_{dr} i'_{dr} \tag{6.7-6}$$

其中，$e_{qs} = v_{qs} - r_s i_{qs}$，以此类推。在任意参考坐标系中，将式（6.5-6）~式

(6.5-9) 减去 ir 项，并代入式（6.7-6），则可得出进入耦合场的能量的表达式

$$\begin{aligned} pW_e &= (\lambda_{ds}i_{qs} - \lambda_{qs}i_{ds} + \lambda'_{dr}i'_{qr} - \lambda'_{qr}i'_{dr})p\theta \\ &\quad + (i_{qs}p\lambda_{qs} + i_{ds}p\lambda_{ds} + i'_{qr}p\lambda'_{qr} + i'_{dr}p\lambda'_{dr}) \\ &\quad + (\lambda'_{qr}i'_{dr} - \lambda'_{dr}i'_{qr})p\theta_r \end{aligned} \tag{6.7-7}$$

回顾式（6.7-5）中 pW_m 为

$$pW_m = -T_e p\theta_{rm} \tag{6.7-8}$$

并且由于

$$\theta_{rm} = \frac{2}{P}\theta_r \tag{6.7-9}$$

用转子的电角速度来表示，式（6.7-8）可变成

$$pW_m = -\frac{2}{P}T_e p\theta_r \tag{6.7-10}$$

如果比较式（6.7-5）与式（6.7-7），并已知式（6.7-10），就可以将 $p\theta_r$ 的系数取等，这样任意参考坐标系下的转矩方程可变为

$$T_e = \frac{P}{2}(\lambda'_{dr}i'_{qr} - \lambda'_{qr}i'_{dr}) \tag{6.7-11}$$

特殊情况下，当 $\theta = \theta_r$（$\omega = \omega_r$）时，我们处于转子参考坐标系中，式（6.7-7）右边的第一项 λi 的乘积也是 $p\theta_r$ 的系数。这时

$$T_e = \frac{P}{2}(\lambda^r_{ds}i^r_{qs} - \lambda^r_{qs}i^r_{ds}) \tag{6.7-12}$$

其中，上标 r 表示变量处在转子参考坐标系中。这是帕克在文献［2］中分析同步电机时得到的，但是，他没有选取正确的功率平衡状态，因为他没有考虑转子回路。尽管如此，他的结果也是正确的，因为对于同步电机，转子参考坐标系中，转子绕组的电压方程并没有 $p\theta_r$。

两种转矩推导的意义

我们已经采用了两种不同方法得到了相同的转矩表达式。也就是说，式（6.7-2）与式（6.7-11）是等效的，正如式（6.7-3）与式（6.7-12）。也许有人会问为什么我们进行两种推导，这样不是很麻烦么？其实这是因为，迄今为止，我们只考虑了一个线性磁系统，如果仅仅是线性系统，式（6.7-3）就足够了。这是毋庸置疑的，然而即使第二种方法可能仅仅是出于学术兴趣对电机进行的研究，但是，这对我们是非常有启发性的。现在让我们探讨一下我们做了些什么。请注意我们推出的式（6.7-3），它是在任意参考坐标系中用定子变量表达的，而式（6.7-2）是在任意参考坐标系中用转子变量表达的。我们能够这么做仅仅是因为这些变量与式（6.6-8）~式（6.6-11）中线性磁路系统的磁链方程有关。

式（6.7-11）与式（6.7-12）的推导过程又提供了哪些其他信息呢？由于这个推导过程不涉及电感，我们可以得到式（6.7-11）除了在转子参考坐标系

下，对于线性磁路系统与非线性磁路系统都是有效的。在转子参考坐标系下，如果磁路非线性，式（6.7-3）则必须使用式（6.7-12）代替。尽管对于线性系统，式（6.7-3）与式（6.7-1）是等效的，但对于一个非线性磁路系统，这个结论则不一定正确，因为在转子参考坐标系中，来自定子的变量（f_{qs}^{r}和f_{ds}^{r}）与来自转子的变量（f_{qr}^{r}和f_{dr}^{r}）之间没有关系，而线性磁路系统中的这些变量是相关的。

回顾一下，在没有进行第二种方法之前我们已经对此有所预见。为了解释这个情况，让我们重新给出任意参考坐标系中的电压方程。重复式（6.5-6）至式（6.5-9）有

$$v_{qs}=r_{s}i_{qs}+\omega\lambda_{ds}+p\lambda_{qs} \tag{6.7-13}$$

$$v_{ds}=r_{s}i_{ds}-\omega\lambda_{qs}+p\lambda_{ds} \tag{6.7-14}$$

$$v'_{qr}=r'_{r}i'_{qr}+(\omega-\omega_{r})\lambda'_{dr}+p\lambda'_{qr} \tag{6.7-15}$$

$$v'_{dr}=r'_{r}i'_{dr}-(\omega-\omega_{r})\lambda'_{qr}+p\lambda'_{dr} \tag{6.7-16}$$

现在，在平衡功率推导过程中，我们在每个电压方程中都乘以相应的电流，这时，由于T_{e}是ω_{r}的系数，我们可以关注所有的ω_{r}项。如果参考系的转速ω不等于ω_{r}，那么当我们假设磁路非线性时，qs－、ds－变量并不在转矩的表达式中。而如果$\omega=\omega_{r}$，那么v'_{qr}与v'_{dr}的电压方程式（6.7-15）与式（6.7-16）中的转速电压项将会消失，因此，我们必须另外寻找的ω_{r}系数。这时qs－、ds－的电压方程将会起到很大作用，只有当我们分析的是非线性磁路系统时，qs－、ds－变量才会出现在转矩的表达式中。

尽管我们不会仔细分析功率平衡推导的其他方面或不平衡、不对称的情况，但是在这里提一下还是很有必要的，如果供电电压矢量$\boldsymbol{v}_{qds}$或$\boldsymbol{v}'_{qdr}$、电流矢量$\boldsymbol{i}_{qds}$或$\boldsymbol{i}'_{qdr}$是θ_{r}的不对称或不平衡函数，那么，在式（6.7-7）中$p\theta_{r}$的系数就会有其他项。这时，式（6.7-7）将不再成立，这种分析办法将随之无效。尽管这种情况在线性或非线性系统中都会出现，但是却很少见，并且已经超出了本书的讨论范围。具体内容在文献［3］中有所讨论。

SP6.7-1　为什么式（6.7-7）对非线性磁路系统是有效的？［见SP6.5-1］

SP6.7-2　式（6.7-7）右边的第二项表示什么？［pW_{f}］

SP6.7-3　证明式（6.7-2）与式（6.7-3）对于线性磁路系统是等效的。

SP6.7-4　说明对于线性磁路系统，式（6.7-7）中，系数$p\theta$是0。［式（6.7-2）等于式（6.7-3）］

6.8　稳态运行的分析

当分析一台感应电机的稳态平衡运行状态时，使用相量$\tilde{F}_{as}$和$\tilde{F}'_{ar}$以及单相

T型等效电路来分析是很常用的、十分方便的方法。尽管我们可以使用任意参考坐标系来推导这一等效电路，但我们更倾向于使用同步旋转参考坐标系。具体分析之前，让我们先回顾一下第5章的内容，稳态平衡运行状态下，同步旋转的参考系中变量都是恒值。根据第5章的内容来分析以下情况

$$\sqrt{2}\,\tilde{F}_{as}=F_{qs}^{e}-jF_{ds}^{e} \tag{6.8-1}$$

如式（5.5-23）。经过类似5.5节的流程，可以得到

$$\sqrt{2}\,\tilde{F}'_{ar}=F'^{e}_{qr}-jF'^{e}_{dr} \tag{6.8-2}$$

实际上，我们并不会因为式（6.8-2）而感到吃惊，但是我们需要进一步推导。在第5章中，我们把式（5.5-3）和式（5.5-4）转化到了任意参考坐标系，就是说，对于稳态运行情况有

$$F_{as}=\sqrt{2}F_{s}\cos[\omega_{e}t+\theta_{esf}(0)] \tag{6.8-3}$$

$$F_{bs}=\sqrt{2}\,F_{s}\sin[\omega_{e}t+\theta_{esf}(0)] \tag{6.8-4}$$

式（6.8-3）和式（6.8-4）是对式（5.5-3）和式（5.5-4）的重复，只是在$\theta_{ef}(0)$上加了一个下标s来区别它与转子变量的零位置。在任意参考坐标系下有

$$F_{qs}=\sqrt{2}F_{s}\cos[(\omega_{e}-\omega)t+\theta_{esf}(0)-\theta(0)] \tag{6.8-5}$$

$$F_{ds}=-\sqrt{2}F_{s}\sin[(\omega_{e}-\omega)t+\theta_{esf}(0)-\theta(0)] \tag{6.8-6}$$

这实现了

$$\tilde{F}_{as}=F_{s}\cos\theta_{esf}(0)+jF_{s}\sin\theta_{esf}(0) \tag{6.8-7}$$

我们看到在式（6.8-5）和式（6.8-6）中如果$\omega=\omega_{e}$，$\theta(0)=0$，那么可得到式（6.8-1）。

现在，对于转子回路，稳态转子变量可以表示为

$$F'_{ar}=\sqrt{2}F'_{r}\cos[(\omega_{e}-\omega_{r})t+\theta_{erf}(0)] \tag{6.8-8}$$

$$F'_{br}=\sqrt{2}F'_{r}\sin[(\omega_{e}-\omega_{r})t+\theta_{erf}(0)] \tag{6.8-9}$$

实际上式（6.8-8）和式（6.8-9）就分别是式（6.2-4）和式（6.2-5），它可以写成任意变量的表达式（包括电压、电流、磁链或者负载）。如果用式（6.5-1）将式（6.8-8）和式（6.8-9）转换到任意参考坐标系，则有

$$F'_{qr}=\sqrt{2}F'_{r}\cos[(\omega_{e}-\omega)t+\theta_{erf}(0)-\theta(0)+\theta_{r}(0)] \tag{6.8-10}$$

$$F'_{dr}=\sqrt{2}F'_{r}\sin[(\omega_{e}-\omega)t+\theta_{erf}(0)-\theta(0)+\theta_{r}(0)] \tag{6.8-11}$$

我们选择同步旋转参考坐标系，即$\omega=\omega_{e}$。并令$\theta_{r}(0)$和$\theta(0)$均等于0，那么从式（6.8-8）可得

$$\tilde{F}'_{ar}=F'_{r}\cos[\theta_{erf}(0)]+jF'_{r}\sin[\theta_{erf}(0)] \tag{6.8-12}$$

据此可以写出式（6.8-2）。

在同步旋转参考坐标系中，qs、ds、q_r'、d_r' 变量在稳态时都是恒值，于是，式（6.5-6）~式（6.5-9）可写成

$$V_{qs}^e = r_s I_{qs}^e + \omega_e \lambda_{ds}^e \tag{6.8-13}$$

$$V_{ds}^e = r_s I_{ds}^e - \omega_e \lambda_{qs}^e \tag{6.8-14}$$

$$V'^e_{qr} = r_r' I'^e_{qr} + (\omega_e - \omega_r)\lambda'^e_{dr} \tag{6.8-15}$$

$$V'^e_{dr} = r_r' I'^e_{dr} - (\omega_e - \omega_r)\lambda'^e_{qr} \tag{6.8-16}$$

其中，上标字母用来说明电压电流恒定。如果对于 V_{qs}^e 和 V_{ds}^e 分别将式（6.8-13）和式（6.8-14）代入式（6.8-1），对于 V'^e_{qr} 和 V'^e_{dr} 分别把式（6.8-15）和式（6.8-16）代入式（6.8-2），并将关于磁链的式（6.6-8）~式（6.6-11）代入同步旋转参考坐标系，就可以得到

$$\widetilde{V}_{as} = r_s \widetilde{I}_{as} + j\omega_e(L_{ls} + L_{ms})\widetilde{I}_{as} + j\omega_e L_{ms}\widetilde{I}'_{ar} \tag{6.8-17}$$

$$\widetilde{V}'_{ar} = r_r'\widetilde{I}'_{ar} + j(\omega_e - \omega_r)(L'_{lr} + L_{ms})\widetilde{I}'_{ar} + j(\omega_e - \omega_r)L_{ms}\widetilde{I}_{as} \tag{6.8-18}$$

其中，所谓的转差率为

$$s = \frac{\omega_e - \omega_r}{\omega_e} \tag{6.8-19}$$

如果用式（6.8-18）除以转差率，则有

$$\frac{\widetilde{V}'_{ar}}{s} = \frac{r_r'}{s}\widetilde{I}'_{ar} + j\omega_e(L'_{lr} + L_{ms})\widetilde{I}'_{ar} + j\omega_e(L_{ms})\widetilde{I}'_{as} \tag{6.8-20}$$

式（6.8-17）~式（6.8-20）表示了一台两相对称感应电机在稳态运行时的单相等效 T 型电路，如图 6.8-1 所示。这个等效电路包含了定子和转子电流相量，但是它们的频率实际上并不相等，这一点非常重要，不过并不表示这是错误。我们之前就提到过可以将频率不同的相量关联起来。并且，还要注意电抗是由 $X = \omega_e L$ 来计算的。有人会倾向用 $X = (\omega_e - \omega_r)L$ 来计算转子回路的电抗，但式（6.8-20）告诉我们这是不对的。我们会发现，如果稍微做个修正（X_{ms} 变成 $1.5X_{ms}$），这个电路就可以用于一台三相对称感应电机的稳态性能计算了。

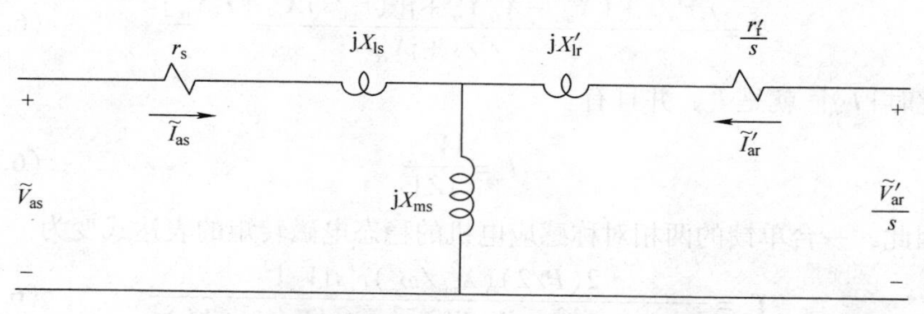

图 6.8-1　两相对称感应电机稳态平衡运行的等效电路

稳态转矩表达式可以先通过式（6.7-1）用I_{qs}^e、I_{ds}^e、I'^e_{qr}和I'^e_{dr}来表示，之后用式（6.8-1）和式（6.8-2）来表示$\widetilde{I}_{as}$和$\widetilde{I}'_{ar}$，即可得到稳态的电磁转矩表达式。这个表达式可以简化为

$$T_e = 2\left(\frac{P}{2}\right)L_{ms}\mathrm{Re}[\mathrm{j}\widetilde{I}_{as}^*\widetilde{I}'_{ar}] \tag{6.8-21}$$

其中，$\widetilde{I}_{as}^*$表示$\widetilde{I}_{as}$的共轭。式（6.8-21）的推导将在本章的最后作为一个问题给出。

单馈的感应电机在稳态平衡运行状态下的转矩—转速或转矩—转差特性是需要我们进行讨论的内容。目前大量应用的感应电机都是单馈的，感应电机产生或者传递的电磁转矩都是通过定子电路和短路的转子电路进行的。此外，大部分的单馈感应电机是笼型的转子结构。这种结构的转子，铜或者铝条均匀分布和镶嵌在铁磁材料上，这些金属条的端部都会在转子的尾部焊接一个端环。初看，均匀分布的转子绕组与正弦分布的定子绕组之间的互感不仅仅只包含基波部分。但是多数情况下，正弦基波的部分就已经足以描述均匀分布绕组的情况了。

对于单馈电机来说，$\widetilde{V}'_{ar}=0$，其中式（6.8-20）可以写成

$$\widetilde{I}'_{ar} = -\frac{\mathrm{j}X_{ms}}{r'_r/s+\mathrm{j}X'_{rr}}\widetilde{I}_{as} \tag{6.8-22}$$

将式（6.8-22）代入式（6.8-21），对于一台单馈的两相对称感应电机来说，稳态平衡运行状态下，下述公式可以求出它的电磁转矩。

$$T_e = \frac{2(P/2)(X_{ms}^2/\omega_e)(r'_r/s)|\widetilde{I}_{as}|^2}{(r'_r/s)^2+X'^2_{rr}} \tag{6.8-23}$$

很重要的一点是：当转差为正时，由式（6.8-23）可知转矩也是正的（电动机状态），此时有$\omega_r<\omega_e$。而当$\omega_r>\omega_e$时，转差为负，转矩也为负（发电机状态）。当转差为零时（$\omega_r=\omega_e$），转矩为0（请证明上述三种说法）。换句话说，除了同步转速外，单馈感应电机在任意速度下均会产生转矩。

当$\widetilde{V}'_{ar}=0$时，图6.8-1所示的等效电路的输入阻抗为

$$Z = \frac{r_s r'_r/s+(X_{ms}^2-X_{ss}X'_{rr}+\mathrm{j}[(r'_r/s)X_{ss}+r_sX'_{rr}]}{r'_r/s+\mathrm{j}X'_{rr}} \tag{6.8-24}$$

此时$|\widetilde{I}_{as}|^2$就是I_s^2，并且有

$$I_s = \frac{|\widetilde{V}_{as}|}{|Z|} \tag{6.8-25}$$

因此，一台单馈的两相对称感应电机的稳态电磁转矩的表达式变为

$$T_e = \frac{2(P/2)(X_{ms}^2/\omega_e)r'_r s|\widetilde{V}_{as}|^2}{[r_sr'_r+s(X_{ms}^2-X_{ss}X'_{rr})]^2+(r'_rX_{ss}+sr_sX'_{rr})^2} \tag{6.8-26}$$

即给定一组参数与电源的频率ω_e，稳态转矩就会随着供电电压幅值的二次

方而变化。图6.8-2给出了适用于许多单馈的两相感应电机的典型稳态转矩—转速特性图。电机的参数通常设计为在额定频率运行时，在同步转速的80%～90%之间得到的最大转矩。一般来说，最大转矩是电机额定转矩的2～3倍。

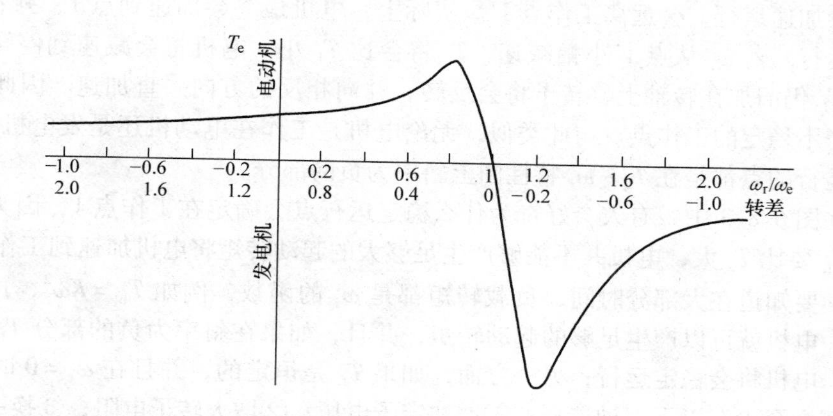

图6.8-2 两相对称感应电机的稳态转矩—转速特性图

虽然我们分析的是两相感应电机，但是多相感应电机的转矩—转速特性图的形状同它基本相同。

让我们花点时间来思考一下一台稳定的感应电机，在稳态运行的情况。考虑到式（6.4-5），由于稳态运行时速度恒定，因此$d\omega_r/dt=0$，所以$T_e=T_L$。从图6.8-2可以看出，对于一个给定的负载T_L，在$T_e-\omega_r$图上可能会有两个运行点。当计算稳态转矩时，假设在计算中速度是恒定的，而并没有考虑它是否是一个稳定的运行点。让我们考虑一下图6.8-3的$T_e-\omega_r$图。由于感应电机主要用作电动机，图6.8-3展示的就是工作在电动机状态下的速度范围。对于负载转矩T_L，如图6.8-3所示，可能有两个工作点1与1′。如果假设稳态运行发生在1或者1′，那么，如果系统偏离了这一工作点，将会产生一个转矩使系统返回这个工作点。当然，这同第2章求继电器的稳态运行点的过程是一样的。

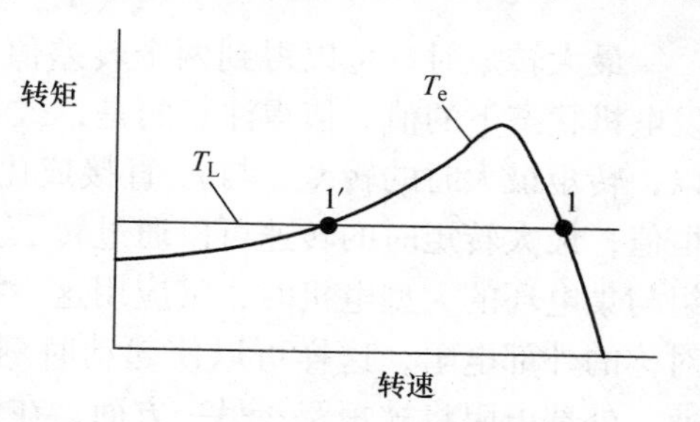

图6.8-3 感应电机的稳态运行曲线

考虑工作在点1状态下。如果转速ω_r小幅增加，T_e将会小于T_L。换句话说，负载转矩T_L的需求将比电机所提供的电磁转矩T_e大一点。由于$T_L>T_e$，电机就会减速。因此电机会返回到工作点1。相反地，如果转速低于工作点1的速度，T_e 比 T_L 要大一点。所以，电机就会加速回到工作点1。结果说明点1就是一个稳定的稳态工作点。

现在再来考虑工作点1′。当转速 ω_r 增加，电磁转矩 T_e 将比 T_L 大。所以，电机会加速运行，会远离工作点1′。实际上，电机最终会加速到点1，并在点1稳定运行。若 ω_r 从点1′小幅减速，T_e 将会比 T_L 小。电机将会减速到停转，且如果 T_L 仍旧加在转轴上，转子将会反转，并向相反的方向一直加速。因此点1′是一个不稳定的工作点。与此类似，无论电机是工作在电动机还是发电机状态，稳定运行的点都是在 $T_e-\omega_r$ 特性图上斜率为负的部分。

在图6.8-3中，有人会好奇为什么稳定运行点会确定在工作点1，因为停机时，T_L 要比 T_e 大，电机并不能够产生足够大的起动转矩将电机加速到工作点1。但是，要知道在大部分时间，负载转矩都是 ω_r 的函数，例如 $T_L=K\omega_r^2$，这些情况下，电机就可以产生足够的起动转矩，并且，如果在斜率为负的部分 T_L 与 T_e 相等，电机将会稳定运行；另一方面，如果 T_L 是恒定的，并且在 $\omega_r=0$ 时比 T_e 大，那么至少有以下三种选择：①增加定子电压；②增大转子电阻；③换一个不同的电机。其中，通过增加转子电阻来提高起动转矩的方法是我们从未讨论过的。现在来具体分析一下。

通过取式（6.8-26）对于转差的导数，并让它等于0，我们就可以求得最大转矩时的转差。特别有

$$s_m=r_r'G \tag{6.8-27}$$

其中，

$$G=\pm\sqrt{\frac{r_s^2+X_{ss}^2}{(X_{ms}^2-X_{ss}X_{rr}')^2+r_s^2X_{rr}'^2}} \tag{6.8-28}$$

最大转矩时，可以得到两个转差值 s_m，一个是电动机状态下的值；一个是发电机状态下的值。值得注意的是，式（6.8-28）中的 G 并不是 r_r' 的函数，所以，转矩最大时的转差，与 r_r' 直接成比例。同时由于其他所有的电机参数均是恒值，最大转矩时的转速可以通过转子上串联电阻来改变。在起动有绕线转子绕组与集电环的大型电机时，常应用这一特性。在应用过程中，将在转子外部接上对称的外部电阻，这样可以使起动时刻转矩增大，接近最大转矩。随着电机加速，外部电阻将被短路；另一方面，在位置跟随系统中，一些两相感应电机在设计时采用较高的转子绕组电阻，使得在零速及其附近速度内电机可以产生最大转矩来提供较快的响应。

初视最大转矩的幅值受到 r_r' 的影响。但是如果把式（6.8-27）带进式（6.8-26），最大转矩可以表示为

$$T_{e,\max}=\frac{2(P/2)(X_{ms}^2/\omega_e)G|\widetilde{V}_{as}|^2}{[r_s+G(X_{ms}^2-X_{ss}X_{rr}')]^2+(X_{ss}+Gr_sX_{rr}')^2} \tag{6.8-29}$$

式（6.8-29）与 r_r' 是无关的。所以，如果只有 r_r' 变化，最大转矩实际是不变的，但是根据式（6.8-27）可知，产生最大转矩时的转差会随之变化。图 6.8-4 说明了 r_r' 变化带来的影响，其中 $r_{r3}'>r_{r2}'$ 并且 $r_{r2}'>r_{r1}'$。

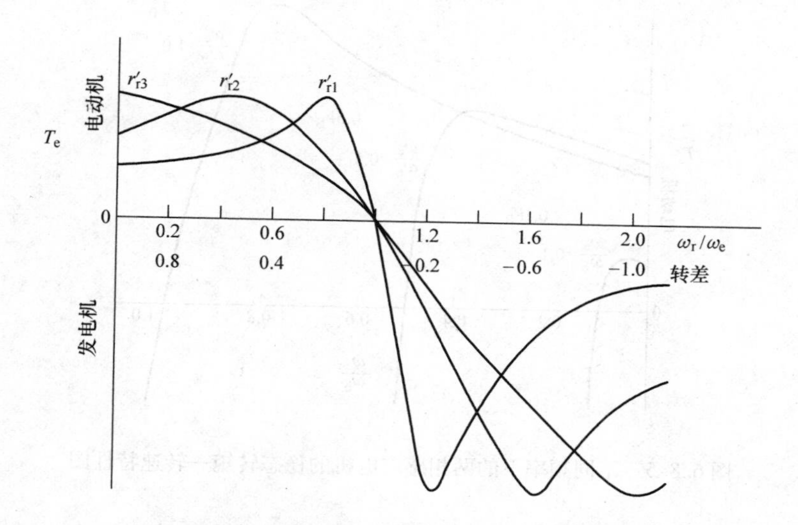

图 6.8-4 不同 r_r' 下的两相感应电机的稳态转矩 - 转速特性图

在变频驱动系统中，电气装备（磁阻电机、同步电机或感应电机）的速度控制是由逆变器（DC 到 AC 的变换）或者交交变频器（交流频率变换）改变供电电压频率来完成的。无论运行的频率是多少，电压的相量方程总是适用的。只需要记住一点：稳态等效电路（见图 6.8-1）中的电抗定义是 ω_e 与电感的乘积。随着频率的降低，稳态变量随时间的变化率将按比例减少。所以，电抗也将随频率线性减小。如果供电电压维持在额定值，电流将会过大。为了防止电流过大，定子电压的幅值需要随着频率的减小而减小。许多电气装备中，电压的幅值都是随着频率线性减小，直到到达一个比较低的频率，届时，电压就需要按照某种特定方式减小，用以补偿定子电阻压降的影响。

图 6.8-5 说明了频率对稳态转矩—转速特性的影响。该特性在供电电压的幅值与频率之间是线性关系时才适用。图 6.8-5 所示电机工作的 $\omega_e=\omega_b$，其中 ω_b 与额定频率相符合。额定频率时将提供额定电压，也就是，在 $\omega_e=\omega_b$，有 $|\widetilde{V}_{as}|=V_B$ 时，其中 V_B 是基值或者是额定电压值。由于电抗（$\omega_e L$）会随频率变化，所以随着频率的降低，我们需要减小电压来避免过大的定子电流。最大转矩在 $\omega_e/\omega_b=0.1$ 时是明显减小的。在此频率下，为了得到更大的转矩，则需要提高电压。这种情况时有可能使用 $0.15V_B$ 或者 $0.2V_B$，而不是 $0.1V_B$。但是当使用

高电压时，定转子铁心的饱和又可能会导致定子电流过大。由此可见，这些变频驱动器的实际应用状况很重要，但是已经超过了本文的论述范畴。

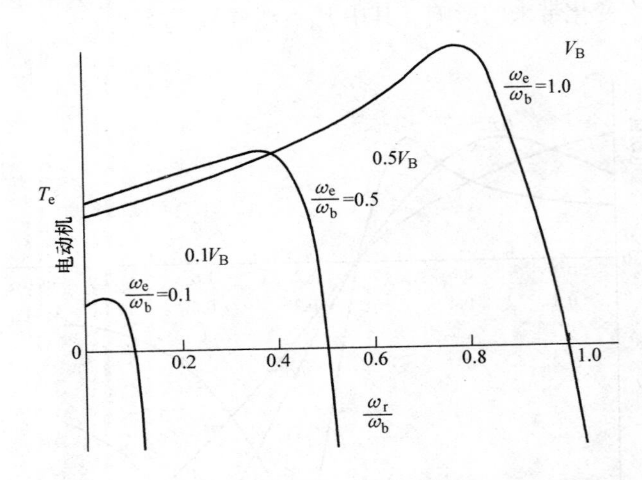

图 6.8-5　不同频率下的两相感应电机的稳态转矩—转速特性图

例 6C　图 6.8-1 所示的等效电路参数可以通过电磁场的理论计算或者实际测试得到。测试通常有直流测试、空载测试以及堵转测试。以下测试数据来自于一台3hp、四极、110V（有效值）、两相、60Hz 的感应电机。所有的交流电压、电流均是有效值：

直流测试	空载测试	堵转测试
$V_{dc}=6.9V$ $I_{dc}=13.0A$	$V_{nl}=110V$ $I_{nl}=3.86A$ $P_{nl}=134W$ $f=60Hz$	$V_{br}=23.5V$ $I_{br}=16.1A$ $P_{br}=469W$ $f=15Hz$

直流测试中，电机静止时在电机的一相提供直流电压。所以有

$$r_s=\frac{V_{dc}}{I_{dc}}=\frac{6.9}{13}=0.531\Omega \tag{6C-1}$$

与变压器的开路测试相似，空载测试是在转子上没有机械负载的情况下（空载），在定子绕组上加两相平衡的 60Hz 电压。在此次测试中输入的功率是由每相定子电阻的损耗（铜耗）、磁滞与涡流产生的铁心损耗，以及摩擦力与风产生的机械损耗组成的。两相定子铜耗合计为

$$P_r=2I_{nl}^2r_s=2(3.86)^2 0.531=15.8W \tag{6C-2}$$

因此，摩擦力与风产生的机械损耗以及铁耗合计为

$$P_{\text{fWC}} = P_{\text{nl}} - P_{\text{r}} = 134 - 15.8 = 118.2\text{W} \tag{6C-3}$$

图 6.8-1 所示的等效电路是不计铁耗的，因为铁耗通常很小，且在大部分情况下，忽略它之后，带来的误差也很小。铁耗可以通过与励磁电抗 X_{ms} 并联一个电阻来表示。而摩擦力与风产生的机械损耗则可用式（6.4-5）中的 B_{m} 来估计。

从空载试验的数据可以看出，电机功率因数很低，输入电机的总视在功率为

$$|S_{\text{nl}}| = 2V_{\text{nl}}I_{\text{nl}} = 2(110)(3.86) = 849.2\text{VA} \tag{6C-4}$$

可以看出，空载的阻抗呈很高的感性，它的幅值近似是定子的漏抗与励磁电抗的和，由于转子速度接近同步速度，在图 6.8-1 中，r_{r}'/s 要比 X_{ms} 大很多。所以有

$$X_{\text{ls}} + X_{\text{ms}} \cong \frac{V_{\text{nl}}}{I_{\text{nl}}} = \frac{110}{3.86} = 28.5\Omega \tag{6C-5}$$

堵转测试类似变压器的短路试验。转子通过机械装置固定，并为定子提供两相对称电压。为了得到有代表性的 r_{r}'，供电频率通常低于额定值，这是因为在正常运行时，转子电路的频率很低，且一些感应电机的转子电阻随着频率的变化是很明显的。静止时（$s=1$）转子阻抗 $r_{\text{r}}'/s + \text{j}X_{\text{lr}}'$ 的幅值要比 X_{ms} 小很多，因而在这些计算中，可以忽略励磁电抗中的电流。进而可得堵转测试中，输入电机的总功率为

$$P_{\text{br}} = 2I_{\text{br}}^2(r_{\text{s}} + r_{\text{r}}') \tag{6C-6}$$

从而有

$$r_{\text{r}}' = \frac{P_{\text{br}}}{2I_{\text{br}}^2} - r_{\text{s}} = \frac{469}{(2)(16.1)^2} - 0.531 = 0.374\Omega \tag{6C-7}$$

其堵转测试的输入阻抗的幅值是

$$|Z_{\text{br}}| = \frac{V_{\text{br}}}{I_{\text{br}}} = \frac{23.5}{16.1} = 1.46\Omega \tag{6C-8}$$

所以有

$$\left|(r_{\text{s}} + r_{\text{r}}') + \text{j}\frac{15}{60}(X_{\text{ls}} + X_{\text{lr}}')\right| = 1.46\Omega \tag{6C-9}$$

从而推出

$$\begin{aligned}\left[\frac{15}{60}(X_{\text{s}} + X_{\text{lr}}')\right]^2 &= (1.46)^2 - (r_{\text{s}} + r_{\text{r}}')^2 \\ &= 1.46^2 - (0.531 + 0.374)^2 = 1.31\Omega^2\end{aligned} \tag{6C-10}$$

最后得到

$$X_{\text{ls}} + X_{\text{lr}}' = 4.58\Omega \tag{6C-11}$$

我们通常认为 X_{ls} 与 X_{lr}' 是相等的，但是，在某些种类的感应电机当中则会有

不同的比例。先假定 $X_{ls}=X'_{lr}$，进而可以求出电机的参数。例如，当 $\omega_e=377\text{rad/s}$时，电机的参数为 $r_s=0.531\Omega$，$X_{ls}=2.29\Omega$，$X_{ms}=26.2\Omega$，$r'_r=0.374\Omega$，$X'_{lr}=2.29\Omega$。

例6D 一台四极、110V（有效值）、28A、7.5hp、两相感应电机的参数是：$r_s=0.3\Omega$，$L_{ls}=0.0015\text{H}$，$L_{ms}=0.035\text{H}$，$r'_r=0.15\Omega$，$L'_{lr}=0.0007\text{H}$。电机供电电压为110V，60Hz。计算起动转矩与起动电流。

如果考虑到电磁与机械的暂态过程，那么就有必要使用计算机来求解起动电流与起动转矩。但是，通过恒速的稳态分析可以近似得到实际的起动特性。出于这一目的，假设速度固定为零，系统处于稳态运行状态，则有

$$X_{ss}=\omega_e(L_{ls}+L_{ms})=377(0.0015+0.035)=13.76\Omega \tag{6D-1}$$

$$X'_{rr}=\omega_e(L'_{lr}+L_{ms})=377(0.0007+0.035)=13.46\Omega \tag{6D-2}$$

$$X_{ms}=\omega_e L_{ms}=377(0.035)=13.2\Omega \tag{6D-3}$$

通过式（6.8-26）可以计算出 $\omega_r=0$（$s=1$）时的稳态转矩为

$$\begin{aligned}T_e&=\frac{2(P/2)X_{ms}^2/\omega_e)r'_r s|\widetilde{V}_{as}|^2}{[r_s r'_r+s(X_{ms}^2-X_{ss}X'_{rr})]^2+(r'_r X_{ss}+s r_s X'_{rr})^2}\\&=\frac{2\left(\frac{4}{2}\right)(13.2^2/377)(0.15)(1)(110)^2}{\{(0.3)(0.15)+(1)[13.2^2-(13.76)(13.46)]\}^2+[(0.15)(13.76)+(1)(0.3)(13.46)]^2}\\&=21.4\text{N}\cdot\text{m}\end{aligned} \tag{6D-4}$$

由于 $s=1$，与 X_{ms} 并联的转子阻抗比 X_{ms} 要小得多。所以这一工作状态下的输入阻抗近似为

$$\begin{aligned}Z&=(r_s+r'_r)+\mathrm{j}(X_{ls}+X'_{lr})\\&=(0.30+0.15)+\mathrm{j}377(0.0015+0.0007)\\&=0.45+\mathrm{j}0.83\Omega\end{aligned} \tag{6D-5}$$

设 $\widetilde{V}_{as}$ 作为参考相量，那么有

$$\widetilde{I}_{as}=\frac{\widetilde{V}_{as}}{Z}=\frac{110\angle 0°}{0.944\angle 61.5°}=117\angle -61.5°\text{A} \tag{6D-6}$$

可以看到，起动电流是额定电流的4倍以上。在某些大型电机中，当供给额定电压时，起动电流可能是额定电流的10倍。过大的起动电流将会导致电机过热并且烧毁绕组。因此，许多大型电机在起动阶段需要减小供电电压，并直到电机加速到额定转速附近才开始施加额定电压。一般都是通过闭路转换变压器来完成的，它可以在不断开定子电路的情况下，通过把定子电路从变压器的低压接头转换到高压接头来实现电压的升高。

SP6.8-1 一台六极两相感应电机的转子速度是 $0.3\omega_e$。对称稳态运行时有

$\widetilde{I}'^{s}_{qr}=I'_r\angle 30°$，求：（a）$I'_{ar}$；（b）$I'^{s}_{qr}$；（c）$\widetilde{I}'_{ar}$。[(a)$I'_{ar}=\sqrt{2}I'_r\cos(0.1\omega_e t+30°)$；(b)$I'^{s}_{qr}=\sqrt{2}I'_r\cos(\omega_e t+30°)$；(c)$\widetilde{I}'_{ar}=\widetilde{I}'^{s}_{qr}$]

SP6.8-2　当计算堵转测试时的电机参数时，忽略 X_{ms} 中流过的电流是一种允许范围内的近似（例6C）。但是，在计算堵转转矩时这种近似是无效的。如果 X_{ms} 中流过的电流被认为小到可以忽略，不计转子转速，请用式（6.8-21）证明 $T_e=0$。[令 $\widetilde{I}_{as}=a+jb$]

SP6.8-3　忽略铁心损耗，并假设例 6B 计算的摩擦力和风产生的损耗 P_{fWC} 可以用 $B_m\omega_{rm}$ 来代替，如果选定 B_m，那么在 $\omega_r=0.9\omega_e$ 时，等效负载是 118.2W，求此时的 B_m。[$B_m=4.11\times10^{-3}\text{N}\cdot\text{m}\cdot\text{s/rad}$]

SP6.8-4　一台两相四极 60Hz 的感应电机参数是 $r_s=r'_r=20\Omega$、$L_{ls}=L'_{lr}=25\text{mH}$、$L_{ms}=0.3\text{H}$。计算以下情况下的 $\widetilde{I}_{as}$。（a）空载；（b）在 $\widetilde{V}_{as}=115\angle 0°$，堵转情况下（$\omega_r=0$）。请估算一下堵转电流。[(a)$\widetilde{I}_{as}=0.927\angle -80.75°\text{A}$；(b)$\widetilde{I}_{as}=2.6\angle -25.2°\text{A}$]

6.9 电机变量的稳态与暂态特性

在电机暂态与稳态运行的过程中观察电机的变量是非常有意义的。为了达到这一目的，我们一般会在计算机上通过编程来构建描述感应电机的非线性微分方程。假设有两台感应电机：一台是 5hp，拥有大部分典型两相、三相工业用笼型感应电机特性的通用电机；一台是有较高转子绕组电阻的、能够产生相对较大起动转矩的 1/10hp 的两相感应电机。在本节及下一节给出的大部分性能特性都是针对第一台单馈两极两相、5hp、110V（有效值）、60Hz 的感应电机而言的，其参数是：$r_s=0.295\Omega$，$L_{ls}=0.944\text{mH}$，$L_{ms}=35.15\text{mH}$，$r'_r=0.201\Omega$，以及 $L'_{lr}=0.944\text{mH}$。转子与连接负载的转动惯量是 $J=0.026\text{kg}\cdot\text{m}^2$。

第二台四极、两相、1/10hp、115V（有效值）、60Hz 的感应电机有如下参数：$r_s=24.5\Omega$，$L_{ls}=27.06\text{mH}$，$L_{ms}=273.7\text{mH}$，$r'_r=23\Omega$，以及 $L'_{lr}=27.06\text{mH}$。转子与连接负载的转动惯量是 $J=0.001\text{kg}\cdot\text{m}^2$。此电机如图 6.2-3 所示。

从初始零速度自由加速

图 6.9-1 与图 6.9-2 描述了 5hp 的感应电机的自由加速特性，图 6.9-3 与图 6.9-4 则描述了 1/10hp 的感应电机的自由加速特性。在 $t=0$ 时，施加额定电压，分别为 $v_{as}=\sqrt{2}V_s\cos377t$ 与 $v_{bs}=\sqrt{2}V_s\sin377t$。其中 5hp 的感应电机有 $V_s=110\text{V}$，对 1/10hp 的感应电机有 $V_s=115\text{V}$。电机在空载的情况下从初始的零速度开始加

速，不考虑摩擦力、风等损耗时，电机仿真过程中将加速到同步速。实际上，由于存在摩擦力、风等损耗，电机不会达到同步速。而是运行在比同步速稍微低一些的转速条件下，并产生一个很小的电磁转矩 T_e，足够抵消摩擦力、风等产生的负载转矩。对 5hp 的两极电机来说，当 ω_{rm} = 377rad/s 时，同步速是 3600r/min。对于 1/10hp 的四极电机来说，当 ω_{rm} = 188.5rad/s 时，其同步速是 1800r/min。两种电机的转子电角度转速 ω_r 都是同步速 377rad/s。

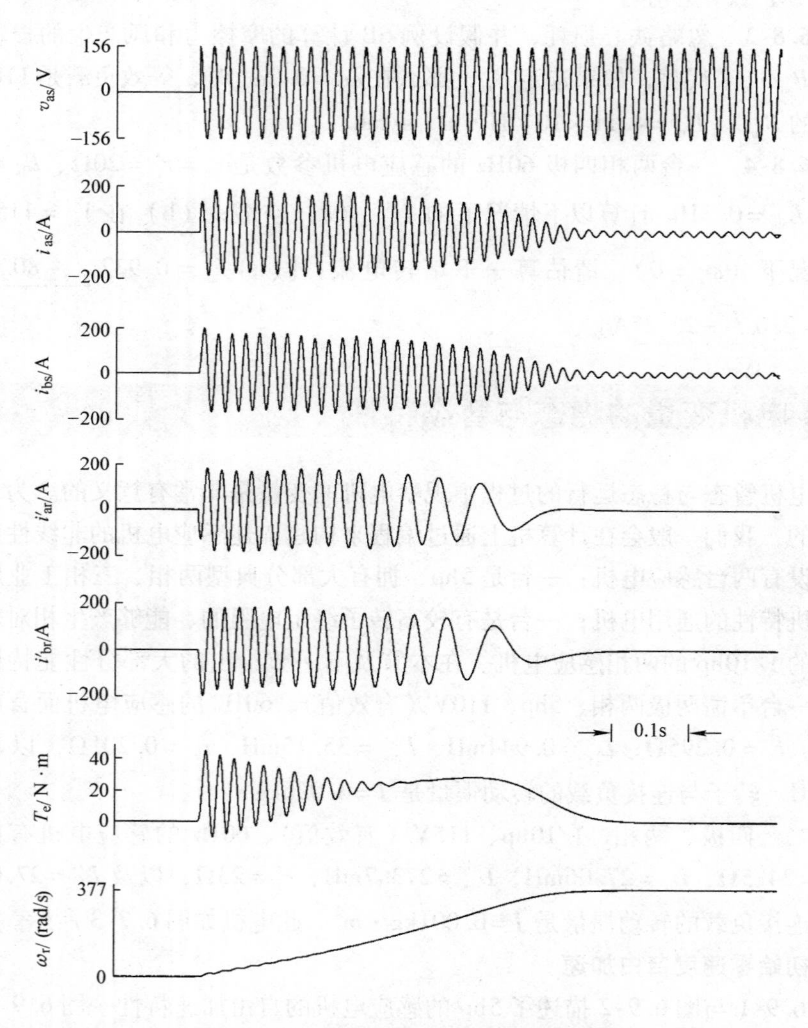

图 6.9-1　两极、三相、5hp 感应电机的自由起动特性 - 电机变量

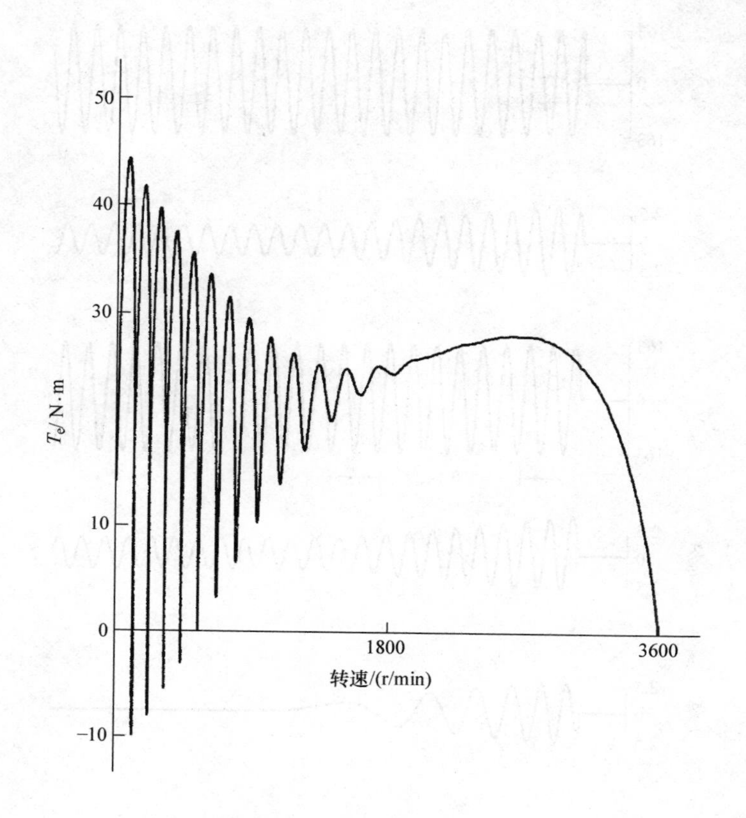

图 6. 9-2　图 6. 9-1 中自由加速过程中的转矩—转速曲线

通过分析，我们发现 5hp 电机的额定电流（有效值）大约是 20A，1/10 马力的电机是 1. 5A。5hp 电机的起动电流（见图 6. 9-1）大约是 120A（有效值），是额定电流的 6 倍左右。这个倍数对于工业用的感应电机很具有典型性，通常与负载有关，所以需要降压起动，正如例 6C 所提到的那样。而 1/10hp 的电机起动电流大约是 2A（有效值），不到额定电流的 2 倍。这类装备的设计需要能够满足承受全电压起动的要求，因为它们经常所用在位置或者运动控制系统本身，需要从初始零速度快速加速到需要的速度，根据不同的应用场合，需要的速度往往难以达到额定转速。

图 6. 9-1 与图 6. 9-3 可以明显看出定子和转子的暂态偏移电流，rL 电路的特性。定子和转子电流的暂态或者直流偏移都将带来电磁转矩的脉动。可以看到，当定子和转子电流的偏移消失后，转矩中的脉动也会消失，其频率为定子电源的频率（60Hz）。特别是对于 5hp 的感应电机来说，暂态过程中，定子和转子电流的包络变化也很明显，这是由定子电流偏移与转子电流偏移的相互作用和定子和

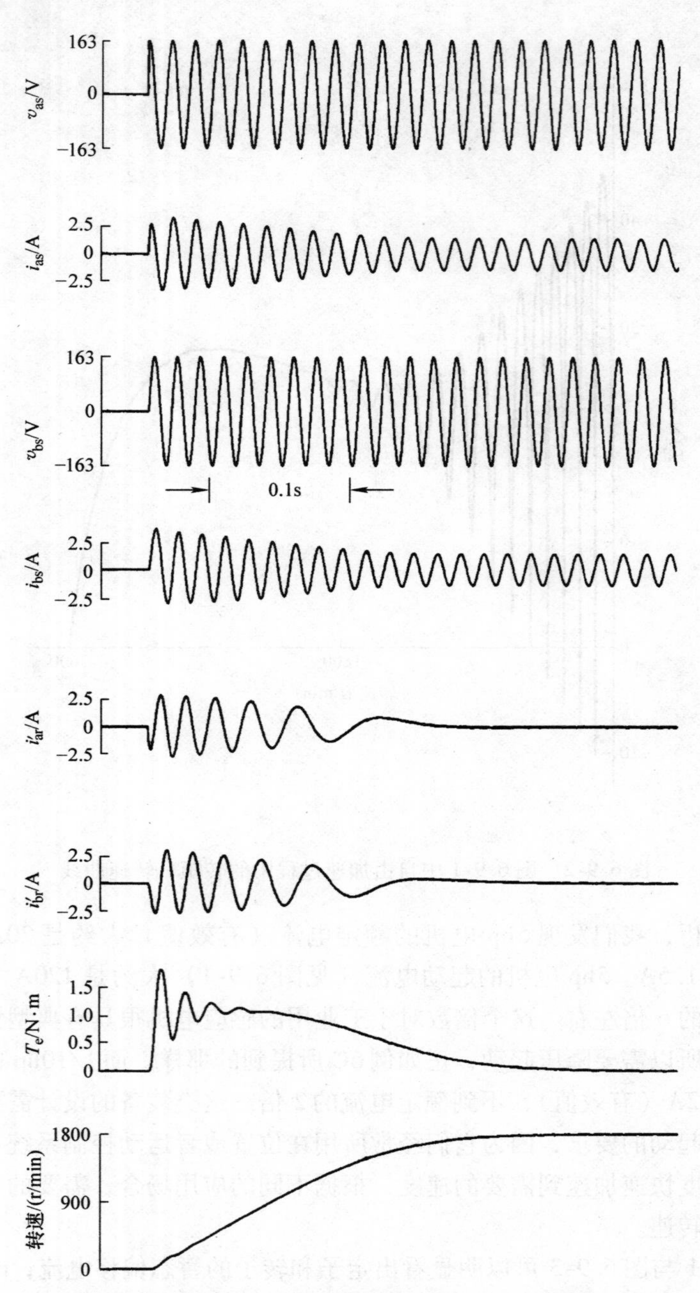

图 6.9-3　四极、二相、1/10hp 感应电机的自由起动特性 - 电机变量

转子电路的相对运动引起的[1]。

对于小功率的感应电机来说，当暂态转矩脉动存在时，稳态转矩—转速特性

基本上是暂态转矩—转速曲线的平均值。转子及负载的转动惯量通常是足够大的，这将会抑制脉动转矩对转速变化的影响，因此转速变化不会很大。但是，也并不总是这样，比如感应电机的定子电压处在低频率时，这种情况可能在变频驱动过程中发生。尽管如此，我们还是不会在额定频率时对稳态与暂态转矩—转速特性进行详细的比较。值得一提的是，大功率电机（大于 500hp）的暂态转矩—转速特性与稳态转矩—转速特性是大有不同的，特别是在转速超过同步速的 60% ~80% 时[1]。

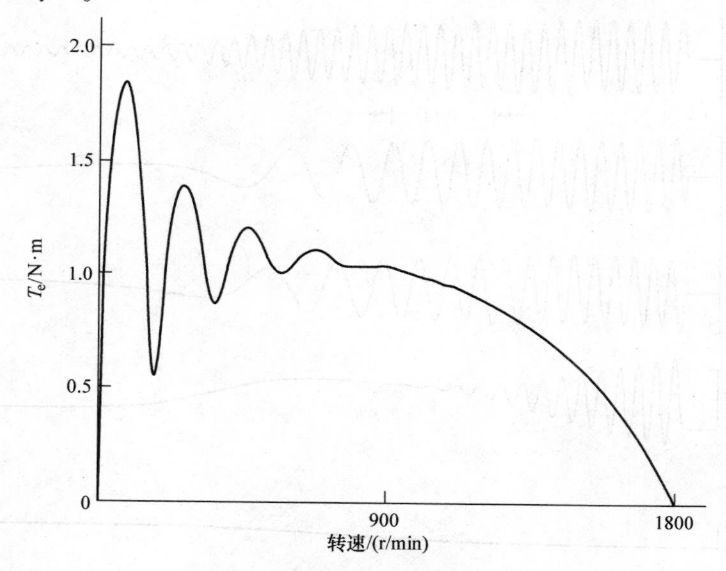

图 6.9-4　图 6.9-3 中自由加速过程中的转矩—转速曲线

负载起动

图 6.9-5 与图 6.9-6 给出了一台 5hp 感应电机的负载加速特性。这里负载转矩是 $T_L = K\omega_{rm}^2$，其中，K 选为 $10/(377)^{-2}$N · m · s²/rad²。这类负载是典型的风机类负载。额定负载转矩大概是 10N · m。常数 K 的选择使得同步速时负载矩达到 10N · m。图 6.9-6 中，平均电磁转矩 T_e 与负载转矩 T_L 的差就是使转子加速的转矩，通常被称为加速转矩，加速过程将一直持续到 $T_e = T_L$。

负载转矩的阶跃变化

图 6.9-7 给出了 5hp 感应电机在负载转矩发生变化时的动态特性。初始阶段，电机工作在 5N · m 的恒值负载转矩条件下。负载转矩阶跃变为 10N · m 并使电机达到稳态运行状态，之后负载转矩降回 5N · m。根据图 6.9-7 中所示的转子电流频率计算 $T_L = 5$N · m 与 $T_L = 10$N · m 时的转子速度。（$T_L = 5$N · m 时，$\omega_{rm} \approx 370$rad/s；$T_L = 10$N · m 时，$\omega_{rm} \approx 362$rad/s）

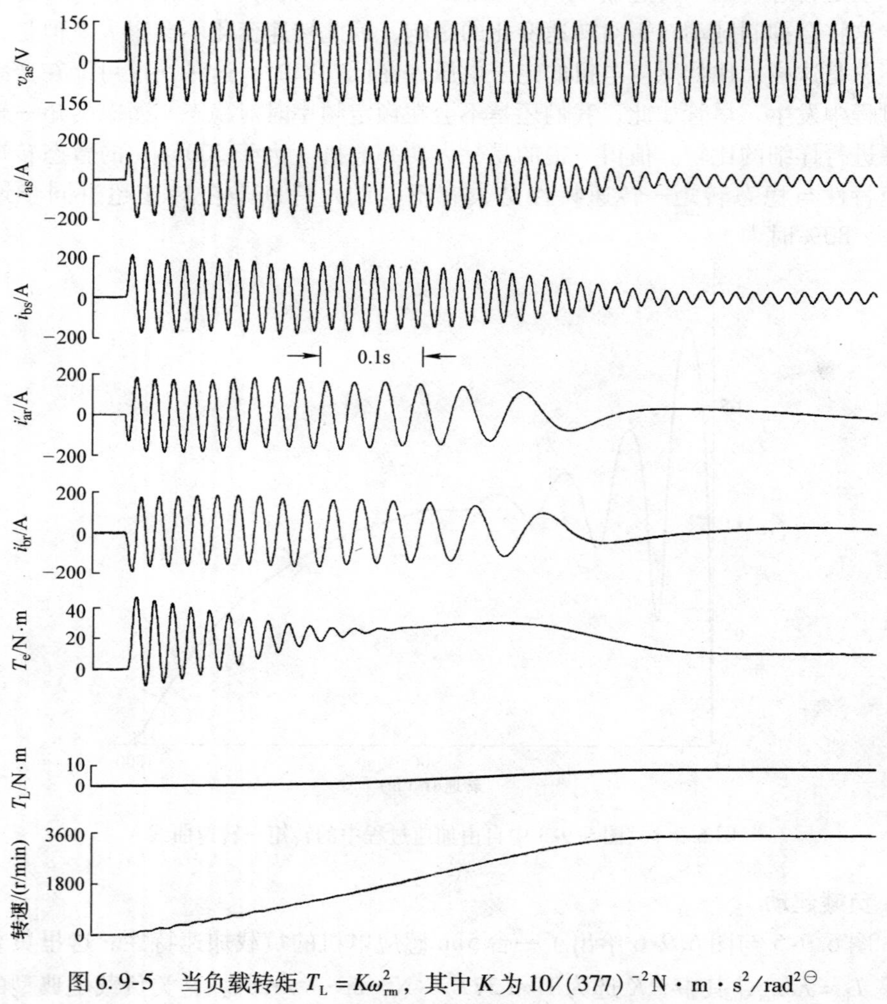

图 6.9-5　当负载转矩 $T_L = K\omega_{rm}^2$，其中 K 为 $10/(377)^{-2}$N·m·s²/rad² ㊀ 时 5hp 感应电机的起动特性

定子频率的阶跃变化

图 6.9-8 中，5hp 的电机在 $T_L = 10$N·m 时工作在稳态。定子电压频率跳变为 50Hz，同时，定子电压的幅值减少为 $\left(\frac{5}{6}\right)(110)$V。之后系统一旦达到稳态，供电电压的频率与幅值就跳回额定值（60Hz，100V）。当定子频率发生变化时，负载转矩恒定在 10N·m。这种运行情况可以发生在用变频器给感应电机供电时，

㊀　此处原书有误，应为 $10/(377)^{-2}$N·m·s²/rad²，与前文一致。——译者注

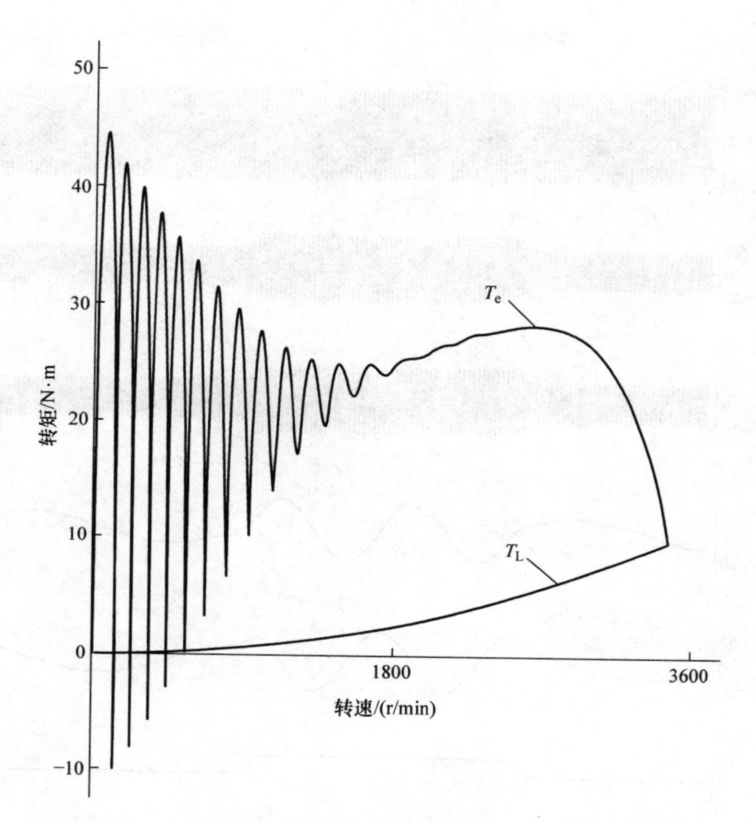

图 6.9-6　图 6.9-5 中加速阶段的转矩—转速曲线

此时，逆变器将直流电压变为变频交流电压，通过控制逆变器的开关，定子的基波电压的频率与幅值可以快速地变化。

图 6.9-9 给出了在这种频率跳变情况下动态的转矩—转速特性。其中也给出了电机在 50Hz、60Hz 频率下的稳态转矩—转速特性。起初，电机工作在点 1。当电压的频率与幅值变化时，瞬时转矩会减小，转子速度因此降低，并最终在点 2 处达到稳态运行。当定子电压跳回到额定值时，瞬时转矩会增加，转子加速，重新达到初始的工作点。

SP6.9-1　当转子速度为 280rad/s 时，估算图 6.9-6 中的加速转矩。[大约是 23N · m]

SP6.9-2　图 6.9-9 中，从点 1 跳到点 2，感应电机的工作状态为发电机，向电力系统提供能量。这种能量的源头在哪？[转子]

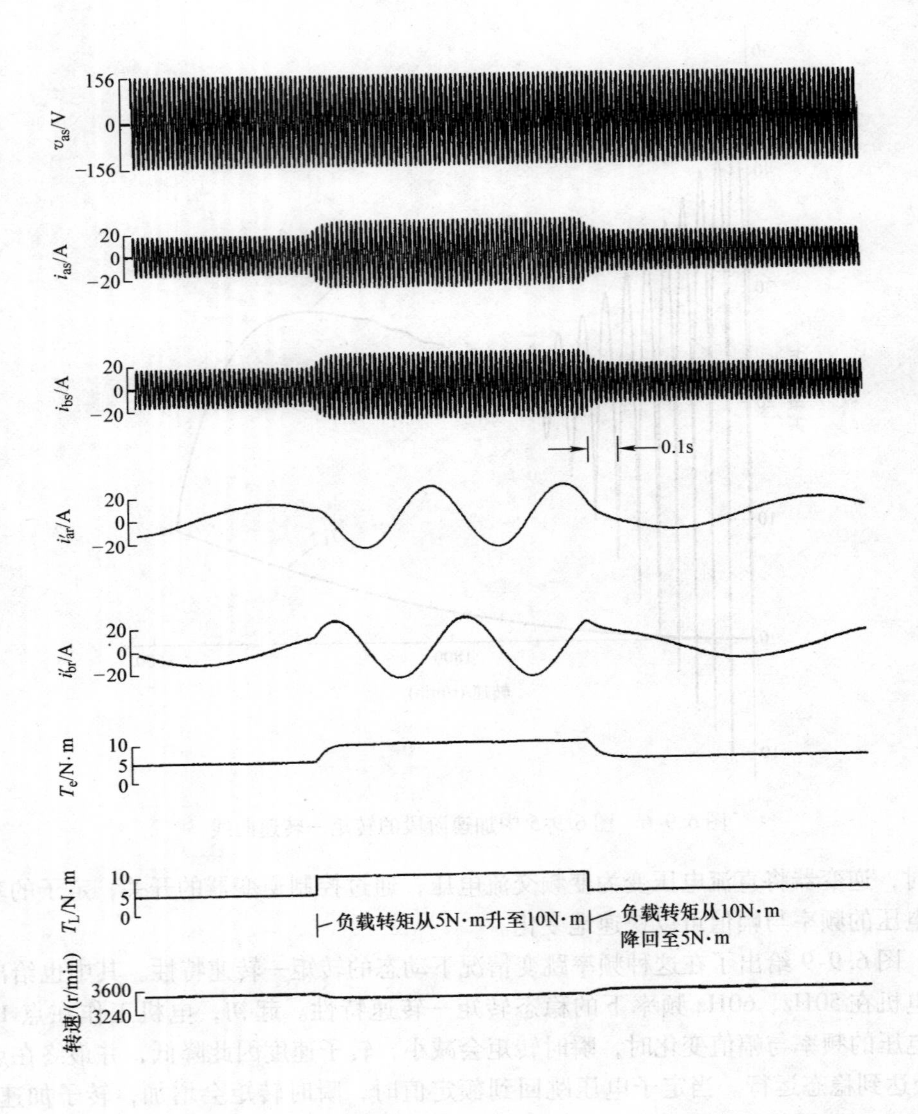

图 6.9-7　5hp 感应电机负载转矩的跃变

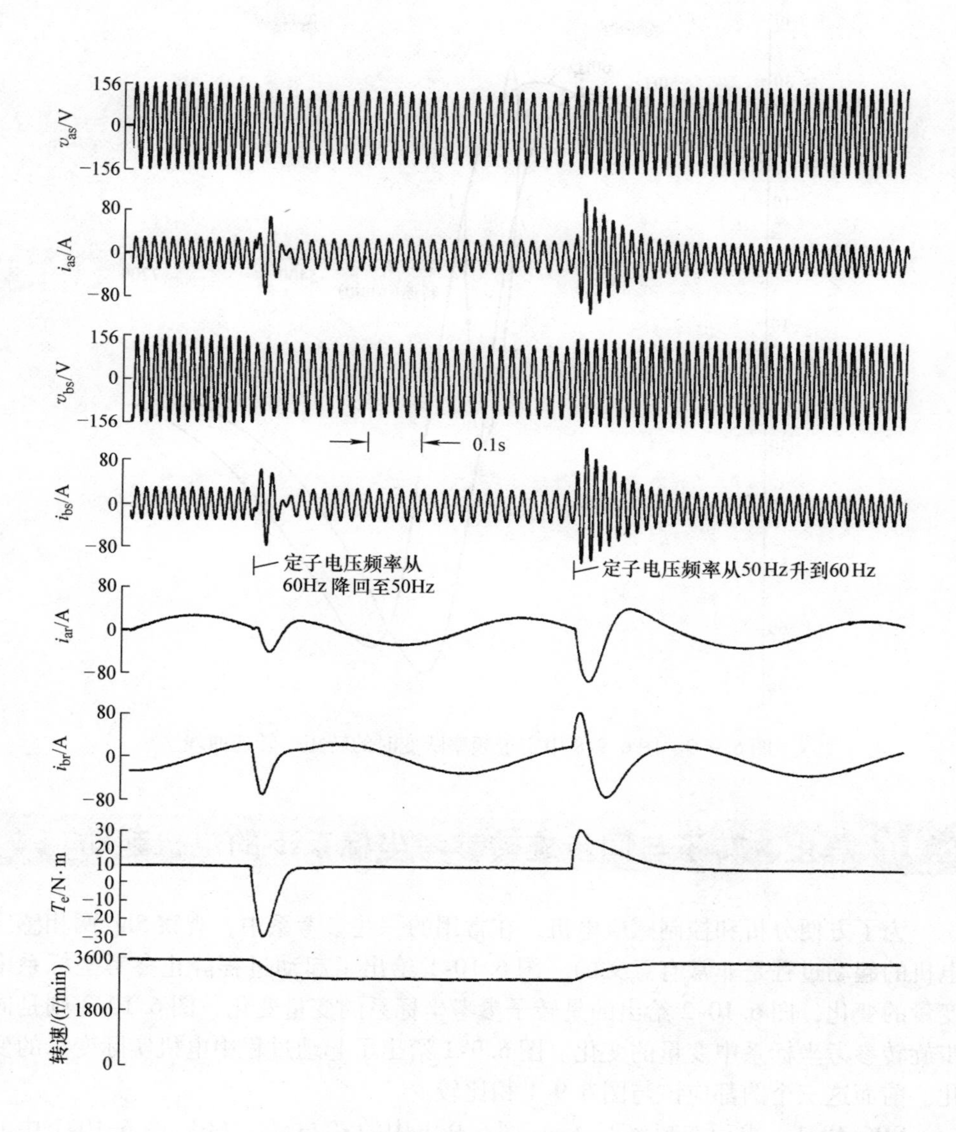

图 6.9-8　5hp 感应电机定子电压频率的跃变

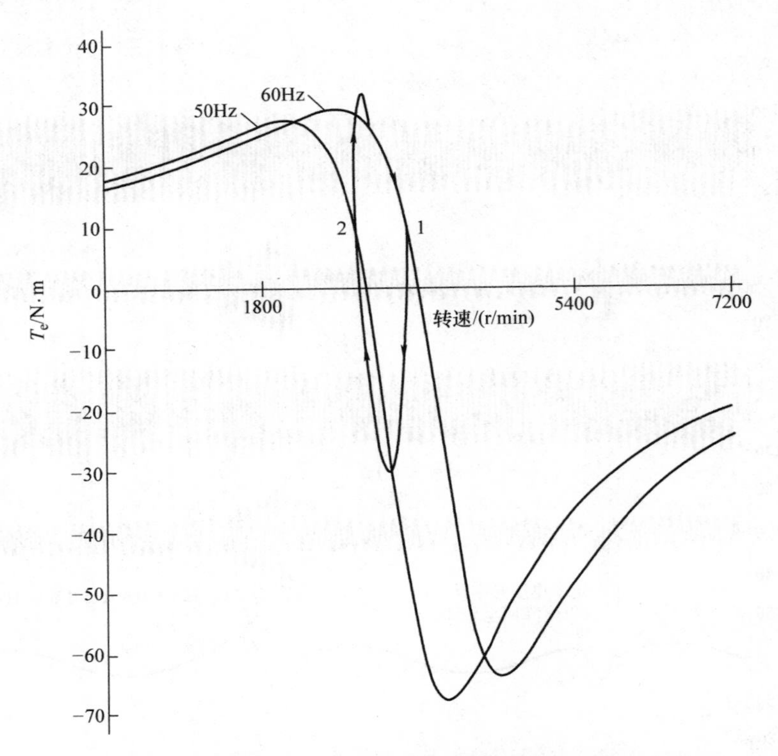

图 6.9-9　图 6.9-8 中定子频率跃变时的转矩—转速曲线

6.10 静止、转子与同步旋转参考坐标系下的电机起动

为了方便分析和控制感应电机，在常用的一些参考系中，观察 5hp 两相感应电机的起动过程是非常有意义的。图 6.10-1 给出了起动过程静止参考坐标系中变量的变化，图 6.10-2 给出的是转子参考坐标系的变量变化，图 6.10-3 则是同步旋转参考坐标系中变量的变化。图 6.9-1 给出了起动过程中电机实际变量的变化。前面这三个图都应该与图 6.9-1 相比较。

SP6.10-1　求稳态频率下（a）图 6.9-1 中的 i'_{ar}与 i'_{br}；（b）图 6.10-1 中的 i'^{s}_{qr}与 i'^{s}_{dr}；（c）图 6.10-2 中的 i'^{r}_{qr}与 i'^{r}_{dr}；（d）图 6.10-3 中的 i^{e}_{qr}与 i^{e}_{dr}。[(a) $\omega_e-\omega_r$；（b）ω_e；（c）$\omega_e-\omega_r$；（d）常数]

SP6.10-2　按照 SP6.10-1 计算定子相关变量的频率。[(a) ω_e；（b）ω_e；（c）$\omega_e-\omega_r$；（d）常数]

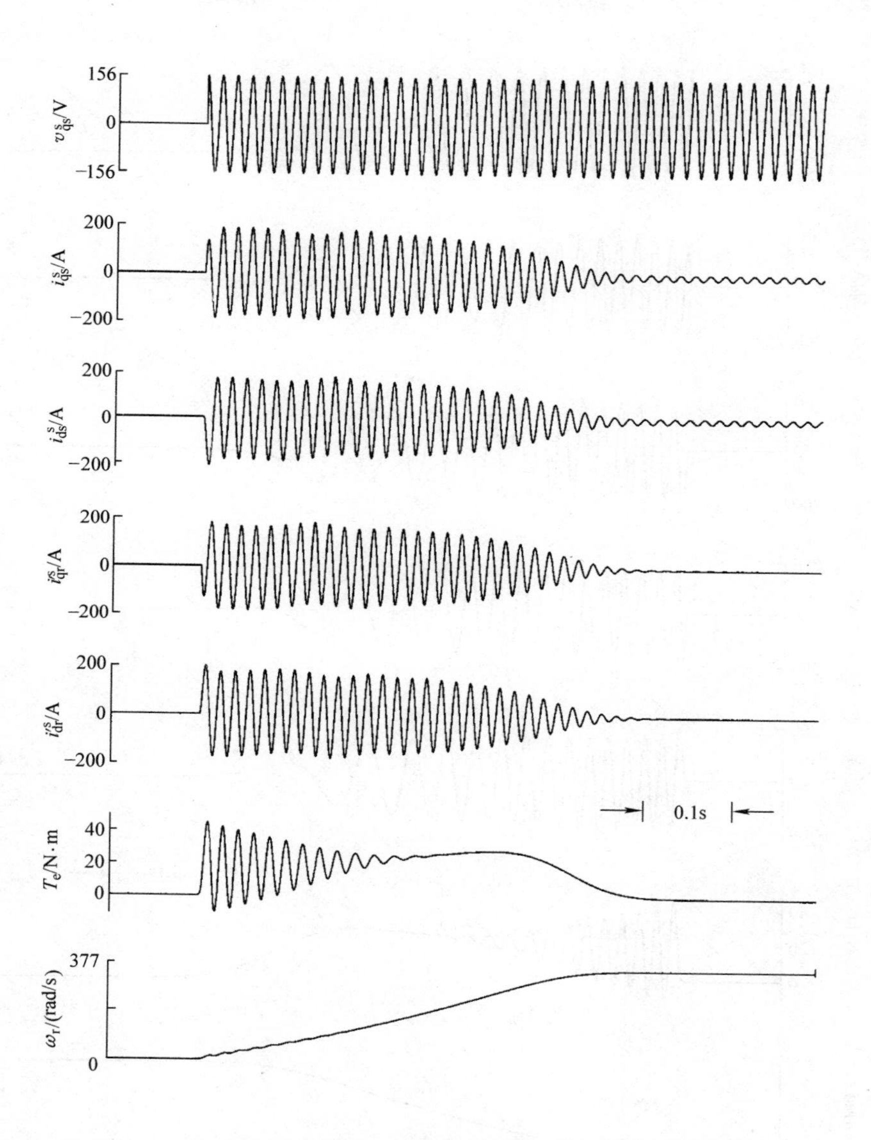

图 6.10-1　与图 6.9-1 相同的静止参考坐标系下的变量变化

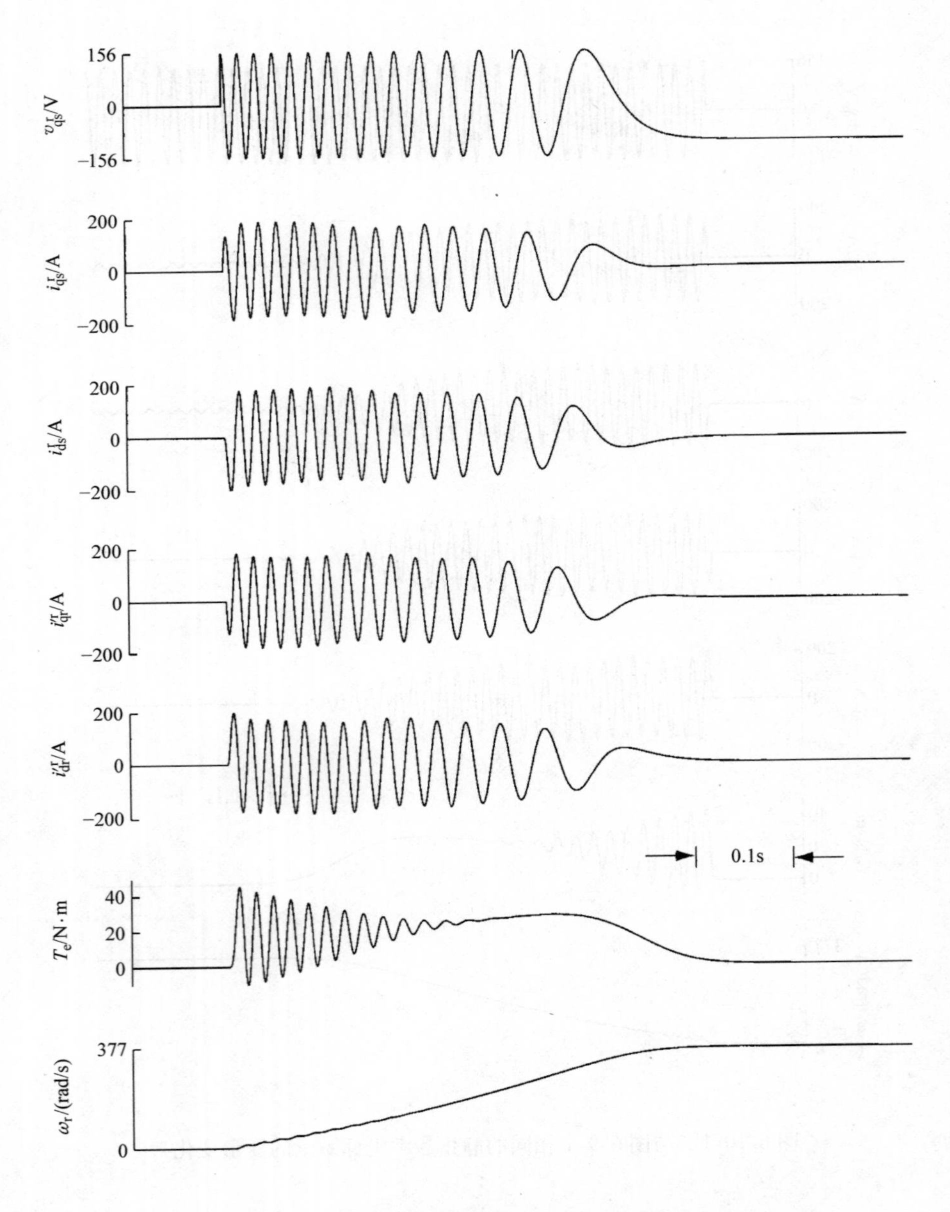

图 6.10-2　与图 6.9-1 相同的转子参考坐标系下的变量变化

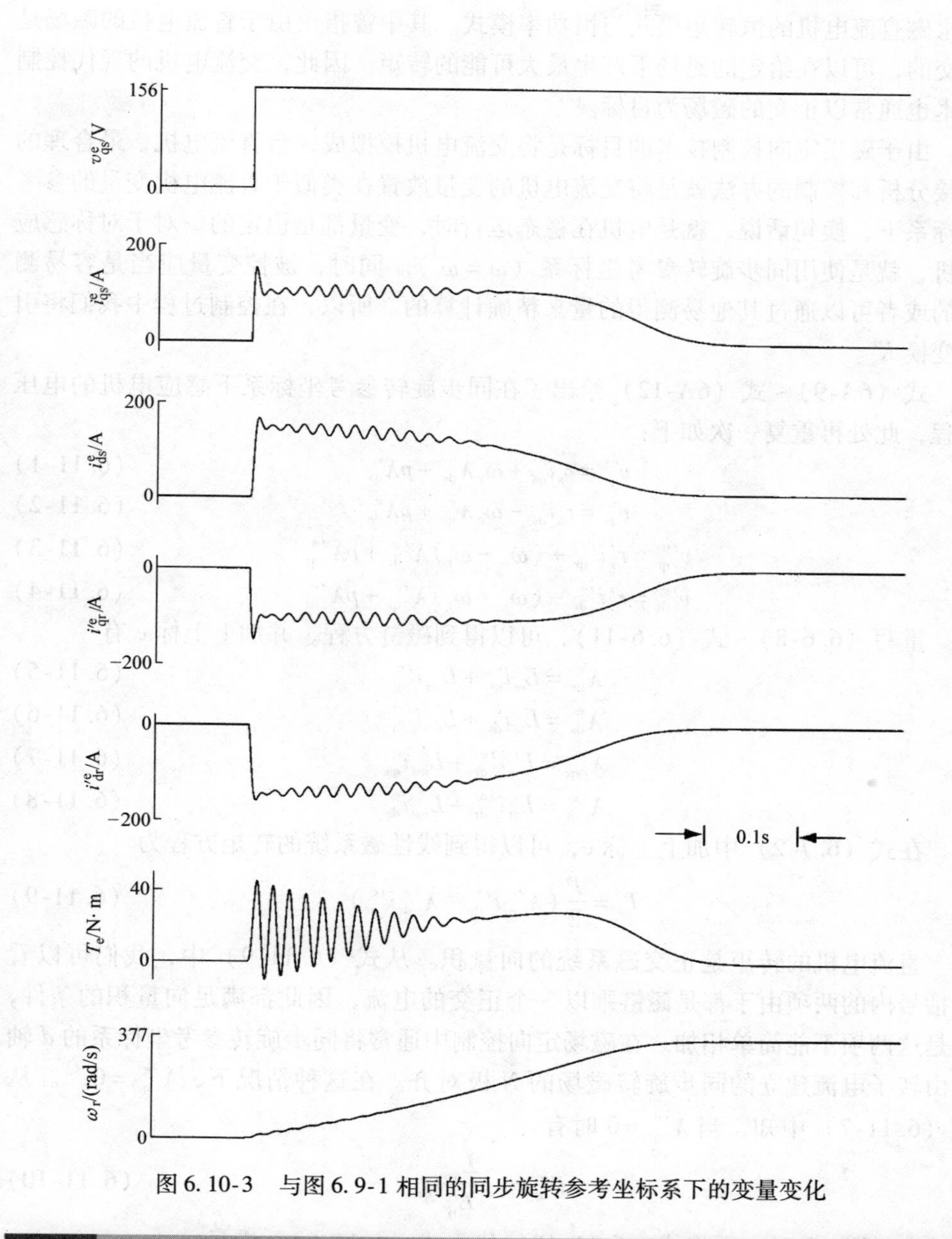

图 6.10-3　与图 6.9-1 相同的同步旋转参考坐标系下的变量变化

6.11 磁场定向控制技术简介

正如之前提到的，精密可控的电子开关装备的出现与发展开启了电机控制性能多样化的大门，磁场定向控制技术是其中应用最为广泛的。第 3 章中描述过一台永磁直流电机的恒转矩模式与恒功率模式。其中曾指出由于直流电机的磁场是正交的，可以在给定的磁场下产生最大可能的转矩。因此，交流电机的现代控制技术也通常以正交的磁场为目标。

由于磁场定向控制技术的目标是将交流电机模拟成一台直流电机，最合理的直接分析和控制的办法就是将交流电机的变量放置在类似于直流电机变量的参考坐标系下，换句话说，就是电机在稳态运行时，变量都是恒定的。对于对称感应电机，就是使用同步旋转参考坐标系（$\omega=\omega_e$）。同时，被控变量应当是容易测量的或者可以通过其他易测得的量来精确计算的。所以，在控制过程中我们将引入变换 K_s^e。

式（6A-9）~式（6A-12）给出了在同步旋转参考坐标系下感应电机的电压方程，此处再重复一次如下：

$$v_{qs}^e=r_s i_{qs}^e+\omega_e\lambda_{ds}^e+p\lambda_{qs}^e \tag{6.11-1}$$

$$v_{ds}^e=r_s i_{ds}^e-\omega_e\lambda_{qs}^e+p\lambda_{ds}^e \tag{6.11-2}$$

$$v'^e_{qr}=r'_r i'^e_{qr}+(\omega_e-\omega_r)\lambda'^e_{dr}+p\lambda'^e_{qr} \tag{6.11-3}$$

$$v'^e_{dr}=r'_r i'^e_{dr}-(\omega_e-\omega_r)\lambda'^e_{qr}+p\lambda'^e_{dr} \tag{6.11-4}$$

重写（6.6-8）~式（6.6-11），可以得到磁链方程，并加上上标 e 有

$$\lambda_{qs}^e=L_{ss}i_{qs}^e+L_{ms}i'^e_{qr} \tag{6.11-5}$$

$$\lambda_{ds}^e=L_{ss}i_{ds}^e+L_{ms}i'^e_{dr} \tag{6.11-6}$$

$$\lambda'^e_{qr}=L'_{rr}i'^e_{qr}+L_{ms}i_{qs}^e \tag{6.11-7}$$

$$\lambda'^e_{dr}=L'_{rr}i'^e_{dr}+L_{ms}i_{ds}^e \tag{6.11-8}$$

在式（6.7-2）中加上上标 e，可以得到线性磁系统的转矩方程为

$$T_e=\frac{P}{2}(\lambda'^e_{qr}i'^e_{dr}-\lambda'^e_{dr}i'^e_{qr}) \tag{6.11-9}$$

直流电机的转矩是正交磁系统的向量积。从式（6.11-9）中，我们可以看出括号内的两项由于都是磁链乘以一个正交的电流，因此都满足向量积的条件，但是这两项不能简单相加。在磁场定向控制中通常将同步旋转参考坐标系的 d 轴同由转子电流建立的同步旋转磁场的 N 极对齐。在这种情况下，$\lambda'^e_{qr}=0$[4]。从式（6.11-7）中知，当 $\lambda'^e_{qr}=0$ 时有

$$i'^e_{qr}=-\frac{L_{ms}}{L'_{rr}}i_{qs}^e \tag{6.11-10}$$

在 $\lambda'^e_{qr}=0$ 时，再将式（6.11-10）代入式（6.11-9），满足

$$T_e=\frac{P}{2}\frac{L_{ms}}{L'_{rr}}\lambda'^e_{dr}i_{qs}^e \tag{6.11-11}$$

由于 $\lambda'^e_{qr}=0$，所以 $p\lambda'^e_{qr}=0$。又由于单馈感应电机 v'^e_{qr} 与 v'^e_{dr} 都为 0，则式（6.11-3）可变成

$$0 = r_r' i'^e_{qr} + (\omega_e - \omega_r)\lambda'^e_{dr} \tag{6.11-12}$$

将式（6.11-10）代入式（6.11-12），求 $\omega_e - \omega_r$ 得到

$$\omega_e - \omega_r = r_r' \frac{L_{ms}}{L_{rr}'} \frac{i^e_{qs}}{\lambda'^e_{dr}} \tag{6.11-13}$$

让我们花点时间再回顾一下与 ω_e 相关的两点：定子变量的频率、同步旋转参考坐标系的电角速度。式（6.11-13）让我们不禁会问，为了实施磁场定向控制，是否有必要变换一下定子变量的频率？答案当然是需要，但是目前我们还没有给出说明。

现在让我们先来求解式（6.11-8）的 i'^e_{dr}：

$$i'^e_{dr} = \frac{1}{L_{rr}'}(\lambda'^e_{dr} - L_{ms} i^e_{ds}) \tag{6.11-14}$$

由于 $\lambda'^e_{qr} = 0$，$v'^e_{dr} = 0$，因此我们将式（6.11-14）代入式（6.11-4）就可得

$$\lambda'^e_{dr} = \frac{L_{ms}}{\tau_r p + 1} i^e_{ds} \tag{6.11-15}$$

其中，$\tau_r = L_{rr}'/r_r'$。最终，如果我们把式（6.11-15）代入式（6.11-11），则可给出转矩的表达式为

$$T_e = \left(\frac{P}{2}\right) \frac{(L^2_{ms}/L_{rr}')}{\tau_r p + 1} i^e_{ds} i^e_{qs} \tag{6.11-16}$$

式（6.11-16）是一个由两个正交电流的乘积来表示的转矩表达式，与直流电机有励磁绕组的情况非常相似。但更重要的是，通过变换 K^e_s 可以把这两个电流与定子电流 i_{as} 和 i_{bs} 相关联。换句话说，转矩可以用与可测量的电机变量相关的一组变量来表示。

我们的目标是控制电机产生的转矩。我们用星号来表示参考定子电流，即 i^{e*}_{qs} 和 i^{e*}_{ds} 是参考定子电流 d、q 分量的给定值，而 i^e_{qs} 和 i^e_{ds} 是实际定子电流值。我们先假设有方法可以使定子电流达到我们任意给定的参考电流值：$i^e_{qs} = i^{e*}_{qs}$，$i^e_{ds} = i^{e*}_{ds}$。这样，式（6.11-15）就变为

$$\lambda'^e_{dr,calc} = \frac{L_{ms}}{\tau_r p + 1} i^{*e}_{ds} \tag{6.11-17}$$

并且从式（6.11-13）中可以推出

$$(\omega_e - \omega_r)_{calc} = r_r' \frac{L_{ms}}{L_{rr}'} \frac{i^{e*}_{qs}}{\lambda'^e_{dr,calc}} \tag{6.11-18}$$

在式（6.11-17）与式（6.11-18）中，加入下标 calc 用来强调这些数据是依据电机参数 L_{ms}、L_{rr}' 和 r_r' 从给定参考值计算而来的。这种磁场定向技术通常被称为间接控制技术[4-6]。如果在所有运行条件下的参数的值与方程都是正确的，那么，对于相应的电机来说，这些计算值与实际电机运行值应该是相同的。此

外，如果转子速度的测量是准确的，且变换器的设计能够在给定的频率 ω_e^* 下跟踪给定的参考电流 i_{as}^* 和 i_{bs}^*，那么实际的转差频率（$\omega_e-\omega_r$）将同计算得到的转差频率（$\omega_e-\omega_r$）$_{calc}$保持一致。

图6.11-1所示的框图阐述了感应电机磁场定向控制的基本概念。必须注意的是，计算的（给定的参考值）转差频率与测量的转子转速 ω_r 相加，求和的结果是 w_ε，这是给定的（也是实际的）定子变量的电角速度，同时它也是同步旋转参考坐标系的速度。当转子静止时（$\omega_r=0$），定子变量的角频率等于给定的转差频率，一般就是额定工况下的转差频率。之后电角速度将经过积分得到 θ_e，这也是变换（K_s^e）$^{-1}$当中的角位移。

图6.11-1中的给定参考电流 i_{qs}^{e*} 和 i_{ds}^{e*} 是用来计算($\omega_e-\omega_r$)$_{calc}$的。通常情况下，为了维持额定的磁通，i_{ds}^{e*}保持不变，或者变化很小，然后根据外部需求的转矩依据式（6.11-16）计算出 i_{qs}^{e*}。这些给定参考电流值还要代入变换（K_s^e）$^{-1}$来求控制定子电流 i_{as}、i_{bs}的给定参考电流 i_{as}^*和 i_{bs}^*。

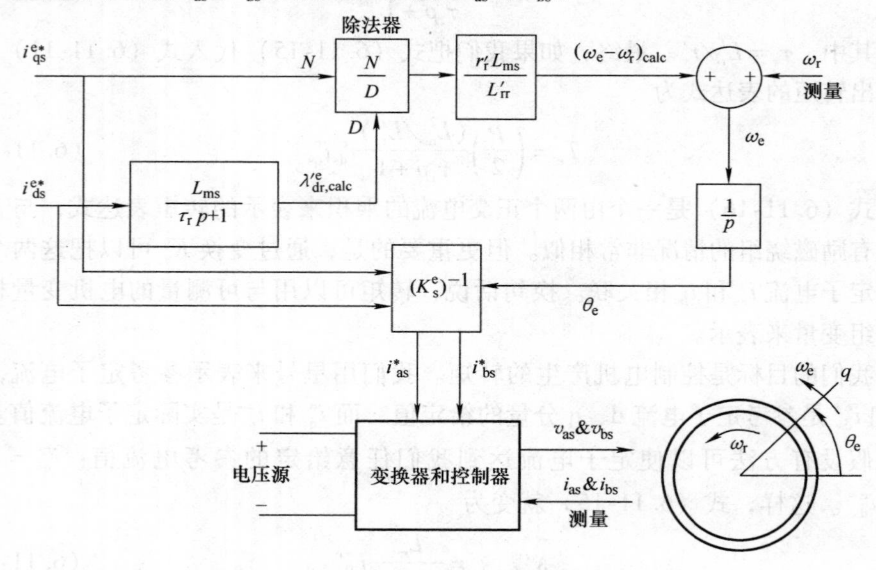

图6.11-1　感应电机的磁场定向控制技术框图

我们现在的目标是利用磁场定向控制技术来分析感应电机的性能极限。理想情况下所有的电机参数都是恒定并准确的，同时，磁场的定向控制与变换器也都正确设计。让我们再假设控制策略能够同时得到额定的电压、电流、转矩、转速和功率。此外，我们还要假设工作点在极限范围 $0<\omega_r<\omega_{rR}$之中，输出转矩 T_e 为恒定的额定转矩 T_{eR}。图6.11-2中电机在负载转矩为 T_{L1} 的条件下运行，假设转矩是转子转速的线性函数，且在额定状态下（点1）与转矩—转速特性曲线

相交。

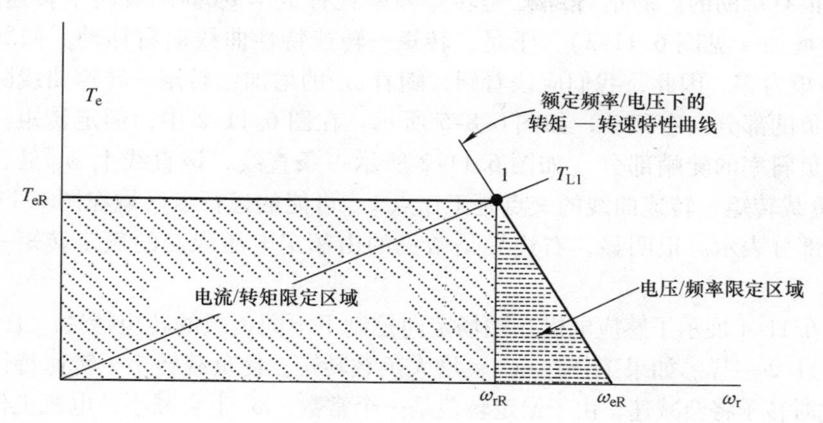

图 6. 11-2　恒转矩（额定转矩）下电机的工作区域

为了确保图 6. 11-2 中的点 1 处于额定状态，i_{qs}^{e*} 和 i_{ds}^{e*} 可以通过额定条件计算得出，我们可以得到 i_{ds}^{e*} 为恒定值，i_{qs}^{e*} 为达到额定转矩时对应的数值。这种情况下，$(\omega_e - \omega_r)_{calc}$ 变为 $\omega_{eR} - \omega_{rR}$，转差频率为额定值。

静止时有 $\omega_r = 0$，$T_e = T_{eR}$，进而推出

$$\omega_e = \omega_{eR} - \omega_{rR}，当 \omega_r = 0 \tag{6. 11-19}$$

这是静止时的定子变量的电角速度，也是转差频率的额定值。图 6. 11-3 给出的就是电机在额定转矩下从静止开始的加速阶段，转子的电角速度与定子变量的电角速度的关系。

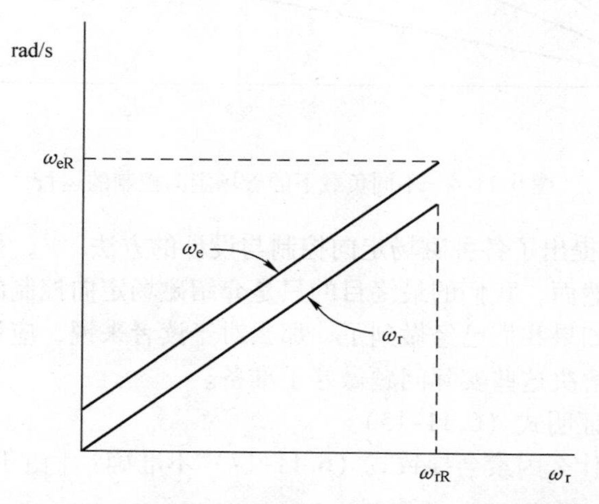

图 6. 11-3　额定转矩时定子变量的电频率与转子转速

此刻，我们再来回顾图 6. 8-5，就发现变频运行时的转矩—转速特性曲线对

读者是很有帮助的。静止时，ω_e 是转差频率且有 $T_e = T_{eR}$。随着转子转速增加，ω_e 也会增加（见图6.11-3），于是，转矩—转速特性曲线向右移动。回顾一下 ω_e 时转矩为零。因此，我们应该看到，随着 ω_e 的增加，转矩—转速曲线陡峭的斜率为负的部分向右移动，如图6.8-5所示。在图6.11-2中，额定转矩—转速曲线的负斜率的陡峭部分（如图6.11-2所示一条直线，该直线上 ω_{eR} 处，$T_e = 0$）与负载转矩—转速曲线的交点是工作点1。可能的运行点区域在图6.11-2中用阴影部分表示。很明显，右边界是常见的由额定电压限制的额定转矩—转速曲线。

图6.11-4展示了感应电机在磁场定向控制下不同负载的转矩特性。工作点1同图6.11-2一样。如果工作在点1，增大负载转矩，使负载转矩—转速特性变为 T_{L2}，此时转子将会减速，由于给定转差是一个常数，ω_e 也会减小，电机工作点将会变为点2。与点2相交的较陡的负斜率直线也将成为新工作频率下的转矩—转速特性。如果初始运行再次是点1，并且负载转矩减为 T_{L3}，则电压极限将会阻止电机工作在额定转矩下，负载转矩特性将与额定转矩—转速特性的相交于点3。

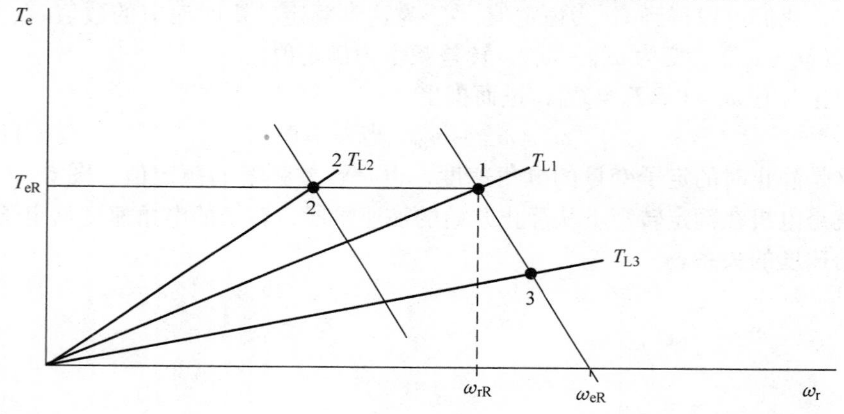

图6.11-4　不同负载下的磁场定向控制的运行

近来，人们提出了各种磁场定向控制与设计的方法[4,5]，很多实际问题在本书中都未提及。然而，我们的最终目的只是介绍磁场定向控制的概念与影响其性能特性的参数。如果我们已经做到了，那么对于读者来说，应该为在后续的课程与工程实际中去解决这些实际问题做好了准备。

SP6.11-1　证明式（6.11-15）。

SP6.11-2　什么因素会导致式（6.11-17）不准确？[由于温升而导致 r_r' 增加]

SP6.11-3　与无磁场定向控制相比，通过磁场定向控制可以减小感应电机的起动电流么？为什么？[T_e 是可控的]

6.12 三相感应电机

图 6.12-1 给出了一台两极三相的对称感应电机。三相电机有三个相同的正弦分布定子（转子）绕组，各自的磁场的轴线相距 120°。大部分情况下，三相感应电机的分析是对两相感应电机的一种扩展。所以，本节内容没有必要重复过多的细节。事实上，一旦我们熟悉对称两相感应电机的分析方法，那么对三相对称感应电机的分析也是很简单的，只是相比于两相电机，需要利用三角函数来处理三相变量，因此会复杂一点。这一点所带来的唯一需要研究的就是变换中额外的第三个虚拟变量。但这些虚拟变量，所谓的零变量或者零数据在三相对称感应电机的分析中并不起作用。而本书当中也不会分析不对称运行的情况，不对称运行在文献［1］中有详细的说明。

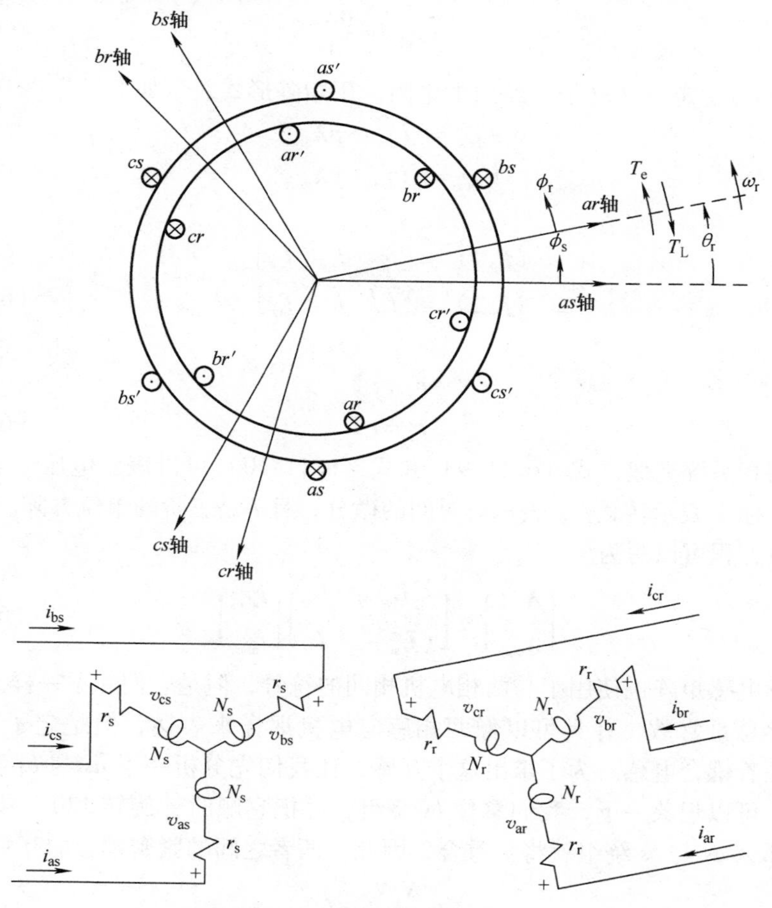

图 6.12-1　一台两极三相对称感应电机

电压方程与绕组电感

对于三相对称感应电机有

$$v_{as} = r_s i_{as} + \frac{d\boldsymbol{\lambda}_{as}}{dt} \tag{6.12-1}$$

$$v_{bs} = r_s i_{bs} + \frac{d\boldsymbol{\lambda}_{bs}}{dt} \tag{6.12-2}$$

$$v_{cs} = r_s i_{cs} + \frac{d\boldsymbol{\lambda}_{cs}}{dt} \tag{6.12-3}$$

$$v_{ar} = r_r i_{ar} + \frac{d\boldsymbol{\lambda}_{ar}}{dt} \tag{6.12-4}$$

$$v_{br} = r_r i_{br} + \frac{d\boldsymbol{\lambda}_{br}}{dt} \tag{6.12-5}$$

$$v_{cr} = r_r i_{cr} + \frac{d\boldsymbol{\lambda}_{cr}}{dt} \tag{6.12-6}$$

其中，$r_s(r_r)$是定子（转子）绕组的电阻。用矩阵形式表示如下：

$$\boldsymbol{v}_{abcs} = \boldsymbol{r}_s \boldsymbol{i}_{abcs} + p\boldsymbol{\lambda}_{abcs} \tag{6.12-7}$$

$$\boldsymbol{v}_{abcr} = \boldsymbol{r}_r \boldsymbol{i}_{abcr} + p\boldsymbol{\lambda}_{abcr} \tag{6.12-8}$$

其中

$$(\boldsymbol{f}_{abcs})^T = [f_{as} \quad f_{bs} \quad f_{cs}] \tag{6.12-9}$$

$$(\boldsymbol{f}_{abcr})^T = [f_{ar} \quad f_{br} \quad f_{cr}] \tag{6.12-10}$$

同时有

$$\boldsymbol{r}_s = r_s \boldsymbol{I} \tag{6.12-11}$$

$$\boldsymbol{r}_r = r_r \boldsymbol{I} \tag{6.12-12}$$

与两相系统类似，式（6.11-9）和式（6.11-10）可以表示电压、电流或者磁链，上标T表示转置；p表示对时间的微分；且I是三阶的单位方阵。

磁链方程可以写为

$$\begin{bmatrix} \boldsymbol{\lambda}_{abcs} \\ \boldsymbol{\lambda}_{abcr} \end{bmatrix} = \begin{bmatrix} \boldsymbol{L}_s & \boldsymbol{L}_{sr} \\ (\boldsymbol{L}_{sr})^T & \boldsymbol{L}_r \end{bmatrix} \begin{bmatrix} i_{abcs} \\ i_{abcr} \end{bmatrix} \tag{6.12-13}$$

尽管电感矩阵也使用了与两相电机相同的符号，但是它们并不一样。三相电机的自感总是常数，并且可以像两相感应电机那样来表达，但是定子（转子）相间存在着耦合电感。为了求出这个互感，让我们先分析一下 *as* 与 *bs* 绕组之间的耦合，可以想象一下，我们拿住 *bs* 绕组，并把它顺时针旋转120°。如果可能这样，那么 *as* 与 *bs* 绕组就将会重合，因此，两者之间的紧密耦合的互感是

$$L = \frac{N_s N_s}{\mathfrak{R}_m} = L_{ms} \tag{6.12-14}$$

如果我们把 bs 绕组旋转回它的初始位置，假设互感值随着 bs 绕组的旋转与 $\cos\phi_s$ 成比例，那么就会有

$$L_{asbs} = L_{ms}\cos\phi_s \mid_{\phi_s = 2\pi/3} = -\frac{1}{2}L_{ms} \tag{6.12-15}$$

符合

$$\boldsymbol{L}_s = \begin{bmatrix} L_{ss} & -\frac{1}{2}L_{ms} & -\frac{1}{2}L_{ms} \\ -\frac{1}{2}L_{ms} & L_{ss} & -\frac{1}{2}L_{ms} \\ -\frac{1}{2}L_{ms} & -\frac{1}{2}L_{ms} & L_{ss} \end{bmatrix} \tag{6.12-16}$$

$$\boldsymbol{L}_r = \begin{bmatrix} L_{rr} & -\frac{1}{2}L_{mr} & -\frac{1}{2}L_{mr} \\ -\frac{1}{2}L_{mr} & L_{rr} & -\frac{1}{2}L_{mr} \\ -\frac{1}{2}L_{mr} & -\frac{1}{2}L_{mr} & L_{rr} \end{bmatrix} \tag{6.12-17}$$

其中，$L_{ss} = L_{ls} + L_{ms}$，$L_{rr} = L_{lr} + L_{mr}$。且有

$$\boldsymbol{L}_{sr} = L_{sr}\begin{bmatrix} \cos\theta_r & \cos(\theta_r + \frac{2}{3}\pi) & \cos(\theta_r - \frac{2}{3}\pi) \\ \cos(\theta_r - \frac{2}{3}\pi) & \cos\theta_r & \cos(\theta_r + \frac{2}{3}\pi) \\ \cos(\theta_r + \frac{2}{3}\pi) & \cos(\theta_r - \frac{2}{3}\pi) & \cos\theta_r \end{bmatrix} \tag{6.12-18}$$

其中有

$$L_{sr} = \frac{N_s N_r}{\mathcal{R}_m} \tag{6.12-19}$$

通过引入以下的匝数比，所有的转子变量都可以转换为以定子绕组为参考系的变量。

$$\boldsymbol{i}'_{abcr} = \frac{N_r}{N_s}\boldsymbol{i}_{abcr} \tag{6.12-20}$$

$$\boldsymbol{v}'_{abcr} = \frac{N_s}{N_r}\boldsymbol{v}_{abcr} \tag{6.12-21}$$

$$\boldsymbol{\lambda}'_{abcr} = \frac{N_s}{N_r}\boldsymbol{\lambda}_{abcr} \tag{6.12-22}$$

所以，式（6.12-7）与式（6.12-8）可变成

$$\boldsymbol{v}_{abcs} = \boldsymbol{r}_s\boldsymbol{i}_{abcs} + p\boldsymbol{\lambda}_{abcs} \tag{6.12-23}$$

$$\boldsymbol{v}'_{\mathrm{abcr}} = \boldsymbol{r}'_{\mathrm{r}}\boldsymbol{i}'_{\mathrm{abcr}} + p\boldsymbol{\lambda}'_{\mathrm{abcr}} \tag{6.12-24}$$

其中，

$$\boldsymbol{r}'_{\mathrm{r}} = \left(\frac{N_{\mathrm{s}}}{N_{\mathrm{r}}}\right)^2 \boldsymbol{r}_{\mathrm{r}} \tag{6.12-25}$$

磁链方程现在也可以写为

$$\begin{bmatrix} \boldsymbol{\lambda}_{\mathrm{abcs}} \\ \boldsymbol{\lambda}'_{\mathrm{abcr}} \end{bmatrix} \begin{bmatrix} \boldsymbol{L}_{\mathrm{s}} & \boldsymbol{L}'_{\mathrm{sr}} \\ (\boldsymbol{L}'_{\mathrm{sr}})^{\mathrm{T}} & \boldsymbol{L}'_{\mathrm{r}} \end{bmatrix} \begin{bmatrix} \boldsymbol{i}_{\mathrm{abcs}} \\ \boldsymbol{i}'_{\mathrm{abcr}} \end{bmatrix} \tag{6.12-26}$$

其中，定义

$$\boldsymbol{L}'_{\mathrm{sr}} = \frac{N_{\mathrm{s}}}{N_{\mathrm{r}}}\boldsymbol{L}_{\mathrm{sr}} = \frac{L_{\mathrm{ms}}}{L_{\mathrm{sr}}}\boldsymbol{L}_{\mathrm{sr}} \tag{6.12-27}$$

且

$$\boldsymbol{L}'_{\mathrm{r}} = \begin{bmatrix} L'_{\mathrm{lr}} + L_{\mathrm{ms}} & -\frac{1}{2}L_{\mathrm{ms}} & -\frac{1}{2}L_{\mathrm{ms}} \\ -\frac{1}{2}L_{\mathrm{ms}} & L'_{\mathrm{lr}} + L_{\mathrm{ms}} & -\frac{1}{2}L_{\mathrm{ms}} \\ -\frac{1}{2}L_{\mathrm{ms}} & -\frac{1}{2}L_{\mathrm{ms}} & L'_{\mathrm{lr}} + L_{\mathrm{ms}} \end{bmatrix} \tag{6.12-28}$$

在式（6.12-28）中有

$$L'_{\mathrm{lr}} = \left(\frac{N_{\mathrm{s}}}{N_{\mathrm{r}}}\right)^2 L_{\mathrm{lr}} \tag{6.12-29}$$

转矩

电磁转矩在电动机运行状态下取正，通过表2.5-1的第二条可以写出其表达式为

$$\begin{aligned} T_{\mathrm{e}} = & -\frac{P}{2}L_{\mathrm{ms}}\Big\{\Big[i_{\mathrm{ar}}\Big(i'_{\mathrm{ar}} - \frac{1}{2}i'_{\mathrm{br}} - \frac{1}{2}i'_{\mathrm{cr}}\Big) + i_{\mathrm{bs}}\Big(i'_{\mathrm{br}} - \frac{1}{2}i'_{\mathrm{ar}} - \frac{1}{2}i'_{\mathrm{cr}}\Big) \\ & + i_{\mathrm{cs}}\Big(i'_{\mathrm{cr}} - \frac{1}{2}i'_{\mathrm{br}} - \frac{1}{2}i'_{\mathrm{ar}}\Big)\Big]\sin\theta_{\mathrm{r}} \\ & + \frac{\sqrt{3}}{2}\big[i_{\mathrm{as}}(i'_{\mathrm{br}} - i'_{\mathrm{cr}}) + i_{\mathrm{bs}}(i'_{\mathrm{cr}} - i'_{\mathrm{ar}}) + i_{\mathrm{cs}}(i'_{\mathrm{ar}} - i'_{\mathrm{br}})\big]\cos\theta_{\mathrm{r}}\Big\} \end{aligned} \tag{6.12-30}$$

转矩与转速间的关系如式（6.4-5），方便起见，这里重复写为

$$T_{\mathrm{e}} = J\left(\frac{2}{P}\right)\frac{\mathrm{d}\omega_{\mathrm{r}}}{\mathrm{d}t} + B_{\mathrm{m}}\left(\frac{2}{P}\right)\omega_{\mathrm{r}} + T_{\mathrm{L}} \tag{6.12-31}$$

其中，J是转子的转动惯量，某些情况下，包含连接的负载的转动惯量。在式（6.4-5）后已经讨论过J以及阻尼系数B_{m}的单位。另外，感应电机的轴上负载转矩（电动机状态）T_{L}取正，电磁转矩T_{e}在电动机状态下也取正，正如图6.12-1所示。

任意参考坐标系下的电压方程

将三相定子（转子）电路的变量转换到任意参考坐标系下的变量变换可以表达为

$$\boldsymbol{f}_{qd0s} = \boldsymbol{K}_s \boldsymbol{f}_{abcs} \tag{6.12-32}$$

其中，

$$(\boldsymbol{f}_{qd0s})^T = [f_{qs} \quad f_{ds} \quad f_{0s}] \tag{6.12-33}$$

$$(\boldsymbol{f}_{abcs})^T = [f_{as} \quad f_{bs} \quad f_{cs}] \tag{6.12-34}$$

$$\boldsymbol{K}_s = \frac{2}{3}\begin{bmatrix} \cos\theta & \cos\left(\theta - \frac{2}{3}\pi\right) & \cos\left(\theta + \frac{2}{3}\pi\right) \\ \sin\theta & \sin\left(\theta - \frac{2}{3}\pi\right) & \sin\left(\theta + \frac{2}{3}\pi\right) \\ \frac{1}{2} & \frac{1}{2} & \frac{1}{2} \end{bmatrix} \tag{6.12-35}$$

$$p\theta = \omega \tag{6.12-36}$$

其逆变换为

$$(\boldsymbol{K}_s)^{-1} = \begin{bmatrix} \cos\theta & \sin\theta & 1 \\ \cos\left(\theta - \frac{2}{3}\pi\right) & \sin\left(\theta - \frac{2}{3}\pi\right) & 1 \\ \cos\left(\theta + \frac{2}{3}\pi\right) & \sin\left(\theta + \frac{2}{3}\pi\right) & 1 \end{bmatrix} \tag{6.12-37}$$

在上述方程中，f 可以为电压、电流、磁链或者电负荷。上标 T 表示矩阵转置。下标 s 表示变量、参数、变换与定子电路有关。其中，角位移 θ 必须是连续的，但是与变量变换相关的角速度尚不明确。参考坐标系可能以任意恒定或者变化的角速度旋转，也可能是静止的。

将三相转子电路的变量转换到任意参考坐标系下的变量变换为

$$\boldsymbol{f}'_{qd0r} = \boldsymbol{K}_r \boldsymbol{f}'_{abcr} \tag{6.12-38}$$

其中，

$$(\boldsymbol{f}'_{qd0r})^T = [f'_{qr} \quad f'_{dr} \quad f'_{0r}] \tag{6.12-39}$$

$$(\boldsymbol{f}'_{abcr})^T = [f'_{ar} \quad f'_{br} \quad f'_{cr}] \tag{6.12-40}$$

$$\boldsymbol{K}_r = \frac{2}{3}\begin{bmatrix} \cos\beta & \cos\left(\beta - \frac{2}{3}\pi\right) & \cos\left(\beta + \frac{2}{3}\pi\right) \\ \sin\beta & \sin\left(\beta - \frac{2}{3}\pi\right) & \sin\left(\beta + \frac{2}{3}\pi\right) \\ \frac{1}{2} & \frac{1}{2} & \frac{1}{2} \end{bmatrix} \tag{6.12-41}$$

$$\beta = \theta - \theta_r \tag{6.12-42}$$

其中，角位移由式（6.12-36）和下面的公式定义：

$$p\theta_{\mathrm{r}} = \omega_{\mathrm{r}} \tag{6.12-43}$$

逆变换有

$$(\boldsymbol{K}_{\mathrm{r}})^{-1} = \begin{bmatrix} \cos\beta & \sin\beta & 1 \\ \cos\left(\beta - \frac{2}{3}\pi\right) & \sin\left(\beta - \frac{2}{3}\pi\right) & 1 \\ \cos\left(\beta + \frac{2}{3}\pi\right) & \sin\left(\beta + \frac{2}{3}\pi\right) & 1 \end{bmatrix} \tag{6.12-44}$$

其中，下标 r 表示变量、参数、变换与转子电路有关。将式（6.12-7）与式（6.12-8）的电压方程进行变换有

$$v_{\mathrm{qs}} = r_{\mathrm{s}} i_{\mathrm{qs}} + \omega\lambda_{\mathrm{ds}} + p\lambda_{\mathrm{qs}} \tag{6.12-45}$$

$$v_{\mathrm{ds}} = r_{\mathrm{s}} i_{\mathrm{ds}} - \omega\lambda_{\mathrm{qs}} + p\lambda_{\mathrm{ds}} \tag{6.12-46}$$

$$v_{0\mathrm{s}} = r_{\mathrm{s}} i_{0\mathrm{s}} + p\lambda_{0\mathrm{s}} \tag{6.12-47}$$

$$v'_{\mathrm{qr}} = r'_{\mathrm{r}} i'_{\mathrm{qr}} + (\omega - \omega_{\mathrm{r}})\lambda'_{\mathrm{dr}} + p\lambda'_{\mathrm{qr}} \tag{6.12-48}$$

$$v'_{\mathrm{dr}} = r'_{\mathrm{r}} i'_{\mathrm{dr}} - (\omega - \omega_{\mathrm{r}})\lambda'_{\mathrm{qr}} + p\lambda'_{\mathrm{dr}} \tag{6.12-49}$$

$$v'_{0\mathrm{r}} = r'_{\mathrm{r}} i'_{0\mathrm{r}} + p\lambda'_{0\mathrm{r}} \tag{6.12-50}$$

变换式（6.12-26）后有

$$\lambda_{\mathrm{qs}} = L_{\mathrm{ls}} i_{\mathrm{qs}} + M(i_{\mathrm{qs}} + i'_{\mathrm{qr}}) \tag{6.12-51}$$

$$\lambda_{\mathrm{ds}} = L_{\mathrm{ls}} i_{\mathrm{ds}} + M(i_{\mathrm{ds}} + i'_{\mathrm{dr}}) \tag{6.12-52}$$

$$\lambda_{0\mathrm{s}} = L_{\mathrm{ls}} i_{0\mathrm{s}} \tag{6.12-53}$$

$$\lambda'_{\mathrm{qr}} = L'_{\mathrm{lr}} i'_{\mathrm{qr}} + M(i_{\mathrm{qs}} + i'_{\mathrm{qr}}) \tag{6.12-54}$$

$$\lambda'_{\mathrm{dr}} = L'_{\mathrm{lr}} i'_{\mathrm{dr}} + M(i_{\mathrm{ds}} + i'_{\mathrm{dr}}) \tag{6.12-55}$$

$$\lambda'_{0\mathrm{r}} = L'_{\mathrm{lr}} i'_{0\mathrm{r}} \tag{6.12-56}$$

其中，

$$M = \frac{3}{2} L_{\mathrm{ms}} \tag{6.12-57}$$

式（6.12-45）~式（6.12-57）说明了图 6.12-2 所示的等效电路。

除了式（6.12-47）~式（6.12-50）的零电压方程与式（6.12-57）中的3/2的系数，其电压方程与两相感应电机的电压方程是一样的。此外，如果三相感应电机是Y形联结，并且没有中性连接点，如图 6.12-1 所示，则三相电流之和一定为0，所以 $i_{0\mathrm{s}}$ 与 $i'_{0\mathrm{r}}$ 也都为0。进而三相定子和转子磁链之和为0，$V_{0\mathrm{s}}$ 与 $V'_{0\mathrm{r}}$ 也为0。我们就会发现两相感应电机的分析与特性已经告诉了我们大量（事实上，几乎所有）关于三相电机的信息。

任意参考坐标系下的转矩方程

由于式（6.12-47）与式（6.12-50）给出的 $V_{0\mathrm{s}}$ 与 $V'_{0\mathrm{r}}$ 的电压方程不包含转速

电压项，如果输入耦合场的功率是瞬时相功率之和的 1.5 倍，就能从式 (6.7-7) 中得到转矩的表达式。所以，在 6.7 节中提到的分析方法完全可以应用在有或者没有中性连接点的三相感应电机上。只需要将 6.7 节中的转矩公式乘以 3/2 就可以了。所以，对于三相电机，式 (6.7-11) 将变成

$$T_e = \left(\frac{3}{2}\right)\left(\frac{P}{2}\right)(\lambda'_{dr} i'_{qr} - \lambda'_{qr} i'_{dr}) \tag{6.12-58}$$

请回顾以往内容，在转子参考坐标系中 ($\omega = \omega_r$)，对于非线性磁路系统，这个方程并没有被证实是有效的。

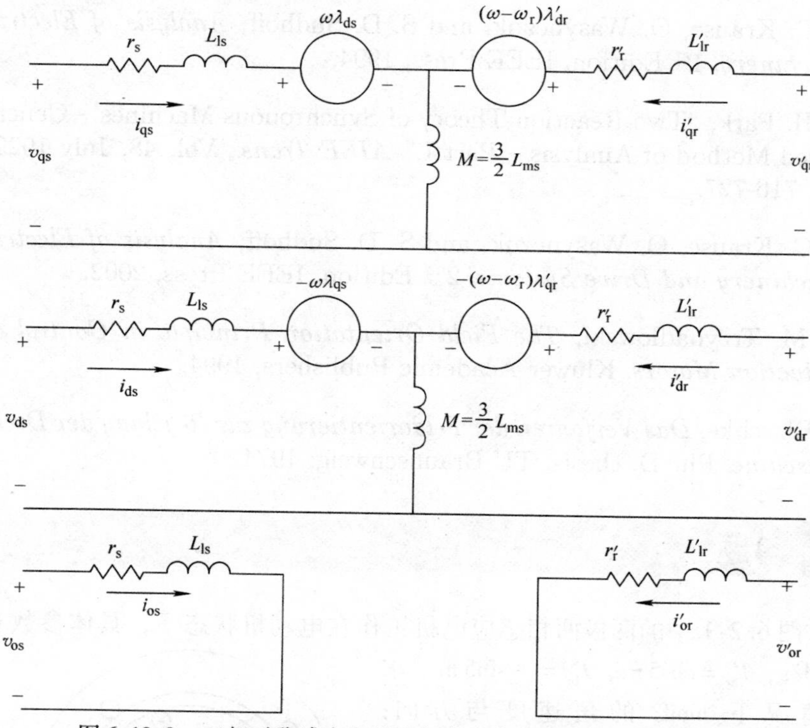

图 6.12-2 三相对称感应电机在任意参考坐标系下的等效电路

6.13 小结

本章所呈现的内容至少有两个方面是值得再次强调的。第一，为了分析对称感应电机，对变量进行变换是十分必要的，这种变换使得变量（绕组）将不会有相对运动；第二，尽管变量变换有点复杂，但是变换后的稳态等效电路非常容易研究和求解，在预测与理解对称感应电机运行状态上，这是一个非常有价值的工具。还有一点也很明确，那就是分析感应电机的动态特性时，采用计算机来分

析还是很有必要的。尽管对感应电机进行计算机仿真不在本书的讨论范围，但是通过这种方式得到的特性曲线都很有意义，不仅能描述电机的动态特性，还能展示出分析过程中变量的变化。

两相对称感应电机的不对称运行分析将在之后的章节里介绍。这也为介绍两相对称感应电机的单相运行埋下伏笔。本章当中所呈现的内容是之后章节的基础。

6.14 参考文献

[1] P. C. Krause, O. Wasynczuk, and S. D. Sudhoff, *Analysis of Electric Machinery*, 1st Edition, IEEE Press, 1994.

[2] R. H. Park, "Two-Reaction Theory of Synchronous Machines – Generalized Method of Analysis – Part I," *AIEE Trans.*, Vol. 48, July 1929, pp. 716-727.

[3] P. C. Krause, O. Wasynczuk, and S. D. Sudhoff, *Analysis of Electric Machinery and Drive Systems*, 2nd Edition, IEEE Press, 2002.

[4] A. M. Trzynadlowski, *The Field Orientation Principle in Control of Induction Motors*, Kluwer Academic Publishers, 1994.

[5] F. Blaschke, *Das Verfahren der Feldorientierung zur Regelung der Drehfeldmaschine*, Ph. D. thesis, TU Braunschweig, 1974.

6.15 习题

1. 图6.2-1中的两极两相感应电机工作在电动机状态下，具体参数有 $\omega_r = 95\pi$ rad/s，$I'_{ar} = \cos 5\pi t$，$I'_{br} = -\sin 5\pi t$。求以下情况下 mmf_r 的角速度与方向：（a）作为一个观察者，在转子上观察；（b）作为一个观察者，在定子上观察，同时求出（c）定子电流的角速度；（d）转子的旋转方向。

2. 图6.15-1所示的绕组正弦分布，且系统是对称的。定子与转子互感幅值是 L_{sr}。将所有的互感表示为 L_{sr} 与 θ_r 的函数。

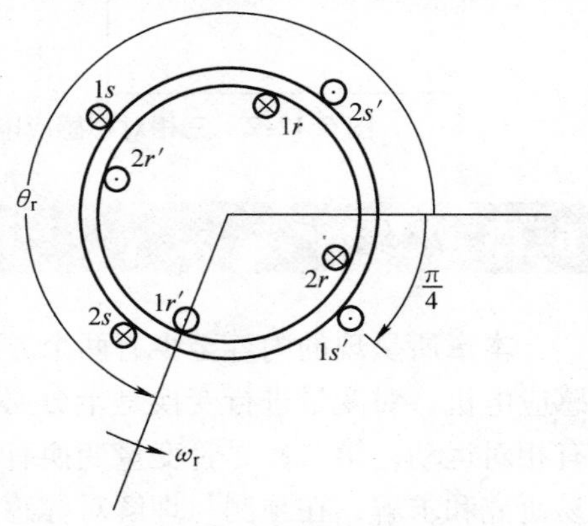

图6.15-1　耦合绕组

3. 图6.2-1所示两极两相感应电机在

稳态运行状态下，令 $I_{as}=\sqrt{2}I_s\cos\omega_e t$，$I_{bs}=\sqrt{2}I_s\sin\omega_e t$，$I'_{ar}=\sqrt{2}I'_r\cos[(\omega_e-\omega_r)t+\alpha]$，$I'_{br}=\sqrt{2}I'_r\sin[(\omega_e-\omega_r)t+\alpha]$，其中 $\alpha=\theta_{eri}(0)$。假设转子速度为常数，并且 $V'_{ar}=V'_{br}=0$。用式（6.3-40）的 v_{as} 与式（6.3-49）的 λ_{as}，以 $A\cos\omega_e t+B\sin\omega_e t$ 的形式表达 V_{as}。

4. 图 6.2-1 所示两极两相感应电机的转子绕组开路。有 $I_{as}=\sqrt{2}I_s\cos\omega_e t$ 且 $I_{bs}=-\sqrt{2}I_s\cos\omega_e t$。转子逆时针旋转，转速为 $\omega_r=\omega_e$，求 V_{ar}。

*5. 图 6.2-1 中的电机，令 $r_s=r'_r=0.5\Omega$，$L_{ss}=L'_{rr}=0.1\text{H}$，$L_{ms}=0.009\text{H}$，$V_{as}=\sqrt{2}\cos t$，$\omega_r=0$，$\theta_r=\frac{1}{4}\pi$，并且令 *bs*、*br* 绕组开路，*ar* 绕组短路。计算 $\tilde{I}_{as}$。

6. 用式（6.4-1）与式（6.4-2）来推导式（6.4-3）给出的电磁转矩 T_e 的表达式。

7. 在任意参考坐标系下很方便写出电压与磁链方程，并且用单位时间（s）的磁链而不是磁链来表示转矩也会很方便。为了达到这一目的，定义一个电角速度基值（ω_b），在 60Hz 的时候是 377rad/s。将磁链方程乘以 ω_b，例如，式（6.6-8）将变为

$$\psi_{qs}=X_{ls}i_{qs}+X_{ms}(i_{qs}+i'_{qr})$$

其中，$X_{ls}=\omega_b L_{ls}$，$X_{ms}=\omega_b L_{ms}$。请用单位时间（s）磁链的形式重新写出式（6.5-6）~式（6.5-9）与式（6.6-8）~式（6.6-11）。

8. 用 $f^e_{qds}={}^rK^e f^r_{qds}$ 可以将同步旋转参考坐标系中的变量与转子参考坐标系的变量相关联。请用 K^e_s、K^r_s 表示 ${}^rK^e$。

9. 由式（6.8-21）开始推导式（6.7-1）。提示：式（6.7-1）对于线性磁系统在所有的参考坐标系下都成立。

10. 从式（6.8-23）推导出式（6.8-26）。

11. 证明式（6.8-27）与式（6.8-29）。

12. 不采用近似办法，请重新精确计算 SP6.8-4b。

13. 一台两相四极感应电机参数如下：$r_s=0.3\Omega$，$L_{ls}=1\text{mH}$，$L_{ms}=20\text{mH}$，$r'_r=0.2\Omega$，$L'_{lr}=1\text{mH}$。电机由 60Hz 电源供电，转子速度为 $\omega_r=360\text{rad/s}$。在这种运行模式下，$\tilde{I}_{as}=28.8\angle{-36.1^\circ}$，并且 $\tilde{I}'_{ar}=23.9\angle{173.2^\circ}$。计算（a）$T_e$；（b）转子绕组的铜耗；（c）传给负载的机械功率；（d）写出 I_{as}、I'_{ar}、I^s_{qs} 与 I'^s_{qr}。

14. 思考例 6B，将（b）中的 i_{abs} 与 i^r_{qds} 关联。

*15. 计算以下情况下的实际转子转速，单位为 rad/s。例 6C 中的电机工作在电动机状态，稳态最大转矩的时候，当电源分别是（a）120Hz，2 倍额定电压；（b）60Hz，额定电压；（c）30Hz，0.5 倍的额定电压；（d）6Hz，0.1 倍的额定电压。

*16. 例6D中描述的感应电机稳定工作并且空载，定子绕组的某一相的电压极性突然变反，假定转子在转速发生明显变化之前系统达到稳态运行，计算转矩，描述电机的反应。

17. 在例6C中选两个完全一样的电容，并联在感应电机的每一相（每相一个电容）。使得空载时，电容—感应电机工作的功率因数为1。假设电容是理想的（没有电阻）。

*18. 假设110V（有效值），60Hz的感应电机在额定负载的时候电流是(20－j10)A（有效值）。选两个完全一样的电容，在额定运行时，并联在感应电机的每一相（每相一个电容），使得电机的功率因数为0.95（电流滞后电压）。假设电容是理想的（没有电阻）。

*19. 在6.9节中提及的5hp与1/10hp的电机，请做出合理的近似并计算转子堵转、空载，以及稳态情况下的定子相电流 $\widetilde{I}_{as}$，并且将这些 $\widetilde{I}_{as}$ 分别与图6.9-1的5hp的电机、图6.9-3的1/10hp的电机的起动电流和同步转速下的电流做比较。

20. 假设6.9节中描述的5hp的电机的负载转矩是 $T_L = K\omega_r^2$。当转子速度为1800r/min时，$T_L = 22\text{N}\cdot\text{m}$。用图6.9-9中的60Hz时的 T_e 曲线，来估算 $T_L = T_e$ 时的转速。电机是否会工作在这个转速下？请解释。用图6.9-1来估算此速度下的 $\widetilde{I}_{as}$。

21. 四极三相、7.5hp对称感应电机的参数如下：$r_s = 0.3\Omega$，$L_{ls} = 1.5\text{mH}$，$L_{ms} = 35\text{mH}$，$r'_r = 0.15\Omega$，$L'_{lr} = 0.7\text{mH}$。它由60Hz、110V（线到中性点，有效值）电源供电。(a) 做有效的近似，计算稳态起动转矩与电流；(b) 忽略摩擦力与风阻损耗，计算空载电流。

22. 当电机由6Hz电源11V（线到中性点，有效值）供电时，再计算一次习题21的内容。

第7章 同步电机

7.1 引言

几乎所有的电力都是由水轮机、汽轮机或内燃机驱动的同步电机产生。与感应电机是电能转化为机械能的主要工具类似，同步电机是机械能转化为电能的主要工具。虽然几乎全部电力都是由三相同步电机发出，它们的电气以及机电特性可以由两相凸极同步电机来预测。尤其是，仅需少量修正，这些两相电机的方程可以预测大型水轮机和汽轮机、低功率系统中的同步电机和磁阻电机的特性。分析两相电机的工作量远远小于三相电机，因此我们将重点关注两相电机的研究。有兴趣研究三相电机的读者可以关注本章末尾部分的相关章节。

同步电机的转子上除了励磁绕组外还有一个或多个短路的绕组，通常称作阻尼绕组。总体来说，凸极同步电机的转子绕组具有不同的电气特性。而且，凸极同步电机的转子的磁场分布是不对称的。由于这种转子不对称性，转子变量变换并不能带来好处。但是，我们发现，如果把定子电路的电压、电流和磁链进行变量变换则可以带来很多方便。事实上，这个变换用虚构的与转子一起旋转的电路相关的变量来代替定子变量。

本章首先给出了基于电机变量的同步电机电压与电磁转矩的方程。然后利用参考坐标系理论建立与转子同步旋转的参考坐标系下的电机方程（帕克方程），这些方程中定子变量变化为转子同步旋转参考坐标系下的变量，然后从这些方程中推导出电机的稳态性能。同时本章也关注应用在控制系统中两相磁阻电机。

7.2 两相同步电机

图 7.2-1 所示为一台两极两相凸极同步电机。如第 4 章所述，定子绕组是完全相同的正弦分布绕组。同步电机的转子电气特性可以由一个励磁绕组（*fd* 绕组）与短路阻尼绕组（*kd* 和 *kq* 绕组）来近似表示。尽管阻尼绕组两端可以加电压，但其实它们是短路的，是感应电流的路径。尤其，这种短路绕组代表笼型绕组（短路铜条），放置在转子表面下或实心铁心的电流路径内。带笼型阻尼绕组的硅钢片叠压的凸极转子常用在多极电机中；而带笼型阻尼绕组（也可不带）的实心铁心隐极转子常用在高速（两极或四极）电机中。无论如何，等效阻尼

绕组的电气特性都可以通过实验测得。我们假设阻尼绕组近似由两个相差 90°的正弦分布绕组构成。kd 绕组与 fq 绕组磁场轴线相同，等效匝数 N_{kd}，电阻为 r_{kd}。kq 绕组的磁场轴线超前 kd 绕组与 fd 绕组磁场轴线 90°，等效匝数 N_{kq}，电阻为 r_{kq}。值得一提的是，图 7.2-1 所示的两相电机的转子示意图对于任何多相两极同步电机都是通用的。在某些情况下，可以通过假设每个轴上有两个或者多个阻尼绕组（如 $kq1$，$kq2$…和 $kd1$，$kd2$…）来获得更加精确的转子电气特性。这里，我们只考虑 kq 和 kd 绕组，通过简单的修正与扩展可以得到适用于任意数量的转子绕组[1]。

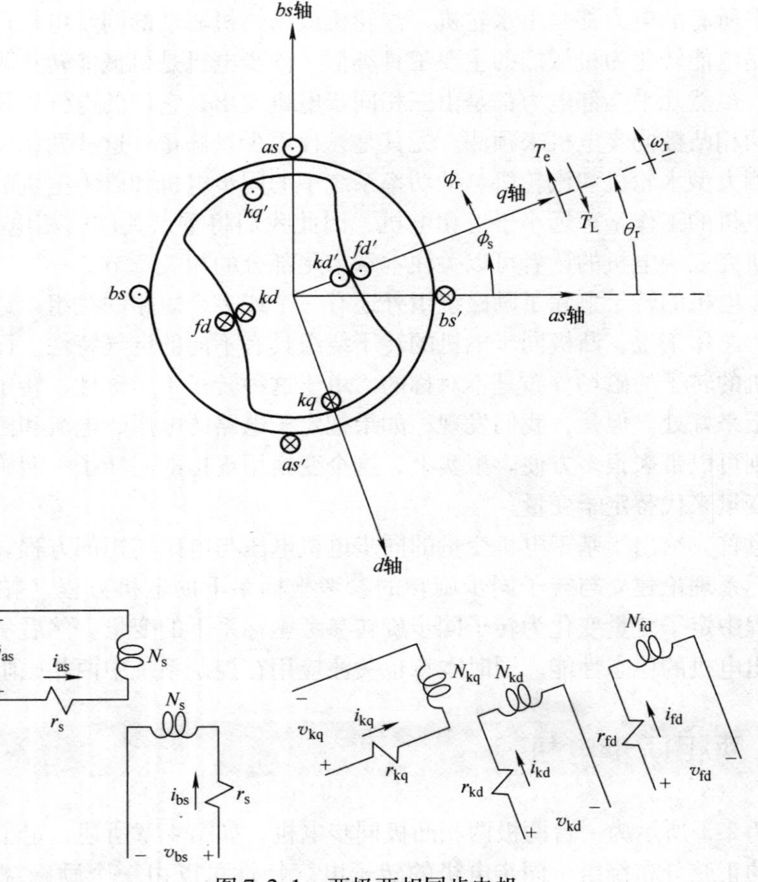

图 7.2-1　两极两相同步电机

图 7.2-1 中引入了交轴（q 轴）与直轴（d 轴）。q 轴是 kq 绕组的磁场轴线，而 d 轴是 fd 绕组和 kd 绕组的磁场轴线。d 轴与 q 轴被保留下来代表同步电机转子的磁场轴线是因为多年以来，d 轴与 q 轴与转子的物理结构有关，不受各种变换的影响。定子的角位置由 ϕ_s 表示，以 as 轴为参考。转子的角位置由 ϕ_r 表示，

以 q 轴为参考。电机转子的电角速度为 ω_r，转子角位移为 θ_r，它是 as 轴与 q 轴的夹角。因此，任意给定转子表面上的一点的角位置 ϕ_r 与相邻定子表面点的角位置 ϕ_s 存在以下关系：

$$\phi_s = \phi_r + \theta_r \tag{7.2-1}$$

图 7.2-1 中也给出了电磁转矩 T_e 和负载转矩 T_L。由第 2 章可知，假设电磁转矩 T_e 的正方向为 θ_r 正方向。负载转矩的正方向正好相反，与旋转方向相反。

同步电机的定子是对称的，但是，由于下述两个原因转子是不对称的。转子绕组不相同，总体上讲，绕组匝数与电阻值都不相同。而且，由于凸极同步电机的非均匀气隙，q 轴与 d 轴的磁场特性是不相同的。

当定子电流处于平衡稳态运行状态时，定子绕组在气隙中建立起以定子电流角速度 ω_e 旋转的气隙磁动势（mmf_s）[式（4.4-11）]。此时，阻尼绕组短路，电机运行于同步状态，fd 绕组两端加直流电压（通常通过电刷与集电环来实现），产生的电流 i_{fd} 也建立起一个相对转子固定气隙磁动势（mmf_r）。在稳态运行状态下，转子励磁绕组 fd 产生的气隙磁动势（磁极）必须与定子绕组产生的气隙磁动势（磁极）以相同角速度旋转才能产生非零的平均电磁转矩。所以，转子必须与定子绕组产生的磁动势同步旋转（$\omega_r = \omega_e$），因此该类型的电机被称作同步电机。电机转矩产生的主要机理是由于定子电流建立的气隙磁动势（mmf_s）与转子励磁绕组直流电流产生的气隙磁动势（mmf_r）的相互作用。但是，同步速度下，由于气隙不均匀（凸极转子），还会产生电磁转矩（磁阻转矩）。这种所谓的凸极结构通常用在低速同步电机（多极电机）中，如水轮发电机组等。在这种转子结构类型中，励磁绕组放置在转子表面，如图 7.2-1 所示，为了放置励磁绕组，气隙通常是不均匀的。因此，电机 q 轴的磁路磁阻比 d 轴的磁路磁阻要高。从第 2 章中我们可以知道，磁阻电机中，产生的电磁转矩总是使得转子旋转到能够为定子产生的气隙磁动势提供最小磁阻的的位置。我们把这个原理也应用于凸极同步电机。存在一个电磁转矩将使转子的 d 轴（磁阻最小）与合成气隙磁动势（$mmf_s + mmf_r$）对齐。其实，在凸极同步电机中，磁阻转矩只占电机总转矩的一小部分。但是，有两个问题需要注意：首先，在高速同步电机中（二、四或六极电机），励磁绕组是嵌入在转子槽中的，所以气隙基本上是均匀的（圆形转子）。显然，隐极同步电机中是不存在磁阻转矩的。其次，如果把图 7.2-1 中所示的凸极同步电机中的励磁绕组去除，那么它将变成一个在低功率驱动系统中很常见的两相磁阻电机。

接下来我们继续讨论阻尼绕组。早先人们发现，在只有励磁绕组的同步电机中，没有感应电流的专用通道，由于各种轻微的扰动，转速将会在同步速附近以较慢的衰减速度振动。添加了阻尼绕组（短路绕组）后，就可以提供所需的衰减阻尼。为了更好地解释这种阻尼效应，我们将阻尼绕组产生的转矩与感应电机产生的转矩类比。阻尼绕组是短路绕组，与感应电机类似。如第4.6节和第6章中所讲到的，只要转子角速度与定子电流产生的气隙磁动势（mmf_s）的旋转角速度不同，就会在转子（阻尼）绕组中产生感应电流。由于阻尼绕组是不对称的，而且气隙也是不均匀的，所以稳定运行时，由阻尼绕组产生的感应电流与气隙磁动势产生脉动转矩，但是，会有平均转矩存在。在同步速，同步电机的主电磁转矩由定子气隙磁动势（mmf_s）与转子磁动势（mmf_r）相互作用产生。当电机在同步速运行时，阻尼绕组中不会产生感应电流，因此也就不存在类似于感应电机中的转矩。但是，如果电机受到扰动，转速发生变化，阻尼绕组中就会感应出电流并产生相应的电磁转矩，尽管这种转矩很小，它可以减小转速的振荡。当转速小幅降低（升高）时，转子将产生感应转矩进行加速（减速），以回到同步速。

通常，大型同步电机需要附加装置来起动，而小功率的同步电机和磁阻电机由于阻尼绕组的存在，可以建立起足够的类似于感应电机的电磁转矩把电机拖动到同步速附近。在起动过程中，励磁绕组也短路，也可以提供一些感应电磁转矩。同步电机将以异步电机的方式产生足够的电磁转矩克服空载损耗，并加速到同步速附近。之后，励磁绕组开路，并通过电刷与集电环组合来施加励磁电压。之后，电机将被拖动到与定子电流产生的气隙磁动势同步，进而同步运行。

磁阻电机的阻尼绕组通常设计为保证在带负载时有足够的感应转矩，使电机从静止加速到接近同步速。如果负载不是太大，那么磁阻转矩将足以将电机拖动到与由定子电流产生的气隙磁动势同步，电机将以磁阻电机方式运行。

要知道任何方式产生的转矩都是转矩，并且由于整个系统是非线性的，转矩不能简单的进行叠加，所以或许我们不应过分强调三种转矩的分离。但是，这种分离在我们继续深入学习的时候还是很有帮助的，我们可以区分出感应电磁转矩、磁阻转矩、mmf_s与mmf_r相互作用产生的转矩，这些转矩也都存在于图7.2-1所示的电机中。

图7.2-2所示为一台四极三相的凸极同步电机。连接在主轴上的直流电机主要作用是为同步电机励磁绕组提供电压。电机极表面上嵌入了笼型的阻尼绕组。图7.2-3所示为一个迷你型两极三相交流发电机的定子与铝镍钴永磁转子。这个装置以4200r/min运行时可以提供12W的功率给航空设备。当它挂载在飞行器引擎附属的驱动板上时，板上的工作温度将高达350℉[⊖]。

SP7.2-1 写出图7.2-1中的两极两相同步电机的磁动势mmf_r的表达式。[$mmf_r = -(N_{fd}/2)i_{fd}\sin(\phi_s - \theta_r)$]

SP7.2-2 向图7.2-1中所示电机的励磁绕组*fd*施加直流电压。其中阻尼绕组短路，电机逆时针以ω_r速度旋转。假设电机定子绕组电流为平衡的60Hz电流，

⊖ $1℉ = \frac{5}{9}K$。

图7.2-2 四极三相凸极同步电机

图7.2-3 两极、12W、4200r/min的永磁凸极同步电机定子和转子（Vickers Electromech公司提供）

且 $\widetilde{I}_{as}=-j\widetilde{I}_{bs}$。求阻尼绕组中电流频率。$[\omega_r+\omega_e]$

7.3 电压方程与绕组电感

图7.2-1中的两极两相凸极同步电机的电压方程如下：

$$v_{as}=r_s i_{as}+\frac{d\lambda_{as}}{dt} \tag{7.3-1}$$

$$v_{bs}=r_s i_{bs}+\frac{d\lambda_{bs}}{dt} \tag{7.3-2}$$

$$v_{kq}=r_{kq} i_{kq}+\frac{d\lambda_{kq}}{dt} \tag{7.3-3}$$

$$v_{fd} = r_{fd} i_{fd} + \frac{d\lambda_{fd}}{dt} \tag{7.3-4}$$

$$v_{kd} = r_{kd} i_{kd} + \frac{d\lambda_{kd}}{dt} \tag{7.3-5}$$

用矩阵形式表达上述方程

$$\boldsymbol{v}_{abs} = \boldsymbol{r}_s \boldsymbol{i}_{abs} + \boldsymbol{p\lambda}_{abs} \tag{7.3-6}$$

$$\boldsymbol{v}_{qdr} = \boldsymbol{r}_r \boldsymbol{i}_{qdr} + \boldsymbol{p\lambda}_{qdr} \tag{7.3-7}$$

其中，

$$(\boldsymbol{f}_{abs})^{T} = [f_{as} \quad f_{bs}] \tag{7.3-8}$$

$$(\boldsymbol{f}_{qdr})^{T} = [f_{kq} \quad f_{fd} \quad f_{kd}] \tag{7.3-9}$$

在以上的方程中，下标 s 和 r 分别表示与定子或转子绕组相关的变量，p 是微分算子 d/dt。且有

$$\boldsymbol{r}_s = \begin{bmatrix} r_s & 0 \\ 0 & r_s \end{bmatrix} \tag{7.3-10}$$

$$\boldsymbol{r}_r = \begin{bmatrix} r_{kq} & 0 & 0 \\ 0 & r_{fd} & 0 \\ 0 & 0 & r_{kd} \end{bmatrix} \tag{7.3-11}$$

附录 B 给出了矩阵的基本代数关系式。如果假设该电机是线性磁系统，则磁链方程可表示如下：

$$\lambda_{as} = L_{asas} i_{as} + L_{asbs} i_{bs} + L_{askq} i_{kq} + L_{asfd} i_{fd} + L_{askd} i_{kd} \tag{7.3-12}$$

$$\lambda_{bs} = L_{bsas} i_{as} + L_{bsbs} i_{bs} + L_{bskq} i_{kq} + L_{bsfd} i_{fd} + L_{bskd} i_{kd} \tag{7.3-13}$$

$$\lambda_{kq} = L_{kqas} i_{as} + L_{kqbs} i_{bs} + L_{kqkq} i_{kq} + L_{kqfd} i_{fd} + L_{kqkd} i_{kd} \tag{7.3-14}$$

$$\lambda_{fd} = L_{fdas} i_{as} + L_{fdbs} i_{bs} + L_{fdkq} i_{kq} + L_{fdfd} i_{fd} + L_{fdkd} i_{kd} \tag{7.3-15}$$

$$\lambda_{kd} = L_{kdas} i_{as} + L_{kdbs} i_{bs} + L_{kdkq} i_{kq} + L_{kdfd} i_{fd} + L_{kdkd} i_{kd} \tag{7.3-16}$$

在凸极电机的情况下（非均匀气隙），定子绕组的自感与互感都是 θ_r 的函数。尽管这是对第 1 章内容的复习，我们在这还是要再次考虑 L_{asas}。可以看出，当 $\theta_r = 0$ 时，图 7.2-1 中的 L_{asas} 的励磁电感要比 $\theta_r = \frac{1}{2}\pi$ 时要小。我们用 L_{mq} 来表示 $\theta_r = 0$ 时 as 绕组的励磁电感，因为这时 q 轴（高磁阻路径）与 as 绕组的磁轴对齐。因此有

$$L_{asas} = L_{ls} + L_{mq}, \ \theta_r = 0 \tag{7.3-17}$$

其中，L_{ls} 是定子绕组的漏感，且

$$L_{mq} = \frac{N_s^2}{\mathcal{R}_{mq}} \tag{7.3-18}$$

其中，$\mathcal{R}_{mq}$ 是 q 轴磁路的等效磁阻，在式（1.7-24）中表示为 $\mathcal{R}_m(0)$。当

$\theta_r=\dfrac{1}{2}\pi$ 时，d 轴（低磁阻路径）与 as 绕组的磁轴对齐。因此这个励磁电感表示为 L_{md}，我们可以写出

$$L_{asas}=L_{ls}+L_{md},\ \theta_r=\frac{1}{2}\pi \tag{7.3-19}$$

其中，

$$L_{md}=\frac{N_s^2}{\mathscr{R}_{md}} \tag{7.3-20}$$

其中，$\mathscr{R}_{md}$ 是 d 轴磁路的等效磁阻，在式（1.7-25）中表示为 $\mathscr{R}_m(\frac{1}{2}\pi)$。

由于 $\mathscr{R}_{mq}>\mathscr{R}_{md}$，$L_{mq}<L_{md}$，所以，$L_{asas}$ 的最小值在 $\theta_r=0$ 处出现，并在 $\theta_r=\pi$ 处再次出现。因此式（7.3-17）对于 $\theta_r=0$ 和 π 时都是有效的。同样，L_{asas} 的最大值出现在 $\theta_r=\dfrac{1}{2}\pi$ 处，并在 $\theta_r=\dfrac{3}{2}\pi$ 处再次出现。因此式（7.3-19）对于 $\theta_r=\dfrac{1}{2}\pi$ 和 $\theta_r=\dfrac{3}{2}\pi$ 都是成立的。励磁电感始终在平均值（正的）附近变化。假设其按照正弦规律变化，则励磁电感将是一个 $2\theta_r$ 的函数（见图 1.7-3）。假设 L_A 为平均值，L_B 为正弦波动的幅值。则有

$$L_{mq}=L_A-L_B \tag{7.3-21}$$

$$L_{md}=L_A+L_B \tag{7.3-22}$$

将式（7.3-18）和式（7.3-20）中的 L_{mq} 和 L_{md} 分别代入式（7.3-21）和式（7.3-22），得到 L_A 和 L_B 的解如下：

$$L_A=\frac{N_s^2}{2}\left(\frac{1}{\mathscr{R}_{md}}+\frac{1}{\mathscr{R}_{mq}}\right) \tag{7.3-23}$$

$$L_B=\frac{N_s^2}{2}\left(\frac{1}{\mathscr{R}_{md}}-\frac{1}{\mathscr{R}_{mq}}\right) \tag{7.3-24}$$

假设励磁电感是正弦变化，则我们可以写为（见图 1.7-3）

$$L_{asas}=L_{ls}+L_A-L_B\cos 2\theta_r \tag{7.3-25}$$

如果气隙均匀，即在隐极同步电机中的情况下，有 $\mathscr{R}_{mq}=\mathscr{R}_{md}$，而且由式（7.3-24）可知 $L_B=0$。

通过类似的方法，对于凸极电机

$$L_{bsbs}=L_{ls}+L_A+L_B\cos 2\theta_r \tag{7.3-26}$$

注意当 $\theta_r=0$ 时，由式（7.3-25）得出 L_{asas} 是最小值，而由（7.3-26）则得出 L_{bsbs} 是最大值。这与图 7.2-1 中所示的情况是一致的。

接下来分析互感 L_{asbs}（L_{bsas}）。有人可能会认为，由于绕组是正交的，所以相互的耦合总是零。但是由于非均匀气隙，事实并非如此。我们来考虑图7.3-1，

不同转子位置时 as 绕组的磁路。当一个绕组产生的磁通与另一个线圈交链时才会出现耦合，如 as 绕组的磁通与 bs 绕组交链，这时就可以得到 L_{bsas}，且有 $L_{asbs}=L_{bsas}$。

当 $\theta_r=0$、π、2π 时（见图7.3-1a）或当 $\theta_r=\frac{1}{2}\pi$、$\frac{3}{2}\pi$ 时（见图7.3-1b），L_{bsas} 为零。在这些位置时，没有一个绕组的磁通通过另一个绕组。但是，当转子开始逆时针从0°旋转到 $\frac{1}{2}\pi$ 时需要考虑 as 绕组中正向电流产生的磁通。当转子转动时，转子的结构为 as 绕组产生的磁通制造了一个低磁阻通道，此时磁通也将通过 bs 绕组，最大耦合点将出现在 $\theta_r=\frac{1}{4}\pi$ 时，如图7.3-1c所示。我们看到相对绕组同样的转子位置还出现在 $\theta_r=\frac{5}{4}\pi$ 处。最大耦合处也出现在 $\theta_r=\frac{3}{4}\pi$ 处和 $\theta_r=\frac{7}{4}\pi$ 处，如图7.3-1d所示。此时，互感的符号是什么？根据假设的正向电流方向，应用右手定则可以得出，当 $\theta_r=\frac{1}{4}\pi$、$\frac{5}{4}\pi$、…时，L_{bsas}（或 L_{asbs}）为负（通正电流时，磁通互相削弱）；当 $\theta_r=\frac{3}{4}\pi$、$\frac{7}{4}\pi$…时，L_{bsas}（或 L_{asbs}）为正（磁通互相加强）。根据以上信息画出 L_{bsas} 与 θ_r 的曲线，如图7.3-1e所示，我们看到 L_{bsas} 或 L_{asbs} 可以用下式（7.3-27）来近似表示：

$$L_{bsas}=L_{asbs}=-L_B\sin 2\theta_r \tag{7.3-27}$$

证明系数是 L_B 需要耗费很大的工作量[1]，因此我们这里使用该式但暂不证明。

接下来我们回到磁链方程的分析，将式（7.3-12）至式（7.3-16）写成矩阵形式有

$$\begin{bmatrix}\lambda_{abs}\\ \lambda_{qdr}\end{bmatrix}=\begin{bmatrix}L_s & L_{sr}\\ (L_{sr})^T & L_r\end{bmatrix}\begin{bmatrix}i_{abs}\\ i_{qdr}\end{bmatrix} \tag{7.3-28}$$

其中，矩阵 $\boldsymbol{L}_s$ 可以写成

$$\begin{aligned}\boldsymbol{L}_s&=\begin{bmatrix}L_{asas} & L_{asbs}\\ L_{bsas} & L_{bsbs}\end{bmatrix}\\ &=\begin{bmatrix}L_{ls}+L_A-L_B\cos 2\theta_r & -L_B\sin 2\theta_r\\ -L_B\sin 2\theta_r & L_{ls}+L_A+L_B\cos 2\theta_r\end{bmatrix}\end{aligned} \tag{7.3-29}$$

观察图7.2-1，我们可以写出

$$\boldsymbol{L}_{sr}=\begin{bmatrix}L_{askq} & L_{asfd} & L_{askd}\\ L_{bskq} & L_{bsfd} & L_{bskd}\end{bmatrix}$$

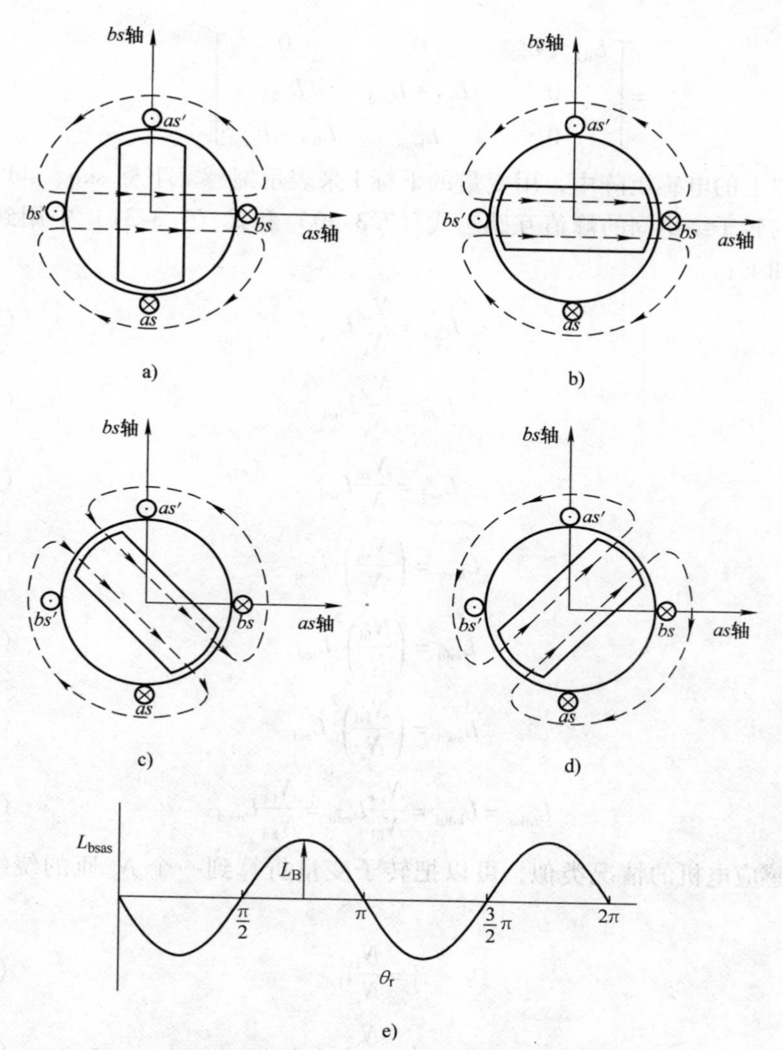

图 7.3-1　不同定子位置时 as 绕组的磁通路径用于求 L_{bsas} 和 L_{asbs}

a）$\theta_r=0$、π、2π　b）$\theta_r=\frac{1}{2}\pi$、$\frac{3}{2}\pi$　c）$\theta_r=\frac{1}{4}\pi$、$\frac{5}{4}\pi$　d）$\theta_r=\frac{3}{4}\pi$、$\frac{7}{4}\pi$

e）L_{bsas} 和 L_{asbs} 的近似

$$=\begin{bmatrix} L_{skq}\cos\theta_r & L_{sfd}\sin\theta_r & L_{skd}\sin\theta_r \\ L_{skq}\sin\theta_r & -L_{sfd}\cos\theta_r & -L_{skd}\cos\theta_r \end{bmatrix} \tag{7.3-30}$$

$$\boldsymbol{L}_r=\begin{bmatrix} L_{kqkq} & L_{kqfd} & L_{kqkd} \\ L_{fdkq} & L_{fdfd} & L_{fdkd} \\ L_{kdkq} & L_{kdfd} & L_{kdkd} \end{bmatrix}$$

$$=\begin{bmatrix} L_{\mathrm{lkq}}+L_{\mathrm{mkq}} & 0 & 0 \\ 0 & L_{\mathrm{lfd}}+L_{\mathrm{mfd}} & L_{\mathrm{fdkd}} \\ 0 & L_{\mathrm{kdfd}} & L_{\mathrm{lkd}}+L_{\mathrm{mkd}} \end{bmatrix} \tag{7.3-31}$$

在以上的电感矩阵中，用变量的下标 l 来表示漏感。下标 skq、sfd、skd 表示定子与转子绕组间的峰值互感。式（7.3-30）和式（7.3-31）中用到的电感的定义如下：

$$L_{\mathrm{skq}}=\frac{N_{\mathrm{kq}}}{N_{\mathrm{s}}}L_{\mathrm{mq}} \tag{7.3-32}$$

$$L_{\mathrm{sfd}}=\frac{N_{\mathrm{fd}}}{N_{\mathrm{s}}}L_{\mathrm{md}} \tag{7.3-33}$$

$$L_{\mathrm{skd}}=\frac{N_{\mathrm{kd}}}{N_{\mathrm{s}}}L_{\mathrm{md}} \tag{7.3-34}$$

$$L_{\mathrm{mkq}}=\left(\frac{N_{\mathrm{kq}}}{N_{\mathrm{s}}}\right)^2L_{\mathrm{mq}} \tag{7.3-35}$$

$$L_{\mathrm{mfd}}=\left(\frac{N_{\mathrm{fd}}}{N_{\mathrm{s}}}\right)^2L_{\mathrm{md}} \tag{7.3-36}$$

$$L_{\mathrm{mkd}}=\left(\frac{N_{\mathrm{kd}}}{N_{\mathrm{s}}}\right)^2L_{\mathrm{md}} \tag{7.3-37}$$

$$L_{\mathrm{fdkd}}=L_{\mathrm{kdfd}}=\frac{N_{\mathrm{kd}}}{N_{\mathrm{fd}}}L_{\mathrm{mfd}}=\frac{N_{\mathrm{fd}}}{N_{\mathrm{kd}}}L_{\mathrm{mkd}} \tag{7.3-38}$$

与感应电机的情况类似，可以把转子变量折算到一个 N_{s} 匝的绕组上。因此有

$$i'_{\mathrm{j}}=\frac{N_{\mathrm{j}}}{N_{\mathrm{s}}}i_{\mathrm{j}} \tag{7.3-39}$$

$$v'_{\mathrm{j}}=\frac{N_{\mathrm{s}}}{N_{\mathrm{j}}}v_{\mathrm{j}} \tag{7.3-40}$$

$$\boldsymbol{\lambda}'_{\mathrm{j}}=\frac{N_{\mathrm{s}}}{N_{\mathrm{j}}}\boldsymbol{\lambda}_{\mathrm{j}} \tag{7.3-41}$$

其中，j 可以是 kq、fd 或 kd。式（7.3-28）中的磁链方程可以写成

$$\begin{bmatrix} \boldsymbol{\lambda}_{\mathrm{abs}} \\ \boldsymbol{\lambda}'_{\mathrm{qdr}} \end{bmatrix}=\begin{bmatrix} \boldsymbol{L}_{\mathrm{s}} & \boldsymbol{L}'_{\mathrm{sr}} \\ (\boldsymbol{L}'_{\mathrm{sr}})^{\mathrm{T}} & \boldsymbol{L}'_{\mathrm{r}} \end{bmatrix}\begin{bmatrix} i_{\mathrm{abs}} \\ i'_{\mathrm{qdr}} \end{bmatrix} \tag{7.3-42}$$

其中，

$$\boldsymbol{L}'_{\mathrm{sr}}=\begin{bmatrix} L_{\mathrm{mq}}\cos\theta_{\mathrm{r}} & L_{\mathrm{md}}\sin\theta_{\mathrm{r}} & L_{\mathrm{md}}\sin\theta_{\mathrm{r}} \\ L_{\mathrm{mq}}\sin\theta_{\mathrm{r}} & -L_{\mathrm{md}}\cos\theta_{\mathrm{r}} & -L_{\mathrm{md}}\cos\theta_{\mathrm{r}} \end{bmatrix} \tag{7.3-43}$$

$$\boldsymbol{L}'_{r}=\begin{bmatrix} L'_{lkq}+L_{mq} & 0 & 0 \\ 0 & L'_{lfd}+L_{md} & L_{md} \\ 0 & L_{md} & L'_{lkd}+L_{md} \end{bmatrix} \tag{7.3-44}$$

用按匝数比折算到定子绕组的电机变量来表达的电压方程为

$$\boldsymbol{v}_{abs}=\boldsymbol{r}_{s}\boldsymbol{i}_{abs}+p\boldsymbol{\lambda}_{abs} \tag{7.3-45}$$

$$\boldsymbol{v}'_{qdr}=\boldsymbol{r}'_{r}\boldsymbol{i}'_{qdr}+p\boldsymbol{\lambda}'_{qdr} \tag{7.3-46}$$

用电感来表示时，以上两式可写为

$$\begin{bmatrix} \boldsymbol{v}_{abs} \\ \boldsymbol{v}'_{qdr} \end{bmatrix}=\begin{bmatrix} \boldsymbol{r}_{s}+p\boldsymbol{L}_{s} & p\boldsymbol{L}'_{sr} \\ p(\boldsymbol{L}'_{sr})^{T} & \boldsymbol{r}'_{r}+p\boldsymbol{L}'_{r} \end{bmatrix}\begin{bmatrix} \boldsymbol{i}_{abs} \\ \boldsymbol{i}'_{qdr} \end{bmatrix} \tag{7.3-47}$$

矩阵中的 r'_{r} 和 L'_{r} 表示如下：

$$r'_{j}=\left(\frac{N_{s}}{N_{j}}\right)^{2}r_{j} \tag{7.3-48}$$

$$L'_{lj}=\left(\frac{N_{s}}{N_{j}}\right)^{2}L_{lj} \tag{7.3-49}$$

其中，与之前一样，j 可以是 kq、fd 或 kd。

由于同步电机通常作为发电机运行，因此假设电流的正方向为流出电机的方向更为方便。这么做只需在方程中 i_{abs} 前加一个负号即可。

SP7.3-1　式 7.2-1 中，转子顺时针旋转时，θ_{r} 为正，写出 L_{asbs} 关于 θ_{r} 的表达式。(a) i_{as} 的正方向反向；(b) i_{bs} 的正方向反向；(c) i_{as}、i_{bs} 的正方向都反向。[(a)和(b)$L_{asbs}=(7.3-27)$；(c) $L_{asbs}=-(7.3-27)$]

SP7.3-2　图 7.2-1 中的电流 i_{fd} 为 1A，$L_{sfd}=0.1\text{H}$，$\theta_{r}=10t$。求开路稳态电压 V_{as} 和 V_{bs}。[$V_{as}=\cos 10t$；$V_{bs}=\sin 10t$]

SP7.3-3　一个隐极同步电机中，$i'_{fd}=1\text{A}$，$L_{mq}=0.1\text{H}$，$L_{asfd}=\sin\theta_{r}$，且 $\theta_{r}=10t$。求开路稳态电压 V_{as} 和 V_{bs}。[SP7.3-2]

7.4 转矩

电磁转矩的表达式可以从表 2.5-1 中推出

$$T_{e}=\frac{P}{2}\frac{\partial W_{c}(i,\theta_{r})}{\partial\theta_{r}} \tag{7.4-1}$$

对于一个线性磁系统有

$$T_{e}=\frac{P}{2}\left\{\frac{L_{md}-L_{mq}}{2}[(i_{as}^{2}-i_{bs}^{2})\sin 2\theta_{r}-2i_{as}i_{bs}\cos 2\theta_{r}]\right.$$
$$\left.-L_{mq}i'_{kq}(i_{as}\sin\theta_{r}-i_{bs}\cos\theta_{r})+L_{md}(i'_{fd}+i'_{kd})(i_{as}\cos\theta_{r}+i_{bs}\sin\theta_{r})\right\} \tag{7.4-2}$$

电动机运行以上表达式的转矩为正。从式（7.4-1）推出式（7.4-2）是本章末尾的一个问题。

转矩与转子转速的关系为

$$T_e = J\left(\frac{2}{P}\right)\frac{d\omega_r}{dt} + B_m\left(\frac{2}{P}\right)\omega_r + T_L \tag{7.4-3}$$

其中，J 为转动惯量，单位为 $kg \cdot m^2$ 或 $J \cdot s^2$。转动惯量也经常用 WR^2 来表示，单位为 $lb \cdot ft^2$（磅二次方英尺）。如图 7.2-1 所示，当电机以电动负载方式运行时，T_L 为正；当 T_L 为原动机施加到电机主轴上的转矩，以发电方式运行时，T_L 为负。由于 T_e 正方向与 T_L 的正方向相反，所以 T_e 也是电动运行时为正，发电运行时为负。常数 B_m 为与电机转动系统和机械负载相关的阻尼系数。B_m 的单位为 $N \cdot m \cdot s/rad$ 且通常其值比较小，在考虑电机时经常忽略，但考虑机械负载时不能忽略。

SP7.4-1 式（7.4-2）中右边哪一项是磁阻转矩？$\left\{\left(\frac{P}{2}\right)\left(\frac{L_{md} - L_{mq}}{2}\right)[\cdots]\right\}$

SP7.4-2 式（7.4-2）中右边哪一项是阻尼转矩（感应电机）？［含 i'_{kq} 或 i'_{kd} 的项］

SP7.4-3 式（7.4-2）中右边哪一项是由 mmf_s 和 fd 电流相互作用产生的转矩？［含 i'_{fd} 的项］

7.5 转子参考坐标系下的电机方程

定子和转子绕组间的互感随 θ_r 以正弦规律变化。此外定子绕组的自感随 $2\theta_r$ 以正弦规律变化，由于转子绕组不完全相同，转子是非对称的。根据第5章和第6章的研究，我们发现如果选择任意固定在不对称绕组所在的部分（在此处，不对称绕组在转子）上的坐标系，就可以消去随位置变化的参数。有人可能认为定子绕组也是不对称的，因为式（7.3-29）中由于转子的凸极效应，出现了随位置变化的项，并具有不相等的对角元素。回顾我们对于绕组对称的定义为两相电机的绕组的磁场轴线在电气上是正交的（三相电机时是$\frac{2}{3}\pi$），并且具有相同的电阻和匝数。根据这个定义，同步电机的定子是对称的，而转子是不对称的。也可以用另一种方式来看：如果绕组系统可以转换到任意一个参考坐标系，我们应该选择一个参考坐标系，在这坐标系中没有由于转子或者参考坐标系位置变化而变化的系数。回忆例5B中，如果静止电路的电阻不相等，就需要选择静止参考坐标系。还有第5章中我们把式（7.3-29）转换到转子参考坐标系后，电感矩阵不再与转子位置相关，如式（5.4-21）所示。

现在我们就来推导转子参考坐标系下的电压方程。根据式（5.4-6）、式（5.4-13）和式（5.4-14）来把定子变量变换到转子参考坐标系下（$\omega=\omega_r$），并且把式（7.3-46）作为转子绕组的电压方程，这样可以得到

$$v_{qs}^r=r_s i_{qs}^r+\omega_r\lambda_{ds}^r+p\lambda_{qs}^r \tag{7.5-1}$$

$$v_{ds}^r=r_s i_{ds}^r-\omega_r\lambda_{qs}^r+p\lambda_{ds}^r \tag{7.5-2}$$

$$v'^r_{kq}=r'_{kq}i'^r_{kq}+p\lambda'^r_{kq} \tag{7.5-3}$$

$$v'^r_{fd}=r'_{fd}i'^r_{fd}+p\lambda'^r_{fd} \tag{7.5-4}$$

$$v'^r_{kd}=r'_{kd}i'^r_{kd}+p\lambda'^r_{kd} \tag{7.5-5}$$

其中，用上标 r 表示转子参考坐标系下的变量。

在考虑用电感与电流表示磁链的磁线性系统之前，我们先推导转矩的表达式。[如果你对 6.7 节熟悉的话，可以直接跳至式（7.5-11）（就是式6.7-12）]为了推导转矩表达式我们需要用到功率平衡原理，从电气系统进入耦合场的功率为

$$pW_e=e_{qs}^r i_{qs}^r+e_{ds}^r i_{ds}^r+e'^r_{kq}i'^r_{kq}+e'^r_{fd}i'^r_{fd}+e'^r_{kd}i'^r_{kd} \tag{7.5-6}$$

其中，从式（7.5-1）至式（7.5-5），$e_{qs}^r=v_{qs}^r-r_s i_{qs}^r$，以此类推。虽然并非必须把外部电阻移动到耦合场内，但是我们是为了保持与第 2 章的工作一致。把式（7.5-1）至式（7.5-5）代入到式（7.5-6）推出

$$\begin{aligned}pW_e&=i_{qs}^r p\lambda_{qs}^r+i_{ds}^r p\lambda_{ds}^r\\&\quad+i'^r_{kq}p\lambda'^r_{kq}+i'^r_{fd}p\lambda'^r_{fd}+i'^r_{kd}p\lambda'^r_{kd}\\&\quad+(\lambda_{ds}^r i_{qs}^r-\lambda_{qs}^r i_{ds}^r)p\theta_r\end{aligned} \tag{7.5-7}$$

式（2.2-6）中的方程取对时间的导数，得到功率平衡方程为

$$pW_e=pW_f-pW_m \tag{7.5-8}$$

回顾由机械系统进入耦合场的功率为

$$W_m=-T_e\mathrm{d}\theta_{rm} \tag{7.5-9}$$

用转子电角速度来表示，式（7.5-9）变成

$$pW_m=-T_e\left(\frac{2}{P}\right)p\theta_r \tag{7.5-10}$$

如果我们将式（7.5-7）和式（7.5-10）代入式（7.5-8），并令系数相等，得到

$$T_e=\frac{P}{2}(\lambda_{ds}^r i_{qs}^r-\lambda_{qs}^r i_{ds}^r) \tag{7.5-11}$$

这个方程对于线性或非线性系统都是成立的。以上对 T_e 的推导最早是由帕克在他 1929 年的论文中完成的[2]。注意推导过程中没有用到场能 W_f 或虚能 W_c，这个是坐标变换的另一个好处，尽管当电压方程用电机变量来表示时，需要第 2 章中的推导来获得转矩的表达式，但是如果将变量通过选择参考坐标系，

变换为一个与转子位置无关的变量时，将不需要这样。

式（7.5-1）至式（7.5-5）对于线性和非线性磁系统都是成立的。对于一个线性磁系统，我们可以把式（7.3-42）中的 $\boldsymbol{\lambda}_{abs}$ 和 $\boldsymbol{\lambda}'_{qdr}$ 表示为

$$\boldsymbol{\lambda}_{abs}=\boldsymbol{L}_s\boldsymbol{i}_{abs}+\boldsymbol{L}'_{sr}\boldsymbol{i}'_{qdr} \tag{7.5-12}$$

$$\boldsymbol{\lambda}'_{qdr}=(\boldsymbol{L}'_{sr})^{T}\boldsymbol{i}_{abs}+\boldsymbol{L}'_r\boldsymbol{i}'_{qdr} \tag{7.5-13}$$

其中，L_s、L'_{sr} 和 L'_r 分别由式（7.3-29）、式（7.3-43）和式（7.3-44）给出。如果在式（5.3-4）中令 $\theta=\theta_r$ 并在 f_{qds} 和 $\boldsymbol{K}_s$ 中加上上标 r，我们可以用式（5.3-1）来变换式（7.5-12）。如果再在 $\boldsymbol{\lambda}'_{qdr}$ 和 $\boldsymbol{i}'_{qdr}$ 中加上上标 r，则有

$$\boldsymbol{\lambda}^r_{qds}=\boldsymbol{K}^r_s\boldsymbol{L}_s(\boldsymbol{K}^r_s)^{-1}\boldsymbol{i}^r_{qds}+\boldsymbol{K}^r_s\boldsymbol{L}'_{sr}\boldsymbol{i}'^r_{qdr} \tag{7.5-14}$$

$$\boldsymbol{\lambda}'^r_{qdr}=(\boldsymbol{L}'_{sr})^{T}(\boldsymbol{K}^r_s)^{-1}\boldsymbol{i}^r_{qds}+\boldsymbol{L}'_r\boldsymbol{i}'^r_{qdr} \tag{7.5-15}$$

我们可以写出

$$\boldsymbol{K}^r_s\boldsymbol{L}_s(\boldsymbol{K}^r_s)^{-1}=\begin{bmatrix} L_{ls}+L_{mq} & 0 \\ 0 & L_{ls}+L_{md}\end{bmatrix} \tag{7.5-16}$$

$$\boldsymbol{K}^r_s\boldsymbol{L}'_{sr}=\begin{bmatrix} L_{mq} & 0 & 0 \\ 0 & L_{md} & L_{md}\end{bmatrix} \tag{7.5-17}$$

$$(\boldsymbol{L}'_{sr})^{T}(\boldsymbol{K}^r_s)^{-1}=\begin{bmatrix} L_{mq} & 0 \\ 0 & L_{md} \\ 0 & L_{md}\end{bmatrix} \tag{7.5-18}$$

其中，L_{mq} 和 L_{md} 分别由式（7.3-21）和式（7.3-22）定义。本章结尾有一道问题就是要推出式（7.5-16）到式（7.5-18）。磁链方程可以写成

$$\begin{bmatrix}\lambda^r_{qs}\\ \lambda^r_{ds}\\ \lambda'^r_{kq}\\ \lambda'^r_{fd}\\ \lambda'^r_{kd}\end{bmatrix}=\begin{bmatrix} L_{ls}+L_{mq} & 0 & L_{mq} & 0 & 0\\ 0 & L_{ls}+L_{md} & 0 & L_{md} & L_{md}\\ L_{mq} & 0 & L'_{lkq}+L_{mq} & 0 & 0\\ 0 & L_{md} & 0 & L'_{lfd}+L_{md} & L_{md}\\ 0 & L_{md} & 0 & L_{md} & L'_{lkd}+L_{md}\end{bmatrix}\begin{bmatrix} i^r_{qs}\\ i^r_{ds}\\ i'^r_{kq}\\ i'^r_{fd}\\ i'^r_{kd}\end{bmatrix} \tag{7.5-19}$$

我们就完成了目标，式（7.5-19）中的自感和互感都是恒定的。且所有的 q 磁路都不与 d 磁路耦合。此时我们可以看到虚拟绕组是固定在转子参考坐标系下的。虚拟绕组（$^r_{qs}$ 和 $^r_{ds}$ 绕组）和转子绕组的互感都是恒定的，说明虚拟绕组和转子绕组之间没有相对运动。因此，$^r_{qs}$ 和 $^r_{ds}$ 绕组是与转子一起旋转的。

电感 $L_{ls}+L_{mq}$ 通常被称为 q 轴电感，记作 L_q。类似的，$L_{ls}+L_{md}$ 称为 d 轴电感，记作 L_d。即有

$$L_q=L_{ls}+L_{mq} \tag{7.5-20}$$

$$L_d = L_{ls} + L_{md} \tag{7.5-21}$$

如果气隙是均匀的，则 $L_q = L_d$。否则，$L_q < L_d$。

对于一个线性磁系统，磁链方程可以根据式（7.5-19）写成

$$\begin{aligned}\lambda_{qs}^r &= L_{ls} i_{qs}^r + L_{mq}(i_{qs}^r + i'^r_{kq}) \\ &= L_q i_{qs}^r + L_{mq} i'^r_{kq}\end{aligned} \tag{7.5-22}$$

$$\begin{aligned}\lambda_{ds}^r &= L_{ls} i_{ds}^r + L_{md}(i_{ds}^r + i'^r_{fd} + i'^r_{kd}) \\ &= L_d i_{ds}^r + L_{md}(i'^r_{fd} + i'^r_{kd})\end{aligned} \tag{7.5-23}$$

$$\begin{aligned}\lambda'^r_{kq} &= L'_{lkq} i'^r_{kq} + L_{mq}(i_{qs}^r + i'^r_{kq}) \\ &= L'_{kq} i'^r_{kq} + L_{mq} i_{qs}^r\end{aligned} \tag{7.5-24}$$

$$\begin{aligned}\lambda'^r_{fd} &= L'_{lfd} i'^r_{fd} + L_{md}(i_{ds}^r + i'^r_{fd} + i'^r_{kd}) \\ &= L'_{fd} i'^r_{fd} + L_{md}(i_{ds}^r + i'^r_{kd})\end{aligned} \tag{7.5-25}$$

$$\begin{aligned}\lambda'^r_{kd} &= L'_{lkd} i'^r_{kd} + L_{md}(i_{ds}^r + i'^r_{fd} + i'^r_{kd}) \\ &= L'_{kd} i'^r_{kd} + L_{md}(i_{ds}^r + i'^r_{fd})\end{aligned} \tag{7.5-26}$$

其中，L_q 和 L_d 分别由式（7.5-20）和式（7.5-21）定义。且有

$$L'_{kq} = L'_{lkq} + L_{mq} \tag{7.5-27}$$

$$L'_{fd} = L'_{lfd} + L_{md} \tag{7.5-28}$$

$$L'_{kd} = L'_{lkd} + L_{md} \tag{7.5-29}$$

根据式（7.5-1）至式（7.5-5）的电压方程和式（7.5-22）至式（7.5-26）的磁链方程，可以得到图7.5-1所示的等效电路图。把式（7.5-22）至式（7.5-26）代入到式（7.5-1）至式（7.5-5）则可以得到以电流为变量的电压方程如下：

$$\begin{bmatrix} v_{qs}^r \\ v_{ds}^r \\ v'^r_{kq} \\ v'^r_{fd} \\ v'^r_{kd} \end{bmatrix} = \begin{bmatrix} r_s + pL_q & \omega_r L_d & pL_{mq} & \omega_r L_{md} & \omega_r L_{md} \\ -\omega_r L_q & r_s + pL_d & -\omega_r L_{mq} & pL_{md} & pL_{md} \\ pL_{mq} & 0 & r'_{kq} + pL'_{kq} & 0 & 0 \\ 0 & pL_{md} & 0 & r'_{fd} + pL'_{fd} & pL_{md} \\ 0 & pL_{md} & 0 & pL_{md} & r'_{kd} + pL'_{kd} \end{bmatrix} \begin{bmatrix} i_{qs}^r \\ i_{ds}^r \\ i'^r_{kq} \\ i'^r_{fd} \\ i'^r_{kd} \end{bmatrix} \tag{7.5-30}$$

尽量式（7.5-11）是最常用来计算转矩的公式，但是对于一个磁线性系统来说，把式（7.5-22）和式（7.5-23）代入式（7.5-11）中，可以得到转子参考坐标系下电流表示的转矩方程为

$$T_e = \frac{P}{2}\left[L_{md}(i_{ds}^r + i'^r_{fd} + i'^r_{kd}) i_{qs}^r - L_{mq}(i_{qs}^r + i'^r_{kq}) i_{ds}^r\right] \tag{7.5-31}$$

我们回顾一下本章已经完成的内容。由于同步电机的转子绕组和定子绕组间

存在相对运动，所以需要对变量进行变换，以消除定子和转子电路的相对运动。但是同步电机会比较麻烦，除了电路间存在相对运动外，凸极同步电机的转子还会使定子绕组的自感随 $2\theta_r$ 以正弦规律变化。更糟糕的是，电机转子的绕组也是不对称的。

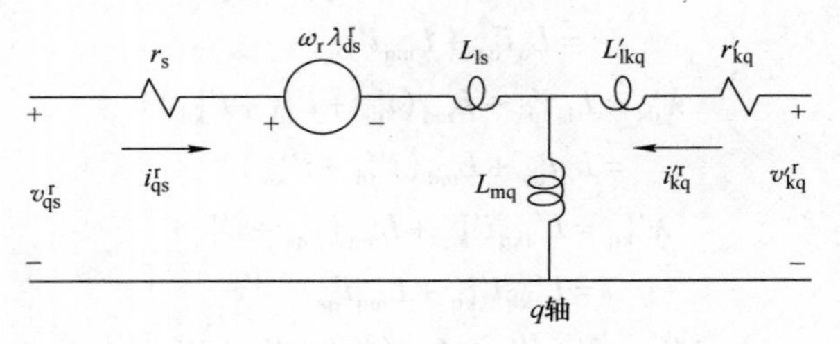

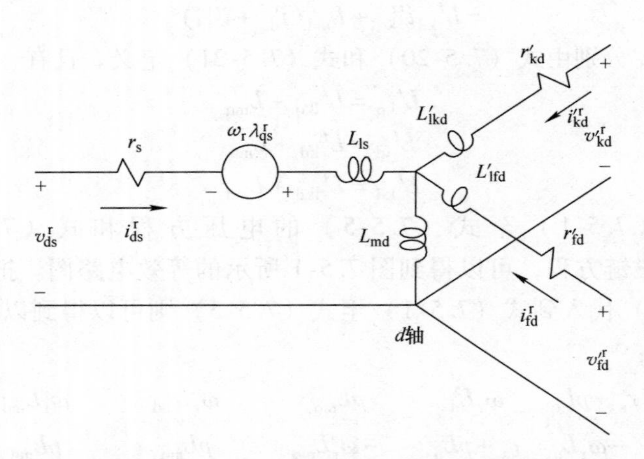

图 7.5-1　转子参考坐标系下两相同步电机的等效电路

考虑到这种情况，帕克当时只能选择将定子的变量变换到转子参考坐标系的虚拟电路上。首先，凸极同步电机的气隙是不均匀的，因此只有与转子一同旋转的电路中自感是恒定的。但是隐极同步电机呢？对于隐极同步电机是否有必要把定子变量变换到转子参考坐标系的虚拟电路中？要使角位移的函数的变量变换有意义，绕组必须是对称的。而同步电机的转子，包括凸极或隐极电机，总体上都是不对称的。根据我们目前的发现来说，把不对称绕组的变量变换到对称绕组实际上放置的转子坐标系比变换到其他坐标系都有利。因此，即使是隐极电机，也必须把定子绕组变量变换到转子参考坐标系下。

例 7A　一个两极两相的磁阻电机，结构上与图 7.2-1 中的同步电机完全相同，

只是没有励磁绕组 fd。接下来，我们需要推导出转子参考坐标系下的等效电路。

事实上，我们不需要进行任何推导，这部分工作已经完成了。我们只需要把图 7.5-1 中的励磁绕组去掉即可。可以得到图 7A-1 即为两相磁阻电机在转子参考坐标系下的等效电路，其中阻尼绕组与实际情况一样，被短路。

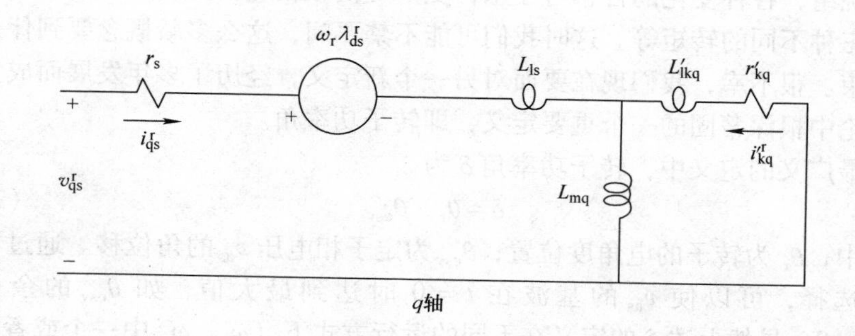

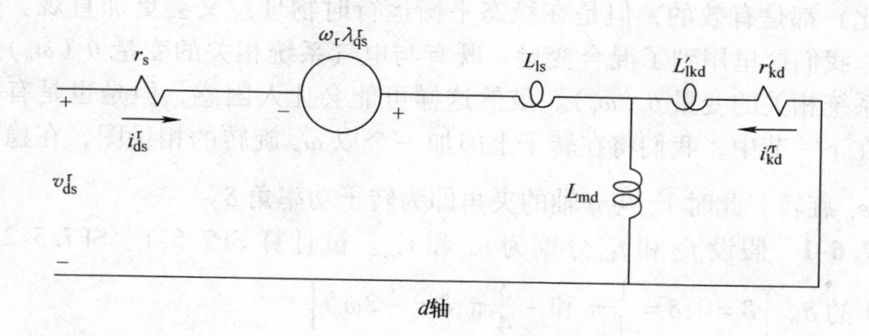

图 7A-1　磁阻电机在转子参考坐标系下的等效电路

SP7.5-1　已知 $f_{as}=\cos\omega_e t$ 和 $f_{bs}=\sin\omega_e t$。如果 $\theta_r=\omega_r t$，$\omega_r=\omega_e$，那么求出此时的 f_{qs}^r 和 f_{ds}^r。[$f_{qs}^r=1$；$f_{ds}^r=0$]

SP7.5-2　当时 $\theta_r=\omega_r t+\theta_r(0)$，请计算出可以使 SP7.5-1 中 $f_{qs}^r=f_{ds}^r$ 的 $\theta_r(0)$。$\left[\theta_r(0)=\frac{1}{4}\pi \text{和} -\frac{3}{4}\pi\right]$

SP7.5-3　当 $\theta_{ef}=\omega_e t+\theta_{ef}(0)$ 时，请计算出可以使 SP7.5-1 中 $f_{qs}^r=f_{ds}^r$ 的 $\theta_{ef}(0)$。$\left[\theta_{ef}(0)=-\frac{1}{4}\pi \text{和} \frac{3}{4}\pi\right]$

SP7.5-4　当 $\omega_r=-\omega_e$ 时重新求解 SP7.5-1。[$f_{qs}^r=\cos 2\omega_e t$；$f_{ds}^r=-2\sin 2\omega_e t$]

7.6 转子功率角

我们已经完成了一系列的之前没有见过或者用过的概念和名词的定义，如正弦分布绕组，各种变化的自感与互感，变量变换和相应产生的虚拟绕组，以及电机及其三种不同的转矩等。这时我们可能不禁要问，这么多新概念要到什么时候才能结束。很不幸，我们现在要面对另一个新定义，经历了多年发展而成为同步电机理论中根深蒂固的一个重要定义，即转子功率角。

在最广义的定义中，转子功率角 δ 为

$$\delta=\theta_{r}-\theta_{esv} \tag{7.6-1}$$

其中，θ_r 为转子的电角度位置；θ_{esv} 为定子相电压 v_{as} 的角位移。通过零时刻位置的选择，可以使 v_{as} 的基波在 $t=0$ 时达到最大值，如 θ_{esv} 的余弦，且 $\theta_{esv}(0)=0$。虽然上述 δ 的定义在不同的运行方式下（ω_r、ω_e 中一个或者两个可能会变化）都是有效的，但是在稳态平衡运行时物理意义会更加直观。顺便要提一下，我们这里用到了混合变量，既有与电气系统相关的变量 $\theta_e(\omega_e)$，也有与机械系统相关的变量 $\theta_r(\omega_r)$。虽然这样可能会让人困惑，但是也是有一定好处的，在下一节中，我们将在转子上施加一个以 ω_e 旋转的相量图，在稳态时转子也以 ε_e 旋转。此时 $\widetilde{V}_{as}$ 与 q 轴的夹角即为转子功率角 δ。

SP7.6-1 假设 f_{as} 和 f_{bs} 分别为 v_{as} 和 v_{bs}。试计算 SP7.5-1、SP7.5-2，以及 SP7.5-4 的 δ。$\left[\delta=0;\delta=\frac{1}{4}\pi \text{ 和 } -\frac{3}{4}\pi;\delta=-2\omega_e t\right]$

SP7.6-2 为什么我们没有要求计算 SP7.5-3 当中的 δ？［是可以计算的，但是通常 $\theta_{esv}(0)$ 设置为零］

7.7 稳态运行分析

在分析同步电机时，我们发现有必要把定子变量变换到转子参考坐标系下。在平衡稳态运行时，转子参考坐标系下的各变量的频率又是多少呢？事实上，在 SP7.5-1 中我们已经有了答案，但是在进行分析之前，我们还是要再次考虑这个问题。首先，我们知道，在稳态运行中，转子的电角速度 ω_r 是等于 ω_e 的。因此，转子上实际存在的绕组（kq、fd 和 kd 绕组）或虚拟绕组（qs^r 和 ds^r 绕组）之间的磁链不会变化。我们怎么知道这个？恒定励磁（直流）电流产生的气隙磁动势相对于转子是恒定的。那平衡正弦定子电流产生的旋转气隙磁动势 mmf_s 呢？它以速度 ω_e 旋转，即转子转速 ω_r。因此，mmf_s 和 mmf_r 都相对于转子恒定。这时，由于磁链不发生变化也不会有感应电压我们可以不用考虑短路的阻尼绕

组，因此在平衡稳态运行时，当 $\omega_r=\omega_e$，i'^r_{kq} 和 i'^r_{kd} 都为零。事实上，如果我们接受相对于转子电路没有磁链变化这个事实，那么转子上或者转子参考坐标系中的所有电路都不会有由于变压器作用而产生的感应电压。有人可能会猜想，在稳态运行时，与转子有关的实际绕组或虚拟绕组中的电流与电压都必须是恒定的（i'^r_{kq} 和 i'^r_{kd} 都恒定为零）。这种观点看似很有道理，但是平衡的正弦定子变量呢？平衡稳态正弦定子电流形成了恒定的以 ω_e 的速度旋转的 mmf_s。但是，如果 mmf_s 由虚拟绕组（i^r_{qs} 和 i^r_{ds}）产生的话，从数学上来看，虚拟绕组是固定在稳态时以 ω_e 的速度旋转转子参考坐标系上的，那么虚拟绕组中的电流的频率又应该是多少呢？显然，只能是直流。

既然我们知道了预期的结果，让我们继续深入研究。在平衡稳态运行状态下，定子变量如下：

$$F_{as}=\sqrt{2}F_s\cos[\omega_e t+\theta_{esf}(0)] \tag{7.7-1}$$

$$F_{bs}=\sqrt{2}F_s\sin[\omega_e t+\theta_{esf}(0)] \tag{7.7-2}$$

把 F_{as} 和 F_{bs} 代入到变换方程（5.3-1）中，$\omega=\omega_r$，即 ω_e，转子参考坐标系的零位置为 $\theta(0)=\theta_r(0)$，可得

$$F^r_{qs}=\sqrt{2}F_s\cos[\theta_{esf}(0)-\theta_r(0)] \tag{7.7-3}$$

$$F^r_{ds}=-\sqrt{2}F_s\sin[\theta_{esf}(0)-\theta_r(0)] \tag{7.7-4}$$

显然 $\theta_{esf}(0)$ 和 $\theta_r(0)$ 为常数，因此 F^r_{qs} 和 F^r_{ds} 也为常数。换言之，稳态运行当 $\omega_r=\omega_e$ 时，定子平衡的正弦变量在转子参考坐标系下变成了恒定值。事实上，我们在第5章时就预期得到这样的结果。

让我们回到转子参考坐标系下的电压方程，式（7.5-1）至式（7.5-5）。我们已经确定，在平衡稳态运行时可以忽略阻尼绕组。因此，式（7.5-3）和式（7.5-5）在同步电机稳态分析时不用考虑。且由于在平衡稳态运行时，转子参考坐标系下的电压和电流为恒定值，因此可以把直流电路理论应用于$^r_{qs}$、$^r_{ds}$和$^r_{fd}$电压方程的求解中。尤其是，由于在稳态运行时，所有的变量都是恒定的，所有与微分算子 p 相乘的项都为零。因此，式（7.5-1）、式（7.5-2）和式（7.5-4）可以写成

$$V^r_{qs}=r_sI^r_{qs}+\omega_r\lambda^r_{ds} \tag{7.7-5}$$

$$V^r_{ds}=r_sI^r_{ds}-\omega_r\lambda^r_{qs} \tag{7.7-6}$$

$$V'^r_{fd}=r'_{fd}I'^r_{fd} \tag{7.7-7}$$

其中，大写字母表示稳态电压和电流。λ^r_{qs} 和 λ^r_{ds} 分别为式（7.5-22）和式（7.5-23），其中阻尼绕组电流设为零。将式（7.5-22）和式（7.5-23）代入式（7.7-5）和式（7.7-6），其中 $\omega_r=\omega_e$，可得

$$V^r_{qs}=r_sI^r_{qs}+X_dI^r_{ds}+X_{md}I'^r_{fd} \tag{7.7-8}$$

$$V_{ds}^{r}=r_{s}I_{ds}^{r}-X_{q}I_{qs}^{r} \tag{7.7-9}$$

我们注意到这些方程都是直流电压方程，有电抗 X_d、X_q 和 X_{md}，这些电抗没有 js 项。我们处理的不是相量，但是 X 乘以 I 仍然是电压。事实上，我们在选择同步旋转参考坐标系的式（5.5-24）和式（5.5-25）中就看到过这些方程。

可以用以上的电压方程目前的形式来分析同步电机，但是，习惯上为了方便起见我们会把通常恒定的 F_{qs}^{r} 和 F_{ds}^{r} 的值与代表正弦电压的相量 $\widetilde{F}_{as}$ 相关联。为了实现这个目标，我们首先要看稳态运行时的 δ。如果我们把初始零时间设在 $\omega_r=\omega_e$ 的时刻，稳态的转子功率角式（7.6-1）就可以成为

$$\delta=\theta_{r}(0)-\theta_{esv}(0) \tag{7.7-10}$$

之后我们令 $\theta_{esv}(0)=0$，但是现在可以先不管它。如果用式（7.7-10）求出 $\theta_r(0)$，并把结果代入式（7.7-3）和式（7.7-4），我们可以得到

$$F_{qs}^{r}=\sqrt{2}F_{s}\cos[\theta_{esf}(0)-\theta_{esv}(0)-\delta] \tag{7.7-11}$$

$$F_{ds}^{r}=-\sqrt{2}F_{s}\sin[\theta_{esf}(0)-\theta_{esv}(0)-\delta] \tag{7.7-12}$$

现在，我们暂时放下这些方程。从式（7.7-1）和式（7.7-2）可知 F_{as} 和 F_{bs} 可以写成

$$F_{as}=\mathrm{Re}[\sqrt{2}\,\widetilde{F}_{as}e^{j\omega_{e}t}] \tag{7.7-13}$$

$$F_{bs}=\mathrm{Re}[\sqrt{2}\,\widetilde{F}_{bs}e^{j\omega_{e}t}] \tag{7.7-14}$$

其中

$$\widetilde{F}_{as}=F_{s}e^{j\theta_{esf}(0)} \tag{7.7-15}$$

而且 $\widetilde{F}_{bs}=-j\widetilde{F}_{as}$。如果式（7.7-15）两端乘以 $\sqrt{2}e^{-j\delta}$，可得

$$\sqrt{2}\,\widetilde{F}_{as}e^{-j\delta}=\sqrt{2}F_{s}\cos[\theta_{esf}(0)-\delta]+j\sqrt{2}F_{s}\sin[\theta_{esf}(0)-\delta] \tag{7.7-16}$$

我们现在完成之前想做的工作。把 V_{as} 达到正向最大的时刻设为零时刻。即 $\theta_{esv}(0)=0$，于是

$$V_{as}=\sqrt{2}V_{s}\cos\omega_{e}t \tag{7.7-17}$$

$$V_{bs}=\sqrt{2}V_{s}\sin\omega_{e}t \tag{7.7-18}$$

而且 $\widetilde{V}_{as}$ 是在零度。要记住从现在起我们进行同步电机稳态运行分析时，都认为 $\theta_{esv}(0)=0$。在这个限制下，将式（7.7-16）的右侧项与式（7.7-11）和式（7.7-12）比较。从比较中并且在 $\theta_{esv}(0)=0$ 时，我们可以写出

$$\sqrt{2}\,\widetilde{F}_{as}e^{-j\delta}=F_{qs}^{r}-jF_{ds}^{r} \tag{7.7-19}$$

现在只剩下几个步骤了。从式（7.7-19）可以写出

$$\sqrt{2}\,\widetilde{V}_{as}e^{-j\delta}=V_{qs}^{r}-jV_{ds}^{r} \tag{7.7-20}$$

把式（7.7-8）和式（7.7-9）代入式（7.7-20）得

$$\sqrt{2}\,\widetilde{V}_{as}e^{-j\delta}=r_{s}I_{qs}^{r}+X_{d}I_{ds}^{r}+X_{md}I_{fd}'^{r}+j(-r_{s}I_{ds}^{r}+X_{q}I_{qs}^{r}) \tag{7.7-21}$$

如果在式（7.7-21）的右边加上再减去$X_q I_{ds}^r$，并且由式（7.7-19）可得出

$$j\sqrt{2}\widetilde{I}_{as}e^{-j\delta}=I_{ds}^r+jI_{qs}^r \tag{7.7-22}$$

则式（7.7-21）可以写为

$$\widetilde{V}_{as}=(r_s+jX_q)\widetilde{I}_{as}+\frac{1}{\sqrt{2}}[(X_d-X_q)I_{ds}^r+X_{md}I'^r_{fd}]e^{j\delta} \tag{7.7-23}$$

方便起见，将式（7.7-23）的最后一项定义为

$$\widetilde{E}_a=\frac{1}{\sqrt{2}}[(X_d-X_q)I_{ds}^r+X_{md}I'^r_{fd}]e^{j\delta} \tag{7.7-24}$$

这一项经常被称为励磁电压。因此，式（7.7-23）变成

$$\widetilde{V}_{as}=(r_s+jX_q)\widetilde{I}_{as}+\widetilde{E}_a \tag{7.7-25}$$

方程（7.7-25）在同步电机的稳态运行的分析中应用广泛。它十分简洁易用，比我们起初预期的要简单得多。但是，其实还是比一眼看去有更多的东西需要注意。$\widetilde{E}_a$相量的角度为δ，而δ与转子有关。尤其是，依据式（7.7-10），当$\theta_{esv}(0)=0$（$\widetilde{V}_{as}$在零度）时，δ的稳态值为$\theta_r(0)$，这也是转子参考坐标系的零位置点。换种说法，如果我们回顾图7.2-1，就会发现δ或θ_r（0）是q轴在我们说的零时刻的位置，零时刻也就是V_{as}正向最大值的点。最后，我们把相量图叠加到转子上。从考虑图7.7-1开始，在图7.7-1a中，我们看到$t=0$时的转子位置。但是，我们知道转子以$\omega_r(\omega_e)$的速度旋转。此时，由于在零时刻，$\theta_{esv}(0)=0$，$\widetilde{V}_{as}$在零度位置，而且$\widetilde{E}_a$的相角为δ，如图7.7-1b所示，图中我们假设$\widetilde{I}_{as}$超前于$\widetilde{V}_{as}$，用来表明发电机运行。图7.7-1的a和b如何叠加呢？由于转子以ω_e逆时针旋转，而且相量也以ω_e逆时针旋转（尽管平时不这样考虑）。因此，我们可以把图7.7-1的a和b叠加，得到图7.7-1c。

现在我们可以以转子功率角为变量，表达线性磁系统中的电磁转矩。如果求解式（7.7-8）和式（7.7-9）得到I_{qs}^r和I_{ds}^r，并将结果代入式（7.5-31），则可以得到

$$T_e=-\frac{P}{2}\frac{1}{\omega_e}\left\{\begin{aligned}&\frac{r_sX_{md}I'^r_{fd}}{r_s^2+X_qX_d}\left(V_{qs}^r-X_{md}I'^r_{fd}-\frac{X_d}{r_s}V_{ds}^r\right)\\&+\frac{X_d-X_q}{(r_s^2+X_qX_d)^2}[r_sX_q(V_{qs}^r-X_{md}I'^r_{fd})^2\\&+(r_s^2-X_qX_d)V_{ds}^r(V_{qs}^r-X_{md}I'^r_{fd})-r_sX_d(V_{ds}^r)^2]\end{aligned}\right\} \tag{7.7-26}$$

我们还注意到，如果想要分别用式（7.7-11）和式（7.7-12）来表示V_{qs}^r和V'^r_{ds}，并且$\theta_{esv}=\theta_{esf}$，则

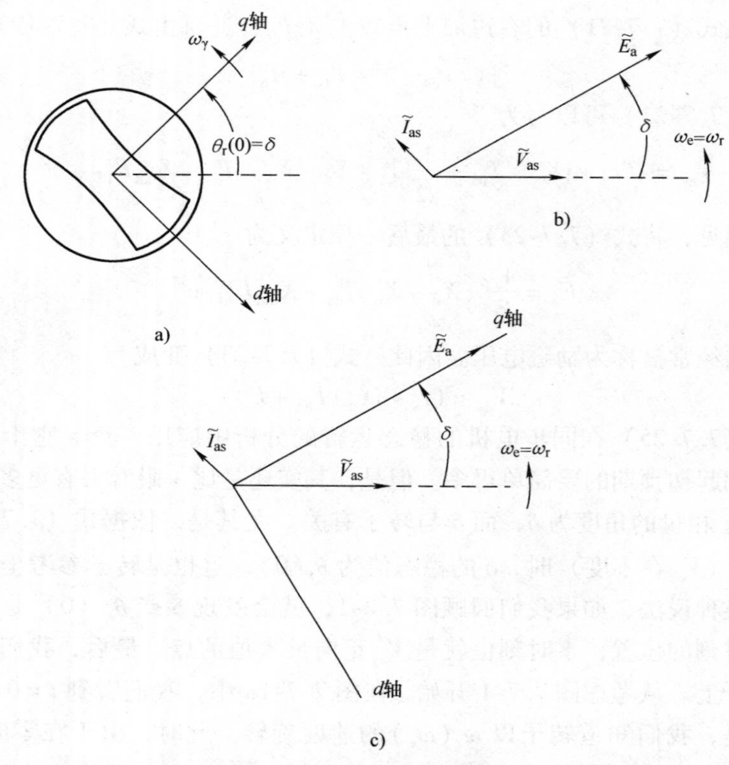

图 7.7-1　同步电机转子的相量叠加图［$\theta_{esv}(0)=0$］

a）$t=0$ 时刻转子相量图　b）$t=0$ 时刻电压电流相量图　c）$t=0$ 时刻相量叠加图

$$V_{qs}^{r}=\sqrt{2}V_s\cos[\theta_{esv}(0)-\theta_{esv}(0)-\delta]$$

$$=\sqrt{2}V_s\cos\delta \tag{7.7-27}$$

$$V_{ds}^{r}=-\sqrt{2}V_s\sin[\theta_{esv}(0)-\theta_{esv}(0)-\delta]$$

$$=\sqrt{2}V_s\sin\delta \tag{7.7-28}$$

顺便提一下，式（7.7-27）和式（7.7-28）对于稳态和暂态都是成立的。尽管这个事实很有趣，但是在本节中，我们只将其用于稳态运行的分析。为了简化，我们定义

$$E'^{r}_{xfd}=X_{md}I'^{r}_{fd} \tag{7.7-29}$$

将式（7.7-27）至式（7.7-29）代入到式（7.7-26）中，同时忽略定子绕组的电阻 r_s，则稳态运行的电磁转矩可以写成

$$T_e=-\frac{P}{2}\frac{1}{\omega_e}\left[\frac{E'^{r}_{xfd}\sqrt{2}V_s}{X_d}\sin\delta+\frac{1}{2}\left(\frac{1}{X_q}-\frac{1}{X_d}\right)(\sqrt{2}V_s)^2\sin2\delta\right] \tag{7.7-30}$$

如果 r_s 的阻值相对于电机的励磁电抗 X_{mq} 和 X_{md} 较小，则可以忽略。但是在

变频驱动系统中，低频情况下，式（7.7-30）是不成立的，这时只能用式（7.7-26）来计算稳态转矩。由式（7.7-26）或式（7.7-30）计算出的转矩作电动机运行时（负载转矩，δ 为负）为正；作发电机运行时（转矩输入，δ 为正）为负。

虽然式（7.7-30）只有在定子绕组电阻相对于励磁电抗较小的时候才可以用来计算稳态转矩，但是它给出了凸极同步电机产生的三种转矩中两种转矩的定量描述。由于 $\omega_r=\omega_e$，阻尼绕组电流为零，因此不存在类似感应电动机的转矩。式（7.7-30）右侧的第一项是由于定子电流产生的气隙磁动势和励磁电流产生的气隙磁动势相互作用产生的。第二项是由驱使转子转向的总气隙磁动势与磁阻最小路径重合位置的力产生的磁阻转矩。

此时我们需要注意。随着可控电力电子开关器件的出现，电机工作系统的电压频率和幅值可调。在以上的稳态电压方程式（7.7-24）、式（7.7-25）和式（7.7-29）中，以及稳态转矩方程式（7.7-26）和式（7.7-30）中，都用到了感应电抗。其中电抗值的计算中用到了定子电压频率。因此，电抗中的 ω_e 以及转矩方程中的 ω_e 必须随电压频率的变化而变化。

让我们回到式（7.7-30）中的稳态电磁转矩方程中。记住只有当 r_s 相对于励磁电抗 X_{mq} 和 X_{md} 较小时此式才是有效的。式（7.7-30）右侧的第一项如图 7.7-2a 中所示，第二项如图 7.7-2b 所示，两项的和如图 7.7-2c 所示（我们将在稍后讨论图 7.7-2c 中的点 1 和点 1′）。需要注意的是，对于一个给定的定子电压频率和给定的电机设计，第一项的幅值（图 7.7-2a 的 A）与定子电压幅值（$\sqrt{2}V_s$）与励磁电压 V'^r_{fd} 的乘积成比例，根据式（7.7-29），在稳态运行时有

$$E'^r_{xfd}=\frac{X_{md}}{r_{fd}}V'^r_{fd} \tag{7.7-31}$$

当同步电机在变频驱动系统中用作电动机时，V_s 和 E'^r_{xfd} 都是可变的。但是，在同步电机用作发电机发电时，如在电力系统中，定子电压 V_s 通常是被调节的，在稳态运行时，幅值的变化不会超过 1%～3%。在这种情况下，第一项的幅值，发电机的主要转矩，会随励磁电压 V'^r_{fd} 变化。

第二项磁阻转矩的幅值在图 7.7-2b 中用 B 表示。对于给定的运行频率和给定的电机设计，磁阻转矩随定子电压的幅值（$\sqrt{2}V_s$）二次方变化。在变频驱动系统中，当频率一定时，可以通过改变 V_s 来改变磁阻转矩。但是在电力系统中，定子的电压和频率本质上都要求恒定，因此磁阻转矩的幅值本质上也是恒定的。

回顾转子功率角 δ 是 q 轴上的相量 $\widetilde{E}_a$ 以及相量 $\widetilde{V}_{as}$ 的夹角。对于一个给定的负载或输入转矩，在稳态运行时转子功率角是恒定的，而且由于 T_e 对 δ 是周期性的，所以只需要研究在 $-\pi<\delta<\pi$ 范围内的曲线。此时，负载转矩和电磁转

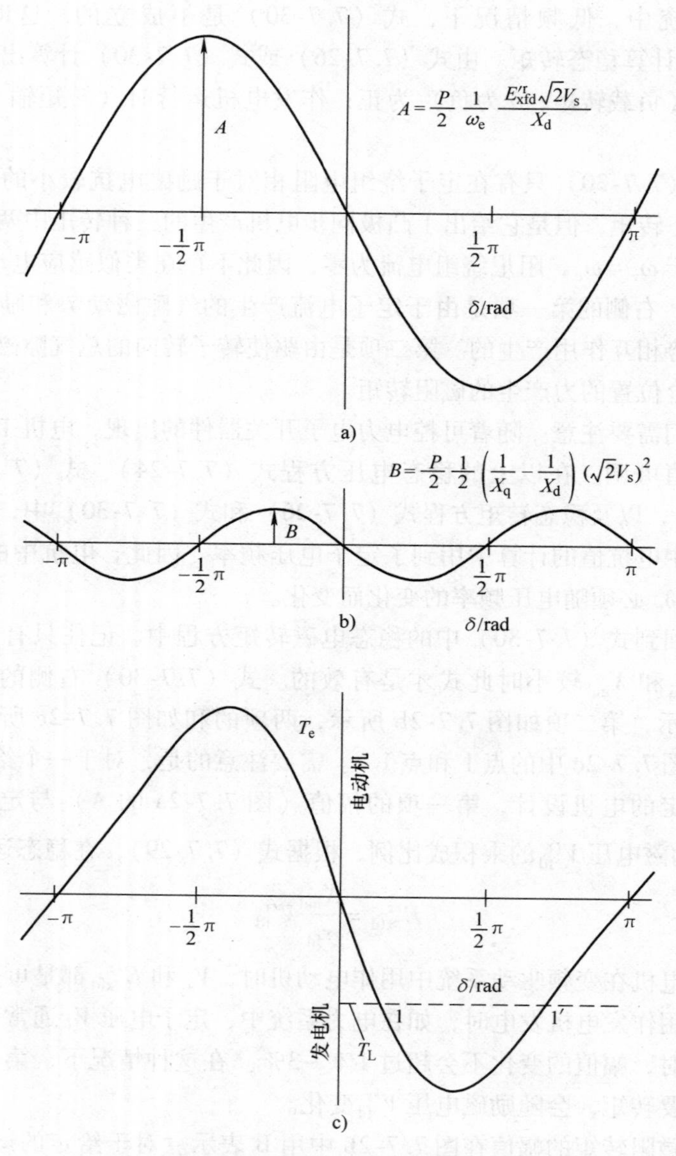

图 7.7-2　同步电机稳态运行时的电磁转矩

矩的关系如式（7.4-3）所示，很明显在稳态运行时，$T_e=T_L$。T_e 和 T_L 的正方向相反。为了说明问题，假设同步电机与电气系统连接，令负载转矩为负。即转矩由外部方式施加到转轴，如汽轮机、水轮机或内燃机或风力机等。不管外加的转矩由何种方式提供，都是输入发电机转轴的转矩并且稳态的 T_e 为负值。让我们考虑一下这个问题，电机与电气系统连接。如果一个转矩施加到转轴上，且由于转矩乘以转子转速等于功率，同步电机必须要向电气系统输出等量的功率（忽略摩擦损耗、风阻以及铜耗）。否则，将会出现转矩或功率不平衡，而且如果 T_e 不等于 T_L，那么当 $T_e - T_L > 0$ 时，同步电机将加速；$T_e - T_L < 0$ 时将减速。

在下一节中，我们将讨论同步电机的动态性能。有意思的是，我们可以继续研究稳态运行的例子来求稳定运行区域。我们可以用类似我们研究第2章继电器的方法。当 T_L 为负时，在之间有两种可能的运行点。在 $-\pi < \delta < \pi$ 时，图7.7-2c中表示为点1和点1′。此时，记住 T_L 是恒定的。首先假设在点1处出现第一个稳态运行点。如果当系统偏离这个点后可以返回这个点，那么它就是一个有效的工作点。为了测试这个点，令 δ 小幅减小。在这种情况下，$T_e - T_L > 0$，转子将加速，将增加 δ［式（7.6-1）］，因此会产生一个驱动转矩使之回到点1。如果 δ 小幅增加，$T_e - T_L < 0$，系统也将返回点1。因此，点1是稳定的工作点。

尽管我们可能还会猜想点1′的情况，不管怎样，让我们再次进行上述的分析。假设系统在点1′可以稳定运行，则当 δ 受到扰动变化时，会产生一个转矩将系统拉回至这个稳定运行点。如果 δ 从点1′开始小幅减小，$T_e - T_L < 0$，电机将减速，进一步使 δ 减小。系统将远离点1′，经历一系列的暂态过程后，将在点1处稳定运行。如果，δ 从点1′处增加，$T_e - T_L > 0$，电机将加速，远离点1′。结论就是：虽然点1′符合式（7.4-3）的转矩平衡方程，但是它并不是一个稳定的工作点。回到上一步，如果 δ 从点1′增加，转子加速，最后会停留在哪里？如果电机不会陷入动态不稳定状态的话，那么电机将停留在点（$1+2\pi$）处稳定运行。在下一节了解电机动态特性之前，我们可能无法理解动态不稳定的含义。所以我们现在只限稳态性能的研究，用稳态特性来解释系统大的偏移，动态（瞬态）特性会带来很大困扰。

显然要改变稳态输出或输入的电功率的唯一方式就是改变转矩 T_L。但是，连接到系统的同步电机的电气特性是可以通过改变励磁电压 V'^r_{fd} 来改变的。尽管对接下来的部分最有兴趣的是电力系统工程师，但也值得对所有其他工程师提一提。为了解释 $E'^r_{xfd}(V'^r_{fd})$ 的影响，我们假设电机连接到一个很大的系统，不管我们对同步电机做什么，系统电压 $\tilde{V}_{as}$ 的幅值或相位都不会改变。在电力系统专业术语中将这种系统称作无穷大母线。如果我们假设负载转矩 T_L 为零，且忽略摩擦损耗、风阻以及定子电阻损耗，则 T_e 和 δ 也都为零。电机将以同步速运行，与电气系统和机械系统无能量交换。

虽然在实际情况下这种状态是无法实现的，因为电机需要从电力系统吸收少量功率来克服摩擦损耗、风阻以及电阻损耗，空载时会存在一个很小的 δ，这对于我们的解释分析是很方便的。电机浮动连接在电网上，可以调节励磁电压来建立以下终端状态。可能有以下三种情况：

1. $|\widetilde{E}_a| = |\widetilde{V}_{as}|$，因此有 $\widetilde{I}_{as} = 0$。

2. $|\widetilde{E}_a| > |\widetilde{V}_{as}|$，因此有 $\widetilde{I}_{as}$超前于 $\widetilde{V}_{as}$，同步电机与电容类似，向系统输送无功功率。

3. $|\widetilde{E}_a| < |\widetilde{V}_{as}|$，因此有 $\widetilde{I}_{as}$滞后于 $\widetilde{V}_{as}$，同步电机与电感类似，从系统吸收无功功率。

我们现在来定义无功功率，通常用 Q 表示。每相的无功功率为

$$\begin{aligned} Q &= |\widetilde{V}_{as}||\widetilde{I}_{as}|\sin[\theta_{esv}(0) - \theta_{esi}(0)] \\ &= |\widetilde{V}_{as}||\widetilde{I}_{as}|\sin\phi_{pf} \end{aligned} \tag{7.7-32}$$

其中，ϕ_{pf}为功率因数角；Q 的单位为 var（无功伏安）。电感通常被认为会吸收无功功率，因此 Q 对于电感为正，对于电容为负。事实上，Q 是一种周期性电场能量（电容）与磁场能量（电感）交换的量度。但是，两种储能装置能量交换的平均功率为零。

现在，为了让实际的电力系统电压维持在额定值，由于发电机是整个系统感性负载的无功的主要源头，因此同步电机通常工作在过励模式，即$|\widetilde{E}_a| > |\widetilde{V}_{as}|$。过去电力系统中有同步电机专门提供无功功率而没有吸收或者提供任何有功功率。在负载达到峰值的时候，系统电压开始下降，所谓的同步调相机开始上线，对励磁电压进行调整以提升系统电压。在这种工作模式下，同步电机就像一个可调电容；另一方面，负载较轻时，高压输电系统中需要发电机吸收无功功率来稳定电压。但是这种运行方式通常效果不佳，是应该避免的，因为需要的无功功率降低，电机在这种情况下振荡衰减的较慢。励磁电压对电机运行的影响如例 7B 所示。

在同步电机稳态运行方式分析的最后，我们需要研究一下发电模式的建立过程，并分析这种模式下的相量图。原动机与同步发电机的主轴机械连接。如之前提到的，这个原动机可以是汽轮机、风力机、水轮机或者内燃机等。如果初始加在主轴上的原动机转矩输入为零，电机本质上将在电网上悬浮。如果此时将输入转矩增加到某一值（T_L 为负），如向蒸汽机叶片上输入蒸汽，由于在 δ 改变前 T_e 保持为初始值（0），这样就出现转矩不平衡。因此转子转速暂时增加略高于同步速，根据式（7.6-1），δ 将相应增加。此时，T_e 的负值增加，建立一个新的 δ 为正的工作点，此处 T_L 与 T_e 相等，转子将再次以同步速旋转。电气系统和机械系统在负载变化时的实际动态响应将在下节中用电脑仿真结果来展示。如果在发电过程中，原动机的输入转矩（T_L 为负）增加至超过电机能提供的最大电磁转矩 T_e，由于不能将输送到转轴上的功率以电的形式传送出去，电机将无法维持稳态运行。这种情况下，理论上电机将加速到超同步速运行且没有速度上限。但是，通常电力系统中都会有保护装置，例如当电机超过同步速达到 3% ~ 5% 时，保护装置会将电机从电力系统断开连接并且把输入转矩降为零，例如通

过关闭蒸汽机的蒸汽阀门。

通常，发电机的稳态运行由图 7.7-3 的相量图来描述。由于零时刻时，$\theta_{esv}(0)=0$，这时 $\theta_{esi}(0)$ 为电压与电流的夹角。由于相量图和电机的 q 轴与 d 轴可以叠加，转子参考坐标系下的电压与电流也显示在图 7.7-3 中。如果我们想要画出分量 V_{qs}^{r} 和 V_{ds}^{r} 的每个分量，则可以根据式（7.7-8）和式（7.7-9）进行分解，且每一项在对应的轴上代数相加。

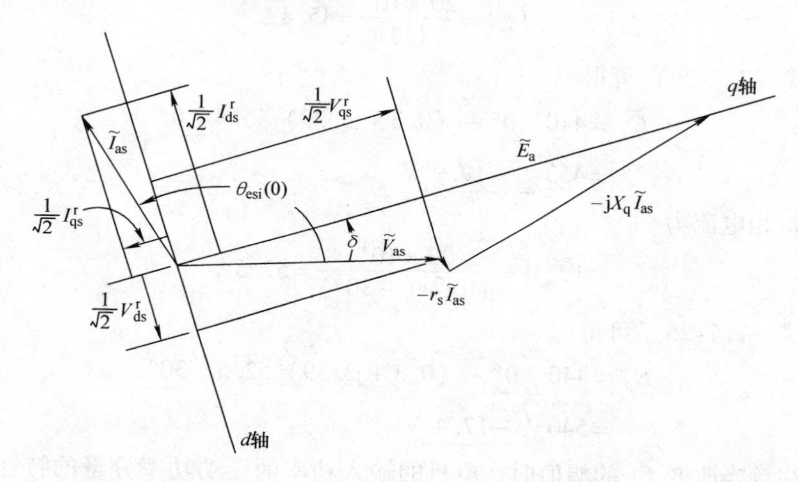

图 7.7-3　发电机运行时相量图

但是，在解读图 7.7-3 的时候我们必须要注意：$\tilde{V}_{as}$、$\tilde{I}_{as}$ 和 $\tilde{E}_{a}$ 代表的是正弦规律变化的相量；另一方面，所有转子参考坐标系下的量都为常量。虽然把它们放在了相量图中，但它们并不表示相量。

例 7B　一个六极两相的凸极同步电机由 440V（rms）、60Hz 电源供电。电机工作在电动机状态下，在端部总功率输入 40kW。电机参数如下：$r_s=0.3\Omega$，$L_{ls}=0.001\text{H}$，$L_{md}=0.015\text{H}$，$L_{mq}=0.008\text{H}$，$r'_{fd}=0.03\Omega$，且 $L'_{lfd}=0.001\text{H}$。（a）通过调整励磁电压使 $\tilde{I}_{as}$ 滞后 $\tilde{V}_{as}30°$，计算 $\tilde{E}_{a}$。（b）与（a）相同，使 $\tilde{I}_{as}$ 与 $\tilde{V}_{as}$ 同步。（c）与（a）相同，使 $\tilde{I}_{as}$ 超前于 $\tilde{V}_{as}30°$。

（a）由功率可计算出相电流为

$$|\tilde{I}_{as}|=\frac{\frac{1}{2}(40\times10^{3})}{440\cos30°}=52.5\text{A} \tag{7B-1}$$

注意到 40×10^{3} 为总功率，是两相功率之和，由式（1.2-31）$\phi_{pf}=30°$，并且 $\tilde{V}_{as}=440\angle0°$ 有

$$\tilde{I}_{as}=52.5\angle-30°\text{A} \tag{7B-2}$$

由式（7.7-25）可得

$$\begin{aligned}\widetilde{E}_a &= \widetilde{V}_{as} - (r_s + jX_q)\ \widetilde{I}_{as} \\ &= 440\angle 0° - [0.3 + j377\ (0.001 + 0.008]\ 52.5\angle -30° \\ &= 368\angle -23.4°\text{V}\end{aligned} \tag{7B-3}$$

（b）相电流为

$$|\widetilde{I}_{as}| = \frac{20\times 10^3}{440} = 45.4\text{A} \tag{7B-4}$$

由式（7.7-25）可得

$$\begin{aligned}\widetilde{E}_a &= 440\angle 0° - (0.3 + j3.39)\ 45.4\angle 0° \\ &= 453\angle -19.9°\text{V}\end{aligned} \tag{7B-5}$$

（c）相电流为

$$|\widetilde{I}_{as}| = \frac{20\times 10^3}{440\cos(-30°)} = 52.5\text{A} \tag{7B-6}$$

由式（7.7-25）可得

$$\begin{aligned}\widetilde{E}_a &= 440\angle 0° - (0.3 + j3.39)\ 52.5\angle 30° \\ &= 540\angle -17.4°\text{V}\end{aligned} \tag{7B-7}$$

要注意当改变 $\widetilde{E}_a$ 的幅值时，电机的输入功率的无功功率分量的特性也将会改变。如果 r_s 很小可以忽略，则输出功率完全由输入转矩决定，因此，它在（a）、（b）和（c）中都是一样的。读者可以自行为每种情况画出相量图。

例7C 一个两极60Hz、110V（rms）、$\frac{3}{4}$hp 的两相磁阻电机，参数如下：$r_s = 1\Omega$，$L_{ls} = 0.005\text{H}$，$L_{md} = 0.10\text{H}$，$L_{mq} = 0.02\text{H}$。电机工作在额定转矩输出状态。请计算 δ 和 $\widetilde{I}_{as}$。

电机工作在额定状态，则功率输出为

$$P_{out} = (0.75)(746) = 559.5\text{W} \tag{7C-1}$$

因此电磁转矩为

$$T_e = \frac{P_{out}}{(2/P)\omega_r} = \frac{559.5}{\left(\frac{2}{2}\right)337} = 1.484\text{N}\cdot\text{m} \tag{7C-2}$$

代入式（7.7-30），注意到 I'^r_{fd} 为零，我们可以解出 δ。特别是当

$$\begin{aligned}\sin 2\delta &= \frac{-(2/P)\omega_e T_e (2)(1/X_q - 1/X_d)^{-1}}{(\sqrt{2}V_s)^2} \\ &= \frac{-\left(\frac{2}{2}\right)(377)(1.484)(2)[1/(377)(0.025) - 1/(377)/(0.105)]^{-1}}{(2)(110)^2}\end{aligned}$$

$$= \frac{-(377)(1.484)(0.0808)^{-1}}{(110)^2} = -0.572 \tag{7C-3}$$

因此，$\delta = -17.4°$。

虽然我们可以利用式（7.7-25）得到 $\widetilde{I}_{as}$，但是用式（7.7-8）和式（7.7-9）会更直接一些。根据式（7.7-27）和式（7.7-28）有

$$V_{qs}^r = \sqrt{2}V_s\cos\delta$$

$$= \sqrt{2}110\cos(-17.4°) = 148.4\text{V}$$

$$V_{ds}^r = \sqrt{2}110\sin(-17.4°) = -46.5\text{V} \tag{7C-4}$$

据此我们可以将式（7.7-8）和式（7.7-9）写成

$$\begin{bmatrix} V_{qs}^r \\ V_{ds}^r \end{bmatrix} = \begin{bmatrix} r_s & X_d \\ -X_q & r_s \end{bmatrix}\begin{bmatrix} I_{qs}^r \\ I_{ds}^r \end{bmatrix} \tag{7C-5}$$

也可以写成

$$\begin{bmatrix} 148.4 \\ -46.5 \end{bmatrix} = \begin{bmatrix} 1 & (377)(0.105) \\ -(377)(0.025) & 1 \end{bmatrix}\begin{bmatrix} I_{qs}^r \\ I_{ds}^r \end{bmatrix} \tag{7C-6}$$

进而解出 I_{qs}^r、I_{ds}^r 为

$$I_{qs}^r = 5.32\text{A} \tag{7C-7}$$

$$I_{ds}^r = 3.61\text{A} \tag{7C-8}$$

由式（7.7-19）可得

$$\widetilde{I}_{as} = \frac{1}{\sqrt{2}}(I_{qs}^r - jI_{ds}^r)e^{j\delta}$$

$$= \frac{1}{\sqrt{2}}(5.32 - j3.61)e^{-j17.4°} = 4.55\angle -51.6°\text{A} \tag{7C-9}$$

如果我们通过电压与电流来计算输入功率，得到的结果大概是620W。如果我们把输出功率加上电阻损耗，我们得到的结果大概是601W。那么为什么会不一样呢？[提示：公式（7.7-30）的适用条件是什么？]

SP7.7-1　一个两极两相同步电机运行于发电机状态，$\widetilde{V}_{as} = 110\angle 0°$，$\widetilde{I}_{as} = 5\angle 150°$。计算（a）总有功功率；（b）总无功功率。[$P = -952.6\text{W}$；$Q = -550\text{var}$]

SP7.7-2　SP7.7-1中如果是隐极电机，且 $\omega_r = 377\text{rad/s}$，$L_{ls} = 4\text{mH}$，$L_{md} = 50\text{mH}$，$r_s \cong 0$，计算 δ。[$\delta = 28.7°$]

SP7.7-3　计算SP7.7-2中的 I'^r_{fd}。[$I'^r_{fd} = 13.76\text{A}$]

SP7.7-4　例7C中磁阻电机作电动机运行，且 $\delta = -30°$。计算 T_e，忽略 r_s。[$T_e = 2.25\text{N}\cdot\text{m}$]

SP7.7-5 如果考虑定子电阻，给出 SP7.7-4 的解决方法。［应用式(7.7-26) 且 $I_{fd}^{r}=0$］

7.8 电机的暂态和稳态响应

在暂态和稳态运行过程中，观察同步电机的变量是很有指导意义的。在本节中，我们用电脑仿真图形来展示同步电机的发电运行方式与磁阻电机的电动运行方式。虽然实际中我们常使用两相磁阻电机，但不太会用到两相同步电机。在发电过程中，则通常使用的是三相同步电机。然而，我们的目的是为了理解同步电机运行的理论与定律。两相电机与三相电机基本原理相同，这种情况下，用两相电机也是可以的。接下来关于三相同步电机的章节中将为电气工程师提供从两相电机到三相电机的转换相关的必要信息。

两相同步电机

我们要研究的两相同步电机是一个四极、150hp、440V（rms）、60Hz 的电机，具体参数如下：$r_s=0.26\Omega$，$L_{ls}=1.14\text{mH}$，$r'_{kq}=0.02\Omega$，$L'_{lkq}=1\text{mH}$，$L_{mq}=11\text{mH}$，$L_{md}=13.7\text{mH}$，$r'_{fd}=0.013\Omega$，$L'_{lfd}=2.1\text{mH}$，$r'_{kd}=0.0224\Omega$，$L'_{lkd}=1.4\text{mH}$。转子与连接的机械负载的转动惯量为 $J=16.6\text{kg}\cdot\text{m}^2$，假设 B_m 为零。

当负载转矩从零阶跃跌落到 $-400\text{N}\cdot\text{m}$ 时，同步电机的动态响应如图 7.8-1 所示。由于我们考虑的是发电机状态运行，也许考虑输入转矩从零阶跃提升至 $400\text{N}\cdot\text{m}$ 更为合适。无论如何，电机初始运行在同步速，通过调节励磁电压使定子绕组的开路电压等于电机的额定电压 440V。由于 $T_L=0$，定子电流非常小。图 7.8-1 中分别给出的变量为 v_{as}、i_{as}、v_{bs}、i_{bs}、T_e、ω_r（电角速度）、δ 和 T_L。

施加输入转矩（$-T_L$）的瞬间，如式（7.4-3）预测的那样电机将加速至超过同步速，转子功角变大，与式（7.6-1）一致。转子继续加速，直到转子的加速转矩为零。这在幅值与输入转矩相等时发生。如图 7.8-1 所示，转速会升高到 380rad/s（电角速度）。即使转子的加速转矩为零，转子仍然在高于同步速运行。因此，δ 继续升高，T_e 继续降低（负值增加）。导致转子开始减速，逐渐趋近同步速。我们注意到电机在转矩改变后第一次到达同步速时，转子功角大约为 28 电角度，T_e 大约为 $-600\text{N}\cdot\text{m}$。当转子转速下降到同步速以下时，式（7.6-1）的被积函数变为负值，转子功角开始下降，转子将在同步速附近做衰减的振荡，直到到达新的稳态。我们希望考虑在波动过程中，瞬态电磁转矩由如下几个方面的相互作用产生：①定子和励磁电流；②定子电流和转子凸极；③定子和阻尼绕组电流。虽然这种思考方式可以更清楚地看清波动过程中发生的现象，但是在瞬态过程中，我们把 T_e 分解成三种不同转矩时要非常注意。

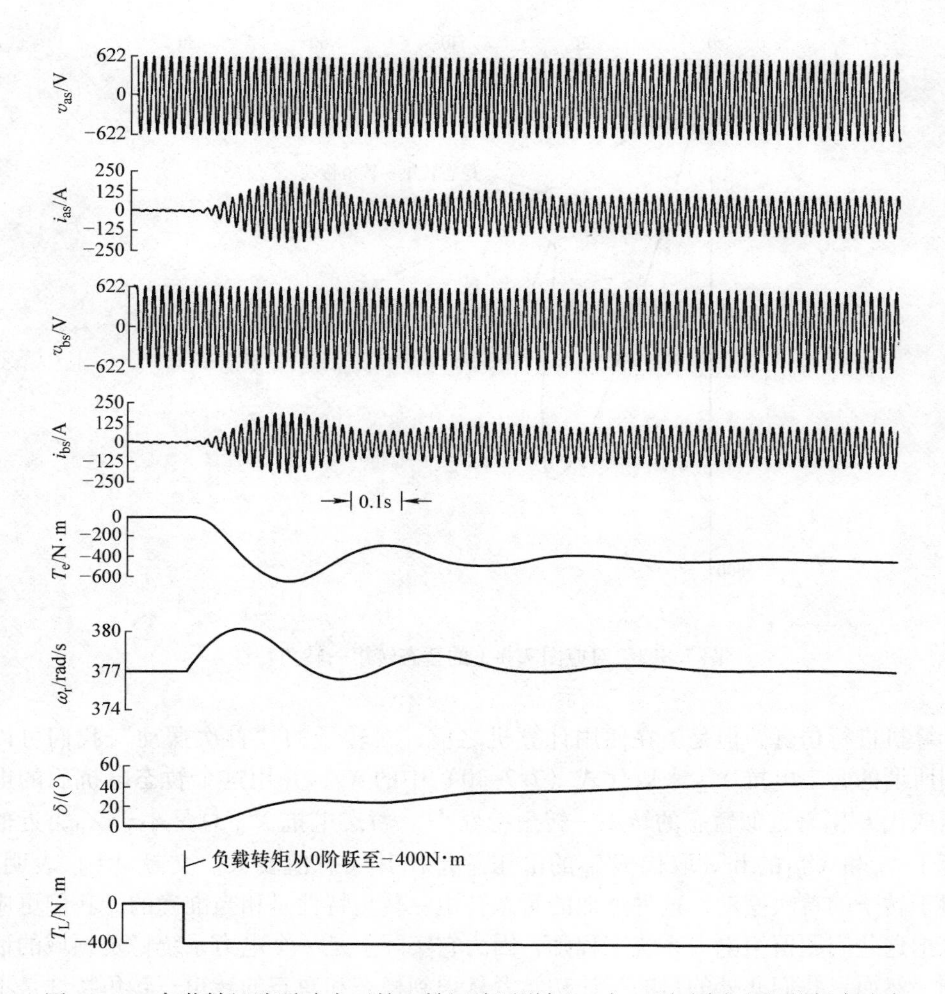

图 7. 8-1　负载转矩阶跃减小（输入转矩阶跃增加）时，两相同步电机的暂态响应

输入转矩阶跃过程中及阶跃以后的动态转矩与转子功角特性如图 7. 8-2 所示。有趣的是，电机需要相当长的时间来建立 $T_L = -400\text{N}\cdot\text{m}$ 时的稳态工作状态。稳态的转矩 - 功角曲线如图 7. 8-2 所示，经过 $T_e = 0$，$\delta \cong 0$ 点和点 $T_L = -400\text{N}\cdot\text{m}$，$\delta = 68°$，但还是与暂态时 T_e 与 δ 曲线有很大不同。

回顾之前的内容，如果我们以小的增量缓慢增加输入转矩，理论上讲，在电机失去同步之前，我们可以达到图 7. 7-2c 所示的最大 T_e 值。电机的额定值通常在最大转矩的 50% ~70% 。有意思的是，当电机输入转矩（或负载转矩）T_L 从零初值跳变至最大值，且电机能够返回同步速时，这个值称作瞬态稳定极限。

为了预测图 7. 8-2 中的暂态转矩—转角特性和瞬态稳定极限，我们需要使用

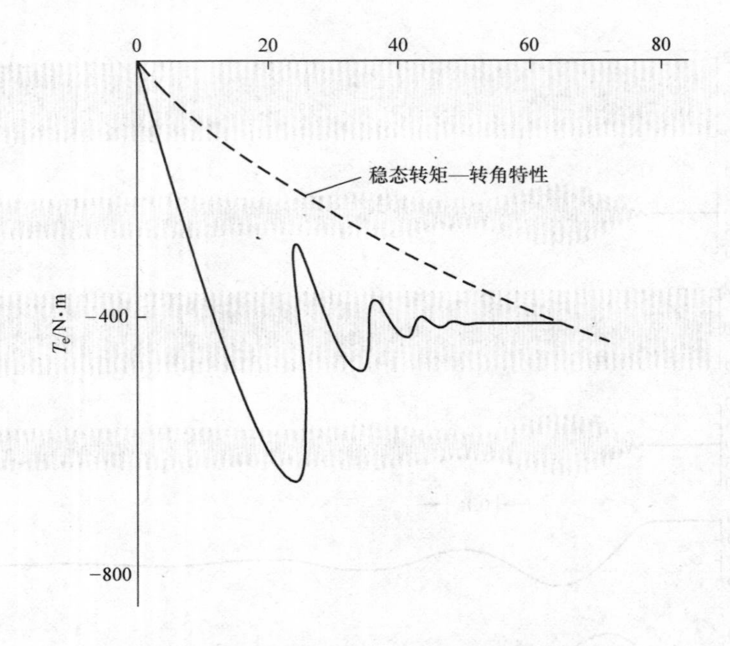

图 7.8-2　对应图 7.8-1 的暂态转矩—转角特性

计算机进行仿真。但是，在使用计算机之前，对转子的“首次摆动”我们可以用所谓的暂态电抗 X'_d 来取代式（7.7-30）中的 X_d，并用这个暂态电抗后的电压取代 E'^r_{xfd} 来近似暂态的转矩—转角特性[1]。暂态电抗 X'_d 总是小于 X_d，近似等于 X_{ls} 和 X'_{lfd} 的和。取代 E'^r_{xfd} 的电压总是比其稳态值要大。文献［1］表明，对于转子的首次摆动，这种近似的暂态转矩－转角特性是相当准确的。我们更应该把这些问题留给电力系统工程师，因为它实际上是一个电力系统稳定领域的话题。然而，我们此处的目的是让初学者认识到稳态和暂态的转矩—转角特性是不同的，有时差别是相当明显的，如以上所述。

图 7.8-3 是用转子参考坐标系的变量而不是定子或机械参数表示的图7.8-1。同时还给出了励磁电流 i'^r_{fd}。虽然电机励磁电流随磁链变化只有很小的变化，但并不是对于所有电机都是这样。某些情况下，根据参数和扰动的种类，励磁绕组中会有明显的电压变化，导致励磁电流在暂态过程中发生较大变化[1]。

两相磁阻电机

如之前所说，两相磁阻电机是一个没有励磁绕组的两相凸极同步电机。对我们来说，观察一个低功率两相磁阻电机的稳态和暂态响应是很有指导意义的。一个 115V（rms）、60Hz、两极、两相、$\frac{1}{10}$hp 的磁阻电机参数如下：$r_s=10\Omega$，$L_{ls}=26.5\text{mH}$，$r'_{kq}=2\Omega$，$L'_{lkq}=26.5\text{mH}$，$J=1\times10^{-3}\text{kg}\cdot\text{m}^2$，$L_{mq}=132.6\text{mH}$，

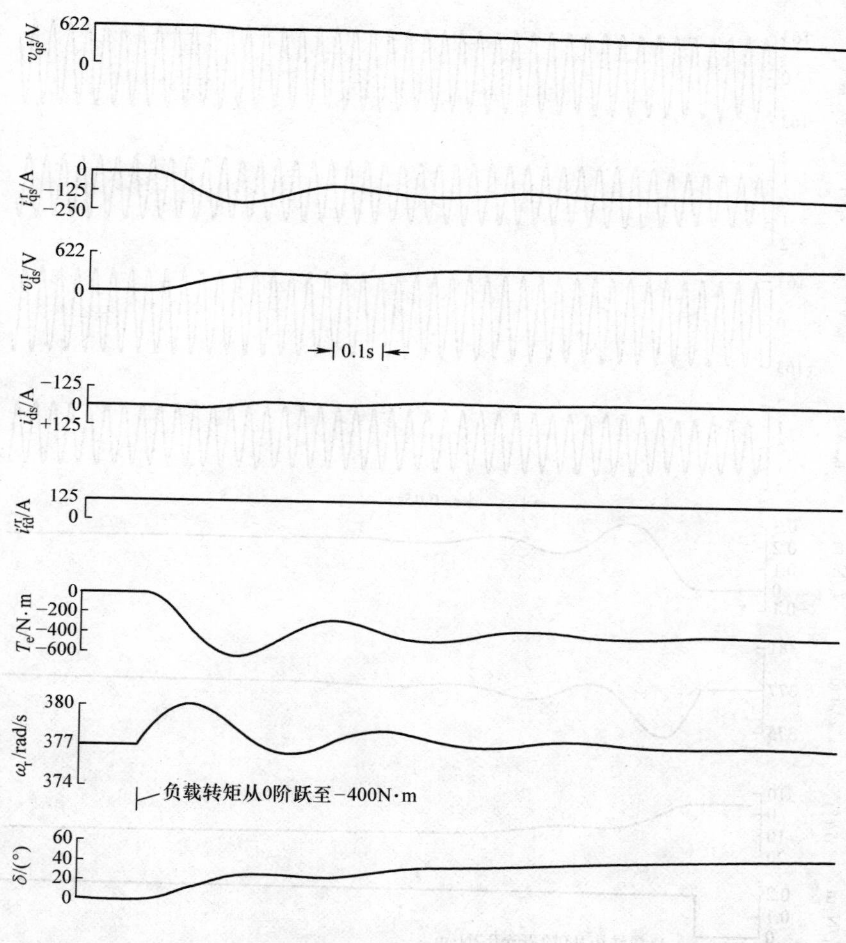

图 7.8-3 同图 7.8-1 同样情况下的，转子参考坐标系下变量曲线图

$L_{md}=318.3\text{mH}$，$r'_{kd}=4\Omega$，$L'_{lkd}=26.5\text{mH}$，$B_m=0$。

当 T_L 由 0 阶跃到 0.2N·m 时的暂态响应如图 7.8-4 所示。图 7.8-4 上给出了如下变量：v_{as}、i_{as}、v_{bs}、T_e、ω_r、δ、T_L。稳态转矩与转子角度特性如图 7.8-5所示。有趣的是这个特性曲线没有像图 7.7-2b 所示的稳态转矩中的磁阻转矩分量那样通过原点。回顾之前的图 7.7-2 的特性曲线由式（7.7-30）计算得出的，其中忽略定子电阻。而对于这个小型磁阻电机来说，定子电阻是相对较大的。图 7.8-5 中的特性曲线考虑了 r_s。

我们知道磁阻电机或同步电机都安装有短路的转子绕组，用以抑制转子在同步速附近的振荡，因此被我们称作阻尼绕组。并且我们知道只要转子速度 $\omega_r \neq \omega_e$，阻尼绕组就会感应出电流从而产生阻尼转矩。在短路绕组的作用下，磁阻

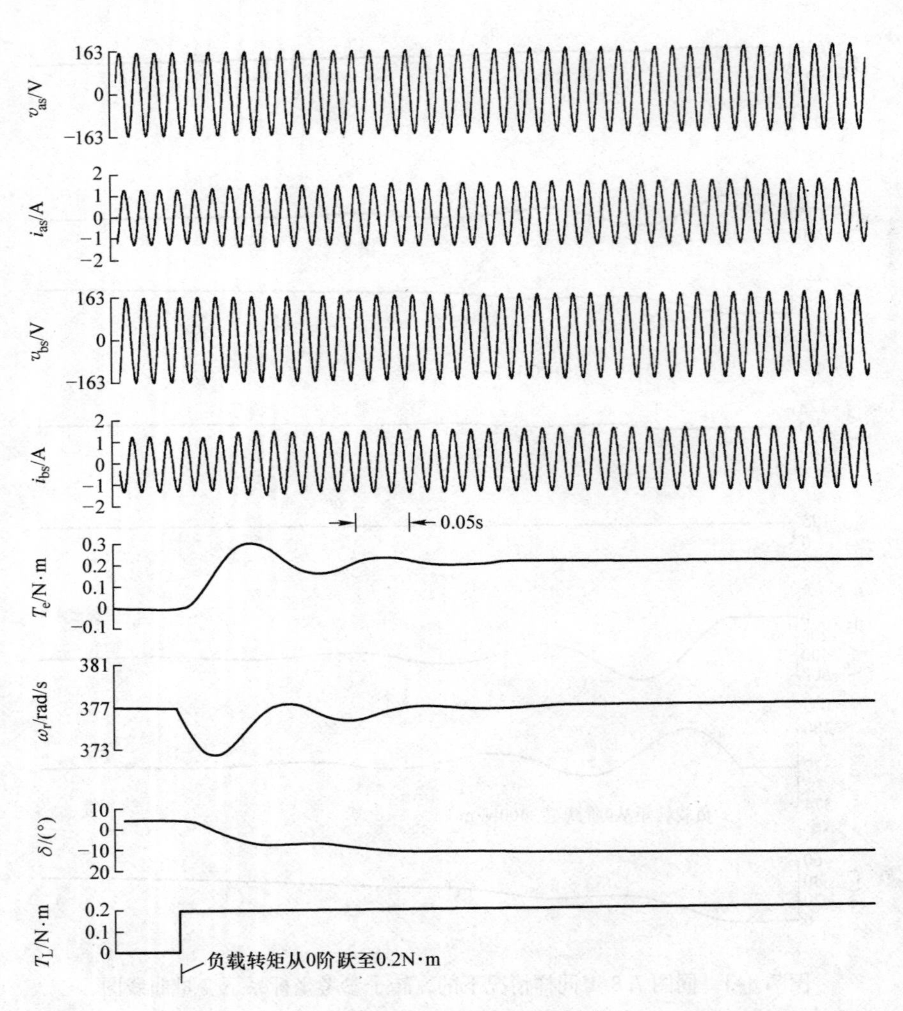

图 7.8-4　T_L 由 0 阶跃至 0.2N · m 时，两极、两相、$\frac{1}{10}$hp 的磁阻电机的暂态响应

电机将产生一个与感应电机类似的平均转矩－转速特性，因此这种效应被称为感应电机效应。如果转子转速从同步速轻微跌落，感应电机转矩将为正，从而转子加速，最终回到同步速。反之，如果转子从同步速升高，感应电机转矩将为负，从而使转子减速。有人可能会想，有阻尼绕组的磁阻电机能否利用感应电机效应产生起动转矩。是的，大多数情况下，电机设计为这样使通常在负载小于50%～70%的额定值时电机能从静止加速到同步速，事实上，我们并不会因此感到惊讶，因为磁阻电机必然有自己起动的方法而不至于每个磁阻电机都用机械结构的连接来拖动到同步速。

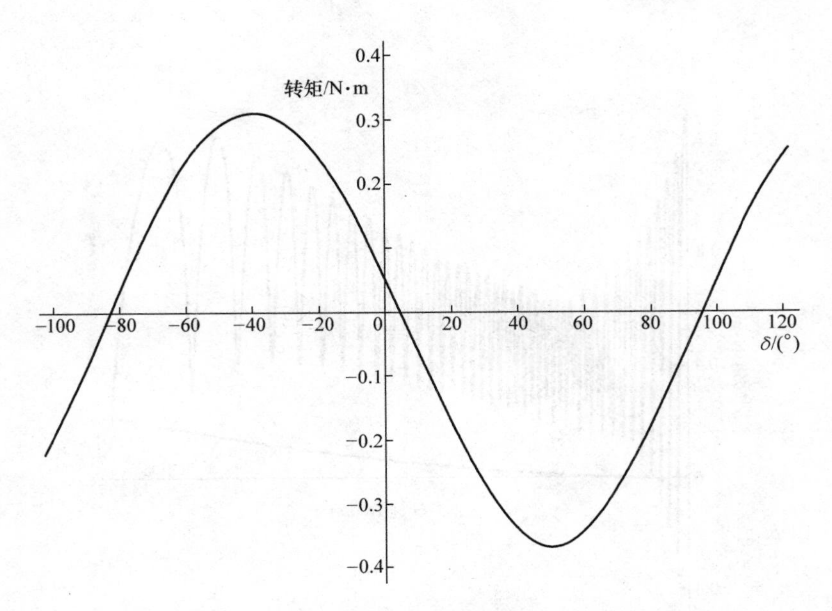

图 7.8-5 两极、两相、$\frac{1}{10}$hp 的磁阻电机的稳态转矩—转角特性

加速转矩—转速特性如图 7.8-6 所示。加速过程中的负载转矩为 $T_{\mathrm{L}}=K\omega_{\mathrm{rm}}^{2}$，其中，$K=0.2(377)^{-2}\mathrm{N\cdot m\cdot s^2/rad^2}$。电磁转矩将开始脉动直到达到同步速，之后电机以磁阻电机运行，产生恒定的转矩。但是转矩脉动产生的原因是什么呢？在施加定子电压的瞬间，转矩的脉动频率为 60Hz。这是由于定子电流的瞬态直流偏置产生的，与第 6 章我们见到的类似，但是，在这个 60Hz 的脉动幅值减弱后，更高频率的脉动开始出现。当转子加速时，转矩脉动的幅值升高而频率降低。事实上，这个转矩脉动分量的频率为 $2(\omega_{\mathrm{e}}-\omega_{\mathrm{r}})$，它是由转子的凸极效应（瞬时磁阻转矩）和 *kq* 与 *kd* 绕组电阻不同这一事实引起。脉动的磁阻转矩是比较容易理解的，但是，由于 r'_{kq}和 r'_{kd}的不同而引发的 $2(\omega_{\mathrm{e}}-\omega_{\mathrm{r}})$频率的转矩脉动却很难理解。需要相当大的工作量才能证明其存在。有兴趣的读者可以在文献[1] 中找到它的证明。

SP7.8-1 根据图 7.8-1 中的稳态电压和电流波形，估算电力系统的功率输入，并与轴功率（$T_{\mathrm{L}}\omega_{\mathrm{rm}}$）比较。［$\widetilde{V}_{\mathrm{as}}=440\angle 0°$，$\widetilde{I}_{\mathrm{as}}\cong 111\angle -135°$，$P_{\mathrm{in}}\cong -69\mathrm{kW}$，$P_{\mathrm{shaft}}\cong -75\mathrm{kW}$］

SP7.8-2 为何上题的 P_{in}和 P_{shaft}不相等？［欧姆损耗］

SP7.8-3 用图 7.8-1 来求在 T_{L} 从 0 变为 $-400\mathrm{N\cdot m}$ 后第一次 $\omega_{\mathrm{r}}=\omega_{\mathrm{e}}$ 时，式（7.4-3）的每一项。［$T_{\mathrm{L}}=-400\mathrm{N\cdot m}, T_{\mathrm{e}}=-570\mathrm{N\cdot m}, J\frac{2}{P}\frac{\mathrm{d}\omega_{\mathrm{r}}}{\mathrm{d}t}=-170\mathrm{N\cdot m}$］

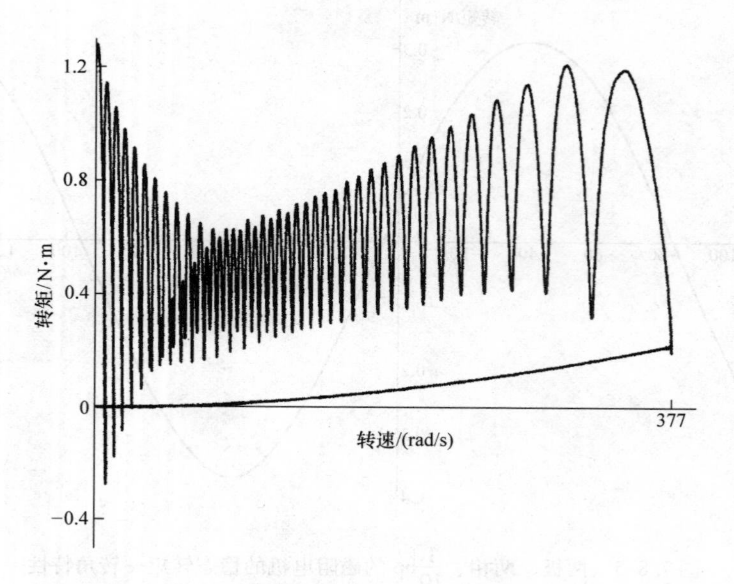

图 7.8-6　$\frac{1}{10}$hp 磁阻电机的起动加速过程，其中 $T_L = K\omega_{rm}^2$，$K=0.2(377)^{-2}\text{N}\cdot\text{m}\cdot\text{s}^2/\text{rad}^2$

7.9 三相同步电机

如图 7.9-1 所示为一个两极三相凸极同步电机。定子绕组为三相相同的理想的正弦分布绕组，磁轴间互差$\frac{2}{3}\pi$。两相电机到三相电机的扩展是非常直观的。但是，需要注意的是定子绕组互感的表达式。这里有必要添加第三个变量，零变量，因为我们有三个定子变量 *as*、*bs* 和 *cs*。

电压方程与绕组电感

三相同步电机的电压方程与式（7.3-1）至式（7.3-5）的两相电机方程类似，只需添加 *cs* 相的方程。以矩阵形式表示为

$$\boldsymbol{v}_{abcs} = \boldsymbol{r}_s \boldsymbol{i}_{abcs} + p\boldsymbol{\lambda}_{abcs} \tag{7.9-1}$$

$$\boldsymbol{v}_{qdr} = \boldsymbol{r}_r \boldsymbol{i}_{qdr} + p\boldsymbol{\lambda}_{qdr} \tag{7.9-2}$$

其中

$$(\boldsymbol{f}_{abcs})^T = [f_{as} \quad f_{bs} \quad f_{cs}] \tag{7.9-3}$$

$$(\boldsymbol{f}_{qdr})^T = [f_{kq} \quad f_{fd} \quad f_{kd}] \tag{7.9-4}$$

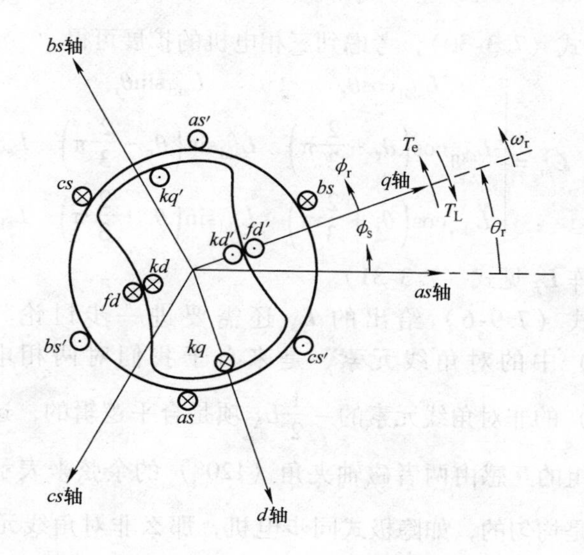

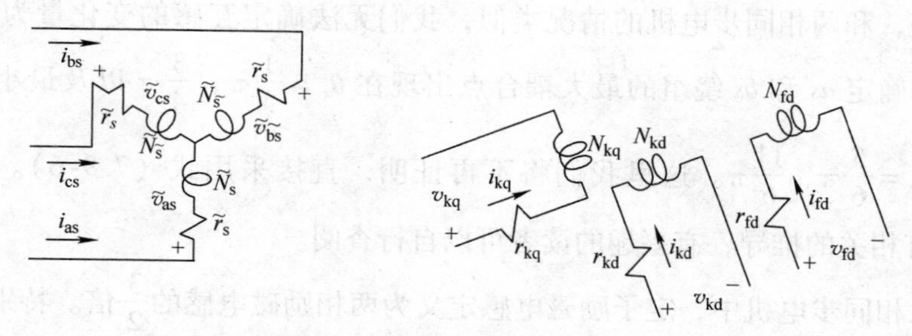

图 7.9-1　两极三相凸极同步电机

矩阵 $\boldsymbol{r}_s$ 为等元素对角阵，$\boldsymbol{r}_r$ 由式（7.3-11）定义。

磁链方程如下

$$\begin{bmatrix}\boldsymbol{\lambda}_{abcs}\\ \boldsymbol{\lambda}_{qdr}\end{bmatrix}=\begin{bmatrix}\boldsymbol{L}_s & \boldsymbol{L}_{sr}\\ (\boldsymbol{L}_{sr})^T & \boldsymbol{L}_r\end{bmatrix}\begin{bmatrix}\boldsymbol{i}_{abcs}\\ \boldsymbol{i}_{qdr}\end{bmatrix} \tag{7.9-5}$$

其中

$$\boldsymbol{L}_s=\begin{bmatrix} L_{ls}+L_A-L_B\cos 2\theta_r & -\frac{1}{2}L_A-L_B\cos 2\left(\theta_r-\frac{1}{3}\pi\right) & -\frac{1}{2}L_A-L_B\cos 2\left(\theta_r+\frac{1}{3}\pi\right)\\ -\frac{1}{2}L_A-L_B\cos 2\left(\theta_r-\frac{1}{3}\pi\right) & L_{ls}+L_A-L_B\cos 2\left(\theta_r-\frac{2}{3}\pi\right) & -\frac{1}{2}L_A-L_B\cos 2(\theta_r+\pi)\\ -\frac{1}{2}L_A-L_B\cos 2\left(\theta_r+\frac{1}{3}\pi\right) & -\frac{1}{2}L_A-L_B\cos 2(\theta_r+\pi) & L_{ls}+L_A-L_B\cos 2\left(\theta_r+\frac{2}{3}\pi\right)\end{bmatrix} \tag{7.9-6}$$

其中，L_{ls}为漏感；L_A 和 L_B 分别由式（7.3-23）和式（7.3-24）定义。矩

阵 $\boldsymbol{L}_{sr}$ 为式（7.3-30），考虑到三相电机的扩展可得

$$\boldsymbol{L}_{sr}=\begin{bmatrix} L_{skq}\cos\theta_r & L_{sfd}\sin\theta_r & L_{skd}\sin\theta_r \\ L_{skq}\cos\left(\theta_r-\frac{2}{3}\pi\right) & L_{sfd}\sin\left(\theta_r-\frac{2}{3}\pi\right) & L_{skd}\sin\left(\theta_r-\frac{2}{3}\pi\right) \\ L_{skq}\cos\left(\theta_r+\frac{2}{3}\pi\right) & L_{sfd}\sin\left(\theta_r+\frac{2}{3}\pi\right) & L_{skd}\sin\left(\theta_r+\frac{2}{3}\pi\right) \end{bmatrix} \tag{7.9-7}$$

矩阵 $\boldsymbol{L}_r$ 见式（7.3-31）。

由式（7.9-6）给出的 $\boldsymbol{L}_s$ 还需要进一步讨论。自感的表达式，即式（7.9-6）中的对角线元素，是来自于我们对两相电机自感的描述。而式（7.9-6）的非对角线元素的 $-\frac{1}{2}L_A$ 项是合乎逻辑的，这是因为两个正弦分布的定子绕组的互感由两者磁轴夹角（120°）的余弦来表示就足够了。这也说明如果气隙是均匀的，如隐极式同步电机，那么非对角线元素（互感）将会是 $-\frac{1}{2}L_A$。但是，和两相同步电机的情况类似，我们无法确定互感的变化量为 L_B，也无法立即确定 as 和 bs 绕组的最大耦合点出现在 $\theta_r=\frac{1}{3}\pi$、$\frac{3}{4}\pi$ 以及最小耦合点出现在 $\theta_r=\frac{5}{6}\pi$、$\frac{11}{6}\pi$。这里我们将不再证明，直接采用式（7.9-6）。在文献［1］中有相关的推导，有兴趣的读者可以自行查阅。

在三相同步电机中，定子励磁电感定义为两相励磁电感的 $\frac{3}{2}$ 倍。特别是

$$L_{mq}=\frac{3}{2}(L_A-L_B) \tag{7.9-8}$$

$$L_{md}=\frac{3}{2}(L_A+L_B) \tag{7.9-9}$$

根据上述定义 L_{mq} 和 L_{md}，式（7.3-32）至式（7.3-37）的右侧项必须乘以 $\frac{2}{3}$ 来定义 $\boldsymbol{L}_{sr}$ 中定子转子的互感幅值和 $\boldsymbol{L}_r$ 中的转子励磁电感。选择式（7.9-8）和式（7.9-9）作为定子励磁电感，转子电流的匝数比将是式（7.3-39）的 $\frac{2}{3}$ 倍，但是转子电压和磁链的匝数比与式（7.3-40）和式（7.3-41）中一样，没有变化。这样，三相同步电机的磁链方程就可以写成

$$\begin{bmatrix}\boldsymbol{\lambda}_{abcs}\\ \boldsymbol{\lambda}'_{qdr}\end{bmatrix}=\begin{bmatrix}\boldsymbol{L}_s & \boldsymbol{L}'_{sr}\\ \frac{2}{3}(\boldsymbol{L}'_{sr})^T & \boldsymbol{L}'_r\end{bmatrix}\begin{bmatrix}\boldsymbol{i}_{abcs}\\ \boldsymbol{i}'_{qdr}\end{bmatrix} \tag{7.9-10}$$

其中

$$\boldsymbol{L}_{sr}=\begin{bmatrix} L_{mq}\cos\theta_r & L_{md}\sin\theta_r & L_{md}\sin\theta_r \\ L_{mq}\cos\left(\theta_r-\frac{2}{3}\pi\right) & L_{md}\sin\left(\theta_r-\frac{2}{3}\pi\right) & L_{md}\sin\left(\theta_r-\frac{2}{3}\pi\right) \\ L_{mq}\cos\left(\theta_r+\frac{2}{3}\pi\right) & L_{md}\sin\left(\theta_r+\frac{2}{3}\pi\right) & L_{md}\sin\left(\theta_r+\frac{2}{3}\pi\right) \end{bmatrix} \tag{7.9-11}$$

矩阵 $\boldsymbol{L'}_r$ 为采用新定义的 L_{mq} 和 L_{md} 之后的式（7.3-44）。

电压方程变为

$$\boldsymbol{v}_{abcs}=\boldsymbol{r}_s\boldsymbol{i}_{abcs}+p\boldsymbol{\lambda}_{abcs} \tag{7.9-12}$$

$$\boldsymbol{v'}_{qdr}=\boldsymbol{r'}_r\boldsymbol{i'}_{qdr}+p\boldsymbol{\lambda'}_{qdr} \tag{7.9-13}$$

用电感来表示则为

$$\begin{bmatrix}\boldsymbol{v}_{abcs}\\ \boldsymbol{v'}_{qdr}\end{bmatrix}=\begin{bmatrix}\boldsymbol{r}_s+p\boldsymbol{L}_s & p\boldsymbol{L'}_{sr}\\ \frac{2}{3}p\ (\boldsymbol{L'}_{sr})^T & \boldsymbol{r'}_r+p\boldsymbol{L'}_r\end{bmatrix}\begin{bmatrix}\boldsymbol{i}_{abcs}\\ \boldsymbol{i'}_{qdr}\end{bmatrix} \tag{7.9-14}$$

其中，r'_j 和 L'_{lj} 分别为式（7.3-48）和式（7.3-49）的 $\frac{3}{2}$ 倍。

转矩

电磁转矩，电动机方式时为正，可以用表 2.5-1 中的第 2 项表示，尤其，

$$\begin{aligned} T_e=\frac{P}{2}\Bigg\{&\frac{L_{md}-L_{mq}}{3}\Bigg[\left(i_{as}^2-\frac{1}{2}i_{bs}^2-\frac{1}{2}i_{cs}^2-i_{as}i_{bs}-i_{as}i_{cs}+2i_{bs}i_{cs}\right)\sin2\theta_r \\ &+\frac{\sqrt{3}}{2}(i_{bs}^2+i_{cs}^2-2i_{as}i_{bs}+2i_{as}i_{cs})\cos2\theta_r\Bigg] \\ &-L_{mq}i'_{kq}\left[\left(i_{as}-\frac{1}{2}i_{bs}-\frac{1}{2}i_{cs}\right)\sin\theta_r-\frac{\sqrt{3}}{2}(i_{bs}-i_{cs})\cos\theta_r\right] \\ &+L_{md}(i'_{fd}+i'_{kd})\left[\left(i_{as}-\frac{1}{2}i_{bs}-\frac{1}{2}i_{cs}\right)\cos\theta_r+\frac{\sqrt{3}}{2}(i_{bs}-i_{cs})\sin\theta_r\right]\Bigg\} \end{aligned} \tag{7.9-15}$$

转矩和转速的关系见式（7.4-3），为了便于分析，重复如下：

$$T_e=J\left(\frac{2}{P}\right)\frac{d\omega_r}{dt}+B_m\left(\frac{2}{P}\right)\omega_r+T_L \tag{7.9-16}$$

其中，J 为转动惯量；B_m 为阻尼系数，式（7.4-3）之后讨论了它们的单位。负载转矩 T_L 在有转矩负载时为正（电动机模式），转矩输入（发电机模式）时为负，如图 7.9-1 所示。

转子参考坐标系下的电机方程

由于有三个定子变量（f_{as}，f_{bs}，f_{cs}），因此我们必须用三个替换变量来实现定子变量到转子坐标系下的转换。特别是，从式（5.7-1）到式（5.7-4）都要

加上上标r，于是有

$$\boldsymbol{f}^{r}_{qd0s}=\boldsymbol{K}^{r}_{s}\boldsymbol{f}_{abcs} \tag{7.9-17}$$

$$(\boldsymbol{f}^{r}_{qd0s})^{T}=[f^{r}_{qs}\quad f^{r}_{ds}\quad f^{r}_{0s}] \tag{7.9-18}$$

$$\boldsymbol{K}^{r}_{s}=\frac{2}{3}\begin{bmatrix}\cos\theta_r & \cos\left(\theta_r-\frac{2}{3}\pi\right) & \cos\left(\theta_r+\frac{2}{3}\pi\right)\\ \sin\theta_r & \sin\left(\theta_r-\frac{2}{3}\pi\right) & \sin\left(\theta_r+\frac{2}{3}\pi\right)\\ \frac{1}{2} & \frac{1}{2} & \frac{1}{2}\end{bmatrix} \tag{7.9-19}$$

其中，转子位移 θ_r 由式（7.5-4）定义。矩阵 $\boldsymbol{K}^{r}_{s}$ 的逆矩阵为

$$(\boldsymbol{K}^{r}_{s})^{-1}=\begin{bmatrix}\cos\theta_r & \sin\theta_r & 1\\ \cos\left(\theta_r-\frac{2}{3}\pi\right) & \sin\left(\theta_r-\frac{2}{3}\pi\right) & 1\\ \cos\left(\theta_r+\frac{2}{3}\pi\right) & \sin\left(\theta_r+\frac{2}{3}\pi\right) & 1\end{bmatrix} \tag{7.9-20}$$

要注意在两相和三相的变换过程中都使用了同样的符号（$\boldsymbol{K}^{r}_{s}$）。

与感应电机的情况类似，零变量（0s 变量）是第三个替换变量。注意到在平衡状态下，f_{0s}为零，且f_{0s}不是 θ_r 的函数，因此 0s 变量（电压、电流和磁链）与静止电路相关。由于这个原因，零变量也就不再添加上标。

把上述的变量变换代入到定子电压方程和磁链方程，可以得到 q 轴和 d 轴的电压方程与式（7.5-1）至式（7.5-5）是完全相同的。另外还必须加入零变量的电压方程。尤其是，

$$v_{0s}=r_s i_{0s}+p\lambda_{0s} \tag{7.9-21}$$

对于一个线性磁系统，三相同步电机 q 轴和 d 轴的磁链方程与两相同步电机的磁链方程式（7.5-22）至式（7.5-26）是相同的。但是必须要注意，对于三相电机来说，L_{mq}和L_{md}分别是由式（7.9-8）和式（7.9-9）定义的。λ_{0s}的表达式为

$$\lambda_{0s}=L_{ls}i_{0s} \tag{7.9-22}$$

因此，用电感表示的转子参考坐标系电压方程可以写成

$$\begin{bmatrix}v^{r}_{qs}\\ v^{r}_{ds}\\ v^{r}_{0s}\\ v'^{r}_{kq}\\ v'^{r}_{fd}\\ v'^{r}_{kd}\end{bmatrix}=\begin{bmatrix}r_s+pL_q & \omega_r L_d & 0 & pL_{mq} & \omega_r L_{md} & \omega_r L_{md}\\ -\omega_r L_q & r_s+pL_d & 0 & -\omega_r L_{mq} & pL_{md} & pL_{md}\\ 0 & 0 & r_s+pL_{ls} & 0 & 0 & 0\\ pL_{mq} & 0 & 0 & r'_{kq}+pL'_{kq} & 0 & 0\\ 0 & pL_{mq} & 0 & 0 & r'_{fd}+pL'_{fd} & pL_{md}\\ 0 & pL_{md} & 0 & 0 & pL_{md} & r'_{kd}+pL'_{kd}\end{bmatrix}\begin{bmatrix}i^{r}_{qs}\\ i^{r}_{ds}\\ i_{0s}\\ i'^{r}_{kq}\\ i'^{r}_{fd}\\ i'^{r}_{kd}\end{bmatrix} \tag{7.9-23}$$

其中，L_q 和 L_d 由式（7.5-20）和式（7.5-21）定义，而 L'_{kq}、L'_{fd} 和 L'_{fd} 则分别由式（7.5-27）至式（7.5-29）定义。再次强调，对于三相电机而言，以上方程中的 L_{mq} 和 L_{md} 分别由式（7.9-8）和式（7.9-9）定义。

如果 L_{mq} 和 L_{md} 分别由式（7.9-8）和式（7.9-9）定义且转子电流应用近似匝数比［式（7.3-39）的 $\frac{3}{2}$ 倍］，图7.5-1给出的两相电机的 q 轴和 d 轴等效电路对于三相电机也是适用的。0s 量的等效电路为一个串联的 rL 电路。

如果有正确的 L_{mq} 和 L_{md} 表达式，用 q 轴和 d 轴变量表示的三相同步电机的电磁转矩表达式与式（7.5-11）和式（7.5-31）相同，只需乘以系数 $\frac{3}{2}$。因此两相电机的稳态电压方程和转矩方程对于三相电机也是成立的，只需在转矩方程中和 L_{mq}、L_{md} 相应的乘以系数 $\frac{3}{2}$。

SP7.9-1 三相同步电机的参数与7.8节中给出的两相同步电机的参数相同。如何调整 J 和 T_L 才能让三相电机的暂态和稳态响应中的 v_{qs}^r、i_{qs}^r、v_{ds}^r、i_{ds}^r 与图7.8-3中的两相电机相同？$\left[J_3 = \frac{3}{2}J_2;\ T_{L3} = \frac{3}{2}T_{L2}\right]$

SP7.9-2 一台两相磁阻电机和一台三相磁阻电机，如果两者 L_A 和 L_B 相等。其他方面参数也相等。那么当 $T_{L3} = \frac{3}{2}T_{L2}$ 时，稳态运行时 v_{qs}^r、i_{qs}^r、v_{ds}^r、i_{ds}^r 是否相等？为什么？$\left[\text{不相等，} L_{mq3} = \frac{3}{2}L_{mq2},\ L_{md3} = \frac{3}{2}L_{md2}\right]$

7.10 小结

如果想要对同步电机进行严格的分析，就必须要进行变量变换。实际上，这个变量变换就把定子变量（电压、电流和磁链）变换为固定在转子参考坐标系下的虚拟绕组的变量。这样，随时间变化的定子自感与互感以及定子、转子之间的互感都被消除，所有的电感也都变成了常量。虽然这个分析过程是十分复杂的，但是推导得到的方程却建立了同步电机分析与计算机仿真的基础。而且，我们发现，对于稳态运行情况，电压方程简化为单相量方程，可以使稳态电动或发电运行状态的分析变得容易。

因为描述同步电机动态响应的方程是非线性的，所以必须用计算机来解这些方程。我们使用计算机仿真绘制了同步发电机和磁阻电机的暂态与稳态响应曲线。虽然计算机仿真可以用于超出本文讨论范围的计算，但是用计算机仿真来描述电机变量的优势可以清楚地由同步发电机的暂态响应展示出来。这些计算机仿真结果不仅可以用于研究单个同步发电机的暂态响应，还可以用于研究包含数百个这种电机的电力系统的动态特性。

我们的目的是建立起一种从大型同步发电机到小型低功率磁阻电机的同步电机分析方法，并利用计算机仿真结果展示这些装置的暂态与稳态性能，希望我们已经成功了。

7.11 参考文献

[1] P. C. Krause, O. Wasynczuk, and S. D. Sudhoff, *Analysis of Electric Machinery and Drive Systems*, 2nd Edition, IEEE Press, 2002.

[2] R. H. Park, "Two Reaction Theory of Synchronous Machines - Generalized Method of Analysis - Part I," *AlEE Trans.*, vol. 48, July 1929, pp. 716-727.

7.12 习题

1. 写出图7.12-1中的同步电机的所有自感与互感。注意 θ_r 以 d 轴为参照。

*2. 由式（7.4-1）推导出式（7.4-2）。

3. 写出帕克转换矩阵 $\boldsymbol{K}_s^r$，如图7.12-1所示，θ_r 以 d 轴为参照。

*4. 推导式（7.5-16）至式（7.5-18）中给出的电感矩阵。

5. 推导式（7.5-31）给出的转矩表达式。

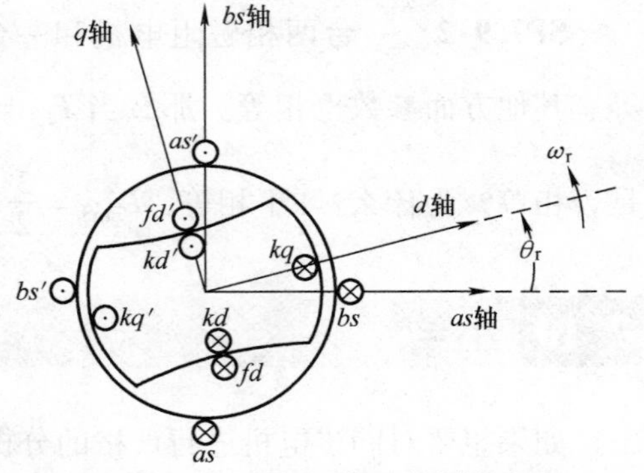

图7.12-1 两极两相凸极同步电机

6. 对于式（7.5-22）至式（7.5-26）中的磁链方程，用每秒磁链比用磁链表示更加方便。可以通过在磁链方程乘以基频电角速度 ω_b 来实现。如60Hz电机的 ω_b 为377rad/s。用每秒磁链表示的式（7.5-22）变为

$$\psi_{qs}^r = X_{ls} i_{qs}^r + X_{mq}(i_{qs}^r + i'^r_{kq})$$

其中，$X_{ls} = \omega_b L_{ls}$，$X_{mq} = \omega_b L_{mq}$。请用每秒磁链重新写出电压方程式（7.5-1）至式（7.5-5）以及转矩方程式（7.5-11）。

7. 重新写出磁阻电机的稳态电压方程式（7.7-24）和式（7.7-25），以及稳态转矩方程式（7.7-26）和式（7.7-30）。

8. 一个四极、2hp、两相的隐极同步电机，接入110V、60Hz电源。电机作发电机运行，端部稳态总功率输出为1kW。相电流滞后相电压160°。参数为$r_s = 0.5\Omega$，$L_{ls} = 0.005\text{H}$，$L_{mq} = L_{md} = 0.005\text{H}$。计算$\widetilde{E}_a$并画出相量图，包括$\widetilde{V}_{as}$、$\widetilde{I}_{as}$、$\widetilde{E}_a$和$(r_s + \text{j}X_q)\widetilde{I}_{as}$。

9. 参考例7B。计算每种运行方式下的I_{ds}^r、I'^r_{fd}和转矩输出（N·m）。

10. 参考例7C。计算$\widetilde{E}_a$并画出相量图，包括$\widetilde{V}_{as}$、$\widetilde{I}_{as}$、$\widetilde{E}_a$和$(r_s + \text{j}X_q)\widetilde{I}_{as}$。

11. 在图7.8-1中，通过调整励磁电压，使转子同步速运行时，定子开路相电压等于额定电压。计算此时的V'^r_{fd}和E'^r_{fd}。

12. 一个三相、六十四极水轮发电机额定值为325MVA、20kV的线电压。功率因数为0.85. 这种情况下，功率因数由电压和电流夹角的余弦值决定，电流以流出电机的方向为正方向。在我们的推导中，以电流流入电机为正方向，因此功率因数将为-0.85。电机60Hz时的参数为（单位为Ω）$r_a = 0.0023$，$X_q = 0.591$，$X_d = 1.047$。对平衡稳态额定的情况，计算（a）$\widetilde{E}_a$；（b）$\widetilde{E}'^r_{xfd}$和（c）T_e。

13. 一个两极、220V（rms，线电压）、5hp的三相磁阻电机参数如下：$r_s = 1\Omega$，$L_{ls} = 0.005\text{H}$，$L_{md} = 0.10\text{H}$和$L_{mq} = 0.02\text{H}$。（a）电机电源为60Hz、220V，负载转矩为零，计算δ和$\widetilde{I}_{as}$。（b）电源为6Hz、22V，负载转矩为零，计算δ和$\widetilde{I}_{as}$。

第8章

永磁交流电机

8.1 引言

通过可控电压源或者电流源逆变器供电的永磁交流电机正广泛应用于低功率控制电机。根据控制策略以及逆变器的不同，逆变器和电机配合的特性可以有很多种，举例来说，①模仿永磁直流电机特性的模式，②运行在最大转矩电流比的模式，③采用弱磁控制以增加在恒功率区的调速范围，以及④对定子供电电压移相以获得转子任意给定转速的最大转矩。随着包括这几种方式在内的各种控制策略的发展，电机-逆变器的组合有了不同的名称，例如：①无刷直流电机，②受控永磁交流电机，③受控永磁同步电机，④矢量控制无刷直流电机。相似的运行模式被冠以不同的名字也可以看作为技术的发展。举例来说，直流发电机曾经被习惯称作发电机，而感应电机曾被习惯称作旋转变压器。身为作者，我们也要为名字的改变而感到抱歉，在第1版中，这一章被取名为无刷直流电机。

尽管可能还有其他更好的方式，但在本书介绍这种新兴技术的时候，我们将尽量坚持使用以下的命名方式。当提到无刷直流电机时，通过控制逆变器来使得输入定子绕组的电压频率等于电机转子的旋转速度，同时这电压也被实时定位以保证输入到定子绕组的最大电压领先永磁电机N极$\frac{\pi}{2}$的电角度。对于其他的应用或者运行模式，逆变器-电机组合将会被称为电压控制或者电流控制永磁交流电机。并且，为了防止读者出现混淆，我们将尽最大的努力引用各种文献并向大家提供在文献中可能看到的其他命名。

逆变器的种类有很多，但我们可以在不用完全了解其具体结构和控制方式的情况下熟悉其运行特性。尤其是在我们假设定子中变量（电流和电压）是正弦平衡的并且其角速度与转子速度相同，我们即使不知道逆变器实际的开关和控制方式，也可以对所有运行模式下的主要运行特性有所了解。因此，除了本章的最后一节以外，我们都将着重于逆变器-电机的整体性能，默认其中的逆变器的设计和控制是合理的，对逆变器的具体的实现方法不做讨论。

对于同步电机，我们将利用转子参考坐标系来帮助完成这些分析。由于我们对两相系统很熟悉，因此先分析两相系统是比较方便的。而我们会发现所有这些新的概念都不会对我们有所影响，使得我们对三相电机的学习变得非常容易。

如果已经学习了第 7 章同步电机，你将很快阅读完这些介绍性材料。然而，第 7 章的内容对于本章的学习绝非是必要的。写本章的时候假定读者不具备同步电机的背景知识。

8.2 两相永磁交流电机

图 8.2-1 所示的是一台两极两相的永磁交流电机。如第 4 章所述，定子中绕组是相同的、正弦分布的，其等效匝数为 N_s，电阻为 r_s。定子的角位移用 ϕ_s 表示，它以 as 轴为参考。转子的角位移用 ϕ_r 表示，它以 q 轴为参考。转子的角速度用 ω_r 表示，θ_r 是转子角位移，它由从 as 轴到 q 轴测得。因此，转子外表面角位移为 ϕ_r 的给定点与其定子内表面相邻点的角位移 ϕ_s 的关系如下：

$$\phi_s = \phi_r + \theta_r \tag{8.2-1}$$

d 轴位置为永磁转子的 N 极中心所在位置，而 q 轴位于 d 轴逆时针旋转 $\pi/2$ 角度上。电磁转矩 T_e 和负载转矩 T_L 如图 8.2-1 中所示。如第 2 章中所定义的那样，T_e 的正方向和 θ_r 增加的方向相同，而 T_L 的正方向则与之相反。

之后的分析中，我们以如下的假设作为前提：

1. 电磁系统是线性的。

2. d 轴和 q 轴的磁阻相等。对于不相等的情况将在 8.11 节中做简单的介绍。图 8.2-1 中转子 q 轴所在直线上有微小下凹以区分电机的 N 极和 S 极。

3. 当永磁转子以匀速旋转时，定子中感应的开路电压是正弦的。

4. 即使是在通大电流的情况下，永磁体的退磁并不显著。

5. 不考虑阻尼绕组（转子短路绕组）。

以上的假设也许会使模型在某种程度上过于简化，但是这样能在方便分析的同时仍然能够较好描绘电机主要运行特性。举例来说，忽略了阻尼绕组实际上是忽略了由输入电压的谐波和/或转子转速振荡（感应电机模式）而产生的转子表面的电流（涡流）。考虑到转子表面所装的永磁体的低磁导率，这种简化是比较合理的。而在埋入式结构的转子中存在涡流效应，因而在分析时应当考虑转子的短路绕组。这种分析可以通过第 7 章中介绍的方法容易地实现。在接下来的几节中我们将建立用于描述永磁电机性能的电压与转矩方程。如前所述，这章是以读者不了解同步电机理论为前提所写。因此已经学习了第 7 章内容的读者可能会发现接下来两节和之前内容有所重复，比较容易学习。正如之前几章那样，为了便于分析，在本章中将首先分析两相系统，之后再分析三相系统。即使大多数的无刷直流电机是三相的，但从分析的角度，先考虑两相的再将其扩展到三相的方法是有优势的。

在图 8.2-1 中，定子绕组的磁轴用 as 轴和 bs 轴来表示。d 轴（直轴）表示转子永磁体的磁轴，而 q 轴（交轴）表示 d 轴前 $\pi/2$ 角度的轴。多年来，d 轴和 q 轴这种表示方式被特地保留下来与同步电机中转子的磁轴相关联，这已经成为一个惯例。电磁转矩是转子中永磁体磁极和定子绕组中电流建立的旋转气隙磁场的磁极交互作用而产生的。由对称两相定子绕组中对称两相电流所产生的旋转磁动势在式（4.4-11）中给出。

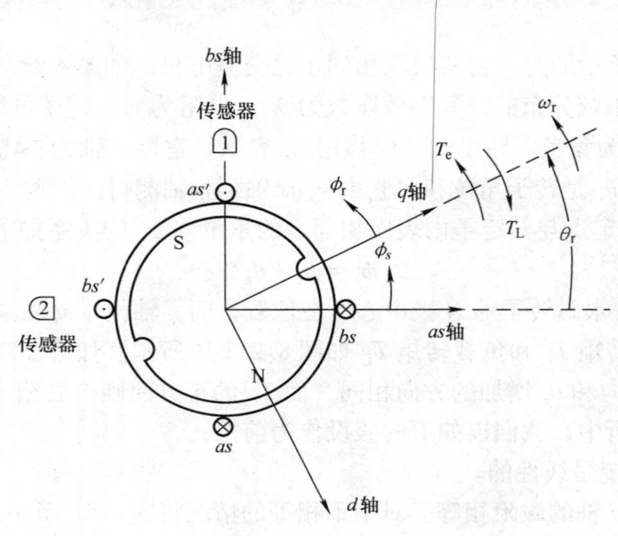

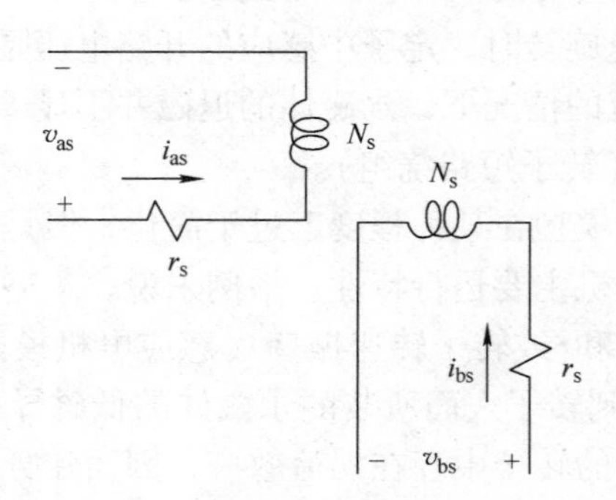

图 8.2-1　两极两相永磁交流电机

图 8.2-1 中所示两个传感器可以是霍尔传感器。当 N 极对着传感器时其输出为非零，而当 S 极对着传感器时输出为零。永磁交流电机的定子是由一个 DC-AC 逆变器供电的，供电频率和转子速度相对应。传感器的状态用来决定逆变器的开关逻辑，相应地决定逆变器的输出频率。在实际电机中，传感器摆放的位置并不如图 8.2-1 中所示的放在转子上面。而是放在定子外部轴上的一个像转子一样被磁化了的环上。关于这些传感器以及其扮演的角色将在之后的章节中讲述。

图 8.2-2 中所示的是一个四极、三相、28V、1/3hp 的永磁交流电机。图 8.2-2a 给出电机被拆开后的样子，其中可以看到定子内部的绕组。图 8.2-2b 是从定子机壳另一端看上去的样子。容纳于其中的是用于确定转子位置的霍尔传感器，驱动逆变器，滤波电容，以及逻辑电路。图 8.2-3 所示的是一台两极、三相、28V、0.63hp、4500r/min 的永磁交流电机，其永磁体是钐钴材料的，其驱动逆变器是由一个 28V 的直流电源供电的。磁性端盖和装在定子机壳内的霍尔传感器（图 8.2-3 中未显示）一起用来确定转子位置。

SP8.2-1　求图 8.2-1 中两极两相永磁交流电机的 mmf_r 的表达式。令 F_p 代表峰值。[$mmf_r = -F_p\sin(\theta_s - \theta_r)$]

a)　　　　b)

图 8.2-2　四极、三相、28V、1/3hp 永磁交流电机（EG 和 G Rotron 提供）

图 8.2-3　两极、三相、28V、0.63hp、4500r/min 永磁交流电机（Vickers Electromech 提供）

8.3 永磁交流电机中的电压方程和绕组电感

如图 8.2-1 所示两极两相电机中电压方程可以写为

$$v_{as}=r_s i_{as}+\frac{d\lambda_{as}}{dt} \tag{8.3-1}$$

$$v_{bs}=r_s i_{bs}+\frac{d\lambda_{bs}}{dt} \tag{8.3-2}$$

矩阵形式如下：

$$\boldsymbol{v}_{abs}=\boldsymbol{r}_s\boldsymbol{i}_{abs}+p\boldsymbol{\lambda}_{abs} \tag{8.3-3}$$

其中，p 代表 d/dt，对于电压、电流和磁链有

$$(\boldsymbol{f}_{abs})^T=[f_{as} \quad f_{bs}] \tag{8.3-4}$$

其中

$$\boldsymbol{r}_s=\begin{bmatrix} r_s & 0 \\ 0 & r_s \end{bmatrix} \tag{8.3-5}$$

附录 B 给出了矩阵的基本代数关系式。磁链方程可以表示如下：

$$\lambda_{as}=L_{asas}i_{as}+L_{asbs}i_{bs}+\lambda_{asm} \tag{8.3-6}$$

$$\lambda_{bs}=L_{bsas}i_{as}+L_{bsbs}i_{bs}+\lambda_{bsm} \tag{8.3-7}$$

矩阵形式为

$$\boldsymbol{\lambda}_{abs}=\boldsymbol{L}_s\boldsymbol{i}_{abs}+\boldsymbol{\lambda}'_m \tag{8.3-8}$$

其中，$\boldsymbol{\lambda}'_m$是列向量：

$$\boldsymbol{\lambda}'_m\begin{bmatrix} \lambda_{asm} \\ \lambda_{bsm} \end{bmatrix}=\boldsymbol{\lambda}'_m\begin{bmatrix} \sin\theta_r \\ -\cos\theta_r \end{bmatrix} \tag{8.3-9}$$

在式（8.3-9）中，$\boldsymbol{\lambda}'_m$ 是从定子绕组中观测到的由永磁体产生的磁链的幅值。换句话说，$\boldsymbol{\lambda}'_m$ 的幅值和定子每相绕组中开路时感应的正弦电压的幅值成正比。把永磁体转子视为在转子上有恒定励磁的电流，且它的位置正好使得 N 极和 S 极成为如图 8.2-1 中所示的关系。转子角位移 θ_r 有如下公式：

$$\frac{d\theta_r}{dt}=\omega_r \tag{8.3-10}$$

假设在永磁交流电机之中 d 轴和 q 轴的磁阻是相同的。虽然实际中这种假设在某些情况下可能显得过于简化，但是在大多数情况下这种简化可以帮助我们大大减少工作量，直接建立起基本符合实际情况的可控永磁交流电机的基本原理。d 轴和 q 轴磁阻不相等的情况将在 8.11 节中简单介绍，如果想看更详细的介绍，可以参考文献［1］。

在假设气隙均匀的前提下，as 相和 bs 相绕组之间没有互感。由于绕组是相

同的，自感 L_{asas} 和 L_{bsbs} 也是相等的，并统一表示为 L_{ss}。正如在变压器中那样，自感是由漏感 L_{ls} 和励磁电感 L_{ms} 组成的。可以表示为

$$L_{ss} = L_{ls} + L_{ms} \tag{8.3-11}$$

电机在设计中会尽量使漏感最小化，其大约占 L_{ss} 的 10%。励磁电感的表达式和匝数以及磁阻有关，表示如下：

$$L_{ms} = \frac{N_s^2}{\mathcal{R}_m} \tag{8.3-12}$$

磁阻 $\mathcal{R}_m$ 是由电机中定子钢材、永磁体、气隙所决定的等效磁阻。假设 $\mathcal{R}_m$ 的大小和转子位置 θ_r 无关，自感矩阵 L_s 可以表示为

$$\boldsymbol{L}_s = \begin{bmatrix} L_{ss} & 0 \\ 0 & L_{ss} \end{bmatrix} \tag{8.3-13}$$

例 8A 一个四极、两相的永磁交流电机的参数如下：$r_s = 3.4\Omega$，$L_{ls} = 1.1\text{mH}$，$L_{ms} = 11\text{mH}$。当电机转速为 1000r/min 时，相间开路电压为正弦且其峰－峰值为 34.6V。求 λ'_m。测量到的转子实际角速度为

$$\omega_{rm} = \frac{(\text{r/min})(\text{rad/r})}{\text{s/min}} = \frac{(1000)(2\pi)}{60} = \frac{100}{3}\pi\ \text{rad/s} \tag{8A-1}$$

从式（4.5-10）中可以看到，电角速度为

$$\omega_r = \frac{P}{2}\omega_{rm} = \frac{4}{2}\,\frac{100\pi}{3} = \frac{200}{3}\pi\ \text{rad/s} \tag{8A-2}$$

相间开路时，有 $i_{as} = i_{bs} = 0$。从式（8.3-1）和式（8.3-9）中可以推导出

$$v_{as} = \frac{\mathrm{d}(\lambda'_m \sin\theta_r)}{\mathrm{d}t} = \lambda'_m \omega_r \cos\theta_r \tag{8A-3}$$

电压峰-峰值为 34.6V，因此通过式（8A-3）将峰－峰值除以 2，可以得到下式：

$$\frac{34.6}{2} = \lambda'_m\left(\frac{200}{3}\pi\right) \tag{8A-4}$$

可以解得 λ'_m 如下：

$$\lambda'_m = \frac{(34.6)(3)}{(2)(200\pi)} = 0.0826\text{V}\cdot\text{s/rad} \tag{8A-5}$$

SP8.3-1 如图 8.2-1 中所示的永磁交流电机，其定子绕组开路，转子顺时针旋转且 $V_{as} = -10\sin 100t$，求 V_{bs}。[$V_{bs} = -10\cos 100t$]

SP8.3-2 求 SP8.3-1 中的 λ'_m [$\lambda'_m = 0.1\text{V}\cdot\text{s/rad}$]

SP8.3-3 当电机稳定运行时，式（8.3-10）变成 $\theta_r = \omega_r t + \theta_r(0)$，那么 SP8.3-1 中的 $\theta_r(0)$是多少？$\left[\theta_r(0) = -\frac{1}{2}\pi\right]$

8.4 转矩

电磁转矩的表达式可以通过表 2.5-1 中的第二项得到。鉴于我们假设电磁系统是线性的，虚能量可以表示如下：

$$W_c = \frac{1}{2}L_{ss}(i_{as}^2 + i_{bs}^2) + \lambda'_m i_{as}\sin\theta_r - \lambda'_m i_{bs}\cos\theta_r + W_{pm} \tag{8.4-1}$$

其中，W_{pm}是和永磁体相关的能量，其在如图 8.2-1 的所示的电机中是恒定的。对其求 θ_r 的偏导，可以得到

$$T_e = \frac{P}{2}\lambda'_m(i_{as}\cos\theta_r + i_{bs}\sin\theta_r) \tag{8.4-2}$$

对于电动机运行模式下转矩为正。转矩和转速之间有以下关系：

$$T_e = J\left(\frac{2}{P}\right)\frac{d\omega_r}{dt} + B_m\left(\frac{2}{P}\right)\omega_r + T_L \tag{8.4-3}$$

其中，J 的单位是 $kg \cdot m^2$，表示转子的转动惯量，和所接的机械负载有关。由于我们主要关注的是电动机运行模式，认为负载转矩 T_L 是正的，如图 8.2-1 所示；常数 B_m 是一个和机械旋转系统以及机械负载有关的阻尼系数，其单位是 $N \cdot m \cdot s/rad$，一般来说它很小，对电机而言可以忽略，但对于机械负载而言却可能需要考虑。

SP8.4-1 计算一个两相永磁交流电机的 T_e，已知 $i_{as} = \cos\theta_r$，$i_{bs} = \sin\theta_r$，$\lambda'_m = 0.1V \cdot s/rad$。[$T_e = 0.1N \cdot m$]

SP8.4-2 如果上题中条件改为 $\theta_r = \omega_r t$，$i_{as} = \cos\left(\omega_r t + \frac{1}{2}\pi\right)$，$i_{bs} = \sin\left(\omega_{rt} + \frac{1}{2}\pi\right)$，则结果如何？[$T_e = 0$]

8.5 永磁交流电机转子坐标系下电机方程

对于永磁交流电机而言，将参考坐标系定在转子上是一种比较好的选择。通过第 5 章中的内容，我们可以直接写出电压方程。特别是我们选择 $\theta = \theta_r$，$\omega = \omega_r$ 的情况，并且结合式（5.4-6）、式（5.4-13）和式（5.4-14），将定子电压方程转变到转子旋转坐标系中，其变为如下形式：

$$v_{qs}^r = r_s i_{qs}^r + \omega_r \lambda_{ds}^r + p\lambda_{ps}^r \tag{8.5-1}$$

$$v_{ds}^{r}=r_{s}i_{ds}^{r}-\omega_{r}\boldsymbol{\lambda}_{qs}^{r}+p\boldsymbol{\lambda}_{ds}^{r} \tag{8.5-2}$$

其中，上标 r 代表变量为转子旋转参考坐标系中的变量。

对于一个线性的电磁系统，定子磁链可以通过式（8.3-8）表示。将变换的变量代入到式（8.3-8）中，可得到

$$(\boldsymbol{K}_{s}^{r})^{-1}\boldsymbol{\lambda}_{qds}^{r}=\boldsymbol{L}_{s}(\boldsymbol{K}_{s}^{r})^{-1}\boldsymbol{i}_{qds}^{r}+\boldsymbol{\lambda}'_{m} \tag{8.5-3}$$

其来源于式（5.3-4）

$$\boldsymbol{K}_{s}^{r}=(\boldsymbol{K}_{s}^{r})^{-1}=\begin{bmatrix}\cos\theta_{r} & \sin\theta_{r}\\ \sin\theta_{r} & -\cos\theta_{r}\end{bmatrix} \tag{8.5-4}$$

通过左乘 K_{s}^{r} 以及代入式（8.3-13）和式（8.3-11）来表示 L_{s}，可以得到

$$\begin{bmatrix}\boldsymbol{\lambda}_{qs}^{r}\\ \boldsymbol{\lambda}_{ds}^{r}\end{bmatrix}\begin{bmatrix}L_{ls}+L_{ms} & 0\\ 0 & L_{ls}+L_{ms}\end{bmatrix}\begin{bmatrix}i_{qs}^{r}\\ i_{ds}^{r}\end{bmatrix}+\boldsymbol{\lambda}'^{r}_{m}\begin{bmatrix}0\\ 1\end{bmatrix} \tag{8.5-5}$$

为了和我们之前使用的符号保持一致，我们将上标 r 加入到 $\boldsymbol{\lambda}'_{m}$。从式（8.5-5）中，我们可以看到，在我们新的变量系统中，由永磁体所产生的磁链为常数。因此我们的虚拟电路是固定在永磁体上的，也就因此固定在转子旋转参考坐标系上。我们完成了目标，消除了随着 θ_{r} 改变的磁链变量。从式（8.5-5）可得

$$\boldsymbol{\lambda}_{qs}^{r}=L_{ss}i_{qs}^{r} \tag{8.5-6}$$

$$\boldsymbol{\lambda}_{ds}^{r}=L_{ss}i_{ds}^{r}+\boldsymbol{\lambda}'^{r}_{m} \tag{8.5-7}$$

以及和之前类似的

$$L_{ss}=L_{ls}+L_{ms} \tag{8.5-8}$$

将式（8.5-6）和式（8.5-7）代入式（8.5-1）和式（8.5-2）中，由于 $\boldsymbol{\lambda}'^{r}_{m}$ 为常数，$p\boldsymbol{\lambda}'^{r}_{m}=0$，则有

$$v_{qs}^{r}=(r_{s}+pL_{ss})i_{qs}^{r}+\omega_{r}L_{ss}i_{ds}^{r}+\omega_{r}\boldsymbol{\lambda}'^{r}_{m} \tag{8.5-9}$$

$$v_{ds}^{r}=(r_{s}+pL_{ss})i_{ds}^{r}-\omega_{r}L_{ss}i_{qs}^{r} \tag{8.5-10}$$

假设定子中供电电压为

$$v_{as}=\sqrt{2}v_{s}\cos\theta_{esv} \tag{8.5-11}$$

$$v_{bs}=\sqrt{2}v_{s}\sin\theta_{esv} \tag{8.5-12}$$

其中

$$\omega_{e}=\frac{\mathrm{d}\theta_{esv}}{\mathrm{d}t} \tag{8.5-13}$$

将电压转换到转子旋转参考系中，可得

$$v_{qs}^{r}=\sqrt{2}v_{s}\cos\phi_{v} \tag{8.5-14}$$

$$v_{ds}^{r}=-\sqrt{2}v_{s}\sin\phi_{v} \tag{8.5-15}$$

其中

$$\phi_{\mathrm{v}} = \theta_{\mathrm{esv}} - \theta_{\mathrm{r}} \tag{8.5-16}$$

从式（8.4-2）中得到的电磁转矩（见8.16节的问题3）

$$T_{\mathrm{e}} = \frac{P}{2}\lambda'^{\mathrm{r}}_{\mathrm{m}} i^{\mathrm{r}}_{\mathrm{qs}} \tag{8.5-17}$$

在电动机运行模式下，转矩为正。

SP8.5-1 设$f_{as} = -\cos\theta_r$，$f_{bs} = -\sin\theta_r$，求f_{qs}^r和f_{ds}^r。[$f_{qs}^r = -1$，$f_{ds}^r = 0$]

SP8.5-2 设$f_{as} = \cos\theta_{esf}$，$f_{bs} = \sin\theta_{esf}$，$\theta_r = \omega_r t$，求$\theta_{esf}$使得$f_{qs}^r = 0$，$f_{ds}^r = 1$。$\left[\theta_{esf} = \omega_r t - \frac{1}{2}\pi\right]$

SP8.5-3 如果转速ω_r是常数，设$V_{as} = \cos\theta_r$，$V_{bs} = \sin\theta_r$，则I_{ds}^T和I_{qs}^T的波形如何（稳态电流）？[直流]

SP8.5-4 从第7章推导的同步电机公式$T_e = \frac{P}{2}(\lambda_{ds}^r i_{qs}^r - \lambda_{qs}^r i_{ds}^r)$出发，推导式（8.5-17）。

SP8.5-5 设$\theta_{esv} = \omega_r t + \theta_{esv}(0)$，$\theta_r = \omega_r t$，求$\phi_v$。[$\phi_v = \theta_{esv}(0)$]

8.6 两相无刷直流电机

我们已经准备好从永磁交流电机进入到我们称作无刷直流电机的部分。为了实现这一点我们必须找到一种测量转子位置和角速度的方法。尽管之前提到测量可以由几种方法实现，本章在介绍无刷直流电机的内容中不会涉及到具体方法的细节，因为本书关注的是电机的运行特性，而不是逆变器控制的设计细节。在转子转速和位置已知的情况下，通过控制DC－AC逆变器使得输入定子绕组的电压基波分量的频率无论何时都和转子的角速度ω_r相同。同时，通过前置或后置地改变逆变器通断，从而通过调节和转子θ_r相关的θ_{esv}来改变相电压的相位。对于无刷直流电机，通过调节θ_{esv}来使$\phi_v = 0$，使得v_{as}的正向峰值发生在q轴处于右边水平方向时，此时$\phi_v = 0$，$v_{qs}^r = \sqrt{2}v_s$，$v_{ds}^r = 0$。无论在稳态还是瞬态时，由于负载T_L和/或逆变器直流电压v_s改变而引起速度变化时，以上的定子电压和转子磁极之间的角度关系可以通过控制逆变器来持续保持。

接下来我们用一种稍微有些不同的方法来介绍DC－AC逆变器的工作过程。方便起见，让我们先将时间定格在v_{as}达到峰值的时刻。这时q轴位于右边水平位置，此时N极在$\phi_r = -\frac{1}{2}\pi$，S极在$\phi_r = \frac{1}{2}\pi$处（见图8.2-1）。当$\phi_v = 0$且处于稳态阶段时，有$V_{as} = \sqrt{2}V_s\cos\omega_r t$，$\theta_r = \omega_r t$，而且由于我们是将时间固定在零时刻来描绘上述的情况，这时 V_{as} 达到峰值的时刻并且 q 轴位于右边水平位置。此时，让时间继续，当时间走到 $\theta_r = 2\pi$ 时，q 轴再一次处于右边水平位置，V_{as} 也经过 2π 再一次到达峰值。理想状态下，应当设计 DC－AC 逆变器使得在瞬态和稳态状态下能够保持转子和 V_{as} 峰值之间的这种相对位置。

现在我们来看一下这对于我们意味着什么。为此，我们考虑稳定运行时且 $\phi_v = 0$，于是 $v_{qs}^r = \sqrt{2}v_s$，$v_{ds}^r = 0$。此时由于 v_{ds}^r、v_{qs}^r 是常量，式（8.5-9）和式（8.5-10）中的 pI_{qs}^r 和 pI_{ds}^r 为零，我们可以将式（8.5-9）和式（8.5-10）写成如下形式：

$$V_{qs}^r = r_s I_{qs}^r + \omega_r L_{ss} I_{ds}^r + \omega_r \lambda'^r_m \tag{8.6-1}$$

$$0 = r_s I_{ds}^r - \omega_r L_{ss} I_{qs}^r \tag{8.6-2}$$

从式（8.6-2）中可以得到

$$I_{ds}^r = \frac{\omega_r L_{ss}}{r_s} I_{qs}^r \tag{8.6-3}$$

将式（8.6-3）代入式（8.6-1）中有

$$V_{qs}^r = r_s I_{qs}^r + \frac{L_{ss}^2}{r_s}\omega_r^2 I_{qs}^r + \lambda'^r_m \omega_r \tag{8.6-4}$$

其中，$V_{qs}^r = \sqrt{2}V_s$，为常量。

回顾第 3 章中式（3.4-1）给出的永磁直流电机稳态电枢电压方程，这里可以写为

$$V_a = r_a I_a + k_v \omega_r \tag{8.6-5}$$

其中，V_a 是直流电枢电压；I_a 是电枢电流；ω_r 是转子速度；k_v 与永磁体所产生的磁通成正比例关系。

注意到式（8.6-4）和式（8.6-5）有着明显的相似之处。实际上如果忽略式（8.6-4）中右边的第二项，则这两个等式在形式上是一致的。还有一个相似之处。永磁直流电机的转矩表达式（3.3-5）如果用 k_v 代替 $L_{AF}i_f$，则有

$$T_e = k_v i_a \tag{8.6-6}$$

其形式和式（8.5-17）一致。

在此需要感谢帕克先生，如果没有利用文献［2］中的帕克变换，就无法得到直流电机与通过逆变器控制使得 $\phi_v = 0$ 时的永磁交流电机之间的相似之处。然而，式（8.6-4）中右边第二项的作用仍有待研究。在此之前，让我们在表 8.6-1中总结一下目前为止的发现。

为了方便比较，假设 $\omega_r = 0$ 和 $T_e = 0$ 时，图 8.6-1 中永磁直流电机和无刷直流电机的曲线的截距是一样的。将永磁交流电机和逆变器的组合称为是无刷直流电机的原因很明确。如果 $\phi_v = 0$，那么无刷直流电机在电动机运行模式下的转矩—转速特性和永磁直流电机在形式上是基本一致的。尽管这种对比取决于电机

的参数，但是图8.6-1中所示的这种对比是较常见的。式（8.6-4）中的$L_{ss}^2\omega_r^2/r_s$项的影响在ω_r、T_e都大于零的时候（电动机模式）是比较小的，但在其他速度下，其影响就会显著增加。尽管这种命名方法是符合逻辑的，但是可能会产生误导，因为事实上没有无刷直流电机这种电机，它实际上是一个由逆变器控制的永磁交流电机。此外，在接下来的章节中我们将看到除了保持$\phi_v=0$之外的很多的电机和逆变器联合的运行方式。实际上，只有当$\phi_v=0$时，其转矩—转速特性会类似于一台永磁直流电机。

表8.6-1　永磁直流电机和无刷直流电机中电压和转矩公式的对比

永磁直流电机	无刷直流电机
$V_a=r_aI_a+k_v\omega_r$	$V_{qs}^r=r_sI_{qs}^r+\dfrac{L_{ss}^2}{r_s}\omega_r^2I_{qs}^r+\lambda_m'^r\omega_r$
$T_e=k_vI_a$	$T_e=\dfrac{P}{2}\lambda_m'^rI_{qs}^r$
$T_e=\dfrac{k_vV_a}{r_a}-\dfrac{k_v^2}{r_a}\omega_r$	$T_e=\dfrac{P}{2}\dfrac{r_s\lambda_m'^r}{r_s^2+\omega_r^2L_{ss}^2}(\sqrt{2}V_s-\omega_r\lambda_m'^r)$
$T_e(\text{stall})=\dfrac{k_vV_a}{r_a}$	$T_e(\text{stall})=\left(\dfrac{P}{2}\right)\dfrac{\lambda_m'^rV_{qs}^r}{r_s}$
$\omega_r(T_e=0)=\dfrac{V_a}{k_v}$	$\omega_r(T_e=0)=\left(\dfrac{P}{2}\right)\dfrac{V_{qs}^r}{\lambda_m'^r}$

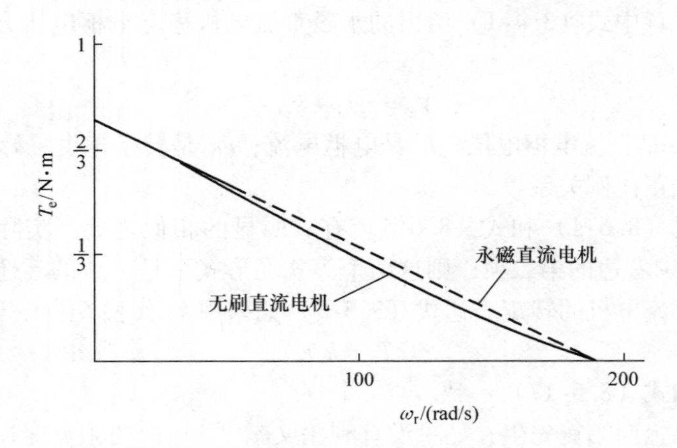

图8.6-1　无刷直流电机（$\phi_v=0$）和永磁直流电机在$\omega_r=0$、$T_e=0$的情况下转矩—转速特性曲线的对比

例8B　考虑和例8A中相同参数的永磁交流电机。设定子中输入的电压为两相平衡且$V_{as}=\sqrt{2}\,11.25\cos\omega_rt$，$\phi_v=0$。电机作为无刷直流电机运行，其稳态转速为600r/min，计算T_e和$\widetilde{I}_{as}$，并且通过5.5节中内容求$\widetilde{V}_{as}$的表达式。

由式（4.5-10）得到

$$\omega_r = \frac{P}{2}\omega_{rm} = \frac{4}{2}\frac{(600)(2\pi)}{60} = 40\pi\ \text{rad/s} \tag{8B-1}$$

我们可以通过表 8. 6-1 中给出的公式计算 T_e 如下：

$$\begin{aligned} T_e &= \frac{P}{2}\frac{r_s\lambda'^{r}_{m}}{r_s^2+\omega_r^2L_{ss}^2}(\sqrt{2}V_s-\omega_r\lambda'^{r}_{m}) \\ &= \frac{4}{2}\frac{(3.4)(0.0826)}{(3.4)^2+(40\pi)^2(12.1\times10^{-3})^2}[\sqrt{2}(11.25)-(40\pi)(0.0826)] \\ &= 0.224\text{N}\cdot\text{m} \end{aligned} \tag{8B-2}$$

通常来说 B_m 比较小，这时通过式（8.4-3）得知 $T_e=T_L$，因此$T_L=0.224\text{N}\cdot\text{m}$。

我们需要计算 I_{qs}^r，这可以通过式（8.6-4）得到，或者由已知的 T_e，通过式（8.5-17）或者表 8.6-1 中计算 I_{qs}^r 如下：

$$\begin{aligned} I_{ps}^r &= \frac{2}{P}\frac{T_e}{\lambda'^{r}_{m}} \\ &= \frac{2}{4}\frac{0.224}{0.0826} \\ &= 1.36\text{A} \end{aligned} \tag{8B-3}$$

此时可以通过式（8. 6-3）来计算得到 I_{ds}^r 如下：

$$\begin{aligned} I_{ds}^r &= \frac{\omega_rL_{ss}}{r_s}I_{qs}^r \\ &= \frac{40\pi(12.1\times10^{-3})}{3.4}(1.36) \\ &= 0.606\text{A} \end{aligned} \tag{8B-4}$$

因此，根据式（5. 5-23），由于 $\omega_r=\omega_e$，$\theta_r(0)=0$，可得

$$\begin{aligned} \tilde{I}_{as} &= \frac{1}{\sqrt{2}}(I_{qs}^r-\text{j}I_{ds}^r) \\ &= \frac{1}{\sqrt{2}}(1.36-\text{j}0.606) \\ &= 1.05\angle{-26.4^\circ} \end{aligned} \tag{8B-5}$$

由式（5. 5-23）可得

$$\tilde{V}_{as} = \frac{1}{\sqrt{2}}(V_{qs}^r-\text{j}V_{ds}^r) \tag{8B-6}$$

将式（8. 6-1）和式（8. 6-2）代入式（8B-6）可得

$$\tilde{V}_{as} = (r_s+\text{j}\omega_rL_{ss})\tilde{I}_{as}+\frac{1}{\sqrt{2}}\omega_r\lambda'^{r}_{m}\text{e}^{\text{j}0} \tag{8B-7}$$

将本题给出的和计算得到的数据代入来验证式（8B-7）并画出相应的相量

图的工作就留给读者自己完成（见8.16节中的问题5）。

SP8.6-1 如果将永磁交流电机和逆变器组合改为一台具有励磁绕组的同步电机，则表8.6-1中的公式会有什么不同？[用$L_{md}I'^{r}_{fd}$代替λ'^{r}_{m}]

SP8.6-2 重复SP8.6-1的工作，将永磁直流电机改为电励磁直流电机会如何？[用$L_{AF}I_{f}$代替k_{v}]

SP8.6-3 如果图8.6-1中的V_{a}加倍，则无刷直流电机需要做哪些改动才能使得其在图8.6-1中的截距和永磁直流电机相同？[使极对数加倍或者V^{r}_{qs}加倍]

SP8.6-4 一个四极两相的无刷直流电机$\theta_{r}(0)=0$，$V_{as}=10\cos\omega_{r}t$，$I_{as}=\cos(\omega_{r}t-20°)$，当$r_{s}=4\Omega$，$L_{ss}=0.01\text{H}$，$\omega_{r}=146\text{rad/s}$时，计算$\lambda'^{r}_{m}$。[$\lambda'^{r}_{m}=0.0393\text{V}\cdot\text{s/rad}$]

SP8.6-5 设$\omega_{r}=0$，$V_{as}=10\cos\omega_{r}t$，求SP8.6-1中电机的转矩。[$T_{e}=0.191\text{N}\cdot\text{m}$]

SP8.6-6 在忽略$\omega_{r}^{2}L_{ss}^{2}$的情况下重新计算SP8.6-4。[$\lambda'^{r}_{m}=0.0427\text{V}\cdot\text{s/rad}$]

SP8.6-7 根据SP8.6-4的运行状况计算（a）输入功率；（b）T_{e}；（c）效率。[（a）$P_{in}=9.4\text{W}$；（b）$T_{e}=0.074\text{N}\cdot\text{m}$；（c）eff. =57.4%]

8.7 无刷直流电机动态特性

观察无刷直流电机在定子输入正弦电压时从静止开始逐步加速和负载阶跃变化时的参数变化对于我们学习是有益的。在自由加速阶段的电机参数和例8A中所给的参数相同，在考虑转子和机械负载的情况下$J=5\times10^{-4}\text{kg}\cdot\text{m}^{2}$，且$B_{m}=0$。其自由加速阶段的特性如图8.7-1所示。定子供电相电压形式和式（8.5-14）、式（8.6-15）中相同，并且$\phi_{v}=0$，因此可以得到$v^{r}_{ds}=0$、$V_{s}=11.25\text{V}$。图8.7-1给出了相电压v_{as}、相电流i_{as}、q轴电压v^{r}_{qs}、q轴电流i^{r}_{qs}、d轴电流i^{r}_{ds}、电磁转矩T_{e}，以及转子转速ω_{r}（电角度单位rad/s）。因为电机是四极的，所以200rad/s的电角度转速等同于955r/min的机械转速。图8.7-1中所示的自由加速阶段中的T_{e}和ω_{r}的关系如图8.7-2中所示。将稳态转矩—转速特性也加入图8.7-2中做比较。

无刷直流电机加速快是显而易见的。实际上，转子到达额定速度只用了不到0.15s。然而可以看到电机在从零开始加速的过程中电压v_{as}频率发生了变化。值得一提的是，图8.7-2中所示的动态转矩—转速特性和稳态情况下不同。如果想要在描述无刷直流电机瞬态特性的传递函数中使用稳态时的表达式，则必须注意到两者的不同。同时，回顾之前内容，当$\phi_{v}=0$时，$v^{r}_{ds}=0$，而从式（8.6-3）中可以得到，仅当$i^{r}_{qs}=0$或者$\omega_{r}=0$时才有稳态$i^{r}_{ds}=0$。从图8.7-1中可以看到，

i_{qs}^r的幅值小于相电流的幅值。尽管v_{qs}^r的幅值和相电压的峰值相等，但是i_{qs}^r一般来说并不等于相电流的峰值。

负载转矩的阶跃响应如图 8.7-3 中所示。开始时，电机的负载转矩为$T_L = 0.067\text{N}\cdot\text{m}$，之后突然阶跃到$T_L = 0.267\text{N}\cdot\text{m}$，电机开始减速，到达稳态后，负载转矩将减小回到$T_L = 0.067\text{N}\cdot\text{m}$，在此过程中，转动惯量为$J = 2\times10^{-4}\text{kg}\cdot\text{m}^2$，为图 8.7-1 和图 8.7-2 中的 40%。

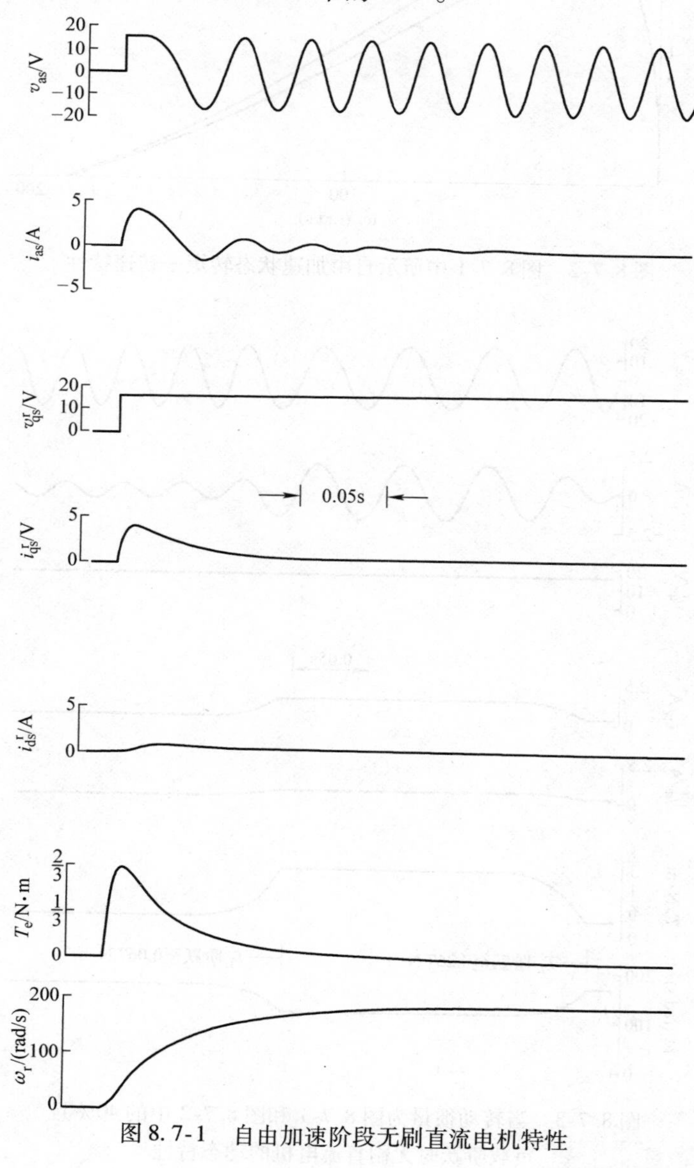

图 8.7-1　自由加速阶段无刷直流电机特性

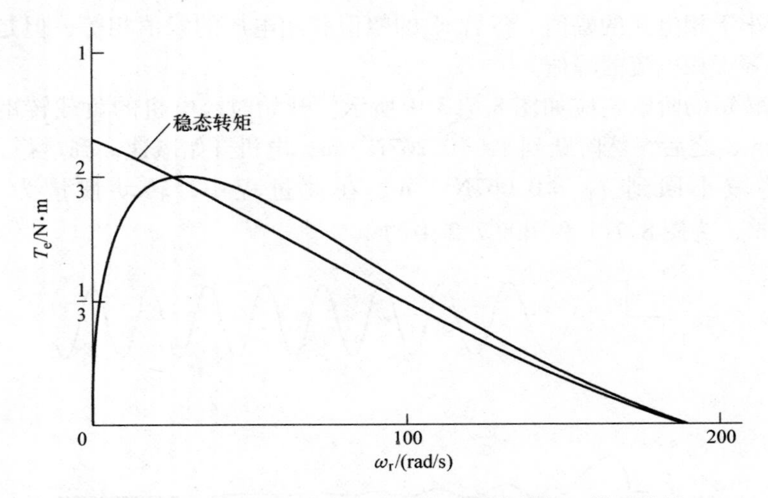

图 8.7-2　图 8.7-1 中所示自由加速状态转矩—转速特性

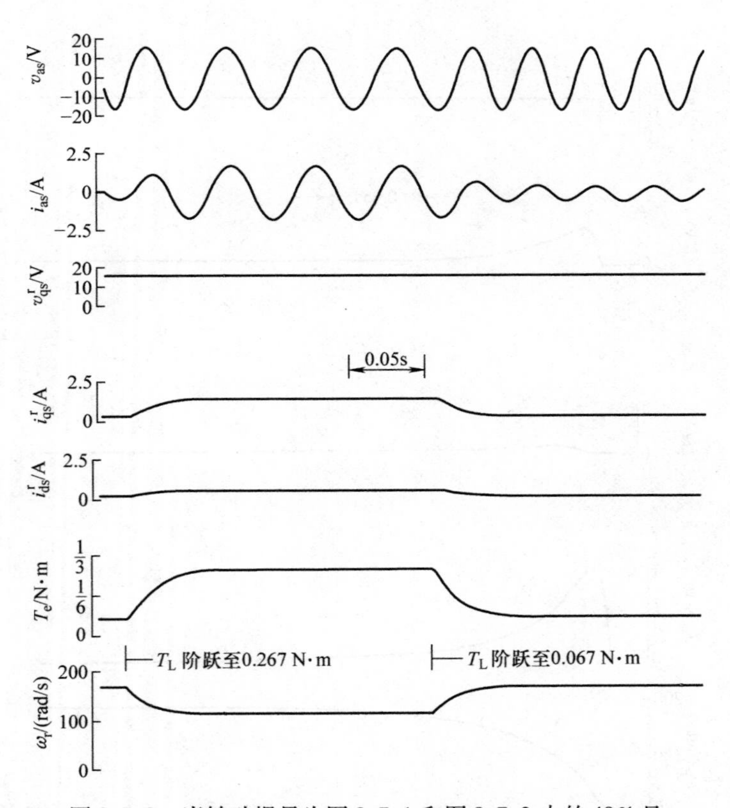

图 8.7-3　当转动惯量为图 8.7-1 和图 8.7-2 中的 40% 且负载阶跃时无刷直流电机的动态特性

SP8.7-1　根据图8.7-1中的条件，设ω_r大概为指数形式增长，求ω_r的表达式。[$\omega_r \approx 193(1-e^{-25t})$]

SP8.7-2　利用图8.7-2中的$T_e=0.75\ \mathrm{N\cdot m}$，$\omega_r=0$和$T_e=0$，$\omega_r=193\mathrm{rad/s}$两点所成直线近似估算$T_e$，求自由加速状态下$J=5\times10^{-4}\mathrm{kg\cdot m^2}$时$\omega_r$的表达式，并和SP8.7-1中所得的结果做比较。

8.8 永磁交流电机定子电压的相位移动

让我们重复式（8.5-14）到式（8.5-16）

$$v_{qs}^r=\sqrt{2}v_s\cos\phi_v \tag{8.8-1}$$

$$v_{ds}^r=-\sqrt{2}v_s\sin\phi_v \tag{8.8-2}$$

其中

$$\phi_v=\theta_{esv}-\theta_r \tag{8.8-3}$$

现在，我们知道如果控制电机与θ_{esv}和θ_r相关的角速度相等，同时保证$\phi_v=0$，就是我们所说的无刷直流电机了。然而，还有很多其他可能的控制方式，通过适当地调节逆变器的触发逻辑，进而对θ_{esv}相对于q轴的位置进行移相（N极和S极）来实现。这也使得ϕ_v可以在$-2\pi\sim2\pi$取值。甚至ϕ_v可以是这个范围之外的常数，还可以是能够维持预设或者控制的v_{ds}^r和v_{qs}^r的变量。

考虑逆变器控制下，永磁交流电机保持ϕ_v和v_s为常数时的稳定运行对于我们的理解会有所帮助。因为在稳态下式（8.5-9）和式（8.5-10）中的$p=0$，因此有

$$V_{qs}^r=r_sI_{qs}^r+\omega_rL_{ss}I_{ds}^r+\omega_r\lambda'^r_m \tag{8.8-4}$$

$$V_{ds}^r=r_sI_{ds}^r-\omega_rL_{ss}I_{qs}^r \tag{8.8-5}$$

其中的大写字母表示稳态时的量（常数），其中λ'^r_m例外，因为其一直都被认为是常数。如果求解式（8.8-4）和式（8.8-5）得到I_{qs}^r，并将结果代入到电磁转矩的表达式（8.5-17）则可以得到

$$T_e=\frac{P}{2}\frac{\lambda'^r_m r_s}{r_s^2+\omega_r^2L_{ss}^2}\left(V_{qs}^r-\frac{\omega_rL_{ss}V_{ds}^r}{r_s}-\omega_r\lambda'^r_m\right) \tag{8.8-6}$$

在这里由于$-2\pi<\phi_v<2\pi$，所以V_{ds}^r并不像无刷直流电机中那样为零。请注意无刷直流电机（$\phi_v=0$）在表8.6-1中的T_e公式就是式（8.8-6）中$V_{ds}^r=0$的情况。如果考虑到相对于θ_r的θ_{esv}的相移，那么用相量来分析稳态运行就会比较方便。当$\omega_e=\omega_r$，并且

$$\theta_{esf}=\omega_rt+\theta_{esf}(0) \tag{8.8-7}$$

其中，θ_{esf}可以代表θ_{esv}或θ_{esi}，可以得到

$$F_{as}=\sqrt{2}F_s\cos[\omega_r t+\theta_{esf}(0)] \tag{8.8-8}$$

$$F_{bs}=\sqrt{2}F_s\sin[\omega_r t+\theta_{esf}(0)] \tag{8.8-9}$$

当$\omega=\omega_r$，$\theta(0)=\theta_r(0)$由式（5.5-9）和式（5.5-10）可以得到

$$F_{qs}^r=\sqrt{2}F_s\cos[\theta_{esf}(0)-\theta_r(0)] \tag{8.8-10}$$

$$F_{ds}^r=-\sqrt{2}F_s\sin[\theta_{esf}(0)-\theta_r(0)] \tag{8.8-11}$$

式（8.8-8）中的F_{as}的向量为

$$\tilde{F}_{as}=F_s e^{j\theta_{esf}(0)} \tag{8.8-12}$$

可以改写为

$$\tilde{F}_{as}=F_s\cos\theta_{esf}(0)+jF_s\sin\theta_{esf}(0) \tag{8.8-13}$$

既然我们可以自由选择零时刻，我们不妨选择使得$\theta_r(0)=0$的时刻。换句话说，我们所选择的零时刻将始终是如图8.2-1所示的q轴处于右边水平位置时。已经学习了第7章的读者，可能注意到这里和同步电机有所区别，那里我们选择的零时刻使得$\theta_{esv}(0)=0$。

如果$\theta_r(0)=0$，则式（8.8-10）中F_{qs}^r和式（8.8-11）中$-F_{ds}^r$分别是式（8.8-13）中实部和虚部的$\sqrt{2}$倍。因此对于$\theta_r(0)=0$，有

$$\sqrt{2}\,\tilde{F}_{as}=F_{qs}^r-jF_{ds}^r \tag{8.8-14}$$

正如在第5章和例8B中那样，我们把一个代表正弦量的相量与常数F_{qs}^r和F_{ds}^r等同起来。把式（8.8-4）和式（8.8-5）代入到式（8.8-14）中有

$$\begin{aligned}\sqrt{2}\,\tilde{V}_{as}&=V_{qs}^r-jV_{ds}^r\\&=r_s I_{qs}^r+\omega_r L_{ss}I_{ds}^r+\omega_r\lambda_m'^r-j(r_s I_{ds}^r-\omega_r L_{ss}i_{qs}^r)\end{aligned} \tag{8.8-15}$$

由式（8.8-14）可得

$$j\sqrt{2}\,\tilde{F}_{as}=F_{ds}^r+jF_{qs}^r \tag{8.8-16}$$

因此式（8.8-15）也可以写成

$$\tilde{V}_{as}=(r_s+j\omega_r L_{ss})\tilde{I}_{as}+\frac{1}{\sqrt{2}}\omega_r\lambda_m'^r e^{j0} \tag{8.8-17}$$

我们可以定义

$$\tilde{E}_a=\frac{1}{\sqrt{2}}\omega_r\lambda_m'^r e^{j0} \tag{8.8-18}$$

并将式（8.8-17）写成

$$\tilde{V}_{as}=(r_s+j\omega_r L_{ss})\tilde{I}_{as}+\tilde{E}_a \tag{8.8-19}$$

需注意不要把式（8.8-18）中的$\tilde{E}_a$和第7章同步电机中定义的$\tilde{E}_a$混淆。

由于 $\theta_r(0)=0$，$\phi_v=\theta_{esv}(0)$。因此 $\widetilde{V}_{as}$ 的相角是 $\theta_{esv}(0)$ 或者 ϕ_v，可以写成 $\theta_v(0)$，并且 $\widetilde{E}_a$ 的相角为零。我们已经选择了如图 8.8-1a 中所示的 $\theta_r(0)=0$。在 $t=0$ 时刻，对于一个给定运行模式的相量图如图 8.8-1b 中所示。在稳态运行的情况下，转子以速度 ω_r 逆时针瞬时旋转，为了描述瞬时电变量的变化，相量也以 ω_e 的速度逆时针转动。但是，由于 $\omega_e=\omega_r$，图 8.8-1a 和图 8.8-1b 可以叠加在一起，如图 8.8-1c 所示。如果我们分别把式（8.8-1）和式（8.8-2）的稳态版本的 V_{qs}^r 和 V_{ds}^r 代入式（8.8-6），可以得到电磁转矩表达式为

$$T_e=\frac{P}{2}\frac{r_s\lambda_m'^r}{r_s^2+\omega_r^2L_{ss}^2}\left(\sqrt{2}V_s\cos\phi_v+\frac{\omega_rL_{ss}}{r_s}\sqrt{2}V_s\sin\phi_v-\omega_r\lambda_m'^r\right)\tag{8.8-20}$$

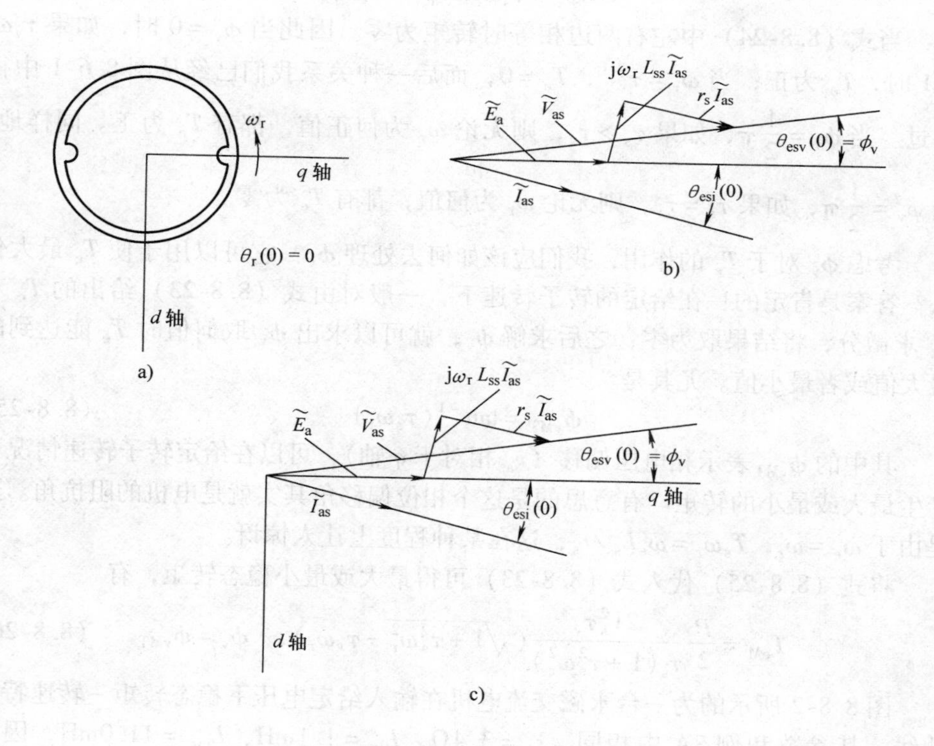

图 8.8-1　永磁交流电机转子中相量叠加图

尽管时间常数在通常情况下很少用于稳态方程中，但在这里我们将会用到。设

$$\tau_s=\frac{L_{ss}}{r_s}\tag{8.8-21}$$

$$\tau_{\mathrm{v}}=\frac{\lambda_{\mathrm{m}}^{\prime \mathrm{r}}}{\sqrt{2} V_{\mathrm{s}}} \tag{8.8-22}$$

尽管τ_s和τ_v都是以秒作为单位，τ_v并不是一个由电机参数所决定的常数，然而随着我们的深入研究会发现这两个参数很有用。如果我们将式（8.8-21）、式（8.8-22）代入式（8.8-20），则T_e可以表示为

$$T_{\mathrm{e}}=\frac{P}{2}\left\{\frac{2 V_{\mathrm{s}}^{2} \tau_{\mathrm{v}}}{r_{\mathrm{s}}\left(1+\tau_{\mathrm{s}}^{2} \omega_{\mathrm{r}}^{2}\right)}\left[\cos \phi_{\mathrm{v}}+\left(\tau_{\mathrm{s}} \sin \phi_{\mathrm{v}}-\tau_{\mathrm{v}}\right) \omega_{\mathrm{r}}\right]\right\} \tag{8.8-23}$$

尽管式（8.8-20）适用于所有的转子速度情况下，但我们主要关注ω_r和T_e都为正的时候。从式（8.8-23）中可以看出，当转矩和转速都为正时有

$$\cos \phi_{\mathrm{v}}+\tau_{\mathrm{s}} \omega_{\mathrm{r}} \sin \phi_{\mathrm{v}}>\tau_{\mathrm{v}} \omega_{\mathrm{r}} \tag{8.8-24}$$

当式（8.8-24）中左右两边相等时转矩为零。因此当$\phi_v=0$时，如果$\tau_v\omega_r<1$时，T_e为正；当$\omega_r=\tau_v^{-1}$，$T_e=0$，而后一种关系我们已经从图8.6-1中得到过。当$\phi_v=\frac{1}{2}\pi$，如果$\tau_s>\tau_v$，则无论ω_r为何正值，都有T_e为正。同样地，当$\varphi_v=\frac{1}{2}\pi$，如果$\tau_s=\tau_v$，则无论ω_r为何值，都有T_e为零。

考虑ϕ_v对于T_e的作用，我们应该如何去处理ϕ_v？它可以用于使T_e最大化么？答案是肯定的！在给定的转子转速下，一般对由式（8.8-23）给出的T_e对ϕ_v求微分，将结果取为零，之后求解ϕ_v，就可以求出ϕ_v取何值时T_e能达到的最大值或者最小值。尤其是

$$\phi_{\mathrm{vMT}}=\tan^{-1}\left(\tau_{\mathrm{s}} \omega_{\mathrm{r}}\right) \tag{8.8-25}$$

其中的ϕ_{vMT}表示相电压偏移（v_{as}相对于q轴），可以在给定转子转速情况下产生最大或最小的转矩。有意思的是这个相位偏移角其实就是电机的阻抗角。这是由于$\omega_e=\omega_r$，$T_s\omega_r=\omega_e L_{ss}/r_s$，这在某种程度上让人惊讶。

将式（8.8-25）代入式（8.8-23）可得最大或最小稳态转矩，有

$$T_{\mathrm{eM}}=\frac{P}{2} \frac{2 V_{\mathrm{s}}^{2} \tau_{\mathrm{v}}}{r_{\mathrm{s}}\left(1+\tau_{\mathrm{s}}^{2} \omega_{\mathrm{r}}^{2}\right)}\left(\sqrt{1+\tau_{\mathrm{s}}^{2} \omega_{\mathrm{r}}^{2}}-\tau_{\mathrm{v}} \omega_{\mathrm{r}}\right), \quad \phi_{\mathrm{v}}=\phi_{\mathrm{vMT}} \tag{8.8-26}$$

图8.8-2所示的为一台永磁交流电机在输入给定电压下稳态转矩－转速特性曲线。其参数和例8A中相同，$r_s=3.4\Omega$，$L_{ls}=1.1\mathrm{mH}$，$L_{ms}=11.0\mathrm{mH}$，因此$L_{ss}=12.1\mathrm{mH}$。电机是四极，由开路电压所决定的$\lambda_m'^r$为$0.0826\mathrm{V\cdot s/rad}$。电压$V_s$为11.25V。对这台电机取$\tau_s=3.56\mathrm{ms}$，$\tau_v=5.2\mathrm{ms}$。在图8.8-2中，给出了当$\phi_v=0$、$-\frac{1}{2}\pi$、$\frac{1}{2}\pi$、$\pi$和$\phi_{vMT}$时的稳态电磁转矩。还给出了$\omega_r>0$情况下最大转矩$T_{eM}$及产生最大转矩的角$\phi_{vMT}$。当$\omega_r>0$时，最大转矩产生在$\phi_v$为$0\sim\frac{1}{2}\pi$。注意到，相比于$\phi_v=0$，在更高转速时我们可以显著地增加转矩。

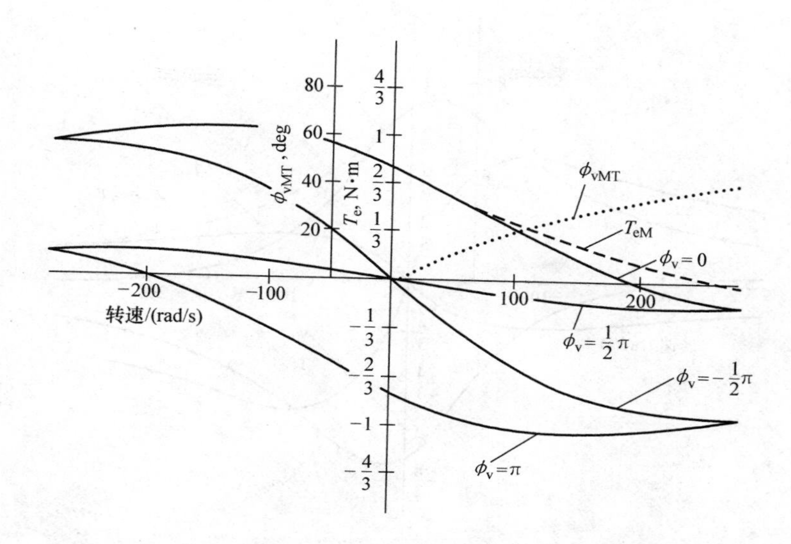

图 8.8-2　输入给定电压情况下永磁交流电机转矩—转速特性曲线

图 8.8-3 和图 8.8-4 给出了 τ_s 对稳态转矩—转速特性的影响，其中给出了 $\omega_r > 0$ 时的 T_{eM}。在图 8.8-3 中，通过减少 r_s 使得 τ_v 增加 3 倍。在图 8.8-4 中通过增加 L_{ss} 而使得 τ_s 增加 3 倍。注意，上述情况中 $\tau_s > \tau_v$。因此当 $\phi_v = \frac{1}{2}\pi$ 时，在 $\omega_r > 0$ 的情况下，最大转矩始终为正数，如图 8.8-3 和图 8.8-4 所示。对比图 8.8-2 ~ 图 8.8-4 可以发现，如果 ϕ_v 维持在产生最大转矩的角 ϕ_{vMT}，则可以得到显著增加的转矩。这种转矩的增加在 $\tau_s > \tau_v$ 条件下尤为明显。如果仔细观察的话会发现，电机最大转矩能力可以通过比较 τ_s 和 τ_v 两个参数来得到。我们可以通过电机参数来得到 τ_s，通过 λ'^r_m 和 V_s 或者电机空载时转速的倒数来得到 τ_v。因此 τ_s 和 τ_v 是基本确定的，所以不需要更多的计算就可以大致预测到输入电压移相时的转矩特性。但是文献［1］表明，通过移相所产生的平均转矩的增大是以谐波转矩的增加为代价的，谐波转矩的增加源于逆变器中的谐波。对于一些精确速度控制要求很高的场合这种方法就不适用。当然，产生转矩上升也需要电流的增加，由于损耗增加，这可能成为一个限制因素。

例 8C　利用式（8.8-19）再一次计算例 8B 中的 $\widetilde{I}_{as}$。根据式（8.8-18）有

$$\widetilde{E}_a = \frac{1}{\sqrt{2}}\omega_r\lambda'^r_m \angle -0^\circ$$

$$= \frac{1}{\sqrt{2}}(40\pi)(0.0826)\angle 0^\circ = 7.34\angle 0^\circ \qquad (8C\text{-}1)$$

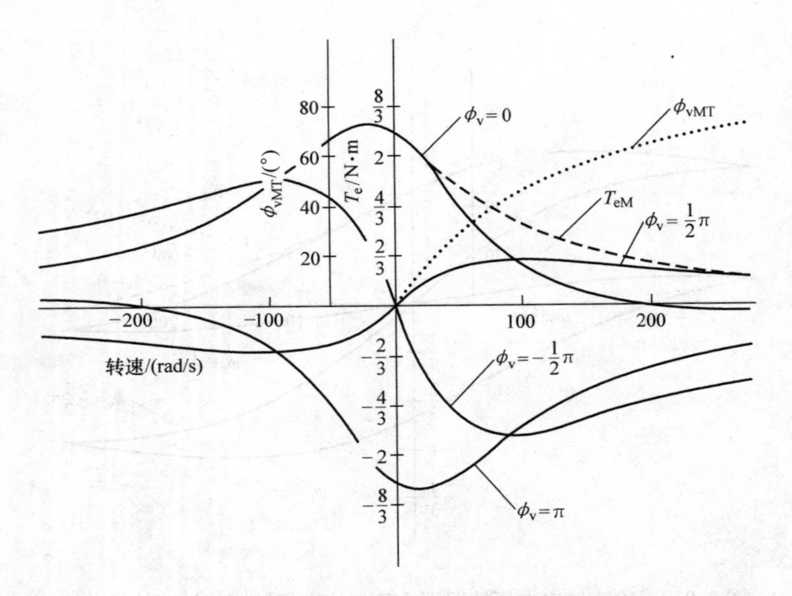

图 8.8-3　图 8.8-2 条件下通过减少 r_s 使得 τ_s 增加 3 倍

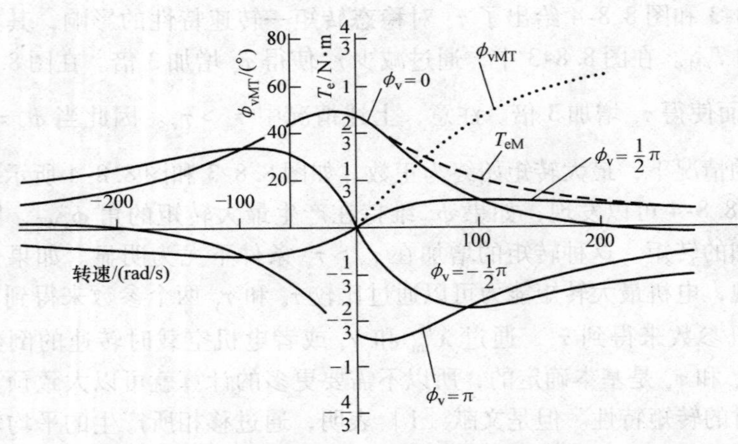

图 8.8-4　图 8.8-2 条件下通过增加 L_{ss} 使得 τ_s 增加 3 倍

根据式（8.8-19）有

$$\begin{aligned}\widetilde{I}_{as}&=\frac{1}{r_s+j\omega_r L_{ss}}(\widetilde{V}_{as}-\widetilde{E}_a)\\&=\frac{1}{3.4+j(40\pi)(12.1\times10^{-3})}(11.25\angle0°-7.34\angle0°)\\&=\frac{3.91\angle0°}{3.72\angle26.4°}=1.05\angle-26.4°\text{A}\end{aligned}\tag{8C-2}$$

根据式（8.8-14）有

$$\sqrt{2}\widetilde{I}_{as} = I_{qs}^{r} - jI_{ds}^{r}$$

$$\sqrt{2}1.05\angle -26.4° = 1.36 - j0.606 \tag{8C-3}$$

因此 $I_{qs}^{r} = 1.36\text{A}$，$I_{ds}^{r} = 0.606\text{A}$。相量图就留给读者自己去画。回想一下，当 $\phi_v = 0$ 时，$\widetilde{V}_{as}$ 和 $\widetilde{E}_a$ 都是在零角度。

例 8D 考虑如例 8B 和 8C 的情况，如果去掉负载转矩，计算 ϕ_v 使得稳态下转子转速依然保持 600r/min。

我们从例 8B 中可以知道，当转子转速为 600r/min 时，转子电角速度为 40π rad/s，$T_L = 0.224\text{N} \cdot \text{m}$。此时，该如何对 ϕ_v 移相使得保持 $T_L = T_e = 0$ 的情况下转速不变呢？从式（8.8-23）和式（8.8-24）中我们知道 $T_e = 0$ 时有

$$\cos\varphi_v + \tau_s\omega_r\sin\phi_v = \tau_v\omega_r \tag{8D-1}$$

通过将式（8.8-6）中给出的转矩设为零并将式（8.5-14）和式（8.5-15）代替 v_{qs}^{r} 和 v_{ds}^{r}，可以得到可比拟的关系式为

$$0 = V_s\cos\phi_v + \frac{\omega_r L_{ss}}{r_s}V_s\sin\phi_v - \frac{1}{\sqrt{2}}\omega_r\lambda_m'^{r} \tag{8D-2}$$

在任何情况下，对于求解我们使用试错法。

根据式（8.8-21）和式（8.8-22）我们可以分别得到

$$\tau_s = \frac{L_{ss}}{r_s} = \frac{12.1 \times 10^{-3}}{3.4} = 3.56\text{ms} \tag{8D-3}$$

$$\tau_v = \frac{\lambda_m'^{r}}{\sqrt{2}V_s} = \frac{0.0826}{\sqrt{2}\,11.25} = 5.2\text{ms} \tag{8D-4}$$

将式（8D-3）、式（8D-4）代入式（8D-1）且 $\omega_r = 40\pi$ rad/s，我们得到

$$\cos\phi_v + (3.56 \times 10^{-3})(40\pi)\sin\phi_v = (5.2 \times 10^{-3})(40\pi)$$

$$\cos\phi_v + 0.447\sin\phi_v = 0.653 \tag{8D-5}$$

经过简单计算，我们得到符合条件的 ϕ_v 有两个，$\phi_v = -29.3°$ 或 $77.5°$。

SP8.8-1 计算 SP8.6-4 中的永磁交流电机在 T_{eM} 下的 $\widetilde{I}_{as}$，设 $V_{as} = 10\cos(\omega_r t + \phi_{vMT})$，$\omega_r = 146$ rad/s。[$\widetilde{I}_{as} = 0.84\angle 23.8°\text{A}$]

SP8.8-2 永磁交流电机参数如 SP8.6-4。设 $\theta_r(0) = 0$，$V_{as} = \sqrt{2}V_s\cos\left(\omega_r t + \frac{1}{2}\pi\right)$，求当 $\omega_r > 0$ 使得 $T_e = 0$ 的非零 V_s。[$V_s = 11.1\text{V}$]

SP8.8-3 按照 SP 8.8-1 中的条件，计算（a）输入功率；（b）T_e；（c）效率；（d）为什么计算出的效率和实际有误差？[（a）$P_{in} = 11.8\text{W}$；（b）$T_e = 0.085\text{N} \cdot \text{m}$；（c）eff. =52.9%；（d）忽略了谐波]

SP8.8-4 为什么在图 8.8-2 和图 8.8-4 中对于 $\phi_v = 0$ 曲线在 $\omega_r = 0$ 处截距

相等？$\left[T_{e}=\frac{P}{2}\lambda'^{r}_{m}\frac{V_{qs}^{r}}{r_{s}}\right]$

SP 8.8-5 为什么在图8.8-2和图8.8-4中对于 $\phi_{v}=0$ 曲线在 $T_{e}=0$ 处截距相等？$\left[类似于式（8.8-24）中当\ \omega_{r}=T_{v}^{-1}=\frac{\sqrt{2}V_{s}}{\lambda'^{r}_{m}},\ T_{e}=0\right]$

8.9 恒转矩和恒功率运行概述

在第3章中我们讨论了直流电机的恒转矩和恒功率运行。那些用来描述直流电机的方程对运行模式的概念和控制要求有相对直观的表述。在继续阅读之前，读者可能需要复习一下3.6节的内容。

在8.6节中，可以看出如果通过逆变器的调节使得 $V_{ds}^{r}=0$，则转矩—转速特性会类似于直流电机电动机运行时的特性（见图8.6-1）。这种控制方式实现起来比较容易，但是如果要实现永磁交流电机的恒转矩和恒功率模式运行，则控制在某种程度上更为复杂。

控制目标是使得一台永磁交流电机的转矩—转速特性类似于一台直流电机。因此，替换变量到类似于直流电机的参考系——转子参考坐标系中进行控制的分析和设计会比较方便。为此，在控制中有必要嵌入转换系数 $\boldsymbol{K}_{s}^{r}$。正如我们之前所提到的，我们的目的并不是探究控制的具体细节，而是确定控制目标的稳态需求和假设实现控制目标后描述逆变器—电机驱动系统的性能。因此我们将建立这些运行模式下的理想运行边界条件，而将这些条件下具体控制的实现交由工程师们去完成[1]。

为方便起见，我们重复8.5节中稳态运行时电压和转矩方程：

$$V_{qs}^{r}=r_{s}I_{qs}^{r}+\omega_{r}L_{ss}I_{ds}^{r}+\omega_{r}\lambda'^{r}_{m} \tag{8.9-1}$$

$$V_{ds}^{r}=r_{s}I_{ds}^{r}-\omega^{r}L_{ss}I_{qs}^{r} \tag{8.9-2}$$

$$T_{e}=\frac{\mathrm{P}}{2}\lambda'^{r}_{m}I_{qs}^{r} \tag{8.9-3}$$

$I_{ds}^{r}=0$ 时·转矩运行

对于 d 轴、q 轴电感相同的永磁交流电机而言，由于 d 轴电流不产生转矩，控制电机使得 $I_{ds}^{r}=0$ 是比较常见的。在这种情况下，式（8.9-1）和式（8.9-2）变成

$$V_{qs}^{r}=r_{s}I_{qs}^{r}+\omega_{r}\lambda'^{r}_{m} \tag{8.9-4}$$

$$V_{ds}^{r}=-\omega_{r}L_{ss}I_{qs}^{r} \tag{8.9-5}$$

在额定电源电压（V_{sR}）下有

$$\sqrt{2}V_{sR}=\sqrt{(V_{qs}^{r})^{2}+(V_{ds}^{r})^{2}} \tag{8.9-6}$$

将式（8.9-4）和式（8.9-5）代入式（8.9-6），求 I_{qs}^{r}，将结果代入式（8.9-3），可以得到一条接近于直线的转矩－转速曲线，如图 8.9-1 所示。根据式（8.9-5），当 $\omega_r=0$ 和 $I_{qs}^{r}=0(T_e=0)$ 时，即当 $\omega_r=V_{qs}^{r}/\lambda_m'$ 时，V_{ds}^{r} 为零。需要注意的是，如果要让这条曲线变成线性的，必须有 V_{qs}^{r} 在所有速度下都为常数，这在式（8.9-6）的限制下运行时是不可能的。然而一般来说 V_{ds}^{r} 都比较小，方便起见，图 8.9-1 中转矩—转速曲线显示为一条直线。

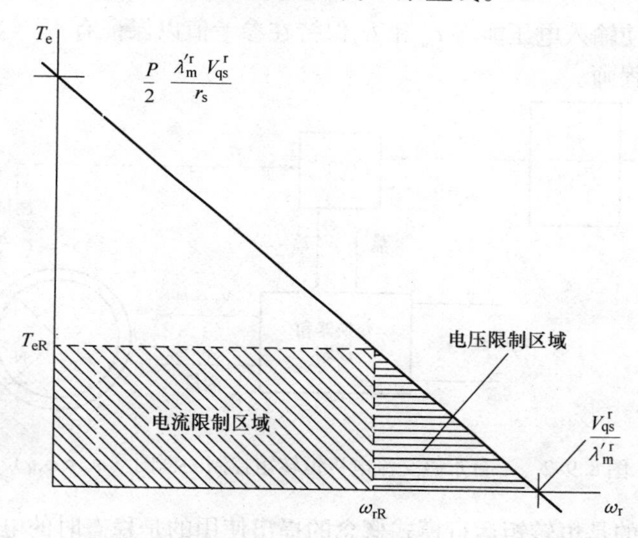

图 8.9-1　限定转矩和电压控制策略的转矩—转速边界

实际上，对于 $\omega_r\leqslant\omega_{rR}$，输入额定电压 V_{sR} 所产生的电流将会超过额定值。为了防止这种情况，当 $\omega_r<\omega_{rR}$ 时需要加入电流的限幅，其中，$I_{ds}^{r}=0$ 并且 $I_{qs}^{r}\leqslant\sqrt{2}I_{sR}$。当 $I_{qs}^{r}=\sqrt{2}I_{sR}$ 时，运行的上限将会变成 T_{eR}，如图 8.9-1 中的水平线。图 8.9-1 中的阴影部分表示的是可获得的运行范围。由于该区域中无论速度如何，转矩极限是恒定的，因此在文献中经常被称为恒转矩区域。相似的直流电机的恒转矩区域如第 3 章所示。

当 ω_r 增加到超过 ω_{rR}，保持 $I_{ds}^{r}=0$、$I_{qs}^{r}=\sqrt{2}I_{sR}$ 所需的电压通常会超过其额定值。这是因为随着 ω_r 的增加，反电势 $\omega_r\lambda_m'$ 增加，因此需要增加输入电压以维持额定电流。因此对于 $\omega_r>\omega_{rR}$，运行边界就是式（8.9-6）中近似直线的曲线，它常被称为限电压区域。一般来说很少在 $\omega_r>\omega_{rR}$ 情况下采用 $I_{ds}^{r}=0$ 的控制。一般来说会使用负的 I_{ds}^{r} 来抵消反电势，从而进入后面章节介绍的恒功率区域。

一台永磁交流电机恒转矩控制的框图如图8.9-2所示。在图8.9-2中，对于恒转矩运行，当需要的转矩为额定转矩时（$T_e^* = T_{eR}$），需要的电流参考值为$I_{qs}^{r*} = \sqrt{2} I_{sR}$和$I_{ds}^{r*} = 0$。这些需要的电流参考值通过变换系数（$\boldsymbol{K}_s^r$）$^{-1}$来从转子参考坐标系变换到定子参考坐标系下，得到需要的定子参考电流I_{as}^*和I_{bs}^*。在上述变换中，需要保证转子和转子参考坐标系的电角度位移的零度角相同，并且和定子中电流电角度位移的零度角相关联，使得当转子和转子参考坐标系处于0、2π、4π……位置时有I_{as}^*最大且$I_{as}^* = \sqrt{2} I_{sR}$。我们把上述工作和具体通过逆变器及其控制实现使输入电压能将I_{as}和I_{bs}保持在参考值以保证有$I_{qs}^r = \sqrt{2} I_{sR} = 0$的工作交给控制工程师。

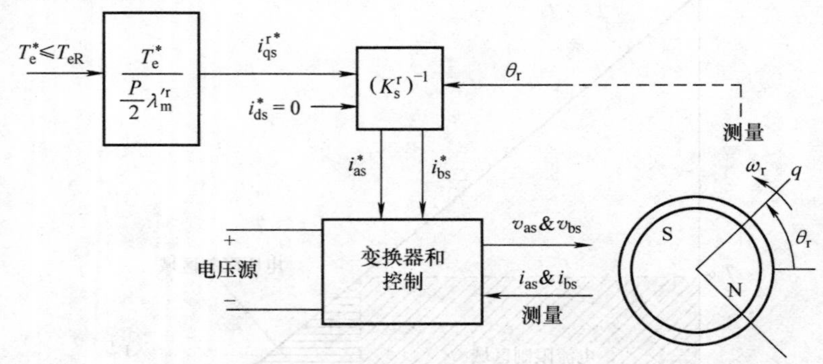

图8.9-2　一台永磁交流电机恒转矩控制的框图（$\omega_r < \omega_{rR}$）

值得一提的是恒转矩运行模式概念的提出使用的是稳态时的电机变量，然而在图8.9-2中所用的是瞬时电压和电流（小写字母表示）来显示实际电机中的输入电压和测量得到的电流。这在某种程度上破坏了我们所建立的符号规则，由于瞬态的参数只有当在设计实际逆变器控制时才会用到，所以我们允许这样的情况存在。另外需要注意的一点是图8.9-2中的θ_r是测量所得的。实际上一般都会测转子位置θ_{rm}，其与θ_r有关系式如下：

$$\theta_r = (P/2)\theta_{rm}$$

其中P是极数。

当我们讨论恒功率运行时，会提到恒功率和恒转矩运行边界点上的电机中的变量。

恒功率运行

设在$\omega_r > \omega_{rR}$情况下恒功率运行，ω_{rR}速度下边界运行条件为T_{eR}、P_{inR}及额定输出功率P_{oR}，根据式（8.9-4）和式（8.9-5），在这个进入运行区域的边界点的电压方程为

$$V_{qs}^r = r_s \sqrt{2} I_{sR} + \omega_{rR} \lambda_m'^r \tag{8.9-7}$$

$$V_{ds}^{r} = -\omega_{rR} L_{ss} \sqrt{2} I_{sR} \tag{8.9-8}$$

让我们花些时间回忆一下，就是我们可以选择转子参考坐标系中的零位置来帮助分析。此处，方便起见，选择 $\theta_r(0)=0$ 时刻，于是由式（8.9-7）和式（8.9-8）可得

$$\begin{aligned} \tan^{-1}\phi_v &= \frac{|V_{ds}^{r}|}{|V_{qs}^{r}|} \\ &= \frac{\omega_{rR} L_{ss}}{r_s + \omega_{rR} \lambda'^{r}_{m} / \sqrt{2} I_{sR}} \end{aligned} \tag{8.9-9}$$

其一般由电机参数确定，而且比较小。此时，由于 $I_{qs}^{r}=\sqrt{2}I_{sR}$，功率因数角 $\phi_{pf}=(\theta_{ev}-\theta_{ei})$ 在恒功率控制的初始阶段即为 ϕ_v（因为 $\theta_{ei}=0$）。

在这个运行点，在恒转矩模式结束和恒功率模式开始的阶段，两相电机的总输入功率为

$$\begin{aligned} P_{inR} &= 2I_{sR}^{2} r_s + P_{oR} \\ &= 2V_{sR} I_{sR} \cos\phi_{pf} \end{aligned} \tag{8.9-10}$$

其中，$\phi_{pf}=\phi_v$。输出功率为

$$P_{oR} = \omega_{rmR} \left(\frac{P}{2}\right) \lambda'^{r}_{m} \sqrt{2} I_{sR} \tag{8.9-11}$$

式（8.9-10）和式（8.9-11）确定了恒功率运行模式下的边界约束条件。尤其是，恒功率运行的边界条件是由输出功率为常数这一个限制所决定的。因此，在运行边界上，输出功率必须和式（8.9-11）相同且由于 V_s 和 I_s 分别受到 V_{sR} 和 I_{sR} 的限制，式（8.9-10）中的 $2I_{sR}^{2} r_s$ 是常数项，因此边界的输入功率也应是常数。

我们已经准备好进入恒功率模式，该模式在第 3 章中也被称为弱磁运行模式。让我们仔细想一下：恒功率模式的目标就是维持输出功率恒定。在边界上，这就是 P_{oR}。此时，随着转速 ω_r 增加到 ω_{rR} 以上，转矩 T_e 必须随之减小才能保持输出功率恒定。对于永磁交流电机而言，转矩在 qs^r - 和 ds^r - 两相绕组自感同为 L_{ss} 的情况下，随着 I_{qs}^{r} 减小而减小，因为转矩和 λ'^{r}_{m} 及 I_{qs}^{r} 的乘积成正比，而输入功率是由交流电压（V_s）幅值、交流电流（I_s）幅值和功率因数决定的。而 V_s 和 I_s 都与 qs^r - 和 ds^r - 变量相关，如下：

$$\sqrt{2} V_s = \sqrt{(V_{qs}^{r})^2 + (V_{ds}^{r})^2} \tag{8.9-12}$$

$$\sqrt{2} I_s = \sqrt{(I_{qs}^{r})^2 + (I_{ds}^{r})^2} \tag{8.9-13}$$

很明显，式（8.9-12）和式（8.9-13）适用于所有的运行条件下，但是，对于恒功率的边界条件，V_s 和 I_s 是额定值 V_{sR} 和 I_{sR}。

输出功率为

$$P_o = \omega_{rm}\left(\frac{P}{2}\right)\lambda'^{r}_{m}I^{r}_{qs} \tag{8.9-14}$$

由于输出功率恒定，所以上边界必须和式（8.9-11）相同。将式（8.9-11）和式（8.9-14）取等，求可得I^{r}_{qs}如下：

$$I^{r}_{qs} = \frac{\omega_{rR}\sqrt{2}I_s R}{\omega_r} \quad （边界条件） \tag{8.9-15}$$

根据式（8.9-13），边界条件上的幅值可以表示为

$$I^{r}_{ds} = \pm\sqrt{(\sqrt{2}I_{sR})^2 - (I^{r}_{qs})^2} \quad （边界条件） \tag{8.9-16}$$

使用负的I^{r}_{ds}来减小式（8.9-1）中的V^{r}_{qs}。当qs^{r}－和ds^{r}－两相绕组自感相同（L_{ss}）的情况下，I^{r}_{ds}不会对转矩产生影响。在8.11节中将给出自感不相等情况下的转矩和电压方程。在这种情况下会产生一个和自感差成比例的磁阻转矩[1]。

我们现在可以确定在输出恒功率运行模式时的转矩－转速特性的边界。尤其是对于$\omega_r > \omega_{rR}$的情况，I^{r}_{qs}的边界条件由式（8.9-15）确定，I^{r}_{ds}的边界条件由式（8.9-16）确定。现在将这些边界条件代入式（8.9-1）和式（8.9-2），且根据式（8.9-16）得到为负值的I^{r}_{ds}，可以确定V^{r}_{qs}和V^{r}_{ds}的边界值。

恒转矩和恒功率运行区域

图8.9-3中的阴影部分表示的是恒转矩和之后的恒功率模式下的转矩—转速运行区域。由于额定条件建立了运行限制，因此可以解释并建立起恒转矩和恒功率运行区域的边界。但是，这样展示边界内的运行情况并不是很直观。运行区域内，所有的电机变量都要在其允许的运行限制之内。举例来说，如果参考转矩或功率小于额定值，则在运行区域内的任何转速都可以达到，且不需要确定或者限制电压和电流。显然，应用中通常需要控制变量，这些变量不仅仅是参考或限制的转矩或功率。应用或者设计控制器来满足应用要求超出了本书对永磁交流电机控制性能的简单介绍。我们的目标就是介绍运行的模式并且建立转矩－转速特性的边界条件。想要进一步了解可以参考文献［4］。

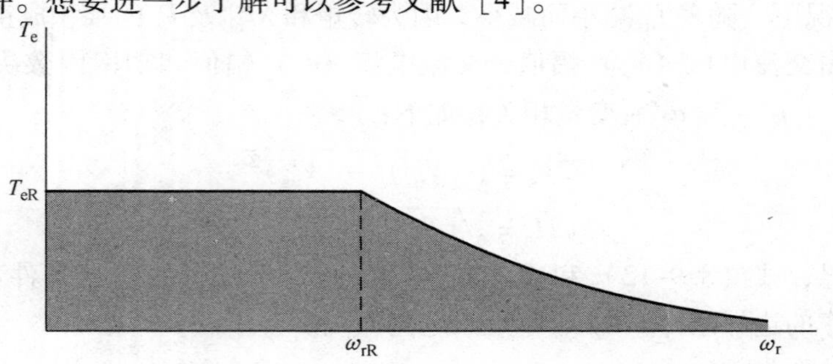

图8.9-3　恒转矩和之后的恒功率模式下的转矩—转速运行区域

在结束这个对于永磁交流电机控制性能的简介之前，还有两件值得关注的事情。第一，以上的分析是建立在假设 qs - 和 ds - 两相绕组自感都为 L_{ss} 的情况下。在接下来的章节中，将给出在 qs^r - 和 ds^r 自感不相等情况下电压和转矩的方程，这种不相等显著地复杂化了恒转矩和恒功率模式的分析，但是本节中建立的一些基本概念还是适用的。第二，对于直流电机而言，弱磁控制会通过去磁直接影响转矩和电枢电流。而在永磁交流电机中，如果自感相同，恒功率运行模式下通过注入负的 I_{ds}^r 来实现弱磁并不会直接影响转矩。然而这通过减弱 V_{qs}^r 能获得更大的 I_{qs}^r。

图 8.9-4 有助于我们总结之前所学。图 8.9-4 中给出了例 8A 中及之后一直在本章提到的电机在恒转矩和恒功率边界运行的电机变量。设额定条件假定为 $\omega_{rR}=135$ rad/s 时，且$\sqrt{2}V_{sR}=\sqrt{2}\ 11.25$V，$\sqrt{2}I_{sR}=1.5$A。虽然比较小，电压在进入恒功率区域后将很快超过$\sqrt{2}V_{sR}$。这么做是为了使转矩 - 转速特性接近于一台永磁直流电机。实际上，转矩 - 转速运行区域与电机参数有关[4]。

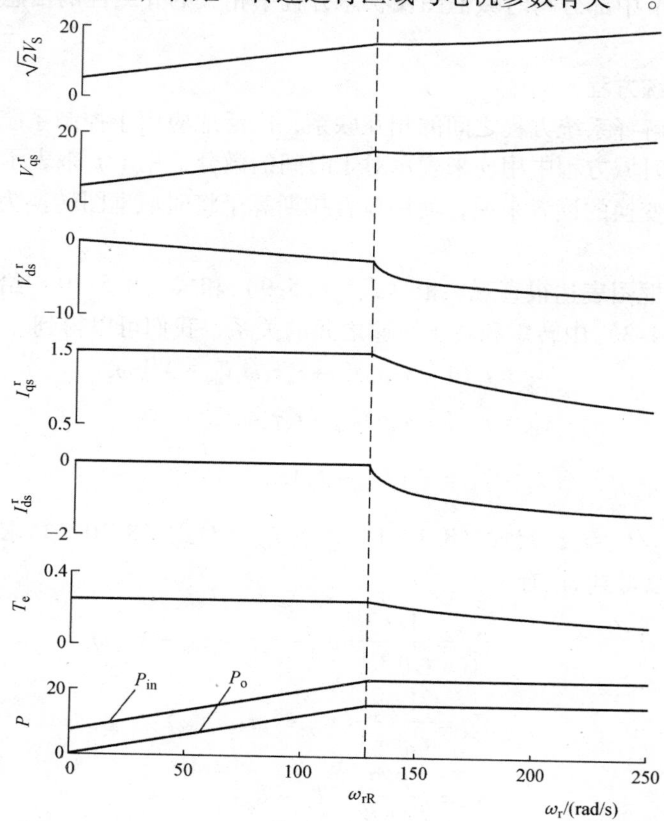

图 8.9-4　例 8A 中电机在$\sqrt{2}I_{sR}=1.5$A 条件下的恒转矩和恒功率运行

SP8.9-1 根据图 8.9-4 计算恒功率开始阶段 ω_{rR} 转速下的 V_{qs}^{r}，其中 (a) $L_{ss}=12.1\text{mH}$；(b) $L_{ss}=2(12.1)\ \text{mH}$。[(a) 16.25V；(b) 16.25V]

SP8.9-2 计算图 8.9-4 中恒转矩结束阶段的 $\widetilde{E}_{a}$。[$7.89\angle 0°\text{V}$]

SP8.9-3 解释怎么才能在 $T_{e}=1/2T_{eR}$，$\omega_{r}=1/2\omega_{rR}$ 的条件下运行。$\left[\text{参考}\ I_{qs}^{r*}=\frac{1}{2}T_{eR}^{*}/\frac{P}{2}\lambda_{m}'\right]$

8.10 时域框图及状态方程

尽管对控制系统进行分析并不是我们的目的，但是简单了解控制的时域框图及状态方程可以为我们对该类型的分析提供有效的基础。在这一节中，首先用非线性微分方程描述永磁交流电机，之后加入 $\phi_{v}=0$ 并且忽略 i_{ds}^{r}，使得微分方程变为线性。本节中部分与时域框图及状态方程中相关的介绍性的信息是 3.7 小节内容的重复。

非线性系统方程

框图用来解释系统方程之间的相互联系，广泛地应用于控制系统的分析和设计。我们将在时域方程中用 p 来表示对于时间的微分，用 $1/p$ 来表示积分。对于熟悉拉普拉斯变换的读者来说，使用拉普拉斯算子将时域框图转换为传递函数没有任何问题。

将方程用框图表达很直观。根据式（8.5-9）和式（8.5-10）给出的电压方程以及式（8.4-3）中转矩和转子转速之间的关系，我们可以得到

$$v_{qs}^{r}=r_{s}(1+\tau_{s}p)i_{qs}^{r}+r_{s}\tau_{s}\omega_{r}i_{ds}^{r}+\lambda_{m}'^{r}\omega_{r} \tag{8.10-1}$$

$$v_{ds}^{r}=r_{s}(1+\tau_{s}p)i_{ds}^{r}-r_{s}\tau_{s}\omega_{r}i_{qs}^{r} \tag{8.10-2}$$

$$T_{e}-T_{L}=\frac{2}{P}(B_{m}+J_{p})\omega_{r} \tag{8.10-3}$$

其中，$\tau_{s}=L_{ss}/r_{s}$，对式（8.10-1）求解 i_{qs}^{r}，对式（8.10-2）求解 i_{ds}^{r}，对式（8.10-3）可以得到 ω_{r} 有

$$i_{qs}^{r}=\frac{1/r_{s}}{\tau_{s}p+1}(v_{qs}^{r}-r_{s}\tau_{s}\omega_{r}i_{ds}^{r}-\lambda_{m}'^{r}\omega_{r}) \tag{8.10-4}$$

$$i_{ds}^{r}=\frac{1/r_{s}}{\tau_{s}p+1}(v_{ds}^{r}+r_{s}\tau_{s}\omega_{r}i_{qs}^{r}) \tag{8.10-5}$$

$$\omega_{r}=\frac{P/2}{Jp+B_{m}}(T_{e}-T_{L}) \tag{8.10-6}$$

对于这些表达式还有些值得注意的方面。在式（8.10-4）中，我们看见通

过三个电压项乘以算子$(1/r_s)/(\tau_s p+1)$之后可以得到 i_{qs}^r。实际上这种用电压乘以算子方法过于复杂，并不是我们实际中计算得到 i_{qs}^r 的方法。我们只简单地以方便画出框图的形式给出电压项和电流 i_{qs}^r 之间的动态关系。

图 8.10-1 给出了 $T_e=(P/2)\lambda'^r_m i_{qs}^r$ 条件下，式（8.10-4）到式（8.10-6）这三个表达式的时域框图。这张图包括了一系列的线性模块，其输入与其对应输出变量之间的关系都以传递函数表示，两个乘数模块表示非线性模块。因为系统是非线性的，所以无法使用之前所用的方法（或者，对这个来说，拉普拉斯变换的方法）来求解框图所代表的微分方程。为此我们需要使用计算机，然而如果像之后章节我们要做的那样忽略 i_{ds}^r，则不需要图 8.10-1 中的乘法算子，传统的用于分析线性系统的方法在这里也会适用，这样相对会轻松一些。

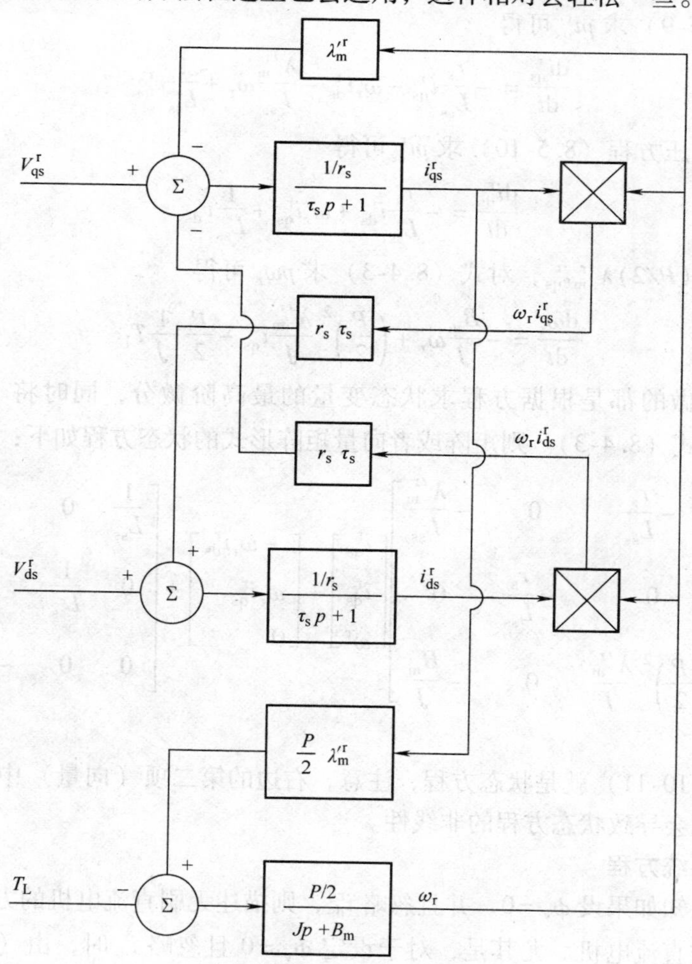

图 8.10-1　永磁交流电机的时域框图

所谓系统的状态方程是将系统中变量以矩阵的形式表示，以便于计算机处理，尤其是对于线性系统。系统的状态变量定义为能在任意初始状态 t_0 和已知输入下，对于任意 $t>t_0$ 时刻都能够得到系统状态所需的最少的变量集[3]。对于永磁交流电机而言，状态变量是定子电流 i_{qs}^r、i_{ds}^r、转子速度 ω_r、转子位置 θ_r。但是，由于 θ_r 可由 ω_r 得到，如下所示：

$$\omega_r=\frac{d\theta_r}{dt} \tag{8.10-7}$$

并且只有当轴位置是控制变量时 θ_r 才是状态变量，所以在下文分析中将忽略 θ_r。

永磁交流电机中的状态方程可以根据式（8.5-9）和式（8.5-10）中的电压方程以及式（8.4-3）中的转矩与转子转速关系式进行简单变换得到。对 v_{qs}^r 电压方程式（8.5-9）求 pi_{qs}^r 可得

$$\frac{di_{qs}^r}{dt}=-\frac{r_s}{L_{ss}}i_{qs}^r-\omega_r i_{ds}^r-\frac{\lambda'^r_m}{L_{ss}}\omega_r+\frac{1}{L_{ss}}v_{qs}^r \tag{8.10-8}$$

对 v_{ds}^r 电压方程（8.5-10）求 pi_{ds}^r 可得

$$\frac{di_{ds}^r}{dt}=-\frac{r_s}{L_{ss}}i_{ds}^r+\omega_r i_{qs}^r+\frac{1}{L_{ss}}v_{ds}^r \tag{8.10-9}$$

当 $T_e=(P/2)\lambda'^r_m i_{qs}^r$，对式（8.4-3）求 $p\omega_r$ 可得

$$\frac{d\omega_r}{dt}=-\frac{B_m}{J}\omega_r+\left(\frac{P}{2}\right)^2\frac{\lambda'^r_m}{J}i_{qs}^r-\frac{P}{2}\frac{1}{J}T_L \tag{8.10-10}$$

我们所做的都是根据方程求状态变量的最高阶微分，同时将 $T_e=(P/2)\lambda'^r_m i'^r_{qs}$ 代入式（8.4-3）。则矩阵或者向量矩阵形式的状态方程如下：

$$p\begin{bmatrix} i_{qs}^r \\ i_{ds}^r \\ \omega_r \end{bmatrix}=\begin{bmatrix} -\dfrac{r_s}{L_{ss}} & 0 & -\dfrac{\lambda'^r_m}{L_{ss}} \\ 0 & -\dfrac{r_s}{L_{ss}} & 0 \\ \left(\dfrac{P}{2}\right)^2\dfrac{\lambda'^r_m}{J} & 0 & -\dfrac{B_m}{J} \end{bmatrix}\begin{bmatrix} i_{qs}^r \\ i_{ds}^r \\ \omega^r \end{bmatrix}+\begin{bmatrix} -\omega_r i_{ds}^r \\ \omega_r i_{qs}^r \\ 0 \end{bmatrix}+\begin{bmatrix} \dfrac{1}{L_{ss}} & 0 & 0 \\ 0 & \dfrac{1}{L_{ss}} & 0 \\ 0 & 0 & -\dfrac{P}{2}\dfrac{1}{J} \end{bmatrix}\begin{bmatrix} v_{qs}^r \\ v_{ds}^r \\ T_L \end{bmatrix} \tag{8.10-11}$$

式（8.10-11）就是状态方程，注意，右边的第二项（向量）中包含的状态变量的乘积会导致状态方程的非线性。

线性系统方程

我们已知如果设 $\phi_v=0$，并且忽略 i_{ds}^r，则描述无刷直流电机的方程在形式上类似于永磁直流电机。尤其是，对于设定 $\phi_v=0$ 且忽略 i_{ds}^r 时，由（8.10-4）和式（8.10-6）可得无刷直流电机的时域状态框图。图 8.10-2 为时域框图。

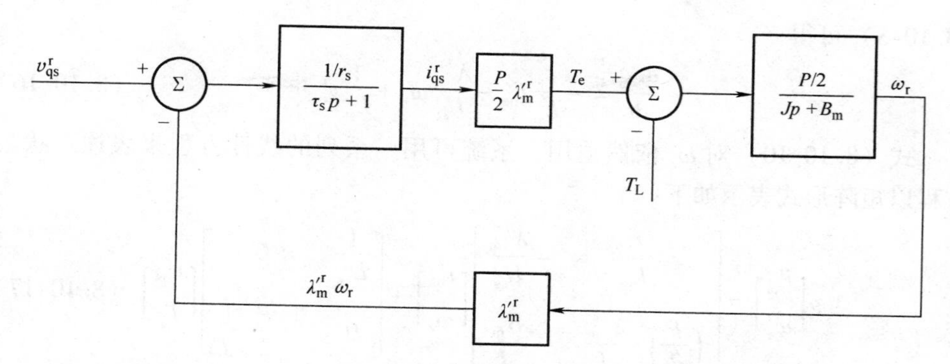

图 8.10-2　$\phi_v=0$，并且忽略 i_{ds}^r 情况下的无刷直流电机的时域框图

通常电机常数由生产厂家提供。电压常数，一般用 k_e 或 k_v 表示，即为 λ'^r_m。其通常以相电压峰值或者 rms 值给出。转矩常数 k_t 也会给出。其单位是 N · m/A，因此，根据式（8.5-17）有

$$k_t=\frac{P}{2}\lambda'^r_m=\frac{P}{2}k_e \tag{8.10-12}$$

可惜的是一般给出的 k_t 可能是考虑了极对数影响的，也可能是没有考虑的。

机械或者惯量时间常数通常用在直流电机中，对于无刷直流电机而言，我们定义其为

$$\tau_m=\frac{Jr_s}{(P/2)^2(\lambda'^r_m)^2} \tag{8.10-13}$$

该常数通常由生产厂家给出，但是厂家给出的 τ_m 值仅包括了转子的转动惯量，而我们之前在式（8.10-13）中所定义的 J 是包含了转子和其连接的负载的转动惯量。

让我们回到图 8.10-2 给出的框图中。对于例 3C 中的永磁直流电机，我们可以写出 $i_{ds}^r=0$ 情况下无刷直流电机的传递函数为

$$\omega_r=\frac{\dfrac{1}{\lambda'^r_m\tau_s\tau_m}v_{qs}^r-\dfrac{P}{2}\dfrac{1}{J}\left(p+\dfrac{1}{\tau_s}\right)T_L}{p^2+\left(\dfrac{1}{\tau_s}+\dfrac{B_m}{J}\right)p+\dfrac{1}{\tau_s}\left(\dfrac{1}{\tau_s}+\dfrac{B_m}{J}\right)} \tag{8.10-14}$$

电流 i_{qs}^r 可以写为

$$i_{qs}^r=\frac{\dfrac{1}{\tau_s r_s}\left(p+\dfrac{B_m}{J}\right)v_{qs}^r+\dfrac{1}{\lambda'^r_m\tau_s\tau_m}T_L}{p^2+\left(\dfrac{1}{\tau_s}+\dfrac{B_m}{J}\right)p+\dfrac{1}{\tau_s}\left(\dfrac{1}{T_m}+\dfrac{B_m}{J}\right)} \tag{8.10-15}$$

在 $\phi_v=0$，并且忽略 i_{ds}^r 时，此时 i_{qs}^r 和 ω_r 是仅有的状态变量。因此，根据式

（8.10-8）可得

$$\frac{di_{qs}^{r}}{dt}=-\frac{r_s}{L_{ss}}i_{qs}^{r}-\frac{\lambda'^{r}_{m}}{L_{ss}}\omega_r+\frac{1}{L_{ss}}v_{qs}^{r} \tag{8.10-16}$$

式（8.10-10）对 ω_r 依然适用，系统可用一系列的线性方程来表述。状态方程以矩阵形式表示如下：

$$p\begin{bmatrix} i_{qs}^{r} \\ \omega_r \end{bmatrix}=\begin{bmatrix} -\frac{r_s}{L_{ss}} & -\frac{\lambda'^{r}_{m}}{L_{ss}} \\ \left(\frac{P}{2}\right)^2\frac{\lambda'^{r}_{m}}{J} & -\frac{B_m}{J} \end{bmatrix}\begin{bmatrix} i_{qs}^{r} \\ \omega_r \end{bmatrix}+\begin{bmatrix} \frac{1}{L_{ss}} & 0 \\ 0 & -\frac{P}{2}\frac{1}{J} \end{bmatrix}\begin{bmatrix} v_{qs}^{r} \\ T_L \end{bmatrix} \tag{8.10-17}$$

以式（8.10-17）形式表示的状态方程，被称为基本形式。特别是，它可以被象征性地表示为

$$px=\boldsymbol{Ax}+\boldsymbol{Bu} \tag{8.10-18}$$

这基本形式中，p 表示微分算子 d/dt，$\boldsymbol{x}$ 是状态向量（状态变量的列向量），$\boldsymbol{u}$ 是输入向量（系统输入量的列向量）。我们可以看到式（8.10-17）和式（8.10-18）在形式上是相似的。解式（8.10-18）这种基本形式方程的方法是大家熟知的。因此该方法被广泛应用于控制分析中[3]。在结束之前，再次回顾本节中对线性微分方程组的限制。首先，v_{ds}^{r} 必须是零，即 $\phi_v=0$。其次，忽略 i_{ds}^{r}，这意味着 v_{qs}^{r}、T_e、ω_r 都不能为负。后一个条件是比较苛刻的，尤其是在系统变量波动范围比较大的情况下，很容易违背这个条件。最后一点，定子时间常数 τ_s 一般来说可以不考虑，所以传递函数中使用的是稳态转矩—转速特性。如图 8.7-2 中所示，在机械系统惯量比较小的情况下，计算转子速度的时候可能会出现错误。

SP8.10-1 设 $\phi_v=0$，但不忽略 i_{ds}^{r}，系统微分方程是线性的吗？i_{ds}^{r} 是状态变量吗？[不；如果给出的方程如式（8.10-11）形式就是]

SP8.10-2 在 $\phi_v=0$ 的前提下我们对系统进行稳态运行分析时忽略 i_{ds}^{r} 和忽略 $\omega_r^2L_{ss}^2$ 有什么区别？[没有]

SP8.10-3 图 8.10-2 对第 8.9 节中描述的恒转矩运行模式是否有效？为什么？[不行；对于恒转矩运行，仅在 $\omega_r=0$ 时有 $V_{ds}^{r}=0$ 即 $\phi_v=0$]

8.11 直轴和交轴电感

目前为止，我们在对于永磁交流电机的分析中认为 L_{md} 和 L_{mq} 相等，因此有

$$L_s=\begin{bmatrix} L_{ls}+L_{ms} & 0 \\ 0 & L_{ls}+L_{ms} \end{bmatrix} \tag{8.11-1}$$

即式（8.3-13）。但是实际上由于转子凸极或直交轴上铁磁材料类型的不同，直轴和交轴磁阻并不相同。实际上由于永磁体的放置，直轴磁阻可能会比交轴磁阻大一些。尽管在大多数情况下，两者的相差不会很大，不同 q－轴和 d－轴磁阻可以通过式（1.7-29），以及围绕式（5.4-20）到式（5.4-23）开展的讨论来分析。尤其是当我们将式（5.4-22）和式（5.4-23）写成稍有不同的形式，同时在（5.4-23）中加入 λ'^{r}_{m}：

$$\lambda^{r}_{qs} = (L_{ls} + L_{mq})i^{r}_{qs} \tag{8.11-2}$$

$$\lambda^{r}_{ds} = (L_{ls} + L_{md})i^{r}_{ds} + \lambda'^{r}_{m} \tag{8.11-3}$$

也可以写成

$$\lambda^{r}_{qs} = L_{q}i^{r}_{qs} \tag{8.11-4}$$

$$\lambda^{r}_{ds} = L_{d}i^{r}_{ds} + \lambda'^{r}_{m} \tag{8.11-5}$$

应该将式（8.11-4）和式（8.11-5）与式（8.5-6）和式（8.5-7）相比较。明显地，如果 $L_d = L_q$ 则 $L_{md} = L_{mq}$，我们又回到了式（8.5-6）和式（8.5-7）。

我们的目标并不是用式（8.11-4）和式（8.11-5）在 L_d 和 L_q 不等的情况下，把之前的方程重新推导一次，这些工作在文献［1］中有。但是，指出其中的不同是件有趣的事情，qs^r－和 ds^r－的电压方程变为

$$v^{r}_{qs} = (r_s + pL_q)i^{r}_{qs} + \omega_r L_d i^{r}_{ds} + \omega_r \lambda'^{r}_{m} \tag{8.11-6}$$

$$v^{r}_{ds} = (r_s + pL_d)i^{r}_{ds} - \omega_r L_q i^{r}_{qs} \tag{8.11-7}$$

转矩方程可以表示为

$$T_e = \frac{P}{2}(\lambda^{r}_{ds}i^{r}_{qs} - \lambda^{r}_{qs}i^{r}_{ds}) \tag{8.11-8}$$

对于线性磁系统

$$T_e = \frac{P}{2}[\lambda'^{r}_{m}i^{r}_{qs} + (L_d - L_q)i^{r}_{qs}i^{r}_{ds}] \tag{8.11-9}$$

需要注意的是，如果 L_d 和 L_q 差别较大，受控的永磁交流电机作为无刷直流电机（$\phi_v = 0$）运行时，其转矩形式与永磁直流电机的会在某种程度上有所不同。

稳态电压方程变为

$$\widetilde{V}_{as} = (r_s + j\omega_r L_q)\widetilde{I}_{as} + \widetilde{E}_a \tag{8.11-10}$$

其中

$$\widetilde{E}_a = \frac{1}{\sqrt{2}}[\omega_r(L_d - L_q)I^{r}_{ds} + \omega_r\lambda'^{r}_{m}]e^{j0} \tag{8.11-11}$$

SP8.11-1　求 $L_d \neq L_q$ 情况下的 V^{r}_{qs} 和 V^{r}_{ds} 的表达式。［$V^{r}_{qs} = r_s I^{r}_{qs} + \omega_r L_d I^{r}_{ds} + \omega_r\lambda'^{r}_{m}$；$V^{r}_{ds} = r_s I^{r}_{ds} - \omega_r L_q I^{r}_{qs}$］

SP8.11-2 一台永磁交流电机通过控制使得 $I_{ds}^{r}=0$，并有 $L_q=1.5L_d$。求 T_e 表达式。$\left[T_e=\frac{P}{2}\lambda'^{r}_{m}I_{qs}^{r}\right]$

SP8.11-3 对于SP8.11-1中给出的电机，控制其运行在恒功率模式，其转矩可以由式（8.11-9）表示，为什么？［恒功率控制中，I_{ds}^{r}不为零］

8.12 三相永磁交流电机

图8.12-1中所示为一台两极三相永磁交流电机。定子绕组是相同的三相绕组，间隔2/3π。绕组以正弦分布，每相等效匝数为 N_s，电阻为 r_s。电磁转矩是由转子永磁体的磁极以及定子绕组中流过电流所建立的旋转气隙中mmf的磁极相互作用而产生的。由三相对称定子绕组中通过的三相平衡电流所产生的旋转气隙mmf（mmf_s）由式（4.4-18）给出。

电压方程和绕组电感

如图8.12-1中所示的两极三相永磁交流电机的电压方程可以表示为

$$v_{as}=r_s i_{as}+\frac{d\lambda_{as}}{dt} \tag{8.12-1}$$

$$v_{bs}=r_s i_{bs}+\frac{d\lambda_{bs}}{dt} \tag{8.12-2}$$

$$v_{cs}=r_s i_{cs}+\frac{d\lambda_{cs}}{dt} \tag{8.12-3}$$

矩阵形式如下：

$$v_{abcs}=\boldsymbol{r}_s\boldsymbol{i}_{abcs}+p\boldsymbol{\lambda}_{abcs} \tag{8.12-4}$$

对于电压、电流和磁通有

$$(\boldsymbol{f}_{abcs})^{T}=[f_{as}\quad f_{bs}\quad f_{cs}] \tag{8.12-5}$$

且

$$\boldsymbol{r}_s=\begin{bmatrix} r_s & 0 & 0\\ 0 & r_s & 0\\ 0 & 0 & r_s\end{bmatrix} \tag{8.12-6}$$

磁链方程可以表示为

$$\lambda_{as}=L_{asas}i_{as}+L_{asbs}i_{bs}+L_{ascs}i_{cs}+\lambda_{asm} \tag{8.12-7}$$

$$\lambda_{bs}=L_{bsas}i_{as}+L_{bsbs}i_{bs}+L_{bscs}i_{cs}+\lambda_{bsm} \tag{8.12-8}$$

$$\lambda_{cs}=L_{csas}i_{as}+L_{csbs}i_{bs}+L_{cscs}i_{cs}+\lambda_{csm} \tag{8.12-9}$$

矩阵形式如下：

$$\boldsymbol{\lambda}_{abcs}=\boldsymbol{L}_s\boldsymbol{i}_{abcs}+\boldsymbol{\lambda}'_m \tag{8.12-10}$$

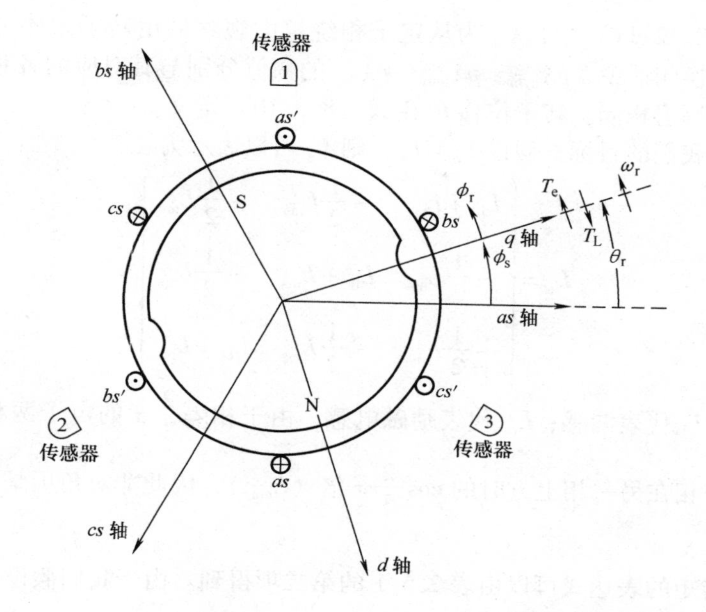

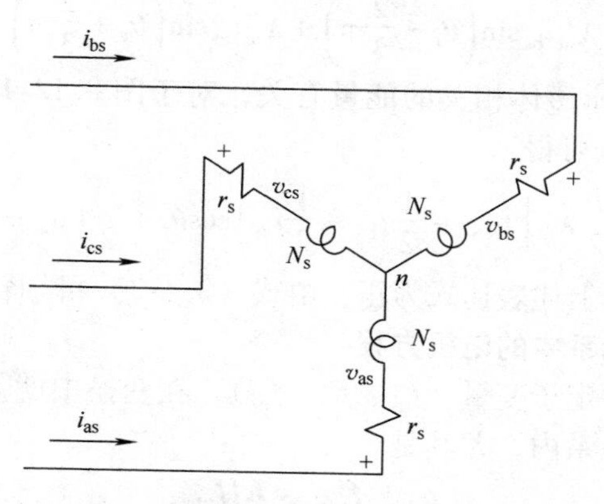

图 8.12-1　两极三相永磁交流电机

其中，$\boldsymbol{\lambda}'_m$ 为列向量

$$\boldsymbol{\lambda}'_m \begin{bmatrix} \lambda_{asm} \\ \lambda_{bsm} \\ \lambda_{csm} \end{bmatrix} = \boldsymbol{\lambda}'_m \begin{bmatrix} \sin\theta_r \\ \sin\left(\theta_r - \frac{2}{3}\pi\right) \\ \sin\left(\theta_r + \frac{2}{3}\pi\right) \end{bmatrix} \tag{8.12-11}$$

在式（8.12-11）中，λ'_m 为从定子相绕组中观察的由转子永磁体产生的磁链的幅值。换句话说，$p\lambda_{asm}$、$p\lambda_{bsm}$、$p\lambda_{csm}$的幅值分别与其对应的各相绕组的开路感应电压幅值相同。转子位移 θ_r 由式（8.3-10）定义。

为实现我们的目标，假设 $L_d = L_q$，则 $\boldsymbol{L}_s$ 可以表示为

$$\boldsymbol{L}_s = \begin{bmatrix} L_{ls} + L_{ms} & -\frac{1}{2}L_{ms} & -\frac{1}{2}L_{ms} \\ -\frac{1}{2}L_{ms} & L_{ls} + L_{ms} & -\frac{1}{2}L_{ms} \\ -\frac{1}{2}L_{ms} & -\frac{1}{2}L_{ms} & L_{ls} + L_{ms} \end{bmatrix} \tag{8.12-12}$$

其中，L_{ls}代表漏感；L_{ms}代表励磁电感。由于相隔$\frac{2}{3}\pi$ 的定子两相绕组之间的互感为一相在另一相上方时的 $\cos\frac{2}{3}\pi$ 倍（L_{ams}），因此非对角项是 $-\frac{1}{2}L_{ms}$。

转矩

电磁转矩的表达式可以由表 2.5-1 的第二项得到。由于我们假设电磁系统是线性的，磁场及虚能量是相等的。

$$W_c = \frac{1}{2}L_{ss}(i_{as}^2 + i_{bs}^2 + i_{cs}^2) - \frac{1}{2}L_{ms}(i_{as}i_{bs} + i_{as}i_{cs} + i_{bs}i_{cs}) + \lambda'_m i_{as}\sin\theta_r + \lambda'_m i_{bs}\sin\left(\theta_r - \frac{2}{3}\pi\right) + \lambda'_m i_{cs}\sin\left(\theta_r + \frac{2}{3}\pi\right) + W_{pm} \tag{8.12-13}$$

其中，W_{pm}与永磁体相关的能量有关，对于图 8.12-1 中所示的电机则为常数。对 θ_r 求偏微分可得

$$T_e = \frac{P}{2}\lambda'_m\left[\left(i_{as} - \frac{1}{2}i_{bs} - \frac{1}{2}i_{cs}\right)\cos\theta_r + \frac{\sqrt{3}}{2}(i_{bs} - i_{cs})\sin\theta_r\right] \tag{8.12-14}$$

电动机运行时上述表达式为正。由式（8.4-3）可知转矩和转速可能相关。

转子参考坐标系中的电机方程

由于存在三个定子变量（f_{as}、f_{bs}、f_{cs}），在变换中就需要三个替换变量来将其转换到转子参考系内，尤其是

$$\boldsymbol{f}_{qd0s}^r = \boldsymbol{K}_s^r \boldsymbol{f}_{abcs} \tag{8.12-15}$$

其中

$$(\boldsymbol{f}_{qd0s}^r)^T = [f_{qs}^r \quad f_{ds}^r \quad f_{0s}^r] \tag{8.12-16}$$

$$\boldsymbol{K}_s^r = \frac{2}{3}\begin{bmatrix} \cos\theta_r & \cos\left(\theta_r - \frac{2}{3}\pi\right) & \cos\left(\theta_r + \frac{2}{3}\pi\right) \\ \sin\theta_r & \sin\left(\theta_r - \frac{2}{3}\pi\right) & \sin\left(\theta_r + \frac{2}{3}\pi\right) \\ \frac{1}{2} & \frac{1}{2} & \frac{1}{2} \end{bmatrix} \tag{8.12-17}$$

其中，转子位置 θ_r 由（8.3-10）定义，$\boldsymbol{K}_s^r$ 的逆矩阵表示如下：

$$(\boldsymbol{K}_s^r)^{-1}=\begin{bmatrix}\cos\theta_r & \sin\theta_r & 1\\ \cos\left(\theta_r-\frac{2}{3}\pi\right) & \sin\left(\theta_r-\frac{2}{3}\pi\right) & 1\\ \cos\left(\theta_r+\frac{2}{3}\pi\right) & \sin\left(\theta_r+\frac{2}{3}\pi\right) & 1\end{bmatrix} \tag{8.12-18}$$

值得注意的是之前在两相中使用的（$\boldsymbol{K}_s^r$）同样地在这里也被用于三相。式（8.12-17）是用于同步电机的最初的帕克变换[2]。零变量 f_{0s} 是第三个替换变量，并且在平衡条件下其值为零。并且 f_{0s} 和 θ_r 无关，因此零变量和定子电路有关。因此，零变量没有上标。

将变量变换代入由式（8.12-4）给出的定子电压方程有

$$(\boldsymbol{K}_s^r)^{-1}\boldsymbol{v}_{qd0s}^r=\boldsymbol{r}_s(\boldsymbol{K}_s^r)^{-1}\boldsymbol{i}_{qd0s}^r+\mathrm{p}[(\boldsymbol{K}_s^r)^{-1}\boldsymbol{\lambda}_{qd0s}^r] \tag{8.12-19}$$

两边同左乘 $\boldsymbol{K}_s^r$ 以得到

$$\boldsymbol{v}_{qd0s}^r=\boldsymbol{r}_s\boldsymbol{i}_{qd0s}^r+\omega_r\boldsymbol{\lambda}_{dqs}^r+p\boldsymbol{\lambda}_{qd0s}^r \tag{8.12-20}$$

其中

$$(\boldsymbol{\lambda}_{qds}^r)^T=[\lambda_{ds}^r\quad -\lambda_{qs}^r\quad 0] \tag{8.12-21}$$

若有需要对于从式（8.12-19）推导式（8.12-20），那么附录 A 中的三角函数关系式会提供相应帮助。

对于线性磁系统，定子磁链由式（8.12-10）给出，将变量变换代入式（8.12-10）有

$$(\boldsymbol{K}_s^r)^{-1}\boldsymbol{\lambda}_{qd0s}^r=\boldsymbol{L}_{ss}(\boldsymbol{K}_s^r)^{-1}\boldsymbol{i}_{qd0s}^r+\boldsymbol{\lambda}'_m \tag{8.12-22}$$

左乘 $\boldsymbol{K}_s^r$ 有

$$\boldsymbol{\lambda}_{qd0s}^r=\begin{bmatrix}L_{ls}+\frac{3}{2}L_{ms} & 0 & 0\\ 0 & L_{ls}+\frac{3}{2}L_{ms} & 0\\ 0 & 0 & L_{ls}\end{bmatrix}\begin{bmatrix}i_{qs}^r\\ i_{ds}^r\\ i_{0s}^r\end{bmatrix}+\lambda_m'^r\begin{bmatrix}0\\1\\0\end{bmatrix} \tag{8.12-23}$$

为了和之前使用的符号一致，我们将上标 r 加入 λ'_m，有以下形式

$$v_{qs}^r=r_si_{qs}^r+\omega_r\lambda_{ds}^r+p\lambda_{qs}^r \tag{8.12-24}$$

$$v_{ds}^r=r_si_{ds}^r-\omega_r\lambda_{qs}^r+p\lambda_{ds}^r \tag{8.12-25}$$

$$v_{0s}=r_si_{0s}+p\lambda_{0s} \tag{8.12-26}$$

其中

$$\lambda_{qs}^r=L_{ss}i_{qs}^r \tag{8.12-27}$$

$$\lambda_{ds}^r=L_{ss}i_{ds}^r+\lambda_m^r \tag{8.12-28}$$

$$\lambda_{0s}=L_{ls}i_{0s} \tag{8.12-29}$$

得到

$$L_{ss}=L_{ls}+\frac{3}{2}L_{ms} \tag{8.12-30}$$

此处我们必须谨慎。在两相电机中，我们也使用L_{ss}。在两相电机里$L_{ss}=L_{ls}+L_{ms}$，而在这里则是$L_{ss}=L_{ls}+3/2L_{ms}$。尽管对于两相和三相电机我们可能应该使用不同的符号，但是本书仍将使用相同符号。在此后章节中我们将对此多加注意。

将式（8.12-27）至式（8.12-29）代入式（8.12-24）至式（8.12-26），且由于λ'^{r}_{m}为常数，$p\lambda'^{r}_{m}=0$，可得

$$v_{qs}^{r}=(r_s+pL_{ss})i_{qs}^{r}+\omega_r L_{ss}i_{ds}^{r}+\omega_r\lambda'^{r}_{m} \tag{8.12-31}$$

$$v_{ds}^{r}=(r_s+pL_{ss})i_{ds}^{r}-\omega_r L_{ss}i_{qs}^{r} \tag{8.12-32}$$

$$v_{0s}=(r_s+pL_{ls})i_{0s} \tag{8.12-33}$$

注意到式（8.12-31）的v_{qs}^{r}和式（8.12-32）的v_{ds}^{r}分别与由式（8.5-9）和式（8.5-10）中给出的两相电机的v_{qs}^{r}和v_{ds}^{r}在形式上是类似的。以上方程以矩阵形式可写为

$$\begin{bmatrix}v_{qs}^{r}\\v_{ds}^{r}\\v_{0s}\end{bmatrix}=\begin{bmatrix}r_s+pL_{ss} & \omega_r L_{ss} & 0\\-\omega_r L_{ss} & r_s+pL_{ss} & 0\\0 & 0 & r_s+pL_{ls}\end{bmatrix}\begin{bmatrix}i_{qs}^{r}\\i_{ds}^{r}\\i_{0s}\end{bmatrix}+\begin{bmatrix}\omega_r\lambda'^{r}_{m}\\0\\0\end{bmatrix} \tag{8.12-34}$$

电磁转矩公式可以通过将式（8.12-14）中的i_{as}、i_{bs}、i_{cs}表示为和得到，或者更简单地根据6.7节或7.5节中提到的平衡功率关系得到

$$T_e=\frac{3}{2}\frac{P}{2}\lambda'^{r}_{m}i_{qs}^{r} \tag{8.12-35}$$

电动机运行状态时，电磁转矩为正。

例8E 一台四极永磁交流电机参数如下：$r_s=3.4\Omega$，$L_{ls}=1.1\text{mH}$，$L_{ms}=7.33\text{mH}$，当电机以1000 r/min的速度运行时，开路线电压为正弦且峰－峰值为60V。求L_{ss}和λ'^{r}_{m}。

首先将这些参数代入式（8.12-30）有

$$\begin{aligned}L_{ss}&=L_{ls}+\frac{3}{2}L_{ms}\\&=1.1+\frac{3}{2}(7.33)=12.1\text{mH}\end{aligned} \tag{8E-1}$$

注意到我们选择L_{ms}使得这里的L_{ss}和例8A中是一样的。这有助于让我们对本质上相同参数的两相电机和三相电机做一个直观的比较。

计算λ'^{r}_{m}有一些复杂，实际测量的以rad/s为单位的转子转速为

$$\omega_{rm}=\frac{(r/min)(rad/r)}{s/min}$$
$$\frac{(1000)(2\pi)}{60}=\frac{100}{3}\pi\ rad/s \tag{8E-2}$$

电角速度为

$$\omega_r=\frac{P}{2}\omega_{rm}$$
$$=\frac{4}{2}\ \frac{100\pi}{3}=\frac{200}{3}\pi\ \ rad/s \tag{8E-3}$$

让我们假设所测得的开路电压是 a、b 两端间电压，因此根据式（8.12-1）和式（8.12-2）以及附录 C，在 $i_{as}=i_{bs}=0$ 时有

$$v_{ab}=v_{as}-v_{bs}=\frac{d\lambda_{as}}{dt}-\frac{d\lambda_{bs}}{dt} \tag{8E-4}$$

根据式（8.12-7）、式（8.12-8）和式（8.12-11），并且考虑到前面说的 λ'_m 和 λ'^r_m 是一样的量，我们可以将式（8E-4）写成

$$v_{ab}=\frac{d}{dt}\left\{\lambda'^r_m\left[\sin\theta_r-\sin\left(\theta_r-\frac{2}{3}\pi\right)\right]\right\}$$
$$=\lambda'^r_m\omega_r\left[\cos\theta_r-\cos\left(\theta_r-\frac{2}{3}\pi\right)\right]$$
$$=\lambda'^r_m\omega_r\left(\cos\theta_r-\cos\theta_r\cos\frac{2}{3}\pi-\sin\theta_r\sin\frac{2}{3}\pi\right) \tag{8E-5}$$
$$=\lambda'^r_m\omega_r\left(\frac{3}{2}\cos\theta_r-\frac{\sqrt{3}}{2}\sin\theta_r\right)$$
$$=\sqrt{2}\lambda'^r_m\omega_r\cos\left(\theta_r+\frac{1}{6}\pi\right)$$

取微分之后我们本来可以使用相量的概念。也就是说，从式（8E-5）的第二行，我们可以写出

$$\widetilde{V}_{ab}=\frac{\lambda'^r_m\omega_r}{\sqrt{2}}(1\angle 0°-1\angle -120°)$$
$$=\frac{\lambda'^r_m\omega_r}{\sqrt{2}}\left(\frac{3}{2}+j\frac{\sqrt{3}}{2}\right)=\frac{\sqrt{3}\lambda'^r_m\omega_r}{\sqrt{2}}\angle 30° \tag{8E-6}$$

此时，电压峰 - 峰值为 60V，根据式（8E-5）或式（8E-6）有

$$\frac{60}{2}=\sqrt{3}\lambda'^r_m\frac{200}{2}\pi \tag{8E-7}$$

因为是峰 - 峰值所以电压要除以 2，求 λ'^r_m 可得

$$\lambda'^{r}_{m} = \frac{\frac{60}{2}}{\sqrt{3}\left(\frac{200}{3}\pi\right)} = 0.0826\text{V} \cdot \text{s/rad} \tag{8E-8}$$

平衡运行时的定子电压

当三相永磁交流电机是由三相平衡电源供电时，相电压可以表示为

$$v_{as} = \sqrt{2}v_s\cos\theta_{esv} \tag{8.12-36}$$

$$v_{bs} = \sqrt{2}v_s\cos\left(\theta_{esv} - \frac{2}{3}\pi\right) \tag{8.12-37}$$

$$v_{cs} = \sqrt{2}v_s\cos\left(\theta_{esv} + \frac{2}{3}\pi\right) \tag{8.12-38}$$

定子供电电压的基波分量形成三相平衡的 abc 序列，其幅值 v_s 是时间的函数。在式（8.12-36）至式（8.12-38）中，

$$\omega_e = \frac{d\theta_{esv}}{dt} \tag{8.12-39}$$

$\theta_{esv}(0)$ 是供电电压的零时刻的位置。如果将这些电压代入变换方程式（8.12-15），当 $\omega_r = \omega_e$ 时，我们可得

$$v_{qs}^{r} = \sqrt{2}v_s\cos\phi_v \tag{8.12-40}$$

$$v_{ds}^{r} = -\sqrt{2}v_s\sin\phi_v \tag{8.12-41}$$

并且在平衡条件下，$v_{0s} = 0$。为了简化，

$$\phi_v = \theta_{esv} - \theta_r \tag{8.12-42}$$

其中，$\theta_r(0)$ 一般来说设为零。需要注意的是式（8.12-40）至式（8.12-42）分别和两相电机的式（8.5-14）到式（8.5-16）是相同的。有意思的是注意到式（8.12-17）中 $\boldsymbol{K}_s^r$ 的因数为$\frac{2}{3}$，它使得 v_{qs}^r 和 v_{ds}^r 的最大幅值与 v_{as}、v_{bs}、v_{cs} 相同。

重要的是要意识到，在两相电机中改变 v_{qs}^r 和 v_{ds}^r 有两种方法。尤其是考虑由式（8.12-40）和式（8.12-41）分别给出的 v_{qs}^r 和 v_{ds}^r。当 v_s 发生改变时两者的幅值会发生变化，并且当 ϕ_v 发生改变时，两者的相对幅值也会发生变化。

两相和三相电机方程的比较

比较两相和三相永磁交流电机的电压和转矩方程的重要的不同之处和相似之处看上去是适当的。首先，我们注意到三相电机转矩方程中有系数$\frac{3}{2}$，而在两相电机中系数为1。实际上这个数可以写成$\frac{n_p}{2}$，其中的 n_p 为定子相数。

接下来，我们在定义三相电机变量变换时介绍了零变量。但是，当三相平衡

或者考虑了三线定子的情况下，有 $i_{as}+i_{bs}+i_{cs}=0$，则零变量为零[1]。

即使我们介绍了零变量，也不会改变在转子参考系中电压方程的形式。注意到式（8.12-31）和式（8.12-32）在形式上分别与式（8.5-9）和式（8.5-10）相同。因此，由于零变量为零，描述三相和两相电机的电压方程是相同的。

此外，当我们使用两相的 $\boldsymbol{K}_s^r$ 来对平衡的两相进行变换时，我们注意到使用三相 $\boldsymbol{K}_s^r$ 对平衡的三相进行变换也会得到相同表达式。将式（8.12-40）、式（8.12-41）与式（8.5-14）、式（8.5-15）分别比较即可发现这一情况。

也许最容易忽视的区别是，在两相电机中 $L_{ss}=L_{ls}+L_{ms}$；而在三相电机之中 $L_{ss}=L_{ls}+\frac{3}{2}L_{ms}$。在两相或三相感应电机和/或同步电机中我们也看到了类似的情况。

到此读者已经明白不需要对三相电机进行类似于之前两相电机的分析了。显然，对两相电机的分析只要做一些微小的修正就可以用于三相电机。对三相电机，这些修正就是：（1）当你看到 L_{ss} 时使用 $L_{ls}+\frac{3}{2}L_{ms}$；（2）将转矩（T_e）乘以 $\frac{3}{2}$。

SP8.12-1 两相永磁交流电机中 V_{qs}^r 和 V_{ds}^r 的电压方程，式（8.5-9）和式（8.5-10），其在形式上和三相电机中的式（8.12-34）类似，除了零变量之外还有其他区别么？[有，L_{ss}]

SP8.12-2 在给定输入电压峰值的情况下，如何才能使两相和三相电机产生的转矩 T_e 相同？$\left[L_{ms2}=\frac{3}{2}L_{ms3}；\lambda_{m2}'^{r}=\frac{3}{2}\lambda_{m3}'^{r}\right]$

8.13 三相无刷直流电机

无刷直流电机的速度控制一般是通过改变相电压的幅值或者通过脉冲宽度调制（Pulse Width Modulation，PWM），PWM 是在频率高于相电压基波频率的情况下通过开关器件的导通或关断电压到零来控制相电压。在考虑 PWM 的基本形式之前，首先考虑一台由六拍连续电流逆变器供电的三相无刷直流电机的运行，其中电机每相都接在或正或负的直流电源上。

图 8.13-1 是逆变器中电路结构图，其开关逻辑如图 8.13-2 所示。明显地，在无刷直流电机逆变器驱动系统中，定子供电电压角位移 θ_r 由式（8.3-10）定义。考虑图 8.13-1 中一个管脚（相）的工作方式。晶体管通断的逻辑开关（换相）的逻辑信号如图 8.13-2 所示。T1 在 $\theta_r=-90°$ 时导通且在 $\theta_r=90°$ 时关断，而在这时 T4 导通。假设晶体管的关断时间可以忽略，则晶体管变为理想状态。

在T1关断的时刻，通路上的电流通过和T4并行的二极管续流。二极管持续导通直到电流降为零。一旦i_{as}反向，就由T4导通。这种逆变器的运行方式一般被称为连续电压或者连续电流模式，有些时候也被称为180°导通方式。我们马上将考虑电流在晶体管和二极管中流动的细节。

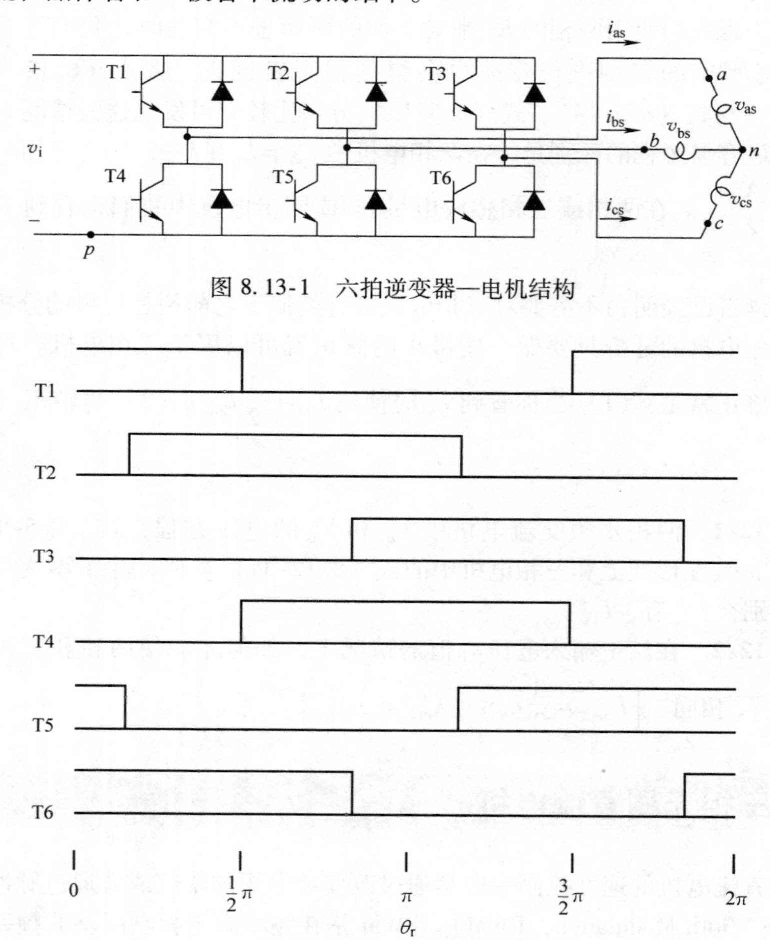

图 8.13-1　六拍逆变器—电机结构

图 8.13-2　晶体管开关逻辑

根据图8.13-1可以写出如下电压方程：

$$v_{ap} = v_{as} + v_{np} \tag{8.13-1}$$

$$v_{bp} = v_{bs} + v_{np} \tag{8.13-2}$$

$$v_{cp} = v_{cs} + v_{np} \tag{8.13-3}$$

定子以三线制连接，其中有$i_{as}+i_{bs}+i_{cs}=0$，并且因此有v_{as}、v_{bs}、v_{cs}的和为零。将式（8.13-1）至式（8.13-3）相加，我们得到

$$v_{np}=\frac{1}{3}(v_{ap}+v_{bp}+v_{cp}) \tag{8.13-4}$$

因此

$$v_{as}=\frac{2}{3}v_{ap}-\frac{1}{3}(v_{bp}+v_{cp}) \tag{8.13-5}$$

$$v_{bs}=\frac{2}{3}v_{bp}-\frac{1}{3}(v_{ap}+v_{cp}) \tag{8.13-6}$$

$$v_{cs}=\frac{2}{3}v_{cp}-\frac{1}{3}(v_{ap}+v_{bp}) \tag{8.13-7}$$

其中，v_{ap}、v_{bp}、v_{cp}根据 T1 ~ T6 开关状态的不同为 v_i 或者为零。之后我们将详细分析电压的波形。

这种无刷直流电机逆变器系统在自由加速阶段的特性如图 8.13-3 所示。电机参数如之前所给，其中的三相电机的 $L_{ms}=7.3\text{mH}$，这样可使三相和两相电机例子中的 L_{ss}相等。为了方便比较，将逆变器电压设为 25V，这样 v_{qs}^r的常数分量和定子正弦供电电压相同（稍后可见）。对于图 8.7-1 中所描绘的变量图，线电压 v_{ab}以及 d 轴电压 v_{ds}^r如图 8.13-3 中所示。自由加速阶段的转矩—转速特性如图 8.13-4 所示。在负载变化时该系统的动态性能如图 8.13-5 所示。如图 8.7-3 所示波形，其转动惯量是图 8.13-3 和图 8.13-4 中的 40%，负载转矩从 0.1N · m 加到 0.4N · m 再减回到 0.1N · m。注意三相电机的 T_L 是两相电机的$\frac{2}{3}$倍。由连续电流逆变器驱动的无刷直流电机和由两相正弦电压供电的两相电机在稳态和动态性能上十分相似。

进一步观察电流连续逆变器的电压和电流波形，为此只需观察 v_{as}和 i_{as}就足够了。电压 v_{as}由式（8.13-5）给出，其中在 T1 开通而 T4 关断时 v_{ap}为 v_i，而在 T1 关断 T4 开通时 v_{ap}为零。同样的情况 v_{bp}则是对应 T2 和 T5 的通断，而 v_{cp}则是对应 T3 和 T6 的通断。在图 8.13-2 给出的开关逻辑下，由式（8.13-5）所得到的 v_{as}曲线如图 8.13-6 所示。图 8.13-6 中在 v_{as}下面的曲线是 i_{as}。i_{as}的波形是在如图 8.13-5 中 $T_L=0.4\text{N}\cdot\text{m}$ 时的图形。i_{as}下面的曲线是 i_{as}在 T1 中的分量 i_{aT1}；在 D1 中的分量 i_{aD1}；在 T4 中的分量 i_{aT4}；以及在 D4 中的分量 i_{aD4}。其中的 D1、D4 分别是和 T1、T4 并联的二极管。

我们只剩下一件事要做。对于连续电流逆变器在 $\phi_v=0$ 时，v_{qs}^r可以近似为 $2v_i/\pi$。为了证明这一点，让我们假设在图 8.13-6 选择在图中间 v_{as}最大的时刻为零时刻，且我们假定此时 $\theta_r(0)=0$。此处，由于这种零时刻的选择会使得 v_{as}的基波分量中的 $\theta_{esv}(0)$为零，所以 $\phi_v=0$。由傅里叶序列展开可以给出 v_{as}的表达式如下：

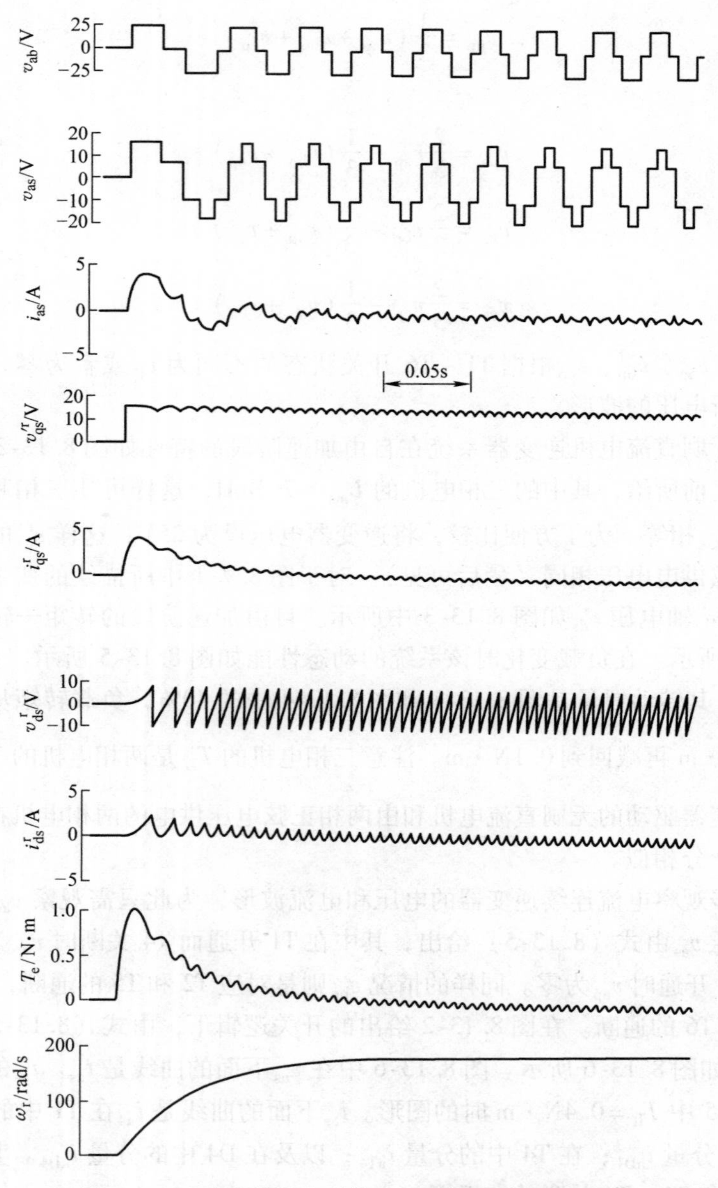

图 8.13-3　由六拍逆变器供电的三相无刷直流电机在自由加速阶段的特性；与图 8.7-1 相比

$$v_{as}=\frac{2v_i}{\pi}\left(\cos\omega_r t+\frac{1}{5}\cos5\omega_r t-\frac{1}{7}\cos7\omega_r t+\cdots\right) \tag{8.13-8}$$

（在章节最后的题目中要求读者对此做出证明）。将式（8.13-8）中的 $\omega_r t$

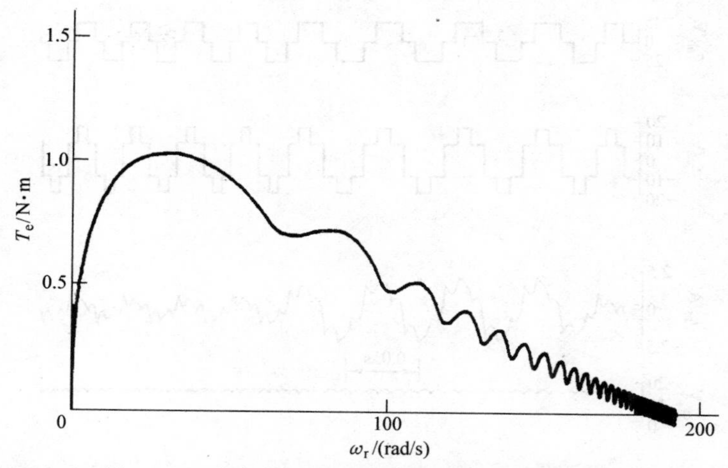

图 8.13-4　图 8.13-3 中自由加速状态的转矩—转速特性；与图 8.7-2 相比

分别改为 $\omega_r t - \frac{2}{3}\pi$ 和 $\omega_r t + \frac{2}{3}\pi$，则可得电压 v_{bs} 和 v_{cs} 的表达式。如果将 v_{as}、v_{bs}、v_{cs} 代入到式（8.12-15）的转换方程中，我们可得

$$v_{qs}^r = \frac{2v_i}{\pi}\left(1 + \frac{2}{35}\cos 6\omega_r t - \frac{2}{143}\cos 12\omega_r t + \cdots\right) \tag{8.13-9}$$

$$v_{ds}^r = \frac{2v_i}{\pi}\left(\frac{12}{35}\sin 6\omega_r \mathrm{t} - \frac{24}{143}\sin 12\omega_r t + \cdots\right) \tag{8.13-10}$$

根据式（8.13-9）和式（8.13-10），我们可以看出如果忽略谐波，v_{qs}^r 就为 $2v_i/\pi$ 并且 v_{ds}^r 为零。回顾一下之前图 8.13-3 和图 8.13-5 中的 v_{qs}^r 和 v_{ds}^r 的波形。v_{qs}^r 平均值是否为 $2v_i/\pi$？v_{ds}^r 平均值是否是零？主要的谐波是否为六次谐波？

尽管我们不去研究细节，在文献［1］中可以看出，在考虑移相的情况下，v_{as} 可以表示为

$$v_{as} = \frac{2v_i}{\pi}\left[\cos(\omega_r \mathrm{t} + \phi_v) + \frac{1}{5}\cos 5(\omega_r t + \phi_v) - \frac{1}{7}\cos 7(\omega_r t + \phi_v) + \cdots\right] \tag{8.13-11}$$

如果忽略谐波，v_{qs}^r 和 v_{ds}^r 就可以表示为

$$v_{qs}^r = \frac{2v_1}{\pi}\cos\phi_v \tag{8.13-12}$$

$$v_{ds}^r = -\frac{2v_i}{\pi}\sin\phi_v \tag{8.13-13}$$

此时我们可以清楚地意识到，无刷直流电机的特性和恒励磁电流供电的直流并励电机或者永磁直流电机基本一样。通过改变输入电压的幅值就可以实现这两种电机的调速。考虑一下，表 8.6-1 中给出的无刷直流电机的稳态电磁转矩表达

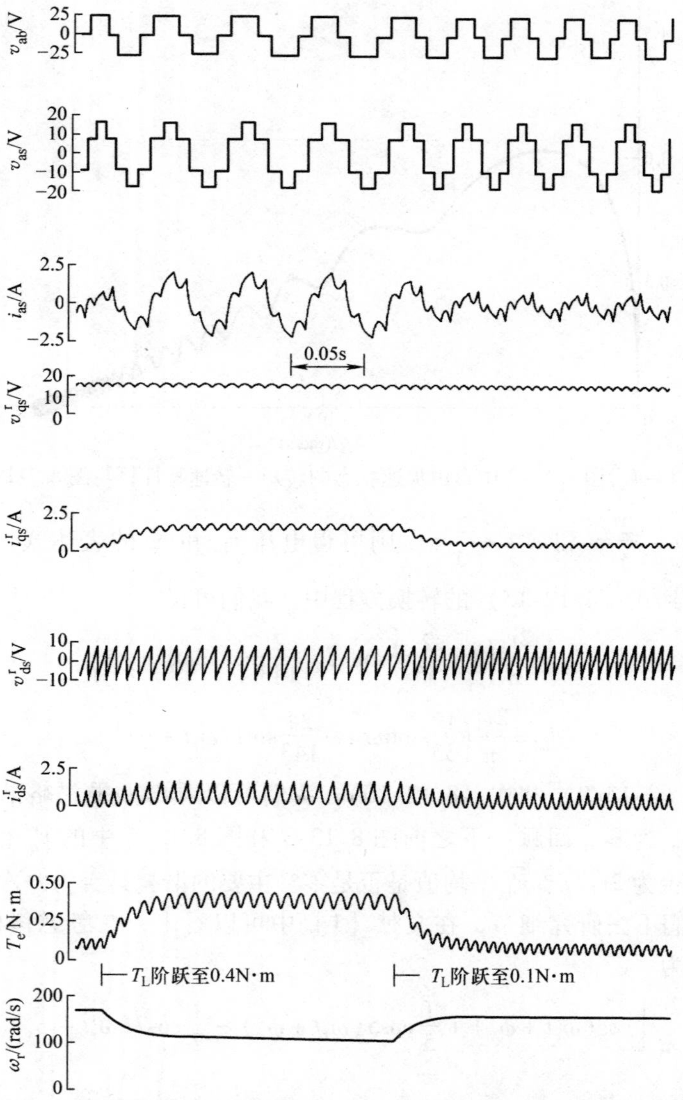

图 8.13-5　负载阶跃变化情况下逆变器供电的三相无刷直流电机的动态特性；与图 8.7-3 相比

式，如果我们忽略分母中的 $\omega_r^2L_{ss}^2$ 这项，转矩就正比于 v_{qs}^r 和 $w_r\lambda'^r_m$之间的差值。电压 v_{qs}^r和逆变器的直流电压相关，如式（8.13-8）。因此，通过调整 v_{qs}^r 可以实现速度控制以满足在电机能力范围内的额定转矩的要求，并维持速度不变。显然，可以通过改变逆变器直流电压 v_i 来改变 v_{qs}^r，而电压 v_i 的改变可以由例如一个可控整流器给逆变器供电来实现。然而在大多数情况下，逆变器是由一个恒压源例如电池来供电的。在这种情况下，需要通过对逆变器的脉宽进行调制来实现电压和转速控制。

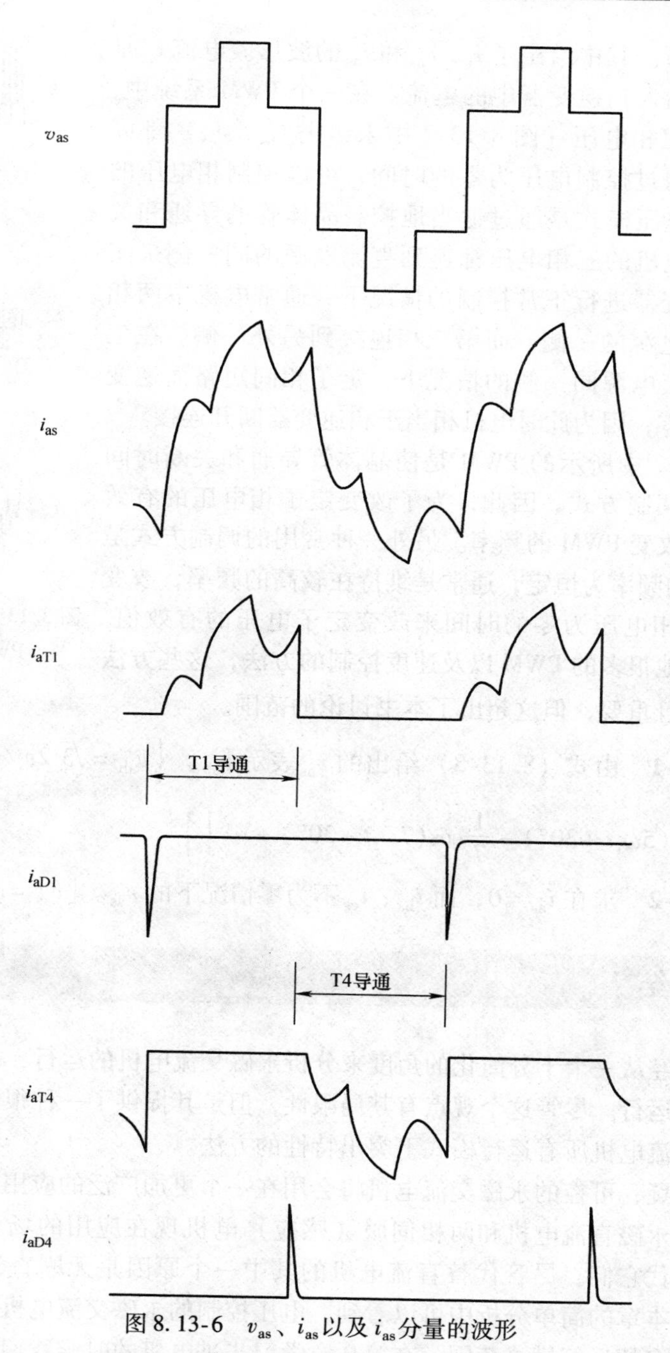

图 8.13-6　v_{as}、i_{as} 以及 i_{as} 分量的波形

尽管可以在之前章节考虑的逆变器中实现 PWM 控制，只考虑单相的情况就足够解释该项技术了。因此，图 8.13-7 给出了一个采用 PWM 的连续电流控制

逆变器的运行。其中给出了 i_i、v_{as} 和 i_{as} 的波形。电流 i_i 是从直流电源输入到逆变器中的电流。在一个 PWM 系统中，定子供电的三相电压（图 8.13-7 中未给出 v_{bs}、v_{cs}）都同时变为零。通过控制电压为零的时间，可以控制相电压的等效值。零电压模式是通过适当地控制晶体管的导通和关断，瞬时将电机的三相电压都连到直流电源的同一侧来实现的。在逆变器进行正常控制的情况下，通常电机中两相连接到直流电源的一侧，而第三相连接到另外一侧。在三相连接到直流电源同一侧的情况下，定子相间短路而逆变器电流 i_i 为零，因为此时电机相当于和逆变器断开连接。

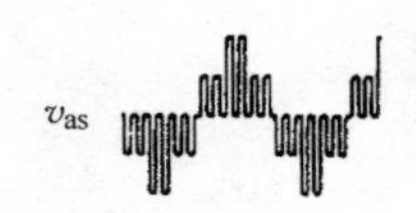

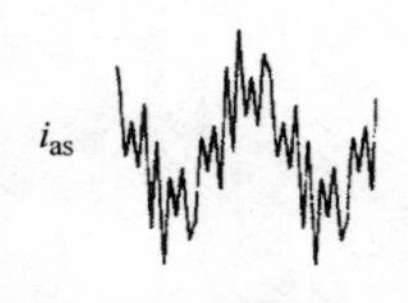

图 8.13-7 逆变器的 PWM 控制

图 8.13-7 中所示的 PWM 是使晶体管导通和关断时间相等的一种调制方式。因此，为了改变定子相电压的有效值，就需要改变 PWM 的频率。另外一种常用的调制方式是保持 PWM 的频率为恒定，通常是维持在较高的频率，改变一个周期内相电压为零的时间来改变定子电压的有效值。当然还有其他很多的 PWM 以及速度控制的方法，这些方法也都有趣并且重要，但这超出了本书讨论的范围。

SP8.13-1 由式（8.13-8）给出的 v_{as} 表示 v_{ab}。$\left\{v_{ab}=\sqrt{3}\,2v_i/\pi\left[\cos(\omega_r t+30°)+\frac{1}{5}\cos(5\omega_r t+30°)-\frac{1}{7}\cos(7\omega_r t+30°)+\cdots\right]\right\}$

SP8.13-2 求在 $i_{as}=0$，而 i_{bs}、i_{cs} 不为零情况下的 v_{as}。$[v_{as}=\omega_r\lambda'^{r}_{m}\cos\theta_r]$

8.14 小结

我们已经从一个十分简化的角度来分析永磁交流电机的运行，包括作为无刷直流电机的运行。尽管这个观点有其局限性，但是其提供了一种很好的描述电压控制永磁交流电机所有运行模式下突出特性的方法。

毋庸置疑，可控的永磁交流电机将会用在一个更加广泛的应用领域中。实际上，在很多永磁直流电机和两相伺服（感应）电机现在应用的场合，永磁交流电机将会取代它们。尽管代替直流电机的其中一个原因是无刷直流电机没有电刷，我们从本章的简单分析中可以看到，电压控制的永磁交流电机有着比永磁直流电机大得多的运行模式范围。在第 9 章学习步进电机的时候我们还会回顾永磁交流电机。作为步进电机使用时，永磁交流电机广泛应用于位置控制系统的定位装置。

8.15 参考文献

[1] P. C. Krause, O. Wasynczuk, and S. D. Sudhoff, *Analysis of Electric Machinery and Drive Systems*, 2nd Edition, IEEE Press, 2002.

[2] R. H. Park, "Two-Reaction Theory of Synchronous Machines – Generalized Method of Analysis – Part I," *AIEE Trans.*, Vol. 48, July 1929, pp. 716-727.

[3] B. C. Kuo, *Automatic Control Systems,* Prentice-Hall Inc., Englewood Cliffs, N.J., 1987.

[4] W. L. Soong and T. J. E. Miller, "Field-Weakening Performance of Brushless Synchronous AC Motor Drives," *IEEE Proceedings Electric Power Application*, Vol, 141, No. 6, Nov. 1994.

8.16 习题

1. 对于一个六极两相永磁交流电机，有 $\lambda'_m = 0.1\text{V} \cdot \text{s}$。计算当转子以 60r/s 的速度转动时其开路电压幅值（峰值）。

2. 从式（8.5-3）开始，推导式（8.5-5）。

3. 通过式（8.4-2）推导式（8.5-17）。（提示：将 i^r_{qs} 用 i_{as}、i_{bs} 表示）

4. 在分析无刷直流电机时，我们选择 $\theta_r(0) = 0$，其中 $\sqrt{2}\widetilde{F}_{as} = F^r_{qs} - jF^r_{ds}$，如果改为 $\theta_r(0) = 1/2\pi$，同样写出这些变量的关系表达式。

5. 参考例 8B，验证式（8B-7）并画出相量图，包含 $\widetilde{V}_{as}$、$\widetilde{E}_a$、$r_s\widetilde{I}_{as}$、$j\omega_r L_{ss}\widetilde{I}_{as}$、$\widetilde{I}_{as}$。

6. 一台四极两相永磁交流电机，由机械负载驱动转速为 $\omega_{rm} = 3600$ r/min，其中一相的开路电压为 50V（rms）。（a）如果移开电机驱动，同时所加电压为 $V_{as} = \sqrt{2}\,25\cos\theta_r$，$V_{bs} = \sqrt{2}\,25\sin\theta_r$，其中 $\theta_r = \omega_r t$，计算 λ'_m。（b）忽略摩擦（即 $B_m = 0$）的情况下计算空载转子的转速 ω_r，单位是 rad/s。

7. 对于例 8C 中的永磁交流电机计算（a）假设 $v^r_{ds} = 0$，求稳态时的起动转矩；（b）稳态空载时的转速，单位是 r/min。

8. 一台两极两相的永磁交流电机的参数如下：$r_s = 2\Omega$，$\lambda'^r_m = 0.0707\text{V} \cdot \text{s/rad}$，$L_{ls} = 1\text{mH}$，$L_{ms} = 9\text{mH}$。输入电压为 $V_{as} = \sqrt{2}\,20\cos\theta_r$，$V_{bs} = \sqrt{2}\,20\sin\theta_r$，其中 $\theta_r = 200t$，（a）计算稳态电磁转矩 T_e；（b）求 I_{as}。

*9. 对于例 8D 中的两个 Φ_v，求（a）$\widetilde{I}_{as}$；（b）稳态起动转矩。

10. 对于习题8中的永磁交流电机，假设输入定子电压为 $V_{as}=\sqrt{2}\,20\cos(\omega_r t+\phi_{vMT})$，$V_{bs}=\sqrt{2}\,20\sin(\omega_r t+\phi_{vMT})$，当转速 $\omega_r=200\ \text{rad/s}$ 时计算$\widetilde{V}_{as}$、$\widetilde{I}_{as}$和 T_e。

11. 速度控制是通过 $\phi_v=0$ 的电压控制完成的。对于例8D的情况，如果移除负载且转速保持在 $\omega_r=40\pi\ \text{rad/s}$，计算所需的 V_s 和空载电流$\widetilde{I}_{as}$。

12. 计算图8.7-3中描述的负载条件下的 ω_r、$\widetilde{E}_a$、$\widetilde{I}_{as}$，并画出包含$\widetilde{V}_{as}$、$\widetilde{E}_a$、$r_s\widetilde{I}_{as}$、$j\omega_r L_{ss}\widetilde{I}_{as}$、$\widetilde{I}_{as}$的相量图，计算时忽略 $\omega_r^2 L_{ss}^2$。

13. 计算图8.7-3中描述的负载条件下的 ω_r，不忽略 $\omega_r^2 L_{ss}^2$，并将结果和题12做比较。

14. 在图8.9-1中，保持恒转矩区域在转速从零到 ω_r，对于例8A中给出参数的永磁交流电机，计算在 $V_s=11.25\text{V}$ 范围内，能够保持额定转矩 T_e 的 ω_r 的最大值。

15. 根据14题，计算恒功率区域下所能达到的最小的 ω_r。

16. 画出有移相时永磁交流电机的时域框图，以 ϕ_v 为输入，不忽略 i_{ds}^r。

17. 推导式（8.10-14）和式（8.10-15）。

18. 画出 $\phi_v=0$ 且不忽略 i_{ds}^r情况下的时域框图。

19. 写出题18的状态方程。

20. 画出对 $0<\theta_r<2\pi$ 情况下，如图8.13-2中所示开关逻辑下的180°连续电流控制的 v_{as}、v_{bs}、v_{cs}、v_{ab}和 v_{np}的波形，假设逆变器电压 v_i 为常数。

*21. 推导式（8.13-9）和式（8.13-10）。

第9章 步进电机

9.1 引言

步进电机主要用于将数字信息转换为机械运动的电机装置。步进电机最早见于上世纪20年代，但是随着数字处理器的发展，其使用范围获得了巨大的提升。无论是工业应用、军用或医用，只要需要从一个位置步进到另一个位置，步进电机都是首选的电机。步进电机有各种各样的形状与大小，但基本可以归为两类——变磁阻步进电机和永磁步进电机。本章将同时考虑这两类电机。我们将会发现变磁阻步进电机的运行原理与之前章节讨论的磁阻电机大致相同，而永磁步进电机原理上与永磁同步电机相近。

9.2 多段变磁阻步进电机的基本结构

变磁阻步进电机有两种常见的类型：单段和多段。两种类型电机的表现都可以用类似的方程来描述。事实上，变磁阻步进电机的运行原理与之前章节讨论的磁阻电机是相同的，只是运行模式不同。但是，还需要定义一些新的名词，一些之前的定义也需要扩展以适用于步进电机。首先，我们会详细讨论多段变磁阻步进电机，接下来会简要讨论单段变磁阻步进电机。

多段变磁阻步进电机的最基本形式由三个或更多共轴的定子磁轴相互错开的单相磁阻电机构成。基本的三段变磁阻步进电机的转子结构如图9.2-1所示。它有三个级联的两极转子，最小磁阻路径对齐于偏移角θ_{rm}。在步进电机术语中，每个两极的转子被称为有两个齿。现在，想象每个转子都有自己独立的单相定子，其磁轴相互错开。在图9.2-1中我们将各个转子标记为a、b和c。对应的定子如图9.2-2所示。as绕组的定子与转子a对应，bs绕组对应转子b，等等。有几件事情需要注意，首先，我们可以看到每个单相定子有两极，与直流电机的结构大致相同，定子绕组缠绕两极。特别的，正向电流从as_1流入，从as'_1流出；as'_1与as_2相连，因此正向电流从as_2流入，as'_2流出。虽然图9.2-1中只显示了as_1，…，as'_2中的一匝绕组，其实as_1和as'_1都代表很多匝，而且as_1到as'_1的匝数（图9.2-2中由$N_s/2$表示）与as_2到as'_2的匝数相同。之前，我们将as轴与最大磁阻路径的偏移角表示为θ_{rm}或θ_r（例如图4.6-1、图4.6-4和图7.2-1），而在图 9.2-2 中，θ_{rm}是与转子的最小磁阻路径的偏移角。因为这是步进电机分析中的常用标准，我们将停止使用之前在磁阻电机和同步电机中的惯例。

步进电机的一段常被称作一相。因此一台三段步进电机通常叫作三相步进电机。这个术语经常会引起误解，因为通常我们认为三相电机为三相交流电机。而步进电机是一个离散的装置，通过向定子绕组轮流施加直流电压来运转。虽然有时会用多于三个段（相），可能多达七个，三段变磁阻步进电机是最常见的。我们必须要修正之前关于相的定义以适应步进电机的要求。

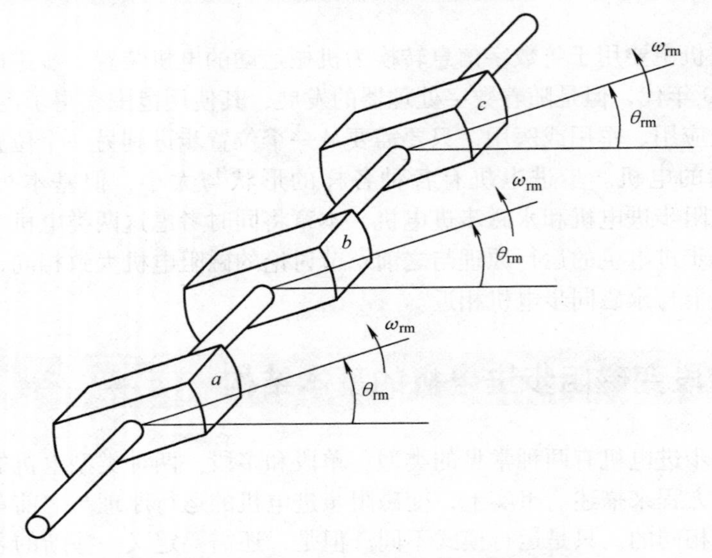

图 9.2-1　两极三段可变磁阻步进电机的转子

在推导方程之前，我们先来看一下这种电机的工作方式。开始时，令图 9.2-2中的 bs 和 cs 绕组开路，给 as 绕组施加一个直流电压，假设可以立刻建立起恒定的电流 i_{as}。此时，因为三相定子的电磁系统是独立的，一个绕组产生的磁通不会与其他绕组交链。因此，只有 a 相绕组通电，磁通只存在于 as 轴。从第 2 章的学习中可以知道，最小磁阻路径时转子的 a 部分会与 as 轴对准。因此，在负载转矩为零的平衡状态下，图 9.2-2 中的各部分的 θ_{rm} 都是相同的：0 或 180°。为简化讨论，假设为零（如果立刻将 i_{as}反向，转子会如何运动）。

步进电机用于将数字或离散信息转化为角度变化。我们来看一下步进是如何实现的。现在将绕组立刻断电，并在 bs 绕组中建立直流电流。转子的最小磁阻路径将其与 bs 轴对准。为实现对准，转子将从 $\theta_{rm}=0$ 顺时针旋转至 $\theta_{rm}=-60°$。注意到我们将磁动势从 as 正轴逆时针移动 120°到 bs 正轴，导致转子顺时针移动 60°。这里肯定有些问题，需要讨论一下。回顾第 4 章中的旋转磁场问题，以图

9.2-2 中的磁轴为例，如果按照 *abc* 的顺序通平衡正弦交流电，将会使转子逆时针旋转。因此可以看出，由正 *as* 轴到正 *bs* 轴旋转的气隙磁动势会导致转子逆时针旋转。在变磁阻步进电机的情况下，我们将会发现步进的方向既可以与气隙磁动势方向相同，也可以方向相反，取决于相数（段数）、定子绕组极数以及转子齿数。

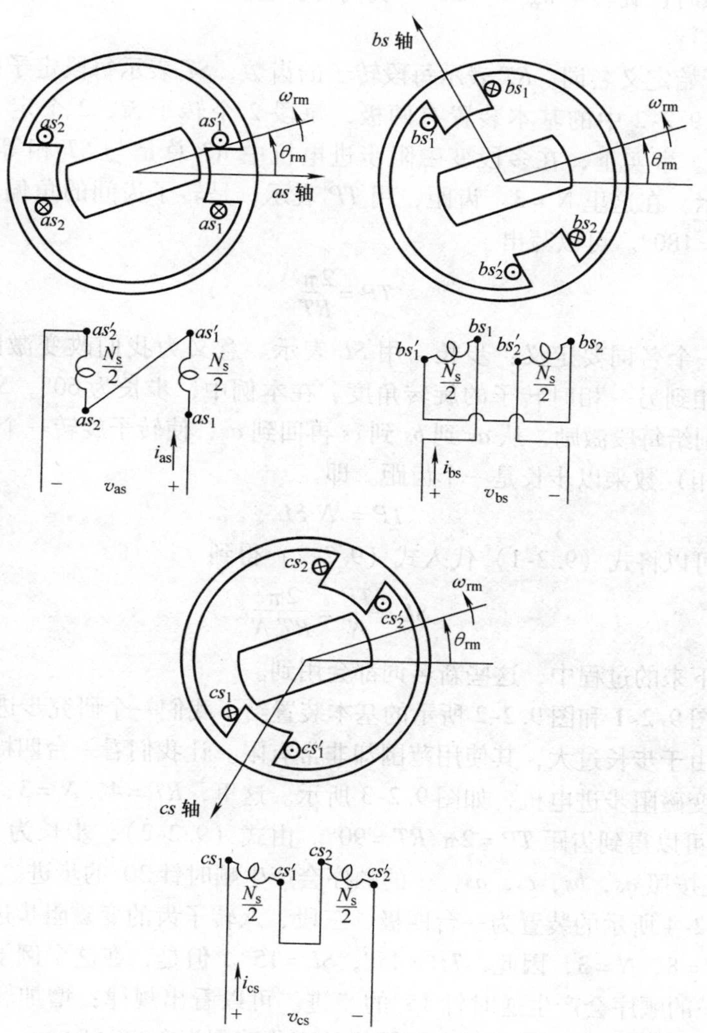

图 9.2-2　两极三段可变磁阻步进电机的定子结构

如果在之前的例子中，我们不向 *bs* 绕组通电，而是向 *cs* 绕组通电。转子将从 $\theta_{rm}=0$ 逆时针旋转至 $\theta_{rm}=60°$。因此，按照 *as*，*bs*，*cs*，*as*… 的顺序加直流电压，将产生顺时针方向的 60°步进；而以 *as*，*cs*，*bs*，*as*…的顺序加直流电压，将产生逆时针方向的60°步进。我们需要至少三段以实现双向的旋转（步进）。

在定义步进电机的名词之前，我们再考虑一个问题。如果我们同时向 *as* 和 *bs* 绕组施加相同的电流会怎样？即先给 *as* 绕组施加直流电流使 $\theta_{rm}=0$，然后在不断开 *as* 绕组的情况下向 *bs* 绕组施加相同的电流。转子会如何运动呢？转子将从$\theta_{rm}=0$ 顺时针旋转至 $\theta_{rm}=-30°$。我们将步进步长缩短了一半，这种情况被称为半步长运行。

现在开始定义名词。*RT* 表示每段转子的齿数，*ST* 表示每段定子的齿数。图9.2-1 和图9.2-2 中的基本装置有两极，每段2个转子齿，2个定子齿。因此 $RT=ST=2$。事实上，在多段变磁阻步进电机中 *RT* 总是与 *ST* 相等。段（相）数用 N 表示，在这里 N=3。齿距，用 *TP* 表示，是转子齿间的角偏移量。在本例中，$TP=180°$。可以写出

$$TP=\frac{2\pi}{RT} \tag{9.2-1}$$

还有一个名词要定义：步长，用 *SL* 表示。意义为我们改变激励（直流电压）从一相到另一相时转子的旋转角度。在本例中，步长为60°，$SL=60°$。如果我们分别给每段激励，从 *as* 到 *bs* 到 *cs* 再回到 *as*，使转子旋转一个齿距。换言之，段（相）数乘以步长是一个齿距。即

$$TP=N\,SL \tag{9.2-2}$$

我们可以将式（9.2-1）代入式（9.2-2）得到

$$SL=\frac{TP}{N}=\frac{2\pi}{RT\,N} \tag{9.2-3}$$

在接下来的过程中，这些新名词都会用到。

虽然图9.2-1 和图9.2-2 所示的基本装置给了我们一个研究步进电机很好的开始点，由于步长过大，其使用范围却非常有限。让我们看一台四极、三段、四转子齿的变磁阻步进电机，如图9.2-3 所示。这里，$RT=4$，$N=3$；因此，从式（9.2-1）可以得到齿距 $TP=2\pi/RT=90°$。由式（9.2-2），步长为 $SL=TP/N=30°$。而且按照 *as*，*bs*，*cs*，*as*，…的顺序会产生顺时针30°的步进。

图9.2-4 所示的装置为一台四极、三段、八转子齿的变磁阻步进电机。在本例中，$RT=8$，$N=3$，因此，$TP=45°$，$SL=15°$。但是，在这个例子中，*as*，*bs*，*cs*，*as*，…的顺序会产生逆时针15°的步进。可以看出规律：增加转子齿数可以减少步长。典型的变磁阻步进电机的步长变化范围为2°~15°。

在图9.2-4 中似乎有一些不对。尤其是，这里的 θ_{rm} 指的是 *as* 轴与转子齿间某个位置的夹角。在本章的早些时候，我们所说的 θ_{rm} 指的是 *as* 轴与转子的最小磁阻路径位置的夹角，因此当 $\theta_{rm}=0$ 时与 *as* 绕组相关联的磁阻最小。一眼看上去，我们似乎违反了这个步进电机的惯例。但是当图9.2-4 中的 $\theta_{rm}=0$ 时，与

as 绕组相关联的磁系统磁阻最小。因此，我们必须将 θ_{rm} 的参考位置选取在转子齿之间以保持本章之前建立的惯例。图 9.2-5 所示为一台四极、三段、十六转子齿的变磁阻步进电机的剖视图。

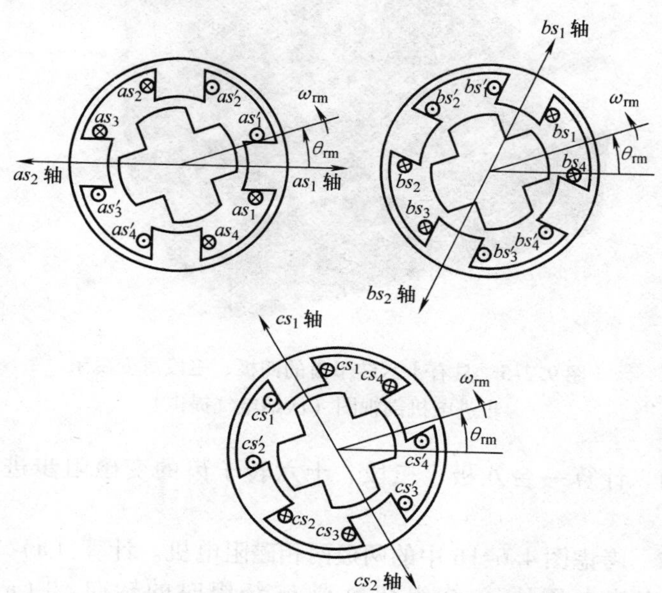

图 9.2-3　具有四转子齿的四极、三段可变磁阻步进电机

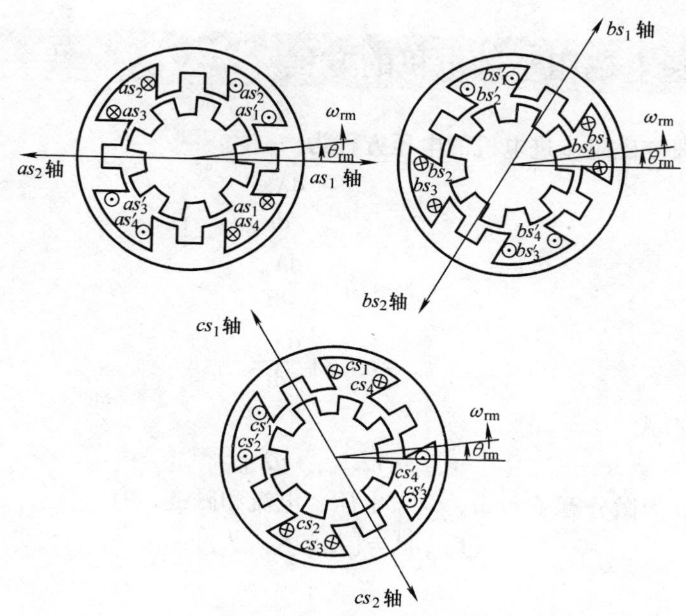

图 9.2-4　具有八转子齿的四极、三段可变磁阻步进电机

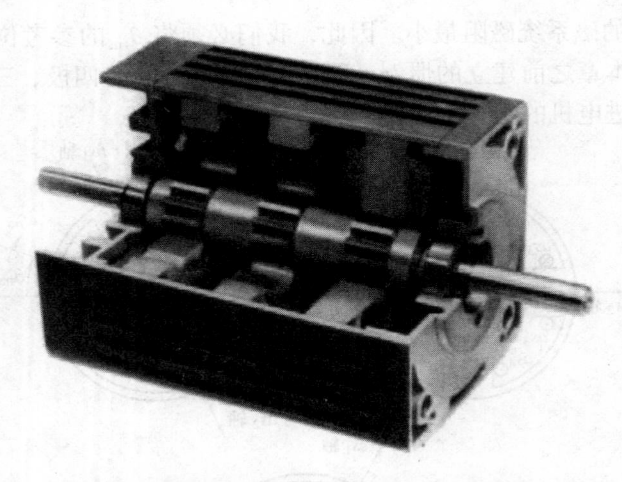

图9.2-5　具有十六转子齿的四极、三段可变磁阻步进电机剖视图（沃纳电气提供）

SP9.2-1　计算一台八极、三段、十六转子齿的变磁阻步进电机的步长。[$SL=7.5°$]

SP9.2-2　考虑图4.6-1b中的两极两相磁阻电机。计算（a）TP；（b）SL；（c）当一个直流电压从 as 绕组切换到 bs 绕组时的转向。[（a）$TP=180°$；（b）$SL=90°$；（c）逆时针或顺时针]

9.3 多段变磁阻步进电机的方程

一个三段变磁阻步进电机的电压方程为

$$v_{\mathrm{as}}=r_{\mathrm{s}}i_{\mathrm{as}}+\frac{\mathrm{d}\lambda_{\mathrm{as}}}{\mathrm{d}t} \tag{9.3-1}$$

$$v_{\mathrm{bs}}=r_{\mathrm{s}}i_{\mathrm{bs}}+\frac{\mathrm{d}\lambda_{\mathrm{bs}}}{\mathrm{d}t} \tag{9.3-2}$$

$$v_{\mathrm{cs}}=r_{\mathrm{s}}i_{\mathrm{cs}}+\frac{\mathrm{d}\lambda_{\mathrm{cs}}}{\mathrm{d}t} \tag{9.3-3}$$

用矩阵形式

$$\boldsymbol{v}_{\mathrm{abcs}}=\boldsymbol{r}_{\mathrm{s}}\boldsymbol{i}_{\mathrm{abcs}}+p\boldsymbol{\lambda}_{\mathrm{abcs}} \tag{9.3-4}$$

其中，p 为微分算子 $\mathrm{d}/\mathrm{d}t$，对于电压、电流和磁链，有

$$(\boldsymbol{f}_{\mathrm{abcs}})^{\mathrm{T}}=[f_{\mathrm{as}}\quad f_{\mathrm{bs}}\quad f_{\mathrm{cs}}] \tag{9.3-5}$$

且

$$\boldsymbol{r}_s = \begin{bmatrix} r_s & 0 & 0 \\ 0 & r_s & 0 \\ 0 & 0 & r_s \end{bmatrix} \tag{9.3-6}$$

由于相间不存在磁耦合，可以得出磁链为

$$\begin{bmatrix} \lambda_{as} \\ \lambda_{bs} \\ \lambda_{cs} \end{bmatrix} = \begin{bmatrix} L_{asas} & 0 & 0 \\ 0 & L_{bsbs} & 0 \\ 0 & 0 & L_{cscs} \end{bmatrix} \begin{bmatrix} i_{as} \\ i_{bs} \\ i_{cs} \end{bmatrix} \tag{9.3-7}$$

为了写出自感 L_{asas}、L_{bsbs}、L_{cscs} 的表达式，我们首先考虑图 9.2-2 中所示的基本两极电机。由第 1 章的知识，可以写出一个近似方程如下：

$$L_{asas} = L_{ls} + L_A + L_B\cos 2\theta_{rm} \tag{9.3-8}$$

$$L_{bsbs} = L_{ls} + L_A + L_B\cos 2\left(\theta_{rm} - \frac{2}{3}\pi\right) \tag{9.3-9}$$

$$L_{cscs} = L_{ls} + L_A + L_B\cos 2\left(\theta_{rm} - \frac{4}{3}\pi\right) \tag{9.3-10}$$

从之前的知识可知，L_{ls} 为漏电感，其中 L_A 和 L_B 为常数，且 $L_A > L_B$。对于恒定的转子速度，转子位移可以表示为

$$\theta_{rm} = \omega_{rm} t + \theta_{rm}(0) \tag{9.3-11}$$

我们使用转子实际角位移 θ_{rm}，而不是电角位移 θ_r。尽管 θ_{rm} 和 θ_r 相关，$\theta_r = (P/2)\theta_{rm}$，其中 P 为极数，在步进电机的分析中，我们将会发现使用 θ_{rm} 更加方便。当 θ_{rm} 以转子最小磁阻路径位置为参考时，我们可以看出式（9.3-8）与式（1.7-29）或式（2.7-3）是相似的。由于 *bs* 绕组的自感与 *as* 绕组的自感相同，很容易可以得到方程式（9.3-9）。但是，由于 θ_{rm} 以 *as* 轴为参考，因此要从 θ_{rm} 中减去从 *as* 绕组到 *bs* 绕组的角位移。因此，当 $\theta_{rm} = \frac{2}{3}\pi$ 时，式（9.3-9）中的余弦函数的参数项为零，式（9.3-9）中的 $\theta_{rm} = \frac{2}{3}\pi$ 与式（9.3-8）的 $\theta_{rm} = 0$ 相同。同理，式（9.3-10）中的角偏移为 $-\frac{4}{3}\pi$。但是，由于 $\cos 2\left(\theta_{rm} - \frac{4}{3}\pi\right) = \cos 2\left(\theta_{rm} + \frac{2}{3}\pi\right)$，我们可以用 $\frac{2}{3}\pi$ 作为 L_{cscs} 的角偏移。显然，我们可以得到式（9.3-8）至式（9.3-10）各式的各种形式。通过对式（9.3-8）至式（9.3-10）中的参数增加 2π 的整数倍的角位移，我们也可以把电感的表达式写为

$$L_{asas} = L_{ls} + L_A + L_B\cos 2\theta_{rm} \tag{9.3-12}$$

$$L_{bsbs}=L_{ls}+L_A+L_B\cos2\left(\theta_{rm}+\frac{1}{3}\pi\right) \tag{9.3-13}$$

$$L_{cscs}=L_{ls}+L_A+L_B\cos2\left(\theta_{rm}+\frac{2}{3}\pi\right) \tag{9.3-14}$$

图9.2-3所示的四极、三段、四转子齿的变磁阻步进电机的自感可以近似表示为

$$L_{asas}=L_{ls}+L_A+L_B\cos4\theta_{rm} \tag{9.3-15}$$

$$L_{bsbs}=L_{ls}+L_A+L_B\cos4\left(\theta_{rm}+\frac{1}{6}\pi\right) \tag{9.3-16}$$

$$L_{cscs}=L_{ls}+L_A+L_B\cos4\left(\theta_{rm}+\frac{2}{6}\pi\right) \tag{9.3-17}$$

虽然我们使用了同样的 L_{ls}、L_A 和 L_B 来表示常数，对不同的电机来说，这些常数是不相等的。

对于图9.2-4中所示的四极、三段、八转子齿的变磁阻步进电机，我们可以写出近似的自感表达式为

$$L_{asas}=L_{ls}+L_A+L_B\cos8\theta_{rm} \tag{9.3-18}$$

$$L_{bsbs}=L_{ls}+L_A+L_B\cos8\left(\theta_{rm}-\frac{1}{12}\pi\right) \tag{9.3-19}$$

$$L_{cscs}=L_{ls}+L_A+L_B\cos8\left(\theta_{rm}-\frac{2}{12}\pi\right) \tag{9.3-20}$$

可以看出对图9.2-2和图9.2-3中的装置，定子磁动势逆时针旋转时，步进方向是反向的，电感可以表达为

$$L_{asas}=L_{ls}+L_A+L_B\cos(RT\theta_{rm}) \tag{9.3-21}$$

$$L_{bsbs}=L_{ls}+L_A+L_B\cos[RT(\theta_{rm}+SL)] \tag{9.3-22}$$

$$L_{cscs}=L_{ls}+L_A+L_B\cos[RT(\theta_{rm}+2SL)] \tag{9.3-23}$$

对图9.2-4中的装置，定子磁动势方向与步进方向相同，自感可以表达为

$$L_{asas}=L_{ls}+L_A+L_B\cos(RT\theta_{rm}) \tag{9.3-24}$$

$$L_{bsbs}=L_{ls}+L_A+L_B\cos[RT(\theta_{rm}-SL)] \tag{9.3-25}$$

$$L_{cscs}=L_{ls}+L_A+L_B\cos[RT(\theta_{rm}-2SL)] \tag{9.3-26}$$

对于每个附加相（段），自感适当增加整数倍的 SL。由表2.5-1可以得出电磁转矩的表达式为

$$T_e=\frac{\partial W_c(\boldsymbol{i},\theta_{rm})}{\partial\theta_{rm}} \tag{9.3-27}$$

由于我们假设磁场线性，场能与虚能量相等。因此，由于互感为零，可得

$$W_c=\frac{1}{2}L_{asas}i_{as}^2+\frac{1}{2}L_{bsbs}i_{bs}^2+\frac{1}{2}L_{cscs}i_{cs}^2 \tag{9.3-28}$$

将式（9.3-21）到式（9.3-23）代入式（9.3-28），并对 θ_{m} 求偏微分得到

$$T_{e}=-\frac{RT}{2}L_{B}\{i_{as}^{2}\sin(RT\theta_{rm})+i_{bs}^{2}\sin[RT(\theta_{rm}+SL)]+i_{cs}^{2}\sin[RT(\theta_{rm}+2SL)]\} \quad (9.3\text{-}29)$$

用齿距 TP 表示式（9.3-29）的另一种形式为

$$T_{e}=-\frac{RT}{2}L_{B}\left\{i_{as}^{2}\sin\left(\frac{2\pi}{TP}\theta_{rm}\right)+i_{bs}^{2}\sin\left[\frac{2\pi}{TP}\left(\theta_{rm}+\frac{TP}{N}\right)\right]+i_{cs}^{2}\sin\left[\frac{2\pi}{TP}\left(\theta_{rm}+\frac{2TP}{N}\right)\right]\right\} \quad (9.3\text{-}30)$$

需要注意，式（9.3-29）和式（9.3-30）中定子的磁动势旋转方向与转子的步进方向是相反的。如果步进方向相同，则式（9.3-29）中的两个 SL 和式（9.3-30）中的两个 TP/N 的符号都要改变。转矩的幅值与转子齿数 RT 成正比。

转矩和转子角度的关系为

$$T_{e}=J\frac{d^{2}\theta_{rm}}{dt^{2}}+B_{m}\frac{d\theta_{rm}}{dt}+T_{L} \quad (9.3\text{-}31)$$

其中，J 为总转动惯量，单位为 $kg\cdot m^{2}$；B_{m} 为机械转动系统阻尼系数，单位为 $N\cdot m\cdot s$。电磁转矩 T_{e} 以逆时针方向为正（即 θ_{rm} 的正方向），而负载转矩 T_{L} 以顺时针方向为正。

SP9.3-1 三段变磁阻电机的定子电流为 $i_{as}=I$，$i_{bs}=-1$ 和 $i_{cs}=0$。计算无负载时的转子位置。[$\theta_{rm}=\pm TP/6$]

SP9.3-2 将9.3-1中的电流改为 $i_{as}=i_{bs}=i_{cs}$，计算转子位置。[无论 θ_{rm} 值为多少，T_{e} 始终为零]

9.4 多段变磁阻步进电机的运行特征

进一步观察多段变磁阻步进电机在理想化的、假想稳态的运行特征对我们是有帮助的。为实现这一目的，我们先看一下式（9.3-30）给出的定子磁动势的旋转方向与步进方向相反的三段电机的电磁转矩的表达式。尤其是

$$T_{e}=-\frac{RT}{2}L_{B}\left\{i_{as}^{2}\sin\left(\frac{2\pi}{TP}\theta_{rm}\right)+i_{bs}^{2}\sin\left[\frac{2\pi}{TP}\left(\theta_{rm}+\frac{TP}{3}\right)\right]+i_{cs}^{2}\sin\left[\frac{2\pi}{TP}\left(\theta_{rm}+\frac{2TP}{3}\right)\right]\right\} \quad (9.4\text{-}1)$$

图9.4-1将式（9.4-1）中的三项按照相等的恒定（稳态）电流分别画出。假设没有负载电流，$T_{L}=0$，并且 $i_{as}=I$，而 $i_{bs}=i_{cs}=0$。非零项只有式（9.4-1）中的第一项，即只有由 i_{as} 产生的稳态转矩。转子的稳态位置将会是 $\theta_{rm}=0$，如

图9.4-1中的点1。此时假设电流i_{as}从I瞬间降至零，同时i_{bs}从零升高到I。因此，关于i_{as}的稳态转矩曲线将瞬间消失，而关于i_{bs}的稳态转矩将瞬间出现。此时，我们知道由于电暂态的存在，实际情况是上述情况是不可能发生的，但是本讨论是忽略一切暂态情况的。由于在点2的转矩是负的，转子将沿顺时针方向旋转。我们将继续沿着i_{bs}转矩曲线前进至点3。注意到，这样我们就沿顺时针方向移动了一个步长。如果在as绕组电流降为零后，不向bs绕组通电，而向cs绕组通电，则点4所示的转矩将会出现。这是一个正向转矩，转子将沿逆时针方向旋转，我们沿转矩角度曲线到点5，我们不止忽略了电磁暂态，同时也忽略了机械暂态过程。正常情况下，在新的工作点附近会出现衰减的振荡。在本例中，会在点3或点5附近振荡。

图9.4-2描述了半步长运行状况。为了解释清楚，我们还从点1开始分析，只有as绕组通电（$i_{as}=I$），$T_L=0$。然后，bs绕组瞬间通电，$i_{bs}=I$。此时，as绕组和bs绕组都处于通电状态，电流均为I。因此只有$i_{as}+i_{bs}$转矩曲线存在如图9.4-2所示。立即产生点2的转矩，转子顺时针旋转，最终到达点3。转子沿顺时针方向移动了$SL/2$。

存在负载转矩时的步进过程如图9.4-3所示。假设初态在点1，当$i_{as}=I$且$i_{bs}=i_{cs}=0$。回顾之前T_e逆时针为正值，而T_L顺时针为正值，$T_e=T_L$时稳态。因此，在点1时，$T_e=T_L$。然后as绕组断电，bs绕组通电，瞬间负的T_e出现于点2，转子将顺时针移动至点3，如果换为cs绕组通电，点4的转矩将会出现，转子将移动至点5。注意到两种情况下步长相同。但是，由于负载转矩会使电机向顺时针方向旋转，转子在顺时针旋转的情况下旋转更快。换言之，在顺时针方向使得电机加速的转矩大于逆时针方向。

图9.4-4所示的i_{as}、i_{bs}、i_{cs}和θ_{rm}的曲线从另一个角度展示了步进过程。首先，负载转矩为零，$i_{as}=I$。然后，i_{as}关断，i_{bs}开通。转子顺时针旋转至$\theta_{rm}=-SL$。此处，我们之前已经预计到衰减的机械振荡的存在，这种振荡并没有显示在稳态转矩角度图中。然后，i_{bs}关断，i_{as}重新开通。转子转回至$\theta_{rm}=0$。接下来是半步长运行，i_{as}保持开通，同时i_{bs}也开通。转子步进$\frac{1}{2}SL$。当i_{as}关断后，转子再步进$\frac{1}{2}SL$至$\theta_{rm}=SL$。

SP9.4-1 在图9.4-3中，负载转矩使得初始运行点当$i_{as}=I$且$i_{bs}=i_{cs}=0$时$\theta_{rm}=-TP/8$。然后as绕组断电，向cs绕组通电I，求最终的θ_{rm}值，并确定转子转向。[$\theta_{rm}=-TP/8-2SL$；顺时针]

SP9.4-2 现需要令图9.2-3中的电机从$\theta_{rm}=0$步进至$\theta_{rm}=-SL/3$。假设我们可以控制相电流。令$i_{as}=I$，求i_{bs}。[$i_{bs}=0.81I$]

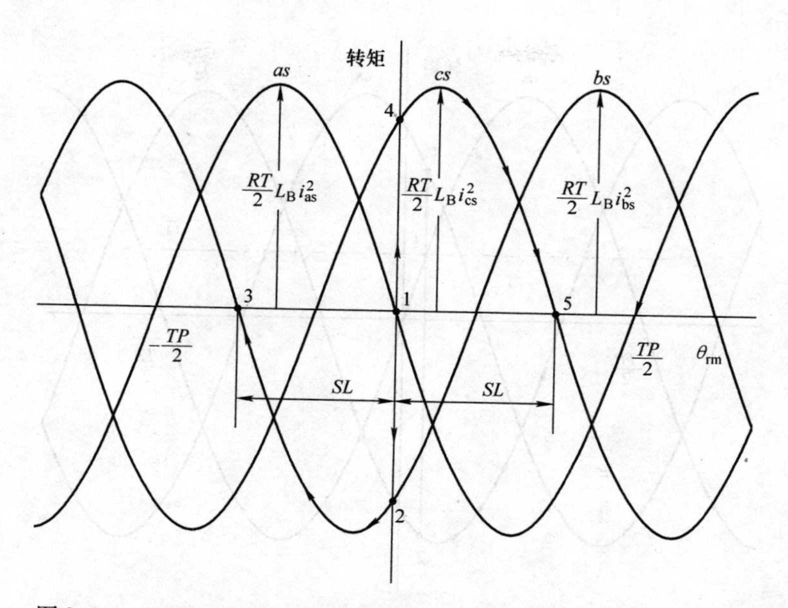

图 9.4-1　三段可变磁阻步进电机空载步进运行的稳态转矩—角度图

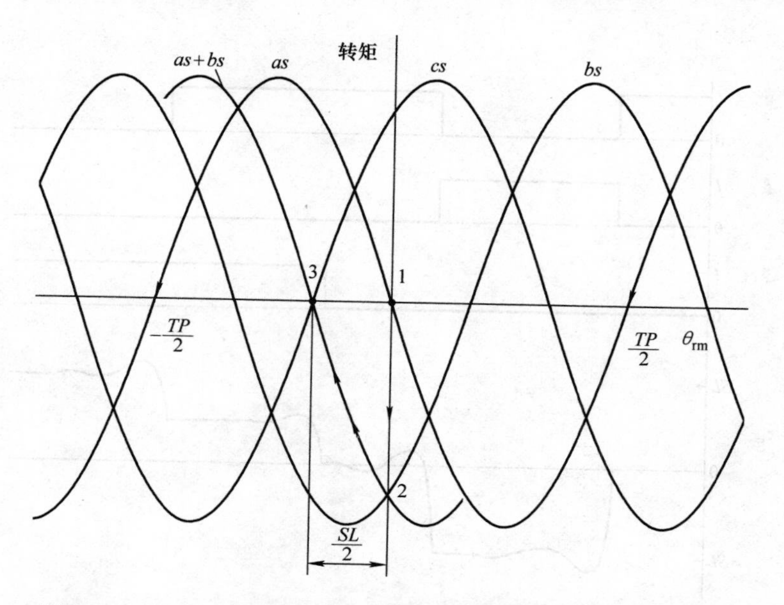

图 9.4-2　三段可变磁阻步进电机半步进运行的稳态转矩—角度图

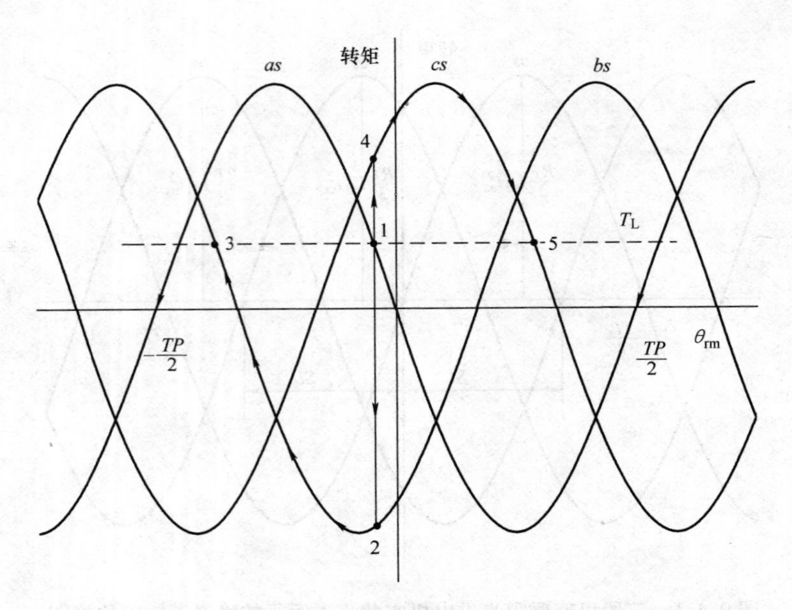

图 9.4-3　三段可变磁阻步进电机带载步进运行的稳态转矩—角度图

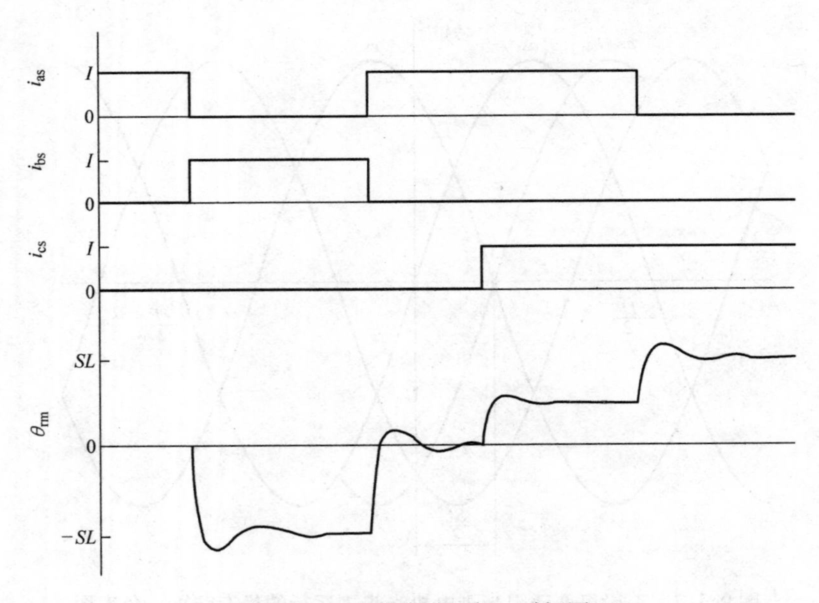

图 9.4-4　空载步进运行—时间图

9.5 单段变磁阻步进电机

如同单段变磁阻电机名字所表达的，其结构只有一段，所有的定子相都在这一段上。一台三相单段变磁阻电机如图 9.5-1 所示。此处，看起来我们是把图 9.2-2 中的三个两极、单相定子挤压到了一段上。定子磁轴互差 120°，和之前章节中的三相电机相同，但是，步进电机的定子齿或极是突出的，而不是一个圆形的定子内表面。

回忆之前的多段变磁阻步进电机，每段的转子和定子齿数是相等的。在单段步进电机的情况下，每段的转子齿数 *RT* 和每段定子齿数 *ST* 总是不相等的。如果图 9.5-1 中的转子齿数与定子齿数相等，则当转子的两个对角齿与定子的两个对角齿对准的时刻，所有的转子对角齿都会与相应定子的对角齿对准，这样将无法实现步进运动。之前在多段变磁阻电机中推导的齿距 *TP* 和步长 *SL* 的方程对于单段步进电机也是适用的。对于图 9.5-1 中的两极三相步进电机，$RT=4$，因此，$TP=2\pi/RT=90°$，$SL=TP/N=30°$。注意到按照 *as*，*bs*，*cs*，*as*，…的顺序通电转子将以逆时针的方向步进。

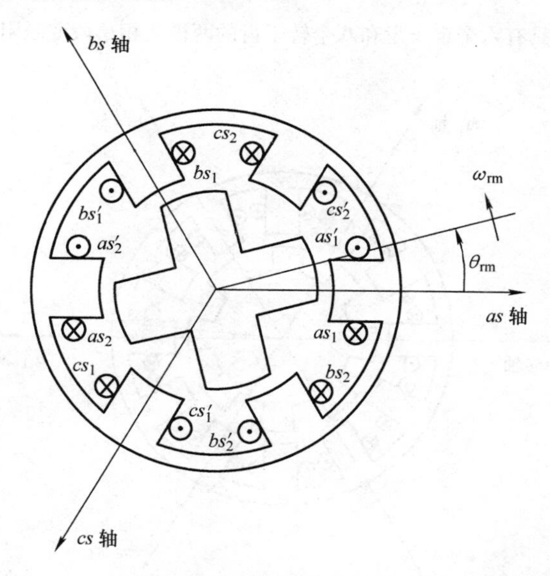

图 9.5-1 具有六个定子齿和四个转子齿的两极三相单段变磁阻步进电机

图 9.5-2 和图 9.5-3 所示为另外两种三相单段变磁阻步进电机。图 9.5-2 中的两极电机有六个定子齿和八个转子齿。$TP=45°$，$SL=15°$。按照 *as*，*bs*，*cs*，*as*，…的顺序通电，转子将以顺时针的方向步进。图 9.5-3 中的四极三相电机，

$ST=12$ 且 $RT=8$。因此 $TP=45°$ 且 $SL=15°$。步长与有六个定子齿的电机（见图 9.5-2）相同，但是，按照 as，bs，cs，as，…的顺序通电，转子将以逆时针的方向步进。在图 9.5-3 中，由于空间不足，省略了各定子绕组的标识。

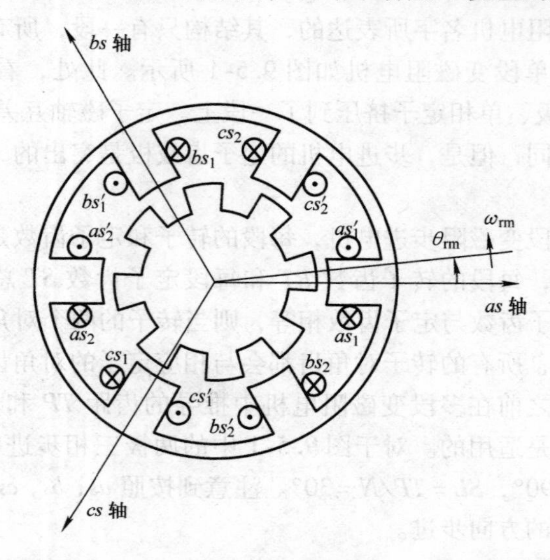

图 9.5-2　具有六个定子齿和八个转子齿的两极三相单段变磁阻步进电机

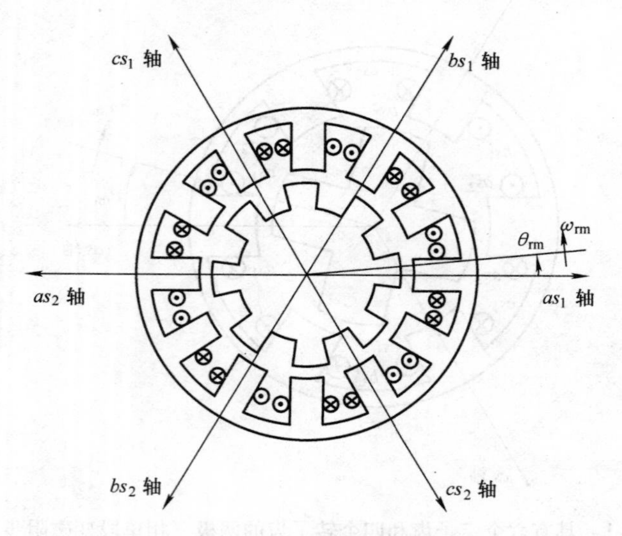

图 9.5-3　具有十二个定子齿和八个转子齿的四极三相单段变磁阻步进电机

三段（相）变磁阻步进电机的自感表达式，从式（9.3-21）到式（9.3-26），对于三相单段变磁阻步进电机也是适用的。因此，看起来单段和多段变磁阻步进电机运行可以用同一套方程来描述。虽然这种想法在理想化的条件下是正确的，在实际条件下是不可行的。从图9.5-1到图9.5-3中可以看出，定子绕组共用磁路。因此，在定子相之间可能产生相互耦合。为讨论方便，我们考虑图9.5-4，这个图实际上是图9.5-1中的$\theta_{rm}=0$时的情况。图9.5-4中的虚线描绘了*as*绕组通正电流时与*bs*绕组的交链的磁通。如果我们假设铁的磁阻很小可以忽略，磁链相互抵消，于是定子相之间不存在耦合。在理想化的条件下这是合理的推论，在实际情况下则不是的。

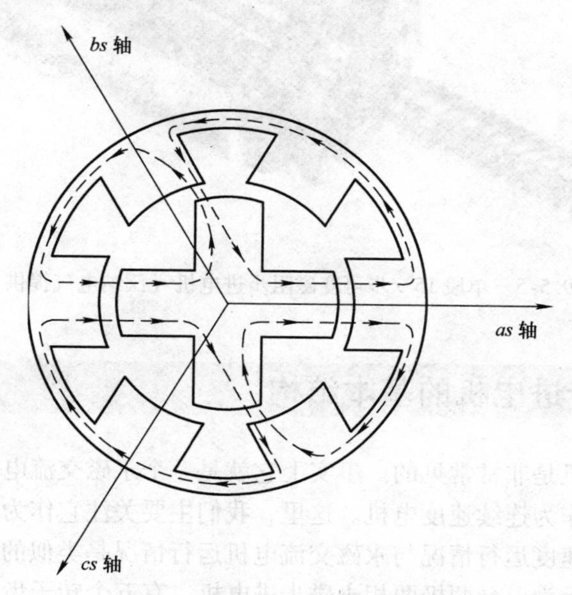

图9.5-4　$\theta_{rm}=0$时图9.5-1的两极三相单段可变磁阻步进电机

步进电机设计的工作电流等级通常是会让电机的铁心磁饱和的。因此，由于饱和铁心的磁阻升高，铁心中长的磁路比短的磁路通过的磁通小。因此，在定子相间将产生一个净互磁通。对图9.5-4中的情况，由于铁磁饱和，将在*bs*轴的正向产生一个净磁通。即使幅值较小，在实际应用中单段变磁阻步进电机会有互感存在。这会导致这些电机的分析变得复杂，这样就超过本书中我们关心的范围。因此作为步进电机入门，我们认为忽略单段变磁阻步进电机中的磁饱和以及相互耦合是可以的。图9.5-5所示为一台单段变磁阻步进电机。其步长为15°，装备有一个螺旋导向轴以转换运动。

SP9.5-1　写出N相单段变磁阻步进电机可能的定子齿数。[$ST=n(2N)$，其中$n=1$，2，3，…]

SP9.5-2　将图9.5-1中的转子替换为图9.5-3中的转子。求（a）*TP*，（b）*SL*，（c）以*as*，*bs*，*cs*，*as*，…顺序通电时的旋转方向。[（a）$TP=45°$；（b）$SL=15°$；（c）顺时针]

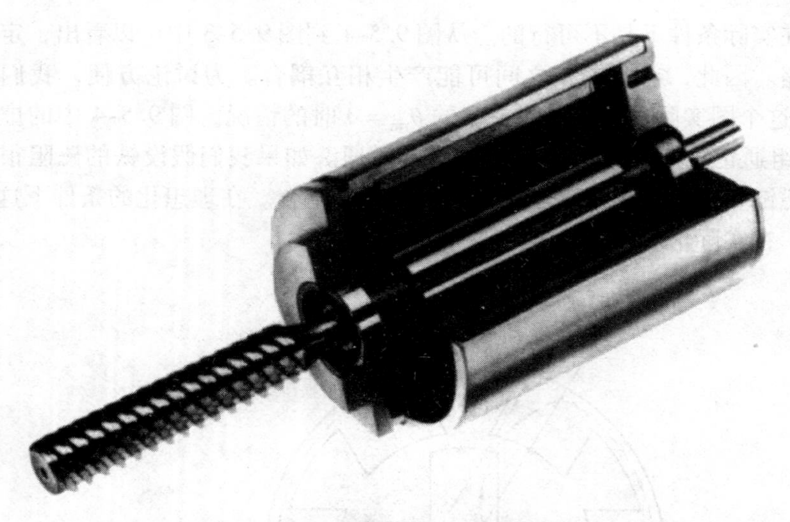

图9.5-5　单段15°/步可变磁阻步进电机（沃纳电气提供）

9.6 永磁步进电机的基本结构

永磁步进电机是非常常见的。事实上它就是一个永磁交流电机，既可以作为步进电机也可以作为连续速度电机。这里，我们主要关注它作为步进电机运行的情况，因为连续速度运行情况与永磁交流电机运行情况是类似的。

图9.6-1所示为一台两极两相永磁步进电机，有五个转子齿。大多数的永磁步进电机都多于两极，有多于五个的转子齿，有的甚至多达有八极和五十个转子齿。然而，图9.6-1中的基本装置足以用来展示永磁步进电机的运行原理。图9.6-1b中的轴向截面图显示永磁体安装在转子上。用于磁化铁心端盖的永磁体也安装在转子上，并且开了槽以形成转子齿。*X*处的左视图如图9.6-1a所示，*Y*处的左视图如图9.6-1c所示。图9.6-1a中的左端盖磁化为N极；图9.6-1c中的右端盖磁化为S极。左端盖的转子齿与右端盖的转子齿错开半个齿距。而且定子绕组缠绕在电机的整个轴向长度上。图9.6-1b中可以看到部分*bs*绕组。

对图9.6-1中的转子位置，我们来追踪一下磁通与*bs*绕组交链的主要路径。如图9.6-1b中的虚线所示。但是我们需要实现一个三维的角度来观测这个图。磁通通过与*bs*绕组的bs_2部分定子齿对齐的转子的上端转子齿离开左端盖。磁通从定子铁心的定子齿部向上前进。然后分开环绕定子，通过图9.6-1c中底部的绕组bs_1缠绕的定子齿，回到转子的S极。对于图9.6-1中的转子位置，与*as*绕组的交链的主磁通将从图9.6-1a中的右侧转子齿进入as_1绕组缠绕的定子齿。磁通将环绕定子，从图9.6-1c中的as_2绕组缠绕的定子齿回到转子。

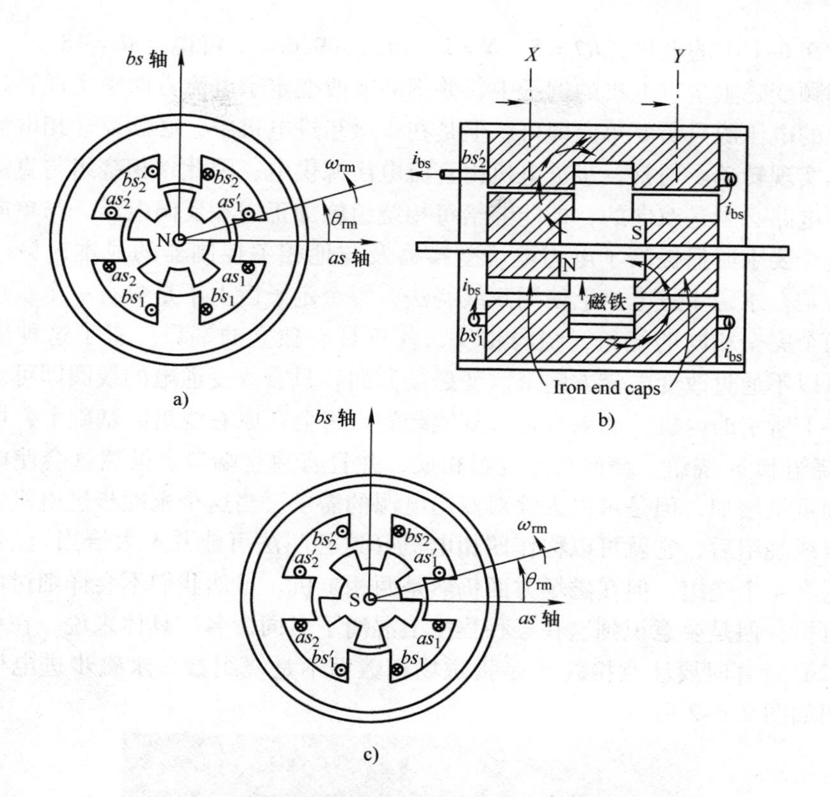

图 9.6-1 两极两相永磁步进电机

a）X 处轴向视图 b）侧面截面图 c）Y 处轴向视图

为解释步进过程，先假设 bs 绕组开路，一个恒定的正向电流流过 as 绕组。由于这个电流作用，在 as_1 缠绕的定子齿形成 S 极，在 as_2 缠绕的定子齿形成 N 极。转子将定位在 $\theta_{rm}=0$。然后 as 绕组断电，同时向 bs 绕组通入正向电流。转子将沿逆时针方向旋转一个步长。为了继续沿逆时针方向步进，bs 绕组断电，as 绕组通入反向电流。即同电流顺序为 i_{as}，i_{bs}，$-i_{as}$，$-i_{bs}$，i_{as}，…时，沿逆时针方向步进。通电流顺序为 i_{as}，$-i_{bs}$，$-i_{as}$，i_{bs}…，沿顺时针方向旋转。

齿距 TP 可以由式（9.2-1）算出，但是永磁步进电机的步长 SL 不能由式（9.2-3）计算。如之前所说，图 9.6-1 中的电机通电顺序为 i_{as}，i_{bs}，$-i_{as}$，$-i_{bs}$，i_{as}，…时沿逆时针方向旋转。我们可以看出需要 4 次开关（步）来步进一个齿距，所以有

$$TP=2N\,SL \tag{9.6-1}$$

其中，N 为相数。将式（9.2-1）代入式（9.6-1），解出 SL 为

$$SL=\frac{\pi}{RT\,N} \tag{9.6-2}$$

对9.6-1中的电机，$RT=5$，$N=2$。由式（9.6-2）可得，$SL=18°$。

回顾变磁阻步进电机的例子中，并不需要改变定子电流方向来实现转动。因此定子的电压源只需要单向即可。但是在永磁步进电机中，必须要让相电流双向流动以实现转动。通常，步进电机由直流电压源供电；因此，相绕组与直流电压源间的电路必须是双向的，即能够给每相绕组施加正向和反向电压。与单向源相比，这个要求明显提高了电力电子变换器及与他相关控制器的成本；另一种方法，就是在永磁步进电机上使用双线绕法，每个定子齿上不是只有一个绕组，而是有两个完全相同的绕组，绕向相反，各自具有独立的端口。有了这种绕组结构，可以不通过改变电流方向来改变磁场方向，只需改变通电的线圈即可。例如图9.6-1所示的电机，如果装备有双线绕组，将会在原有绕组的基础上，增加一个*as*绕组和*bs*绕组，绕向与原绕组相反，并且有独立端口。虽然这会使电机的大小和重量增加，但是可以去除对双向电源的需求。当这个永磁步进电机安装了上述双线绕组后，它就可以称作四相电机（这种叫法可能并不太恰当）。事实上虽然它有4个绕组，但在磁场方面仍然是两相电机。虽然我们不会详细讨论双线绕组电机，但是要意识到这在某种程度上混淆了名词命名。具体来说，在利用式（9.6-2）计算时要注意相数N是指磁场相数而不是绕组数。永磁步进电机的剖面视图如图9.6-2所示。

图9.6-2　永磁步进电机的剖视图（三洋电气提供）

SP9.6-1 考虑图9.6-1中电机，负载转矩为零。初始状态 $i_{as}=I$，$i_{bs}=0$。在这种情况下，接下来的顺序为：$i_{as}=0$，$i_{bs}=I$，$i_{as}=-I$，$i_{bs}=I$。计算初始，中间和最终的位置。[$\theta_{rm}=0°$，18°，27°]

SP9.6-2 一台四极两相永磁步进电机有十八个转子齿。计算 TP 和 SL。[$TP=20°$；$SL=5°$]

9.7 永磁步进电机的方程

两相永磁步进电机的电压方程如下：

$$v_{as}=r_s i_{as}+\frac{d\lambda_{as}}{dt} \tag{9.7-1}$$

$$v_{bs}=r_s i_{bs}+\frac{d\lambda_{bs}}{dt} \tag{9.7-2}$$

用矩阵形式：

$$\boldsymbol{v}_{abs}=\boldsymbol{r}_s\boldsymbol{i}_{abs}+p\boldsymbol{\lambda}_{abs} \tag{9.7.3}$$

其中，p 为算子 d/dt，电压、电流和磁链方程为

$$(\boldsymbol{f}_{abs})^T=[f_{as}\quad f_{bs}] \tag{9.7-4}$$

其中，

$$\boldsymbol{r}_s=\begin{bmatrix} r_s & 0 \\ 0 & r_s \end{bmatrix} \tag{9.7-5}$$

磁链可以表示为

$$\lambda_{as}=L_{asas}i_{as}+L_{asbs}i_{bs}+\lambda_{asm} \tag{9.7-6}$$

$$\lambda_{bs}=L_{bsas}i_{as}+L_{bsbs}i_{bs}+\lambda_{bsm} \tag{9.7-7}$$

用矩阵形式可以表示为

$$\boldsymbol{\lambda}_{abs}=\boldsymbol{L}_s\boldsymbol{i}_{abs}+\boldsymbol{\lambda}'_m \tag{9.7-8}$$

其中

$$\boldsymbol{L}_s=\begin{bmatrix} L_{asas} & L_{asbs} \\ L_{bsas} & L_{bsbs} \end{bmatrix} \tag{9.7-9}$$

$$\boldsymbol{\lambda}'_m=\begin{bmatrix} \lambda_{asm} \\ \lambda_{bsm} \end{bmatrix} \tag{9.7-10}$$

从图9.6-1，可以写出一个近似方程：

$$\boldsymbol{\lambda}'_m=\lambda'_m\begin{bmatrix} \cos(RT\,\theta_{rm}) \\ \sin(RT\,\theta_{rm}) \end{bmatrix} \tag{9.7-11}$$

其中，λ'_m为从定子绕组上看永磁体建立的磁链幅值。换言之，λ'_m的幅值与

定子每相绕组中感应的开路正弦电压成正比。在式（9.7-11）中，

$$\frac{\mathrm{d}\theta_{\mathrm{rm}}}{\mathrm{d}t}=\omega_{\mathrm{rm}} \tag{9.7-12}$$

读过第8章永磁交流电机的人会发现式（9.7-11）和式（8.3-9）的相似之处。而且，永磁步进电机的λ'_{m}的计算过程也与例8A相似。

从理想化的情况看，图9.6-1中电机的定子绕组自感是恒定的，永磁体的磁阻也是恒定的，与转子位置无关。但是，事实上由于定子铁心饱和与磁极形状与理想状态下的差别，自感与磁阻都会随转子位置变化而改变。我们应该忽略这些与理想条件不同的情况，假设自感和磁阻恒定，与转子位置无关。这样做，我们就忽略了由于自感变化和永磁体造成的磁阻转矩，这两种磁阻转矩都使转子趋向磁阻最小路径的位置。后一种磁阻转矩常被称作锁定转矩，因为它不需要给定子绕组通电，而且，如果负载转矩不是很大，这个锁定转矩会在供电中断情况下保持转子位置。但是，磁阻转矩相对于永磁体和定子电流相互作用产生的转矩较小。尽管我们忽略这个转矩时就不能了解电机整体的性能，但是作为我们初步了解永磁步进电机来说还是可以接受的。

假设自感恒定，我们可以写出

$$L_{\mathrm{asas}}=L_{\mathrm{ls}}+L_{\mathrm{ms}}=L_{\mathrm{ss}} \tag{9.7-13}$$

$$L_{\mathrm{bsbs}}=L_{\mathrm{ls}}+L_{\mathrm{ms}}=L_{\mathrm{ss}} \tag{9.7-14}$$

与单段变磁阻步进电机的理由相同，如果忽略了磁饱和，定子互感就不存在。因此

$$\boldsymbol{L}_{\mathrm{s}}=\begin{bmatrix} L_{\mathrm{ss}} & 0 \\ 0 & L_{\mathrm{ss}} \end{bmatrix} \tag{9.7-15}$$

通过虚能量对θ_{rm}求偏微分可以得到电磁转矩的方程，见表2.5-1和式(9.3-27)。因为定子互感为零，虚能量可以表示为

$$W_{\mathrm{c}}=\frac{1}{2}L_{\mathrm{asas}}i_{\mathrm{as}}^{2}+\frac{1}{2}L_{\mathrm{bsbs}}i_{\mathrm{bs}}^{2}+\lambda_{\mathrm{asm}}i_{\mathrm{as}}+\lambda_{\mathrm{bsm}}i_{\mathrm{bs}}+W_{\mathrm{pm}} \tag{9.7-16}$$

其中，L_{asas}和L_{bsbs}由式（9.7-13）和式（9.7-14）分别给出；λ_{asm}和λ_{bsm}由式（9.7-11）给出；W_{pm}为与永磁体相关的能量。由于忽略了自感和W_{pm}的变化，将W_{c}对θ_{rm}求偏微分得出

$$T_{\mathrm{e}}=-RT\lambda'_{\mathrm{m}}[i_{\mathrm{as}}\sin(RT\,\theta_{\mathrm{rm}})-i_{\mathrm{bs}}\cos(RT\,\theta_{\mathrm{rm}})] \tag{9.7-17}$$

将式（9.7-17）中的各项画出，如图9.7-1所示，其中假设两相绕组中有恒定电流。式（9.7-17）中各项都标注在图9.7-1中。尤其是$\pm T_{\mathrm{eam}}$为$\pm i_{\mathrm{as}}$与永磁体相互作用产生，而$\pm T_{\mathrm{ebm}}$为$\pm i_{\mathrm{bs}}$与永磁体相互作用产生。

永磁体的磁阻是较大的，接近空气的磁阻。由于相电流建立的磁通会通过永磁体，磁路的磁阻是相对较大的。因此，由于转子转动引起的磁阻变化较小，这

个带来的后果就是磁阻转矩幅值与相电流和永磁体相互作用产生的转矩相比要小得多。所以跟我们所做的一样，磁阻转矩通常会忽略不计，自感假设为恒定。这样，永磁步进电机的电压方程就成了第8章中永磁交流电机的电压方程，只需把 θ_r 换成 θ_{rm}，并且注意 θ_{rm} 以最小磁阻路径位置而非最大磁阻路径位置为参考。接下来的章节会提出这些方程。

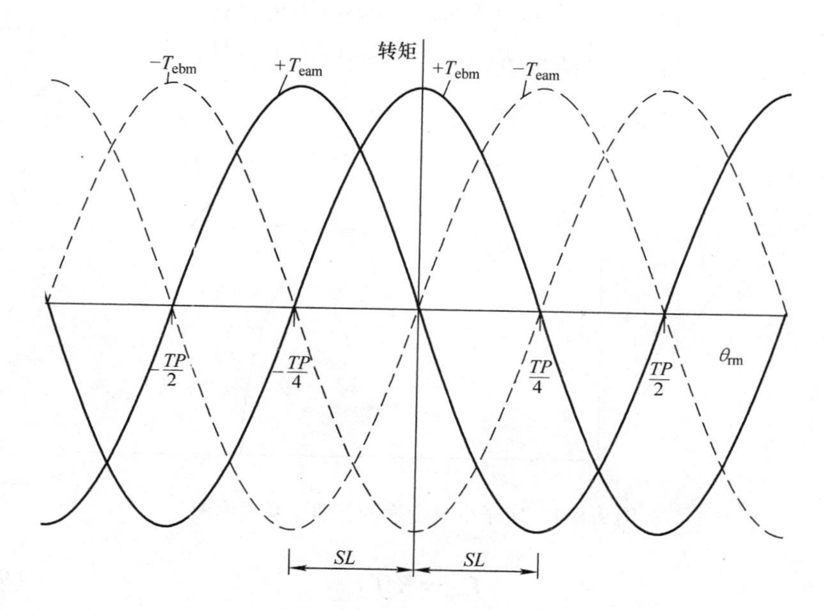

图9.7-1　恒定相电流的永磁步进电机 $T_e-\theta_{rm}$ 关系图

虽然用稳态转矩角度特性讨论永磁步进电机的步进方式是合理的，但这种解释其实与9.4节给出的变磁阻步进电机的解释本质上是重复的。我们这里不这么做。相反，我们将用几个习题来强调一下这种相似性。

SP9.7-1　用 SL 而不是 RT 来表达 λ_{asm}。计算图9.6-1中电机一个周期中的步长数。$\{\lambda_{asm}=\lambda'_m\cos[\pi/(SL\ N)]\theta_{rm};4\}$

SP9.7-2　如图9.7-1所示，负载转矩为零。初始状态下，$i_{as}=I$，$i_{bs}=0$，然后 $i_{bs}=-3I$，最终 $i_{as}=-\frac{1}{2}I$，$i_{bs}=0$。求三种情况下的转子位置。

$[\theta_{rm}=0,\ -TP/4,\ -TP/2]$

9.8　转子参考坐标系下的永磁步进电机方程－忽略磁阻转矩

步进电机经常会工作在持续旋转模式，特别是与被驱动装置之间存在减速齿轮时。在某些情况下，相电压步进速度可达到500～1500 步/s。当永磁步进电机工作在此种状态下时，它的运行方式与永磁交流电机或直流无刷电机非常相似，由控制类型决定。因此建立在转子参考坐标系下的电压方程是有优势的。这种转换只有在忽略锁定转矩和假设自感恒定的条件下才是有优势的。

变量变换，实际上，将定子变量转换至转子参考系下的变量为

$$\begin{bmatrix} f_{qs}^{r} \\ f_{ds}^{r} \end{bmatrix} = \begin{bmatrix} -\sin(RT\,\theta_{rm}) & \cos(RT\,\theta_{rm}) \\ \cos(RT\,\theta_{rm}) & \sin(RT\,\theta_{rm}) \end{bmatrix} \begin{bmatrix} f_{as} \\ f_{bs} \end{bmatrix} \tag{9.8-1}$$

或

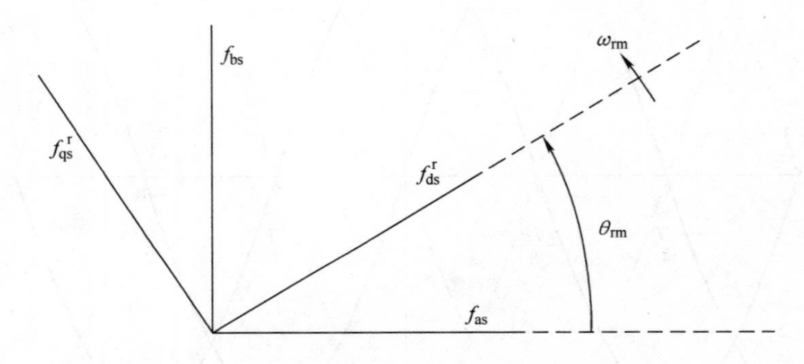

图 9.8-1 定子变量变换的三角关系说明图

$$\boldsymbol{f}_{qds}^{r} = \boldsymbol{K}_{s}^{r}\boldsymbol{f}_{abs} \tag{9.8-2}$$

其中，f 可以代表电压，电流或磁链且 θ_{rm} 由式（9.7-12）定义。然后

$$\boldsymbol{f}_{abs} = (\boldsymbol{K}_{s}^{r})^{-1}\boldsymbol{f}_{qds}^{r} \tag{9.8-3}$$

其中，$(\boldsymbol{K}_{s}^{r})^{-1} = \boldsymbol{K}_{s}^{r}$。下标 s 表示定子变量，上标 r 表示变换到转子旋转坐标系。

如果你已经学过第 7 章和第 8 章，可以回顾之前也是用 $\boldsymbol{K}_{s}^{r}$ 将同步电机（第 7 章）和永磁同步电机（第 8 章）的定子变量变换至转子参考坐标系。但是，在第 7 章式（7.5－1）和第 8 章式（8.5-1）中用到的 $\boldsymbol{K}_{s}^{r}$ 和式（9.8-1）是不同的。虽然目的都是将定子变量变换到转子坐标系下，这里用到的 $\boldsymbol{K}_{s}^{r}$ 的表达式与第 7 章和第 8 章不同。主要有 2 个不同点。这里使用了转子实际角位移 θ_{rm} 而不是转子电角位移 θ_{r}，而且这个角位移是指以正 as 轴与转子最小磁阻路径位置之间的角位移，而不是第 7、8 章中的最大磁阻路径位置。因此，如果我们继续按惯例将 q 轴放置在转子最大磁阻路径的位置上，则由式（9.8-1）给出变换。

将式（9.8-3）代入式（9.7-3）得到

$$(\boldsymbol{K}_{s}^{r})^{-1}\boldsymbol{v}_{qds}^{r} = \boldsymbol{r}_{s}(\boldsymbol{K}_{s}^{r})^{-1}\boldsymbol{i}_{qds}^{r} + p[(\boldsymbol{K}_{s}^{r})^{-1}\boldsymbol{\lambda}_{qds}^{r}] \tag{9.8-4}$$

在式（9.8-4）两端乘以 $\boldsymbol{K}_s^r$ 并化简得：

$$\boldsymbol{v}_{qds}^r = \boldsymbol{r}_s \boldsymbol{i}_{qds}^r + RT\,\omega_{rm} \boldsymbol{\lambda}_{dqs}^r + p\boldsymbol{\lambda}_{qds}^r \tag{9.8-5}$$

其中

$$(\boldsymbol{\lambda}_{qds}^r)^T = [\boldsymbol{\lambda}_{ds}^r \quad -\boldsymbol{\lambda}_{qs}^r] \tag{9.8-6}$$

式（9.8-5）中的最后两项是从式（9.8-4）的最后一项中得到，尤其是，

$$\boldsymbol{K}_s^r p[(\boldsymbol{K}_s^r)^{-1}\boldsymbol{\lambda}_{qds}^r] = \boldsymbol{K}_s^r[p(\boldsymbol{K}_s^r)^{-1}]\boldsymbol{\lambda}_{qds}^r + \boldsymbol{K}_s^r(\boldsymbol{K}_s^r)^{-1}p\boldsymbol{\lambda}_{qds}^r \tag{9.8-7}$$

这里把式（9.8-7）的右侧化简到式（9.8-5）的最后两项的证明留给读者完成。

定子磁链的表达式为

$$\boldsymbol{\lambda}_{abs} = \boldsymbol{L}_s \boldsymbol{i}_{abs} + \boldsymbol{\lambda}_m' \tag{9.8-8}$$

其中，$\boldsymbol{L}_s$ 由式（9.7-15）给出，λ_m' 由式（9.7-11）定义。将变量变换代入式（9.8-8）得

$$(\boldsymbol{K}_s^r)^{-1}\boldsymbol{\lambda}_{qds}^r = \boldsymbol{L}_s(\boldsymbol{K}_s^r)^{-1}\boldsymbol{i}_{qds}^r + \boldsymbol{\lambda}_m' \tag{9.8-9}$$

左乘 $\boldsymbol{K}_s^r$ 将 $\boldsymbol{L}_s$ 用式（9.7-15）代入且 λ_m' 用式（9.7-11）代入可得

$$\boldsymbol{\lambda}_{qds}^r = \begin{bmatrix} L_{ss} & 0 \\ 0 & L_{ss} \end{bmatrix} \begin{bmatrix} i_{qs}^r \\ i_{ds}^r \end{bmatrix} + \lambda_m'^r \begin{bmatrix} 0 \\ 1 \end{bmatrix} \tag{9.8-10}$$

与式（8.5-5）的形式相同。为了与之前的命名方式统一，我们在 λ_m' 上增加了上标 r。从使用了新的变量系统的式（9.8-10）中可以看出，永磁体产生的磁链是恒定值。因此，虚拟电路是固定在永磁体相关的位置上，固定于转子上。我们已经成功消除了随 θ_{rm} 变化的磁链。

使用展开形式，电压方程为

$$v_{qs}^r = r_s i_{qs}^r + RT\,\omega_{rm}\lambda_{ds}^r + p\lambda_{qs}^r \tag{9.8-11}$$

$$v_{ds}^r = r_s i_{ds}^r - RT\,\omega_{rm}\lambda_{qs}^r + p\lambda_{ds}^r \tag{9.8-12}$$

其中

$$\lambda_{qs}^r = L_{ss} i_{qs}^r \tag{9.8-13}$$

$$\lambda_{ds}^r = L_{ss} i_{ds}^r + \lambda_m'^r \tag{9.8-14}$$

将式（9.8-13）和式（9.8-14）代入式（9.8-11）和式（9.8-12），且由于 $\lambda_m'^r$ 恒定，$p\lambda_m'^r = 0$。

$$v_{qs}^r = (r_s + pL_{ss})i_{qs}^r + RT\,\omega_{rm}L_{ss}i_{ds}^r + RT\,\omega_{rm}\lambda_m'^r \tag{9.8-15}$$

$$v_{ds}^r = (r_s + pL_{ss})i_{ds}^r - RT\,\omega_{rm}L_{ss}i_{qs}^r \tag{9.8-16}$$

用矩阵形式表示为

$$\begin{bmatrix} v_{qs}^r \\ v_{ds}^r \end{bmatrix} = \begin{bmatrix} r_s + pL_{ss} & RT\,\omega_{rm}L_{ss} \\ -RT\,\omega_{rm}L_{ss} & r_s + pL_{ss} \end{bmatrix} \begin{bmatrix} i_{qs}^r \\ i_{ds}^r \end{bmatrix} + \begin{bmatrix} RT\,\omega_{rm}\lambda_m'^r \\ 0 \end{bmatrix} \tag{9.8-17}$$

将式（9.7-17）中的 i_{as} 和 i_{bs} 用 i_{qs}^r 和 i_{ds}^r 表示，可以得到忽略磁阻转矩的电磁

转矩的表达式。尤其是，

$$T_e = RT\lambda'^r_m i^r_{qs} \tag{9.8-18}$$

在 8.5 节中，推导出了永磁交流电机的 qs 和 ds 电压方程，这些方程与我们本节推导出的方程是相似的，除了将 ω_r 替换成了 $RT\omega_{rm}$。而且，如果将其中的 $P/2$ 替换为转子齿 RT，式（9.8-18）中的电磁转矩方程与式（8.5-17）形式上也是相同的。

当工作在连续旋转模式时，施加在永磁步进电机定子绕组电压的基波分量可以表示为

$$v_{as} = -\sqrt{2}v_s \sin\theta_{esv} \tag{9.8-19}$$

$$v_{bs} = \sqrt{2}v_s \cos\theta_{esv} \tag{9.8-20}$$

这些方程构成了一个两相平衡系统，其中，v_s 的幅值可能是时间的函数。有人可能会问这两个电压公式的形式，因为之前我们选择的 v_{as} 由 $\cos\theta_{esv}$ 表示。回顾之前，在步进电机中，我们提及的 θ_{rm} 和同步电机的是不同的。因此，变换矩阵 $\boldsymbol{K}^r_s$ 也是不同的。我们刚刚指出将第 8 章的方程的 ω_r 替换成 $RT\omega_{rm}$ 后与永磁步进电机的方程相同。为了将第 8 章中给出的材料运用到永磁步进电机中，需要选取 v_{as} 和 v_{bs} 的瞬时值，使 v^r_{qs} 和 v^r_{ds} 和第 8 章相同。这种情况下，v_{as} 和 v_{bs} 由式（9.8-19）和式（9.8-20）定义如下：

$$\frac{d\theta_{rm}}{dt} = \omega_{rm} \tag{9.8-21}$$

并且 $\theta_{esv}(0)$ 是供电电压的零时刻位置。

当永磁步进电机工作在目标位置间连续旋转模式时，可以使用开环控制模式或闭环控制模式。在所谓的开环控制模式中，定子电压以恒定的步进频率施加，直到达到预期位置。在闭环控制模式中，需要检测转子位置，并反馈至驱动逆变器中，该逆变器提供电压给定子相绕组。在这种情况下，定子电压的步进频率控制为与转子速度相应，步进电机在目标位置之间按照永磁交流电机方式运行。因此，当永磁步进电机工作在闭环控制模式下时，它就是一台 ω_e 等于 $RT\omega_{rm}$ 的永磁交流电机。看起来闭环控制模式下，我们只需要将第 8 章中给出的所有电压方程中的 ω_r 替换为 $RT\omega_{rm}$ 即可适用于永磁步进电机。但是，有一个例外。当相量和作为数量的 qs^r 和 ds^r 变换时，需要将 $\widetilde{F}_{as}$ 替换为 $\widetilde{F}_{bs}$。尤其，从式（9.8-19）和式（9.8-20）我们可以看出，在稳态闭环控制模式下，F_{as} 和 F_{bs} 的表达式为

$$F_{as} = -\sqrt{2}F_s \sin[RT\ \omega_{rm}t + \theta_{esf}(0)] \tag{9.8-22}$$

$$F_{bs} = \sqrt{2}F_s \cos[RT\ \omega_{rm}t + \theta_{esf}(0)] \tag{9.8-23}$$

其中，ω_e 设置为与 $RT\omega_{rm}$ 相等。将 F_{as} 和 F_{bs} 代入变换方程式（9.8-1），得

$$F^r_{qs} = \sqrt{2}F_s \cos[\theta_{esv}(0) - RT\theta_{rm}(0)] \tag{9.8-24}$$

$$F_{ds}^{r}=-\sqrt{2}F_s\sin[\theta_{esv}(0)-RT\,\theta_{rm}(0)] \tag{9.8-25}$$

此时，由式（9.8-23），

$$\begin{aligned}\widetilde{F}_{bs}&=F_s e^{j\theta_{esf}(0)}\\&=F_s\cos\theta_{esf}(0)+jF_s\sin\theta_{esf}(0)\end{aligned} \tag{9.8-26}$$

如果我们令 $\theta_{rm}(0)=0$，则式（9.8-26）可以由式（9.8-24）和式（9.8-25）表示为

$$\sqrt{2}\ \widetilde{F}_{bs}=F_{qs}^{r}-jF_{ds}^{r} \tag{9.8-27}$$

这就是将式（8.8-13）中的$\widetilde{F}_{as}$转换为$\widetilde{F}_{bs}$后的结果。因此，对于闭环控制模式下的永磁步进电机，式（8.8-18）将变成

$$\widetilde{V}_{bs}=(r_s+jRT\,\omega_{rm}L_{ss})\widetilde{I}_{bs}+\widetilde{E}_b \tag{9.8-28}$$

其中，$\widetilde{E}_b$ 是式（8.8-17）中给出的$\widetilde{E}_a$ 中的 ω_r 替换为 $RT\omega_{rm}$；尤其，

$$\widetilde{E}_b=\frac{1}{\sqrt{2}}RT\,\omega_{rm}\lambda'^{r}_{m}e^{j0} \tag{9.8-29}$$

步进电机可以有相移运行，也可以无相移运行，与永磁交流电机相同，且当 $\theta_{rm}(0)=0$ 时，最大转矩时的相移是将式（8.8-24）中的 ω_r 替换为 $RT\omega_{rm}$。尤其

$$\phi_{vMT}=\tan^{-1}(\tau_s RT\,\omega_{rm}) \tag{9.8-30}$$

由此得出，只要适当的将电压方程中的 ω_r 替换为 $RT\,\omega_{rm}$且将转矩方程中的 $P/2$ 替换为 RT，图 8.10-1 中给出的时域框图对于闭环控制模式下的永磁步进电机也是适用的。

SP9.8-1　一台永磁步进电机，$RT=7$，工作于 $\omega_{rm}=100$ rad/s。$\widetilde{V}_{bs}=(10/\sqrt{2})\underline{/0°}$，$\widetilde{I}_{bs}=(1/\sqrt{2})\underline{/-60.3°}$，$\theta_{rm}(0)=0$，$r_s=4\Omega$，$L_{ss}=0.01H$。计算 λ'^{r}_{m}。[$\lambda'^{r}_{m}=0.00277$V·s/rad]

SP9.8-2　上题给出的步进电机，当 $\theta_{rm}(0)=0$ 且 $\widetilde{I}_{bs}=(1/\sqrt{2})\underline{/-20°}$时，工作于 $\omega_{rm}=100$rad/s。计算 ϕ_v。[$\phi_v=32.8°$]

9.9 小结

我们讨论了最常用的两种类型的机电步进装置：变磁阻步进电机和永磁步进电机。虽然我们考虑了一种步进电机的重要运行模式，但是还有大量的步进电机运行的方面我们无法包含在这篇介绍性的文字中。例如，电压源的类型与控制方式，步进电机连续旋转模式下的可靠性问题都超过了本书的研究范围。但是，本章给出的一些基础知识为更深入的研究打下基础。

9.10 参考文献

[1] P. P. Acarnley, *Stepping Motors: A Guide to Modern Theory and Practice*, Peter Pereginus Ltd. for the Institution of Electrical Engineers; Southgate House, Stevenage, Herts, SGl lHQ, England, 1984.

9.11 习题

1. 画出一台两极四段，有两个转子齿的变磁阻步进电机的结构图。用 *as*、*bs*、*cs*、*ds* 来标识相绕组。计算 *TP*、*SL*，给出逆时针旋转的激励顺序。

2. 对于习题1，写出自感和转矩的表达式，使用 *SL* 作为变量。

3. 读过第7章关于同步电机和磁阻电机的人可能会想帕克变换是否可以用于变磁阻步进电机，将定子电路转换到具有恒定电感的固定在转子上的虚拟电路。结论是否定的。原因就是式（7.9-6）中的定子相间必须存在互感。为了证明这点，用一台两极两相磁阻电机为例，假设 $L_{asbs}=L_{bsas}=0$，计算 $\boldsymbol{K}_s^r\boldsymbol{L}_s(\boldsymbol{K}_s^r)^{-1}$。

4. 图9.2-3中的四极三段变磁阻步进电机工作在连续状态，速度为30rad/s。忽略电暂态，画出电流 i_{as} 波形，指出其为零或非零的时刻。

5. 一台四极五段变磁阻步进电机，转子齿数为八，如图9.2-4所示。磁轴排列为 *as*、*bs*、*cs*、*ds* 和 *es*，逆时针方向。当角位移恒定并用步长表示时写出自感表达式。

6. 当角位移恒定并用步长表示，写出图9.5-1中的单段变磁阻步进电机的自感表达式。

7. 两相永磁步进电机有50个转子齿。转子由外部机械驱动 $\omega_{rm}=100$rad/s，测得的开路峰-峰值电压为25V。计算 λ_m 和 *SL*。如果 $i_{as}=1$A，$i_{bs}=0$，写出 T_e。

8. 考虑图9.6-1中的两相永磁步进电机。画出 i_{as} 和 i_{bs} 与时间的曲线，激励顺序为 i_{as}、i_{bs}、$-i_{as}$、$-i_{bs}$、$i_{as}\cdots$。步间时间用 T_s 表示，步进频率为 $f_s=1/T_s$。寻找基波频率（ω_e）与 i_{as}、i_{bs} 和步频 f_s 的关系。将 ω_{rm} 与 ω_e 和 f_s 关联。

9. 两相永磁步进电机有50个转子齿。参数如下：$\lambda'_m=0.00226$V·s/rad，$r_s=10\Omega$，$L_{ss}=1.1$mH。定子电压构成平衡两相有 $V_s=10$V，$\omega_e=314$ rad/s。计算稳态转子速度 ω_{rm} 和这种速度下可形成的最大电磁转矩 T_{eM}。

*10. 永磁步进电机，忽略磁阻转矩，假设自感恒定。利用第8章中提到的转子参考坐标系变换，将 θ_r 替换为 $RT\,\theta_{rm}$，写出与式（9.8-15）和式（9.8-16）类似的 v_{qs}^r 和 v_{ds}^r 的电压方程。

*11. 如图9.6-1中的永磁步进电机安装了双线绕组。假设 *cs* 绕组（*ds* 绕组）与 *as* 绕组（*bs* 绕组）缠绕在同一个定子极上，但是方向相反，而且假设绕组紧密缠绕（无漏电感）。写出 $v_{as}-v_{cs}$ 和 $v_{bs}-v_{ds}$。

第 10 章

非平衡运行和单相感应电机

10.1 引言

虽然第 6 章我们所推导的电压方程及转矩方程对感应电机的各种运行状态都是有效的，但之前我们都只涉及平衡激励的情况。当对称的两相感应电机被用作单相电机时，通常情况下定子的相电压将是不平衡的。家用电器的电源通常情况下是单相的，单相电机普遍用于洗衣机、干衣机、空调、垃圾处理器等家用电器中。我们经常使用对称的两相感应电机作为单相电机来应用，因此为产生起动转矩，我们需要让电机产生自己是被接到两相电源上的错觉，至少是类似两相电源。我们发现如果在电机转子转速到达 60% ~80% 同步转速之前，在其中一相绕组上串入一个电容，便可以解决起动转矩的问题，而之后将串有电容的绕组从电源中切出，此时电机只有一相绕组连接着单相电源独立运行。因此当对称的两相感应电机作为单相电机来使用时，通常具有两种非平衡的运行模式：第一，在起动期间，输入的相电压不是平衡的两相电压组合，串接电容之后两相的阻抗变得不一样；第二，在正常运行期间，定子的其中一相绕组为开路情况。

我们将使用对称分量概念来分析非平衡工作模式下的感应电机，这将使得分析变得更加方便。下一节即将介绍的分量方法将用于分析非平衡的定子电压，不一致的绕组阻抗以及有开路相的定子绕组的工作状态。所有这些状态都将出现在非对称的两相感应电机或者单相感应电机的工作中。

在这一章我们将分析单相感应电机的稳态和动态特性，不过我们只分析两相对称的感应电机作为单相电机运行这一种情况。而实际应用中，我们经常用不对称的两相电机或者所谓的分相感应电机（split - phase induction motors）而不是对称的两相电机。在本章的结尾，我们对这种分相电机进行了一些讨论，但并不进行详细的分析。我们选择用对称的感应电机而不是分相感应电机来说明单相感应电机的主要工作特性，这将使得我们的分析变得简单很多。

10.2 对称分量

当我们对对称的两相感应电机的单相运行情况进行稳态分析时，我们势必会碰到不对称条件，对于这些不对称分量的分析，我们可以通过一个称为对称分量的概念来实现。在文献［1］中，C. L. Fortescue 提出了一种用对称分量来分析多相的非平衡系统方法。从那时候起，这种方法被扩展、修改、广泛应用，有时甚至是不恰当的。虽然如此，对于对称系统的非平衡工作模式，这是一种非常有效的分析工具，即使推导和应用这种方法的过程看起来并不是那么具有理论基础。幸好我们发现，参考坐标系理论为对称分量的方法提供了严谨的推导，为其在分析中的应用也做出了清晰的导向[2]。在这一节中我们将直接给出对称分量的概念而省略推导过程，同时建立进行非平衡运行模式分析的必要方程。用参考坐标系理论对对称分量概念进行理论验证的相关内容，大家可以查阅参考文献［2］和参考文献［3］。

为方便起见，图 10.2-1 直接沿用图 6.2-1 所示的对称两极两相感应电机。对称分量分析方法使得我们可以用两个平衡的组合来代表一个不平衡的两相组合，或者是用两个平衡的组合加上一个单相来表示一个不平衡的三相组合。其中两个平衡的组合称为正序分量和负序分量，而单相则称为零序分量。接下来我们只分析两相系统的情况。同时需要注意，对称分量分析方法只在稳态情况下有效。

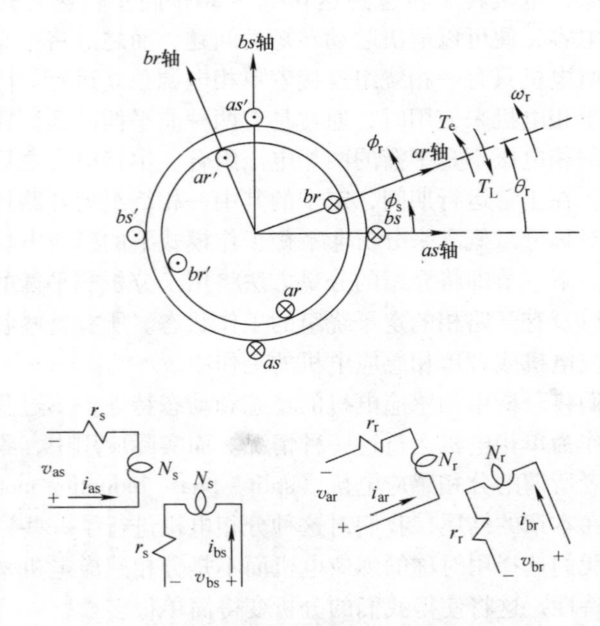

图 10.2-1　两极两相对称感应电机

通常一个不平衡的两相组合可以表示为

$$F_{as}=\sqrt{2}F_{a}\cos[\omega_{e}t+\theta_{efa}(0)] \tag{10.2-1}$$

$$F_{bs}=\sqrt{2}F_{b}\sin[\omega_{e}t+\theta_{efb}(0)] \tag{10.2-2}$$

从式中我们可以看出假如 $F_a = F_b$，$\theta_{efa}(0) = \theta_{efb}(0)$，则式（10.2-1）和式（10.2-2）就变成平衡组合。我们认为用 qs^s 和 ds^s 来表示比用 as 和 bs 会更加方便。记得在第 5 章时，我们曾经证明在稳态运行情况下当 $\omega = \omega_e$ 且 $\theta(0) = 0$ 时，$f_{as} = f_{qs}^s$，$f_{bs} = -f_{ds}^s$ 或者说 $\widetilde{F}_{as} = \widetilde{F}_{qs}^s$，$\widetilde{F}_{bs} = -\widetilde{F}_{ds}^s$。

我们可以看到非平衡的两相组合可以被分为两个平衡的组合如下：

$$\widetilde{F}_{qs}^s = \widetilde{F}_{qs+}^s + \widetilde{F}_{qs-}^s \tag{10.2-3}$$

$$\widetilde{F}_{ds}^s = \widetilde{F}_{ds+}^s + \widetilde{F}_{ds-}^s \tag{10.2-4}$$

对于平衡分量分析的传统来说，人们更加习惯于用 ab 和 bs 的变量形式来表示而不是用 qs^s 和 ds^s 形式的变量，式（10.2-3）和式（10.2-4）可以分别写为 $\widetilde{F}_{as} = \widetilde{F}_{as+} + \widetilde{F}_{as-}$ 和 $\widetilde{F}_{bs} = \widetilde{F}_{bs+} + \widetilde{F}_{bs-}$。后面，我们将用 $\widetilde{F}_{as}$ 来替换 $\widetilde{F}_{qs}^s$，用 $\widetilde{F}_{bs}$ 来替换 $-\widetilde{F}_{ds}^s$。但是，为方便起见，我们在这里先暂时不采用传统的 $\widetilde{F}_{as+}$、$\widetilde{F}_{as-}$、$-\widetilde{F}_{bs+}$ 和 $-\widetilde{F}_{bs-}$ 表示方法，而仍然采用 $\widetilde{F}_{qs+}^s$、$\widetilde{F}_{qs-}^s$、$\widetilde{F}_{ds+}^s$ 和 $\widetilde{F}_{ds-}^s$ 的表示方法。

在式（10.2-3）和式（10.2-4）中 $\widetilde{F}_{qs+}^s$ 和 $\widetilde{F}_{ds+}^s$ 构成了平衡的正序组合，其中

$$\widetilde{F}_{ds+}^s = \mathrm{j}\,\widetilde{F}_{qs+}^s \tag{10.2-5}$$

负序组合为 $\widetilde{F}_{qs-}^s$ 和 $\widetilde{F}_{ds-}^s$，其中

$$\widetilde{F}_{ds-}^s = -\mathrm{j}\,\widetilde{F}_{qs-}^s \tag{10.2-6}$$

无论正序组合还是负序组合都是平衡的，但正序组合中 $\widetilde{F}_{ds+}^s$ 超前 $\widetilde{F}_{qs+}^s$（$\widetilde{F}_{bs+}$ 滞后 $\widetilde{F}_{as+}$）90°，而在负序组合中 $\widetilde{F}_{ds-}^s$ 滞后 $\widetilde{F}_{qs-}^s$（$\widetilde{F}_{bs-}$ 超前 $\widetilde{F}_{as-}$）。为什么我们将这些组合一个称为正序另一称为负序呢？最好的解释也许是当正序电流通入定子绕组时（见图 10.2-1），所产生的气隙磁动势 mmf 是逆时针方向旋转的，而负序电流所产生的气隙磁动势是顺时针方向旋转的。（在此别忘记 $\widetilde{F}_{bs+} = -\widetilde{F}_{ds+}$ 和 $\widetilde{F}_{bs-} = -\widetilde{F}_{ds}$ 的关系式）。假如 $\widetilde{F}_{as}$ 和 $\widetilde{F}_{bs}$ 是平衡的，即有 $\widetilde{F}_{bs} = -\mathrm{j}\,\widetilde{F}_{as}$ 的等式关系，我们可以看到负序的变量（$\widetilde{F}_{qs-}^s$ 和 $\widetilde{F}_{ds-}^s$）将会消失。

将式（10.2-5）和式（10.2-6）代入式（10.2-3）和式（10.2-4），可以得到：

$$\begin{bmatrix} \widetilde{F}_{qs}^s \\ \widetilde{F}_{ds}^s \end{bmatrix} = \begin{bmatrix} 1 & 1 \\ \mathrm{j} & -\mathrm{j} \end{bmatrix} \begin{bmatrix} \widetilde{F}_{qs+}^s \\ \widetilde{F}_{qs-}^s \end{bmatrix} \tag{10.2-7}$$

现在用 $\widetilde{F}_{as}$ 来替代 $\widetilde{F}_{qs}^s$，用 $\widetilde{F}_{bs}$ 来替代 $-\widetilde{F}_{ds}^s$，于是，

$$\begin{bmatrix} \widetilde{F}_{as} \\ \widetilde{F}_{bs} \end{bmatrix} = \begin{bmatrix} 1 & 1 \\ -\mathrm{j} & \mathrm{j} \end{bmatrix} \begin{bmatrix} \widetilde{F}_{qs+}^s \\ \widetilde{F}_{qs-}^s \end{bmatrix} \tag{10.2-8}$$

将式中$\widetilde{F}_{qs+}^{s}$和$\widetilde{F}_{qs-}^{s}$解出，得到

$$\begin{bmatrix}\widetilde{F}_{qs+}^{s}\\ \widetilde{F}_{qs-}^{s}\end{bmatrix}=\frac{1}{2}\begin{bmatrix}1 & j\\ 1 & -j\end{bmatrix}\begin{bmatrix}\widetilde{F}_{as}\\ \widetilde{F}_{bs}\end{bmatrix}\tag{10.2-9}$$

由式（10.2-9）我们可以得到对称分量转换矩阵可以定义为

$$\boldsymbol{S}=\frac{1}{2}\begin{bmatrix}1 & j\\ 1 & -j\end{bmatrix}\tag{10.2-10}$$

其逆矩阵为

$$(\boldsymbol{S})^{-1}=\begin{bmatrix}1 & 1\\ -j & j\end{bmatrix}\tag{10.2-11}$$

例 10A 一个不平衡两相系统的稳态变量表达式为

$$\widetilde{F}_{as}=1\underline{/45°}\tag{10A-1}$$

$$\widetilde{F}_{bs}=\frac{1}{2}\underline{/-120°}\tag{10A-2}$$

计算$\widetilde{F}_{qs+}^{s}$和$\widetilde{F}_{qs-}^{s}$。将变量代入式（10.2-9），为

$$\begin{bmatrix}\widetilde{F}_{qs+}^{s}\\ \widetilde{F}_{qs-}^{s}\end{bmatrix}=\frac{1}{2}\begin{bmatrix}1 & j\\ 1 & -j\end{bmatrix}\begin{bmatrix}1\underline{/45°}\\ \frac{1}{2}\underline{/-120°}\end{bmatrix}\tag{10A-3}$$

展开后得到

$$\begin{aligned}\widetilde{F}_{qs+}^{s}&=\frac{1}{2}\left(1\underline{/45°}+j\frac{1}{2}\underline{/-120°}\right)\\&=\frac{1}{2}\underline{/45°}+\frac{1}{4}\underline{/-30°}\\&=0.570+j0.229=0.614\underline{/21.9°}\end{aligned}\tag{10A-4}$$

$$\begin{aligned}\widetilde{F}_{qs-}^{s}&=\frac{1}{2}\left(1\underline{/45°}-j\frac{1}{2}\underline{/-120°}\right)\\&=\frac{1}{2}\underline{/45°}-\frac{1}{4}\underline{/-30°}\\&=0.137+j0.479=0.498\underline{/74.0°}\end{aligned}\tag{10A-5}$$

SP10.2-1 $\widetilde{F}_{as}=\widetilde{F}_{bs}=F_s\underline{/0°}$，计算$\widetilde{F}_{qs+}^{s}$和$\widetilde{F}_{qs-}^{s}$，可用星号表示共轭。[$\widetilde{F}_{qs-}^{s}=\widetilde{F}_{qs+}^{s*}=(\sqrt{2}/2)F_s\underline{/45°}$]

SP10.2-2 用$\widetilde{F}_{as}$来表达$\widetilde{F}_{bs}$，当其符合什么样的条件时，正序分量为零。[$\widetilde{F}_{bs}=j\widetilde{F}_{as}$]

SP10.2-3 当$\widetilde{F}_{ds+}^{s}=\widetilde{F}_{ds-}^{s}$，求$\widetilde{F}_{as}$和$\widetilde{F}_{bs}$。[$\widetilde{F}_{as}=0$，$\widetilde{F}_{bs}=-2j\widetilde{F}_{qs+}^{s}$]

10.3 非平衡运行模式分析

笼型两相感应电机转子绕组为短路连接。在这一节的分析中，转子的速度假设为恒定值，于是描述恒定转速情况下的方程为线性方程，从而适用叠加原则。因此，就和 F_{qs}^{s} 和 F_{ds}^{s} 的情况一样，我们可以用正序和负序分量来替代转子变量（$F_{qr}^{\prime s}$ 和 $F_{dr}^{\prime s}$），具体可以写为

$$\widetilde{F}_{qr}^{\prime s}=\widetilde{F}_{qr+}^{\prime s}+\widetilde{F}_{qr-}^{\prime s} \tag{10.3-1}$$

$$\widetilde{F}_{dr}^{\prime s}=\widetilde{F}_{dr+}^{\prime s}+\widetilde{F}_{dr-}^{\prime s} \tag{10.3.2}$$

于是

$$\widetilde{F}_{dr+}^{\prime s}=\mathrm{j}\,\widetilde{F}_{qr+}^{\prime s} \tag{10.3-3}$$

$$\widetilde{F}_{dr-}^{\prime s}=-\mathrm{j}\,\widetilde{F}_{qr-}^{\prime s} \tag{10.3-4}$$

有了这些关系，让我们来看，将其应用于电压方程时可以推导出什么结果。请读者自己证明两相感应电机静止坐标系下的电压方程式（6A-1）至式（6A-4）在稳态情况下变成如下所示的方程组：

$$\begin{bmatrix}\widetilde{V}_{qs}^{s}\\ \widetilde{V}_{ds}^{s}\\ \widetilde{V}_{qr}^{\prime s}\\ \widetilde{V}_{dr}^{\prime s}\end{bmatrix}=\begin{bmatrix}r_s+\mathrm{j}\omega_e L_{ss} & 0 & \mathrm{j}\omega_e L_{ms} & 0\\ 0 & r_s+\mathrm{j}\omega_e L_{ss} & 0 & \mathrm{j}\omega_e L_{ms}\\ \mathrm{j}\omega_e L_{ms} & -\omega_r L_{ms} & r_r'+\mathrm{j}\omega_e L_{rr}' & -\omega_r L_{rr}'\\ \omega_r L_{ms} & \mathrm{j}\omega_e L_{ms} & \omega_r L_{rr}' & r_r'+\mathrm{j}\omega_e L_{rr}'\end{bmatrix}\begin{bmatrix}\widetilde{I}_{qs}^{s}\\ \widetilde{I}_{ds}^{s}\\ \widetilde{I}_{qr}^{\prime s}\\ \widetilde{I}_{dr}^{\prime s}\end{bmatrix} \tag{10.3-5}$$

由于转速 ω_r 恒定，电压方程为线性方程，适用叠加原则。我们可以将式（10.3-5）4 个方程表达两次，一次表示正序变量；一次表示负序变量。这样就产生了两个有 4 个方程的方程组，一组描述正序的电压和电流；一组描述负序的电压和电流。但是由于有 $\widetilde{F}_{ds+}^{s}=\mathrm{j}\,\widetilde{F}_{qs\_+}^{s}$，$\widetilde{F}_{dr+}^{\prime s}=\mathrm{j}\,\widetilde{F}_{qr+}^{\prime s}$，$\widetilde{F}_{ds-}^{s}=-\mathrm{j}\,\widetilde{F}_{qs-}^{s}$ 和 $\widetilde{F}_{dr-}^{\prime s}=-\mathrm{j}\,\widetilde{F}_{qr-}^{\prime s}$ 4 个关系式，8 个方程可以减为 4 个方程。如果将 d – 变量用 q – 变量来表示，则这 4 个方程为

$$\begin{bmatrix}\widetilde{V}_{qs+}^{s}\\ \dfrac{\widetilde{V}_{qr+}^{\prime s}}{s}\\ \widetilde{V}_{qs-}^{s}\\ \dfrac{\widetilde{V}_{qr-}^{\prime s}}{2-\mathrm{s}}\end{bmatrix}=\begin{bmatrix}r_s+\mathrm{j}X_{ss} & \mathrm{j}X_{ms} & 0 & 0\\ \mathrm{j}X_{ms} & \dfrac{r_r'}{s}+\mathrm{j}X_{rr}' & 0 & 0\\ 0 & 0 & r_s+\mathrm{j}X_{ss} & \mathrm{j}X_{ms}\\ 0 & 0 & \mathrm{j}X_{ms} & \dfrac{r_r'}{2-s}+\mathrm{j}X_{rr}'\end{bmatrix}\begin{bmatrix}\widetilde{I}_{qs+}^{s}\\ \widetilde{I}_{qr+}^{\prime s}\\ \widetilde{I}_{qs-}^{s}\\ \widetilde{I}_{qr-}^{\prime s}\end{bmatrix} \tag{10.3-6}$$

其中

$$X_{ss}=\omega_e(L_{ls}+L_{ms}) \tag{10.3-7}$$

$$X'_{rr}=\omega_e(L'_{lr}+L_{ms}) \tag{10.3-8}$$

$$X_{ms}=\omega_e L_{ms} \tag{10.3-9}$$

$$s=\frac{\omega_e-\omega_r}{\omega_e} \tag{10.3-10}$$

基本上我们可以随时进行标识替代，将$\widetilde{F}^s_{qs+}$用$\widetilde{F}_{as+}$来替代，$\widetilde{F}'^s_{qr+}$用$\widetilde{F}'_{ar+}$来替代等。

当我们再来看式（10.3-6）时，我们发现正序和负序的变量是解耦的。从这点我们可以联想到，在感应电机中，正序和负序的变量也许可以分开考虑而不用管电机的工作模式。虽然式（10.3-6）提供的电压方程可以作为一个起点，但是系统的约束可能导致正序和负序变量的耦合。在我们所考虑的工作模式中，我们可以发现当不平衡的电压施加至对称的两相感应电机上时，相序变量是解耦的，但当一个阻抗串入一相定子绕组或者当一相定子绕组处于开路状态时，相序变量是耦合的。

稳态情况下的电磁转矩可以由式（6.7-1）通过静止坐标系下的稳态电流计算得到，

$$T_e=\frac{P}{2}L_{ms}(I^s_{qs}I'^s_{dr}-I^s_{ds}I'^s_{qr}) \tag{10.3-11}$$

每个稳态电流的瞬时表达式都可以表示为正序和负序变量的形式，

$$I^s_{qs}=\sqrt{2}I_{s+}\cos(\omega_e t+\phi_{s+})+\sqrt{2}I_{s-}\cos(\omega_e t+\phi_{s-}) \tag{10.3-12}$$

$$I^s_{ds}=-\sqrt{2}I_{s+}\sin(\omega_e t+\phi_{s+})+\sqrt{2}I_{s-}\sin(\omega_e t+\phi_{s-}) \tag{10.3-13}$$

$$I'^s_{qr}=\sqrt{2}I'_{r+}\cos(\omega_e t+\phi_{r+})+\sqrt{2}I'_{r-}\cos(\omega_e t+\phi_{r-}) \tag{10.3-14}$$

$$I'^s_{dr}=-\sqrt{2}I'_{r+}\sin(\omega_e t+\phi_{r+})+\sqrt{2}I'_{r-}\sin(\omega_e t+\phi_{r-}) \tag{10.3-15}$$

其中，下标+和-分别代表正序变量和负序变量。假如将这些电流的表达式代入式（10.3-11），再经过一些三角函数运算，我们可以得到稳态转矩（恒定转速）的表达式为

$$\begin{aligned}T_e=2\left(\frac{P}{2}\right)L_{ms}[&I_{s+}I'_{r+}\sin(\phi_{s+}-\phi_{r+})-I_{s-}I'_{r-}\sin(\phi_{s-}-\phi_{r-})]\\&+I_{s+}I'_{r-}\sin(2\omega_e t+\phi_{s+}+\phi_{r-})-I_{s-}I'_{r+}\sin(2\omega_e t+\phi_{s-}+\phi_{r+})]\end{aligned} \tag{10.3-16}$$

非常有趣的是当我们假设转子的电路是对称的之后，非平衡工作模式下的稳态转矩由一个恒定分量和一个正弦分量组成，该正弦分量以2倍的定子变量频率脉振。回想我们之前的假设，我们假定定子变量只包含了一种频率ω_e，具有多种频率的情况则可以查阅参考文献［2］和［3］。

以上转矩方程可以用正序和负序电流相量表示，经过适当变化之后可以得到

$$\begin{aligned}T_{e} =2\frac{P}{2}L_{ms}\{&\mathrm{Re}[\mathrm{j}(\widetilde{I}_{qs+}^{s*}\widetilde{I}_{qr+}^{\prime s}-\widetilde{I}_{qs-}^{s*}\widetilde{I}_{qr-}^{\prime s})]\\&+\mathrm{Re}[\mathrm{j}(-\widetilde{I}_{qs+}^{s}\widetilde{I}_{qr-}^{\prime s}+\widetilde{I}_{qs-}^{s}\widetilde{I}_{qr+}^{\prime s})]\cos2\omega_{e}t\\&+\mathrm{Re}[\widetilde{I}_{qs+}^{s}\widetilde{I}_{qr-}^{\prime s}-\widetilde{I}_{qs-}^{s}\widetilde{I}_{qr+}^{\prime s}]\sin2\omega_{et}\}\end{aligned} \tag{10.3-17}$$

其中，星号代表共轭。恒定项［式（10.3-17）等式右边第一项］由正序转矩和负序转矩组成。后面两项表示脉振转矩分量，可以将其合起来写，但有时分开更加方便。

非平衡定子电压

在单相感应电机的起动过程中，通常用电容串入一相绕组。这种由于串入电容而引起的定子电路对于电源的不对称，不同于对称绕组的情况，必须进行区别研究。我们首先分析不平衡电源施加至对称两相绕组的情况，然后分析串电容的情况。

让我们回到式（10.3-6）给定的方程。我们可以应用这个方程解出相序电流，只要知道施加在对称定子绕组上的不平衡电源电压表达式。而我们只需要根据式（10.2-9），由$\widetilde{V}_{as}$和$\widetilde{V}_{bs}$求得电压表达式$\widetilde{V}_{qs+}^{s}$和$\widetilde{V}_{qs-}^{s}$，因为转子绕组是短路的，$\widetilde{V}_{qr+}^{\prime s}$和$\widetilde{V}_{qr-}^{\prime s}$为零。

由于非平衡的工作模式是由两个彼此解耦的正序和负序变量来表述的，因而我们可以用图 10.3-1 所示更加直观的等效电路的形式来描述式（10.3-6）的 4 个电压方程。在转子绕组短路的情况下，正序等效电路和图 6.8-1 所描述的平衡条件时的形式保持一致，这是我们所期望的。负序等效电路所不一致的地方只体现在（$2-s$）替换了原来的转差 s。记得负序电压产生负序电流，从而产生负方向旋转的气隙磁动势。相对于负方向旋转的气隙磁动势，转差为（$\omega_e+\omega_r$）/ω_e，也可写为 $2-(\omega_e-\omega_r)/\omega_e$ 或（$2-s$）。我们经常使用这样一种推理的方法来得到负序等效电路，而不是从推导的角度得到它。

方程（10.3-6）或由方程（10.3-6）所得到的等效电路可以用于求解相序电流。将相序电流适当地代入式（10.3-17）可以计算得到稳态的电磁转矩。由于正序电路和负序电路是解耦的，因此电磁转矩的求解可以从式（6.8-26）中得到。具体地，由式（10.3-17）等式右边第一项的正序电流所产生的正序转矩可以表示为

$$T_{e+}=\frac{2(P/2)(X_{ms}^{2}/\omega_{e})r_{r}^{\prime}s|\widetilde{V}_{qs+}^{s}|^{2}}{[r_{s}r_{r}^{\prime}+s(X_{ms}^{2}-X_{ss}X_{rr}^{\prime})]^{2}+(r_{r}^{\prime}X_{ss}+sr_{s}X_{rr}^{\prime})^{2}} \tag{10.3-18}$$

由式（10.3-17）等式右边第一项负序电流所表达的负序转矩可以表示为

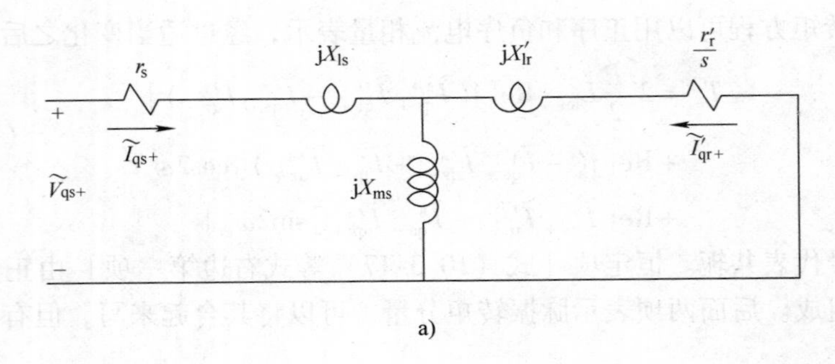

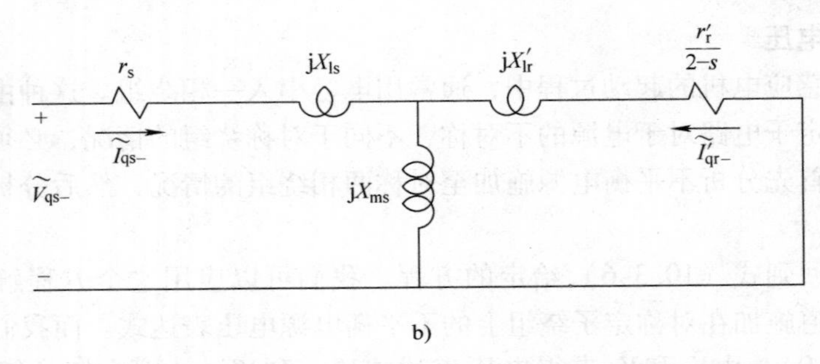

图 10.3-1　非平衡电压源施加至对称的两相感应电机时的相序等效电路

a）正序电路　b）负序电路

$$T_{e-}=\frac{2(P/2)(X_{ms}^2/\omega_e)r'_r(2-s)|\widetilde{V}_{qs-}^s|^2}{[r_sr'_r+(2-s)(X_{ms}^2-X_{ss}X'_{rr})]^2+[r'_rX_{ss}+(2-s)r_sX'_{rr}]^2} \tag{10.3-19}$$

另外，我们将式（6.8-26）中的$\widetilde{V}_{as}$用$\widetilde{V}_{qs+}^s$替换，也可以得到式（10.3-18）；将式（6.8-26）中的$\widetilde{V}_{as}$用$\widetilde{V}_{qs-}^s$来替换，同时将 s 用（$2-s$）来替换，则可以得到式（10.3-19）。平均转矩 $T_{e,ave}$ 为正序转矩与负序转矩的差值。

$$T_{e,ave}=T_{e+}-T_{e-} \tag{10.3-20}$$

对比式（10.3-17）与式（6.8-21）的前两项，有趣的是我们将会看到虽然转矩总的来说是电流的非线性函数，但对于平均转矩的计算来说，我们可以先通过式（10.3-6）或者图 10.3-1 求得相序电流，然后求得正序和负序各自的转矩，再通过式（10.3-20）将两转矩进行叠加。但我们必须清楚叠加的方法可以用于计算平均转矩，但不能用其计算瞬时转矩（平均转矩和脉振转矩之和），因为从式（10.3-17）可以看到脉振转矩与正序和负序电流的乘积相关。

尽管我们可以用相序电压来计算脉振转矩的幅值，但其中所涉及的代数运行多少会让人望而却步。对我们而言，只要仔细观察一下式（10.3-17）中第二项和第三项所共有量$\widetilde{I}_{qs+}^s\ \widetilde{I}'^s_{qr-}-\widetilde{I}_{qs-}^s\ I'^s_{qr+}$的相量关系就足够了。由转子绕组短路，可以得到如下关系：

$$\widetilde{I}'^{s}_{qr+} = -\frac{jX_{ms}}{r'_r/s + jX'_{rr}}\widetilde{I}^{s}_{qs+} \tag{10.3-21}$$

$$\widetilde{I}'^{s}_{qr-} = -\frac{jX_{ms}}{r'_r/(2-s) + jX'_{rr}}\widetilde{I}^{s}_{qs-} \tag{10.3-22}$$

这些方程是在图 10.3-1 等效电路中得出的。可以注意一下式（10.3-21）和式（6.8-22）之间的相似之处。利用式（10.3-21）和式（10.3-22）可以写为

$$\widetilde{I}^{s}_{qs+}\widetilde{I}'^{s}_{qr-} - \widetilde{I}^{s}_{qs-}\widetilde{I}'^{s}_{qr+} = -jX_{ms}\widetilde{I}^{s}_{qs+}I^{s}_{qs-}\frac{2(1-s)/s(2-s)}{[r'_r/(2-s) + jX'_{rr}](r'_r/s + jX'_{rr})} \tag{10.3-23}$$

如果我们将相序电流写成相序电压的形式，则可以将式（10.3-23）写为

$$\widetilde{I}^{s}_{qs+}\widetilde{I}'^{s}_{qr-} - \widetilde{I}^{s}_{qs-}\widetilde{I}'^{s}_{qr+} = -jX_{ms}\frac{\widetilde{V}^{s}_{qs+}\widetilde{V}^{s}_{qs-}}{Z_{+}\ Z_{-}}\frac{2(1-s)/s(2-s)}{[r'_r/(2-s) + jX'_{rr}](r'_r/s + jX'_{rr})} \tag{10.3-24}$$

其中，Z_+ 和 Z_- 分别是图 10.3-1 所示正序和负序等效电路的输入阻抗。

式（10.3-24）为计算脉振转矩提供了一种更加直接的方式。这中间还有一个有趣的现象，当转子的转速为零时，让我们来计算式（10.3-24），我们会发现在 $\omega_r = 0$、$s = 1$ 的条件下，式（10.3-24）为零。这说明，此时稳态的脉振转矩不存在。实际上，在 $\omega_r = 0$ 时，不管定子处于什么情况，脉振转矩幅值始终为零。定子上可以串入一个阻抗或者一个绕组处于开路状态，都符合这个结论。同样当 $s = 1$ 时，不管相序电流为何值，式（10.3-23）始终为零。这个结论成立的唯一的条件是转子绕组必须对称，这是一个有趣的发现。

定子阻抗不平衡

当一个阻抗串入电机 *as* 定子绕组时，我们可以写出

$$e_{ga} = i_{as}z(p) + v_{as} \tag{10.3-25}$$

$$e_{gb} = v_{bs} \tag{10.3-26}$$

其中，v_{as} 和 v_{bs} 为定子相绕组的电压，e_{ga} 和 e_{gb} 为电源电压，电源电压可能是不平衡的。在式（10.3-25）中，$z(p)$ 为阻抗算子，比如对于 rL 串联电路，$z(p) = r + pL$。式（10.3-25）和式（10.3-26）的等效的相量形式为

$$\widetilde{V}_{as} = \widetilde{E}_{ga} - \widetilde{I}_{as}Z \tag{10.3-27}$$

$$\widetilde{V}_{bs} = \widetilde{E}_{gb} \tag{10.3-28}$$

利用式（10.2-9），我们可以求得 $\widetilde{V}^{s}_{qs+}$ 和 $\widetilde{V}^{s}_{qs-}$，

$$\begin{bmatrix} \widetilde{V}^{s}_{qs+} \\ \widetilde{V}^{s}_{qs-} \end{bmatrix} = \frac{1}{2}\begin{bmatrix} 1 & j \\ 1 & -j \end{bmatrix}\begin{bmatrix} \widetilde{E}_{ga} - \widetilde{I}_{as}Z \\ \widetilde{E}_{gb} \end{bmatrix} \tag{10.3-29}$$

从而得到

$$\widetilde{V}_{qs+}^{s}=\frac{1}{2}(\widetilde{E}_{ga}+j\widetilde{E}_{gb}-\widetilde{I}_{as}Z) \tag{10.3-30}$$

$$\widetilde{V}_{qs-}^{s}=\frac{1}{2}(\widetilde{E}_{ga}-j\widetilde{E}_{gb}-\widetilde{I}_{as}Z) \tag{10.3-31}$$

这里

$$I_{as}=\widetilde{I}_{qs}^{s}=\widetilde{I}_{qs+}^{s}+\widetilde{I}_{qs-}^{s} \tag{10.3-32}$$

将式（10.3-32）代入式（10.3-30）和式（10.3-31）解出 $\widetilde{I}_{as}$，然后将结果代入式（10.3-6），再加上转子绕组短路条件，得出

$$\begin{bmatrix}\widetilde{E}_1\\0\\\widetilde{E}_2\\0\end{bmatrix}=\begin{bmatrix}\frac{1}{2}Z+r_s+jX_{ss} & jX_{ms} & \frac{1}{2}Z & 0\\ jX_{ms} & \frac{r'_r}{s}+jX'_{rr} & 0 & 0\\ \frac{1}{2}Z & 0 & \frac{1}{2}Z+r_s+jX_{ss} & jX_{ms}\\ 0 & 0 & jX_{ms} & \frac{r'_r}{2-s}+jX'_{rr}\end{bmatrix}\begin{bmatrix}\widetilde{I}_{qs+}^{s}\\\widetilde{I}_{qr+}^{\prime s}\\I_{qs-}^{s}\\\widetilde{I}_{qr-}^{\prime s}\end{bmatrix} \tag{10.3-33}$$

其中

$$\widetilde{E}_1=\frac{1}{2}(\widetilde{E}_{ga}+j\,\widetilde{E}_{gb}) \tag{10.3-34}$$

$$\widetilde{E}_2=\frac{1}{2}(\widetilde{E}_{ga}-j\,\widetilde{E}_{gb}) \tag{10.3-35}$$

假如串入的阻抗为电容，则其值的形式为 $Z=-j(1/\omega_e C)$。请注意，此时的正序和负序电压方程是相互耦合的。当然，我们可以画出该方程对应的等效电路形式，但并不值得我们做这样的工作。我们可以直接利用式（10.3-33），如果能够利用计算机工具将会更有帮助。当我们分析对称两相感应电机运行处于单相运行的情况时，我们将会更深入地应用这个公式。

定子相绕组开路

当定子绕组处于开路状态时，我们认为 i_{as}（i_{qs}^{s}）为零。因此，从式（6A-1）可以得到

$$v_{qs}^{s}=p\lambda_{qs}^{s} \tag{10.3-36}$$

同样由于 $i_{qs}^{s}=0$，式（6.6-8）所表述的静止参考坐标系下的 λ_{qs}^{s} 表达式变成

$$\lambda_{qs}^{s}=L_{ms}i_{qr}^{\prime s} \tag{10.3-37}$$

由于 $v_{as}=v_{qs}^{s}$，我们可以写出

$$v_{as}=L_{ms}pi_{qr}^{\prime s} \tag{10.3-38}$$

$$v_{bs}=e_{gb} \tag{10.3-39}$$

其中，e_{gb}为电源电压。其相量形式可以写为

$$\widetilde{V}_{as}=jX_{ms}\widetilde{I}'^{s}_{qr} \tag{10.3-40}$$

$$\widetilde{V}_{bs}=\widetilde{E}_{gb} \tag{10.3-41}$$

将式（10.3-40）和式（10.3-41）代入式（10.2-9），可以得出

$$\widetilde{V}^{s}_{qs+}=\frac{1}{2}jX_{ms}\widetilde{I}'^{s}_{qr}+\frac{1}{2}j\,\widetilde{E}_{gb} \tag{10.3-42}$$

$$\widetilde{V}^{s}_{qs-}=\frac{1}{2}jX_{ms}\widetilde{I}'^{s}_{qr}-\frac{1}{2}j\,\widetilde{E}_{gb} \tag{10.3-43}$$

又从式（10.3-1）得到

$$\widetilde{I}'^{s}_{qr}=\widetilde{I}'^{s}_{qr+}+\widetilde{I}'^{s}_{qr-} \tag{10.3-44}$$

因为$\widetilde{I}^{s}_{qs}=0$，式（10.2-3）变为

$$\widetilde{I}^{s}_{qs-}=-\widetilde{I}^{s}_{qs+} \tag{10.3-45}$$

将式（10.3-44）代入式（10.3-42）和式（10.3-43），然后将结果代入式（10.3-6），同时应用式（10.3-45）的关系，我们可以写出（在转子绕组短路的情况下）

$$\begin{bmatrix}\frac{1}{2}j\,\widetilde{E}_{gb}\\ 0\\ 0\end{bmatrix}=\begin{bmatrix}r_s+jX_{ss} & j\,\frac{1}{2}X_{ms} & -j\,\frac{1}{2}X_{ms}\\ jX_{ms} & \frac{r'_r}{s}+jX'_{rr} & 0\\ -jX_{ms} & 0 & \frac{r'_r}{2-s}+jX'_{rr}\end{bmatrix}\begin{bmatrix}\widetilde{I}^{s}_{qs+}\\ \widetilde{I}'^{s}_{qr+}\\ \widetilde{I}'^{s}_{qr-}\end{bmatrix} \tag{10.3-46}$$

从式（10.3-40），我们得到开路的 *as* 绕组的电压方程为

$$\widetilde{V}_{as}=jX_{ms}(\widetilde{I}'^{s}_{qr+}+\widetilde{I}'^{s}_{qr-}) \tag{10.3-47}$$

其中，$\widetilde{I}'^{s}_{qr+}$和$\widetilde{I}'^{s}_{qr-}$可以从式（10.3-46）计算得到。如果我们不需要开路绕组电压，则可以将$\widetilde{I}'^{s}_{qr+}$和$\widetilde{I}'^{s}_{qr-}$从式（10.3-46）中去除。

SP10.3-1　当转子转速为多少时，在非平衡的电压下，转子负序电流$\widetilde{I}'^{s}_{qr-}$和$\widetilde{I}'^{s}_{dr-}$为零？[$\omega_r=-\omega_e$]

SP10.3-2　假设图 6.8-2 所示的 T_e 和 ω_r 关系曲线是在$\widetilde{V}_{as}=j\widetilde{V}_{bs}=1\angle 0°$条件下获得的，画出$\widetilde{V}_{as}=-j\,\widetilde{V}_{bs}=1\angle 0°$条件下 T_e 和 ω_r 的关系曲线。[将其镜像]

SP10.3-3　对于一台对称的感应电机，求转子转速使得 $Z_+=Z_-$。[$\omega_r=0$]

SP10.3-4　对于非平衡的定子电压，写出 Z_+ 和 Z_- 的表达式。[$Z_+=$式（6.8-24）；$Z_-=$式（6.8-24），将式中的 s 用（$2-s$）替代]

SP10.3-5　当 $i_{bs}=0$ 时，求 v_{bs} 的表达式。[$v_{bs}=-L_{ms}pi'^{s}_{dr}$]

10.4 单相感应电机

在第4章中，我们简要介绍了单相感应电机。虽然我们需要找到合适的方法使其起动，但在正常运行时单相感应电机只有一相通电。有了这样的基础，让我们再来看当单相电压施加到对称的两相感应电机的一相定子绕组，同时保持另外一相定子绕组开路的情况下转矩和转速的关系曲线。前面我们已经推导了进行这样计算所需要的电压方程。具体地，我们可以用式（10.3-46）计算 *bs* 绕组连接至电源，*as* 绕组开路情况下的相序电流。经过这样计算之后，可以将相序电流代入式（10.3-17）计算电磁转矩的平均分量和脉振分量。对称两相感应电机，一相绕组施加额定电压，另一相绕组开路，其稳态转矩和速度的关系曲线如图10.4-1所示。其中对称两相感应电机是一台额定$\frac{1}{4}$hp、110V、60Hz的四极电机，具体的参数如下：$r_s = 2.02\Omega$，$X_{ls} = 2.79\Omega$，$X_{ms} = 66.8\Omega$，$r'_r = 4.12\Omega$，$X'_{lr} = 2.12\Omega$；总的惯量为$J = 1.46 \times 10^{-2}\text{kg} \cdot \text{m}^2$。

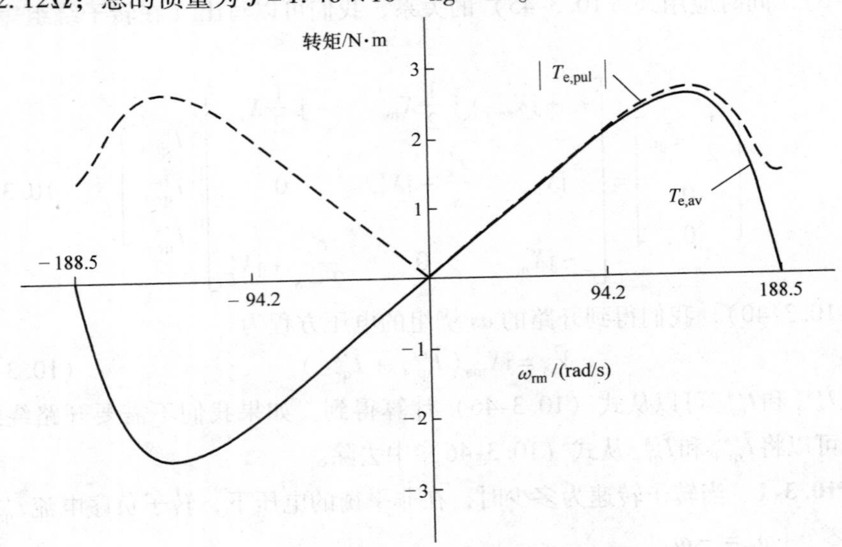

图10.4-1 单相感应电机稳态转矩—转速特性

平均的稳态电磁转矩为$T_{e,ave} = T_{e+} - T_{e-}$和两倍频的转矩分量$|T_{e,pul}|$，如图10.4-1所示。其中至少有两点值得我们注意，其一，平均转矩$T_{e,ave}$在$\omega_{rm} < 0$领域是其在$\omega_{rm} > 0$领域的镜像（中心点对称）；其二，脉振转矩$|T_{e,pul}|$关于零速轴对称。还有，从图10.4-1中我们也可以验证前面我们所介绍的起动转矩为零的现象，在$\omega_{rm} = 0$时，$T_e = 0$。

SP10.4-1 在图10.4-1中，当转子电流频率为何值时ω_{rm}为同步转速？

[120Hz]

SP10.4-2　在图 10.4-1 的转矩—转速特性中，确定第一次稳态瞬时转矩脉振至负值点的转子大致速度。[$\omega_{rm} \cong 1000$ r/min]

10.5 电容起动感应电机

我们知道单相感应电机在起动时不能产生有效转矩，因为正弦的绕组电流将产生两个大小相等方向相反的气隙旋转磁动势。如果我们将对称两相感应电机的两相绕组都接到单相的电源上，起动转矩仍然为零，两绕组中的电流瞬时值保持相等，气隙磁动势将沿着 *as* 轴和 *bs* 轴中间的方向脉振。于是，仍然是两个大小相等方向相反的气隙旋转磁动势，不能产生起动转矩。但如果我们将一个绕组中的电流瞬时值变得和另一个绕组中的电流瞬时值不一样，就有可能产生起动转矩，因为这将导致一个旋转方向的气隙磁动势大于另一个方向的气隙磁动势。解决这个问题的一个方案便是在对称两相电机的一个绕组中串入一个电容。在施加相同的电压时，串入电容的绕组将得到比没有电容的绕组更加超前的电流。

前面我们已经推导了在绕组中串入阻抗时计算电流所需要的公式。具体地，我们可以利用式（10.3-33）来计算在 *as* 绕组中串入一个电容时的电流。假如 $Z=-\mathrm{j}1/\omega_e C$，$\widetilde{E}_{ga}=\widetilde{E}_{gb}$，单相电源激励，则 $\widetilde{I}_{as}$超前 $\widetilde{I}_{bs}$，电机将逆时针旋转。回忆一下我们之前定义的磁场轴的正方向以及平衡两相组合，我们让 $\widetilde{I}_{as}$超前 $\widetilde{I}_{bs}90°$，从而产生逆时针旋转的气隙磁动势。

只要得到绕组电流，我们可以利用式（10.3-17）来计算稳态平均转矩 $T_{e,ave}$和倍频分量 $|T_{e,pul}|$ 的幅值。稳态平均转矩和转速特性如图 10.5-1 所示，其中 $C=530.5\mu$F。

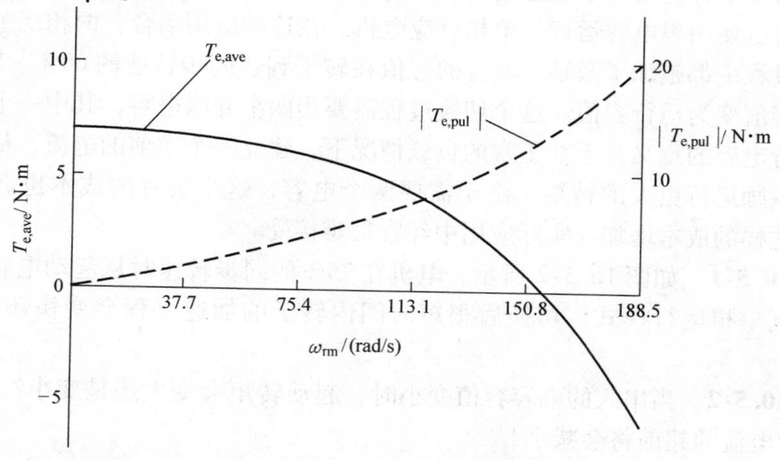

图 10.5-1　在两相感应电机的一相绕组中串入电容时的稳态转矩和转速的特性曲线

在电容起动的单相感应电机应用中，当转子的转速达到60% ~80%的同步转速时，电容将从电路中切出。这个过程一般由安装在感应电机中的离心式机械开关来实现。一旦连接电容的绕组从电源上断开，这个装置变成了一台单相感应电机。图10.5-2给出了将图10.5-1所示的绕组串电容后的转矩—转速曲线叠加到了图10.4-1所示的单相感应电机转矩—转速曲线后形成的电容起动单相感应电机的平均转矩—转速关系曲线。在这幅图所示的例子中，运行方式从电容起动到单相运行的切换发生在75%同步转速的位置。

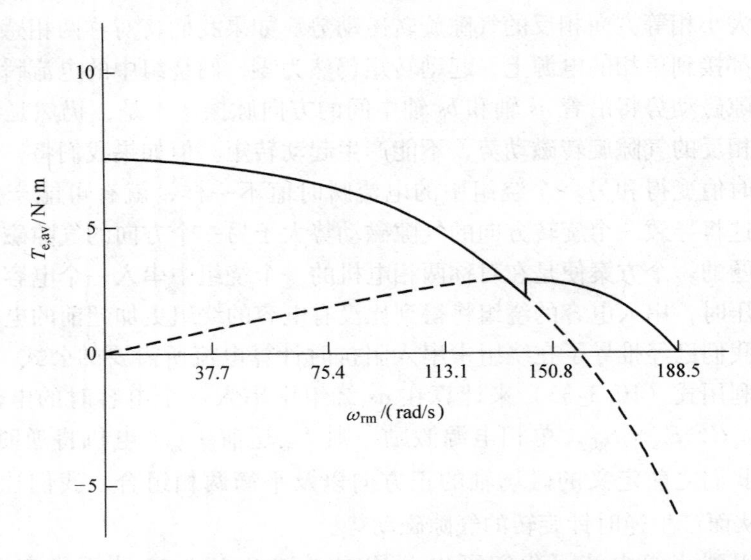

图10.5-2 串电容起动的单相感应电机稳态平均转矩—转速关系曲线

尽管串电容起动的单相感应电机是应用最广泛的一种单相感应电机形式，但我们有时也使用串电容运行的单相感应电机。在这种应用场合，两相绕组在正常运行的过程中都施加了激励。电容的容值在转子到达同步转速的60% ~80%后，从起动容值变为运行容值。这个切换过程需要用两个并联电容，其中一个能够开路。运行电容的意义在于在正常的负载情况下，建立一个超前的电流，从而产生比单相激励运行更大的转矩。由于需要两个电容，这个装置的成本也会相应增加，而这样的成本增加在实际应用中经常很难接受。

SP10.5-1 如图10.5-2所示，电机在75%的同步转速时从起动电容运行模式切换到单相运行模式，切换后很短时间内转子的加速过程会变快还是变慢？[变快]

SP10.5-2 当串入的电容容值变小时，起动转矩会变大还是变小？为什么？[变小，电流的超前将会减小]

10.6 电容起动单相感应电机的动态和稳态性能

电容起动单相感应电机的自由起动特性曲线如图 10.6-1 所示。图 10.6-1 中给出了 v_{as}、i_{as}、v_{bs}、i_{bs}、v_c、T_e 和 ω_{rm} 各变量的变化过程。其中，v_c 表示和 *bs* 绕组相串联的电容两端的电压。图 10.6-2 为电机变量在 *bs* 绕组中切出时刻的放大的曲线，切出的时刻为转速达到 75% 同步转速后电流到达零点的时刻。当 *bs* 绕组从电源上断开后，电容两端的电压保持恒定不变。在实际应用中，电容上的电压将由于存在的漏电流而渐渐衰减，在我们的分析中将忽略这一过程。图 10.6-3 所示的转矩—转速的特性曲线对应图 10.6-1 所示的自由起动过程。图 10.6-4 显示了负载变化所引起的动态和稳态特性，图 10.6-1 中给出了 v_{as}、i_{as}、v_{bs}（开路）、i'_{ar}、T_e、ω_{rm} 和 T_L 的变化过程。

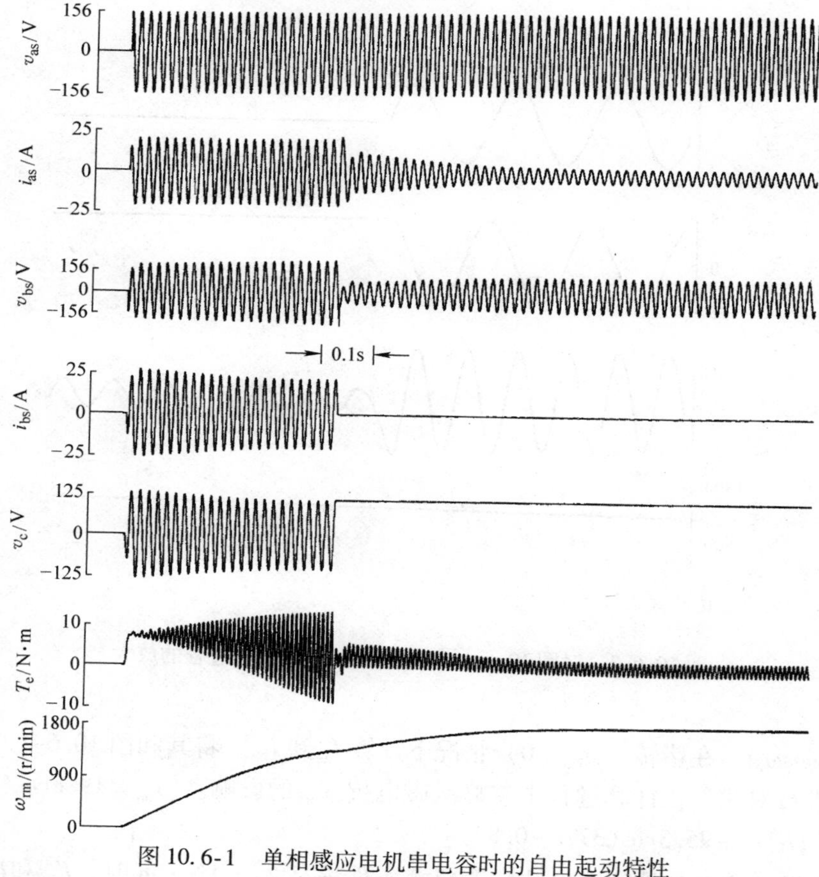

图 10.6-1　单相感应电机串电容时的自由起动特性

SP10.6-1　在图 10.6-1 中，电容串入 *bs* 绕组，*as* 绕组施加电压 V_{as} =

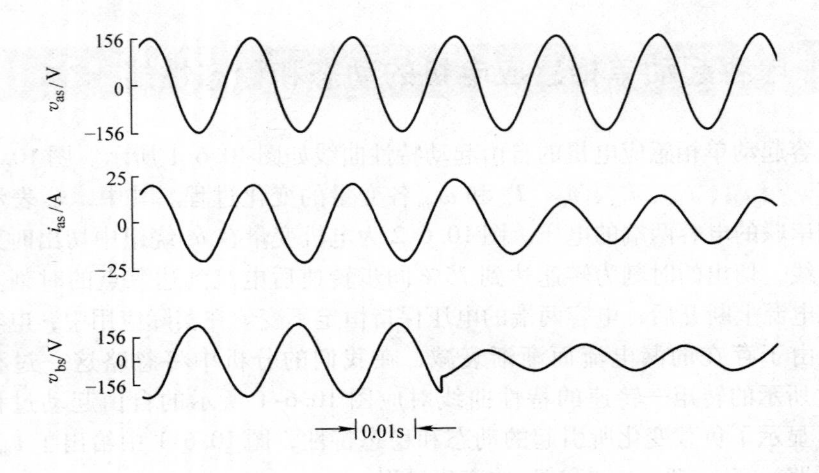

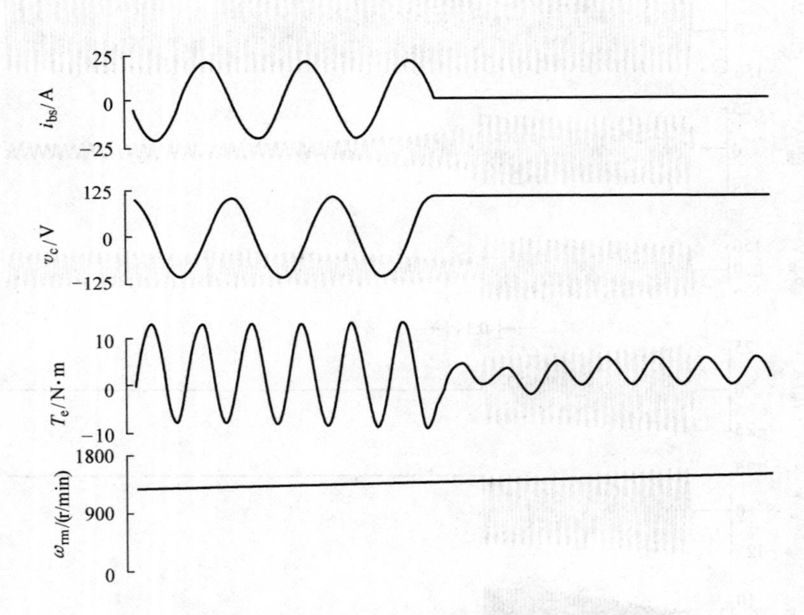

图 10.6-2　对图 10.6-1 中电容和 bs 绕组断开过程的放大

$\sqrt{2}\ 110\cos\omega_e t$，在堵转（$\omega_{rm}=0$）情况下计算 I_{as} 和 I_{bs}。将其和图 10.6-1 中的 i_{as} 和 i_{bs} 进行对比。在计算过程中忽略激磁电抗 X_{ms} 的影响。[$I_{as}\cong 19.8\cos(377t-38.6°)$;$I_{bs}\cong -25.3\cos(377t-0.8°)$]

SP10.6-2　在图 10.6-4 中，当负载条件满足 $T_L=1\text{N}\cdot\text{m}$ 时，I'^{s}_{qr} 和 I'^{s}_{dr} 的频率为多少？[60Hz]

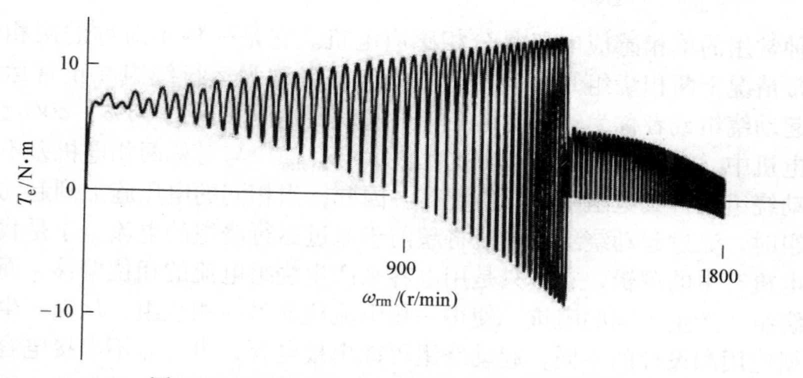

图 10.6-3　图 10.6-1 过程中的转矩—转速关系

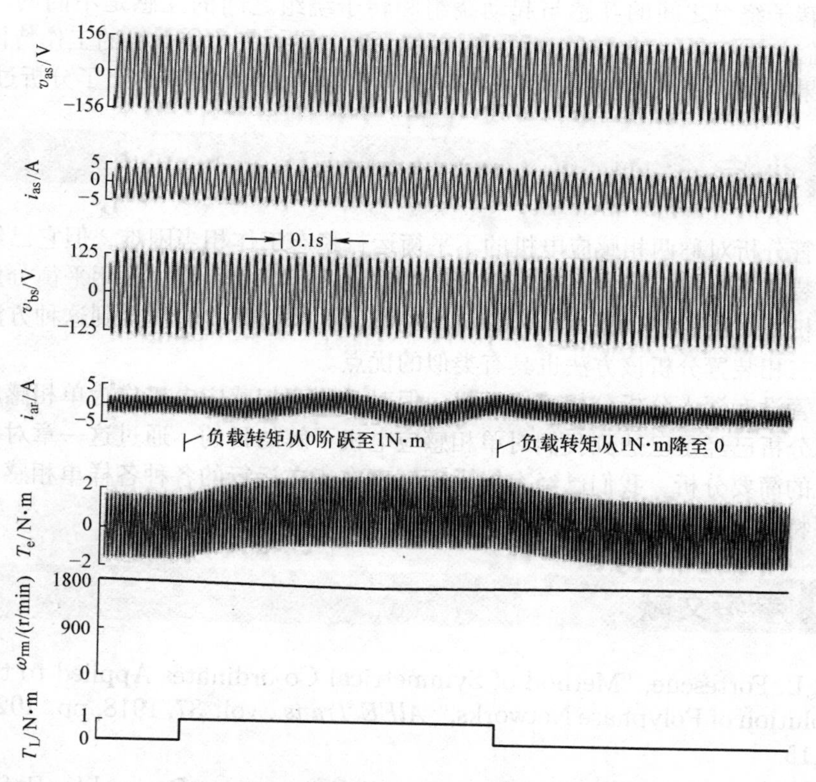

图 10.6-4　单相感应电机负载阶跃时的响应

10.7 分相感应电机

我们已经分析了对称两相感应电机作为单相电机运行的情况，在实际应用中另外一种常用的单相感应电机是分相感应电机。它是一种不对称的两相感应电机，通常情况下两相绕组是不同的。主绕组或者称为运行绕组在正常运行时通电，而起动绕组或者称为辅助绕组在转子速度到达同步速的60% ~80%后切出。在分相电机中，运行绕组的电阻阻抗比值（r/X_{ratio}）与对称两相电机差不多，但对于起动绕组而言其电阻阻抗比值更高。因此，当相同的电压施加到起动绕组和运行绕组时，流过起动绕组的电流将超前于流过运行绕组的电流。于是我们理解了分相电机产生的逻辑，它不只是用电容来产生绕组电流的相位偏移，而是设计了不同绕组，产生不同的阻抗，使得一相电流超前另一相绕组，从而产生起动转矩。根据应用和设计的不同，起动绕组可能串接电容，也可能不串接电容。

我们不准备进行分相电机的详细分析，分相电机的分析比较复杂，因为运行绕组和转子绕组之间的互感与起动绕组和转子绕组之间的互感是不同的。事实上，我们已经用最少的工作量在对称两相电机上建立了单相电机的工作特性。然而，如果有人对分相电机的详细分析感兴趣，参考文献［3］给出了分析过程。

10.8 小结

尽管分析对称两相感应电机的不平衡运行稳态工作相当困难，但它已经是所有机电装置不平衡运行的一种最简单的工作模式了。我们第一次用平衡分量的方法来分析非平衡的工作模式，在单相感应电机的分析中我们体会到这种方法的好处，对三相装置分析该方法也具有类似的优点。

尽管没有深入分析分相感应电机，但对对称两相感应电机作为单相感应电机的应用分析已经足已达到我们对单相感应电机了解的目的。通过这一章对单相感应电机的简要分析，我们已经有能力理解现在正在运行的各种各样单相感应电机的主要特性。

10.9 参考文献

[1] C. L. Fortescue, "Method of Symmetrical Co-ordinates Applied to the Solution of Polyphase Networks," *AlEE Trans.*, vol. 37, 1918, pp. 1027-1115.

[2] P. C. Krause, "Method of Symmetrical Components Derived by Reference Frame Theory," *IEEE Trans., Power Apparatus and Systems,* vol. 104, June 1985, pp. 1492-1499.

[3] P. C. Krause, O. Wasynczuk, and S. D. Sudhoff, *Analysis of Electric Machinery*, IEEE Press 1st Ed., 1986.

10.10 习题

1. 根据式（10.2-9）计算下列各种情况下的$\widetilde{F}_{qs+}^{s}$和$\widetilde{F}_{qs-}^{s}$。

（a）$\widetilde{F}_{as}=10\angle 30^\circ$，$\widetilde{F}_{bs}=30\angle -60^\circ$

（b）$\widetilde{F}_{as}=10\angle 0^\circ$，$\widetilde{F}_{bs}=0$

（c）$\widetilde{F}_{as}=\cos(\omega_e t+45^\circ)$，$\widetilde{F}_{bs}=\cos(\omega_e t-45^\circ)$

2. 从式（10.3-5）出发推导式（10.3-6）。

3. 推导式（10.3-16）。

*4. 证明式（10.3-16）和式（10.3-17）是等效的。

5. 消去表达式（10.3-46）中的$\widetilde{I}_{qr+}^{s}$和$\widetilde{I}_{qr-}^{s}$。

*6. 只有一个定子绕组的感应电机的稳态工作时的等效电路如图 10.10-1 所示，证明这个等效电路和式（10.3-46）是一样的。

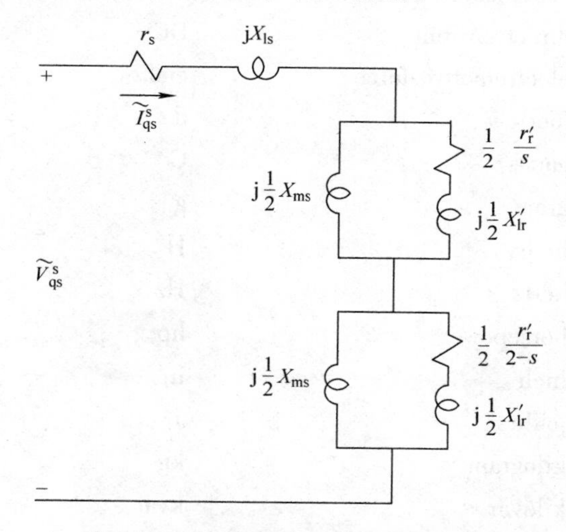

图 10.10-1　单相定子绕组等效电路

附　录

附录 A

中文术语	英文术语	缩写
交流	alternating current	AC
安培	ampere	A
安匝	ampere - turn	At
库仑	coulomb	C
直流	direct current	DC
电动势	electromotive force	emf
英尺	foot	ft
高斯	gauss	G
克	gram	g
亨利	henry	H
赫兹	hertz	Hz
马力	horsepower	hp
英寸	inch	in
焦耳	joule	J
千克	kilogram	kg
千乏	kilovar	kvar
千伏	kilovolt	kV
千伏安	kilovoltampere	kVA
千瓦	kilowatt	kW
磁动势	magnetomotive force	mmf
麦克斯韦	maxwell	Mx
兆瓦	megawatt	MW
米	meter	m
微法	microfarad	μF
毫亨	millihenry	mH

中文术语	英文术语	缩写
牛顿	newton	N
牛米	newton meter	N · m
奥斯特	oersted	Oe
磅	pound	lb
磅达	poundal	pdl
功率因数	power factor	pf
脉宽调制	pulse - width modulation	PWM
弧度	radian	rad
转每分	revolution per minute	r/min（rpm）
均方根	root mean square	rms
秒	second	s
无功伏安（乏）	voltampere reactive	var
伏特	volt	V
伏安	voltampere	VA
瓦特	watt	W
韦伯	weber	Wb

常数及换算关系

真空磁导率	permeability of free space	$\mu_0 = 4\pi \times 10^{-7}$ Wb/A · m
真空介电常数	permittivity of free space	$\epsilon_0 = 8.854 \times 10^{-12}$ C^2/N · m^2
重力加速度	acceleration of gravity	$g = 9.807$ m/s^2
长度	length	1m = 3.218ft = 39.37in
质量	mass	1kg = 0.0685slug = 2.205lb（mass）
力	forcc	1N = 0.225lb = 3.6oz
转矩	torque	1N · m = 0.738lb · ft
能量	energy	1J（W · s）= 0.738lb · ft
功率	power	1W = 1.341 $\times 10^{-3}$ hp
惯量	moment of inertia	1kg · m^2 = 0.738slug · ft^2 = 23.7lb · ft^2
磁通量	magnetic flux	1Wb = 10^8 Mx（lines）
磁通密度（磁感应强度）	magnetic flux density	1Wb/m^2 = 10，000G = 64.5klines/in^2
磁化强度	magnetizing force	1At/m = 0.0254At/in = 0.0126Oe

三角恒等式

（I－1）$e^{j\alpha} = \cos\alpha + j\ \sin\alpha$

（I－2） $a\cos x + b\sin x = \sqrt{a^2 + b^2}\cos(x + \phi) \quad \phi = \tan^{-1}(-b/a)$

（I－3） $\cos^2 x + \sin^2 x = 1$

（I－4） $\sin 2x = 2\sin x\cos x$

（I－5） $\cos 2x = \cos^2 x - \sin^2 x = 2\cos^2 x - 1 = 1 - 2\sin^2 x$

（I－6） $\cos x \cos y = \frac{1}{2}\cos(x + y) + \frac{1}{2}\cos(x - y)$

（I－7） $\sin x \sin y = \frac{1}{2}\cos(x - y) - \frac{1}{2}\cos(x + y)$

（I－8） $\sin x \cos y = \frac{1}{2}\sin(x + y) + \frac{1}{2}\sin(x - y)$

（I－9） $\cos(x \pm y) = \cos x \cos y \mp \sin x \sin y$

（I－10） $\sin(x \pm y) = \sin x \cos y \pm \cos x \sin y$

（I－11） $\cos^2 x + \cos^2\left(x - \frac{2}{3}\pi\right) + \cos^2\left(x + \frac{2}{3}\pi\right) = \frac{3}{2}$

（I－12） $\sin^2 x + \sin^2\left(x - \frac{2}{3}\pi\right) + \sin^2\left(x + \frac{2}{3}\pi\right) = \frac{3}{2}$

（I－13） $\sin x \cos x + \sin\left(x - \frac{2}{3}\pi\right)\cos\left(x - \frac{2}{3}\pi\right) + \sin\left(x + \frac{2}{3}\pi\right)\cos\left(x + \frac{2}{3}\right) = 0$

（I－14） $\cos x + \cos\left(x - \frac{2}{3}\pi\right) + \cos\left(x + \frac{2}{3}\pi\right) = 0$

（I－15） $\sin x + \sin\left(x - \frac{2}{3}\pi\right) + \sin\left(x + \frac{2}{3}\pi\right) = 0$

（I－16） $\sin x \cos y + \sin\left(x - \frac{2}{3}\pi\right)\cos\left(y - \frac{2}{3}\pi\right) + \sin\left(x + \frac{2}{3}\pi\right)\cos\left(y + \frac{2}{3}\pi\right) = \frac{3}{2}\sin(x - y)$

（I－17） $\sin x \sin y + \sin\left(x - \frac{2}{3}\pi\right)\sin\left(y - \frac{2}{3}\pi\right) + \sin\left(x + \frac{2}{3}\pi\right)\sin\left(y + \frac{2}{3}\pi\right) = \frac{3}{2}\cos(x - y)$

（I－18） $\cos x \sin y + \cos\left(x - \frac{2}{3}\pi\right)\sin\left(y - \frac{2}{3}\pi\right) + \cos\left(x + \frac{2}{3}\pi\right)\sin\left(y + \frac{2}{3}\pi\right) = -\frac{3}{2}\sin(x - y)$

（I－19） $\cos x \cos y + \cos\left(x - \frac{2}{3}\pi\right)\cos\left(y - \frac{2}{3}\pi\right) + \cos\left(x + \frac{2}{3}\pi\right)\cos\left(y + \frac{2}{3}\pi\right) = \frac{3}{2}\cos(x - y)$

(Ⅰ-20) $\sin x\ \cos y+\sin\left(x+\frac{2}{3}\pi\right)\cos\left(y-\frac{2}{3}\pi\right)+\sin\left(x-\frac{2}{3}\pi\right)\cos\left(y+\frac{2}{3}\pi\right)=\frac{3}{2}\sin(x+y)$

(Ⅰ-21) $\sin x\ \sin y+\sin\left(x+\frac{2}{3}\pi\right)\sin\left(y-\frac{2}{3}\pi\right)+\sin\left(x-\frac{2}{3}\pi\right)\sin\left(y+\frac{2}{3}\pi\right)=-\frac{3}{2}\cos(x+y)$

(Ⅰ-22) $\cos x\ \sin y+\cos\left(x+\frac{2}{3}\pi\right)\sin\left(y-\frac{2}{3}\pi\right)+\cos\left(x-\frac{2}{3}\pi\right)\sin\left(y+\frac{2}{3}\pi\right)=\frac{3}{2}\sin(x+y)$

(Ⅰ-23) $\cos x\ \cos y+\cos\left(x+\frac{2}{3}\pi\right)\cos\left(y-\frac{2}{3}\pi\right)+\cos\left(x-\frac{2}{3}\pi\right)\cos\left(y+\frac{2}{3}\pi\right)=\frac{3}{2}\cos(x+y)$

附录 B

矩阵代数

基本定义

一个矩形的数字数组或者函数数组，如下：

$$\boldsymbol{A}=\begin{bmatrix} a_{11} & a_{12} & \cdots & a_{1n} \\ a_{21} & a_{22} & \cdots & a_{2n} \\ \vdots & \vdots & \ddots & \vdots \\ a_{m1} & a_{m2} & \cdots & a_{mn} \end{bmatrix} \tag{B-1}$$

$\boldsymbol{A}$ 被称为矩阵（matrix），在本文中用黑体的大写字母来表示。其中的数字或者函数 a_{ij} 是矩阵的元素，下标 i 和 j 表示行和列。一个具有 m 行、n 列的矩阵可以称为阶数为（m，n）的矩阵，或者称为 $m\times n$ 矩阵。当 $m=n$ 时，称为方阵（square matrix）。

当一个矩阵具有 $m\times 1$ 形式时称为列矢量（column vector）；当其具有 $1\times n$ 形式时称为行矢量（row vector）。通常，我们用黑体的小写字母来表示列矢量或者行矢量。

在一个方阵中除主对角线元素 a_{11}，a_{22}，…，a_{nn} 外，其他元素都为零，则这个方阵称为对角矩阵（diagonal matrix）。如果所有的对角元素为一，则该对角矩阵称为单位矩阵（identity matrix），用 $\boldsymbol{I}$ 表示。

当 $a_{ij}=a_{ji}$，则矩阵被称为对称矩阵（symmetrical matrix）。零矩阵或者空矩阵是指矩阵中所有的元素都为零。

加法和减法

只有当两个矩阵的阶数相同时，矩阵才能进行加减运算。如果矩阵 $\boldsymbol{A}$ 的元素为 a_{ij}，$\boldsymbol{B}$ 的元素为 b_{ij}，那么

$$\boldsymbol{C}=\boldsymbol{A}+\boldsymbol{B} \tag{B-2}$$

矩阵 $\boldsymbol{C}$ 的元素 c_{ij} 可以表示为

$$c_{ij}=a_{ij}+b_{ij} \tag{B-3}$$

或者

$$\boldsymbol{C}=\boldsymbol{A}-\boldsymbol{B} \tag{B-4}$$

则

$$c_{ij}=a_{ij}-b_{ij} \tag{B-5}$$

同时，加法符合交换律

$$\boldsymbol{A}+\boldsymbol{B}=\boldsymbol{B}+\boldsymbol{A} \tag{B-6}$$

也符合结合律

$$(\boldsymbol{A}+\boldsymbol{B})+\boldsymbol{C}=\boldsymbol{A}+(\boldsymbol{B}+\boldsymbol{C}) \tag{B-7}$$

显然

$$\boldsymbol{A}+\boldsymbol{O}=\boldsymbol{A} \tag{B-8}$$

其中，$\boldsymbol{O}$ 为零矩阵。

乘法

当矩阵 $\boldsymbol{A}$ 被一个系数相乘，则矩阵中的每个元素被该系数相乘。$k\boldsymbol{A}$ 表示矩阵 $\boldsymbol{A}$ 中的每个元素被常数 k 相乘；而 $t\boldsymbol{A}$ 表示矩阵 $\boldsymbol{A}$ 中的每个元素被时间 t 相乘。

要让两矩阵可以相乘，比如 $\boldsymbol{AB}$，则 $\boldsymbol{A}$ 矩阵的列数必须等于 $\boldsymbol{B}$ 矩阵的行数。假如 $\boldsymbol{A}$ 矩阵的阶数为 $m\times n$，$\boldsymbol{B}$ 矩阵的阶数为 $n\times p$，则 $\boldsymbol{AB}$ 矩阵的阶数为 $m\times p$。

$$\boldsymbol{C}=\boldsymbol{AB} \tag{B-9}$$

矩阵 $\boldsymbol{C}$ 中的元素由矩阵 $\boldsymbol{A}$ 中的第 i 行元素和矩阵 $\boldsymbol{B}$ 中的第 j 相应元素乘积后相加得到。具体为

$$c_{ij}=a_{i1}b_{1j}+a_{i2}b_{2j}+\cdots+a_{in}b_{nj} \tag{B-10}$$

在式（B-9）中，$\boldsymbol{A}$ 左乘（premultiply）$\boldsymbol{B}$，$\boldsymbol{B}$ 右乘（postmultiply）$\boldsymbol{A}$。假设

$$\boldsymbol{A}=\begin{bmatrix}1 & 2 & 3\\ 4 & 5 & 6\end{bmatrix} \tag{B-11}$$

而

$$\boldsymbol{B}=\begin{bmatrix}-7 & -8\\ 9 & 10\\ 0 & -11\end{bmatrix} \tag{B-12}$$

那么

$$AB=\begin{bmatrix}11 & -21\\ 17 & -48\end{bmatrix} \tag{B-13}$$

但是

$$BA=\begin{bmatrix}-39 & -54 & -69\\ 49 & 68 & 87\\ -44 & -55 & -66\end{bmatrix} \tag{B-14}$$

我们可以看到，总体上说矩阵乘法不遵守交换律，即

$$AB\neq BA \tag{B-15}$$

用一个 $m\times n$ 矩阵左乘一个 $n\times 1$ 列矢量将得到一个 $m\times 1$ 列矢量。一个 $1\times n$ 行矢量乘上一个 $n\times 1$ 列矢量可以表示每个矢量中对应元素乘积之和的函数（具体结果是一个系数）。

A 乘单位矩阵得到 ***A*** 本身为

$$AI=IA=A \tag{B-16}$$

我们可以证明

$$A(BC)=(AB)C \tag{B-17}$$

$$A(B+C)=AB+AC \tag{B-18}$$

$$(B+C)A=BA+CA \tag{B-19}$$

最后来看联立线性方程组

$$5x+3y-2z=14 \tag{B-20}$$

$$x+y-4z=-7 \tag{B-21}$$

$$6x+3z=1 \tag{B-22}$$

让我们将方程组写成以下形式：

$$Ax=b \tag{B-23}$$

其中

$$A=\begin{bmatrix}5 & 3 & -2\\ 1 & 1 & -4\\ 6 & 0 & 3\end{bmatrix} \tag{B-24}$$

$$x=\begin{bmatrix}x\\ y\\ z\end{bmatrix} \tag{B-25}$$

$$b=\begin{bmatrix}14\\ -7\\ 1\end{bmatrix} \tag{B-26}$$

在这个例子中 ***A*** 称为系数矩阵（coefficient matrix）。在此必须注意列矢量 ***x*** 和变

量 x 的区别。

转置

矩阵 $\boldsymbol{A}$ 的转置（transpose）标识为 $\boldsymbol{A}^{\mathrm{T}}$。$\boldsymbol{A}$ 的转置矩阵通过将矩阵 $\boldsymbol{A}$ 内元素的行列相交换得到。假如

$$\boldsymbol{A}=\begin{bmatrix}1 & 2 & 3 & 4\\ 5 & 6 & 7 & 8\end{bmatrix} \tag{B-27}$$

$$\boldsymbol{A}^{\mathrm{T}}=\begin{bmatrix}1 & 5\\ 2 & 6\\ 3 & 7\\ 4 & 8\end{bmatrix} \tag{B-28}$$

转置操作具有以下属性

$$(\boldsymbol{A}^{\mathrm{T}})^{\mathrm{T}}=\boldsymbol{A} \tag{B-29}$$

$$(\boldsymbol{A}+\boldsymbol{B}+\boldsymbol{C})^{\mathrm{T}}=\boldsymbol{A}^{\mathrm{T}}+\boldsymbol{B}^{\mathrm{T}}+\boldsymbol{C}^{\mathrm{T}} \tag{B-30}$$

$$(\boldsymbol{AB})^{\mathrm{T}}=\boldsymbol{B}^{\mathrm{T}}\boldsymbol{A}^{\mathrm{T}} \tag{B-31}$$

$$(\boldsymbol{ABC})^{\mathrm{T}}=\boldsymbol{C}^{\mathrm{T}}\boldsymbol{B}^{\mathrm{T}}\boldsymbol{A}^{\mathrm{T}} \tag{B-32}$$

矩阵分块（Partitioning）

本文中一直使用矩阵分块的方法。该方法在矩阵运算操作中很有用。比如，矩阵 $\boldsymbol{A}$ 和 $\boldsymbol{B}$ 可以分块表示为

$$\boldsymbol{A}=\begin{bmatrix}\boldsymbol{C} & \boldsymbol{D}\\ \boldsymbol{E} & \boldsymbol{F}\end{bmatrix} \tag{B-33}$$

$$\boldsymbol{B}=\begin{bmatrix}\boldsymbol{G} & \boldsymbol{H}\\ \boldsymbol{J} & \boldsymbol{K}\end{bmatrix} \tag{B-34}$$

其中，$\boldsymbol{C}$ 到 $\boldsymbol{K}$ 称为子矩阵。矩阵乘积 $\boldsymbol{AB}$ 表示为

$$\boldsymbol{AB}=\begin{bmatrix}\boldsymbol{CG}+\boldsymbol{DJ} & \boldsymbol{CH}+\boldsymbol{DK}\\ \boldsymbol{EG}+\boldsymbol{FJ} & \boldsymbol{EH}+\boldsymbol{FK}\end{bmatrix} \tag{B-35}$$

行列式（determinants）

每个方阵都有一个对应的称为行列式（determinant）的数。具体地，假如 $\boldsymbol{A}$ 是一个方阵

$$\boldsymbol{A}=\begin{bmatrix}a_{11} & a_{12} & a_{13}\\ a_{21} & a_{22} & a_{23}\\ a_{31} & a_{32} & a_{33}\end{bmatrix} \tag{B-36}$$

则矩阵的行列式可以标识为 det $\boldsymbol{A}$ 或者 $|\boldsymbol{A}|$：

$$\det \boldsymbol{A} = \begin{vmatrix} a_{11} & a_{12} & a_{13} \\ a_{21} & a_{22} & a_{23} \\ a_{31} & a_{32} & a_{33} \end{vmatrix} \tag{B-37}$$

区分式（B-36）和式（B-37）非常重要，式（B-36）表示一个方阵，是一个矩阵，而式（B-37）是行列式，表示一个与矩阵 $\boldsymbol{A}$ 相关的数。

行列式 det $\boldsymbol{A}$ 由余子式和代数余子式确定。对于给定的 $\boldsymbol{A}$ 矩阵，其余子式是任意 $\boldsymbol{A}$ 的子方阵的行列式。元素 a_{ij} 的代数余子式是将 $(-1)^{i+j}$ 乘以 $\boldsymbol{A}$ 的 i 行和 j 列的元素除去后留下的余子式。为求得 $\boldsymbol{A}$ 的行列式，可以：

1. 任意选择一行或者一列。
2. 找出选中的行或者列中的每个元素的代数余子式。
3. 将选中的行或者列中的每个元素乘以其余子式，然后将所有乘积求和。

所求的和就是矩阵的行列式。例如，求 $\boldsymbol{A}$ 的行列式 det $\boldsymbol{A}$

$$\boldsymbol{A} = \begin{bmatrix} 3 & 5 & 0 \\ -1 & 1 & 1 \\ 3 & -6 & 4 \end{bmatrix} \tag{B-38}$$

展开第二列

$$\det \boldsymbol{A} = (5)(-1)^{1+2}\begin{vmatrix} -1 & 1 \\ 3 & 4 \end{vmatrix} + (1)(-1)^{2+2}\begin{vmatrix} 3 & 0 \\ 3 & 4 \end{vmatrix} + (-6)(-1)^{3+2}\begin{vmatrix} 3 & 0 \\ -1 & 1 \end{vmatrix}$$
$$= (-5)(-7) + (1)(12) + (6)(3) = 65 \tag{B-39}$$

伴随矩阵（Adjoint matrix）

将方阵 $\boldsymbol{A}$ 中的元素 a_{ij} 用其代数余子式 a_{ij} 来替代，并将得到的矩阵 $\boldsymbol{A}$ 进行转置，可以得到方阵的伴随矩阵（adjoint matrix），标识为 adjoint$\boldsymbol{A}$ 或者 $\boldsymbol{A}^{a}$。矩阵（B-36）的伴随矩阵为

$$\text{adjoint } \boldsymbol{A} = \begin{bmatrix} \alpha_{11} & \alpha_{12} & \alpha_{13} \\ \alpha_{21} & \alpha_{22} & \alpha_{23} \\ \alpha_{31} & \alpha_{32} & \alpha_{33} \end{bmatrix}^{\mathrm{T}} = \begin{bmatrix} \alpha_{11} & \alpha_{21} & \alpha_{31} \\ \alpha_{12} & \alpha_{22} & \alpha_{32} \\ \alpha_{13} & \alpha_{23} & \alpha_{33} \end{bmatrix} \tag{B-40}$$

逆矩阵（Inverse）

方阵 $\boldsymbol{A}$ 的逆矩阵写作 $(\boldsymbol{A})^{-1}$，被定义为

$$(\boldsymbol{A})^{-1}\boldsymbol{A} = \boldsymbol{A}(\boldsymbol{A})^{-1} = \boldsymbol{I} \tag{B-41}$$

为了不和上标产生歧义，在本文中矩阵的逆用 $(\boldsymbol{A})^{-1}$ 表示。矩阵的逆的求解只对方阵有意义，具体为

$$(\boldsymbol{A})^{-1}=\frac{\text{adjoint }\boldsymbol{A}}{\det \boldsymbol{A}} \tag{B-42}$$

假如行列式 det $\boldsymbol{A}$ 为零，则 $\boldsymbol{A}$ 没有逆矩阵，称其为奇异矩阵（singular）。考虑一个 2×2 矩阵如下：

$$\boldsymbol{A}=\begin{bmatrix} a_{11} & a_{12} \\ a_{21} & a_{22} \end{bmatrix} \tag{B-43}$$

$$\text{adjoint }\boldsymbol{A}=\begin{bmatrix} a_{22} & -a_{12} \\ -a_{21} & a_{11} \end{bmatrix} \tag{B-44}$$

$$\det \boldsymbol{A}=a_{11}a_{22}-a_{12}a_{21} \tag{B-45}$$

试求解式（B-38）的逆矩阵。首先求解 a_{11} 的代数余子式为

$$a_{11}=(3)(-1)^{1+1}\begin{vmatrix} 1 & 1 \\ -6 & 4 \end{vmatrix}=(3)(10)=30 \tag{B-46}$$

然后求解各元素的代数余子式，将其转置得到 $\boldsymbol{A}$ 的伴随矩阵为

$$\text{adjoint }\boldsymbol{A}=\begin{bmatrix} 30 & 20 & 15 \\ 35 & 12 & 18 \\ 0 & 33 & 32 \end{bmatrix} \tag{B-47}$$

从式（B-39）可以得到行列式 det $\boldsymbol{A}$，因此

$$(\boldsymbol{A})^{-1}=\frac{\text{adjoint }\boldsymbol{A}}{\det \boldsymbol{A}} =\frac{1}{65}\begin{bmatrix} 30 & 20 & 15 \\ 35 & 12 & 18 \\ 0 & 33 & 32 \end{bmatrix} \tag{B-48}$$

微分（Derivatives）

矩阵 $\boldsymbol{A}$ 的微分可以标识为（d/dt）$\boldsymbol{A}$ 或者 $p\boldsymbol{A}$，表示对矩阵中每一个元素的微分。式（B-1）形式给出的矩阵 $\boldsymbol{A}$ 的微分为

$$p\boldsymbol{A}=\begin{bmatrix} pa_{11} & pa_{12} & \cdots & pa_{1n} \\ pa_{21} & pa_{22} & \cdots & pa_{2n} \\ \vdots & \vdots & \ddots & \vdots \\ pa_{n1} & pa_{n2} & \cdots & pa_{nn} \end{bmatrix} \tag{B-49}$$

其中，p 为微分算子 d/dt。

矩阵公式

文中我们使用了矩阵方式的方程

$$(\boldsymbol{A})^{-1}\boldsymbol{y}=(\boldsymbol{A})^{-1}r\boldsymbol{IX}+p[(\boldsymbol{A})^{-1}\boldsymbol{z}] \tag{B-50}$$

其中，$\boldsymbol{A}$ 是非奇异方阵，其元素可能随时间变化，p 为微分算子 d/dt。我们用 $\boldsymbol{A}$

左乘方程可以解出 $\boldsymbol{y}$ 为

$$\begin{aligned}\boldsymbol{A}(\boldsymbol{A})^{-1}\boldsymbol{y} &= \boldsymbol{A}(\boldsymbol{A})^{-1}r\boldsymbol{IX}+\boldsymbol{A}p[(\boldsymbol{A})^{-1}\boldsymbol{z}] \\ &= r\boldsymbol{A}(\boldsymbol{A})^{-1}\boldsymbol{X}+\boldsymbol{A}[p(\boldsymbol{A})^{-1}]\boldsymbol{z}+\boldsymbol{A}(\boldsymbol{A})^{-1}[p\boldsymbol{z}]\end{aligned} \tag{B-51}$$

由于 $\boldsymbol{A}\ (\boldsymbol{A})^{-1}=\boldsymbol{I}$，式（B-51）可写为

$$\boldsymbol{y}=r\boldsymbol{IX}+\boldsymbol{A}[p(\boldsymbol{A})^{-1}]\boldsymbol{z}+p\boldsymbol{z} \tag{B-52}$$

附录 C

三相系统

在三相系统中我们经常使用两种接法，wye(Y)星形联结和 delta(△)三角形联结。三相系统中还存在两种相序，*abc* 相序和 *acb* 相序。在 *abc* 相序中 *a* 变量在时间上超前 *b* 相，*b* 相超前 *c* 相。在 *acb* 相序中 *c* 相变量超前于 *b* 相。

星形联结

星形（Y）联结如图 C-1 所示。三相平衡的同幅值正弦电流相互之间相差 120°。三相平衡电流的瞬时值之和为零，因此第四根线可以省略。在星形联结中，各相负端相连接，连接点称为中性点（neutral point），在图 C-1 中用 n 表示。中性点可以接地，也可以保持悬浮状态。正如前面所说，当三相电流平衡时，其瞬时值之和为零。当中性点处于悬浮状态时，不管三相平衡与否，其瞬时值之和一定为零。

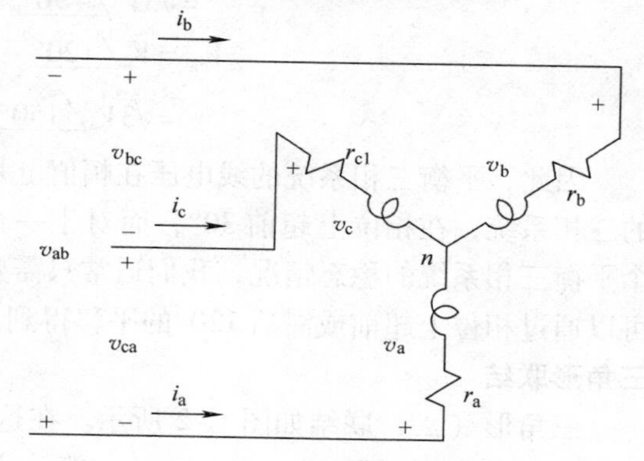

图 C-1　星形联结

每根线和中性点之间的电压称为相电压，两根线之间的电压称为三相系统的线电压。相电流等于线电流。我们可以写出线（端点）与中性点的电压和线与线的电压之间的关系如下：

$$v_{ab}=v_a-v_b \tag{C-1}$$

$$v_{bc}=v_b-v_c \tag{C-2}$$

$$v_c=v_c-v_a \tag{C-3}$$

假如系统是平衡的，对于一个 *abc* 相序的三相系统，稳态相电压可以表示为

$$V_a=\sqrt{2}V_s\cos\omega_e t \tag{C-4}$$

$$V_b=\sqrt{2}V_s\cos\left(\omega_e t-\frac{2}{3}\pi\right) \tag{C-5}$$

$$V_c = \sqrt{2}V_s\cos\left(\omega_e t + \frac{2}{3}\pi\right) \tag{C-6}$$

其中，我们用大写字母来表示稳态时候的变量。对于一个 abc 相序的三相系统，如果用相量的形式来表示电压则为

$$\widetilde{V}_a = V_s\angle 0° \tag{C-7}$$

$$\widetilde{V}_b = V_s\angle -120° \tag{C-8}$$

$$\widetilde{V}_c = V_s\angle 120° \tag{C-9}$$

线电压则为

$$\begin{aligned}\widetilde{V}_{ab} &= V_s\angle 0° - V_s\angle -120° \\ &= \sqrt{3}V_s\angle 30°\end{aligned} \tag{C-10}$$

$$\begin{aligned}\widetilde{V}_{bc} &= V_s\angle -120° - V_s\angle 120° \\ &= \sqrt{3}V_s\angle -90°\end{aligned} \tag{C-11}$$

$$\begin{aligned}\widetilde{V}_{ca} &= V_s\angle 120° - V_s\angle 0° \\ &= \sqrt{3}V_s\angle 150°\end{aligned} \tag{C-12}$$

因此，平衡三相系统的线电压在幅值上是相电压的$\sqrt{3}$倍，对于一个 abc 相序的三相系统，在相位上超前 30°，而对于一个 acb 相序系统，滞后 30°。对于一个平衡三相系统的稳态情况，我们通常只需要求解出一相变量，因为其他相变量可以通过相位上超前或滞后 120°的平移得到。

三角形联结

三角形（△）联结如图 C-2 所示。在这种联结中，线和线之间的电压表现为某一相的电压，即 $v_a = v_{ab}$，$v_b = v_{bc}$ 等。这种联结没有中性点，线电流是两相电流之和。对于图 C-2 所示的系统而言有如下关系：

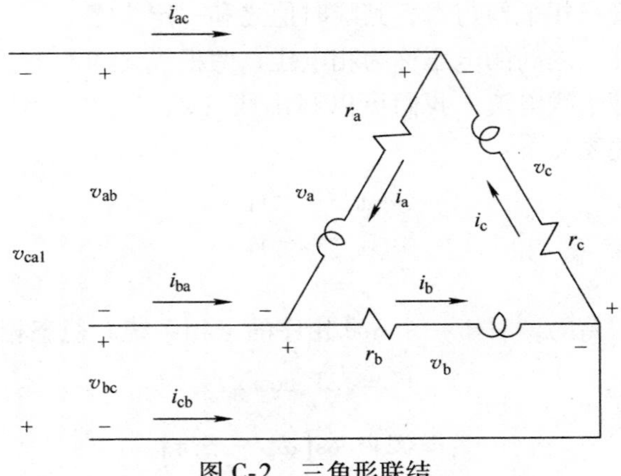

图 C-2　三角形联结

$$i_{ac} = i_a - i_c \tag{C-13}$$

$$i_{ba} = i_b - i_a \tag{C-14}$$

$$i_{cb} = i_c - i_b \tag{C-15}$$

假如在一个 abc 相序的三相平衡系统中，有

$$\tilde{I}_a = I_s\angle 0° \tag{C-16}$$

$$\tilde{I}_b = I_s\angle -120° \tag{C-17}$$

$$\tilde{I}_c = I_s\angle 120° \tag{C-18}$$

则线电流为

$$\begin{aligned}\tilde{I}_{ac} &= I_s\angle 0° - I_s\angle 120° \\ &= \sqrt{3}I_s\angle -30°\end{aligned} \tag{C-19}$$

那么对于一个 abc 相序三相系统，$\tilde{I}_{ac}$的幅值为 I_a 的$\sqrt{3}$倍，在相位上滞后其30°。类似的，$\tilde{I}_{ba}$滞后 $\tilde{I}_b$30°，$\tilde{I}_{cb}$滞后 $\tilde{I}_c$30°。而在 acb 相序的系统中，线电流超前于相电流。